FLUID MECHANICS

유체역학

2판

양한주 저

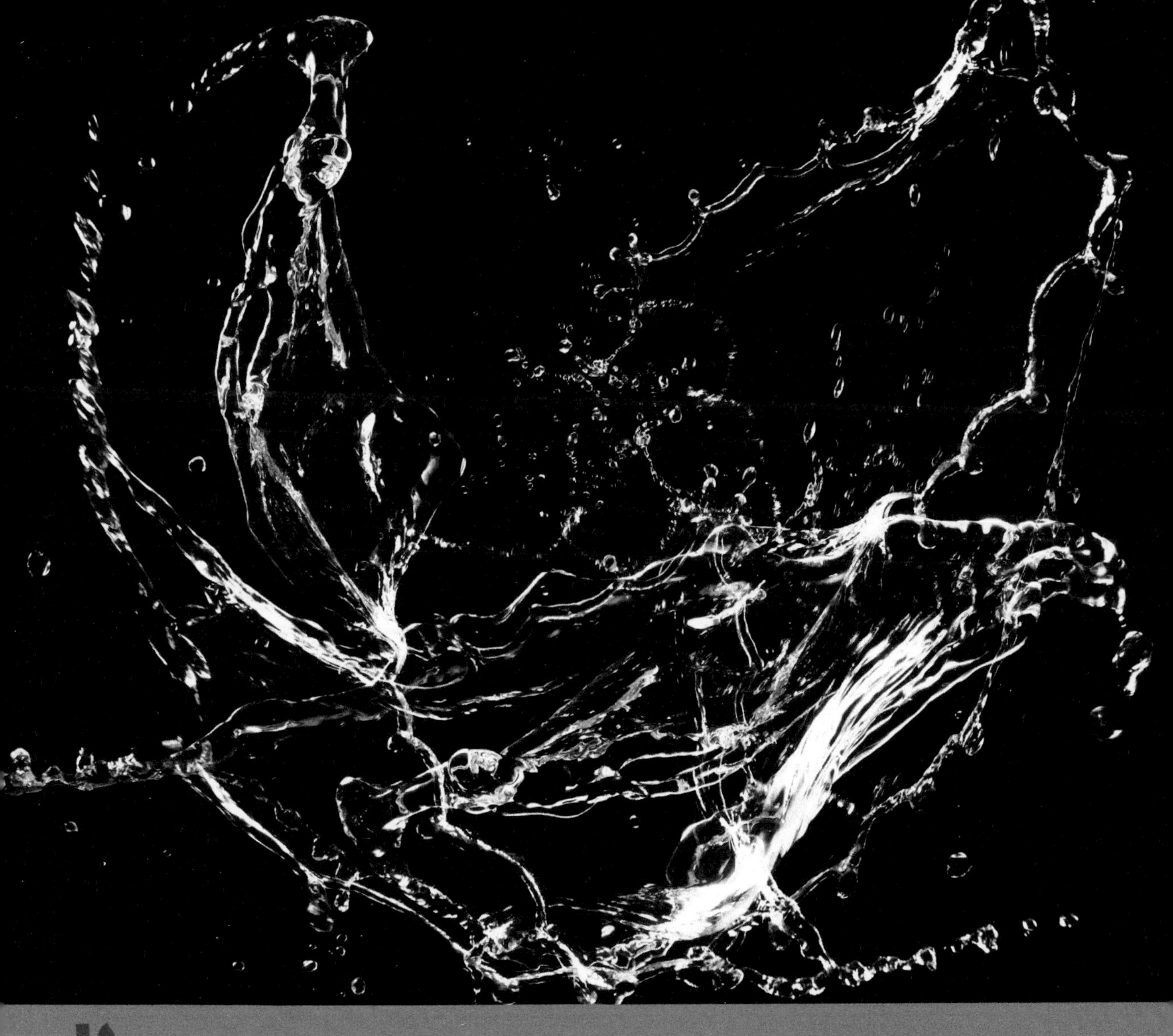

진샘미디어
JINSAEM

머리말

유체역학은 정지유체 및 운동 상태의 유체 또는 유체와 상대운동을 하고 있는 물체와의 상호작용 등을 거시적인 관점에서 연구하는 학문으로서 고전물리학의 한 분야로 발달되어 왔으며 오늘날에는 기계공학, 항공공학, 조선공학, 토목공학, 화학공학 등의 기초학문으로서 매우 중요하게 다루어지고 있다. 따라서 지금까지 많은 양서들이 출간되어 공학도 및 관련분야 실무자들에게 많은 도움에 되어 왔으나 여전히 유체역학을 난해하게 생각하는 사람들이 많다. 저자는 이점을 고려하여 그동안의 강의 및 실무 경험을 바탕으로 이해력과 응용력, 실무능력을 효과적으로 향상시키는데 역점을 두어 다음과 같이 저술하였다.

1. 유체역학의 전반적인 내용을 11개 장으로 구분하여 각 장의 절마다 주요 내용을 최대한 간결하게 요약하고 다양한 예제와 상세한 해설을 통하여 문제풀이 과정에서 기본적인 개념을 명확히 이해할 수 있도록 하였다.
2. 기본적인 개념을 어느 정도 이해한 상태에서 기초적인 수준의 문제해결 능력 함양 및 보다 더 명확한 이해력 증진을 위하여 각종 자격시험 및 실무내용을 중심으로 엄선된 기초문제를 수록하고 강의 수준의 상세한 해설을 하였다.
3. 공학도 및 현장 실무자들에게 가장 중요한 응용력을 기르기 위하여 실용적인 수준의 응용문제를 수록하고 기술보고서 수준의 상세한 해설을 함으로써 응용력 증진은 물론 실무능력을 갖추도록 하였다.
4. 단위는 국제표준단위(SI단위)와 미터제 중력단위(공학단위)를 병용하여 다룸으로써 단위환산 능력을 함양하도록 하였다.

본 저서의 내용을 중심으로 기본개념 요약 ⇒ 예제문제 풀이 ⇒ 기초문제 풀이 ⇒ 응용문제 풀이의 단계별 학습을 한다면 실무적인 문제해결 능력과 응용력을 갖추는데 크게 도움이 될 것으로 기대한다.

그러나 본서를 펴냄에 있어서 본의 아니게 내용이 미비하거나 오류가 없을까 심히 염려스럽다. 독자 여러분의 기탄없는 지적을 겸허하게 받아들여 지속적으로 수정, 보완할 것을 약속하며 아무쪼록 본서가 독자들에게 진정한 도움이 되기를 바란다.

2017. 2.

저자 씀

차례

부록

1장

유체의 정의와 기본성질

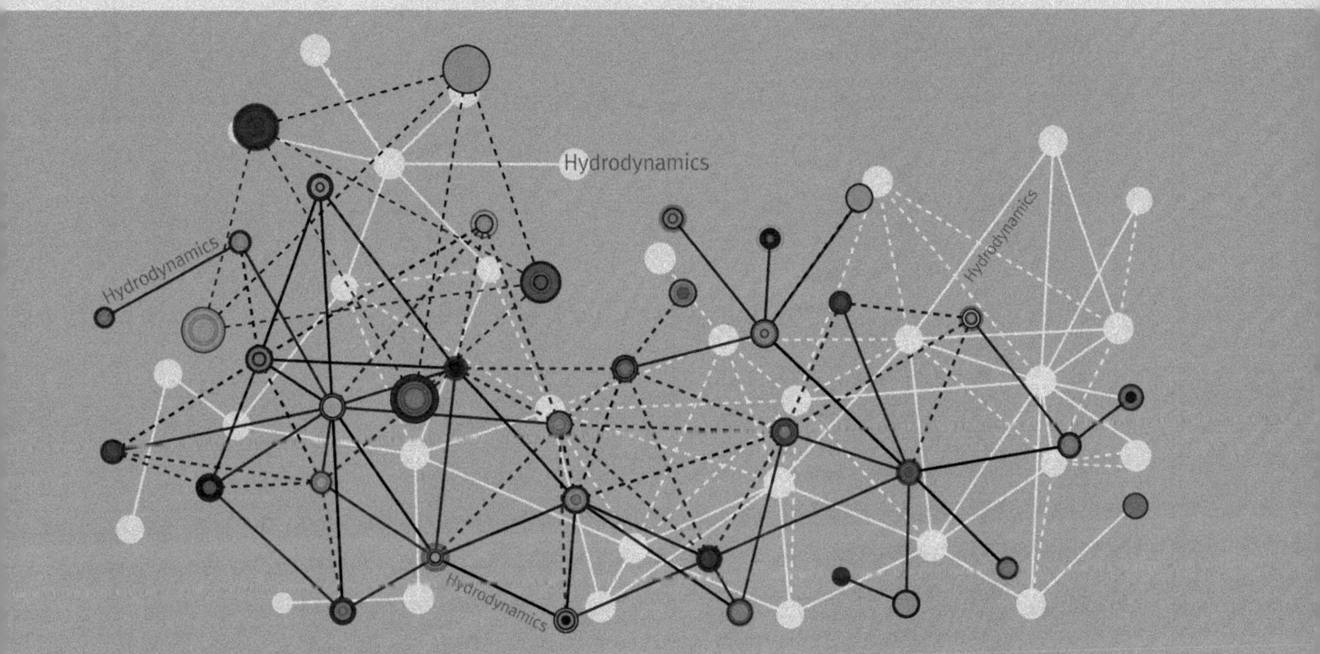

1.1 유체의 정의

고체(solid), 액체(liquid), 기체(gas) 중에서 액체와 기체를 유체라고 한다. 유체역학에서는 외력(전단력)에 의해 야기되는 변형의 크기나 물질분자의 상대변위의 크기로서 고체와 유체를 분류한다. 즉, 고체는 외력(전단력)이 작용하면 비교적 작은 변형을 한 후에 물질 내부의 응력(전단응력)이 외력과 평형을 이룬 상태에서 정지하지만 유체는 아무리 작은 **전단력**이라도 작용하면 큰 변형을 일으키며 전단력을 제거하지 않는 한 계속해서 변형한다. 따라서 유체는 다음과 같이 정의할 수 있다.

"유체는 아무리 작은 전단력이라도 작용하면 쉽게, 연속적으로 변형하는 물질이다."

예제 1.1 **다음 중 유체를 잘못 설명한 것은?**

㉮ 유체는 정지상태에서는 전단응력과 평형을 이룰 수 없다.
㉯ 유체는 분자 상호간의 거리와 운동 범위가 고체보다 크다.
㉰ 유체는 분자간의 응집력이 고체보다 크다.
㉱ 유체는 그 자체가 형상을 형성할 수 있는 능력이 없고 그것을 담은 용기에 따라 형상이 결정된다.

해설 유체는 분자간의 응집력이 고체보다 작으며 반드시 운동상태에서만 전단응력과 평형을 이룰 수 있다. 또 유체는 분자간의 거리가 고체보다 크며 그 자체가 어떤 형상을 형성할 수 없고 그것을 담은 용기에 따라 형상이 결정된다.

답 ㉰

1.2 연속체(continuum)

액체는 분자간의 응집력이 비교적 커서 분자와 분자가 서로 연결되어 있으므로 하나의 연속물질로 취급하여 액체분자의 거동을 해석할 수 있지만 기체의 분자는 무질서한 운동을 하면서 분자 상호간에 또는 용기의 벽면과 충돌한다. 이와 같이 분자운동을 하면서 기체 전체는 어떤 유동을 갖는 데 대부분의 공학에서는 분자 개개의 운동보다도 유체 전체의 평균 거동을 해석한다. 즉, 유체를 하나의 등질성 질량체로 보고 유체 분자 전체의 운동으로 인한 평균효과를 다루기 위한 유체모형을 **연속체**라고 한다.

» ※ 유체를 연속체로 취급할 수 있는 조건

(1) 분자간의 거리

분자의 평균자유행로(molecular mean free path)가 문제의 대표길이(용기의 치수, 관의 지름 등)에 비해 매우 작은 경우(1% 미만)의 기체는 연속체로 취급할 수 있다.

(2) 충돌과 충돌사이에 소요되는 시간

충돌간의 시간이 충분히 짧아서 분자운동의 통계적 특성이 보존되는 경우의 기체는 연속체로 취급할 수 있다.

예제 1.2 **다음 중 유체를 연속체로 취급할 수 없는 경우는?**

㉮ 문제의 특성길이가 분자 간의 평균자유행로 보다 훨씬 크다.

㉯ 분자의 충돌시간이 매우 짧아서 분자운동의 통계적 특성이 보존된다.

㉰ 분자 간에 큰 응집력이 작용하는 액체

㉱ 분자의 운동속도가 느린 경우의 기체

해설 평균자유행로가 문제의 특성길이에 비해 매우 작더라도 분자의 운동속도가 느린 경우의 기체는 통계적 특성이 보존되지 않는다.

답 ㉱

1.3 유체의 분류

1.3.1 압축성에 따른 분류

(1) 압축성 유체(compressible fluid)

유체에 힘이 가해졌을 때, 밀도, 온도 등의 변화를 쉽게 일으키는 유체(**예** 기체)

(2) 비압축성 유체(incompressible fluid)

유체에 힘이 가해졌을 때 밀도, 온도 등의 변화를 무시할 수 있는 유체(**예** 액체)

» 기체라고 하더라도 유속이 음속(acoustic velocity)보다 훨씬 느리고, 밀도와 온도의 변화를 무시할 수 있을 때는 비압축성 유체로 취급하고 유속이 음속 또는 그 이상이고 밀도나 온도의 변화를 무시할 수 없는 경우는 압축성 유체로 취급한다.

1.3.2 점성에 따른 분류

(1) 점성 유체

점성이 있는 유체로서 실제로 존재하는 모든 유체는 점성을 가지고 있으므로 **실제유체**(real fluid)라고도 한다.

(2) 비점성 유체

점성이 없는 유체로서 실제로는 존재하지 않으나 편의상 가정된 유체로서 **이상유체**(ideal fluid)라고도 한다.

» 이상유체는 비점성유체이면서 비압축성 유체인 경우로 정의하기도 하며 실제 유체라도 점성을 무시할 수 있는 경우는 비점성 유체로 취급한다.

예제 1.3 **다음 중에서 비압축성 유체로 취급할 수 없는 경우는?**

㉮ 개수로를 흐르는 물　　㉯ 아음속으로 비행하는 항공기 주위의 기류

㉰ 달리는 기차 주위의 기류　　㉱ 수압관 속의 수격작용

해설 수격작용이 발생하면 매우 높은 압력이 생기는데 물과 같은 액체라도 이와 같이 높은 압력을 받는 경우는 압축성 유체로 취급해야 한다. **답** ㉱

예제 1.4 **다음 중 이상유체를 바르게 설명한 것은?**

㉮ 점성이 없다고 가정한 비압축성 유체　　㉯ 비압축성인 모든 유체

㉰ $pv_s = RT$를 만족하는 유체　　㉱ 용기를 채울 때까지 팽창하는 유체

해설 이상유체는 점성이 없는 유체로 정의하기도 한다. **답** ㉮

1.4 단위와 차원(units and dimensions)

1.4.1 단위

모든 물리량의 크기는 일정한 기본적인 크기를 정해 놓고 이것의 비로서 표시하는 데

이 기본적인 양을 단위라고 한다.

(1) 기본단위

물리적 현상을 다루는 데 필요한 기본량 즉, 질량 또는 힘, 길이, 시간 등의 단위를 **기본단위**라고 하며 질량과 힘 중에서 질량을 기본단위로 택하는 경우를 **절대단위계**, 힘을 기본단위로 택하는 경우를 **중력단위계** 또는 **공학단위계**라고 한다.

(2) 유도단위

기본단위를 조합하여 만들어지는 모든 단위 즉, 면적, 속도, 밀도, 에너지 등의 단위는 **유도단위**이다.

또한, 절대단위계에서는 힘의 단위가 유도단위이고 중력단위계에서는 질량의 단위가 유도단위로 된다.

표 1-1 각종 단위계와 기본단위

단위제 \ 기본단위		질량	힘	길이	시간
미터계	절대단위계	kg	*	m	s
	중력단위계	*	kg	m	s
영국 단위계	절대단위계	lb	*	ft	s
	중력단위계	*	lb	ft	s
S I 단위계		kg	*	m	s

* 표는 기본단위가 아니므로 유도단위가 되어야 한다.

1.4.2 차원

모든 물리적 현상은 길이, 시간, 질량 또는 힘 등의 기본량으로서 표시할 수 있는 데 이 기본량의 조합을 **차원**이라고 하며 절대단위계에 대응하는 차원을 **MLT계 차원**, 중력단위계에 대응하는 차원을 **FLT계 차원**이라고 한다.

(1) MLT계 차원

질량(M), 길이(L), 시간(T)을 기본차원으로 한다.

(2) FLT계 차원

힘(F), 길이(L), 시간(T)을 기본차원으로 한다.

표 1-2 각종 물리량의 차원

물리량 \ 차원	FLT 계	MLT 계	물리량 \ 차원	FLT계	MLT계
힘	F	MLT^{-2}	밀도	$FL^{-4}T^2$	ML^{-3}
길이	L	L	운동량	FT	MLT^{-1}
질량	$FL^{-1}T^2$	M	토크	FL	ML^2T^{-2}
시간	T	T	압력	FL^{-2}	$ML^{-1}T^{-2}$
면적	L^2	L^2	동력	FLT^{-1}	ML^2T^{-3}
속도	LT^{-1}	LT^{-1}	점성계수	$FL^{-2}T$	$ML^{-1}T^{-1}$
각속도	T^{-1}	T^{-1}	동점성계수	L^2T^{-1}	L^2T^{-1}
비중량	FL^{-3}	$ML^{-2}T^{-2}$	에너지, 일	FL	ML^2T^{-2}

예제 1.5 다음 중에서 SI 단위계의 기본단위가 아닌 것은?

㉮ kg　㉯ N　㉰ m　㉱ s

해설 N은 SI 단위계에서의 힘의 단위로 사용되며 1N은 $1\text{kg}\cdot\text{m/s}^2$ 으로서 유도단위이다. 따라서 중력단위계에서의 힘 1kg_f 은 9.8N이 된다.

답 ㉯

예제 1.6 다음 중에서 차원이 잘못된 것은?

㉮ 힘 : MLT^{-2}　㉯ 밀도 : ML^{-3}

㉰ 질량 : $FL^{-1}T^2$　㉱ 비중량 : $FL^{-2}T^{-2}$

해설 비중량은 단위 체적의 유체가 갖는 중량이므로 힘을 체적으로 나누면 된다.
따라서 $[FL^{-3}] = [ML^{-2}T^{-2}]$이 된다.

답 ㉱

1.5 밀도, 비중량, 비체적, 비중

1.5.1 밀도(density), $[\rho]$

단위 체적의 유체가 갖는 질량을 밀도라고 한다.

$$\rho = \frac{m}{V} \tag{1-1}$$

m : 질량

V : 체적

1.5.2 비중량(specific weight), $[\gamma]$

단위 체적이 갖는 유체의 중량을 비중량이라고 한다.

$$\gamma = \frac{W}{V} = \frac{mg}{V} = \rho g \tag{1-2}$$

W : 유체의 중량

g : 중력가속도

표준기압, 4℃의 순수한 물의 비중량은 $1{,}000\mathrm{kg_f/m^3}$ $(9800\mathrm{N/m^3})$이다.

1.5.3 비체적(specific volume), $[v_s]$

(1) 절대단위계

단위 질량의 유체가 갖는 체적

$$v_s = \frac{V}{m} = \frac{1}{\rho} \tag{1-3}$$

(2) 중력단위계

단위 중량의 유체가 갖는 체적

$$v_s = \frac{V}{W} = \frac{1}{\gamma} \tag{1-4}$$

1.5.4 비중(specific gravity), $[S]$

같은 체적을 갖는 물의 질량(m_w) 또는 중량(W_w)에 대한 어떤 물질의 질량(m) 또는 중량(W)의 비를 말하며 무차원 수(dimensionless number)이다.

$$S = \frac{m}{m_w} = \frac{W}{W_w} = \frac{\rho}{\rho_w} = \frac{\gamma}{\gamma_w} \tag{1-5}$$

ρ_w : 물의 밀도

γ_w : 물의 비중량

예제 1.7 비중이 0.9인 어떤 물질의 비중량은?

㉮ 900[N/m³] ㉯ 1000[N/m³] ㉰ 1100[N/m³] ㉱ 8820[N/m³]

해설 $S = \frac{\gamma}{\gamma_w}$에서 $\gamma = S \cdot \gamma_w = 0.9 \times 9800 = 8820\,[N/m^3] \fallingdotseq 900\,[kg_f/m^3]$ 답 ㉱

예제 1.8 밀도가 $140[kg_f \cdot s^2/m^4]$인 유체의 비중은?

㉮ 0.95 ㉯ 1.14 ㉰ 1.37 ㉱ 1.43

해설 물의 밀도는 $\gamma_w = \rho_w \cdot g$에서 $\rho_w = \frac{\gamma_w}{g} = \frac{1000}{9.8} \fallingdotseq 102\,[kg_f \cdot s^2/m^4]$이므로

$S = \frac{\gamma}{\gamma_w} = \frac{\rho}{\rho_w} = \frac{140}{102} \fallingdotseq 1.37$ 답 ㉰

예제 1.9 중력단위계에서 비중량이 $1000[kg_f/m^3]$인 유체의 비체적은?

㉮ $0.01[m^3/kg_f]$ ㉯ $0.001[m^3/kg_f]$

㉰ $1[m^3/kg_f]$ ㉱ $9.8 \times 10^{-3}[m^3/kg_f]$

해설 $v_s = \frac{1}{\gamma} = \frac{1}{1000} = 0.001\,[m^3/kg_f]$ 답 ㉯

예제 1.10 질량 1[kg]인 어떤 물체의 중량은 지구에서 몇 [N]인가?

㉮ 0.1 ㉯ 9.8 ㉰ 1 ㉱ 980

해설 Newton의 제 2법칙에 의하면

$W = m \cdot g \fallingdotseq 1[kg] \times 9.8[m/s^2] = 9.8[kg \cdot m/s^2] = 9.8[N] = 1[kg_f]$ 답 ㉯

예제 1.11 질량 1[kg]인 물체를 중력가속도가 $9[m/s^2]$ 인 곳에서 무게를 달면 몇 [N]인가?

㉮ 0.918 ㉯ 1.098 ㉰ 9 ㉱ 9.8

해설 $W = m \cdot g = 1[kg] \times 9[m/s^2] = 9[kg \cdot m/s^2] = 9[N] \fallingdotseq \frac{9}{9.8}[kg_f] \fallingdotseq 0.918[kg_f]$ 답 ㉰

1.6 점성(粘性, viscosity)

유체층 사이에 또는 유체와 고체면 사이에 상대운동이 생길 때 이 상대운동을 방해하는 성질 즉, 상대운동을 유발하는 외력에 저항하는 힘이 생기게 하는 성질을 **점성**이라고 한다. 점성은 인접한 유체층 사이에 상대운동이 존재할 때 분자간의 응집력과 분자의 운동에 기인하는데 액체의 경우는 분자간의 응집력, 기체의 경우는 분자의 운동이 주된 원인이 된다. 따라서 액체는 온도가 상승하면 점성이 감소하는 경향이 있으나 기체는 온도와 더불어 점성이 증가한다.

1.6.1 Newton의 점성법칙

[그림 1-1]에서 두 평행한 평판 사이에 점성유체가 있을 때 이동평판에 수평력 F를 작용하여 속도 u로 운동시키면 힘 F는 이동평판의 면적 A와 이동평판의 속도 u에 비례하고 두 평판 사이의 수직거리 Δy에 반비례한다는 사실이 실험에 의하여 입증되었다

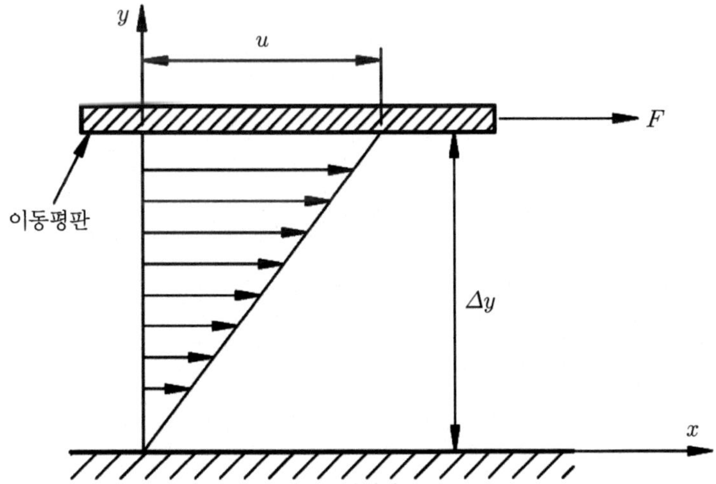

[그림 1-1] Newton의 점성법칙(1)

$$F \propto \mathrm{A} \cdot \frac{u}{\Delta y} \tag{1-6}$$

식 (1-6)은 다음과 같이 쓸 수 있다.

$$\tau = \frac{F}{\mathrm{A}} = \mu \frac{u}{\Delta y} \tag{1-7}$$

μ : 점성계수(유체가 갖는 고유의 물성치)

τ : 고정평판에서 수직거리 Δy인 지점 (여기서는 이동평판과 유체가 접하는 면)에서의 전단응력

$\frac{u}{\Delta y}$: 속도구배 또는 각 변형속도

즉, 유체내에 발생하는 전단응력은 유체의 속도구배 (각 변형속도)에 비례한다. 이 관계를 **Newton의 점성법칙**이라고 하며 이 법칙을 만족하는 유체를 **Newton유체**라고 부른다.

[그림 1-1]은 속도분포를 직선으로 표현하였으나 이러한 직선분포는 층의 높이 Δy가 극히 작을 때만 성립하고 일반적으로는 [그림 1-2]와 같은 속도 분포를 갖는다.

[그림 1-2]에서 식 (1-7)은 다음과 같이 쓸 수 있다.

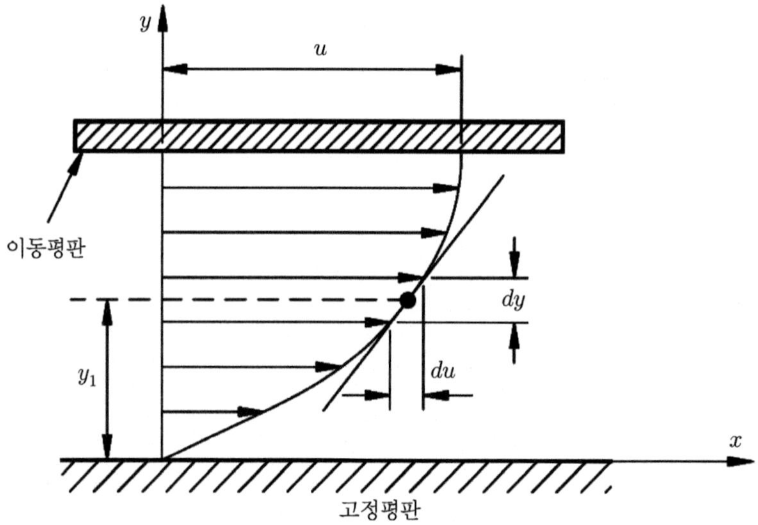

[그림 1-2] Newton의 점성법칙(2)

$$\tau_{y_1} = \mu \cdot \left(\frac{du}{dy}\right)_{y=y_1} \tag{1-8}$$

τ_{y_1} : $y = y_1$인 지점에서의 전단응력

$\left(\frac{du}{dy}\right)_{y=y_1}$: $y = y_1$인 지점에서의 속도구배

1.6.2 점성계수의 차원과 단위

식(1-8)에서 점성계수 μ는

$$\mu = \frac{\tau_{y_1}}{(du/dy)_{y=y_1}}$$

따라서 점성계수의 차원은 다음과 같다.

(1) FLT계 차원

$$\mu = \frac{[FL^{-2}]}{[LT^{-1}]/[L]} = [FL^{-2}T]$$

(2) MLT계 차원

$$\mu = \frac{[ML^{-1}T^{-2}]}{[LT^{-1}]/[L]} = [ML^{-1}T^{-1}]$$

(3) 점성계수의 단위

① 중력(공학)단위 : $[kg_f \cdot s/m^2]$, $[dyne \cdot s/cm^2]$, $[lb_f \cdot s/ft^2]$

② 절대단위 : $[kg/m \cdot s]$, $[g/cm \cdot s]$

이들 단위의 관계는 다음과 같다.

$1[poise] = 1[dyne \cdot s/cm^2] = 1[g/cm \cdot s] = 100[cp]$

$1[kg_f \cdot s/m^2] \fallingdotseq 98[poise] \fallingdotseq 9.8[kg/m \cdot s]$

$1[N \cdot s/m^2] = 10[poise] = 1[kg/m \cdot s]$

$1[lb_f \cdot s/ft^2] \fallingdotseq 479[posie]$

1.6.3 동점성계수(kinematic viscosity), $[\nu]$

점성계수를 그 유체의 밀도로 나눈 값의 차원은 운동학적 차원을 가지므로 동점성계수라고 한다.

$$\nu = \frac{\mu}{\rho} \tag{1-9}$$

(1) 동점성계수의 차원

$$\nu = \frac{[ML^{-1}T^{-1}]}{[ML^{-3}]} = [L^2T^{-1}]$$

질량이나 힘의 차원이 없이 길이의 차원과 시간의 차원이 조합된 유도차원이므로 FLT계나 MLT계 차원이 모두 $[L^2T^{-1}]$로서 같다.

(2) 동점성계수의 단위

$[m^2/s]$, $[ft^2/s]$, $[cm^2/s]$

이들 단위 사이의 관계는 다음과 같다.

$1[m^2/s] = 1R\ (Reynolds) = 10^4[stokes]$

$1[cm^2/s] = 1[stokes] = 100[cst]$

$1[ft^2/s] \fallingdotseq 929[stokes]$

예제 1.12 다음 중 Newton의 점성법칙과 관계 없는 항은?

㉮ 전단응력　　㉯ 속도구배(각변형속도)

㉰ 점성계수　　㉱ 압력

해설 Newton의 점성법칙은 $\tau = \mu\left(\frac{du}{dy}\right)$

τ : 전단응력

μ : 점성계수

$\frac{du}{dy}$: 속도구배

답 ㉱

예제 1.13 다음 중 점성계수의 차원은?

㉮ $ML^{-1}T^{-1}$　　㉯ ML^2T^{-2}　　㉰ MLT^{-2}　　㉱ $ML^{-2}T^{-2}$

해설 $\mu = \frac{\tau}{(du/dy)} = \frac{[FL^{-2}]}{[LT^{-1}]/[L]} = [FL^{-2}T] = [MLT^{-2}] \cdot [L^{-2}T] = [ML^{-1}T^{-1}]$

답 ㉮

예제 1.14 점성계수가 0.9[poise]이고 밀도가 $95[kg_f \cdot s^2/m^4]$인 유체의 동점성계수는 몇 [stokes]인가?

㉮ 0.966　　㉯ 9.66×10^{-2}　　㉰ 9.66×10^{-3}　　㉱ 9.66×10^{-4}

해설 $\mu = 0.9[\text{poise}] = 0.9[\text{dyne} \cdot \text{s/cm}^2] = 0.09[\text{N} \cdot \text{s/m}^2]$

$\fallingdotseq \dfrac{0.09}{9.8}[\text{kg}_f \cdot \text{s/m}^2] \fallingdotseq 9.18 \times 10^{-3}[\text{kg}_f \cdot \text{s/m}^2]$

$\therefore \nu = \dfrac{\mu}{\rho} = \dfrac{9.18 \times 10^{-3}}{95} = \fallingdotseq 9.66 \times 10^{-5}[\text{m}^2/\text{s}] = 0.966[\text{stokes}]$ 답 ㉮

예제 1.15 **점성계수가 0.08[kg/m · s]인 기름이 평면 위를 흐를 때 속도 분포가 $u = 30y + 100y^2$ [m/s]이다. 평면과 유체의 경계면에 작용하는 전단응력은 몇 [N/m²]인가? 단, y는 평면으로부터 수직거리 [m]이다.**

㉮ 1.8 ㉯ 2.4 ㉰ 3.1 ㉱ 4.7

해설 $\tau_{y=0} = \mu \cdot \left(\dfrac{du}{dy}\right)_{y=0} = 0.08 \times 30 = 2.4[\text{N/m}^2]$

$\left[\because \left(\dfrac{du}{dy}\right)_{y=0} = (30 + 200y)_{y=0} = 30\right]$ 답 ㉯

1.7 Newton유체와 비 Newton유체

1.7.1 Newton 유체

Newton의 점성법칙을 만족시키는 유체로서 점성계수가 온도의 영향을 많이 받으나 압력의 영향은 무시할 수 있는 정도이며 속도구배와는 무관하다. 실험에 의하면 모든 기체와 분자량이 작은 대부분의 액체는 여기에 속한다.

1.7.2 비 Newton유체

Newton의 점성법칙을 만족하지 않는 유체로서 점성특성에 따라 다음과 같이 구분할 수 있다.

(1) Bingham 유체

$$\left.\begin{aligned} &\tau = \tau_0 + \mu\frac{du}{dy}, \quad \tau > \tau_0 \\ &\frac{du}{dy} = 0, \quad \tau \le \tau_0 \end{aligned}\right\} \tag{1-10}$$

전단응력 τ가 항복응력 τ_0보다 작을 때는 강체처럼 변형하지 않으나 τ가 τ_0보다 크면 Newton 유체와 같이 유동하며 이와 같은 물질을 **Bingham 소성체 (Bingham plastic)**라고 하며 **이상플라스틱**이라고도 한다. (예 기름, 페인트, 치약 등)

(2) pseudo 소성체(pseudoplastic), 유사 플라스틱

$$\tau = \mu \left(\frac{du}{dy} \right)^n, n < 1 \tag{1-11}$$

전단박화(shear-thinning)**유체** 또는 **유사플라스틱**이라고도 하며 고분자 및 펄프용액이 여기에 속한다.

(3) dilatant 유체

전단농화(shear-thickening)**유체**라고도 하며, 수지, 고온유리, 아스팔트 등이 여기에 속한다.

이외에도 연질석고, 진흙과 같이 일정한 속도구배 하에서 시간이 경과함에 따라 점성이 감소하거나(thixotropic) 증가하는 유체(rheopectic), 즉 시간 의존성 유체가 있으며 역청(pitch), 밀가루반죽(flour dough)등과 같이 점성과 탄성을 동시에 가지는 유체도 있다.

이들 유체의 점성특성을 [그림 1-3]에 나타낸다.

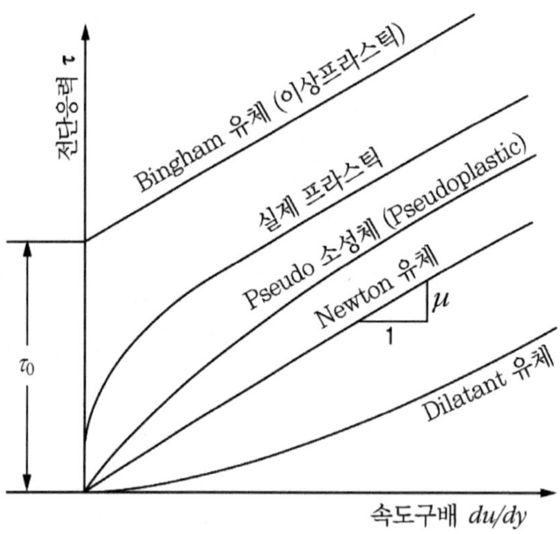

[그림 1-3] 각종 유체의 점성 특성

예제 1.16 **다음 글 중에서 내용이 잘못된 것은?**

㉮ Newton유체의 점성계수는 속도구배에 관계없이 주어진 온도하에서 일정하다.

㉯ Bingham 소성체는 항복응력을 갖는다.

㉰ Bingham 소성체는 마치 Newton유체와 같이 유동한다.

㉱ pseudo 소성체 보다 dilatant 유체가 실제플라스틱에 가깝다.

해설 pseudo 소성체는 유사플라스틱이라고도 하며 실제플라스틱의 점성특성과 유사하다.(그림 1-3 참조)

답 ㉱

1.8 완전기체(perfect gas)

분자의 체적이 없고 분자 서로 간에 인력이 작용하지 않으며 분자가 완전히 강성충돌을 하는 기체를 가상하여 완전기체 또는 이상기체라고 하며 이 기체는 **Boyle-Charle의 법칙** 즉, **상태방정식**을 만족한다.

1.8.1 상태방정식(Boyle-Charle의 법칙)

$$Pv_o = RT \tag{1-13}$$

P : 기체의 절대압력

v_s : 기체의 비체적

R : 기체상수(공학기체상수)

T : 기체의 절대온도

1.8.2 공학기체상수의 단위

식 (1-13)에서 공학기체상수 R은

(1) SI단위($v_s = \dfrac{1}{\rho}$로 취급할 경우)

$$R = \frac{Pv_s}{T} = \frac{[\mathrm{N/m^2}] \cdot [\mathrm{m^3/kg}]}{[\mathrm{K}]} = \left[\frac{\mathrm{N \cdot m}}{\mathrm{kg \cdot K}}\right]$$

(2) 중력단위($v_s = \frac{1}{\gamma}$로 취급할 경우)

$$R = \frac{Pv_s}{T} = \frac{[\mathrm{kg}_f/\mathrm{m}^2]\cdot[\mathrm{m}^3/\mathrm{kg}_f]}{[\mathrm{K}]} = \left[\frac{\mathrm{kg}_f\cdot\mathrm{m}}{\mathrm{kg}_f\cdot\mathrm{K}}\right]$$

1.8.3 일반기체상수(universal gas constant)

공학기체상수 R의 값은 기체의 종류에 따라 다르지만 R과 분자량 M과의 곱한 값은 모든 기체에 대하여 같다. 이 MR값을 **일반기체상수**라고 하며 그 값은 다음과 같다.

$$MR = 8313\,[\mathrm{N}\cdot\mathrm{m}/\mathrm{kg}\cdot\mathrm{K}] \fallingdotseq 848\,[\mathrm{kg}_f\cdot\mathrm{m}/\mathrm{kg}_f\cdot\mathrm{K}] \tag{1-14}$$

예제 1.17 **절대압력 90000[Pa], 온도 20℃에서 분자량이 44인 기체의 밀도는 몇 [kg/m³]인가?**

㉮ 1.432　　㉯ 1.626　　㉰ 0.211　　㉱ 0.253

해설 먼저 공학기체상수를 구하고 상태방정식으로부터 밀도를 구하면 된다.

$MR = 8313[\mathrm{N}\cdot\mathrm{m}/\mathrm{kg}\cdot\mathrm{K}]$이므로 $R = \frac{8313}{M} = \frac{8313}{44} \fallingdotseq 188.9\left[\frac{\mathrm{N}\cdot\mathrm{m}}{\mathrm{kg}\cdot\mathrm{K}}\right]$

상태방정식 $Pv_s = RT$에서 $v_s = \frac{RT}{P}$, $\frac{1}{\rho} = \frac{RT}{P}$

$\rho = \frac{P}{RT} = \frac{90000}{188.9\times(20+273)} \fallingdotseq 1.626\,[\mathrm{kg/m^3}]$

답 ㉯

예제 1.18 **완전기체란?**

㉮ 점성이 없는 기체　　㉯ 고압 · 저온상태의 일반기체

㉰ 상태방정식을 만족하는 기체　　㉱ 체적탄성계수가 항상 일정한 기체

해설 분자의 체적이 없고 분자 서로 간에 인력이 작용하지 않으며 분자의 충돌이 완전 강성충돌인 기체를 가상하여 완전기체 또는 이상기체라고 하는데 이러한 기체는 실제로 존재하지는 않지만 분자의 크기에 비하여 분자간의 거리가 매우 큰 상태에 있는 기체는 완전기체로 취급할 수 있다. 따라서 공기, 산소, 질소, 수소, 헬륨 등은 초고압, 초저온의 경우를 제외하고는 완전기체로 취급할 수 있으며 완전기체의 상태방정식을 만족한다. 따라서 완전기체의 상태방정식을 만족하는 기체로 정의하기도 한다.

답 ㉰

1.9 유체의 탄성과 압축성

유체는 외부에서 압력을 받으면 압축되고 압축과정에서 유체에 가해진 에너지는 탄성에너지로 유체내부에 저장된다. 이 탄성에너지는 외부의 압력을 제거하면 유체를 완전히 압축하기 전의 상태로 되돌아가게 한다.(단, 가역과정일 때)

1.9.1 압축율(compressibility)

주어진 압력변화에 대한 체적(밀도)의 변화율을 말하며 다음 식으로 정의된다.

[그림 1-4]에서

$$\beta = -\frac{dv}{v}\cdot\frac{1}{dp} = \frac{d\rho}{\rho}\cdot\frac{1}{dp} \tag{1-15}$$

v : 기체의 체적(압력 p일 때)

p : 압력

dv : 압력의 변화 dp에 따른 체적 변화

dp : 압력의 변화

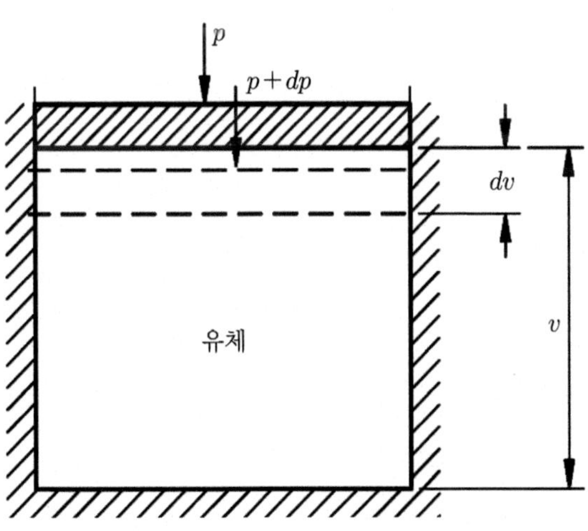

[그림 1-4] 유체의 압출율

여기서 [-] 부호는 압력이 증가하면 체적이 감소한다는 것을 의미하며 압축율을 계산한 값은 항상 [+] 값이 된다.

압축율은 유체에 따라 크기가 다르며 압축율이 크다는 것은 압축하기가 쉽다는 것을 의미한다.

1.9.2 체적탄성계수(bulk modulus of elasticity)

압축율의 역수관계를 체적탄성계수라고 하며 [그림 1-4]에서 다음과 같이 정의된다.

$$K = -\frac{dp}{dv/v} = \frac{dp}{d\rho/\rho} \tag{1-16}$$

식 (1-16)을 변형하면

$$dp = -K\frac{dv}{v} = K\frac{d\rho}{\rho} \tag{1-17}$$

식 (1-17)은 유체에 압력이 가해지면 가해진 압력(압력의 변화량, dp)과 체적변화율 $\left(\frac{dv}{v}\right)$은 비례하며 체적탄성계수는 비례상수가 된다는 것을 의미한다.

(1) 등온변화

$$K = p \tag{1-18}$$

즉, 등온변화과정일 때 유체의 체적탄성계수는 그 때의 절대압력과 같다.

(2) 단열변화

$$K = k \cdot p \tag{1-19}$$

k : 비열비 $(= c_p / c_v)$

(3) 압력파의 전파속도

$$a = \sqrt{dp/d\rho} = \sqrt{K/\rho} \tag{1-20}$$

극히 작은 압력파로 인한 유체의 밀도 변화(체적변화)는 가역단열과정이므로 식 (1-20)에 식 (1-19)를 대입하면

$$a = \sqrt{k \cdot p/\rho} \tag{1-21}$$

따라서 완전기체내에서의 음속은 상태방정식을 식(1-21)에 대입하여 다음과 같이 쓸 수 있다.

$$a = \sqrt{kRT} \qquad (1\text{-}22)$$

R : 기체상수 [N · m/kg · K]

T : 절대온도 [K]

$$\text{또는 } a = \sqrt{kg_c RT} \qquad (1\text{-}23)$$

R : 기체상수 [kg_f · m/kg · K]

(4) Mach 수

Mach수는 물체(유체)속도의 음속에 대한 비로서 유동의 압축성을 판정하는 지표가 된다.

$$M = \frac{u}{a} = u\sqrt{\frac{\rho}{K}} \qquad (1\text{-}24)$$

u : 물체 또는 유체의 속도

a : 음속

K : 체적탄성계수

ρ : 유체의 밀도

식(1-24)에서 Mach 수가 작은 값을 가지면 같은 u값에 대하여 K가 상대적으로 큰 값을 가지므로 유동은 비압축성 유동을 한다.

일반적으로 Mach수가 다음과 같을 때 비압축성유동을 한다고 한다.

$$\frac{1}{2}M^2 < 1 \qquad (1\text{-}25)$$

공학계산에서는 안전하게 다음과 같은 비압축성유동영역을 취하기도 한다.

$$M < 0.3 \qquad (1\text{-}26)$$

예제 1.19 **체적탄성계수가 2.1×10^9 [N/m²] 인 유체의 체적을 1% 감소시키는 데 필요한 압력은 몇 [N/m²] 인가?**

㉮ 2.1 ㉯ 2.1×10^2 ㉰ 2.1×10^4 ㉱ 2.1×10^7

해설 식(1-17)에서

$$dp = -K\frac{dv}{v} = -(2.1\times10^9)\times(-0.01) = 2.1\times10^7\,[\mathrm{N/m^2}]$$

답 ㉣

예제 1.20 표준기압(101325Pa), 20℃인 공기가 가역단열과정으로 압축되어 체적이 40% 압축되었다. 압축 후의 절대압력[Pa]은 얼마인가? 단, 공기의 기체상수는 287[N · m/kg · K], 비열비는 1.4이다.

㉮ 1.89×10^5　㉯ 1.94×10^5　㉰ 2.07×10^5　㉱ 2.31×10^5

해설 $\rho_1 = \frac{P_1}{RT_1} = \frac{101325}{287\times293} \fallingdotseq 1.205\,[\mathrm{kg/m^3}]$

$\frac{v_2}{v_1} = \frac{\rho_1}{\rho_2}$에서 $\rho_2 = \rho_1\cdot\frac{v_1}{v_2} = 1.205\times\frac{1}{1-0.4} \fallingdotseq 2.008\,[\mathrm{kg/m^3}]$

가역단열과정 ($pv_s{}^k = \mathrm{const.}$)이므로

$$\frac{p_1}{\rho_1{}^k} = \frac{p_2}{\rho_2{}^k}$$

여기서

$$p_2 = \left(\frac{\rho_2}{\rho_1}\right)^k\cdot p_1 = \left(\frac{2.008}{1.205}\right)^{1.4}\times101325 \fallingdotseq 2.07\times10^5\,[\mathrm{Pa}]$$

답 ㉰

예제 1.21 예제 20에서 압축 후의 온도는 몇 [℃]인가?

㉮ 86.2　㉯ 151.2　㉰ 278.5　㉱ 9.3

해설 $\frac{p_2}{\rho_2} = RT_2$에서 $T_2 = \frac{p_2}{\rho_2 R} = \frac{2.07\times10^5}{2.008\times287} \fallingdotseq 359.2\,[\mathrm{K}] = 86.2\,[℃]$

답 ㉮

예제 1.22 예제 20에서 압축 후의 음속은 몇 [m/s]인가?

㉮ 342.1　㉯ 362.3　㉰ 379.9　㉱ 382.1

해설 식(1-22)에서

$$a_2 = \sqrt{kRT_2} = \sqrt{1.4\times287\times359.2} \fallingdotseq 379.9\,[\mathrm{m/s}]$$

답 ㉰

1.10 표면장력과 모세관현상

1.10.1 표면장력(surface tension)

액체내부에 있는 분자들은 서로 인력을 작용하여 분자간에 힘의 평형을 이루지만 자유

표면상에 있는 액체분자들은 한 쪽에서만 분자인력을 받으므로 불평형이 생긴다. 이 불평형력을 이겨서 액체분자들을 자유표면까지 가져오는데 한 일을 **자유표면에너지**라 하고 이 자유표면에너지의 단위면적당 크기를 **표면장력**이라고 한다.

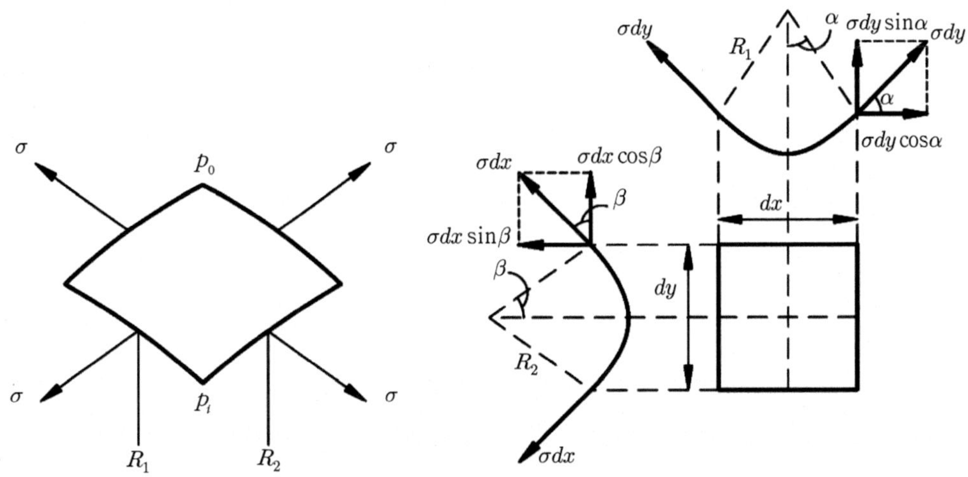

[그림 1-5] 표면장력

(1) 표면장력으로 인한 내부 초과 압력

[그림 1-5]와 같이 곡률반경이 R_1, R_2인 2차곡면의 미소면적요소 $dx \cdot dy$를 생각하자. 2차곡면의 내부압력 p_i와 외부압력 p_o의 차이에 의한 힘은 표면장력으로 인한 힘과 평형을 이루어야 한다.

즉. 면적요소에 수직방향으로 작용하는 힘의 평형방정식을 세우면

$$(p_i - p_0)dx \cdot dy = 2\sigma dy \sin\alpha + 2\sigma dx \sin\beta \qquad (1\text{-}27)$$

σ : 표면장력

[그림 1-5]에서 $\sin\alpha = \dfrac{dx/2}{R_1}$, $\sin\beta = \dfrac{dy/2}{R_2}$이므로

식 (1-27)은 다음과 같이 된다.

$$p_i - p_0 = \sigma\left(\frac{1}{R_1} + \frac{1}{R_2}\right) \qquad (1\text{-}28)$$

이 $p_i - p_0$를 **내부초과압력**이라고 하며 액면이 구면인 경우는 $R_1 = R_2 = R$이 되어

$$p_i - p_0 = \frac{2\sigma}{R} \tag{1-29}$$

액면이 원주면인 경우는 $R_1 = R,\ R_2 = \infty$가 되어

$$p_i - p_0 = \frac{\sigma}{R} \tag{1-30}$$

이 된다.

따라서 반지름이 작을수록 내부초과압력은 상승하게 되며 표면장력은 분자간의 응집력에 직접 의존하므로 온도가 상승함에 따라 감소하며 액체표면과 접촉하고 있는 유체의 종류에 따라 다른 값을 갖는다.

(2) 표면장력의 단위

표면장력의 단위는 표면장력의 정의에 의해서 단위면적당의 에너지 또는 단위길이당의 힘으로 나타낸다.

1.10.2 모세관현상(capillarity)

[그림 1-6]과 같이 직경이 D인 가는 관을 물이나, 수은 등과 같은 액체속에 넣으면 액면은 관의 벽면을 따라 상승하거나 하강하게 되는데 이러한 현상을 **모세관현상**이라고 한다.

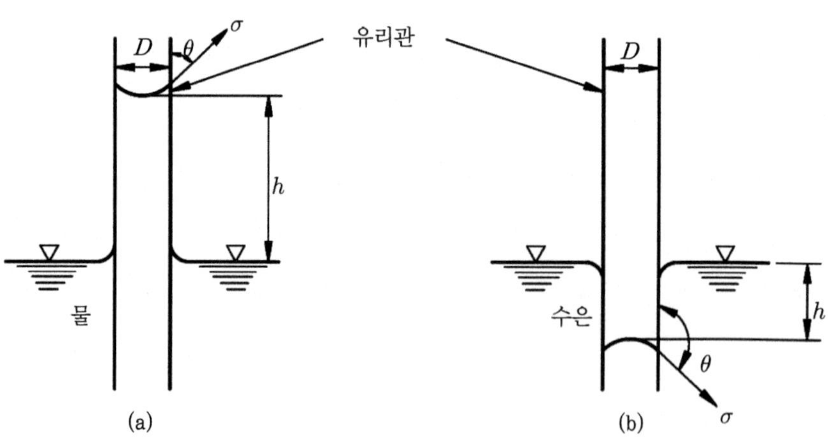

[그림 1-6] 모세관현상

액면이 상승하거나 하강하는 것은 응집력과 부착력의 크기에 따라 결정되는데 부착력이 응집력보다 크면 [그림 1-6(a)] 상승하고 응집력이 부착력보다 크면 [그림 1-6(b)] 하강한다.

모세관현상으로 인한 액면의 상승(또는 하강) 높이를 생각하여 보자. [그림 1-6(a)]에서 표면장력으로 인한 수직분력과 상승된 액체의 무게는 서로 평형을 유지하므로

$$\pi D\sigma\cos\theta = \frac{\pi}{4}D^2\gamma h$$

$$h = \frac{4\sigma\cos\theta}{\gamma D} \tag{1-31}$$

σ : 표면장력

θ : 접촉각

γ : 유체의 비중량

D : 관의 직경

유체의 접촉각 θ는 액체와 고체의 종류 및 서로 접하는 유체의 종류에 따라 다르며 식 (1-31)을 계산한 값이 [-]값이 되면 하강하는 것을 의미한다.

표 1-3에 유체의 접촉각을 나타낸다.

표 1-3 유체의 접촉각

고체	액체	표면유체	온도	접촉각
유리	수은	공기	실온	139°
	수은	물	실온	41°
	물	오레인산	실온	80°
철 (Fe)	올리브유	공기	실온	27°33′
	물	공기	실온	5°10′
운모	수은	공기	실온	126°
	물	아밀알콜	실온	0°
구리 (Cu)	물	공기	실온	6°41′
납 (Pb)	물	공기	실온	2°36′

예제 1.23 **표면장력이 0.07056[N/m]인 물방울의 내부압력이 외부압력보다 20[N/m²]크게 되려면 물방울의 지름은 몇 [cm]이어야 하는가?**

㉮ 1.2　　㉯ 1.4　　㉰ 1.6　　㉱ 1.8

해설 식(1-29)에서

$$p_i - p_0 = \frac{2\sigma}{R} = \frac{4\sigma}{D}$$

$$\therefore D = \frac{4\sigma}{p_i - p_0}$$

$$= \frac{4 \times 0.07056}{20} \fallingdotseq 0.014[\text{m}] = 1.4[\text{cm}]$$

답 ㉯

예제 1.24 **직경 2[mm]인 유리관 속을 상승하는 물의 높이는 몇 [mm]인가? 단, 표면장력은 7.252×10^{-2}[N/m]이고 접촉각은 2°이다.**

㉮ 28.7　　㉯ 24.2　　㉰ 18.9　　㉱ 14.8

해설 식(1-31)에서

$$h = \frac{4\sigma\cos\theta}{\gamma D}$$

$$= \frac{4 \times 7.252 \times 10^{-2} \times \cos 2°}{9800 \times 0.002} \fallingdotseq 0.0148[\text{m}]$$

$$= 14.8[\text{mm}]$$

답 ㉱

예제 1.25 **다음 글 중에서 내용이 잘못된 것은?**

㉮ 잉크가 백묵에 흡수되는 것은 모세관현상 때문이다.

㉯ 액체 속에 고체를 넣었을 때 고체가 젖는다면 부착력이 응집력 보다 크다.

㉰ 물방울의 직경이 클수록 내부초과압력은 크다.

㉱ 잔잔한 물의 표면위에 바늘이 뜨는 이유는 표면장력 때문이다.

해설 식(1-29)에서

$$p_i - p_0 = \frac{2\sigma}{R} = \frac{4\sigma}{D}$$

여기서 직경은 내부초과압력과 반비례하므로 물방울의 직경이 클수록 내부초과압력은 작다. 답 ㉰

1.11 증기압(vapor pressure)

모든 액체는 기체와 접촉하고 있을 때 그 접촉면을 통하여 증발하려고 하며 증발속도는 액체 분자의 운동에너지에 의존한다. 즉 액체의 종류와 온도에 따라 다르다.

[그림 1-7]과 같이 밀폐용기 속에 일부는 액체가 들어있고 나머지 부분은 기체로 꽉 차 있다고 생각하자. 초기에는 그림 (a)와 같이 기체 속에 증기분자가 없다고 하면 시간이 경과함에 따라 그림 (b)와 같이 액체분자가 그 온도에 대응하는 운동에너지를 갖고 무질서하게 운동하다가 자유표면에 충돌하여 표면장력을 이기고 기체속으로 들어가 기체속에서 무질서하게 운동하며 증기의 분압을 형성한다. 이 때 기체의 압력은 증기분압과 기체분압의 합으로 나타난다. 시간이 더 경과하면 그림 (c) 와 같이 액체분자는 계속해서 자유표면을 통하여 기체공간 속으로 들어가고 또 기체 속의 증기분자도 액체 속으로 들어가게 되어 언젠가는 자유표면을 통해 들어오고 나가는 분자수가 같게 된다. 이와 같이 평형상태에 도달했을 때 기체 속의 증기 분압을 **증기압** 또는 **포화증기압**(飽和蒸氣壓)이라고 한다.

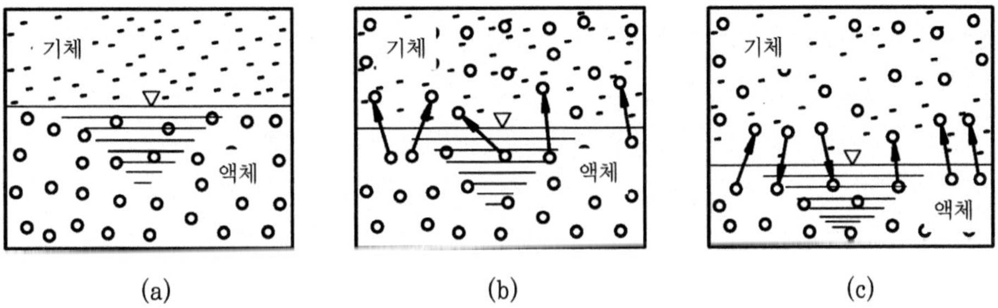

[그림 1-7]

1.11.1 비등(boiling)

격렬한 증발현상 즉, 액체질량 전체에서 증기기포가 형성되는 현상을 **비등**이라고 하며 온도를 높여서 증기압을 액체표면에 작용하는 압력 보다 높게 하든가 액체표면에 작용하는 압력을 그 온도에서의 증기압보다 낮게 하므로서 비등이 일어난다.

1.11.2 공동현상(cavitation)

액체의 압력이 그 온도에서의 증기압 보다 낮아질 때 국부적으로 비등현상이 일어나서 많은 증기 공동(cavity)을 만드는 현상을 **공동현상**이라고 하며 액체의 압력이 증기압보다 높아지면 공동이 없어지는 동시에 고온, 고압의 충격파를 발생시켜 소음, 진동, 재료의 피로, 부식의 원인이 된다.

예제 1.26 **다음 증기압에 대한 내용 중 잘못 설명된 것은?**

㉮ 증기압은 온도와 더불어 증가한다.

㉯ 증기압이 높은 액체는 증발이 쉽게 일어난다.

㉰ 액체에 작용하는 압력이 증기압보다 낮을 때 비등이 일어난다.

㉱ 물은 100[℃]이하에서는 증발하지 않는다.

해설 모든 액체는 그 온도에 대응하는 증기압 보다 낮은 압력에서 증발하며 증기압은 온도와 더불어 증가하기 때문에 100[℃]인 물의 경우, 증기압이 표준대기압이므로 물은 표준기압하에서는 100[℃]에서 증발하지만 그 보다 낮은 압력에서는 100[℃]보다 낮은 온도에서도 증발한다. 답 ㉱

예제 1.27 **표준대기압 하에서 80[℃]의 물을 펌프로 끌어올릴 수 있는 최대높이는 몇 [m]인가? 단, 모든 손실은 무시하고 80℃에서 물의 증기압은 0.4672기압이라고 가정한다.**

㉮ 4.6 ㉯ 5.5 ㉰ 6.8 ㉱ 7.2

해설 표준대기압 즉 760[mmHg]를 수주(물기둥)로 환산하면

$760[mmHg] \fallingdotseq 10.332\,[mAq]$

또 0.4672기압을 수주로 환산하면

$0.4672 \times 10.332 \fallingdotseq 4.827\,[mAq]$

펌프 흡입구의 압력이 80[℃] 물의 증기압 즉, 4.827 [mAq]보다 낮으면 공동현상이 발생하므로 물을 끌어올릴 수 있는 최대높이는

$10.332 - 4.827 = 5.505\,[m] \fallingdotseq 5.5\,[m]$ 답 ㉯

연습문제

기초문제

1. 다음 중에서 유체를 가장 잘 설명한 것은?

㉮ 유체는 아무리 작은 전단력이라도 받으면 쉽게, 연속적으로 변형하는 물질이다.

㉯ 유체는 용기를 꽉 채울때까지 계속해서 팽창하는 물질이다.

㉰ 유체는 분자 상호간의 거리와 운동범위가 고체보다 작은 물질이다.

㉱ 유체는 정지상태에 있을 때 전단응력과 평형을 이루는 물질이다.

해설 답 ㉮

㉯는 기체의 정의이고 유체는 분자 상호간의 거리와 운동 범위가 고체보다 크며 정지상태에서는 전단응력에 버티어 평형을 이룰 수 없고 아무리 작은 전단력이라도 받으면, 쉽게, 연속적으로 변형하는 물질이다.

2. 다음 중 유체를 연속체로 취급할 수 있는 경우는 어느 것인가? 단, ℓ은 문제의 특성길이, λ는 분자의 평균자유행로이다.

㉮ $\ell \ll \lambda$ ㉯ $\ell = \lambda$ ㉰ $\ell \gg \lambda$ ㉱ $\ell = 0,\ \lambda = 0$

해설 답 ㉰

유체를 연속체로 취급하기 위해서는 문제의 특성길이가 분자의 크기나 분자의 평균자유행로보다 매우 커야하며 분자의 충돌과 충돌 사이에 걸리는 시간이 아주 짧아야 한다.

3. 다음 중 이상유체를 바르게 설명한 것은?

㉮ 점성이 없는 비압축성유체 ㉯ 상태방정식을 만족하는 유체

㉰ 실제유체 중에서 비압축성인 유체 ㉱ Newton의 점성법칙을 만족하는 유체

해설 답 ㉮

점성이 없는 유체를 가정하여 이상유체라고 하기도 한다.

4. 체적이 5[m^3]인 어떤 기름의 무게가 49000[N]이었다. 이 기름의 밀도는 몇 [kg/m^3]인가?

㉮ 780 ㉯ 860 ㉰ 940 ㉱ 1000

연습문제

해설 답 ㉱

밀도 : $\rho=\frac{m}{V}=\frac{W}{V\cdot g}=\frac{49000}{5\times9.8}=1000[\mathrm{kg/m^3}]$

5. 체적이 4[m³]인 기름의 무게가 28000[N]이었다. 이 기름의 비중은 얼마인가?

㉮ 0.639　　㉯ 0.714　　㉰ 0.843　　㉱ 0.927

해설 답 ㉯

밀도 : $\rho=\frac{m}{V}=\frac{W}{V\cdot g}=\frac{28000}{4\times9.8}\fallingdotseq714[\mathrm{kg/m^3}]$

물의 밀도 : $\rho_w=1000[kg/m^3]$이므로

$\therefore$ 비중 $S=\frac{\rho}{\rho_w}=\frac{714}{1000}=0.714$

6. 비중이 0.9인 어떤 기름의 비중량은 몇 [N/m³]인가?

㉮ 8356　　㉯ 8820　　㉰ 9126　　㉱ 9754

해설 답 ㉯

$S=\frac{\gamma}{\gamma_w}$ 이므로 $\gamma=\gamma_w\cdot S=9800\times0.9=8820\ [\mathrm{N/m^3}]$

7. 질량 1[kg]인 물체를 저울에 달았더니 무게가 9.8[N]이었다. 이 지점의 중력가속도[m/s²]는 얼마인가?

㉮ 9.8　　㉯ 9.4　　㉰ 8.9　　㉱ 7.3

해설 답 ㉮

질량 : $m=1[\mathrm{kg}]$

무게 : $\mathrm{W}=9.8[\mathrm{N}]\fallingdotseq9.8\,[\mathrm{kg\cdot m/s^2}]$

$\therefore g=\frac{W}{m}=\frac{9.8}{1}=9.8\,[\mathrm{m/s^2}]$

8. 점성계수의 차원이 맞는 것은?

㉮ $FL^{-2}T$　　㉯ $FL^{-1}T^{-1}$　　㉰ $ML^{-2}T^{-1}$　　㉱ ML^2T^{-2}

기초문제

해설 답 ㉮

$$\mu = \frac{\tau}{(du/dy)} = \frac{[FL^{-2}]}{[LT^{-1}]/[L]} = [FL^{-2}T]$$

$$= [MLT^{-2}][L^{-2}T] = ML^{-1}T^{-1}$$

9. 질량의 차원으로 맞는 것은?

㉮ FL^2T^{-2} ㉯ FLT^{-2} ㉰ $FL^{-1}T^{-1}$ ㉱ $FL^{-1}T^2$

해설 답 ㉱

$F = ma$

$$m = \frac{F}{a} = \frac{[F]}{[LT^{-2}]} = [FL^{-1}T^2]$$

10. 동점성계수의 차원은?

㉮ $L^{-1}T$ ㉯ LT^{-1} ㉰ L^2T^{-1} ㉱ L^2T^{-2}

해설 답 ㉰

$$\nu = \frac{\mu}{\rho} = \frac{[ML^{-1}T^{-1}]}{[ML^{-3}]} = [L^2T^{-1}]$$

11. 유체의 압축률에 대한 차원으로 맞는 것은?

㉮ $M^{-1}T$ ㉯ $M^{-1}LT^2$ ㉰ $ML^{-1}T^2$ ㉱ $L^{-1}T^{-1}$

해설 답 ㉯

$$\beta = -\frac{dv}{v} \cdot \frac{1}{dp} = \frac{[L^3]}{[L^3] \cdot [FL^{-2}]} = [F^{-1}L^2] = [MLT^{-2}]^{-1}[L^2] = [M^{-1}LT^2]$$

12. 다음 중 점성계수의 단위가 아닌 것은?

㉮ poise ㉯ $kg_f \cdot s/m^2$ ㉰ $g/cm \cdot s$ ㉱ $dyne/cm \cdot s$

해설 답 ㉱

$1[poise] = 1[dyne \cdot s/cm^2] = 1[g/cm \cdot s]$

$1[kg_f \cdot s/m^2] = 98[dyne \cdot s/cm^2] = 98[poise]$

연습문제

13. 절대압력이 6×10^5[N/m²], 온도가 40℃인 공기의 동점성계수는 몇 [cst]인가? 단, 공기의 점성계수는 0.21×10^{-3}[poise]이다.

㉮ 1.84　　㉯ 2.92　　㉰ 3.14　　㉱ 4.63

해설　　답 ㉰

상태방정식 $Pv_s = RT$에서

$$\rho = \frac{P}{RT} = \frac{6\times10^5}{287\times(273+40)} \fallingdotseq 6.679\,[\mathrm{kg/m^3}] = 6.679\times10^{-3}\,[\mathrm{g/cm^3}]$$

$$\therefore \text{동점성계수 } \nu = \frac{\mu}{\rho} = \frac{0.21\times10^{-3}}{6.679} \fallingdotseq 0.0314[\mathrm{cm^2/s}] = 0.0314\,[\mathrm{st}] = 3.14[\mathrm{cst}]$$

14. 동점성계수가 0.15×10^{-4}[m²/s], 비중량이 11.76[N/m³]인 공기의 점성계수는 몇 [poise]인가?

㉮ 1.8×10^{-4}　　㉯ 2.1×10^{-5}　　㉰ 2.7×10^{-4}　　㉱ 1.2×10^{-5}

해설　　답 ㉮

$$\nu = \frac{\mu}{\rho}$$

$$\mu = \rho\nu = \frac{\gamma}{g}\cdot\nu$$

$$= \frac{11.76}{9.8}\times0.15\times10^{-4} \fallingdotseq 1.8\times10^{-5}\,[\mathrm{kg/m\cdot s}]$$

$$= 1.8\times10^{-4}\,[\mathrm{g/cm\cdot s}] = 1.8\times10^{-4}\,[\mathrm{poise}]$$

15. 점성계수가 5[centipoise] 인 유체의 동점성계수는 몇 [m²/s]인가? 단, 이 유체의 밀도는 902[kg/m³]이다.

㉮ 4.72×10^{-5}　　㉯ 5.55×10^{-6}　　㉰ 6.79×10^{-7}　　㉱ 7.36×10^{-8}

해설　　답 ㉯

점성계수 : $\mu = 5\,[\mathrm{centipoise}] = 0.05[\mathrm{poise}] = 0.05[\mathrm{g/cm\cdot s}] \fallingdotseq 5\times10^{-3}\,[\mathrm{kg/m\cdot s}]$

$$\therefore \text{동점성계수 } \nu = \frac{\mu}{\rho} = \frac{5\times10^{-3}}{902} \fallingdotseq 5.54\times10^{-6}\,[\mathrm{m^2/s}]$$

16. 비중이 0.9인 기름의 점성계수가 5.2×10^{-3}[$kg_f\cdot s/m^2$]이다. 이 기름의 동점성계수는 몇 [stokes]인가?

㉮ 0.566　　㉯ 1.273　　㉰ 2.354　　㉱ 3.163

해설　　답 ㉮

비중 $S=0.9$이므로

비중량 $\gamma=s\cdot\gamma_w=0.9\times1000=900\,[kg_f/m^3]$

동점성계수 $\nu=\dfrac{\mu}{\rho}=\dfrac{\mu\cdot g}{\gamma}$

$$=\frac{5.2\times10^{-2}\times9.8}{900}=5.66\times10^{-5}\,[m^2/s]=5.66\times10^{-1}\,[cm^2/s]$$

$$=0.566\,[stokes]$$

17. 그림과 같이 평행한 두 평판사이에 점성계수가 13.15 [poise]인 기름이 들어있다. 아래쪽 평판을 고정시키고 위쪽 평판을 4[m/s]로 움직일 때 속도분포는 그림과 같이 직식이다. 이 때 두 평판사이에서 발생하는 전단응력은 몇 [N/m^2]인가?

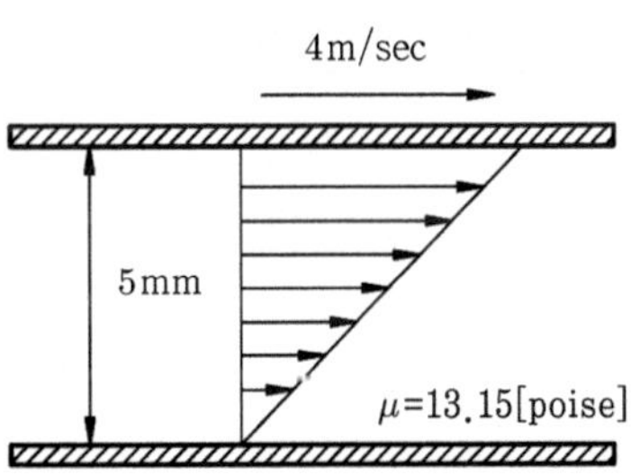

㉮ 905.13　　㉯ 1052.03　　㉰ 1113.67　　㉱ 1261.95

해설　　답 ㉯

속도구배 : $\dfrac{du}{dy}=\dfrac{4}{0.005}=800\left[\dfrac{1}{s}\right]$

$$\therefore\tau=\mu\cdot\frac{du}{dy}=13.15\times\frac{1}{98}\times800=107.35\,[kg_f/m^2]\fallingdotseq1052.03[N/m^2]$$

$$\left(\because 1\,[poise]\fallingdotseq\frac{1}{98}[kg_f\cdot s/m^2]\right)$$

18. 어떤 기름의 동점성계수는 1.7 [stokes]이고 비중량은 980[kg_f/m^3]이다. 이 기름의 점성계수는 몇 [poise]인가?

㉮ 0.167　　㉯ 0.326　　㉰ 0.432　　㉱ 0.581

연습문제

해설 답 ㉮

동점성계수 $\nu = 1.7\,[\text{stokes}] = 1.7\,[\text{cm}^2/\text{s}] = 1.7\times10^{-4}\,[\text{m}^2/\text{s}]$

비중량 $\gamma = 980\,[\text{kg}_f/\text{m}^3]$

점성계수 $\mu = \rho\nu = \dfrac{\gamma}{g}\nu = \dfrac{980}{9.8}\times1.7\times10^{-4} = 1.7\times10^{-3}\,[\text{kg}_f\cdot\text{s}/\text{m}^2]$

$$1\,[\text{kg}_f\cdot\text{s}/\text{m}^2] \fallingdotseq 9.8\times10^5\,[g\cdot\text{cm}/\text{s}^2]\times10^{-4}\,[\text{s}/\text{cm}^2]$$
$$= 98\,[\text{g}/\text{cm}\cdot\text{s}]$$
$$= 98\,[\text{poise}]$$

따라서 점성계수는

$$\mu = 1.7\times10^{-3}\,[\text{kg}_f\cdot\text{s}/\text{m}^2] = 1.7\times98\times10^{-3}\,[\text{poise}]$$
$$\fallingdotseq 0.167\,[\text{poise}]$$

19. 그림과 같이 0.1[m]인 틈 속에 두께를 무시해도 좋을 정도의 얇은 판이 있다. 이 판의 위에는 점성계수가 μ인 유체가 있고 아랫 쪽에는 점성계수가 2μ인 유체가 있을 때 이 판을 수평으로 0.5[m/s]의 속도로 움직이는 데 40 [N]의 힘이 필요하다면 점성계수는 몇 [N · s/m²]인가? 단, 이 판은 1[m]×1[m]인 정사각형 평판이다.

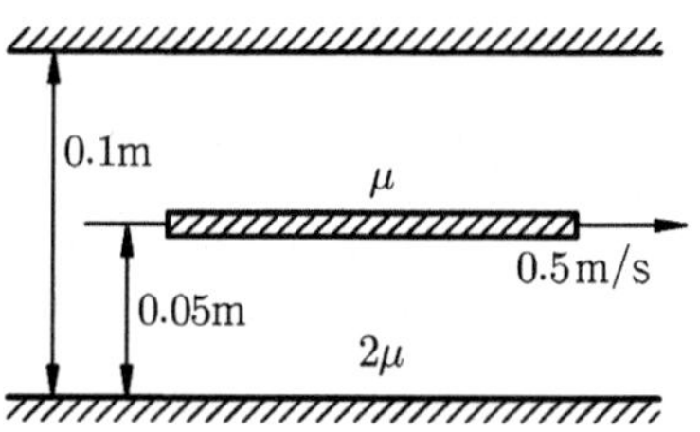

㉮ 0.75 ㉯ 0.94 ㉰ 1.33 ㉱ 1.71

해설 답 ㉰

Newton의 점성법칙에 의하면

$$\tau = \frac{F}{A} = \mu\cdot\frac{du}{dy}$$
$$F = A\cdot\mu\cdot\frac{du}{dy}$$
$$\therefore F = A\left(\mu\cdot\frac{du}{dy} + 2\mu\frac{du}{dy}\right) = A\cdot3\mu\cdot\frac{du}{dy}$$
$$\therefore \mu = \frac{1}{3}\frac{F}{A}\frac{dy}{du}$$
$$= \frac{1}{3}\times\frac{40}{1}\times\frac{0.05}{0.5} \fallingdotseq 1.33\,[\text{N}\cdot\text{s}/\text{m}^2]$$

기초문제

20. 그림과 같이 축을 베어링 사이에서 길이 방향으로 3[m/s]의 속도로 움직일 때 얼마만큼의 힘이 필요한가? 단, 축과 베어링 사이에는 점성계수 0.3[N · s/m²]인 기름이 있고 베어링의 폭은 0.2[m]이며 축의 무게는 무시한다.

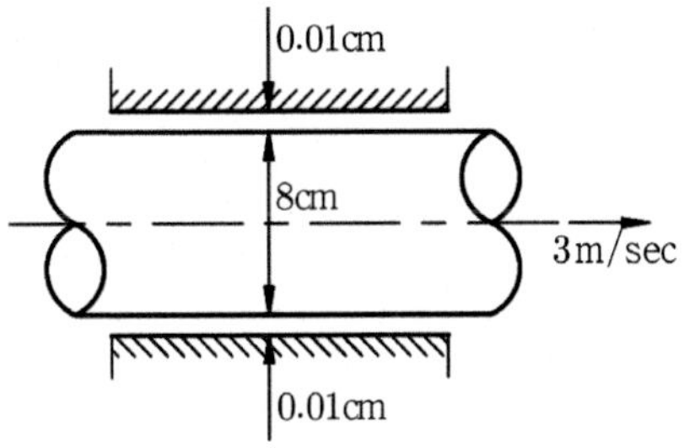

㉮ 272 [N]　　㉯ 339 [N]

㉰ 453 [N]　　㉱ 511 [N]

해설 　　답 ㉰

Newton의 점성법칙에서

$$\tau = \frac{F}{A} = \mu \cdot \frac{du}{dy} \text{ 이므로}$$

$$F = A \cdot \mu \cdot \frac{du}{dy}$$

$$= (8+0.01) \times 10^{-2} \times \pi \times 0.2 \times 0.3 \times \frac{3}{10^{-4}}$$

$$\fallingdotseq 453\,[\text{N}]$$

21. 점성계수가 0.0015[kg/m · s]인 유체가 평판위를 흐를 때 속도 분포가 $u = 8y - \frac{2}{3}y^2$ [m/s]이다. 이 때 평판에서의 전단응력은 몇 [kg_f/m^2]인가? 단, y는 평판에서의 수직거리이다.

㉮ 4.36×10^{-3}　　㉯ 3.21×10^{-3}　　㉰ 2.69×10^{-3}　　㉱ 1.22×10^{-3}

해설 　　답 ㉱

평판상에서의 속도구배는 y값이 0일때 이므로

$$\left(\frac{du}{dy}\right)_{y=0} = \left(8 - \frac{4}{3}y\right)_{y=0} = 8\left[\frac{1}{\text{sec}}\right]$$

따라서

$$\tau_{y=0} = \mu \cdot \left(\frac{du}{dy}\right)_{y=0} = 0.0015 \times 8 = 0.012\,[\text{kg/m} \cdot \text{s}^2]$$

$$= 0.012\,[\text{N/m}^2] = \frac{0.012}{9.8}\,[\text{kg}_f/\text{m}^2]$$

$$= 1.22 \times 10^{-3}\,[kg_f/\text{m}^2]$$

연습문제

22. 다음 그림 중에서 Newton의 점성 법칙을 바르게 나타낸 것은? 단, μ는 점성계수, $\frac{du}{dy}$는 속도구배이다.

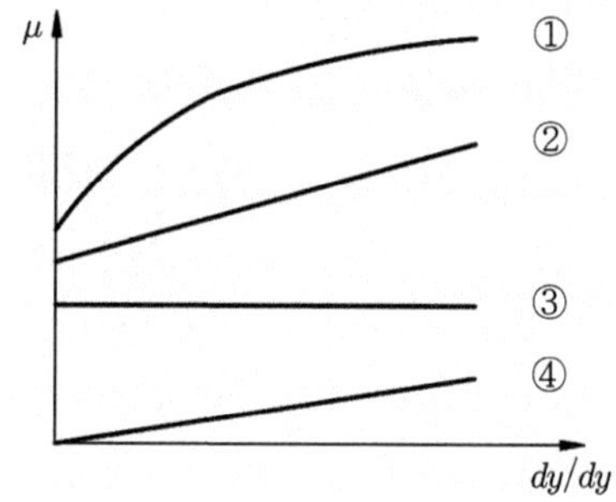

㉮ ①　　　　㉯ ②

㉰ ③　　　　㉱ ④

해설　　　　답 ㉰

Newton의 점성법칙 $\tau=\mu\cdot\frac{du}{dy}$에서 μ는 비례상수이므로 속도구배와 관계없이 일정해야 한다.

23. 다일라탄트 유체의 전단응력과 속도구배 사이에는 그림과 같은 관계가 있다. 이 유체의 점성을 바르게 나타낸 것은? 단, τ는 전단응력, μ는 점성계수, du/dy는 속도구배이다.

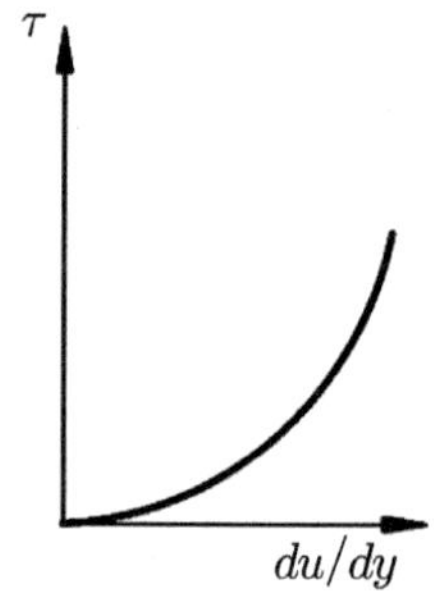

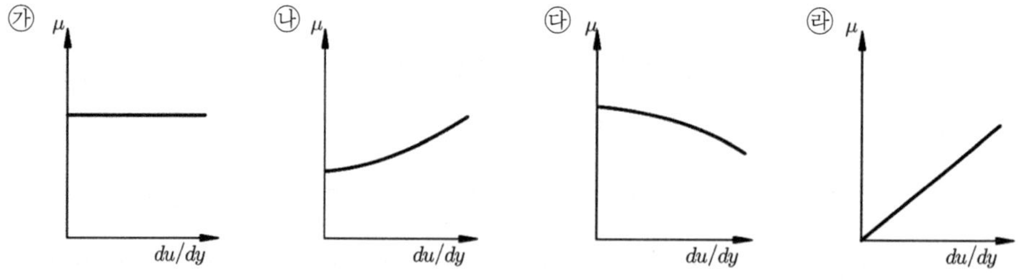

해설　　　　답 ㉯

다일라탄트유체는 비 Newton 유체로서 그림에서와 같이 속도구배가 증가하면 전단응력도 증가하고, 또 그 증가율 즉, 점성계수가 증가해야 한다. 그러나 ㉱는 속도구배가 0일 때 점성계수도 0으로 되어 있어서 정답이 될 수 없다. 왜냐하면 점성이 없는 실제유체는 존재할 수 없기 때문이다. 따라서 정답은 ㉯가 된다.

24. Newton유체란?

㉮ 비압축성 유체로서 속도구배가 항상 일정한 유체

㉯ 유체유동시에 전단응력과 속도구배의 관계가 원점을 통과하는 직선적인 관계를 갖는 유체

㉰ 유체가 정지상태에서 항복응력을 갖는 유체

㉱ 전단응력이 속도구배에 관계 없이 항상 일정한 유체

해설 답 ㉯

Newton의 점성법칙을 만족하는 유체를 Newton유체라고 하며 유체유동시에 전단응력과 속도구배의 관계가 원점을 지나는 직선적인 관계를 가지며 이 때 비례상수에 해당하는 것이 점성계수이다. 따라서 Newton유체의 점성계수는 속도구배에 관계없이 일정한 값을 갖는다.

25. 절대압력이 3[kg_f /cm^2]이고 온도가 33[℃]인 공기의 밀도는 몇 [kg/m^3]인가? 단, 공기의 기체상수는 29.97[kg · m/kg · K]이다.

㉮ 3.35 ㉯ 4.36 ㉰ 5.78 ㉱ 6.31

해설 답 ㉮

절대압력 $P=3\times10^4\,[kg_f/m^2] \fallingdotseq 3\times10^4\times9.8\,[N/m^2]$

절대온도 $T=33+273=306\,[K]$

기체상수 $R=29.97\,[kg_f\cdot m/kg\cdot K]=29.27\times9.8\,[N\cdot m/kg\cdot K]$

상태방정식 $Pv_s=RT$에서 $\rho=\dfrac{P}{RT}=\dfrac{3\times10^4\times9.8}{29.27\times9.8\times306}\fallingdotseq 3.35\,[kg/m^3]$

26. 절대압력이 2[kg_f/cm^2]이고 온도가 25[℃]인 산소의 비중량은 몇 [N/m^3]인가? 단, 산소의 기체상수는 260[J/kg · K]이다.

㉮ 12.8 ㉯ 16.4 ㉰ 21.4 ㉱ 24.8

해설 답 ㉱

절대압력 $P=2\times10^4\,[kg_f/m^2]=2\times10^4\times9.8\,[N/m^2]$

절대온도 $T=273+25=298\,[K]$

기체상수 $R=260\,[J/kg\cdot K]=260\,[N\cdot m/kg\cdot K]$

밀도 $\rho=\dfrac{P}{RT}$이므로

비중량 $\rho=\dfrac{P}{RT}\cdot g=\dfrac{2\times10^4\times9.8}{260\times298}\times9.8\fallingdotseq 24.8\,[N/m^3]$

연습문제

27. 체적탄성계수는?

㉮ 온도와 무관하다. ㉯ 압력과 더불어 증가한다.
㉰ 압력의 역수와 같은 차원을 갖는다. ㉱ 비압축성 유체보다 압축성유체가 크다.

해설 답 ㉯

체적탄성계수는 압력과 온도의 함수로서 압력의 상승에 따라 상승한다. 또 압력의 차원을 가지며 압축성유체보다 비압축성유체의 체적탄성계수가 더 크다.

28. 절대압력이 250[kPa], 밀도가 1.3[kg/m^3]인 메탄가스 (CH_4)의 온도는 몇 [℃] 인가?

㉮ 78 ㉯ 85 ㉰ 97 ㉱ 104

해설 답 ㉰

절대압력 $P=250[\text{kPa}]=250\times10^3[\text{Pa}]=250\times10^3[\text{N/m}^2]$

밀도 $\rho=1.3[\text{kg/m}^3]$

기체상수 $R=\dfrac{8313}{M}[\text{N}\cdot\text{m/kg}\cdot\text{K}]$

$$=\frac{8313}{16}\fallingdotseq 520[\text{N}\cdot\text{m/kg}\cdot\text{K}]$$

상태방정식 $\dfrac{P}{\rho}=RT$에서

$$T=\frac{P}{\rho R}=\frac{250\times10^3}{1.3\times520}\fallingdotseq 370[\text{K}]=97[℃]$$

($\because$ CH_4의 분자량 $M=12+4=16$이므로)

29. 압력 3[kg$_f$/cm^{2}abs], 온도 50 [℃]인 기체의 비중량이 2.25[kg$_f$/m^3]이다. 이 기체의 분자량은 얼마인가?

㉮ 8 ㉯ 14 ㉰ 21 ㉱ 36

해설 답 ㉰

상태방정식 : $Pv_s=RT$에서

$$R=\frac{P}{\gamma T}=\frac{3\times10^4}{2.25\times(273+50)}\fallingdotseq 41.28[\text{kg}_f\cdot\text{m/kg}_f\cdot\text{K}]$$

$$\therefore M=\frac{848}{R}=\frac{848}{41.28}\fallingdotseq 21$$

〈별해〉 $R=\dfrac{P}{\rho T}=\dfrac{3\times10^4\times9.8}{2.25\times(273+50)}\fallingdotseq 404.54\,[\text{N}\cdot\text{m/kg}\cdot\text{K}]$

$M=\dfrac{8313}{R}=\dfrac{8313}{404.54}\fallingdotseq 21$

($\because$ 비중량이 $2.25\,[\text{kg}_f/\text{m}^3]$이면 밀도는 $2.25\,[\text{kg/m}^3]$이다.)

30. 이상기체를 단열압축 시킬 때 체적탄성계수는? 단, P는 압력, v_s는 비체적, T는 절대온도, k는 비열비, ρ는 밀도이다.

㉮ $\dfrac{P}{\rho}$　　㉯ PT　　㉰ P　　㉱ $k\cdot P$

해설 　답 ㉱

단열과정에서 이상기체의 상태방정식은

$$pv_s^k=\text{const.}$$

양변을 미분하면

$$v_s^k\cdot dp+k\cdot pv_s^{k-1}dv_s=0$$

$$dp=-k\cdot p\frac{dv_s}{v_s}\quad \frac{dp}{dv_s/v_s}=-kp=-K$$

$$\therefore K=k\cdot p$$

31. 다음 중 체적탄성계수의 차원으로서 적당한 것은?

㉮ MT^{-1}　　㉯ M^{-1}T^2　　㉰ $\text{ML}^{-1}\text{T}^{-1}$　　㉱ $\text{ML}^{-1}\text{T}^{-2}$

해설 　답 ㉱

체적탄성계수 $K=-\dfrac{dp}{dv/v}=\dfrac{[FL^{-2}]}{[L^3]/[L^3]}=[FL^{-2}]=[MLT^{-2}][L^{-2}]$

$=[ML^{-1}T^{-2}]$

32. 다음 중 압축률의 차원으로서 적당한 것은?

㉮ M^{-1}LT^2　　㉯ ML^{-1}T　　㉰ $\text{M}^{-1}\text{L}^{-1}\text{T}$　　㉱ MLT^2

연습문제

해설 답 ㉮

압축률 $\beta = -\frac{dv}{v} \cdot \frac{1}{dp}$

$$= \frac{[L^3]}{[L^3]} \cdot \frac{1}{[FL^{-2}]} = [F^{-1}L^2] = [MLT^{-2}]^{-1} \cdot [L^2]$$

$$= [M^{-1}LT^2]$$

33. 이상기체를 등온압축할 때 체적탄생계수는? 단, P는 압력, v_s는 비체적, k는 비열비, T는 절대온도, ρ는 밀도이다.

㉮ $k \cdot p$　　㉯ p　　㉰ $\frac{p}{\rho}$　　㉱ $\frac{pv_s}{T}$

해설 답 ㉯

등온과정에서 이상기체의 상태방정식은

$$pv_s = \text{const.}$$

양변을 미분하면

$$pdv_s + v_s dp = 0$$

$$\therefore -\frac{dp}{dv_s/v_s} = p = K$$

34. 물 속에서 전파되는 음속은 몇 [m/s]인가? 단, 물의 체적탄성계수는 2.03×10^8 [kg_f/m^2]이고 밀도는 1000[kg/m^3]이다.

㉮ 1287　　㉯ 1326　　㉰ 1410　　㉱ 1533

해설 답 ㉰

$$a = \sqrt{\frac{K}{\rho}} = \sqrt{\frac{2.03 \times 10^8}{1000/9.8}} \fallingdotseq 1410\ [\text{m/s}]$$

35. 압축률이 4.82×10^{-5}[m^2/kg_f]인 물의 체적을 2% 감소시키는데 필요한 압력은 몇 [kg_f/m^2]인가?

㉮ 1.84×10^{-3}　　㉯ 2.64×10^{-2}　　㉰ 3.64×10^{-3}　　㉱ 4.15×10^{-2}

해설 답 ㉱

체적탄성계수 $K = -\frac{dp}{dv/v}$

기초문제

$$\therefore dp = -K \cdot \frac{dv}{v} = -\frac{1}{\beta}\frac{dv}{v}$$

$$= -\frac{1}{4.82 \times 10^{-5}} \times (-0.02) \fallingdotseq 415\,[\mathrm{kg}_f/\mathrm{m}^2]$$

$$= 4.15 \times 10^{-2}\,[\mathrm{kg}_f/\mathrm{cm}^2]$$

36. 표준기압, 20[℃]인 공기 속에서 음속은 몇 [m/s]인가? 단, 공기의 비열비는 1.4, 기체상수는 287[J/kg · K]이다.

㉮ 343　　㉯ 352　　㉰ 368　　㉱ 376

해설 답 ㉮

$a = \sqrt{kRT} = \sqrt{1.4 \times 287 \times (273+20)} \fallingdotseq 343\,[\mathrm{m/s}]$

37. 표준기압, 25[℃]인 공기 속에서 음속은 몇 [m/s]인가? 단, 공기의 비열비는 1.4, 기체상수는 29.27[$\mathrm{kg}_f \cdot \mathrm{m/kg}_f \cdot \mathrm{K}$]이다.

㉮ 283　　㉯ 305　　㉰ 323　　㉱ 346

해설 답 ㉱

$a = \sqrt{kgRT} = \sqrt{1.4 \times 9.8 \times 29.27 \times (273+25)} \fallingdotseq 346\,[\mathrm{m/s}]$

38. 다음 글 중에서 잘못 설명된 것은?

㉮ 압축율이 큰 유체일수록 압축하기가 쉽다.

㉯ 압축율은 압력의 차원을 갖는다.

㉰ 체적탄성계수가 큰 유체일수록 압축하기가 어렵다.

㉱ 체적탄성계수는 압축율과 역수 관계를 갖는다.

해설 답 ㉯

체적탄성계수는 압력의 차원을 가지며 압축율은 압력과 역수관계의 차원을 갖는다.

연습문제

39. 지름 5 [cm]인 비누방울 속의 내부초과압력이 1.8×10^{-5}[kg_f/cm^2]일 때 비누방울의 표면장력은 몇 [N/cm]인가?

㉮ 1.8×10^{-4}　　㉯ 2.2×10^{-4}　　㉰ 3.2×10^{-5}　　㉱ 4.8×10^{-5}

해설 답 ㉯

내부초과압력은

$$p_i - p_0 = \frac{2\sigma}{R} = \frac{4\sigma}{D}$$

$$\therefore \text{ 표면장력 } \sigma = \frac{(p_i - p_0)\cdot D}{4}$$

$$= \frac{1.8\times10^{-5}\times5}{4} = 2.25\times10^{-5}\,[kg_f/cm] \fallingdotseq 2.2\times10^{-4}\,[N/cm]$$

40. 안지름 4[mm]의 유리관으로 만든 액주계에서 측정된 압력은 350[mmAq]이었다. 액주계 속에는 물을 사용하였고 이 때 표면장력은 7.8×10^{-3}[kg_f/m], 접촉각은 12°이다. 실제압력은 [mmAq]인가?

㉮ 324.2　　㉯ 332.8　　㉰ 338.3　　㉱ 342.4

해설 답 ㉱

모세관 현상으로 인한 상승높이는

$$h = \frac{4\sigma\cos\theta}{\gamma D} = \frac{4\times7.8\times10^{-3}\times\cos12^\circ}{1000\times4\times10^{-3}} \fallingdotseq 7.6\times10^{-3}\,[m] = 7.6\,[mm]$$

따라서 실제압력은

$$350 - 7.6 = 342.4\,[mmAq]$$

41. 표면장력의 차원으로서 적당한 것은?

㉮ $M^{-1}T^{-1}$　　㉯ $M^{-1}L$　　㉰ MT^{-2}　　㉱ ML^{-1}

해설 답 ㉰

$$\sigma = \frac{[F]}{[L]} = [FL^{-1}] = [MLT^{-2}][L^{-1}] = [MT^{-2}]$$

42. 모세관 속의 액체가 상승하는 경우는?

㉮ 부착력이 응집력보다 크다.

㉯ 모세관 속의 액체표면은 위로 볼록하다.

㉰ 다른 조건이 모두 같다면 모세관의 직경이 클수록 상승높이가 크다.

㉱ 부착력과 응집력의 크기에는 관계 없고 위로 오목한 표면을 갖는다.

해설 답 ㉮

모세관 속의 액체는 부착력과 응집력의 크기 관계에 따라 상승하거나 하강한다. 또 상승하는 경우는 액면이 오목하고 하강하는 경우는 위로 볼록하다.

응집력 > 부착력 : 하강

응집력 < 부착력 : 상승

43. 모세관의 직경비가 1 : 2 : 3 인 3개의 모세관 속을 올라가는 물의 높이의 비는?

㉮ 1 : 2 : 3 ㉯ 3 : 2 : 1 ㉰ 2 : 3 : 6 ㉱ 6 : 3 : 2

해설 답 ㉱

모세관현상으로 인한 상승높이는

$$h=\frac{4\sigma\cos\theta}{\gamma D}$$

즉, 모세관의 직경에 반비례한다. 따라서 상승높이의 비는 다음과 같다.

$$1:\frac{1}{2}:\frac{1}{3}=6:3:2$$

44. 그림과 같이 직경 D인 모세관을 물속에 α만큼 기울여서 세웠을 때 상승높이 H는 몇 [mm]인가? 단, $D=5\,[\mathrm{mm}]$, $\theta=10°$, $\alpha=15°$, 표면장력은 $8.4\times10^{-3}\,[\mathrm{kg}_f/\mathrm{m}]$이다.

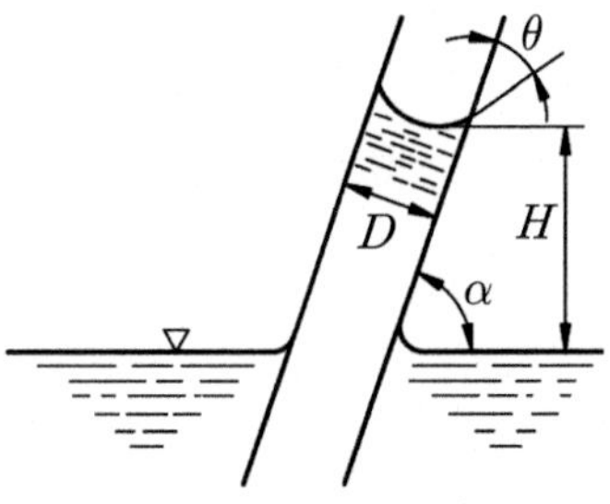

㉮ 5.4 ㉯ 6.6

㉰ 7.8 ㉱ 9.0

연습문제

해설 답 ㉯

모세관이 기울어졌더라도 액체의 상승높이는 H는 마찬가지이다.

$$\therefore H = \frac{4\sigma\cos\theta}{\gamma D} = \frac{4\times 8.4\times 10^{-3}\times\cos 10^\circ}{1000\times 5\times 10^{-3}} \fallingdotseq 6.6\times 10^{-3}[\mathrm{m}]$$

$$= 6.6\,[\mathrm{mm}]$$

45. 모세관현상으로 인한 액체의 상승높이에 관계가 없는 것은?

㉮ 관의 길이　㉯ 관의 직경　㉰ 관의 종류　㉱ 액체의 종류

해설 답 ㉮

$h = \frac{4\sigma\cos\theta}{\gamma D}$에 상승높이 h는 관의 직경 D에 반비례하며 접촉각 θ는 관의 종류, 액체의 종류 등과 관계되므로 정답은 ㉮이다.

46. 어떤 물체를 물 속에 넣으면 젖지만 수은 속에 넣으면 젖지 않는다. 그 이유로 적당한 것은?

㉮ 물체의 표면이 아주 매끈하기 때문이다.

㉯ 물체의 표면이 아주 거칠기 때문이다.

㉰ 물의 표면장력이 수은의 표면장력보다 크기 때문이다.

㉱ 물 속에서는 부착력이 크고 수은 속에서는 응집력이 크기 때문이다.

해설 답 ㉱

부착력이 응집력 보다 크면 젖지만 응집력이 부착력보다 크면 젖지 않는다.

47. 가는 철사로 만든 직경 5[cm]의 링(ring)이 물 위에 떠 있다. 이 링을 수평으로 유지하면서 들어 올리는 데 필요한 힘은 몇 [kg_f]인가? 단, 링의 무게는 무시해도 좋을 정도이며 물의 표면 장력은 7.5×10^{-3}[kg_f/m]이다.

㉮ 1.126×10^{-2}　㉯ 2.103×10^{-2}　㉰ 2.355×10^{-3}　㉱ 3.643×10^{-3}

해설 답 ㉰

링을 들어 올리는데 필요한 힘은 표면 장력에 의한 힘이다. 따라서

$$F = 2\pi D\sigma$$
$$= 2\pi\times 0.05\times 7.5\times 10^{-3} = 2.355\times 10^{-3}[\mathrm{kg}_f]$$

기초문제

48. 직경이 0.2[cm]인 비눗방울을 10[cm]까지 팽창시키는데 필요한 일은 몇 [kg_f/m]인가? 단, 비눗물의 표면장력은 4.2×10^{-3}[kg_f/m]이다.

㉮ 1.318×10^{-4} ㉯ 1.715×10^{-4} ㉰ 2.326×10^{-3} ㉱ 2.781×10^{-3}

해설 답 ㉮

체적을 팽창시키는 데 필요한 일은 $W=\int_1^2 p\cdot dV$

비눗방울의 체적은 $V=\frac{4}{3}\pi r^3$

양변을 미분하면 $dV=4\pi r^2 dr$

또 내부초과압력은 $p=\frac{2\sigma}{r}$

따라서,

$$W=\int_1^2 p\cdot dV=\int_1^2 \frac{2\sigma}{r}\cdot 4\pi r^2 dr=8\pi\sigma\int_1^2 r\cdot dr=8\pi\sigma\left(\frac{r_2^2-r_1^2}{2}\right)=4\pi\sigma(r_2^2-r_1^2)$$

$$=4\pi\times4.2\times10^{-3}\times(0.05^2-0.001^2)=1.318\times10^{-4}\,[kg_f\cdot m]$$

49. 60[℃]일 때 물의 증기압은 19.92[kPa], 100[℃]일 때 물의 증기압은 101.33[kPa]이다. 60[℃]에서 물이 끓게 하려면 100[℃]일 때의 증기압 보다 얼마만큼의 압력을 낮추어야 하는가?

㉮ 65.36[kPa] ㉯ 73.24[kPa] ㉰ 81.41[kPa] ㉱ 92.26[kPa]

해설 답 ㉰

$$\Delta P=101.33-19.92=81.41\,[kPa]$$

50. 대기 중에 있는 지름 2[mm]인 수은 방울의 내부 압력은 대기압 보다 얼마나 높은가? 단, 수은의 표면장력은 4.81×10^{-2}[kg_f/m]이다.

㉮ 68.3 [kg_f/m^2] ㉯ 75.2 [kg_f/m^2] ㉰ 84.3 [kg_f/m^2] ㉱ 96.2 [kg_f/m^2]

해설 답 ㉱

내부초과압력은

$$p_i-p_0=\frac{2\sigma}{R}=\frac{4\sigma}{D}$$

$$\therefore p_i=p_0+\frac{4\sigma}{D}=p_0+\frac{4\times4.81\times10^{-2}}{2\times10^{-3}}$$

$$=p_0+96.2\,[kg_f/m^2]$$

연습문제

응용문제

1. 비중량이 850[kg_f/m^3]인 기름 20[l]의 중량은 얼마인가?

해설

$\gamma = \frac{W}{V}$ 이므로

$W = \gamma V = 850 \times 0.02 = 17\,[kg_f]$

2. 공기는 산소와 질소가 체적비 1 : 4로 혼합된 가스라고 가정하여 표준상태에서의 비중량을 구하라.

해설

공기 22.4[l]는 $22.4 \times \frac{1}{5}$[l]의 산소와 $22.4 \times \frac{4}{5}$[l]의 질소로 되어 있고 그 중량은 각각 $32 \times \frac{1}{5}$[g_f]과 $28 \times \frac{4}{5}$[g_f]이므로 공기 22.4[l]의 중량은 다음과 같다.

$$W = 32 \times \frac{1}{5} + 28 \times \frac{4}{5} = 28.8\,[g_f]$$

따라서 비중량은

$$\gamma = \frac{W}{V} = \frac{0.0288}{0.0224} \fallingdotseq 1.286\,[kg_f/m^3]$$

3. 표준기압 4[℃]인 물의 비중량과 밀도를 구하라.

해설

물 1[m^3]의 무게는 1000[kg_f]이므로 비중량의 정의에 의해서

$$\gamma = \frac{W}{V} = \frac{1000}{1} = 1000\,[kg_f/m^3] = 0.001\,[kg_f/cm^3]$$

물의 밀도는

$$\rho = \frac{\gamma}{g} = \frac{1000}{9.8} \fallingdotseq 102\,[kg_f \cdot s^2/m^4] = 1.02 \times 10^{-6}\,[kg_f \cdot s^2/cm^4]$$

이들 값은 표준기압, 4[℃]인 경우의 값이지만 40[℃]이하, 200표준기압 이하에서는 1[%]이내의 오차가 있다.

응용문제

4. 그림과 같이 점도가 0.048[Pa · s]이고 비중이 0.913인 유체가 평판 위를 흐르고 있다. 속도분포를 2차곡선으로 가정할 때 평판면, 평판에서 25[mm], 50[mm], 75[mm]인 지점에서 속도, 속도구배, 전단응력을 구하라.

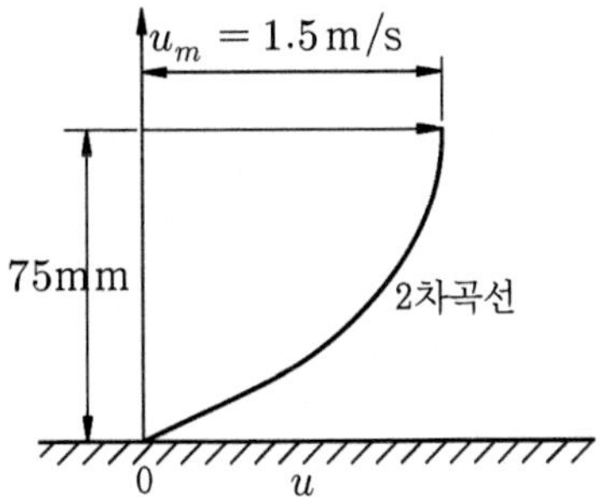

해설

속도분포를 2차곡선으로 가정하면

그림에서

$$u = ay^2 + by + c \qquad ①$$

미분하면

$$\frac{du}{dy} = 2ay + b \qquad ②$$

식①과 ②에 경계조건 ($y=0$에서 $u=0$, $y=75$에서 $u=1.5$[m/s] 및 $\frac{du}{dy}=0$)을 대입하면 다음 식을 얻는다.

$$u = -0.267y^2 + 40y \qquad ③$$

따라서 전단응력은

$$\tau = \mu\frac{du}{dy} = \mu(-0.534y + 40) \qquad ④$$

각 y값에 대한 속도(식 ③), 속도구배 $(-0.534y+40)$, 전단응력(식④)은 다음과 같다.

y[mm]	u[m/s]	$du/dy\left[\frac{1}{s}\right]$	τ[Pa]
0(평판면)	0	40	1.92
25	0.833	26.7	1.28
50	1.333	13.3	0.64
75	1.5	0	0

5. 압력 101.3[kPa], 26.7[℃], 1[m^3]인 물에 2[Mpa]의 압력이 가해질 때 그 체적은 101.3[kPa]의 경우에 비해서 얼마나 변화하는가? 단, 101.3[kPa]일 때 체적탄성계수는 2049[MPa]이다. 또, 물의 압력이 4[MPa]일 때 체적이 1[m^3], 24[MPa]일 때 0.990[m^3]이면 물의 체적탄성계수는 얼마인가?

연습문제

해설

(1) 체적변화

$$dv = -v\frac{dp}{K} = -1\times\frac{2}{2049} \fallingdotseq -0.00098\,[\mathrm{m^3}]$$

(2) 체적탄성계수

$$K = -\frac{dp}{(dv/v)} = -(24-4)/\{(0.990-1)/1\} = 2000\,[\mathrm{MPa}]$$

6. 직경 3[mm]인 모세관 속을 올라가는 물의 높이는 얼마인가? 단, 물은 공기와 접하고 있으며 접촉각은 0°, 물의 표면장력은 0.0728[N/m]이다.

해설

문제에서는 물이 공기와 접하고 있는 경우이므로 $\rho \gg \rho'$ 이다. 따라서 모세관현상으로 인한 상승높이는

$$h = \frac{4\sigma\cos\theta}{\rho g D}$$
$$= \frac{4\times0.0728\times\cos0^\circ}{1000\times9.8\times3\times10^{-3}} \fallingdotseq 0.0099\,[\mathrm{m}]$$
$$= 9.9\,[\mathrm{mm}]$$

만일 서로 접촉하고 있는 유체의 밀도를 무시할 수 없을 때는 다음 식으로 계산해야 한다.

$$h = \frac{4\sigma\cos\theta}{(\rho-\rho')g\cdot D}$$

또한 접촉각이 0° 일 때 h값에 $\frac{D}{2}$를 곱한 것을 응집력이라고 한다.

$$a^2 = \frac{2\sigma}{(\rho-\rho')g\cdot D}$$

7. 체적이 6[m³]인 기름의 무게가 48[kN]일 때 이 기름의 밀도와 비중은 얼마인가?

해설

비중량 $\gamma = \frac{W}{V} = \frac{48000}{6} = 8000\,[\mathrm{N/m^3}]$ 이므로

밀도 $\rho = \frac{\gamma}{g} = \frac{8000}{9.81} \fallingdotseq 815\,[\mathrm{kg/m^3}]$

비중 $s = \frac{\rho}{\rho_w} = \frac{815}{1000} = 0.815$

8. 다음 그림과 같이 두 평행평판이 25[mm]의 간격으로 고정되어 있고 그 사이에는 점도가 0.96[Pa · s]인 유체가 가득차 있다. 면적이 0.40[m²]이고 극히 얇은 평판이 한쪽 면에서 8[mm] 떨어진 곳에 수평으로 있을 때 이 평판을 수평속도 0.3[m/s]로 움직이는데 필요한 힘은 얼마인가? 단, 속도분포는 직선분포로 한다.

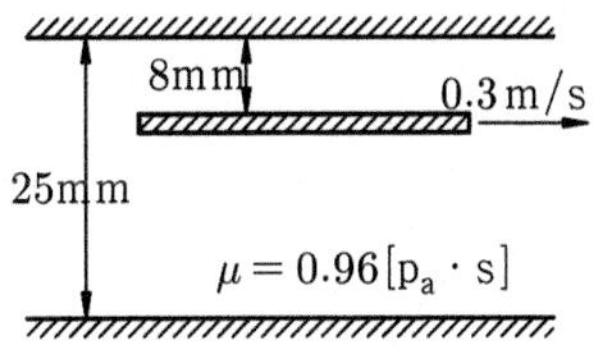

해설

평판을 움직이는 데 필요한 힘을 F라고 하면 이것은 평판의 양쪽 면에 작용하는 마찰력 F_1과 F_2의 합이다. 판의 면적을 A라고 하면 각각의 면에 대한 첨자 1, 2를 사용해서

$$F = F_1 + F_2 = A(\tau_1 + \tau_2) = A\mu\{(du/dy)_1 + (du/dy)_2\}$$

$$= A\mu\{(u/y_1) + (u/y_2)\}$$

$$= 0.4 \times 0.96\{0.3/(8 \times 10^{-3}) + 0.3/(17 \times 10^{-3})\}$$

$$= 21.2[\mathrm{N}]$$

9. 어떤 기름의 동점성계수가 1.5[stokes]이고 비중량이 0.00085[kg_f/cm³]이다. 이 기름의 점성계수를 중력단위와 절대단위로 구하라.

해설

1 stokes $= 1[\mathrm{cm^2/s}]$이므로

1.5 stokes $= 1.5[\mathrm{cm^2/s}]$

따라서 점성계수는

$$\mu = \rho\nu = \frac{\gamma}{g} \cdot \nu = \frac{0.00085 \times 1.5}{980} = 1.30 \times 10^{-6}[\mathrm{kg_f \cdot s/cm^2}]$$

$$= 0.013[\mathrm{kg_f \cdot s/m^2}]$$

또 질량단위로 구하면 $\rho = 0.85[\mathrm{g/cm^3}]$이므로

$$\mu = \rho\nu = 0.85 \times 1.5 = 1.275[\mathrm{g/cm \cdot s}] = 1.275[\mathrm{poise}]$$

10. 물의 동점성계수를 [stokes]로 측정한 값과 점성계수를 [poise]로 측정한 값이 그 수치로는 거의 같은 값이 되는 것을 증명하라. 또 완전히 같은 값이 아닌 것은 무슨 이유인가?

해설

동점성계수를 x[stokes], 점성계수를 y = [poise]라고 하면 물의 밀도는 1[g/cm³]이므로

연습문제

$\nu = x[\text{stokes}] = x[\text{cm}^2/\text{s}]$

$\mu = y[\text{poise}] = y[\text{g/cm} \cdot \text{s}] = \rho \cdot \nu = 1[\text{g/cm}^3] \times x[\text{cm}^2/\text{s}] = x[\text{g/cm} \cdot \text{s}]$

$\therefore x = y$

그러나 x와 y가 완전히 같지는 않다. 왜냐하면 물의 밀도는 항상 $1[\text{g/cm}^3]$이 아니고 온도에 따라 약간 변화한다.

11. 두평판의 간격 δ를 유지하면서 평행하게 수면과 α° 만큼 기울어져있다. 물과 평판의 접촉각은 θ, 물의 표면장력은 σ, 비중량은 γ라고 할 때 모세관 현상으로 인한 상승높이 h를 구하라.

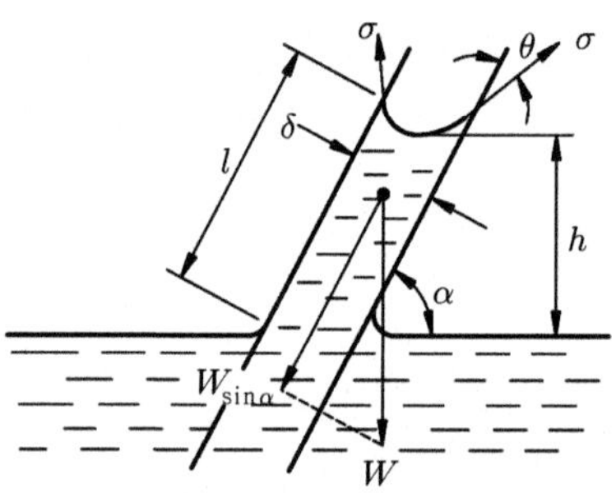

해설

그림에서 지면(紙面)과 수직방향으로 단위폭에 대해서 생각한다. 표면장력으로 인해서 수면과 α만큼 기울어진 방향으로 작용하는 힘 F는

$$F = 2\sigma \times 1 \times \cos\theta$$

이 힘은 수면과 α° 만큼 기울어진 방향의 물기둥 무게 성분, $W\sin\alpha$와 같아야 한다.

$$F = W\sin\alpha$$

$$2\sigma\cos\theta = \gamma\delta l\sin\alpha = \gamma\delta h$$

$$h = \frac{2\sigma\cos\theta}{\gamma\delta}$$

즉, 수면과 모세관의 각도 α는 상승높이 h와 무관하다.

12. 간격 1 [mm]인 두 평행평판 사이에 동점성계수가 0.00804[cm^2/s]인 물이 가득 차 있다. 한쪽 평판은 정지되어 있고 다른 한 쪽 평판은 2[m/s]로 수평운동을 하고 있다. 각 평판은 어느 정도의 전단력을 받는가? 단, 평판과 물의 접촉면에서는 평판의 속도가 물의 속도와 같고 두 평행판 사이에서의 속도분포는 직선분포로 생각한다. 또 운동하는 평판은 1[m^2]이고 정지된 평판은 무한히 넓다.

해설

정지 평판상에 원점을 잡고 평판과 수직으로 y축을 잡으면 물의 속도 u는 다음 식으로 표시할 수 있다.

$$u = V \cdot \frac{y}{\delta}$$

u : 좌표상에서의 물의 속도

V : 움직이는 평판의 속도

δ : 평판의 가격

이 식은 y에 대한 1차식이고 $y=0$에서 $u=0$, $y=\delta$에서 $u=V$이므로 타당하다는 것을 알 수 있다.

속도구배는 $\frac{du}{dy} = \frac{V}{\delta}$

전단응력은 $\tau = \mu \frac{du}{dy} = \rho\nu \frac{V}{\delta} = \frac{\gamma\nu V}{g\delta}$

따라서 전단력은

$$F = A\tau = \frac{A\gamma\nu V}{g\delta} = \frac{10^4 \times 10^{-3} \times 0.00804 \times 200}{980 \times 0.1} \fallingdotseq 0.164\,[\mathrm{kg}_f]$$

13. 정지된 두 평행평판 사이의 흐름에 대해서 속도분포식이 다음과 같다.

$$u = V\frac{y(\delta - y)}{\delta^2}$$

두 평행평판 사이의 간격은 얼마이며 최대속도는 얼마인가? 또, 전단응력분포는 어떻게 되며 최대 전단응력은 어느 위치에서 일어나는가? 또 그 크기는 얼마인가?

해설

주어진 식에서 $y=0$일 때 $u=0$, $y=\delta$일 때 $u=0$이므로 $y=0$와 $y=\delta$가 두 평판의 위치를 나타낸다. 따라서 두 평판의 간격은 δ이다. 최대속도를 구하기 위하여 $\frac{du}{dy}=0$로 놓으면 $y=\frac{\delta}{2}$, 즉 최대속도는 두 평판의 중앙에서 일어나며 그 크기는 $u_{max} = (u)_{y=\frac{\delta}{2}} = \frac{V}{4}$

전단응력 τ의 분포는 다음과 같이 구해진다.

$$\tau = \mu\frac{du}{dy} = \mu\frac{d}{dy}V\frac{y(\delta - y)}{\delta^2} = \frac{\mu V}{\delta^2}(\delta - 2y)$$

연습문제

따라서 두 평판의 중앙 즉, $y=\frac{\delta}{2}$에서의 전단응력은 $\tau=0$이고, $y=0$ 및 $y=\delta$ 즉, 두 평판면에서의 전단응력은 $\tau=\pm\mu\frac{V}{\delta}$

즉, 평판과 접촉면에서의 전단응력은 최대이고, 중앙에서는 전단응력이 0이며 속도분포와 전단응력분포는 그림과 같다.

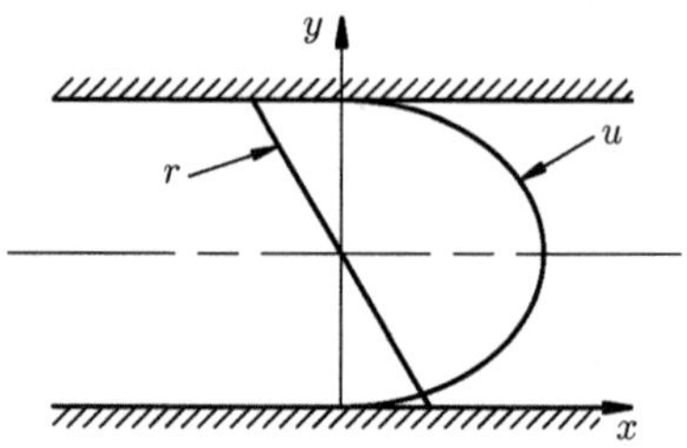

14. 직경 6[cm]인 축이 슬라이딩 베어링 속에서 1000[rpm]으로 회전하고 있다. 윤활유의 동점성계수는 0.9 [stokes], 비중은 0.9이고, 축과 베어링 사이의 틈은 0.05 [mm]이다. 이 축을 회전시키는데 필요한 모멘트는 얼마이며 동력은 얼마인가? 또 기름의 비열을 0.5[kcal/kg · ℃], 열의 일당량을 427[kg_f · m/kcal]라고 하고 베어링의 길이를 6[cm]로 할 때 이 동력이 전부 열에너지로 변하여 기름의 온도를 상승시킨다고 하면 단위시간당 온도상승은 몇 [℃]인가?

해설

축과 베어링 사이의 영역은 실제로는 환상이지만 두께에 비하여 직경이 상당히 크므로 환상을 펼쳐서 두 평판으로 하여도 거의 차이가 없다. 축의 표면을 하나의 평판으로 생각하고 베어링의 내면을 또 하나의 평판으로 생각하는 것이다. 한쪽 평판은 정지하고 다른 쪽 평판은 축의 원주속도 V로 운동한다. 평판의 면적은 베어링 내면의 면적 A이다. 축과 베어링의 틈을 δ로 하면 속도구배는 $\frac{V}{\delta}$이므로 전단력 F는

$$F=\tau A=A\mu\frac{V}{\delta}=\frac{A\rho\nu V}{\delta}=\frac{A\gamma\nu V}{g\delta}$$

면적 A는

$$A=\pi dl=\pi\times6\times6[\text{cm}^2]$$

또 비중량 $\gamma=0.0009[\text{kg}_f/\text{cm}^3]$, 동점성계수 $\nu=0.9[\text{stokes}]=0.9[\text{cm}^2/\text{s}]$, 틈 $\delta=0.005[\text{cm}]$이고 각속도는 ω는

$$\omega=1000\text{rpm}=2\pi\times1000\div60\left[\frac{1}{\text{s}}\right]$$

원주속도 V는

$$V=\frac{\omega d}{2}=\frac{2\pi\times1000\div60\times6}{2}=314[\text{cm/s}]$$

$$\therefore F=\frac{A\gamma\nu V}{g\delta}$$
$$=\frac{\pi\times6\times6\times0.0009\times0.9\times314}{980\times0.005}\fallingdotseq5.86\,[\text{kg}_f]$$

모멘트 M은

$$M=\frac{Fd}{2}=5.86\times3=17.6[\text{kg}_f\cdot\text{cm}]$$

동력 L은

$$L=M\cdot\omega=17.6\times2\pi\times1000\div60\fallingdotseq1842[\text{kg}_f\cdot\text{cm/s}]=18.42[\text{kg}_f\cdot\text{m/s}]$$

축을 회전하는 데에는 동력 L이 필요하고 그 동력은 전부 윤활유에 주어진다. 그러나 기름의 수력학적 에너지(속도수두, 압력수두, 위치수두)가 증가하는 이유는 없으므로 열에너지로 변한다. 무게 W인 기름이 Δt 시간 동안에 $\Delta\theta^\circ$ 만큼 온도 상승을 한다면 그 에너지 증가는 비열을 c로 하여 $c\cdot W\cdot\Delta\theta$이다. 단위 시간당의 에너지 증가는 $c\cdot W\cdot\Delta\theta/\Delta t$이고 이 값을 일로 환산하면 L과 같게 된다. 열의 일당량을 J로 하면

$$J\cdot c\cdot W\cdot\Delta\theta/\Delta t=L$$

$$\therefore\frac{\Delta\theta}{\Delta t}=\frac{L}{J\cdot c\cdot W}$$

여기서 W는 축과 베어링 사이에 있는 기름의 중량이다.

$$W=\pi dl\cdot\delta\cdot\gamma=\pi\times6\times6\times0.005\times0.0009\fallingdotseq5.1\times10^{-4}\,[\text{kg}_f]$$

따라서` $\frac{\Delta\theta}{\Delta t}=\frac{L}{J\cdot c\cdot W}$

$$=\frac{18.42}{427\times0.5\times5.1\times10^{-4}}\fallingdotseq169.2\,[℃/\text{s}]$$

실제로는 축과 베어링으로 열에너지가 흐르므로 이와 같은 온도상승은 일어나지 않는다.

15. 직경 20[cm], 축방향 길이 2[cm]인 원통형 rotor가 정지된 케이스 내에서 1200 [rpm]으로 회전한다. 케이스와 rotor의 틈은 측면과 단면에서 모두 1[mm]이고 틈에는 점성계수 $1\times10^{-6}[\text{kg}_f\cdot\text{s/cm}^2]$인 기름이 들어 있을 때 rotor를 회전시키는 데 필요한 동력은 얼마인가? 단, 축의 직경은 5[cm]이다.

연습문제

해설

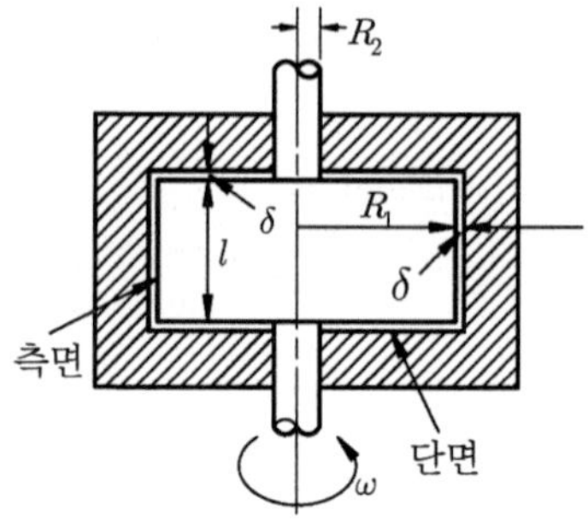

측면에 대한 동력은 문제 14에서와 같이 구해진다.

rotor의 반경을 R_1, 축방향길이를 l, 틈을 δ, 점성계수를 μ, rotor의 가속도를 ω로 놓으면 전단응력은

$$\tau = \mu\frac{\omega R_1}{\delta}$$

이 전단응력에 의한 모멘트 M_1은

$$M_1 = A\cdot\tau\cdot R_1 = (2\pi R_1 l)\left(\mu\frac{\omega R_1}{\delta}\right)R_1 = \frac{2\pi R_1 l\mu\omega}{\delta}$$

단면에 대해서는 중심에서의 거리 r에 따라서 전단응력이 다르다. 반경 r및 $r+dr$의 두 원 사이에 있는 미소 부분에 대해서 생각하자 이 면적은 $2\pi r dr$, 이 부분에서의 rotor 의 원주속도는 $\omega\cdot r$이므로 전단력 dF는

$$dF = 2\pi r dr \mu\frac{\omega r}{\delta}$$

dF에 r을 곱해서 적분하면 모멘트 M_2가 구해진다.

$$M_2 = \int_{R_2}^{R_1} r dF = \int_{R_2}^{R_1} 2\pi r dr \cdot r\mu\frac{\omega r}{\delta} = \frac{2\pi\mu\omega}{\delta}\int_{R_2}^{R_1} r^3 dr$$
$$= \frac{2\pi\mu\omega}{4\delta}(R_1^{\ 4} - R_2^{\ 4})$$

단, R_2는 축의 반경이다. 전체의 모멘트는 M은

$$M = M_1 + 2M_2 = \frac{\pi\mu\omega}{\delta}(2R_1^{\ 3}l + R_1^{\ 4} - R_2^{\ 4})$$

$\mu = 1\times10^{-6}[\text{kg}_f\cdot\text{s/cm}^2]$, $\delta = 0.01\,[\text{cm}]$, $\omega = 1200[rpm] = 125.6\left[\frac{1}{s}\right]$,

$R_1 = 10[\text{cm}]$, $l = 2[\text{cm}]$, $R_2 = 2.5[\text{cm}]$이므로

$$M = \frac{\pi\mu\omega}{\delta}(2R_1^{\ 3}l + R_1^{\ 4} - R_2^{\ 4})$$
$$= \frac{\pi\times1\times10^{-6}\times125.6}{0.01}(2\times10^3\times2 + 10^4 - 2.5^4)$$
$$\fallingdotseq 552\,[\text{kg}_f\cdot\text{cm}]$$

동력 L은

$$L = \omega\cdot M = 125.6\times552 \fallingdotseq 69300[\text{kg}_f\cdot\text{cm/s}] = 693[\text{kg}_f\cdot\text{m/s}]$$

응용문제

16. 완전기체를 단열압축할 때의 체적탄성계수와 등온압축할 때의 체적탄성계수를 구하라.

해설

(1) 단열압축

단열압축할 때 완전 기체의 상태방정식은 $pv_s^k = \text{const.}$ 이며 여기서 k는 비열비이다. 이 식을 미분하면

$$v_s^k \cdot dp + k \cdot pv_s^{k-1} dv_s = 0$$

$$dp = -k \cdot p \frac{dv_s}{v_s}$$

따라서 체적탄성계수는

$$K = -\frac{dp}{dv_s/v_s} = -\frac{1}{dv_s/v_s}\left(-k \cdot p\frac{dv_s}{v_s}\right) = k \cdot p$$

(2) 등온압축

등온압축할 때 완전 기체의 상태방정식은

$$pv_s = \text{const.}$$

양변을 미분하면 $pdv_s + v_s dp = 0$

$$\therefore dp = -p \cdot \frac{dv_s}{v_s}$$

따라서 체적탄성계수는

$$K = -\frac{dp}{dv_s/v_s} = -\frac{1}{dv_s/v_s}\left(-p\frac{dv_s}{v_s}\right) = p$$

17. 반경 0.125[m]인 원통이 반경 0.135[m]인 고정원통 속에서 동심원통으로서 회전하고 있다. 원통의 길이가 0.4[m]이고 2π[rad/s]의 각속도를 유지하는데 필요한 토크가 1.0[N · m]이면 두 원통 사이에 가득차 있는 유체의 점도는 얼마이겠는가? 단, 속도분포는 직선분포로 한다.

해설

두 원통 사이의 틈이 작다고 하면 안쪽 원통의 원주속도는

$$\omega \cdot r = 2\pi \times 0.125 \fallingdotseq 0.785[\text{m/s}]$$

속도분포는 직선분포라고 하였으므로 속도구배는 다음과 같다.

$$\frac{du}{dy} = \frac{0.785}{(0.135 - 0.125)} = 78.5\left[\frac{1}{s}\right]$$

연습문제

안쪽 원통에 가해야하는 토크는 점성저항으로 인한 토크와 같으므로

$$1.0 = \tau \times (2\pi \times 0.13 \times 0.4) \times 0.13$$

여기서 전단응력은

$$\tau = \frac{1.0}{(2\pi \times 0.13 \times 0.4) \times 0.13} \fallingdotseq 23.6\,[\mathrm{N/m^2}] = 23.6\,[\mathrm{Pa}]$$

따라서 점성계수는

$$\mu = \frac{\tau}{(du/dy)} = \frac{23.6}{78.5} \fallingdotseq 0.3\,[\mathrm{Pa \cdot s}]$$

18. 온도 20℃, 압력 101.3[kPa]인 공기가 단열압축되어 체적이 40% 감소하였다. 최종압력과 압축 전후에 있어서의 온도를 계산하라. 단, 공기의 비열비는 1.4이다.

해설

압축 전과 압축 후에 첨자를 각각 1, 2로 표시하면 비중량은 γ_1, γ_2, 압력은 P_1, P_2, 온도는 T_1, T_2로 표시된다. 공기를 완전기체로 보고 기체의 상태방정식을 적용하면

$$Pv_s = RT$$

$$\frac{P}{\rho} = RT$$

$$\gamma_1 = \rho_1 g = \frac{P_1}{RT_1} \cdot g = \frac{101.3 \times 10^3 \times 9.8}{287 \times 293} \fallingdotseq 11.8\,[\mathrm{N/m^3}]$$

압축 후 체적이 40% 감소하였으므로 압축 전 체적의 60%가 된다. 따라서 압축 후의 비중량은

$$\gamma_2 = \gamma_1 \times \frac{100}{60} = 11.8 \times \frac{100}{60} \fallingdotseq 19.7[\mathrm{N/m^3}]$$

단열압축과정에서 기체의 상태방정식은

$$Pv_s^{\,k} = \mathrm{const.} \quad (k : \text{비열비})$$

$$\therefore \ \frac{P_1}{\gamma_1^{\,k}} = \frac{P_2}{\gamma_2^{\,k}}$$

$$P_2 = \frac{P_1}{\gamma_1^{\,k}} \cdot \gamma_2^{\,k} = \frac{101.3 \times 10^3}{11.8^{1.4}} \times 19.7^{1.4} \fallingdotseq 207600\,[\mathrm{N/m^2}] = 207.6\,[\mathrm{kPa}]$$

또, $\frac{P_2}{\rho_2} = RT_2$에서

$$T_2 = \frac{P_2}{\rho_2 R} = \frac{P_2}{\gamma_2 R} \cdot g = \frac{207.6 \times 10^3}{19.7 \times 287} \times 9.8 \fallingdotseq 359.8\,[\mathrm{K}] = 86.8[℃]$$

응용문제

19. 직경 D, 길이 l인 피스톤이 실린더 속에서 운동한다. 축방향 좌표 x는 시간 t의 함수로서 다음 식이 주어진다.

$x = a\sin\omega t$

실린더와 피스톤의 틈은 δ로서 그 속에는 점성계수가 μ인 유체로 가득 채워져 있다. 피스톤 양단에서의 압력은 같다고 하고 피스톤을 운동시키는데 필요한 힘(관성력을 무시하고 전단력만 고려)을 t의 함수로 구하라. 또 동력을 t의 함수로 구하고 동력의 시간적 평균치를 구하라.

해설

피스톤의 속도

$$V = dx/dt = \omega a\cos\omega t$$

속도구배가 $\frac{V}{\delta}$이므로 전단응력은

$$\tau = \mu\frac{V}{\delta} = \frac{\mu\omega a}{\delta}\cos\omega t$$

전단력은

$$F = \tau\cdot A = \gamma\cdot\pi Dl = \frac{\pi Dl\mu\omega a}{\delta}\cos\omega t$$

동력 L은

$$L = F\cdot V = \frac{\pi Dl\mu\omega a}{\delta}\cos\omega t\times\omega a\cos\omega t = \frac{\pi Dl\mu\omega^2a^2}{\delta}\cos^2\omega t$$

$\omega t=\theta$로 놓고 보면 L은 주기가 2π인 주기함수이다. 그러므로 동력의 평균치는 θ의 변화구역, 즉 $0\sim2\pi$사이에서 평균하면 된다.

$$L_{mean} = \frac{1}{2\pi}\int_0^{2\pi}L\cdot d\theta = \frac{\pi Dl\mu\omega^2a^2}{\delta}\cdot\frac{1}{2\pi}\int_0^{2\pi}\cos^2\theta d\theta = \frac{\pi Dl\mu\omega^2a^2}{2\delta}$$

20. 문제 19에서 피스톤은 $x = a\sin\omega t$에 따라서 운동하고 실린더도 $y = b\sin(\omega t+\epsilon)$에 의해 운동하는 경우, 피스톤과 실린더 각각을 운동시키는 데 필요한 힘, 동력, 평균 동력을 구하라.

해설

피스톤의 속도는

$$V_p = \omega a\cos\omega t$$

실린더의 속도

$$V_s = \omega a\cos(\omega t+\epsilon)$$

연습문제

실린더에 대한 피스톤의 상대속도는

$$V_p - V_S = \omega\{a\cos\omega t - b\cos(\omega t + \epsilon)\}$$

따라서 전단력은

$$F = \pi Dl \cdot \mu \frac{V_p - V_s}{\delta} = \frac{\pi Dl\mu\omega}{\delta}\{a\cos\omega t - b\cos(\omega t + \epsilon)\}$$

여기서 F는 피스톤에 가해야 할 힘이다. 실린더에 가해야할 힘은 피스톤에 가해야할 힘의 반작용이므로 $-F$이다.

피스톤의 소비동력은

$$L_1 = F \cdot V_p = \frac{\pi Dl\mu\omega^2 a}{\delta}\{a\cos\omega t - b\cos(\omega t + \epsilon)\}\cos\omega t$$

실린더의 소비 동력은

$$L_2 = -FV_s = \frac{\pi Dl\mu\omega^2 b}{\delta}\{a\cos\omega t - b\cos(\omega t + \epsilon)\}\cos(\omega t + \epsilon)$$

동력의 평균치는 $wt = \theta$로 놓으면

$$\begin{aligned} L_{1\,mean} &= \frac{\pi Dl\mu\omega^2 a}{\delta} \cdot \frac{1}{2\pi}\int_0^{2\pi}\{a\cos\theta - b\cos(\theta + \epsilon)\}\cos\theta d\theta \\ &= \frac{\pi Dl\mu\omega^2 a}{2\delta}(a - b\cos\epsilon) \end{aligned}$$

$$\begin{aligned} L_{2\,mean} &= \frac{\pi Dl\mu\omega^2 b}{\delta} \cdot \frac{1}{2\pi}\int_0^{2\pi}\{a\cos\theta - b\cos(\theta + \epsilon)\}\cos(\theta + \epsilon)d\theta \\ &= \frac{\pi Dl\mu\omega^2 b}{2\delta}(b - a\cos\epsilon) \end{aligned}$$

21. **노즐로부터 분출되는 지름 0.3[mm]의 물기둥에서 물기둥의 내부와 외부의 압력차는 얼마인가? 단, 물의 표면장력은 0.073[N/m]이다.**

해설

물기둥은 원통면이므로 $R_1 = \frac{0.3}{2}(\text{mm})$, $\text{R}_2 = \infty$이다.

따라서 물기둥의 내부와 외부의 압력차는

$$\begin{aligned} p_i - p_0 &= \sigma\left(\frac{1}{R_1} + \frac{1}{R_2}\right) = \frac{\sigma}{R_1} \\ &= \frac{0.073}{\frac{0.3}{2} \times 10^{-3}} \fallingdotseq 487[\text{N/m}^2] = 487[\text{Pa}] \end{aligned}$$

2장

유체 정역학

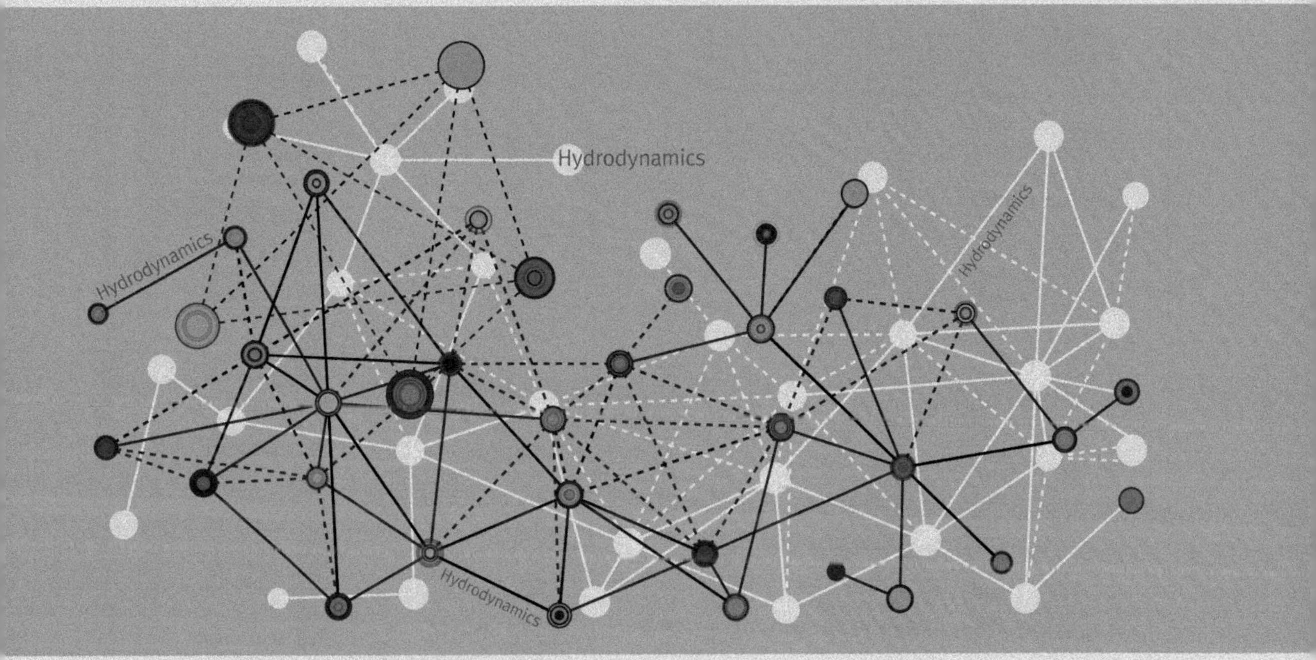
Hydrodynamics
Hydrodynamics
Hydrodynamics
Hydrodynamics

유체요소 사이에 상대운동이 없는 유체들을 다루는 학문을 유체정역학(fluid statics)이라고 하며, 이 경우는 점성이 고려되지 않으므로 마찰력이나 전단력이 존재하지 않는다. 따라서 유체가 면에 미치는 압력에 의한 힘은 면에 수직방향으로만 작용하며 면에 접하는 방향으로는 힘이 전달되지 않는다.

2.1 압력

유체가 정지하고 있을 때 유체 속의 어떤 가상적인 면에는 수직력이 작용한다. 이 때 면의 미소면적을 $\varDelta A$, 수직력, 즉 전압력을 $\varDelta F$라고 하면 압력은 다음 식으로 표시 할 수 있다.

$$p = \lim_{\varDelta A \to 0} \frac{\varDelta F}{\varDelta A} = \frac{dF}{dA} \tag{2-1}$$

전압력 F가 면에 균일하게 작용할 때 윗 식은 다음과 같이 된다.

$$p = \frac{F}{A} \tag{2-2}$$

※ 정지유체 속에서의 압력의 성질

(1) 임의의 한 점에 작용하는 압력의 크기는 모든 방향에서 같다.(Pascal의 원리)

[그림 2-1]과 같이 정지유체 속에서 미소 직각삼각기둥을 취하면 그 각각의 면에 작용하는 힘은 서로 평형을 유지할 것이다. 따라서 각 면에 작용하는 압력을 각각 P_1, P_2, P_s라고 하면 다음과 같은 평형방정식이 성립된다.

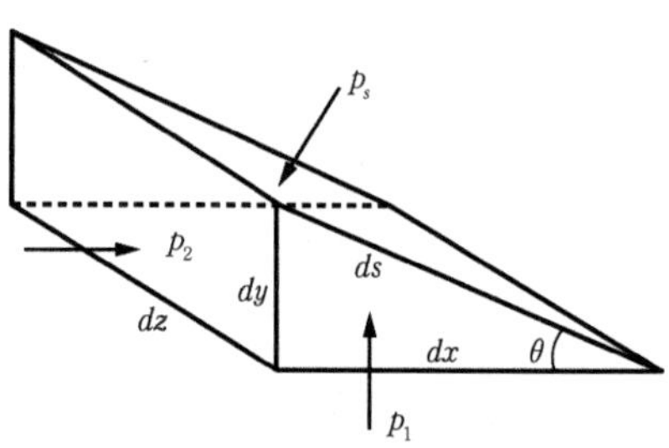

[그림 2-1]

x방향 : $P_2 dydz - P_s dzds\sin\theta = 0$

y방향 : $P_1 dxdz - P_s dzds\cos\theta = 0$

$dy = ds\sin\theta,\ dx = ds\cos\theta$이므로

$$P_1 = P_2 = P_s \tag{2-3}$$

(2) 동일 수평면상의 임의의 두 점에 작용하는 압력의 크기는 같다.

[그림 2-2]와 같이 정지유체 속에서 미소면적 dA인 수평 자유물체도를 생각하면 수평력의 평형조건에서

$$P_1 dA = P_2 dA$$

$$\therefore P_1 = P_2 \tag{2-4}$$

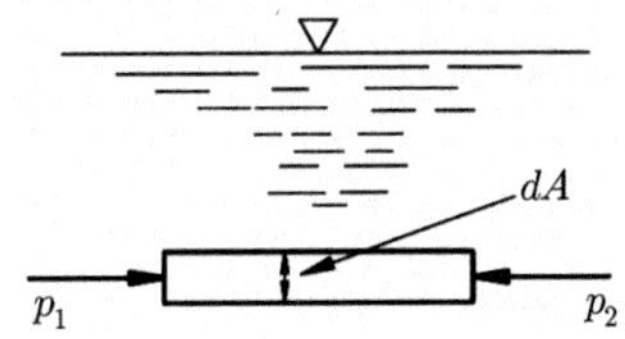

[그림 2-2]

(3) 수직방향의 압력의 변화율은 유체비중량의 크기에 비례한다.

중력만이 작용하는 정지유체 속의 한 점에 대한 압력과 깊이의 관계를 생각하자. [그림 2-3]과 같은 유체의 미소 원기둥을 생각하고 z축을 수직방향으로 놓으면 다음과 같은 힘의 평형방정식이 성립된다.

$$PdA - \left(P + \frac{dP}{dz}dz\right)dA - \rho g dA \cdot dz = 0$$

$$\therefore \frac{dP}{dz} = -\rho g = -\gamma \tag{2-5}$$

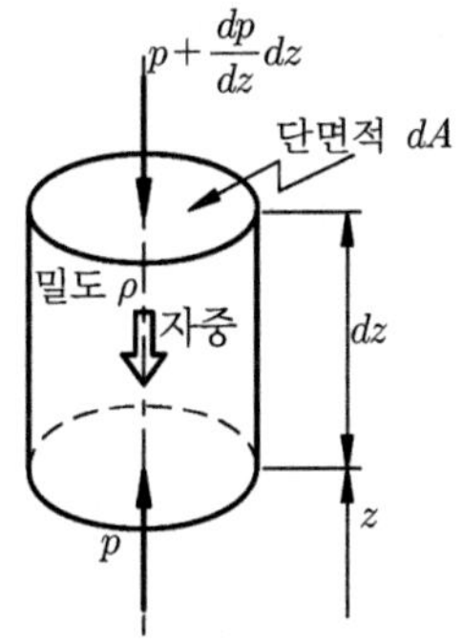

[그림 2-3]

식 (2-5)는 유체의 압력과 높이 z와의 관계를 나타내는 미분방정식이다. 정지유체 속에서의 압력을 취급할 경우는 온도를 일정하다고 하면 밀도 ρ가 일정하므로 식 (2-5)는 다음과 같이 적분할 수 있다.

$$P = -\rho g \int dz + c = -\rho g z + c \tag{2-6}$$

여기서 c는 적분상수로서 [그림 2-4]에서 경계조건 $z = z_0$에서 $P = P_a$를 생각하면

$$P_a = -\rho g z_0 + c$$

$$\therefore c = P_a + \rho g z_0 \tag{2-7}$$

따라서 정지유체 속의 임의의 점에 대한 압력은

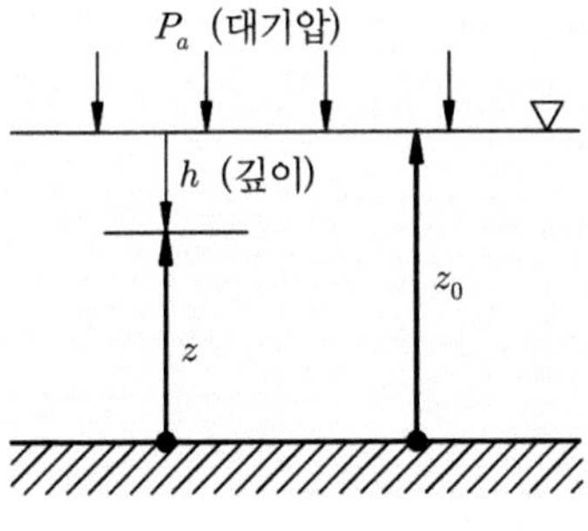

[그림 2-4]

$$P = P_a + \rho g(z_0 - z) = P_a + \rho g h = P_a + \gamma h \tag{2-8}$$

대기압 즉, P_a를 기준으로 하여 압력을 측정하면

$$P = \rho g h = \gamma h \qquad (2\text{-}9)$$

정지액체 속의 압력은 깊이만의 함수이고 용기의 형상이나 크기에는 무관하며 압력과 깊이는 서로 비례한다.

예제 2.1 **깊이 10[m]인 물 속의 압력은 대기압보다 얼마나 높은가?**

㉮ 1.0 $[kg_f/cm^2]$ ㉯ 1.2 $[kg_f/cm^2]$

㉰ 2.1 $[kg_f/cm^2]$ ㉱ 2.3 $[kg_f/cm^2]$

해설 물의 비중량 $\gamma = 1000\,[kg_f/m^3] \fallingdotseq 9800\,[N/m^3]$

표준대기압 $P_0 = 760\,mmHg \fallingdotseq 1.0332\,[kg_f/cm^2] \fallingdotseq 10332[kg_f/m^2]$

수심 10[m] 지점에서의 압력은

$$P = P_0 + \gamma H = 10332 + 1000 \times 10 = 20332\,[kg_f/m^2] = 2.0332[kg_f/cm^2]$$

대기압과의 차이는

$$P - P_0 = 2.0332 - 1.0332 = 1\,[kg_f/cm^2]$$

답 ㉮

예제 2.2 **그림과 같이 직경 d_1인 피스톤에 10[ton]의 힘을 내려면 직경 d_2인 피스톤에 몇 $[kg_f]$의 힘을 가하면 되는가?**
단, $d_1 = 25[cm]$, $d_2 = 5[cm]$이다.

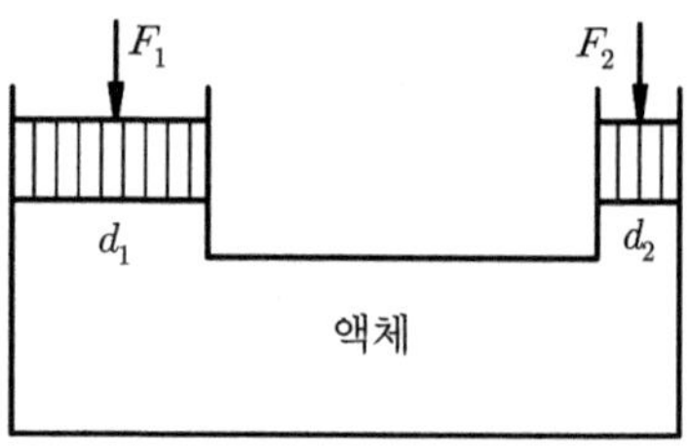

㉮ 300 ㉯ 400

㉰ 500 ㉱ 600

해설 Pascal의 원리에 의하면

$$\frac{F_1}{\frac{\pi}{4}d_1^2} = \frac{F_2}{\frac{\pi}{4}d_2^2}$$

$$F_2 = \frac{F_1}{\frac{\pi}{4}d_1^2} \cdot \frac{\pi d_2^2}{4} = F_1\left(\frac{d_2}{d_1}\right)^2 = 10000 \times \left(\frac{5}{25}\right)^2 = 400\,[kg_f]$$

답 ㉯

예제 2.3 **정지유체 속에서 압력변화에 대한 미분형으로서 적당한 것은? 단, y는 연직 상방향의 측정거리, ρ는 밀도, γ는 비중량이다.**

㉮ $dp = -y d\gamma$ ㉯ $dp = -\rho g dy$ ㉰ $dp = -\rho dy$ ㉱ $dp = -y d\rho$

해설 $dp = -\rho g dy = -\gamma dy$

답 ㉯

예제 2.4 **유체 속에서 임의의 한 점에 작용하는 압력의 크기가 모든 방향에서 같기 위해서는 다음 중 어느 조건이어야 하는가?**

㉮ 점성이 없는 유체이어야 한다. ㉯ 비압축성 유체이어야 한다.
㉰ 유체입자 사이에 상대운동이 없어야 한다. ㉱ 이상유체인 경우라야 한다.

해설 유체입자 사이에 상대운동이 없는 경우 즉 정지유체인 경우에는 유체 속의 임의의 한 점에 작용하는 압력의 크기가 모든 방향에서 같다. 답 ㉰

예제 2.5 **밀폐용기 속에 비중이 0.92인 기름이 있고 나머지 공간을 공기가 채우고 있다. 공기의 압력이** $0.5\,[\mathrm{kg}_f/\mathrm{cm}^2]$**이라면 기름의 표면으로부터 깊이 1.5[m]되는 지점의 압력은 몇** $[\mathrm{kg}_f/\mathrm{m}^2]$**인가?**

㉮ 3620 ㉯ 4320 ㉰ 5480 ㉱ 6380

해설 $P = P_0 + \gamma h = 0.5 \times 10^4 + 0.92 \times 1000 \times 1.5$

$= 6380\,[\mathrm{kg}_f/\mathrm{m}^2]$ 답 ㉱

2.2 절대압력과 계기압력

압력의 크기를 나타내는 데는 절대압력과 계기압력이 사용되는 데 이 두 압력의 차이점은 기준점이 다르다는 것이다.

절대압력 : 완전진공기준(−압력은 없다.)
계기압력 : 국소대기압 기준(대기압보다 높으면 +, 낮으면 −)

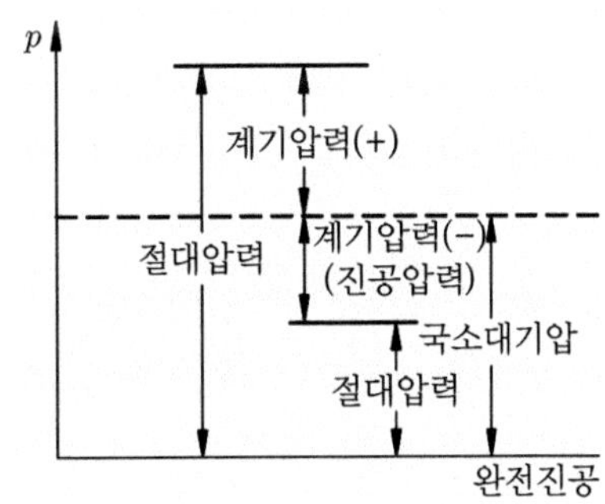

[그림 2-5] 절대압력과 계기압력

따라서 절대압력과 계기압력 사이에는 다음과 같은 관계가 성립한다.

절대압력=국소대기압 ± 계기압력

예제 2.6 **보일러에 설치한 압력계의 눈금이** 6.5 [kg_f/cm^2]**이었다. 이 때 기압계가** 750 [mmHg]**를 가리켰다면 절대압력은 몇** [kg_f/cm^2]**인가?**

㉮ 4.27 ㉯ 5.31 ㉰ 6.50 ㉱ 7.52

해설 절대압력은 국소대기압±계기압력이므로

$$P_{abs} \fallingdotseq \frac{750}{760} \times 1.0332 + 6.5 \fallingdotseq 7.52[kg_f/cm^2]$$

답 ㉱

예제 2.7 **절대압력이** 0.8 [kg_f/cm^2]**일 때 계기압력은 몇** [kg_f/cm^2]**인가? 단, 표준대기압은** 760 [mmHg], **국소대기압은** 740 [mmHg]**이다.**

㉮ 0.206 [kg_f/cm^2](진공) ㉯ 0.233 [kg_f/cm^2](진공)

㉰ −0.311 [kg_f/cm^2] ㉱ −0.423 [kg_f/cm^2]

해설 $P_{abs} = P_a \pm P_g$ 이므로

$$P_g = P_{abs} - P_a = 0.8 - \frac{740}{760} \times 1.0332 \fallingdotseq -0.206[kg_f/cm^2] \fallingdotseq 0.206[kg_f/cm^2]\text{(진공)}$$

계기압력은 표준대기압 기준이 아니고 국소대기압 기준이라는 점을 주의해야 한다. 답 ㉮

예제 2.8 **절대압력** 6.5[kg_f/cm^2], **계기압력** 5.65 [kg_f/cm^2]**일 때 국소대기압은 몇** [mmHg]**인가?**

㉮ 625 ㉯ 716 ㉰ 724 ㉱ 745

해설 국소대기압=절대압력−계기압력

$$= 6.5 - 5.65 = 0.85[kg_f/cm^2] \fallingdotseq \frac{0.85}{1.0332} \times 760\ [mmHg] \fallingdotseq 625[mmHg]$$

답 ㉮

2.3 압력의 단위

압력의 단위는 SI단위계, 미터중력단위계, 영국단위계에서 각각 다음과 같이 사용하며, 이들 단위 사이의 관계는 표 2-1과 같다.

SI 단위 : Pa , N/m^2, bar

미터중력단위 : kg_f/m^2

영국단위 : psi, lb/in^2

1bar$= 10^5 Pa = 10^6 dyne/cm^2$

표준기압 $1\text{atm} = 760\text{mmHg}(273.15\text{K},\ g = 980.665\text{cm/s}^2)$

$= 101325\,\text{N/m}^2 = 101.325\,\text{kPa}$

$= 1.03323\,\text{kg}_f/\text{cm}^2$

공학기압 $1\text{at} = 735.56\,\text{mmHg}(273.15\text{K}) = 98066.5\text{N/m}^2$

$= 98.0665\,\text{kPa}$

$= 1\,\text{kg}_f/\text{cm}^2$

표 2-1 압력의 단위 환산

bar	kg_f/cm^2 (=at)	psi	Hg(0℃)		atm
			1mmHg=1 Torr	inHg	
1	1.0197	14.5038	750.06	29.53	0.9869
0.9806	1	14.2234	735.56	28.96	0.9678
0.0689	0.0703	1	51.71	2.03	0.0680
0.00133	0.00136	0.0193	1	0.0394	0.00131
0.0338	0.0345	0.491	25.4	1	0.0334
1.01325	1.03323	14.696	760	29.92	1

예제 2.9 $10\,[\text{kg}_f/\text{cm}^2]$은 몇[mmAq]인가?

㉮ 1000　　㉯ 10000　　㉰ 100000　　㉱ 1000000

해설 $1\,[\text{kg}_f/\text{cm}^2] = 10\,[\text{mAq}]$이므로

$10\,[\text{kg}_f/\text{cm}^2] = 100[\text{mAq}] = 100000\,[\text{mmAq}]$

답 ㉰

예제 2.10 다음 압력의 단위 중에서 가장 큰 것은?

㉮ Torr　　㉯ bar　　㉰ Pa　　㉱ kg_f/cm^2

해설 $1\,[\text{Torr}] = 1\,[\text{mmHg}]$

$1\,[\text{bar}] = 10^5\,[\text{Pa}] = 10^5\,[\text{N/m}^2] = 750.06\,[\text{mmHg}]$

$1\,[\text{Pa}] = 1\,[\text{N/m}^2] = 7.5006 \times 10^{-3}\,[\text{mmHg}]$

$1\,[\text{kg}_f/\text{cm}^2] = 735.56\,[\text{mmHg}]$

답 ㉯

2.4 액주계(液柱計)

유체의 압력은 밀도를 알고 있는 액체의 액주높이를 측정함으로써 알 수 있는 데 이 방법을 이용한 압력계를 **액주계**라고 한다. 액주계에 사용하는 관은 모세관현상으로 인한 오차를 작게 하기 위하여 내경이 일정하고 직경 8~12[mm]인 관을 사용하는 경우가 많다. 또 사용액체는 목적에 따라 다르지만 물, 알콜, 수은 등이 일반적으로 사용된다.

2.4.1 수은 기압계(mercury barometer)

$$P_0 = \gamma_{Hg} \cdot h + p_v \tag{2-10}$$

p_0 : 대기압

γ_{Hg} : 수은의 비중량

p_v : 수은의 증기압(일반적으로 작으므로 무시)

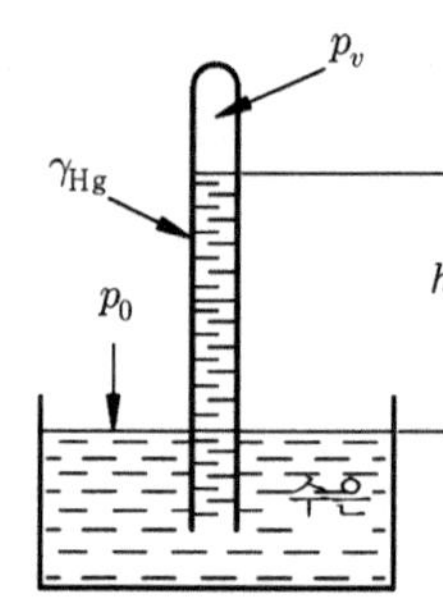

[그림 2-6] 수은 기압계

2.4.2 피에조미터(piezometer)

액주계의 액체가 압력을 측정하려고 하는 유체와 같은 경우를 **피에조미터**라고 한다.

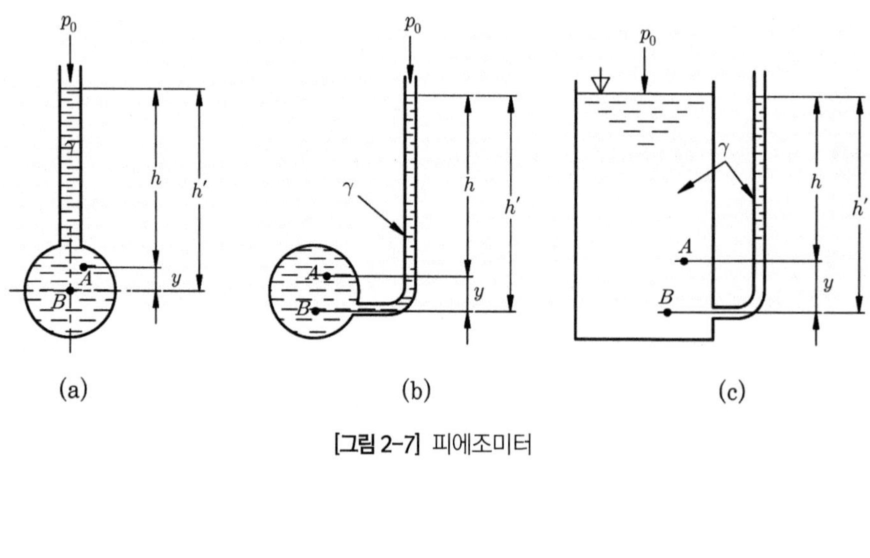

[그림 2-7] 피에조미터

[그림 2-7]에서 A점과 B점의 절대압력은

$$P_A = p_0 + \gamma(h' - y) = p_0 + \gamma h \tag{2-11}$$

$$P_B = p_0 + \gamma h' \tag{2-12}$$

2.4.3 마노미터(manometer)

액주계의 액체가 압력을 측정하려고 하는 유체와 다른 경우를 **마노미터**라고 한다.

(1) U자관 마노미터([그림 2-8])

$p_1 = p_2$ [∵ 정지유체이고 동일 수평면이므로]

$p_x + \gamma h_1 = \gamma_s h_2$

$$\therefore p_x = \gamma_s h_2 - \gamma h_1 \tag{2-13}$$

(2) U자관 차압계([그림 2-9])

$p_1 = p_2$

$p_x + \gamma_1 h_1 = p_y + \gamma_2 h_2 + \gamma_3 h_3$

$$p_x - p_y = \gamma_2 h_2 + \gamma_3 h_3 - \gamma_1 h_1 \tag{2-14}$$

(3) 역 U자관 차압계([그림 2-10])

$p_1 = p_2$

$p_x - \gamma_2 h_2 - \gamma_3 h_3 = p_y - \gamma_1 h_1$

$$p_x - p_y = \gamma_2 h_2 + \gamma_3 h_3 - \gamma_1 h_1 \tag{2-15}$$

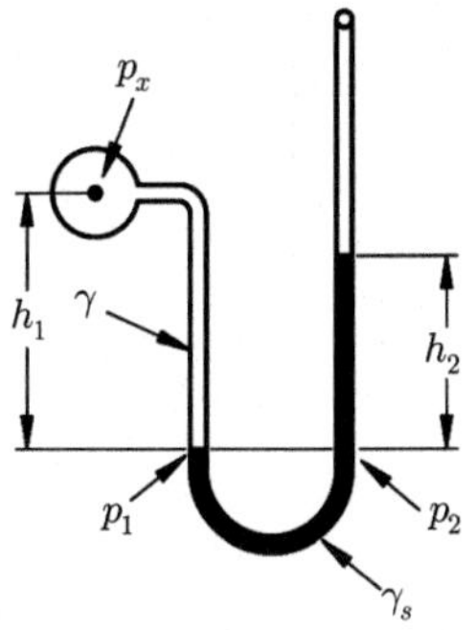

[그림 2-8] U자관 마노미터

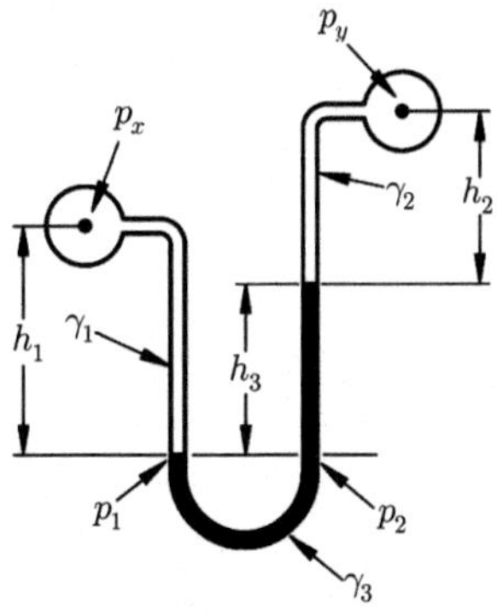

[그림 2-9] U자관 차압계

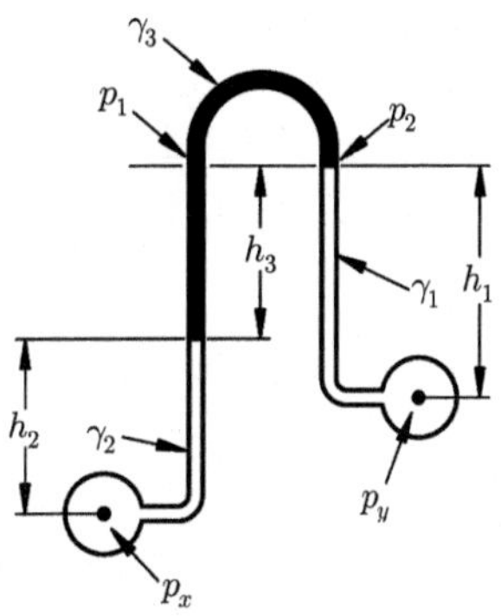

[그림 2-10] 역U자관 차압계

2.4.4 미압계(micro manometer)

[그림 2-11] (a)에서 $p_1 = p_2$이므로

$$p_x + \gamma_1(y_1 + \Delta y) + \gamma_2(y_2 - \Delta y + \frac{h}{2}) = p_y + \gamma_1(y_1 - \Delta y) + \gamma_2(y_2 + \Delta y - \frac{h}{2}) + \gamma_3 h$$

$$p_x - p_y = \gamma_3 h + \gamma_2(2\Delta y - h) - 2\Delta y \cdot \gamma_1$$

여기서 $\Delta y \cdot A = \frac{h}{2} \cdot a$이므로 $\Delta y = \frac{h}{2} \cdot \frac{a}{A}$이다.

따라서

$$\begin{aligned} p_x - p_y &= \gamma_3 h + \gamma_2 h(\frac{a}{A} - 1) - \gamma_1 h\frac{a}{A} \\ &= h\left[\gamma_3 - \gamma_2\left(1 - \frac{a}{A}\right) - \gamma_1\frac{a}{A}\right] \end{aligned} \tag{2-16}$$

[그림 2-11] (b)는 경사미압계이다. 여기서는

$$p_x = p_y + \gamma l \sin\theta + \gamma l \frac{a}{A}, \quad \left[\because \Delta y = \frac{a}{A} l\right]$$

$$\therefore p_x - p_y = \gamma l\left(\sin\theta + \frac{a}{A}\right) \tag{2-17}$$

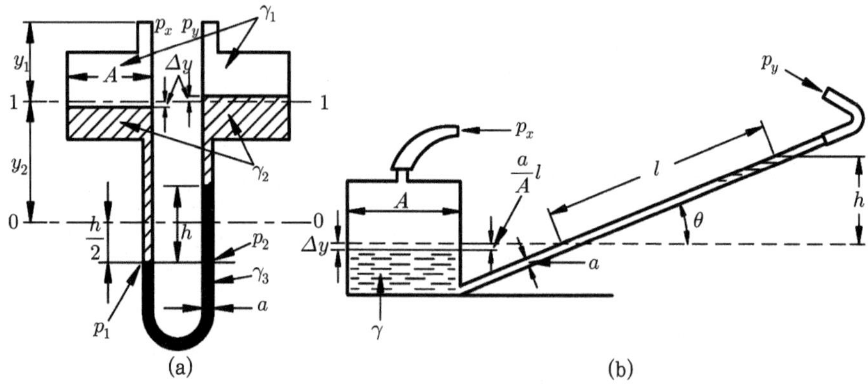

[그림 2-11] 미압계

예제 2.11 그림과 같은 역 U자관 마노미터에서 $p_x - p_y$는 몇 $[kg_f/cm^2]$인가?

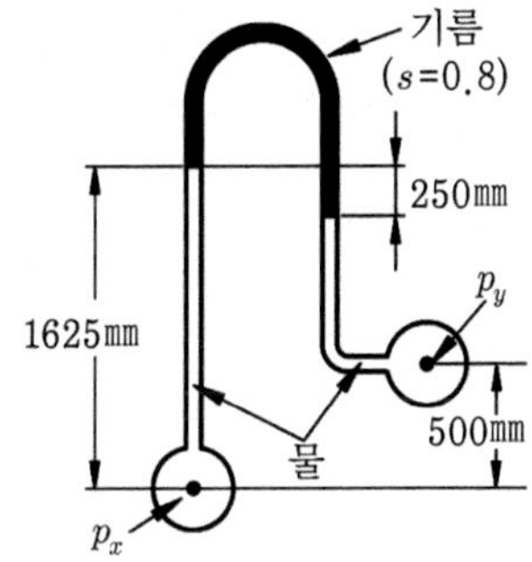

㉮ 0.552　　㉯ 0.055
㉰ 0.723　　㉱ 0.072

해설 물의 비중량은 1000 $[kg_f/m^3]$이므로 비중 $s = 0.8$인 기름의 비중량은 800$[kg_f/m^3]$이다. 따라서

$$P_x - 1000 \times 1.625 = P_y - 1000 \times (1.625 - 0.5 - 0.25) - 800 \times 0.25$$

$$\therefore P_x - P_y = 1625 - 875 - 200$$

$$= 550\,[kg_f/m^2] = 0.055\,[kg_f/cm^2]$$

답 ㉯

예제 2.12 다음 그림과 같은 차압계에서 $P_A - P_B$는 몇 $[kg_f/cm^2]$인가?
단, 수은의 비중은 13.6이다.

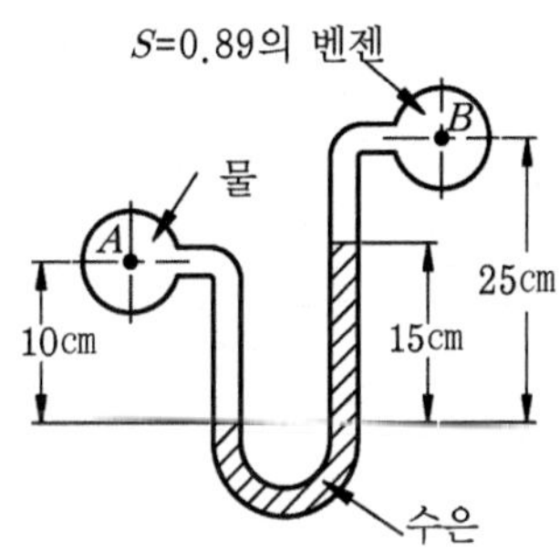

㉮ 0.2029　　㉯ 0.2543
㉯ 0.3114　　㉱ 0.3616

해설 물의 비중량은 1000 $[kg_f/m^3]$이므로 수은의 비중량은 $13.6 \times 10^3\,[kg_f/m^3]$, 벤젠의 비중량은 $0.89 \times 10^3\,[kg_f/m^3]$이다.

$$P_A + 1000 \times 0.1 = P_B + 0.89 \times 10^3 \times (0.25 - 0.15) + 13.6 \times 10^3 \times 0.15$$

$$\therefore P_A - P_B = 890 \times 0.1 + 13600 \times 0.15 - 1000 \times 0.1$$

$$= 89 + 2040 - 100$$

$$= 2029\,[kg_f/m^2]$$

$$= 0.2029\,[kg_f/cm^2]$$

답 ㉮

예제 2.13 다음 그림과 같은 액주계가 있다. 여기서 $h_1 = 15\,[cm]$, $h_2 = 10\,[cm]$, $\gamma_1 = 1000[kg_f/m^3]$, $\gamma_2 = 13.6 \times 10^3[kg_f/m^3]$, 대기압은 $1.0332[kg_f/cm^2]$이다. 이때 A점의 절대압력은 몇 $[kg_f/cm^2]$인가?

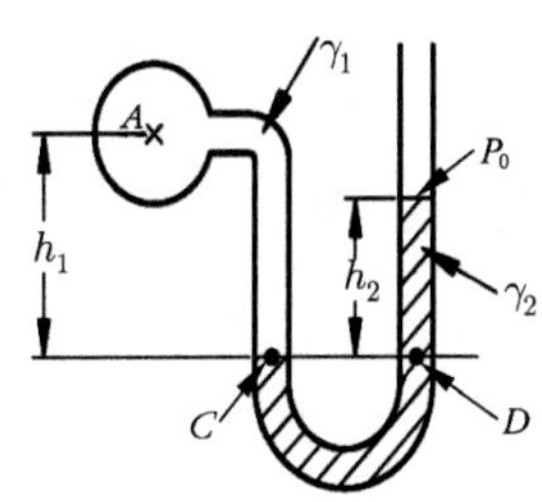

㉮ 1.0993　　㉯ 1.1542
㉰ 2.1138　　㉱ 2.2395

해설 그림 C점과 D점의 압력은 같다.

$$p_c = p_A + \gamma_1 h_1$$

$p_D = p_0 + \gamma_2 h_2$

따라서

$p_A + \gamma_1 h_1 = p_0 + \gamma_2 h_2$

$\therefore p_A = p_0 + \gamma_2 h_2 - \gamma_1 h_1$

$= 10332 + 13.6 \times 10^3 \times 0.1 - 1000 \times 0.15$

$= 11542 \, [\mathrm{kg}_f/\mathrm{m}^2 \, \mathrm{abs}]$

$= 1.1542 \, [\mathrm{kg}_f/\mathrm{cm}^2 \, \mathrm{abs}]$

답 ㉯

예제 2.14 **다음 그림과 같이 수직관 속에 비중이 0.9인 기름이 흐르고 있을 때 수직관 속의 계기압력 p_x는 몇 $[\mathrm{kg}_f/\mathrm{cm}^2]$인가?**

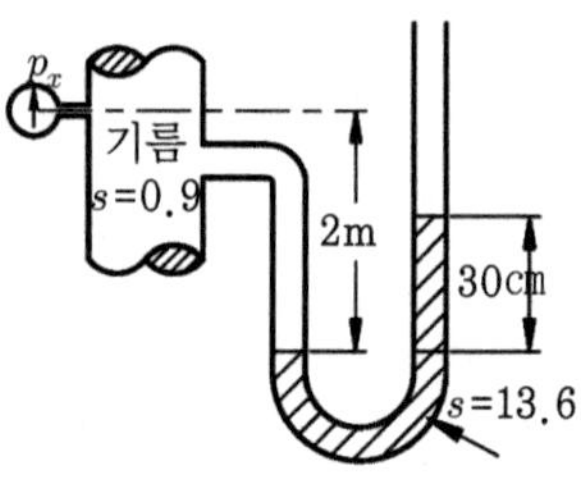

㉮ 0.942 ㉯ 0.736

㉰ 0.446 ㉱ 0.228

해설 $p_x + 0.9 \times 1000 \times 2 = 13.6 \times 1000 \times 0.3$

$\therefore p_x = 13.6 \times 1000 \times 0.3 - 0.9 \times 1000 \times 2$

$= 2280 \, [\mathrm{kg}_f/\mathrm{m}^2] = 0.228 \, [\mathrm{kg}_f/\mathrm{cm}^2]$

답 ㉱

2.5 평면에 미치는 유체의 전압력

전압력은 유체 속에 잠긴 물체가 유체로부터 받는 힘의 벡터 합으로서 크기와 방향을 갖는다.

2.5.1 수평면의 한쪽 면에 작용하는 전압력

[그림 2-12]에서 전압력 F 는

(1) **크기** : $F = pA = \gamma h A$ (2-18)

A : 평면의 한쪽 면적

(2) **방향** : 면에 수직한 방향

(3) **작용점** : 평면의 도심

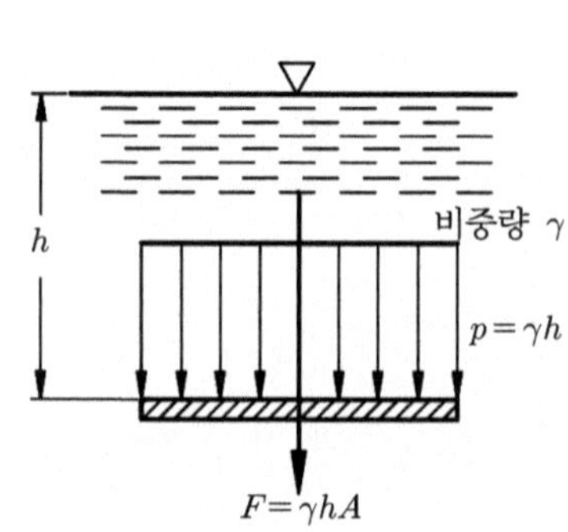

[그림 2-12]

2.5.2 경사진 평면의 한 쪽 면에 작용하는 전압력

(1) 전압력의 크기

[그림 2-13]에서

$$F = \int_A dF = \int_A \gamma y \sin\theta \, dA = \gamma \sin\theta \int_A y dA = \gamma \sin\theta \bar{y} A$$

$$= \gamma \bar{h} A \qquad (2\text{-}19)$$

γ : 유체의 비중량, $\left(\int_A y dA = \bar{y} A\right.$: 단면 1차 모멘트)

(2) 작용방향 : 면에 수직한 방향

(3) 작용점

작용점 P의 좌표를 (x_p, y_p)라고 하면

$$x_p = \frac{I_{xy}}{\bar{y} A} = \frac{\bar{I}_{xy}}{\bar{y} A} + \bar{x} \qquad (2\text{-}20)$$

$$y_p = \frac{I_G}{\bar{y} A} + \bar{y} \qquad (2\text{-}21)$$

I_{xy} : x축과 y축에 관한 관성상승모멘트

$\bar{I}_{xy}$: 도심점을 원점으로 하는 x축과 y축에 관한 관성상승모멘트

I_G : 도심점을 지나고 x축과 평행한 축에 관한 단면 2차 모멘트(관성 모멘트)

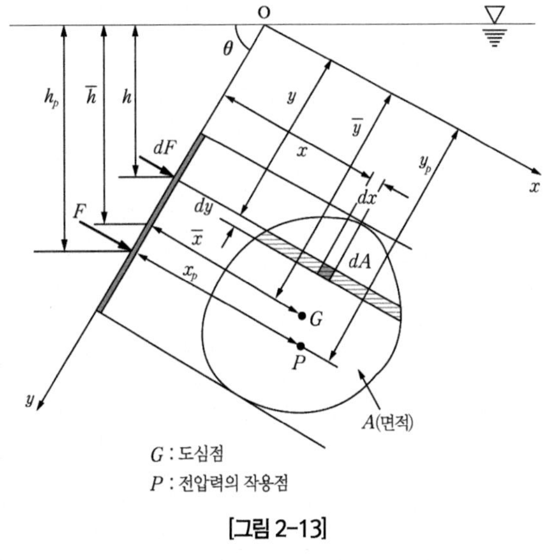

[그림 2-13]

예제 2.15 다음 그림과 같이 정사각형 평판이 수면과 수직으로 놓여 있다. 이 평판의 한쪽에 작용하는 전압력의 크기는 몇 [N]인가? 또 작용점은 도심점보다 몇 [cm] 아래에 있는가?

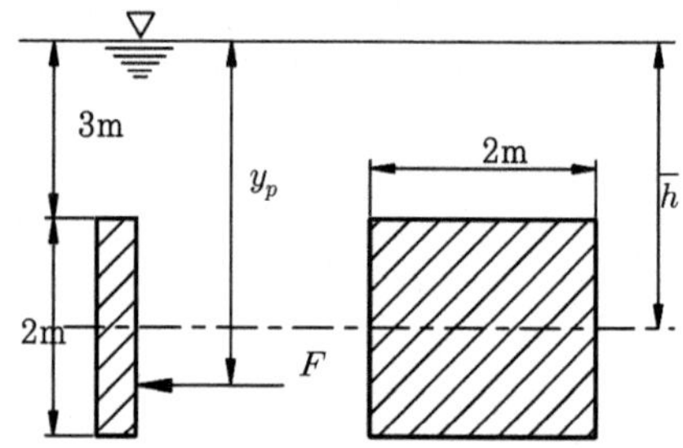

㉮ 1.214×10^5[N], 7.2[cm]

㉯ 1.568×10^5[N], 8.3[cm]

㉰ 2.411×10^3[N], 9.5[cm]

㉱ 2.832×10^2[N], 10.2[cm]

해설 ① 전압력의 크기

$F=\gamma\bar{h}A=9800\times(3+1)\times2\times2=1.568\times10^5$ [N]

② 작용점

작용점의 x좌표는 대칭도형이므로 도심점을 지나는 y축선 상에 있다. 따라서 y좌표만 알면 작용점을 알 수 있다.

$$y_p=\frac{I_G}{\bar{y}A}+\bar{y}$$

$$=\frac{\frac{2\times2^3}{12}}{4\times2\times2}+4\fallingdotseq4.083\,[\mathrm{m}]$$

문제에서 도심점보다 몇 [cm]아래에 있느냐고 하였으므로

$4.083-4=0.083[m]=8.3[cm]$

답 ㉯

예제 2.16 유체 속에 잠긴 평면의 한 쪽 면에 작용하는 전압력에 대한 내용 중에서 잘못 된 것은?

㉮ 전압력의 크기는 평면의 무게중심(또는 도심점)에 작용하는 압력과 평면의 면적을 곱한 값이다.

㉯ 경사진 평면에 작용하는 전압력의 작용점은 평면의 무게중심(또는 도심점)이다.

㉰ 수평면에 작용하는 전압력의 작용점은 평면의 중심(또는 도심점)이다.

㉱ 전압력의 작용방향은 항상 면에 수직방향이다.

해설 경사진 평면에서 전압력의 작용점은 식 (2-20)과 식(2-21)에서 알 수 있는 바와 같이 도심점($\bar{x}$, $\bar{y}$)보다 x좌표는 $\frac{\bar{I}_{xy}}{\bar{y}A}$만큼, y좌표는 $\frac{I_G}{\bar{y}A}$만큼 떨어진 곳에 있다.

답 ㉯

예제 2.17 다음 그림과 같이 중심이 비어 있는 원형평판이 물 속에 수면과 수직으로 잠겨있을 때 이 평판의 한 쪽 면이 받는 힘은 몇 [N]인가?

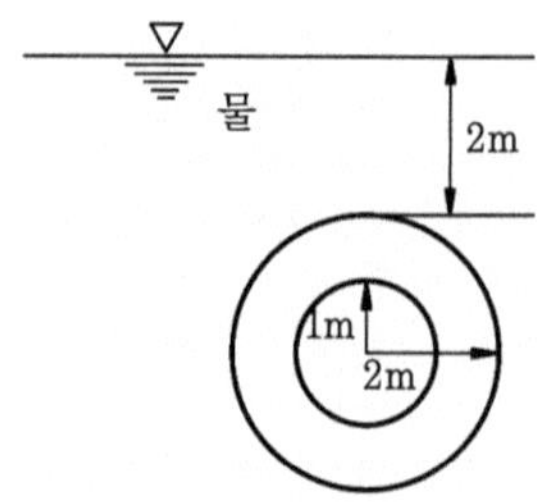

㉮ 189646 ㉯ 214541

㉰ 369264 ㉱ 423776

해설 $F=\gamma\bar{h}A=9800\times(2+2)\times\frac{\pi}{4}(4^2-2^2)=369264\,[\mathrm{N}]$ 답 ㉰

예제 2.18 예제 17에서 전압력의 작용점은 수면보다 몇 [m] 아래에 있는가?

㉮ 4.313 ㉯ 4.753 ㉰ 5.242 ㉱ 5.632

해설 $y_p=\frac{I_G}{\bar{y}A}+\bar{y}=\frac{\frac{\pi(4^4-2^4)}{64}}{4\times\frac{\pi}{4}(4^2-2^2)}+4\fallingdotseq 4.313\,[\mathrm{m}]$ 답 ㉮

2.6 곡면의 한 쪽 면에 미치는 유체의 전압력

[그림 2-14]에서 곡면 A-B에 작용하는 전압력은 자유물체도에 나타낸 바와 같이 국소면적에 작용하는 전압력의 크기와 방향이 위치에 따라 복잡하게 변화하기 때문에 수평분력과 수직 분력으로 분해하여 구한 다음에 이들을 합성함으로써 구할 수 있다.

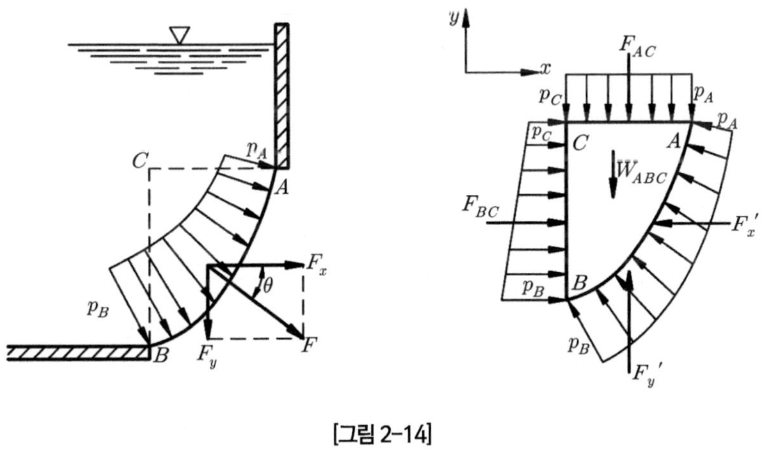

[그림 2-14]

(1) 수평분력

$$\sum F_x=F_{BC}-F_x'=0$$

$$\therefore F_{BC}=F_x'=F_x \tag{2-22}$$

따라서 수평분력은 B-C 면 즉, 곡면을 수직 평면에 투영시켰을 때 생기는 투영면적에 작용하는 전압력과 같다.

(2) 수직분력

$$\sum F_y = F_y' - F_{AC} - W_{ABC} = 0$$

$$\therefore F_y' = F_{AC} + W_{ABC} = F_y \qquad (2\text{-}23)$$

여기서 F_{AC}는 수평면 A-C에 작용하는 전압력의 크기로서 수평면 A-C 위에 있는 유체의 무게와 같다. 따라서 수직 분력은 곡면 A-B의 연직 상방향에 있는 유체의 무게와 같다는 것을 알 수 있다.

(3) 합성력

$$F = \sqrt{F_x^2 + F_y^2} \qquad (2\text{-}24)$$

$$\theta = \tan^{-1}\frac{F_y}{F_x} \qquad (2\text{-}25)$$

예제 2.19 **다음 그림과 같이 폭이 3[m]인 4분원통 AB면에 작용하는 전압력의 크기는 몇 [N]인가? 단, 4분원통의 반경은 1[m]이다.**

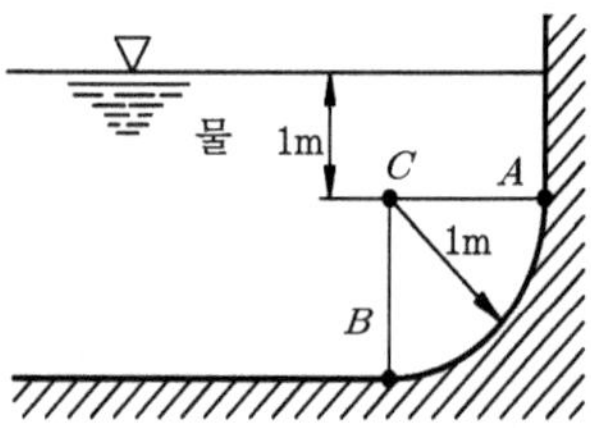

㉮ 48732 ㉯ 58745 ㉰ 68548 ㉱ 73114

해설 수평분력은 곡면 AB를 수직평면에 투영한 투영면적 BC에 작용하는 전압력과 같으므로

$$F_x = \gamma \bar{h} A = 9800 \times (1+0.5) \times (1 \times 3) = 44100\,[\mathrm{N}]$$

수직분력은 곡면 AB의 연직 상방향에 있는 유체의 무게와 같으므로

$$F_y = \gamma\left\{(3\times1\times1) + \frac{1}{4}\left(\frac{\pi}{4}\times2^2\times3\right)\right\}$$

$$= 9800\left(3 + \frac{3}{4}\pi\right) = 52479\,[\mathrm{N}]$$

합성력은

$$F = \sqrt{F_x^2 + F_y^2}$$

$$= \sqrt{44100^2 + 52479^2} \fallingdotseq 68548\,[\mathrm{N}]$$

답 ㉰

예제 2.14 **다음 그림과 같이 폭이 2[m]인 4분원통의 수문이 있다. B에 hinge가 있을 때 이 수문이 열리지 않도록 하기 위해서는 점 A에 수평력을 왼쪽 방향으로 몇 [N]을 가해야 하는가?**

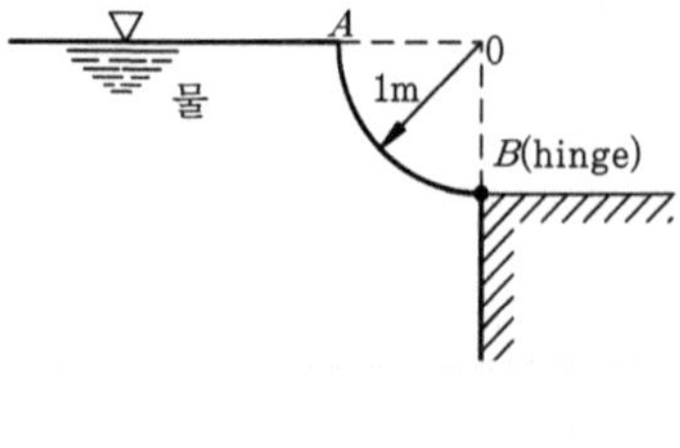

㉮ 7840 ㉯ 9800 ㉰ 11760 ㉱ 13720

해설 (1) 수평분력

$F_x = \gamma \bar{h} A = 9800 \times 0.5 \times 1 \times 2 = 9800\,[\mathrm{N}]$

작용점의 y좌표는

$$y_p = \frac{I_G}{\bar{y} A} + \bar{y} = \frac{\frac{2 \times 1^3}{12}}{0.5 \times 1 \times 2} + 0.5 \fallingdotseq 0.667\,[\mathrm{m}]$$

수평분력은 수면보다 0.667[m] 아래에서 9800[N]의 크기로 작용한다.

(2) 수직분력

$$F_y = \gamma \cdot \frac{\pi r^2}{4} \times 2 = 9800 \times \frac{\pi \times 1^2}{4} \times 2$$
$$= 15386\,[\mathrm{N}]$$

수직분력의 작용점은 4분원통 수문의 무게중심을 지나므로 OB를 y축으로 하는 무게중심까지의 x좌표는

$$x_p = \frac{4r}{3\pi} = \frac{4 \times 1}{3\pi} \fallingdotseq 0.425\,[\mathrm{m}]$$

(3) 수문의 hinge B에 대한 모멘트

$$F_x(1 - y_p) + F_y \times 0.425 = F_A \times 1$$
$$\therefore F_A = 9800 \times (1 - 0.667) + 15386 \times 0.425$$
$$\fallingdotseq 9800\,[\mathrm{N}]\ (\text{왼쪽방향})$$

답 ㉯

2.7 부력(浮力)

정지하고 있는 유체 속에 잠겨 있거나 떠있는 물체가 유체로부터 받는 전압력을 **부력**(buoyant force)이라고 하며 **아르키메데스의 원리**에 의하면 유체 속에 있는 물체는 그 물체가 배제한 유체의 무게 만큼 부력을 받아 그 만큼 가벼워진다.

(1) 부력의 크기

[그림 2-15]와 같이 수면에 x축, 수면과 수직 방향으로 y축을 취하고 그 속에 잠겨 있는 물체가 받는 부력을 생각하자. 물체에 수직방향으로 미소원통 dV를 취하면 물체의 윗부분 dA_1에 작용하는 전압력은 $dF_1 = \gamma y_1 dA_1$이고 물체의 아랫부분 dA_2에 작용하는 전압력은

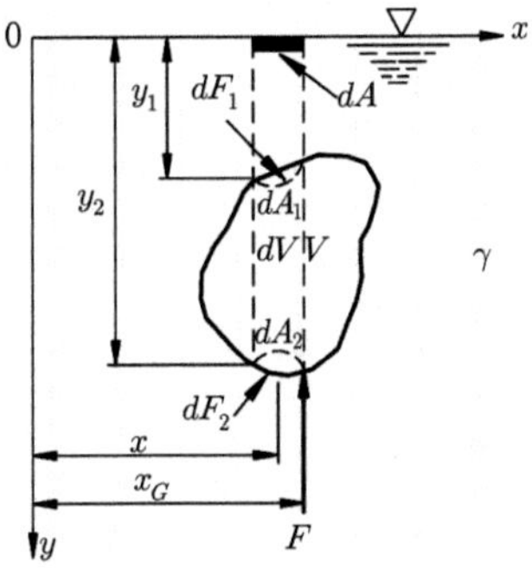

[그림 2-15]

$dF_2 = \gamma y_2 dA_2$이다. 또 이들 힘의 수직방향 성분은 각각 다음과 같다.

$$dF_1 = \gamma y_1 dA$$
$$dF_2 = \gamma y_2 dA$$

따라서 물체의 위부분과 아랫부분이 받는 전압력의 차이 즉, 부력은

$$F = \int_V (dF_2 - dF_1) = \gamma \int_V (y_2 - y_1) dA = \gamma V \qquad (2\text{-}26)$$

V : 유체 속에 잠긴 물체의 체적

γ : 유체의 비중량

(2) 부력의 작용점

부력의 중심(中心) 또는 부심(浮心)이라고도 하며 유체 속에 잠긴 물체에 의해 배제된 유체의 무게중심이 된다.

$$x_G = \frac{1}{V}\int x dV \qquad (2\text{-}27)$$

(3) 부력의 작용방향

부심을 지나면서 연직 상방향으로 작용한다.

예제 2.21 **어떤 물체의 무게를 물 속에서 달았더니 50 [N]이었고 비중이 0.8인 기름 속에서 달았더니 60 [N]이었다. 이 물체의 체적은 몇 [m³]인가?**

㉮ 3×10^{-3} ㉯ 4×10^{-3} ㉰ 5×10^{-3} ㉱ 6×10^{-3}

해설 그림에서 W는 유체 속에서의 물체 무게, F는 부력, G는 유체에 잠기기 전의 물체의 무게이다. 힘의 평형조건으로부터 다음 식이 성립한다.

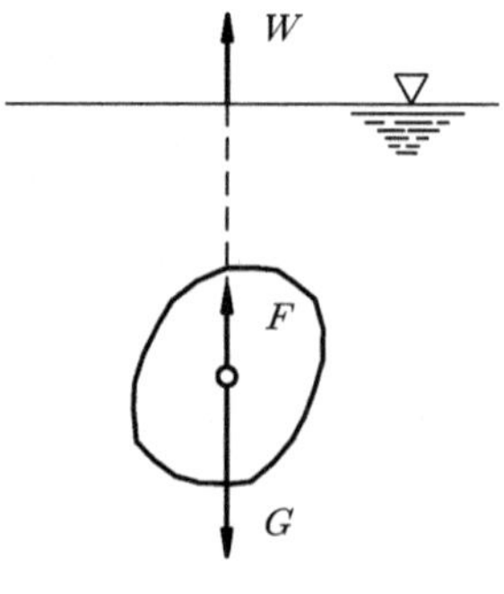

$$G = F + W = \gamma V + W$$
$$\therefore V = \frac{G - W}{\gamma} = \frac{G - 50}{9800} = \frac{G - 60}{9800 \times 0.8}$$
$$9800(G - 60) = 9800 \times 0.8(G - 50)$$
$$G = 100[\text{N}]$$

따라서 체적

$$V = \frac{G - W}{\gamma} = \frac{100 - 50}{9800} ≒ 5 \times 10^{-3}[\text{m}^3]$$

답 ㉰

2.8 부양체(浮揚體)의 안정성

[그림 2-16]과 같이 부양체가 수면과 θ만큼 기울어졌을 때 부력의 중심은 C에서 C'로 이동하게 되며 부력 F와 부양체의 무게 W에 의한 모멘트가 작용하여 부양체를 일으켜 세우게 된다. 이때 부심 C'에서 연직 상방향으로의 부력의 작용선과 부양축의 교점 M을 **메타센터**(Metacenter)또는 경심(傾心)이라고 하며 부양체의 중심 G와 M사이의 거리 h를 **메타센터의 높이** 또는 **경심의 높이**라고 한다.

(1) 메타센터의 높이

[그림 2-16]에서 O축에 관한 부력의 모멘트는

$$M_0 = \int_0^x \gamma x^2\theta \cdot dx + \int_{-x}^0 \gamma x^2 \theta dx = \gamma\theta \int_{-x}^x x^2 dx = \gamma\theta I_0 \qquad (2\text{-}28)$$

$I_0 = \int_{-x}^x x^2 dx$ ([그림 2-16]의 단면과 수직인 0축에 관한 수면으로 절단되는 부양체 단면의 관성모멘트)

$$\gamma\theta I_0 = \gamma V \overline{CM}\theta \qquad (2\text{-}29)$$

V : 유체에 잠긴 부양체의 체적

따라서 메타센터의 높이는

$$h = \overline{GM} = \overline{CM} - \overline{CG} = \frac{I_0}{V} - \overline{CG} \qquad (2\text{-}30)$$

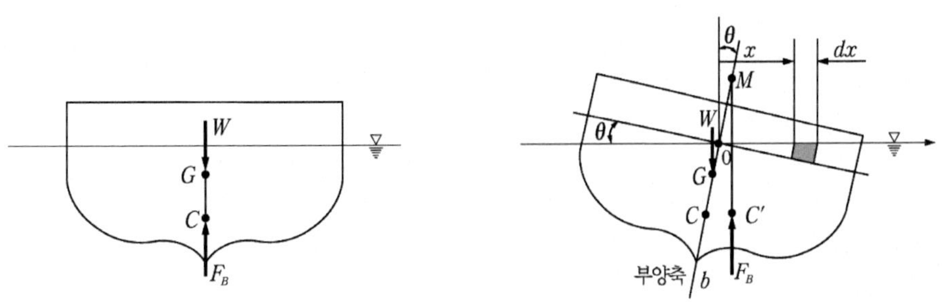

(a) (b)

[그림 2-16]

(2) 부양체의 안정조건

$$h = \overline{GM} > 0,\ \left(\frac{I_0}{V} > \overline{CG}\right) : \text{안정},\ h = \overline{GM} < 0,\ \left(\frac{I_0}{V} < \overline{CG}\right) : \text{불안정}$$

$$h = \overline{GM} = 0,\ \left(\frac{I_0}{V} = \overline{CG}\right) : \text{중립}$$

(3) 복원 모멘트

$$M_0 = W \cdot \overline{GM}\sin\theta \fallingdotseq W \cdot \overline{GM}\theta \tag{2-31}$$

예제 2.22 폭 50[m], 높이 25[m], 길이 300[m]인 단면이 일정한 상자형 선박이 있다. 이 선박의 무게중심이 바닥에서 12.5[m] 위에 있을 때 이 선박의 메타센터의 높이를 구하라.

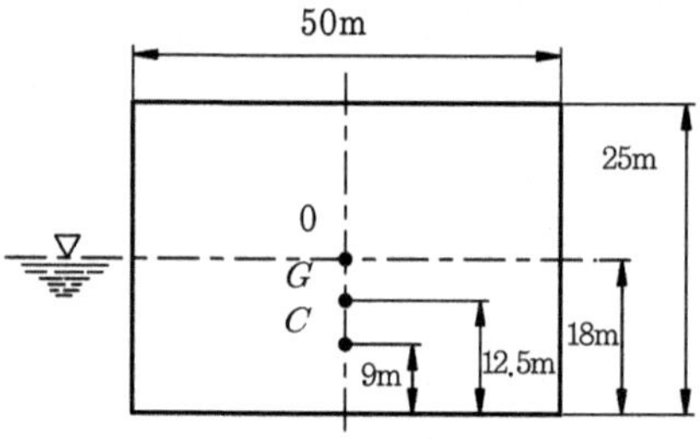

㉮ 7.46 [m] ㉯ 8.07 [m]
㉰ 9.11 [m] ㉱ 10.35 [m]

해설 식(2-30)에 의하면

$$h = \frac{I_0}{V} - \overline{CG} = \frac{\frac{300 \times 50^3}{12}}{50 \times 18 \times 300} - (12.5 - 9) \fallingdotseq 8.07\,[\mathrm{m}]$$

답 ㉯

예제 2.23 다음 글 중에서 틀린 것은?

㉮ 잠수함과 같이 유체에 완전히 잠긴 물체는 무게 중심이 부력의 중심보다 아래에 있어야 안전하다.
㉯ 선박과 같이 일부만 유체에 잠긴 물체는 메타센터가 무게 중심보다 위에 있어야 한다.
㉰ 복원모멘트가 작용하는 부양체는 안전하다.
㉱ 메타센터의 높이가 0이면 부양체는 안전하다.

해설 메타센터의 높이가 0보다 커야 안전하며 0이면 중립상태를 유지한다.

답 ㉱

2.9 상대적 평형

유체분자 사이에 상대속도가 없어서 전단응력이 발생하지 않는 운동을 하고 있는 유체를 **상대적 평형상태**에 있다고 말하며 이 때 유체 내부의 압력분포는 정역학적으로 해석할 수 있다.

2.9.1 수평 등가속도를 받는 유체

[그림 2-17]과 같이 용기와 함께 수평등가속도 a_x를 받는 유체에 대해서 생각하자.

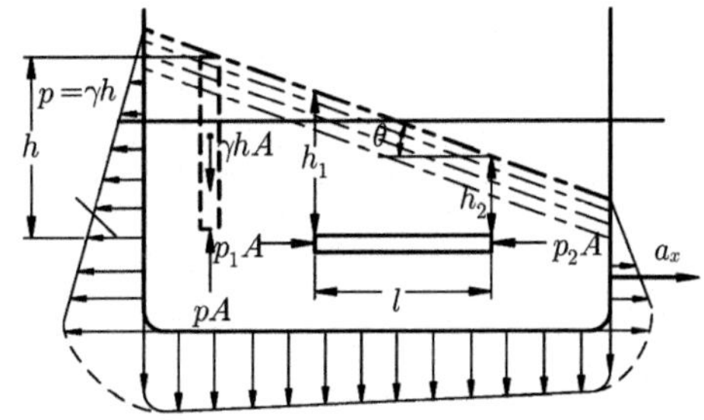

[그림 2-17]

(1) 수평방향의 압력변화

$$\sum F_x = ma_x$$

$$p_1A - p_2A = \rho lAa_x$$

$$\gamma(h_1 - h_2)A = \frac{\gamma}{g}lAa_x$$

$$\frac{h_1 - h_2}{l} = \frac{a_x}{g} = \tan\theta$$

$$\therefore \theta = \tan^{-1}\frac{a_x}{g} \quad (2\text{-}32)$$

등압면은 수평과 $\theta°$ 만큼 기울어진 면이다.

(2) 수직방향의 압력변화

$$pA = \gamma hA,\ \ \therefore p = \gamma h \quad (2\text{-}33)$$

따라서 정지유체의 경우와 같다.

2.9.2 연직방향으로 등가속도를 받는 유체

[그림 2-18]과 같이 용기와 함께 등가속도 a_y를 받는 유체를 생각하자.

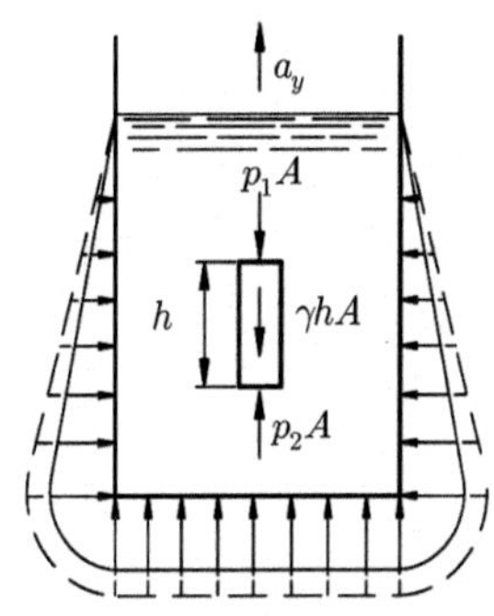

[그림 2-18]

$$\sum F_y = ma_y$$

$$p_2A - p_1A - \gamma hA = \rho hAa_y$$

$$\therefore p_2 - p_1 = \gamma h\left(1 + \frac{a_y}{g}\right) \quad (2\text{-}34)$$

따라서 유체를 담은 용기가 자유낙하 $(a_y = -g)$할 경우는 $p_2 - p_1 = 0$

즉, 유체 내부에 압력변화는 없다.

2.9.3 등속원운동을 받고 있는 유체

[그림 2-19]와 같이 유체를 담은 용기가 각속도 ω로 회전하는 경우를 생각하자.

반지름 r방향에 대한 압력의 기울기

$$\frac{\partial p}{\partial r} = \rho r \omega^2 \tag{2-35}$$

수직방향에 대한 압력의 기울기

$$\frac{\partial p}{\partial z} = -\rho g = -\gamma \tag{2-36}$$

따라서 등압면의 방정식은 다음과 같이 쓸 수 있다.

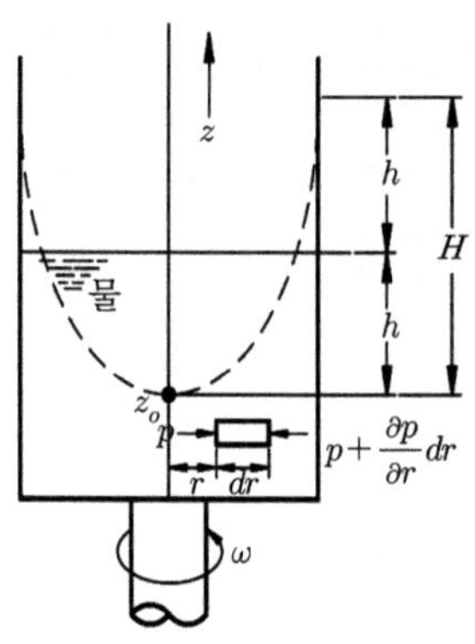

[그림 2-19]

$$\frac{\partial p}{\partial r}dr + \frac{\partial p}{\partial z}dz = \rho r \omega^2 dr - \rho g dz = 0 \tag{2-37}$$

등압면의 기울기는

$$\frac{dz}{dr} = \frac{r\omega^2}{g} \tag{2-38}$$

윗 식을 적분하고 $r = 0,\ z = z_0$를 대입하면

$$H = z - z_0 = \frac{r^2\omega^2}{2g} \qquad (2\text{-}39)$$

또 기준면으로 부터 올라간 수면의 높이는

$$h = \frac{r^2\omega^2}{4g} \qquad (2\text{-}40)$$

즉, 기준면에서 올라간 수면의 높이는 내려간 수면의 높이와 같다.

예제 2.24 **다음 그림과 같이 2[m]×2[m]×3[m]인 물탱크에 물을 1[m]높이로 채우고 수평방향으로 5[m/s²]의 가속도를 가했다. 이 때 수면은 수평과 얼마나 기울어지겠는가? 또 A점의 압력은 몇 [Pa]인가? 단, 공간의 압력은 무시한다.**

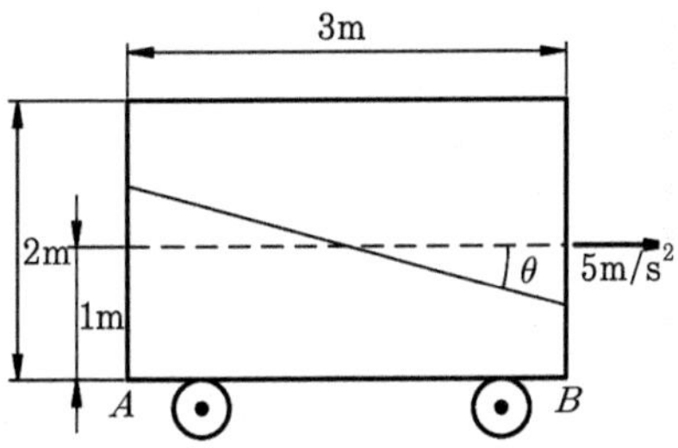

㉮ 27°, 17287 ㉯ 30°, 18665 ㉰ 36°, 20908 ㉱ 40°, 22594

해설 $\theta = \tan^{-1}\frac{a_x}{g} = \tan^{-1}\frac{5}{9.8} \fallingdotseq 27°$

또 A점에서의 수심은

$h_A = 1 + 1.5\tan\theta = 1 + 1.5\tan 27° \fallingdotseq 1.764$ [m]

$\therefore p_A = \gamma h_A = 9800 \times 1.764 \fallingdotseq 17287$ [N/m²] $= 17287$ [Pa]

답 ㉮

예제 2.25 **반지름 30[cm]인 원통 속에 물을 넣고 50[rpm]으로 회전시킬 때 수면의 최고 높이는 회전하기 전의 수면보다 몇 [m] 높은가?**

㉮ 0.141 ㉯ 0.126 ㉰ 0.082 ㉱ 0.063

해설 각속도 $\omega = \frac{2\pi N}{60} = \frac{2\pi \times 50}{60} \fallingdotseq \frac{5}{3}\pi$ [rad/sec]

$$\therefore h = \frac{r^2\omega^2}{4g} = \frac{0.3^2 \times \left(\frac{5}{3}\pi\right)^2}{4 \times 9.8} \fallingdotseq 0.063 \text{ [m]}$$

여기서 최고수면과 최저수면의 높이 차는

$$H = \frac{r^2\omega^2}{2g} = \frac{0.3^2 \times \left(\frac{5}{3}\pi\right)^2}{2 \times 9.8} \fallingdotseq 0.126 \text{ [m]}$$

답 ㉱

연습문제

기초문제

1. 어떤 용기 속에 물이 3[m] 깊이로 담겨져 있고 그 위에 비중 0.8인 기름이 2[m]깊이로 채워져 있다. 기름의 표면은 대기와 접해 있고 대기압이 750 [mmHg] 일 때 용기의 바닥이 받는 절대압력은 몇 [Pa]인가?

㉮ 113213　　㉯ 130992　　㉰ 168436　　㉱ 189428

해설 　　답 ㉯

절대압력은 $p_{abs} = p_a + \gamma h$

$$= 101325 \times \frac{750}{760} + 9800 \times 3 + 800 \times 2$$

$$\fallingdotseq 130992\,[\mathrm{N/m^2}] = 130992\,[\mathrm{Pa}]$$

2. 대기압 750[mmHg] 인 곳에서 측정한 계기압력 2[kg_f/cm^2]는 절대압력으로 몇 [bar]인가?

㉮ 0.67　　㉯ 1.24　　㉰ 1.84　　㉱ 2.96

해설 　　답 ㉱

대기압 $p_a = 750\,[\mathrm{mmHg}] = \frac{750}{760} \times 1.01325\,[\mathrm{bar}]$

계기압력 $p_g = 2\,[\mathrm{kg_f/cm^2}] = 2 \times 10^4\,[\mathrm{kg_f/m^2}] = 2 \times 10^4 \times 9.8\,[\mathrm{Pa}]$

$$= 2 \times 10^4 \times 9.8 \times 10^{-5}\,[\mathrm{bar}]$$

$$\therefore p_{abs} = \frac{750}{760} \times 1.01325 + 2 \times 10^4 \times 9.8 \times 10^{-5}$$

$$\fallingdotseq 2.96\,[\mathrm{bar}]$$

3. 수면 아래 6[m]깊이인 점의 계기압력 [P_g]과 절대압력 [P_{abs}]은?
단, 대기압은 760mmHg이다.

㉮ $p_g = 55800\,\mathrm{Pa}$, $P_{abs} = 157125\,\mathrm{Pa}$　　㉯ $p_g = 36400\,\mathrm{Pa}$, $P_{abs} = 137725\,\mathrm{Pa}$

㉰ $p_g = 157125\,\mathrm{Pa}$, $P_{abs} = 55800\,\mathrm{Pa}$　　㉱ $p_g = 137725\,\mathrm{Pa}$, $P_{abs} = 36400\,\mathrm{Pa}$

해설 　　답 ㉮

계기 압력 : $p_g = \gamma h = 9800 \times 6 = 55800\,[\mathrm{N/m^2}] = 55800\,[\mathrm{Pa}]$

절대압력 : $P_{abs} = P_a + P_g = 101325 + 55800 = 157125\,[\mathrm{N/m^2}] = 157125\,[\mathrm{Pa}]$

기초문제

4. 펌프 흡입구의 압력을 진공계로 재어 보니 40mmHg이었고 기압계는 750mmHg를 가리켰다. 펌프 흡입구의 절대압력은 몇 [Pa]인가?

㉮ 76463 ㉯ 82346 ㉰ 94659 ㉱ 102615

해설 답 ㉰

$P_{abs} = 750 - 40 = 710\,[\text{mmHg}]$

$= \frac{710}{760} \times 101325 ≒ 94659\,[\text{Pa}]$

5. 다음은 압력 단위를 관련지은 것이다. 틀린 것은?

㉮ 1 Torr=1 mmHg ㉯ 1 atm=760 mmHg(0℃)

㉰ 1 bar=1013 mmHg(0℃) ㉱ 1 at=0.98 bar

해설 답 ㉰

1bar=750.06 mmHg 이다.

6. 다음 그림과 같은 장치에서 피스톤 A_2의 지름이 피스톤 A_1의 지름의 2배가 될 때 F_1은 F_2의 몇 배가 되는가?

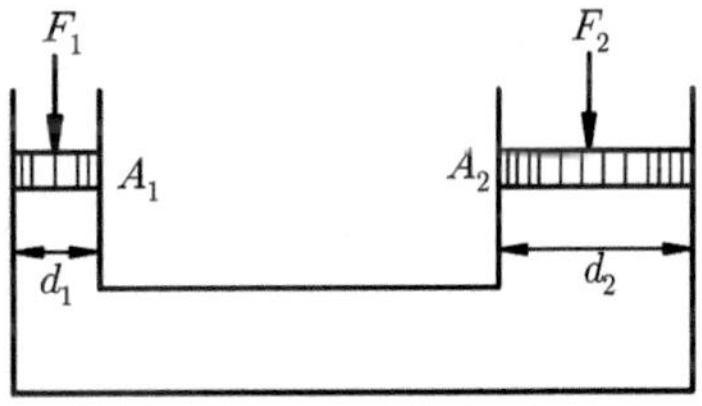

㉮ $\frac{1}{2}$배 ㉯ $\frac{1}{4}$배

㉰ 2배 ㉱ 4배

해설 답 ㉯

$F_1 = \frac{\pi}{4} d_1^2 p_1$ $F_2 = \frac{\pi}{4} d_2^2 p_2$

파스칼의 원리에 의하면 피스톤 A_1이 받는 압력 p_1과 피스톤 A_2가 받는 압력 p_2는 같다.

즉 $p_1 = p_2$이므로

$$\frac{4F_1}{\pi d_1^2} = \frac{4F_2}{\pi d_2^2}$$

$d_2 = 2d_1$ 이므로

$$\frac{4F_1}{\pi d_1^2} = \frac{4F_2}{\pi (2d_1)^2} = \frac{F_2}{\pi d_1^2}$$

$$\therefore F_1 = \frac{1}{4} F_2$$

연습문제

7. 깊이 20[m]인 바다 속에 있는 잠수함이 받는 계기 압력은 몇 [bar]인가? 단, 바닷물의 비중량은 10045[N/m³]이다.

㉮ 2.01　　㉯ 2.74　　㉰ 3.25　　㉱ 3.79

해설　　답 ㉮

$p_g = \gamma h$

$= 10045 \times 20 = 200900\,[\mathrm{N/m^2}] = 200900\,[\mathrm{Pa}] \fallingdotseq 2.01\,[\mathrm{bar}] = 2.05\,[\mathrm{kg_f/cm^2}]$

8. 다음 그림과 같은 탱크에 비중이 0.9인 기름이 들어 있다. 점 A가 대기와 접하고 있을 때 B점의 계기압력은 몇 [Pa]인가?

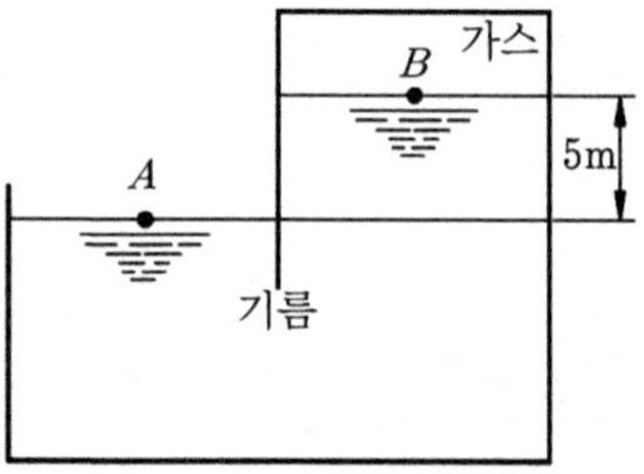

㉮ 44100[Pa 진공]　㉯ 96300[Pa 진공]
㉰ 123500[Pa]　㉱ 125200[Pa]

해설　　답 ㉮

A점의 압력이 대기압이므로 B점의 압력은 대기압보다 낮은 압력이다. 또 계기압력은 대기압을 기준으로 하여 측정하는 압력이므로 A점의 계기압력은 0이다. 따라서

$p_{B_g} = p_{A_g} - \gamma h$

$= 0 - 9800 \times 0.9 \times 5$

$= -44100\,[\mathrm{Pa}] = 44100\,[\mathrm{Pa}]$ (진공)

9. 다음 그림과 같이 물이 흐르고 있는 관에 시차액주계를 설치하였더니 수은의 높이 h가 80[cm]이었다. 이 때 A, B 두 점의 압력차는 몇 [Pa]인가?

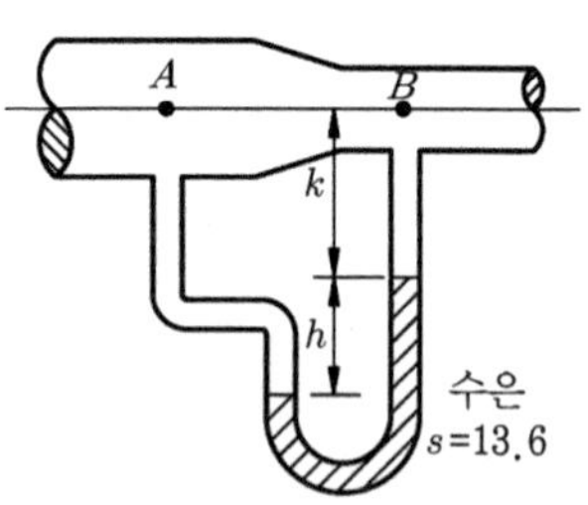

㉮ 90748　㉯ 96432
㉰ 98784　㉱ 121716

해설　　답 ㉮

물의 비중량을 γ, 수은의 비중량을 γ_s라고 하면

$p_A + \gamma(k+h) = p_B + \gamma k + \gamma_s h$

$\therefore p_A - p_B = \gamma_s h - \gamma h = h(\gamma_2 - \gamma)$

$= 0.8 \times (133280 - 9800)$

$= 98784\,[\mathrm{Pa}]$

기초문제

10. 다음 그림과 같은 시차액주계에서 $p_x - p_y$는 몇 [kN/m^2]인가? 단, $\gamma_1 = 1000[kg_f/m^3]$, $\gamma_2 = 880[kg_f/m^3]$, $\gamma_3 = 13600\ [kg_f/m^3]$이다.

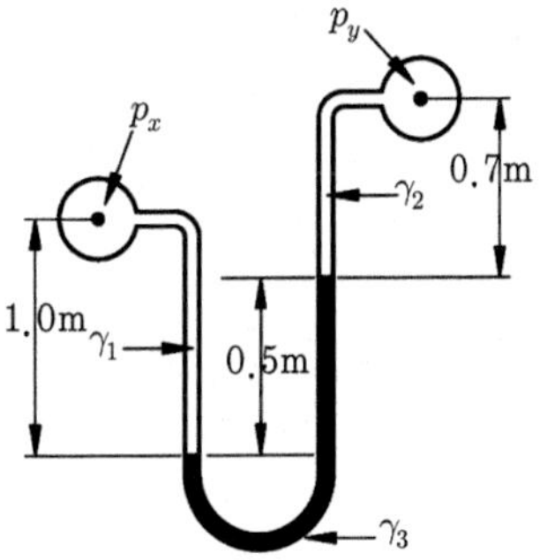

㉮ 58.694　　㉯ 62.877
㉰ 67.321　　㉱ 70.074

해설　답 ㉯

$p_x + 1 \times 1000 \times 9.8 = p_y + 0.7 \times 880 \times 9.8 + 0.5 \times 13600 \times 9.8$

$\therefore p_x - p_y = 0.7 \times 880 \times 9.8 + 0.5 \times 13600 \times 9.8 - 1.0 \times 1000 \times 9.8$

$\fallingdotseq 62877[N/m^2]$

$= 62.877[kN/m^2]$

11. 다음 그림과 같은 액주계에서 관 속을 흐르는 액체의 비중이 0.9일 때 A점의 압력은 얼마인가? 단, h는 30 [cm]이고 대기압은 750mmHg이다.

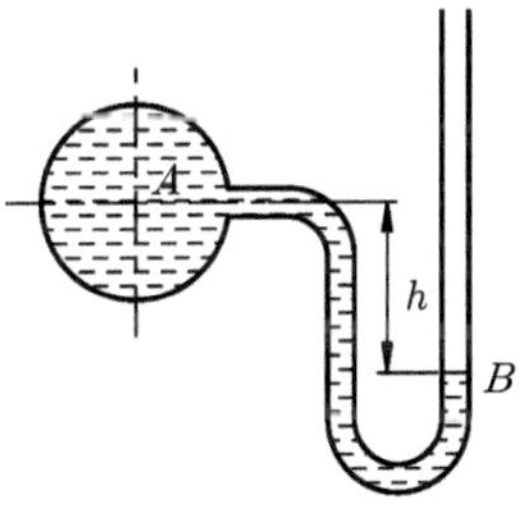

㉮ 2646[Pa gauge]　㉯ 10062 [Pa abs]
㉰ 4116[Pa gauge]　㉱ 10752 [Pa abs]

해설　답 ㉮

B점의 압력은 대기압이므로 대기압을 p_a라고 하면

$p_A + \gamma h = p_a$

$\therefore p_A = p_a - \gamma h$

$= \frac{750}{760} \times 101325 - 0.9 \times 9800 \times 0.3 \fallingdotseq 97346[Pa\ abs]$

$\fallingdotseq 2646[Pa\ gauge]$

12. 다음 그림과 같이 관 속을 흐르는 물의 유량을 구하기 위하여 orifice를 설치하였다. orifice 전 · 후 (A점, B점)의 압력차 $p_A - p_B$는 몇 [kN/m^2]인가? 단, 수은의 비중은 13.6이다.

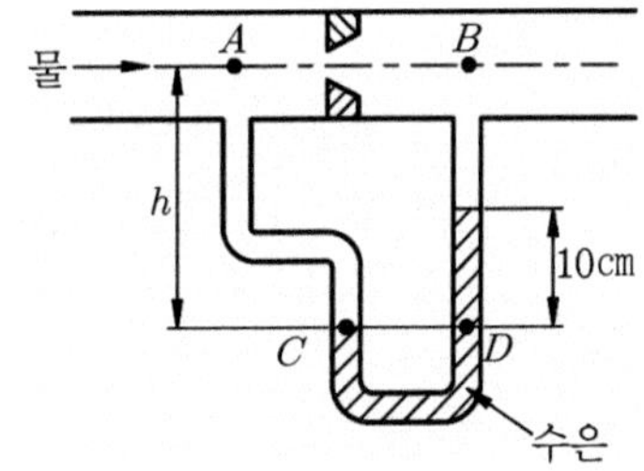

㉮ 8.294　　㉯ 10.711
㉰ 12.348　　㉱ 15.253

연습문제

해설 답 ㉰

점 C와 점 D의 압력은 같다. (∵ 정지유체 속에서 동일 수평면상의 압력은 같다.) 따라서 물의 비중량을 γ_w, 수은의 비중량을 γ_s라고 하면

$$p_A+\gamma_w h=p_s+\gamma_w(h-0.1)+\gamma_s\times 0.1$$

$$\begin{aligned}p_A-p_s&=\gamma_w(h-0.1)+\gamma_s\times 0.1-\gamma_w h\\&=-0.1\gamma_w+0.1\gamma_s\\&=-0.1\times 9800+0.1\times 13.6\times 9800\\&=12348[\mathrm{N/m^2}]=12.348[\mathrm{kN/m^2}]\end{aligned}$$

13. 다음 그림과 같은 경사미압계에서 점 A의 계기압력은 몇 [Pa]인가? 단, 미압계에는 물이 들어 있고 $\alpha=10°$, $l=20$ [mm]이다.

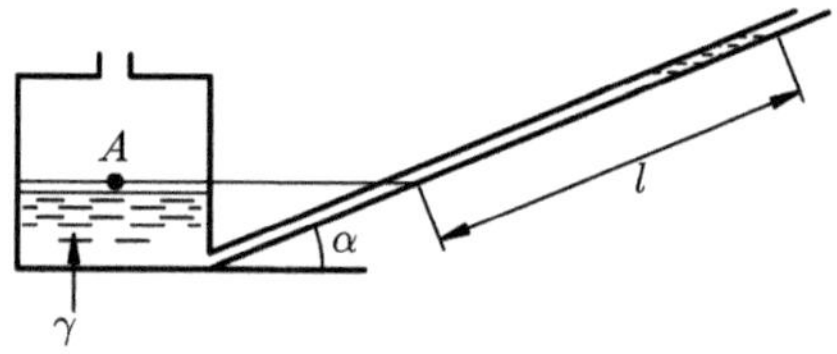

㉮ 7.06 ㉯ 12.25 ㉰ 22.25 ㉱ 34.04

해설 답 ㉱

$$\begin{aligned}p_A&=\gamma h=\gamma l\sin\alpha\\&=9800\times 20\times 10^{-3}\times\sin 10° \fallingdotseq 34.04[\mathrm{Pa}]\end{aligned}$$

14. 다음 그림과 같은 미압계에서 $\gamma_1=1.225[\mathrm{kg_f/m^3}]$인 공기, γ_2는 물, γ_3는 비중이 1.2인 액체이다. 또 U자관에서 단면적이 넓은 부분과 단면적이 좁은 부분의 단면적비는 $\dfrac{a}{A}=0.001$이고 h는 5[mm]이다. 이 때 압력차 p_c-p_d는 몇 [mmAq]인가?

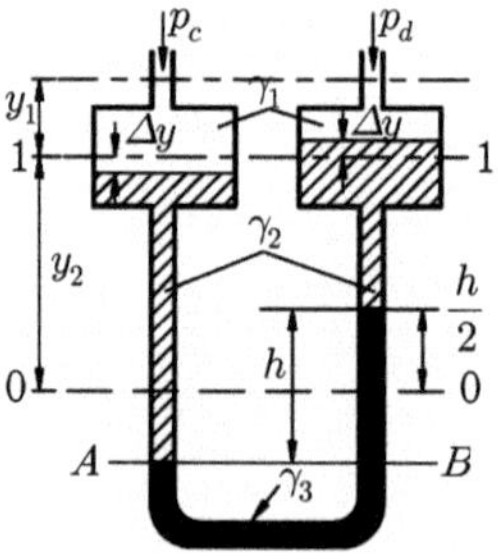

㉮ 1.04995 ㉯ 2.04051 ㉰ 3.10472 ㉱ 4.92104

해설 답 ㉮

점 A, B의 압력은 같으므로

$$p_c+\gamma_1(y_1+\Delta y)+\gamma_2\left(y_2-\Delta y+\frac{h}{2}\right)=p_d+\gamma_1(y_1-\Delta y)+\gamma_2\left(y_2+\Delta y-\frac{h}{2}\right)+\gamma_3 h$$

$$p_c-p_d=\gamma_1(-2\Delta y)+\gamma_2(2\Delta y-h)+\gamma_3 h$$

또 $A\cdot\Delta y=a\cdot\dfrac{h}{2}$이므로

$$\Delta y = \frac{a}{A} \cdot \frac{h}{2}$$

따라서 $p_c - p_d = \gamma_1 (-\frac{a}{A}h) + \gamma_2\left(\frac{a}{A}h - h\right) + \gamma_3 h$

$$= h\left[\gamma_3 + \gamma_2\left(\frac{a}{A} - 1\right) - \frac{a}{A}\right]$$

$$= 5\times10^{-3}[1.2\times1,000 + 1,000(0.01-1) - 0.01]$$

$$= 1.04995\,[kg_f/m^2]$$

$$= 1.04995\times10^{-4}\,[kg_f/cm^2] = 1.04995\times10^{-3}\,[mAq]$$

$$= 1.04995\,[mmAq]$$

15. 다음 그림과 같은 역 U자관 마노미터에서 A, B에는 물이 흐르고 있고 액주계 속에는 비중이 0.9이 기름이 들어 있다. $h_1 = 0.27$[m], $h_2 = 0.35$[m], $h_3 = 0.8$[m]일 때 $p_A - p_B$는 몇 [Pa]인가? 단, 물의 비중량은 9800[N/m³]이다.

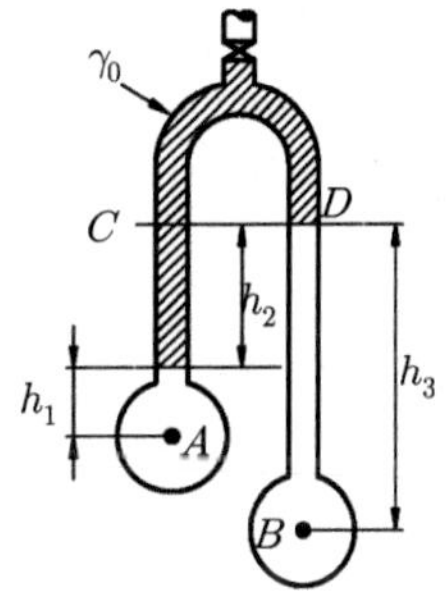

㉮ −1686　　㉯ −2107　　㉰ −3058　　㉱ −4087

해설　　답 ㉯

C점과 D점의 압력은 같으므로

$$P_A - \gamma_w h_1 - \gamma_o h_2 = P_B - \gamma_w h_3$$

$$\therefore P_A - P_B = \gamma_w h_1 + \gamma_o h_2 - \gamma_w h_3$$

$$= \gamma_w (h_1 - h_2) + \gamma_o h_2$$

$$= 9800\times(0.27-0.8) + 0.9\times9800\times0.35$$

$$= -2107\,[Pa]$$

16. 다음 그림과 같이 용기 A와 B에 각각 280 [kPa], 140[kPa]인 물이 들어 있다. 그림과 같은 상태에서 평형을 유지한다면 수은주의 높이 h는 몇 [m]인가? 단, 수은의 비중은 13.60이다.

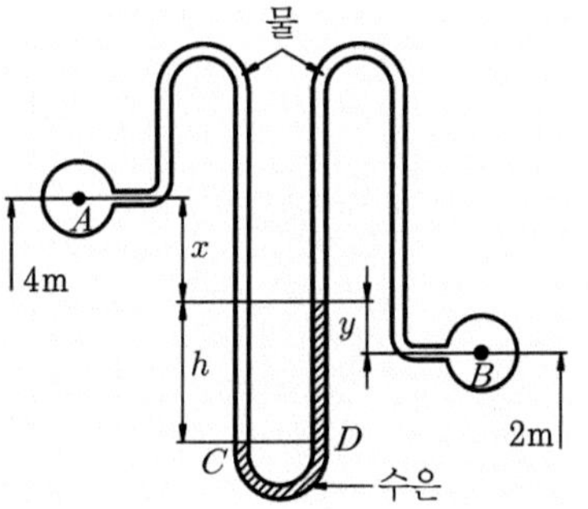

㉮ 0.52　　㉯ 0.84

㉰ 1.29　　㉱ 1.76

연습문제

해설 답 ㉰

C점과 D점의 압력은 같으므로 물의 비중량을 γ_w, 수은의 비중량을 γ_s라고 하면

$$p_A+\gamma_w(x+h)=p_B+\gamma_w y+\gamma_s h$$

$$\therefore p_A-p_B=\gamma_s h-\gamma_w y-\gamma_w(x+h)$$

$$=\gamma_s h-\gamma_w y-\gamma_w x-\gamma_w h$$

$$=h(\gamma_s-\gamma_w)-\gamma_w(y+x)$$

따라서

$$280-140=h(13.6\times9.8-9.8)-9.8(y+x)$$

$$\therefore h=\frac{140+9.8(x+y)}{13.6\times9.8-9.8}=\frac{140+9.8(4-2)}{13.6\times9.8-9.8}\fallingdotseq1.29\,[\text{m}]$$

17. 다음 그림과 같이 밑면이 60[cm]×60[cm]인 정사각형이고 높이가 100[cm]인 직육면체 속에 물이 가득 채워져 있다. 한쪽 측면 벽이 받는 힘은 몇 [N]인가?

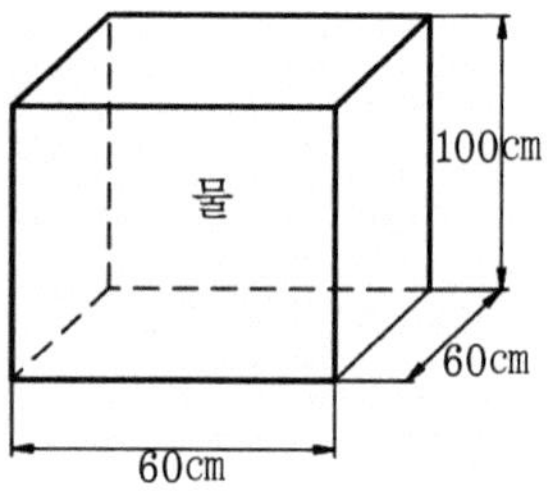

㉮ 2,940 ㉯ 3,120

㉰ 3,670 ㉱ 4,130

해설 답 ㉮

전압력 $F=\gamma\bar{h}A=9800\times0.5\times0.6\times1=2940\,[\text{N}]$

18. 다음 그림과 같이 폭이 4[m]인 기름탱크에 비중이 0.85인 기름이 있다. AB면이 받는 전압력은 몇 [kN]인가?

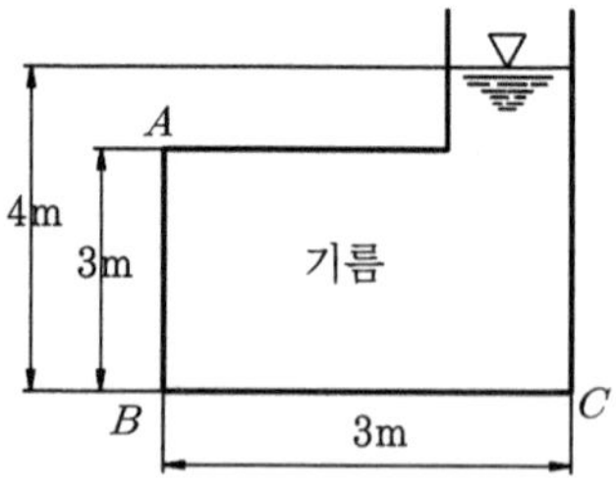

㉮ 200 ㉯ 250

㉰ 300 ㉱ 350

해설 답 ㉯

전압력 $F=\gamma\bar{h}A$

$$=9800\times0.85\times\left(1+\frac{3}{2}\right)\times3\times4=249900\,[\text{N}]$$

$$=249.9\,[\text{kN}]\fallingdotseq250\,[\text{kN}]$$

기초문제

19. 문제 18에서 밑면 BC가 받는 전압력은 몇 [kN]인가?

㉮ 235.2　　㉯ 352.8　　㉰ 400　　㉱ 588

해설　　　답 ㉰

압력은 용기의 형상과는 무관하며 깊이만의 함수이다. BC면의 압력은

$$p=\gamma h=0.85\times 9800\times 4=33320\,[\mathrm{N/m^2}]$$

따라서 BC면이 받는 전압력은

$$F_{BC}=p\cdot A=\gamma h\cdot A=33320\times 3\times 4=399840\,[\mathrm{N}]=399.84[\mathrm{kN}]\fallingdotseq 400[\mathrm{kN}]$$

20. 다음 그림과 같이 수면과 45° 경사진 수문이 있다. 이 수문이 받는 힘은 몇 [kN]인가?

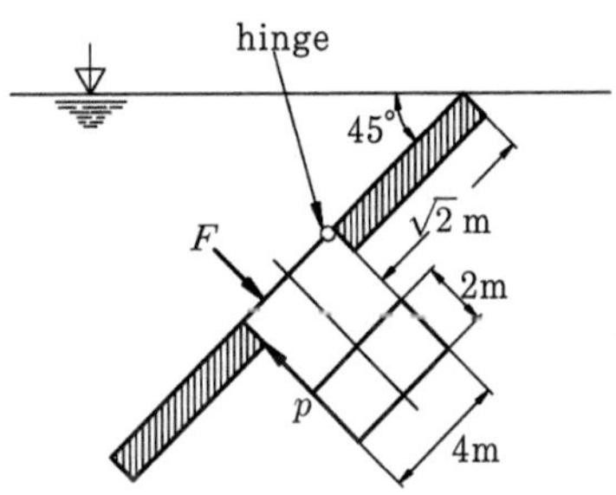

㉮ 148.1　　㉯ 173.0

㉰ 189.3　　㉱ 207.7

해설　　　답 ㉰

수문이 받는 전압력은

$$F=\gamma\bar{h}A=\gamma\bar{y}\sin\theta A$$
$$=9800\times(\sqrt{2}+2)\sin 45^\circ\times 2\times 4$$
$$\fallingdotseq 189274\,[\mathrm{N}]\fallingdotseq 189.3[\mathrm{kN}]$$

21. 문제 20에서 전압력 F 의 작용점은 수면 보다 몇 [m]아래에 있는가?

㉮ 2.12　　㉯ 2.69　　㉰ 3.24　　㉱ 3.56

해설　　　답 ㉯

$$y_p=\frac{I_G}{\bar{y}A}+\bar{y}$$
$$=\frac{\frac{2\times 4^3}{12}}{(2+\sqrt{2})\times 2\times 4}+(2+\sqrt{2})\fallingdotseq 3.8\,[\mathrm{m}]$$

따라서 깊이 h_p는

$$h_p=y_p\sin\theta=3.8\sin 45^\circ\fallingdotseq 2.69\,[\mathrm{m}]$$

연습문제

22. 문제 20에서 수문을 열기 위해 필요한 힘은 몇 [kN]인가?

㉮ 748.7　　㉯ 804.6　　㉰ 965.3　　㉱ 112.9

해설 답 ㉱

hinge에 대한 모멘트를 M이라고 하면

$$M = F(y_p - \sqrt{2}) - p \times 4 = 0$$

$$\therefore p = \frac{F(y_p - \sqrt{2})}{4} = \frac{189274(3.8 - \sqrt{2})}{4}$$

$$\fallingdotseq 112892\,[\mathrm{N}] = 112.9\,[\mathrm{kN}]$$

23. 내경 50[cm], 길이 100[cm]인 원통형 압력용기의 내부압력이 15[kg_f/cm^2]이다. 이 압력 용기의 철판 두께가 1.5[cm]일 때 원주 방향의 인장응력은 몇 [kPa]인가?

㉮ 19600　　㉯ 24500　　㉰ 29400　　㉱ 34300

해설 답 ㉯

원통을 반원통으로 나누려고 하는 힘은 반원통면이 받는 전압력과 같다. 따라서 인장응력은

$$\sigma_t = \frac{F}{A} = \frac{Dlp}{2tl} = \frac{50 \times 15}{2 \times 1.5} = 250\,[\mathrm{kg_f/cm^2}] = 250 \times 9.8 \times 10^4 \times 10^{-3}\,[\mathrm{kPa}]$$

$$= 24500\,[\mathrm{kPa}]$$

24. 그림과 같은 수문에서 수면이 상승함에 따라 자동적으로 수문이 열리게 되어 있다. 수문이 열리기 위해서는 힌지(hinge)로부터 수면이 얼마만큼 올라가야 하는가? 단, 수문의 무게는 무시한다.

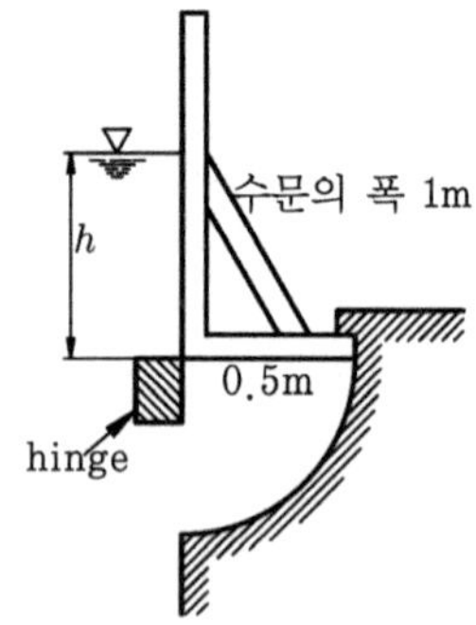

㉮ $h = 0.688\,[\mathrm{m}]$　　㉯ $h = 0.734\,[\mathrm{m}]$

㉰ $h = 0.792\,[\mathrm{m}]$　　㉱ $h = 0.866\,[\mathrm{m}]$

해설 답 ㉱

수문이 받는 수직력 $F_1 = \gamma h A = 1000 \times h \times 0.5 \times 1 = 500h$

수문이 받는 수평력 $F_2 = \gamma \cdot \dfrac{h}{2} \cdot A = 1000 \times \dfrac{h}{2} \times h \times 1 = 500h^2$

수직력 F_1의 작용점은 hinge에서 $x = 0.25\,[\mathrm{m}]$이며 수평력 F_2의 작용점은 수면에서 y_p 되는 지점이라고 하면

$$y_p = \frac{I_G}{\bar{y}A} + \bar{y} = \frac{\frac{1\times h^3}{12}}{\frac{h}{2}\times h\times 1} + \frac{h}{2} = \frac{2}{3}h$$

따라서 힌지에서부터 수평력 F_2의 작용점까지 거리는 $y = h - y_p = h - \frac{2}{3}h = \frac{h}{3}$

$$\therefore \sum M_{hinge} = F_1 x - F_2 y = 500h \times 0.25 - 500h^2 \times \frac{h}{3} = 0$$

$$h = \sqrt{\frac{3\times 500\times 0.25}{500}} \fallingdotseq 0.866\,[\mathrm{m}]$$

25. 그림과 같이 길이가 10[m]인 실린더로 물이 넘쳐 흐르지 못하도록 막고 있다. 실린더 무게 W와 벽면 A에 작용하는 수평력 F_A는 몇 [kg_f]인가?

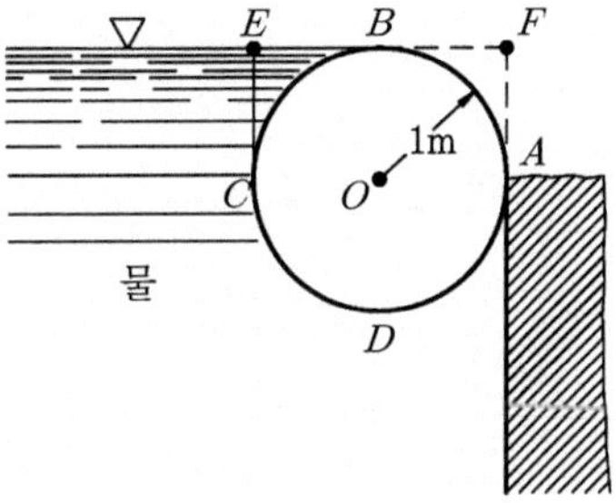

㉮ $W = 37860,\ F_A = 15000$

㉯ $W = 48340,\ F_A = 20000$

㉰ $W = 33550,\ F_A = 5000$

㉱ $W = 46320,\ F_A = 10000$

해설 답 ㉰

실린더 무게는 실린더가 받는 수직력과 같으며 곡면 ADC가 받는 수직력은 상향이고 곡면 BC가 받는 수직력은 하향이다. 따라서

$$F_{ADC} = \gamma V_{AFECDA} = \gamma\left\{\left(\frac{\pi r^2}{2}+2\right)\times l\right\} = 1000\times\left\{\left(\frac{\pi}{2}+2\right)\times 10\right\} \fallingdotseq 35700\,[\mathrm{kg}_f]\ (\text{상향})$$

$$F_{BC} = \gamma V_{BECB} = \gamma\left\{\left(r^2 - \frac{\pi r^2}{4}\right)\times l\right\} = 1000\times\left\{\left(1-\frac{\pi}{4}\right)\times 10\right\} \fallingdotseq 2150\,[\mathrm{kg}_f]\ (\text{하향})$$

$$\therefore W = F_{ADC} - F_{BC} = 35700 - 2150 = 33550\ \mathrm{kg}_f]$$

또 벽면 A에 작용하는 수평력은 벽면 $BCDA$에 작용하는 수평력의 합과 같다. CD면과 AD면의 수평력은 서로 상쇄되므로 BC면에 작용하는 수평력만 존재한다.

$$\therefore F_A = F_{HBC} = \gamma\bar{h}A = 1000\times 0.5\times 10\times 1 = 5000\,[\mathrm{kg}_f]$$

연습문제

26. 다음 그림과 같이 물 속 10[m] 깊이에 있는 4분원통면 AB가 받는 힘의 크기는 몇 [kg_f]인가? 단, 4분원통의 길이는 5[m]이다.

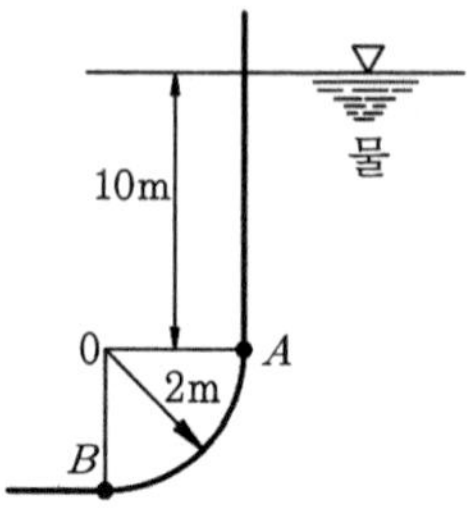

㉮ 119645　　㉯ 159645

㉰ 224324　　㉱ 273563

해설 답 ㉯

다음 그림에서 수평력은 AC면에 작용하는 전압력과 같고 수직력은 AB 면의 연직상방에 있는 물의 무게와 같다.

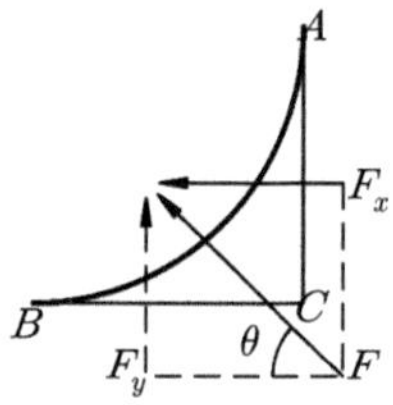

(1) 수평 분력 $F_x = \gamma \bar{h} A = 1000 \times (10+1) \times (2\times 5)$
$= 110000\,[\mathrm{kg}_f]$

(2) 수직 분력 $F_y = \gamma V = 1000 \times \left(10\times 2 + \dfrac{\pi\times 2^2}{4}\right)\times 5 = 115700\,[\mathrm{kg}_f]$

(3) 합력 $F = \sqrt{F_x^{\,2}+F_y^{\,2}} = \sqrt{110000^2+115700^2} \fallingdotseq 159645\,[\mathrm{kg}_f]$

27. 문제 26에서 전압력의 방향과 작용점을 구하라. 단, 작용점의 좌표는 B점을 원점으로 하여 수평방향을 x, 수직방향을 y로 한다.

㉮ 수평과 $40.35°$ 방향, $x = 0.92\,[\mathrm{m}]$, $y = 0.94\,[\mathrm{m}]$

㉯ 수평과 $41.65°$ 방향, $x = 0.95\,[\mathrm{m}]$, $y = 0.96\,[\mathrm{m}]$

㉰ 수평과 $46.45°$ 방향, $x = 0.98\,[\mathrm{m}]$, $y = 0.97\,[\mathrm{m}]$

㉱ 수평과 $47.65°$ 방향, $x = 0.97\,[\mathrm{m}]$, $y = 0.95\,[\mathrm{m}]$

해설 답 ㉰

(1) 전압력의 방향

$$\theta = \tan^{-1}\frac{F_y}{F_x} = \tan^{-1}\frac{115700}{110000} \fallingdotseq 46.45°$$

(2) 작용점

① 수평력의 작용점

$$y_p = \frac{I_G}{\bar{y}A} + \bar{y} = \frac{\dfrac{5\times 2^3}{12}}{11\times 2\times 5} + 11 \fallingdotseq 11.03\,[\mathrm{m}]$$

B점을 원점으로 잡으면 y좌표는

$$y = 12 - y_p = 12 - 11.03 = 0.97\,[\mathrm{m}]$$

② 수직분력의 작용점

각 분력에 대한 Moment의 합은 합력의 모멘트와 같다. 따라서 면 OA 위에 있는 유체의 무게와 작용점은

$$W_1 = 2\times5\times10\times1000 = 100000\,[\mathrm{kg}_f]$$

작용점은 대칭축에 있으므로

$$x_1 = 1\,[\mathrm{m}]$$

또 4분원통 OAB의 유체무게는 $W_2 = \dfrac{\pi\times2^2}{4}\times5\times1000 = 15700\,[\mathrm{kg}_f]$

W_2의 작용점은 4분원통의 무게중심이므로

$$x_2 = \frac{r}{3\pi} = \frac{4\times2}{3\pi} \fallingdotseq 0.85\,[\mathrm{m}]$$

수직분력 F_y의 작용점은

$$F_y\cdot x = W_1x_1 + W_2x_2$$

$$\therefore x = \frac{W_1x_1 + W_2x_2}{F_y} = \frac{100000\times1 + 15700\times0.85}{115700} \fallingdotseq 0.98\,[\mathrm{m}]$$

▶ 곡면 AB가 4분원통면이므로 AB면에 작용하는 모든 압력은 중심 O를 지난다. 따라서 전압력도 중심 O를 지난다.

28. 직삼각형 평판이 그림과 같이 물 속에 수직으로 놓여 있다. 이 때 압력 중심의 x, y좌표는?

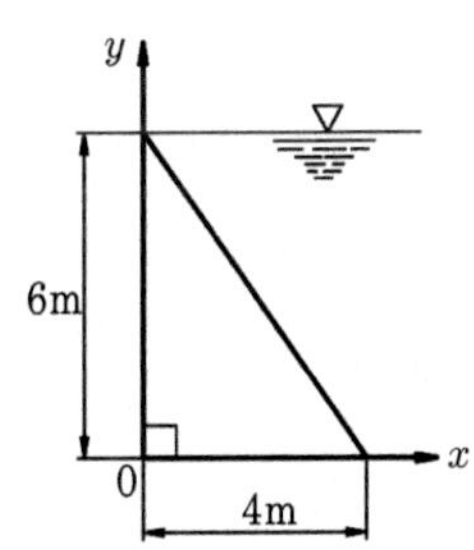

㉮ $x = 1.5\,[\mathrm{m}],\ y = 1.5\,[\mathrm{m}]$
㉯ $x = 2\,[\mathrm{m}],\ y = 1.5\,[\mathrm{m}]$
㉰ $x = 2\,[\mathrm{m}],\ y = 2\,[\mathrm{m}]$
㉱ $x = 1.5\,[\mathrm{m}],\ y = 2\,[\mathrm{m}]$

해설

답 ㉮

C는 도심점, P는 작용점으로 하면

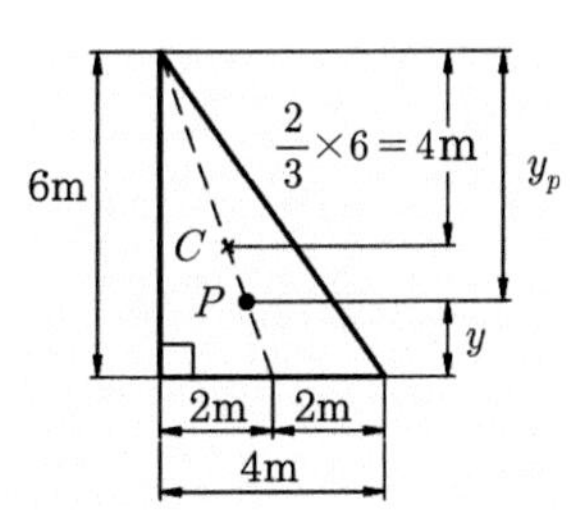

$$y_p = \frac{I_G}{\bar{y}A} + \bar{y} = \frac{\dfrac{4\times6^3}{36}}{4\times\dfrac{1}{2}\times4\times6} + 4 = 4.5$$

$$\therefore y = 6 - y_p = 6 - 4.5 = 1.5\,[\mathrm{m}]$$

연습문제

또 $6:2 = y_p : x$이므로

$$x = \frac{2y_p}{6} = \frac{2 \times 4.5}{6} = 1.5\,[\mathrm{m}]$$

29. 유체속에 잠긴 경사진 평판의 한쪽면이 받는 전압력의 작용점은?

㉮ 면의 도심점보다 아래에 있다.
㉯ 면의 도심점에 있다.
㉰ 면의 도심점 보다 위에 있다.
㉱ 면의 도심점 보다 위에 있거나 아래에 있다.

해설 답 ㉮

유체 속에 잠겨있는 경사진평판의 한쪽 면이 받는 전압력의 작용점은 도심점 보다 아래에 있다. 자유표면에서 작용점까지의 거리를 y_p, 도심점까지의 거리를 $\bar{y}$라고 하면 $y_p = \frac{I_G}{\bar{y}A} + \bar{y}$이다. 즉 작용점은 도심점보다 $\frac{I_G}{\bar{y}A}$만큼 수면에서 더 멀리 있다. 여기서 y_p, $\bar{y}$의 거리는 경사진 방향으로의 거리이므로 평판이 수면과 수직으로 있을 때는 깊이에 해당한다.

30. 유체 속에 잠겨 있는 곡면의 한쪽 면에 작용하는 전압력의 수평성분은?

㉮ 곡면판의 연직상방에 있는 유체의 무게와 같다.
㉯ 곡면판의 가장 깊은 곳의 압력을 곡면판의 면적과 곱한 값과 같다.
㉰ 곡면판의 도심점의 압력을 곡면판의 면적과 곱한 값과 같다.
㉱ 곡면판을 수직평면에 수평방향으로 투영한 면적에 작용하는 전압력과 같다.

해설 답 ㉱

유체 속에 잠겨있는 곡면의 한쪽 면이 받는 전압력은 수평성분과 수직성분으로 나누어 계산하면 편리하며 수평성분은 곡면판을 수직평면에 수평으로 투영한 투영 면적에 작용하는 전압력과 같고 수직성분은 곡면판의 연직상방에 있는 유체의 무게와 같다.

31. 유체 속에 잠겨 있는 경사진 평판의 한쪽 면에 작용하는 전압력의 크기는?

㉮ 경사각에 비례한다.
㉯ 경사각에 반비례한다.
㉰ 도심점의 압력과 면적을 곱한 값과 같다.
㉱ 작용점의 압력과 면적을 곱한 값과 같다.

기초문제

해설 답 ㉰

경사진 평판의 한쪽면에 작용하는 전압력의 크기는 도심점의 압력과 면적을 곱한 값과 같다.

32. 직경 1[m]인 원형수직수문의 상단이 수면보다 4[m] 아래에 있을 때 전압력과 작용점을 구하라. 단, 작용점은 수면에서 부터의 수직거리로 답하라.

㉮ 32.3[kN], 4.5002[m] ㉯ 34.6[kN], 4.5014[m]
㉰ 37.3[kN], 4.5133[m] ㉱ 39.3[kN], 4.5212[m]

해설 답 ㉯

전압력 $F_x = \gamma \bar{h} A = \gamma\left(4+\frac{d}{2}\right)\cdot\frac{\pi d^2}{4}$

$= 9800 \times 4.5 \times \frac{\pi\times 1^2}{4} \fallingdotseq 34618.5\,[\text{kN}] \fallingdotseq 34.6\,[\text{kN}]$

작용점 $y_p = \frac{I_G}{\bar{y}A} + \bar{y} = \frac{\frac{\pi\times 1^1}{64}}{4.5\times\frac{\pi\times 1^2}{2}} + 4.5$

$\fallingdotseq 4.5014\,[\text{m}]$

33. 2[m]×2[m]×2[m]인 정육면체의 개방된 물탱크가 있다. 이 물탱크에 물을 절반만큼 채우고 수평 등가속도 9.8[m/s²]을 가할 때 면 AB가 받는 전압력은 몇 [kN]인가?

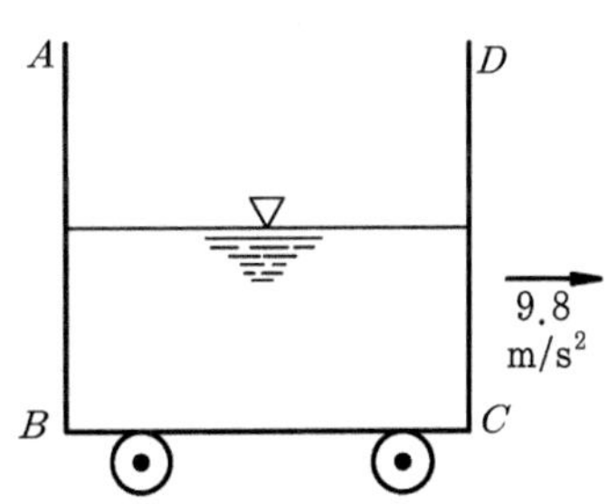

㉮ 39.2 ㉯ 44.1
㉰ 49.0 ㉱ 53.9

해설 답 ㉮

$\tan\theta = \frac{a_x}{g} = \frac{9.8}{9.8} = 1$

$\therefore \theta = \tan^{-1}1 = 45°$

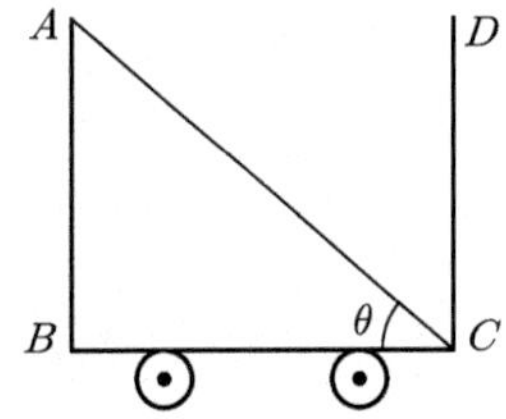

따라서 AB면에서 물은 깊이가 2[m]로 된다.

($\because 2\tan45° = 2$) AB면이 받는 전압력은

$F_{AB} = \gamma\bar{h}A = 9800\times1\times2\times2 = 39200\,[\text{N}]$
$= 39.2\,[\text{kN}]$

연습문제

34. 문제 33에서 B점과 C점의 절대압력은 각각 몇 [kPa]인가?

㉮ $P_B = 120.9,\ P_C = 101.3$　　㉯ $P_B = 171.7,\ P_C = 120.8$

㉰ $P_B = 208.1,\ P_C = 171.7$　　㉱ $P_B = 268.2,\ P_C = 208.1$

해설　　답 ㉮

$$P_{B\,abs} = p_o + \gamma h_B$$
$$= 101325 + 9800 \times 2\tan 45° = 120925\,[\mathrm{N/m^2}] \fallingdotseq 120.9\,[\mathrm{kPa}]$$
$$P_{C\,abs} = p_o + \gamma h_c$$
$$= 101325 + 0 = 101325\,[\mathrm{N/m^2}] \fallingdotseq 101.3\,[\mathrm{kPa}]$$

35. 어떤 물체를 공기 속에서 잰 무게는 490[N]이고 물 속에서 잰 무게는 147[N]이었다. 이 물체의 체적은 몇 [m³]인가? 단, 공기의 무게는 무시한다.

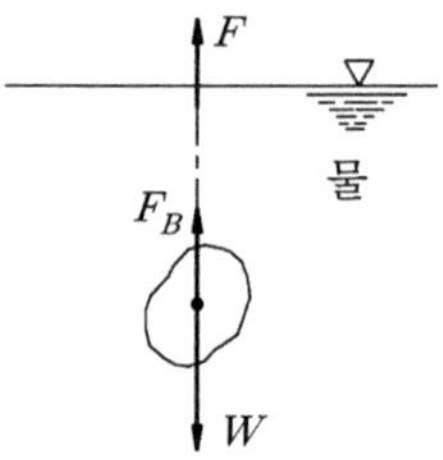

㉮ 0.35　　㉯ 0.035

㉰ 3.5　　㉱ 35

해설　　답 ㉯

공기 속에서 잰 무게를 W, 물 속에서 잰 무게를 F, 물체가 물 속에서 받는 부력을 F_B라고 하면 그림과 같이 힘의 평형을 이룬다. 따라서

$$W = F + F_B = F + \gamma V$$
$$\therefore V = \frac{W - F}{\gamma} = \frac{490 - 147}{9800} = 0.035\,[\mathrm{m^3}]$$

36. 비중이 0.7인 물체를 물에 띄우면 전체 체적의 몇 [%]가 물 속에 잠기는가?

㉮ 55[%]　　㉯ 60[%]　　㉰ 65[%]　　㉱ 70[%]

해설　　답 ㉱

물체의 무게와 부력의 크기는 같으므로 물체의 전체 체적을 V라 하고 잠긴 체적을 V_1이라고 하면

$$9800 \times 0.7 \times V = 9800\,V_1$$
$$\therefore \frac{V_1}{V} = \frac{9800 \times 0.7}{9800} = 0.7 = 70\,[\%]$$

기초문제

37. 바다 위에 비중이 0.9인 얼음이 일부분만 잠겨서 떠 있다. 바닷물에 잠기지 않은 얼음의 체적이 20[m^3]일 때 이 얼음의 전체 무게는 몇 [kN]인가? 단, 바닷물의 비중량은 10045[N/m^3]이다.

㉮ 123.6 ㉯ 1446.5 ㉰ 160.1 ㉱ 1828.7

해설 답 ㉯

얼음의 전체 무게를 W라고 하면 바닷물에 잠긴 얼음의 체적 V는

$$V=\frac{W}{9800\times 0.9}-20$$

또 얼음이 받는 부력과 무게는 같으므로

$$W=\gamma' V=10045\times\left(\frac{W}{9800\times 0.9}-20\right)$$

$$\therefore\ W=\frac{10045\times 20}{\left(\frac{10045}{9800\times 0.9}-1\right)}=1446480[\mathrm{N}]\fallingdotseq 1446.5[\mathrm{kN}]$$

38. 다음 설명중 잘못 기술된 항은?

㉮ 부력은 물체를 둘러싸고 있는 유체에 의하여 물체에 작용되는 전압력의 합이다.

㉯ 유체 속에 잠겨있는 곡면 벽에 작용하는 전압력의 작용점은 도심과 일치한다.

㉰ 유체 속에 잠겨있는 곡면의 한쪽 면에 작용하는 전압력의 수직성분은 곡면의 연직 상방에 있는 유체의 무게와 같다.

㉱ 유체 속에 잠겨 있는 경사평면의 한쪽 면에 작용하는 전압력의 작용점은 면의 도심점 보다 아래쪽에 있다.

해설 답 ㉯

유체 속에 잠겨있는 곡면벽에 작용하는 전압력의 작용점은 수평력의 작용선과 수직력의 작용선의 교점이 되며 도심점과 일치하지는 않는다.

39. 뚜껑이 없는 수직 원통형 용기 속에 깊이 2[m], 체적 2[m^3]인 물이 가득 차 있다. 이 원통이 수직 상방향으로 5[m/s^2]의 등가속도를 받는다면 원통의 밑면이 받는 힘은 몇 [kN]인가?

㉮ 29.6 ㉯ 31.6 ㉰ 254.4 ㉱ 154.8

해설 답 ㉮

연습문제

$$p=\gamma h\left(1+\frac{a_y}{g}\right)=9800\times2\times\left(1+\frac{5}{9.8}\right)\fallingdotseq 29600\,[\mathrm{N/m^2}]$$

$$\therefore F=p\cdot A=p\cdot\frac{V}{h}=29600\times\frac{2}{2}=29600\,[\mathrm{N}]=29.6\,[\mathrm{kN}]$$

40. 배수량 1000[m³]이고, 부양면이 그림과 같은 배의 부심(浮心)은 수면으로부터 1.5[m]아래에 있고 무게 중심은 수면보다 0.5[m]아래에 있다. 이 배의 메타센터의 높이는 몇 [m]인가? 단, 물의 비중량은 9800[N/m³]이다.

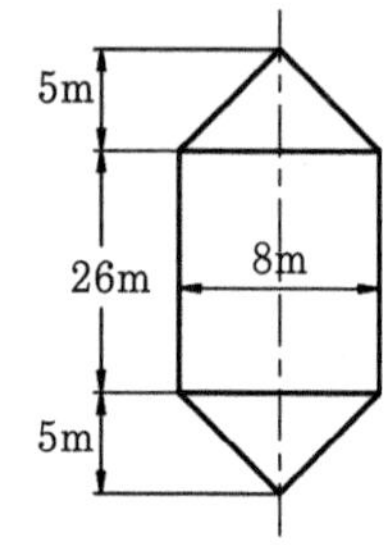

㉮ 0.216 ㉯ 0.578
㉰ 0.804 ㉱ 0.933

해설 답 ㉮

$$h=\frac{I_O}{V}-a=\frac{I_O}{1000}-(1.5-0.5)$$

$$I_O=\frac{26\times8^3}{12}+4\times\frac{5\times4^3}{12}=1216\,[\mathrm{m^4}]$$

$$\therefore h=\frac{1216}{1000}-(1.5-0.5)=0.216\,[\mathrm{m}]$$

41. 다음 글 중 잘못 설명된 것은?

㉮ 유체 속에 일부가 잠겨있는 물체는 메타센터가 무게중심보다 위에 있어야 안전하다.
㉯ 부력의 작용선은 물체에 의해 배제된 유체의 무게중심을 지난다.
㉰ 복원모우멘트가 작용하는 부양체는 안전하다.
㉱ 복원모우멘트는 메타센터의 높이와 부력의 크기를 곱한 것이다.

해설 답 ㉱

복원모우멘트는 물체의 무게중심에 대한 부력의 모우멘트이다.

42. 직경 2[m], 높이 4[m]인 수직원통에 깊이 2[m]의 물을 넣고 원통의 중심 축을 60[rpm]으로 회전시킬 때 회전축과 벽면에서의 수면의 높이 차이는 몇 [m]인가?

㉮ 1.94 ㉯ 2.01 ㉰ 2.51 ㉱ 2.68

기초문제

해설 답 ㉯

$$H=\frac{r^2\omega^2}{2g}=\frac{r^2\left(\frac{2\pi N}{60}\right)^2}{2g}=\frac{1^2\times\left(\frac{2\pi\times 60}{60}\right)^2}{2\times 9.8}\fallingdotseq 2.01\,[\mathrm{m}]$$

43. 문제 42에서 회전하기 전의 수면에서 부터 회전 후 벽면에서의 수면까지 높이는 몇 [m]인가?

㉮ 0.932 ㉯ 1.005 ㉰ 1.132 ㉱ 1.341

해설 답 ㉯

$$H=\frac{r^2\omega^2}{4g}=\frac{H}{2}=\frac{2.01}{2}=1.005\,[\mathrm{m}]$$

44. 문제 42에서 원통의 바닥에서 가장 압력이 높은 지점의 압력은 몇 [kPa]인가?

㉮ 29.4 ㉯ 22.6 ㉰ 25.9 ㉱ 27.1

해설 답 ㉮

벽면과 접하는 바닥의 압력이 가장 높다. 따라서

$$P=\gamma(2+h)=9800\times(2+1.005)=29449\,[\mathrm{N/m^2}]\fallingdotseq 29.4\,[\mathrm{kPa}]$$

45. 다음 그림을 보고 아래 설명 중 잘못 기술된 항을 골라라.

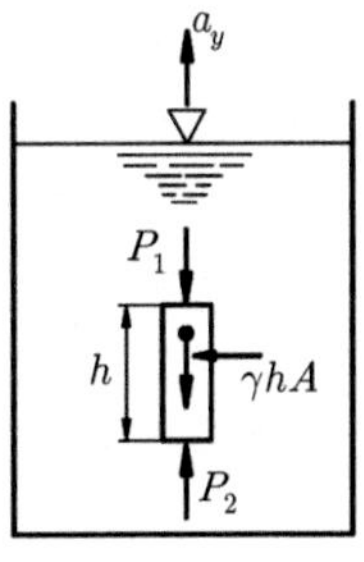

㉮ 용기를 중력가속도로 자유낙하 시키면 압력은 $P_1=P_2$이다.

㉯ 용기를 상방향으로 $a_y=9.8\,[\mathrm{m/s^2}]$으로 가속시키면 P_2-P_1은 정지상태일 때의 2배가 된다.

㉰ 용기를 중력가속도로 자유낙하 시키면 수직선 상의 각 점은 어디서나 같은 크기의 압력이 작용한다.

㉱ 용기를 아래로 낙하시킬 때 하향 가속도가 중력가속도 보다 크면 $P_2>P_1$이다.

해설 답 ㉱

$\sum F_y=m\cdot a_y$에서

$$P_2A-P_1A-\gamma hA=\frac{\gamma hA}{g}\cdot a_y$$

연습문제

$$\therefore P_2 - P_1 = \gamma h\left(1 + \frac{a_y}{g}\right)$$

따라서 중력가속도로 자유낙하 하면

$$P_2 - P_1 = \gamma h\left\{1 + \left(\frac{-g}{g}\right)\right\} = 0, \quad \therefore P_1 = P_2$$

상방향가속도 $a_y = 9.8[\mathrm{m/s^2}]$을 작용시키면

$$P_2 - P_1 = \gamma h\left(1 + \frac{a_y}{g}\right) = \gamma h\left(1 + \frac{9.8}{9.8}\right) = 2\gamma h$$

∴ 정지상태일 때의 γh보다 2배가 크다.

용기를 중력가속도로 자유낙하 시키면 용기 속의 수직선 상의 각 점은 같은 크기의 압력을 갖는다.

용기를 자유낙하시킬 때 하향 가속도가 중력가속도 보다 크면 $\left(1 + \frac{a_y}{g}\right)$값이 0보다 작으므로 $P_2 - P_1 < 0$, 따라서 $P_2 < P_1$이 된다.

46. 부력의 작용선은?

㉮ 물체에 의하여 배제된 유체의 체심을 지난다.

㉯ 유체에 잠겨있는 물체의 중심을 지난다.

㉰ 부양체의 체심을 지난다.

㉱ 부양체를 수평면에 투영한 투영면적의 도심을 지난다.

해설 답 ㉮

부력의 작용선은 물체에 의해 배제된 유체의 체심을 지난다. 유체의 밀도가 균일하다면 배제된 유체의 무게 중심을 지난다고 할 수 있다.

47. 유체 속에 잠긴 물체에 작용되는 부력은?

㉮ 물체의 무게 보다 크다.

㉯ 물체의 무게와 같다.

㉰ 물체에 의해 배제된 유체의 무게와 같다.

㉱ 무거운 물체일수록 큰 부력을 받는다.

해설 답 ㉰

유체 속에 잠긴 물체에 작용되는 부력은 물체에 의해 배제된 유체의 무게와 같다.

48. 직경 10[mm]인 원통형 용기에 납을 넣어 물 속에 넣었더니 물 속에 80[mm]깊이로 잠겨서 떠 있고 이 용기를 어떤 기름에 넣었더니 기름 속에 120[mm]가 들어가서 떠 있다면 이 기름의 비중은 얼마인가?

㉮ 0.92　　㉯ 0.85　　㉰ 0.78　　㉱ 0.67

해설　　답 ㉱

용기가 물 속에서 받는 부력과 기름 속에서 받는 부력은 같다. 왜냐하면 양쪽 모두 가라앉지 않고 떠 있으므로 부력은 용기와 납의 무게와 같기 때문이다. 따라서 이 용기가 밀어낸 물의 무게와 기름의 무게가 같다.

$$\therefore 9800 \times \frac{\pi(0.01)^2}{4} \times 0.08 = 9800 \times S \times \frac{\pi(0.01)^2}{4} \times 0.12$$

$$S = \frac{0.08}{0.12} ≒ 0.67$$

49. 직경 1[m], 높이 2.5[m]의 밀폐된 수직 원통에 물이 1.5[m]까지 채워져 있고 공간의 압력은 2.5[bar]이다. 이 원통의 중심축을 120rpm으로 회전시킬 때 원통의 밑바닥에서 압력이 가장 높은 지점의 압력은 몇 [bar]인가?

㉮ 2.75　　㉯ 3.00　　㉰ 3.25　　㉱ 3.50

해설　　답 ㉮

등압면 즉 회전포물면 상의 압력이 2.5[bar]이다. 또 바닥에서 압력이 가장 높은 지점은 벽면과 접하는 지점 즉, 반지름 $r=0.5$[m]가 되는 지점이다.

우선 원통의 중심부와 벽면에서의 수면 차이는

$$H = \frac{r^2\omega^2}{2g} = \frac{0.5^2}{2\times 9.8}\left(\frac{2\pi\times 120}{60}\right)^2 ≒ 2.012\,[\mathrm{m}]$$

따라서 원통의 중심축에서 물의 깊이는

$$h_c = 1.5 - \frac{H}{2} = 1.5 - \frac{2.012}{2} = 0.494\,[\mathrm{m}]$$

벽면에서의 압력은

$$\begin{aligned} p_w &= p_O + \gamma h \\ &= 2.5\times 10^5 + 9800\times(0.494+2.012) = 274559\,[\mathrm{N/m^2}] \\ &≒ 2.75\,[\mathrm{bar}] \end{aligned}$$

연습문제

50. 직경 40[cm], 높이 100[cm]인 수직 원통에 물을 가득 채우고 원통의 중심축을 등속도로 회전시킬 때 물은 몇 [m^3]이 흘러 나가는가? 단, 원통의 회전수는 150[rpm]이다.

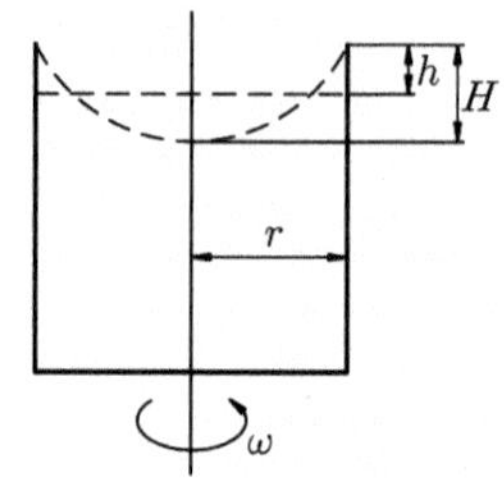

㉮ 0.0278 ㉯ 0.0316
㉰ 0.0423 ㉱ 0.0517

해설

답 ㉯

그림에서 원통을 각속도 ω로 회전시킬 때 수면은 회전포물면이 되고 수면의 높이 차는 $H=\dfrac{r^2\omega^2}{2g}$이 된다. 다시 이 원통을 정지시키면 수면은 h로서 H의 절반이 된다. 따라서 흘러 나간 물의 양은

$$V=A\cdot h=\pi r^2\cdot\frac{r^2\omega^2}{4g}=\frac{\pi r^4}{4g}\cdot\left(\frac{2\pi N}{60}\right)^2$$

$$=\frac{\pi\times0.2^4}{4\times9.8}\cdot\left(\frac{2\pi\times150}{60}\right)^2 \fallingdotseq 0.0316\,[\mathrm{m}^3]$$

응용문제

1. 깊이를 알 수 없는 물 속에서 직경 1[cm]인 구형 기포가 생겨서 수면까지 떠 오를 때 수면에서의 직경은 2[cm]로 팽창했다. 기포 내의 공기는 등온과정으로 변화한다고 할 때 기포가 발생한 지점의 깊이를 구하라.

해설

기포의 직경이 2배로 되었으므로 체적은 8배로 된다. 등온과정이므로

$$P_1V_1=P_2V_2$$

$$\frac{V_2}{V_1}=\frac{P_1}{P_2}=8$$

$$\therefore\ \frac{P_1}{P_2}=\frac{1}{8}$$

즉 압력은 $\frac{1}{8}$배로 된다.

수면의 압력은 대기압 P_0이므로 기포가 발생한 지점의 깊이를 H라고 하면

$$P_0+\gamma H=8P_0$$

응용문제

$$\therefore H = \frac{7P_0}{\gamma} = \frac{7\times 101325}{9800} \fallingdotseq 72.4\,[\mathrm{m}]$$

2. 공기와 물이 들어 있는 밀폐 탱크의 벽에 작은 구멍을 뚫었을 때 공기의 압력 P_1은 얼마로 되는가? 작은 구멍에서 수면까지의 높이를 H라고 하고 물의 비중량은 γ이다. 또 이 탱크의 바닥에 또 1개의 작은 구멍을 뚫으면 벽에 있는 구멍에서 물이 나오는가? 아니면 공기가 탱크로 들어 가는가?

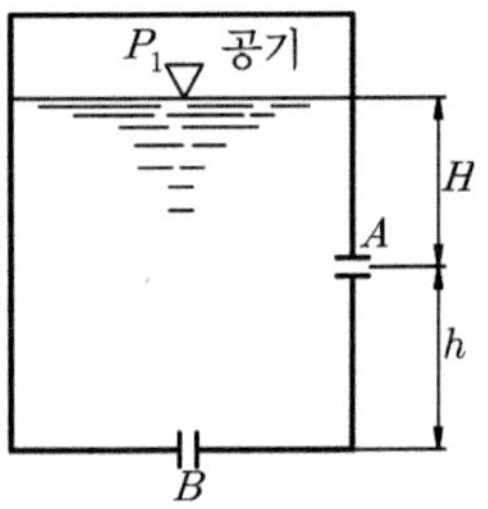

해설

(1) 그림에서 점 A에만 구멍을 뚫을 경우

구멍이 있는 위치 A에서의 압력이 대기압과 같을 때 까지 구멍 A를 통해 물이 나오거나 공기가 들어가고 A점의 압력이 대기압과 같게 되면 물이 나오지도 않고 공기가 들어가지도 않게 된다. 따라서 대기압을 P_0라고 하면

$$P_0 = P_1 + \gamma H$$

$$\therefore P_1 = P_0 - \gamma H$$

즉, 대기압보다 γH 만큼 낮은 압력이 된다.

(2) 그림에서 점 B에 또 하나의 작은 구멍을 뚫을 경우

점 B의 압력을 P_2라고 하면

$$P_2 = P_0 + \gamma H$$

즉 점의 B의 압력은 대기압보다 γH만큼 높은 압력을 갖는다. 따라서 B점에 작은 구멍을 뚫으면 이 구멍으로부터 물이 나오고 A점의 구멍으로는 공기가 들어가 기포로서 상승하여 상부의 공기량을 증가시키게 된다.

3. 공기와 기름이 들어있는 밀폐된 탱크에 그림과 같이 Bourdon관 압력계를 설치하여 계기압력을 측정하였더니 0.4[kg$_f$/cm^2]이었다. 압력계의 위치가 기름 표면보다 1[m]아래에 있다고 할 때 공기의 절대압력을 구하라. 단, 대기압은 1.03 기압이고 기름의 비중은 0.9이다.

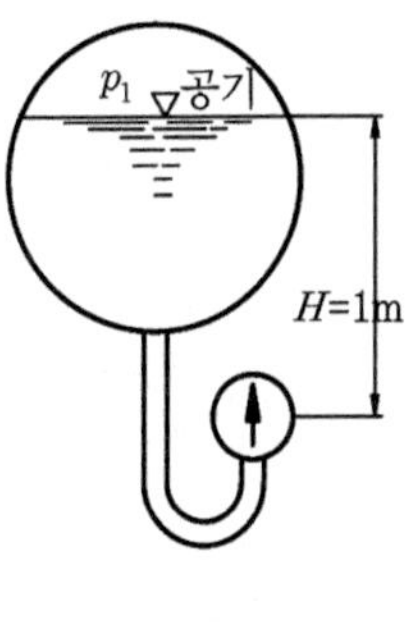

연습문제

해설

탱크 속의 공기압력을 P_1, 압력계 내의 기름압력을 P라고 하면

$$P = P_1 + \gamma H$$

여기서 γ는 기름의 비중량으로서 0.0009[kg_f/cm^3], H는 100[cm], P는 대기압과 0.4[kg_f/cm^2]의 합이므로

$$P_0 + 0.4 = P_1 + \gamma H$$

$$\therefore P_1 = P_0 + 0.4 - \gamma H$$

$$= 1.03 + 0.4 - 0.0009 \times 100$$

$$= 1.34\,[kg_f/cm^2 abs]$$

4. 물을 넣은 두 탱크의 압력차를 측정하기 위하여 그림과 같이 U자관 마노미터를 설치하였다. 물의 비중량을 γ_w, 수은의 비중량을 γ_s로 하여 양쪽 탱크의 압력차 $P_A - P_B$를 구하라. 단, 양쪽 탱크는 같은 높이에 있는 것으로 한다.

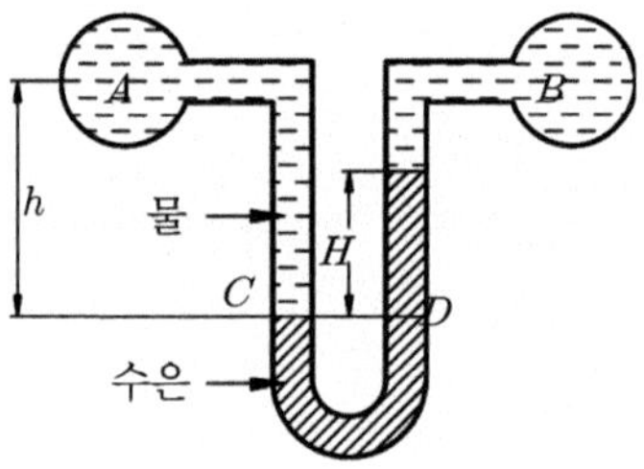

해설

정지유체 속의 압력의 성질에 따라서 C점의 압력과 D점의 압력은 동일 수평면이므로 같다. $P_C = P_D$

또 $P_C = P_A + \gamma_w h$, $P_D = P_B + \gamma_w (h - H) + \gamma_s H$이므로

$$P_A + \gamma_w h = P_B + \gamma_w (h - H) + \gamma_s H$$

$$\therefore P_A - P_B = H(\gamma_s - \gamma_w)$$

5. 수심 30[m]인 물 속에서 직경 1[cm]인 기포가 생겼다. 이 기포가 수면까지 떠오를 때 직경은 얼마로 되겠는가? 단, 기포 속의 공기는 등온과정으로 변화하고 대기압은 1.0332[kg_f/cm^2]이다.

해설

수심 30m 지점의 압력 P는

$$P = \gamma h + P_0 = 1000 \times 30 + 10332 = 40332\,[kg_f/m^2 abs]$$

등온변화이므로 $PV = const.$에서

$$\frac{P_0}{P}=\frac{V}{V_0}=\left(\frac{d}{d_0}\right)^3=\frac{10332}{40332}\fallingdotseq 0.256$$

$$\therefore\ d_0=\sqrt[3]{\frac{1}{0.256}}\fallingdotseq 1.57\,[\text{cm}]$$

6. 다음 그림과 같이 단면적 A인 실린더와 피스톤이 있다. 피스톤의 좌측과 우측의 압력을 각각 계기압력으로 P_1, P_2라고 할 때 피스톤을 좌측으로 밀기 위해서는 최소한 얼마 이상의 힘을 가해야 하는가? 단, 피스톤로드의 단면적은 a이다.

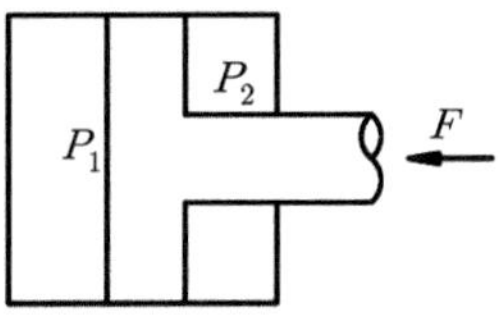

해설

대기압을 P_0로 하면 피스톤 좌측의 절대압력은 P_1+P_0이므로 피스톤을 우측으로 미는 힘은 $(P_1+P_0)A$이다. 피스톤 우측의 절대압력은 P_2+P_0이므로 피스톤을 좌측으로 미는 힘은 $(P_2+P_0)(A-a)$이다. 또 피스톤로드의 우측 끝에도 대기압이 작용하므로 P_0a의 힘이 좌측으로 작용한다. 따라서 힘의 평형조건을 생각하면

$$(P_1+P_0)A-(P_2+P_0)(A-a)-P_0a-F=0$$

$$\therefore\ F=P_1A-P_2(A-a)$$

즉, 이 힘보다 커야 피스톤을 좌측으로 움직일 수 있다.

㊟ **이 문제에서 대기압 P_0는 생각할 필요가 없다. 따라서 절대압력으로 하지 않고 계기압력으로 계산하는 것이 편리하다는 것을 알 수 있다.**

7. 단면적 A인 실린더에 피스톤이 들어있고 피스톤의 단면은 평면으로 되어 있으나 그 법선이 실린더 축과 α만큼 기울어져 있다. 피스톤에는 실린더 축선 상에 피스톤로드가 붙어 있고 피스톤 좌측의 계기압력은 P, 우측은 대기압이 작용한다. 피스톤이 움직이지 않기 위해서는 로드에 어느 정도의 힘을 가해야 하는가? 또 피스톤 측면(실리더벽과 피스톤의 접촉면)에는 얼마만큼의 힘이 가해 지는가? 그 작용점을 구하라.

해설

피스톤 좌단면의 면적은 $A\sec\alpha$, 압력은 P이므로 전압력 F는

$$F=P\cdot A\sec\alpha$$

연습문제

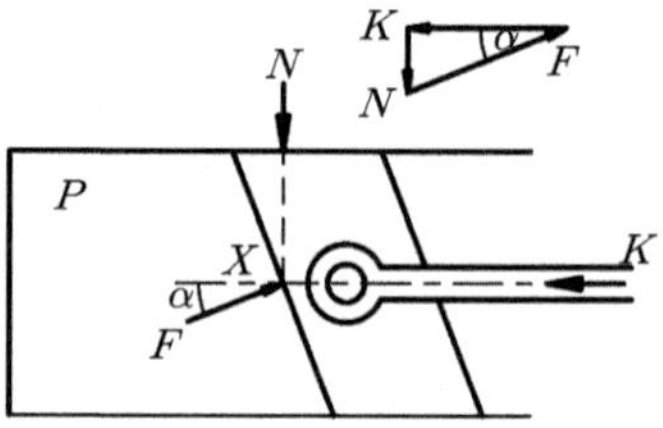

이 힘의 작용점은 실린더 축과 피스톤 좌단면의 교점이다. 또 이 힘 F는 그림에서 힘 N과 K의 합과 평형을 이루어야 한다. 따라서

$$K = F\cos\alpha = PA\sec\alpha \cdot \cos\alpha = PA$$

$$N = F\sin\alpha = PA\sec\alpha \cdot \sin\alpha = PA\tan\alpha$$

점 X에 대한 힘의 모멘트를 생각함으로써 힘 N의 작용점을 구할 수 있다. 합력 F의 점 X에 대한 모멘트는 0이므로 분력 K와 N의 모멘트 합도 0이어야 한다. 그런데 힘 K는 점 X를 통과하는 수평력이므로 모멘트가 0이다. 따라서 힘 N의 점 X에 대한 모멘트도 0이어야 하므로 힘 N은 점 X를 통과하는 수직선과 피스톤 벽의 교점을 작용점으로 한다.

8. 다음 그림에서 원통은 그 중심축을 회전시킴으로써 회전할 수 있다. 이 축에 걸리는 힘은 얼마인가? 또 원통을 회전시키려고 하는 모멘트는 얼마인가? 단 원통의 반경을 R, 폭을 b로 한다.

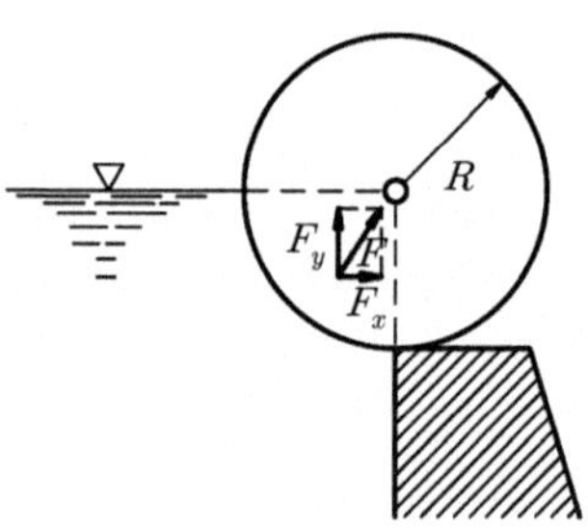

해설

원통이 받는 전압력의 수평분력은

$$F_x = \gamma \cdot \frac{R}{2} bR = \frac{\gamma b R^2}{2}$$

전압력의 수직분력은

$$F_y = \frac{\gamma \pi b R^2}{4}$$

$$\therefore\ F = \sqrt{F_x^{\,2} + F_y^{\,2}} = \gamma b R^2 \sqrt{\left(\frac{1}{2}\right)^2 + \left(\frac{\pi}{4}\right)^2} \fallingdotseq 0.93\gamma b R^2$$

원통을 회전시키려고 하는 모멘트는 작용하지 않는다. 왜냐하면 곡면상의 미소면적에 작용하는 전압력은 모두 원통의 중심을 통과하는 방향이므로 모멘트는 작용하지 않는다.

9. 다음 그림은 반경 R_1인 케이스에 반경 R_2인 rotor가 들어있는 유압모터를 나타낸 것이다. 케이스에는 고정날개가 붙어 있고 rotor에는 회전날개가 붙어 있다. 회전날개의 회전각이 θ인 순간에 rotor축에 걸리는 힘을 구하고 또 rotor 축에 걸리는 모멘트를 구하라. 모터의 폭을 b, 기름의

응용문제

계기 압력을 P라고 한다. 또 $R_1=5$[cm], $R_2=2$[cm], $b=4$[cm], $P=70$[kg_f/cm^2]일 때 하중의 최대치와 최소치 및 모멘트를 계산하라.

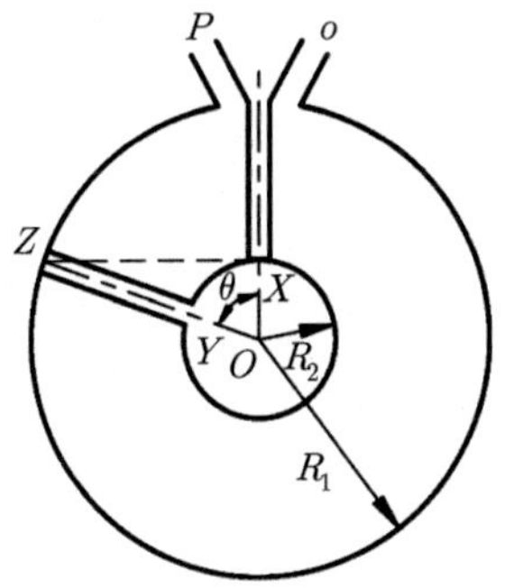

해설

압력이 일정한 경우이므로 곡면의 형상에 관계없이 압력을 받고 있는 곡면의 끝을 이은 면적에 압력을 곱하면 전압력을 구할 수 있다. 그러므로 회전각이 θ일 때 전압력은 그림의 X와 Z를 잇는 평면적에 P를 곱하면 전압력이 된다. 따라서 전압력의 크기 F는

$$F=b\sqrt{R_1^2+R_2^2-2R_1R_2\cos\theta} \qquad (a)$$

축에 걸리는 하중은 이 전압력과 같고 방향은 XZ에 수직이다.

식 (a)에서 $\theta=180°$일 때 F는 최대치가 되고 $\theta=0°$일 때 최소치가 된다.

$$F_{max}=Pb\sqrt{R_1^2+R_2^2-2R_1R_2}=Pb(R_1+R_2) \qquad (b)$$

$$F_{min}=Pb\sqrt{R_1^2+R_2^2-2R_1R_2}=Pb(R_1-R_2) \qquad (c)$$

다음에 모멘트를 구해보자. 그림에서 곡면 XY에 작용하는 힘은 모두 O점을 향하므로 이들 힘의 O점에 대한 모멘트는 없다. 따라서 회전날개 YZ의 평면에 작용하는 모멘트만 생각하면 된다.

YZ평면에 작용하는 전압력은

$$Pb(R_1-R_2)$$

또 작용점은 YZ평면의 도심점이 되고 방향은 이 면에 수직이다. 따라서 점 O에 대한 모멘트는

$$M=\frac{Pb(R_1-R_2)(R_1+R_2)}{2}=\frac{Pb(R_1^2-R_2^2)}{2} \qquad (d)$$

또 $P=70$ [kg_f/cm^2], b=4 [cm], $R_1=5$[cm], $R_2=2$[cm] 인 경우는

$$F_{max}=70\times4\times(5+2)=1960\ [kg_f]$$

$$F_{min}=70\times4\times(5-2)=840\ [kg_f]$$

$$M=\frac{70\times4\times(5^2-2^2)}{2}$$
$$=2940\ [kg_f\cdot cm]$$

연습문제

10. 저수지에서 나오는 원형단면의 도관에 댐퍼가 달려 있다. 댐퍼는 관과 같은 직경의 원판으로 되어 있고 중심을 통과하는 수평축을 중심으로 회전시킬 수 있다. 댐퍼를 회전시키지 않기 위해서는 축에 얼마만큼의 모멘트를 가해야 하는가? 단, 원관의 직경을 50[cm]로 한다.

해설

다음 그림과 같이 원관 중심의 수심을 H라고 하면 이 점의 계기 압력은

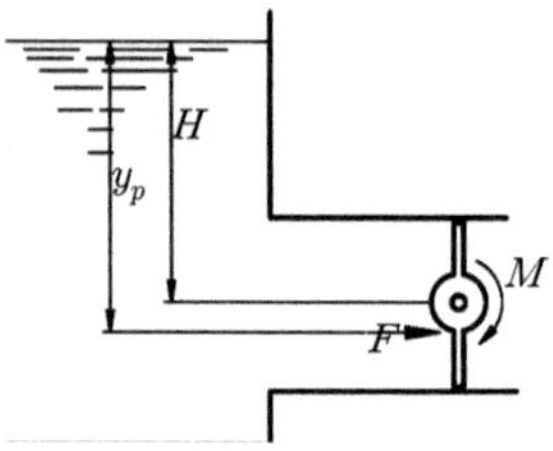

$$\bar{P} = \gamma H$$

원관의 직경을 d로 하고 물의 비중량을 γ로 하면 전압력의 크기 F는

$$F = \bar{P}A = \frac{\pi}{4}d^2\gamma H$$

이 힘의 작용점까지의 수심을 y_p라고 하면

$$y_p = \frac{I_G}{\bar{y}A} + \bar{y} = \frac{\frac{\pi d^4}{64}}{H \cdot \frac{\pi d^2}{4}} + H = \frac{d^2}{16H} + H$$

작용점은 댐퍼의 중심보다 $\frac{d^2}{16H}$만큼 아래에 있다. 따라서 이 축에 관한 힘 F의 모멘트는

$$M = \frac{d^2}{16H}F = \frac{d^2}{16H} \cdot \frac{\pi}{4}d^2\gamma H = \frac{\pi}{64}d^4 \cdot \gamma$$

$$= \frac{\pi}{64} \times 0.5^4 \times 9800 \fallingdotseq 30[\mathrm{N \cdot m}]$$

11. 단면적 A'인 실린더에 피스톤이 들어 있고 피스톤의 단면은 그림과 같이 곡면이다. 피스톤 좌측의 계기압력이 P, 우측은 대기압일 때 피스톤이 움직이지 않게 하기 위해서는 피스톤로드에 얼마만큼의 힘을 가해야 하는가?

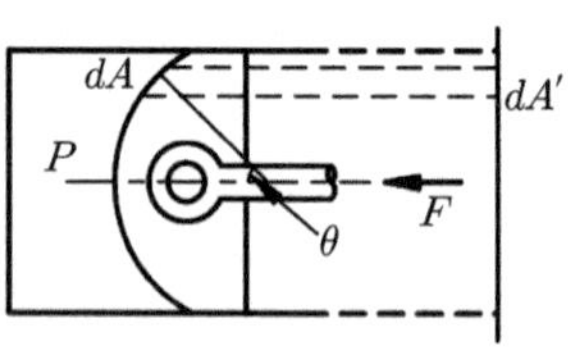

해설

피스톤 단면의 곡면상에 미소면적 dA를 취하면 이 미소면적을 누르는 힘의 크기는 PdA이고 방향은 곡면에 수직이다. 곡면의 법선이 실린더축과 이루는 각을 θ라고 하여 PdA의 축방향성분 dF를 구하면

$$dF = PdA\cos\theta$$

미소면적 dA를 축선에 수직한 투영면에 투영한 면적을 dA'로 하면

$$dA' = dA\cos\theta$$

$\therefore\ dF = PdA'$

이것을 전체면적에 대해 적분하면

$$F = \int PdA' = PA'$$

로드에 가해야할 힘은 전압력과 크기가 같고 방향만 반대이다. 이 결과는 피스톤 단면이 평면이건 곡면이건 전압력은 같다는 것을 알 수 있다. 이 것은 정지유체 속에서 곡면이 받는 수평분력은 그 투영면적(수평방향의)에 작용하는 힘과 같다는 점에서 쉽게 알 수 있다.

12. 다음 그림에서 직사각형 및 삼각형 평판이 받는 전압력 및 작용점을 구하라.

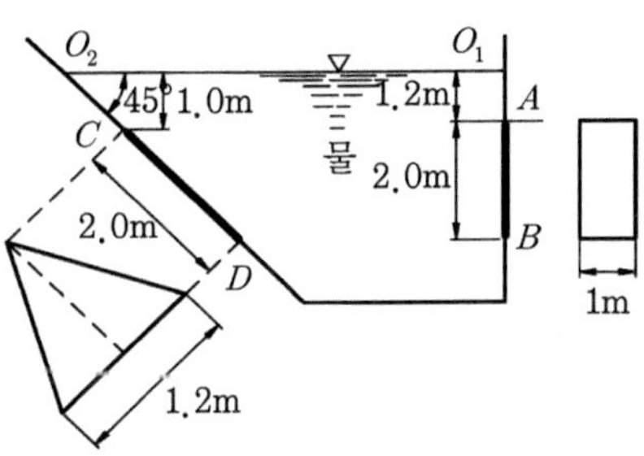

해설

(1) 직사각형 AB

크기 : $F = \gamma\bar{h}A = 9800 \times (1.2 + 1.0) \times 2 \times 1$

$= 43120\,[\text{N}] = 43.12\,[\text{kN}]$

작용점 : $y_p = \dfrac{I_G}{\bar{y}A} + \bar{y} = \dfrac{\dfrac{1 \times 2^3}{12}}{2.2 \times 2 \times 1} + 2.2 \fallingdotseq 2.35\,[\text{m}]$

(2) 삼각형 CD

크기 : $F = \gamma\bar{h}A = \gamma\bar{y}\sin\theta\, A$

$= 9800 \times \left(1.0 + \dfrac{2}{3} \times 2\sin45°\right) \times \dfrac{1.2 \times 2.0}{2} \fallingdotseq 22847\,[\text{N}]$

$= 22.847\,[\text{kN}]$

작용점 : $y_p = \dfrac{I_G}{\bar{y}A} + \bar{y} = \dfrac{\dfrac{1.2 \times 2.0^3}{36}}{\left(\dfrac{1}{\sin45°} + \dfrac{2}{3} \times 2\right)\left(\dfrac{2.0 \times 1.2}{2}\right)} + \left(\dfrac{1}{\sin45°} + \dfrac{2}{3} \times 2\right) \fallingdotseq 2.83[\text{m}]$

즉, O_2에서 평판을 따라 2.83 [m]의 위치에 작용점이 있다.

13. 다음 그림에서 문 AB는 폭이 1[m]이고 점 A에 hinge로 연결되어 있다. 압력계 G의 압력이 −15 [kPa]이고 오른쪽 용기 속에는 비중이 0.8인 기름이 들어 있을 때 문 AB를 평형상태로 유지하기 위해서는 점 B에 얼마만큼의 힘 F를 가해야 하는가?

연습문제

해설

문AB에 작용하는 기름에 의한 힘과 작용점은

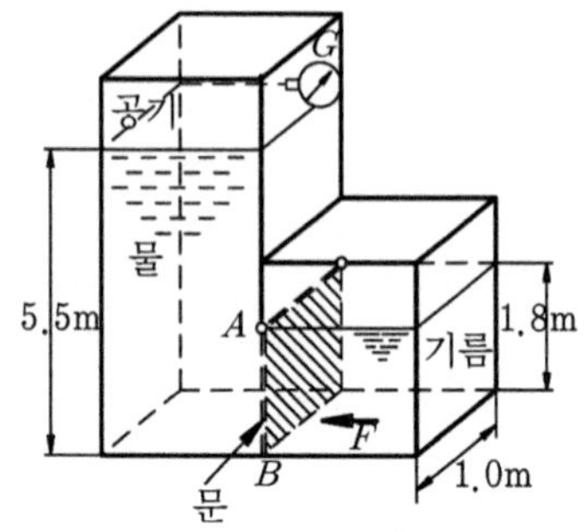

$$F_o = \gamma \bar{h} A = 0.8 \times 9800 \times 0.9 \times (1.8 \times 1) \fallingdotseq 12700\,[\mathrm{N}] = 12.7\,[\mathrm{kN}]$$

$$y_p = \frac{I_G}{\bar{y}A} + \bar{y} = \frac{\frac{1 \times 1.8^3}{12}}{0.9 \times 1.8 \times 1} + 0.9 \fallingdotseq 1.2\,[\mathrm{m}]$$

문 AB에 작용하는 물에 의한 힘과 작용점은

$$F_w = \gamma \bar{h} A = 9800 \times \left(5.5 - 1.8 - \frac{15000}{9800} + 0.9\right) \times (1.8 \times 1.0) \fallingdotseq 54140\,[\mathrm{N}]$$
$$= 54.14\,[\mathrm{kN}]$$

$$y_p = \frac{I_G}{\bar{y}A} + \bar{y}$$
$$= \frac{\frac{1 \times 1.8^3}{12}}{(2.17 + 0.9) \times (1.8 \times 1.0)} + (2.17 + 0.9) \fallingdotseq 3.16\,[\mathrm{m}]$$

점 A에 관한 모멘트를 생각하면

$$12.7 \times 1.2 + 1.8 \times F = 54.14 \times \left\{1.8 - \left(5.5 - \frac{1500}{9800} - 3.16\right)\right\}$$

$$\therefore\ F = \frac{54.14 \times 0.99 - 12.7 \times 1.2}{1.8} \fallingdotseq 21.3\,[\mathrm{kN}]$$

14. 다음 그림과 같이 중량 2.5[kN], 직경 2.5[m]인 원기둥이 길이 1[m]인 탱크바닥에 정지하고 있다. 물과 기름이 각각 탱크의 좌측과 우측에 들어 있고 깊이가 각각 0.625[m], 1.25[m]이다. 점 B에서 탱크에 접해있는 원기둥을 그대로 유지하기 위해 필요한 힘의 수평성분과 수직성분의 크기는 얼마인가?

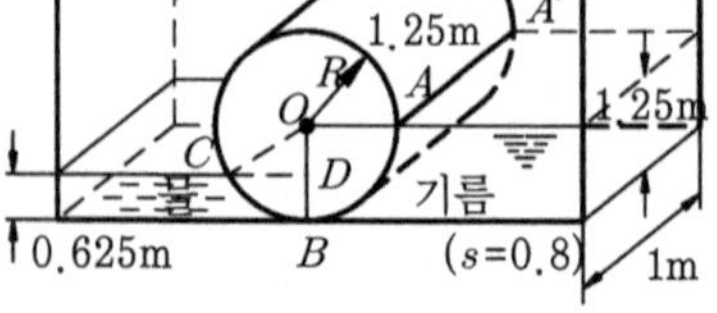

응용문제

해설

물과 기름에 의한 수평력을 각각 F_w, F_o라고 하면

$$F_o - F_w = (\gamma \bar{h} A)_o - (\gamma \bar{h} A)_w$$
$$= 0.8 \times 9800 \times 0.625 \times (1.25 \times 1) - 9800 \times \left(\frac{0.625}{2}\right) \times (0.625 \times 1)$$
$$\fallingdotseq 4211[\text{N}] \fallingdotseq 4.2[\text{kN}]$$

즉, 4.2[kN]의 힘을 좌측으로 가하는 결과가 된다.

수직력에 대해서는

$$F_o + F_w = 0.8 \times 9800 \times \left(\frac{\pi \times 1.25^2}{4}\right) \times 1 + 9800 \times \left(\frac{\pi \times 1.25^2}{6} - \frac{\sqrt{1.25^2 - 0.625^2}}{2} \times 0.625\right) \times 1$$
$$\fallingdotseq 14315[\text{N}] \fallingdotseq 14.3[\text{kN}]$$

즉, 14.3[kN]의 힘을 아래로 가하는 것이 된다.

15. 다음 그림에서 비중계의 중량은 22[mN]이다. 이 비중계를 비중 0.85인 알콜과 비중 0.8인 기름 속에 넣었을 때 높이 자 h를 구하라.

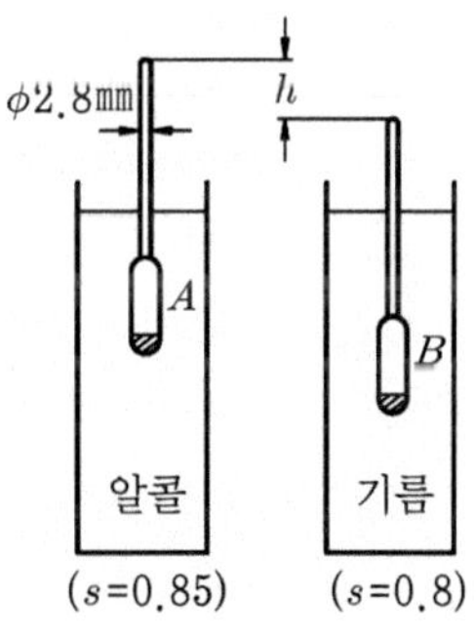

해설

비중계를 알콜 속에 담은 경우에는

$$W = 22 \times 10^{-3} = 0.85 \times 10^3 \times 9.81 \times V_1 = F$$

여기서 V_1은 비중계가 배제한 액체(알콜)의 체적이다.

$$\therefore V_1 = \frac{22 \times 10^{-3}}{0.85 \times 10^3 \times 9.81} \fallingdotseq 2.64 \times 10^{-6}[\text{m}^3]$$

기름에 담은 경우는

$$W = 22 \times 10^{-3} = 0.8 \times 10^3 \times 9.81 \times (2.64 \times 10^{-6} + Ah) = F$$

$A = \dfrac{\pi \times (2.8 \times 10^{-3})^2}{4} \fallingdotseq 6.13 \times 10^{-6}[\text{m}^2]$이므로

$h \fallingdotseq 0.0266[\text{m}]$이다.

16. 비중 1.2인 액체를 담은 그릇이 250[rpm]으로 회전하고 있다. 회전축에서 반지름 0.5[m] 되는 위치의 점 A에 작용하는 압력이 0.6[kg_f/cm^2]라고 하면 이 점에서 0.6[m] 위에 있는 반지름 0.9[m]인 점 B의 게이지 압력은 얼마인가?

해설

A, B점의 압력은

연습문제

$$P_A = P_{OA} + \frac{\gamma}{2g} r_A^{\,2} \omega^2, \quad P_B = P_{OB} + \frac{\gamma}{2g} r_B^{\,2} \omega^2$$

여기서 각속도는

$$w = \frac{2\pi N}{60} = \frac{2\pi \times 250}{60} \fallingdotseq 26.2\,[\mathrm{rad/s}]$$

비중량 $\gamma = 1.2 \times 10^3\,[\mathrm{kg}_f/\mathrm{m}^3]$

반지름 $r_A = 0.5\,[\mathrm{m}]$, $r_B = 0.9\,[\mathrm{m}]$

$$P_{OA} - P_{OB} = \gamma h = 1.2 \times 10^3 \times 0.6 = 720\,[\mathrm{kg}_f/\mathrm{m}^2]$$

$$P_A = 0.6 \times 10^3\,[\mathrm{kg}_f/\mathrm{m}^3]$$

따라서

$$P_A - P_B = P_{OA} - P_{OB} + \frac{\gamma \omega^2}{2g}(r_A^{\,2} - r_B^{\,2})$$

$$0.6 \times 10^4 - P_B = 720 + \frac{1.2 \times 10^3 \times 26.2^2}{2 \times 9.8} \times (0.5^2 - 0.9^2)$$

$$\therefore\ P_B \fallingdotseq 28815\,[\mathrm{kg}_f/\mathrm{m}^2\,\mathrm{gauge}] = 2.8815\,[\mathrm{kg}_f/\mathrm{cm}^2\,\mathrm{gauge}]$$

17. 다음 그림과 같이 피스톤 A, B의 면적이 각각 0.005[m^2], 0.5[m^2]인 프레스에서 B의 하중이 50[kN] 일 때 피스톤 A의 하중을 무시한 경우 그림의 위치에서 평형상태를 유지하려면 피스톤 A에 가해야 할 힘 F는 얼마인가?

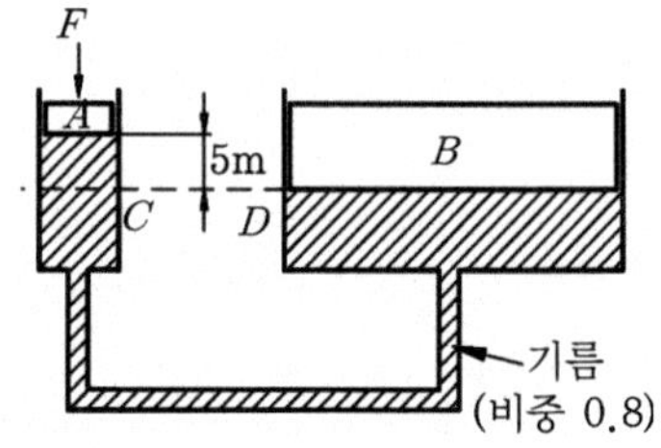

해설

점 C와 D에서의 게이지 압력은 같으므로

$$P_c = \frac{F}{0.005} + 0.8 \times 9800 \times 5 = \frac{50 \times 10^3}{0.5} = P_D \qquad \therefore F \fallingdotseq 304\,[\mathrm{N}]$$

18. 물탱크의 벽에 길이 60[cm], 직경 10[cm]인 원관을 수평으로 물탱크의 내부로 설치하였고 관의 끝은 뚜껑으로 막았다. 원관중심의 수심이 80[cm]일 때 이 원관이 받는 전압력의 크기와 작용점을 구하라. 단, 원관의 무게는 무시한다.

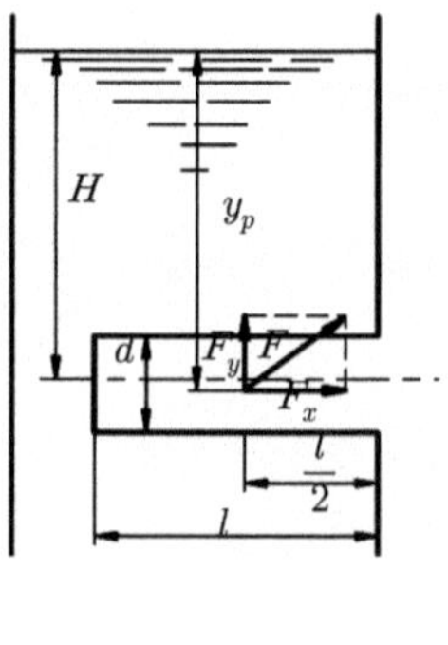

해설

다음 그림과 같이 기호를 정하면 원통의 뚜껑이 받는 힘은

$$F_x = \gamma H \frac{\pi}{4} d^2$$

원관이 받는 수직력 F_y는 원관의 체적과 물의 비중량의 곱으로 되므로(부력을 생각하면 된다.)

$$F_y = \gamma l \frac{\pi}{4} d^2$$

전압력의 크기는 이들 수평력과 수직력을 합성하면 된다.

$$F = \sqrt{F_x^2 + F_y^2} = \frac{\pi}{4} d^2 \gamma \sqrt{H^2 + l^2}$$

작용점의 y좌표는

$$y_p = \frac{I_G}{\bar{y}A} + \bar{y} = \frac{\frac{\pi d^4}{64}}{H \cdot \frac{\pi d^2}{4}} + H = \frac{d^2}{16H} + H$$

작용점의 수평방향 위치는 관 길이의 중앙 즉, 물탱크의 벽에서 $\frac{l}{2}$ 되는 지점이 된다.

$$\therefore\ F = \frac{\pi}{4} d^2 \gamma \sqrt{H^2 + l^2} = \frac{\pi}{4} \times 0.1^2 \times 1000 \times \sqrt{0.8^2 + 0.6^2} = 7.85\,[\mathrm{kg}_f]$$

$$y_p = \frac{d^2}{16H} + H = \frac{0.1^2}{16 \times 0.8} + 0.8 = 0.80078\,[\mathrm{m}]$$

x_p는 탱크 벽에서 $\frac{l}{2}$ 되는 지점 즉, 0.3[m]인 지점이 된다.

19. 다음 그림과 같은 탱크에서 점 A의 게이지 압력이 −16[kPa]일 때 다음 물음에 답하라.

(1) 액주계(피에조미터) E, F, G에 있는 유체의 높이를 구하라.

(2) U자관 속의 수은주 높이차 h_1을 구하라.

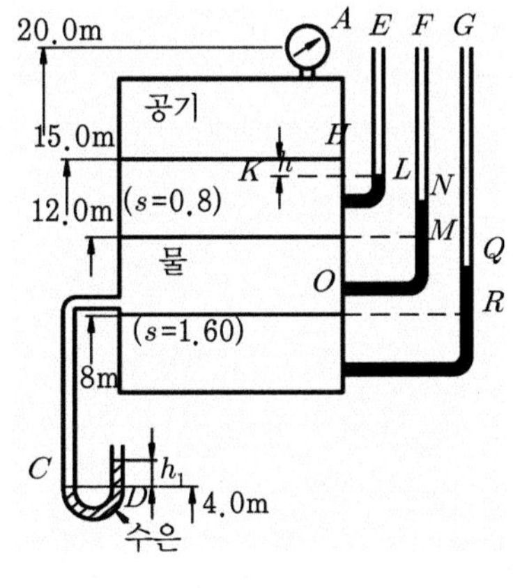

해설

(1) 공기의 비중량은 다른 액체에 비해서 무시해도 좋을 정도로 작으므로 H에서의 압력은 −16[kPa]로 본다.

연습문제

① 피에조미터 E

게이지 압력으로 $P_K = P_L$이므로

$P_H + \gamma h = P_K = P_L = 0$

$\therefore\ h = \dfrac{-P_H}{\gamma} = \dfrac{16000}{9800 \times 0.8} \fallingdotseq 2.04\,[\text{m}]$

따라서 L의 높이는 15−2.04=12.96[m]이다.

② 피에조미터 F

위치 M에서의 압력은

$P_M = -16000 + 0.8 \times 9800 \times (15-12) = 7520\,[\text{Pa}]$

상승높이는 $\dfrac{7500}{9800} \fallingdotseq 0.77\,[\text{m}]$

따라서 점 N의 높이는 12+0.77=12.77[m]이다.

③ 피에조미터 G

위치 R의 압력은

$P_R = 7520 + 9800 \times (12.0 - 8.0) = 46720[\text{Pa}]$

상승높이는 $\dfrac{46720}{9800 \times 1.6} \fallingdotseq 2.98\,[\text{m}]$

(2) U자관 속의 수은주의 높이차

$P_C = P_D$(동일 수평면상에 있으므로)

$P_C = P_M + \gamma(12-4) = \gamma_s h_1$

$$\therefore\ h_1 = \frac{P_M + \gamma(12-4)}{\gamma_s} = \frac{7520 + 9800 \times 8}{9800 \times 13.6} \fallingdotseq 0.645\,[\text{m}]$$

20. 길이×폭×높이= $l \times b \times h$인 직6면체의 부양체가 비중량 γ인 액체에 떠 있을 때 안정조건을 조사하라. 단, 이 부양체의 비중은 γ_s이다.

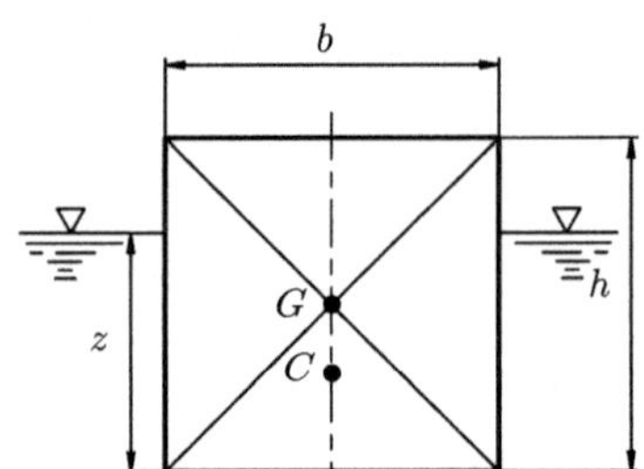

해설

부력 F는 $F = \gamma V$이므로

$\gamma bzl = \gamma_s bhl$

여기서 z는

$$z = h \cdot \frac{\gamma_s}{\gamma}$$

무게중심 G는 부양체의 바닥에서 $\frac{h}{2}$ 인 곳에 있고 부력의 중심 C는 부양체의 바닥에서 $\frac{z}{2}$ 인 곳에 있으므로

$$\overline{GC} = \frac{h-z}{2} = \frac{h}{2}\left(1 - \frac{\gamma_s}{\gamma}\right)$$

따라서 이 부양체의 메타센터 높이는

$$\begin{aligned} h_M &= \frac{I_o}{v} - \overline{GC} = \frac{\frac{lb^3}{12}}{zbl} - \frac{h-z}{2} \\ &= \frac{b^2}{12z} - \frac{h}{2}\left(1 - \frac{\gamma_s}{\gamma}\right) \\ &= \frac{b^2}{12h}\frac{\gamma}{\gamma_s} - \frac{h}{2}\left(1 - \frac{\gamma_s}{\gamma}\right) \end{aligned}$$

부양체의 안정조건은 $h > 0$이므로

$$\begin{aligned} h_M = \frac{b^2}{12h}\frac{\gamma}{\gamma_s} - \frac{h}{2}\left(1 - \frac{\gamma_s}{\gamma}\right) > 0 \\ \frac{b^2}{12h}\frac{\gamma}{\gamma_s} > \frac{h}{2}\left(1 - \frac{\gamma_s}{\gamma}\right) \\ \frac{b^2}{h^2} > 6 \cdot \frac{\gamma_s}{\gamma}\left(1 - \frac{\gamma_s}{\gamma}\right) \end{aligned}$$

$$\therefore \ \frac{b}{h} > \sqrt{6\frac{\gamma_s}{\gamma}\left(1 - \frac{\gamma_s}{\gamma}\right)}$$

3장

유체 운동학

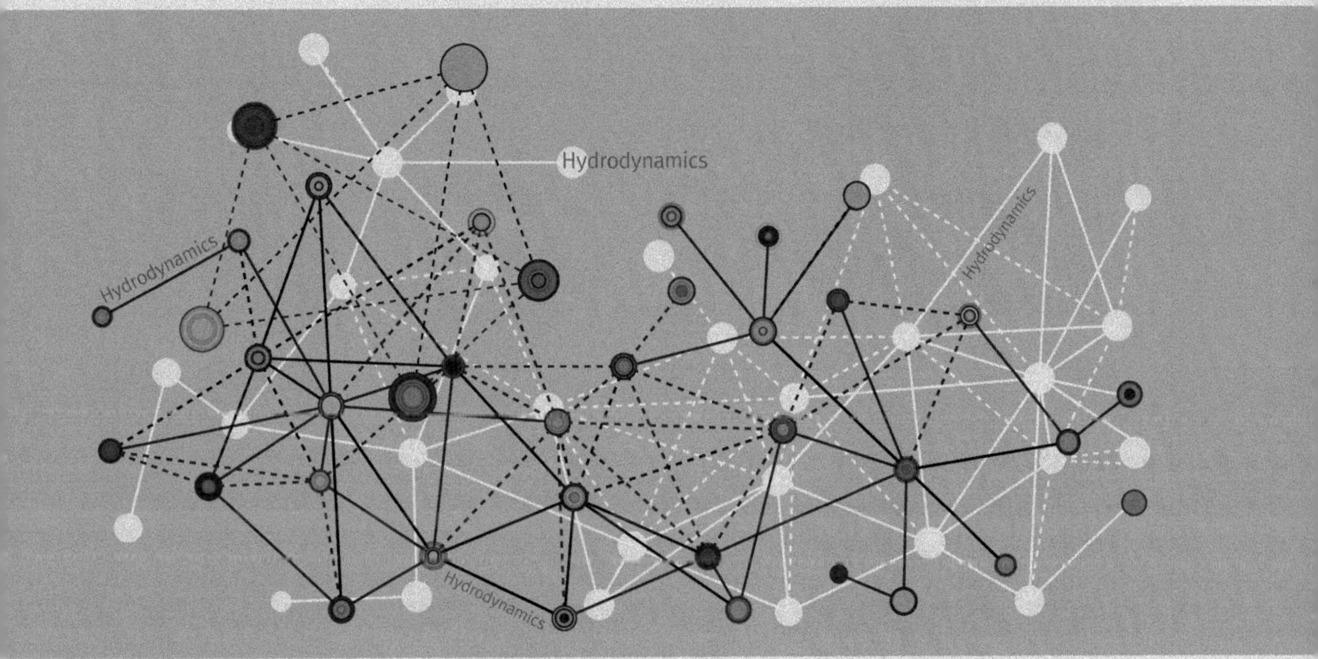
Hydrodynamics
Hydrodynamics
Hydrodynamics
Hydrodynamics

3.1 흐르는 유체에 미치는 힘

흐르는 유체에 미치는 힘에는 다음과 같이 다섯가지의 형태가 있다.

(1) 중력에 의한 힘
(2) 압력차에 의한 힘
(3) 관성력
(4) 마찰력 또는 전단력
(5) 압축성에 의한 탄성력

액체의 흐름에는 (1)~(4)가 적용되며 기체의 흐름에는 (1)~(5)가 적용된다. 또 비압축성 이상유체인 경우는 (4)와 (5)의 힘은 작용하지 않는 것으로 한다.

일반적으로 물이나 공기는 비교적 점성이 작기 때문에 (4)와 (5)의 힘은 무시되는 경우가 많다.

예제 3.1 **다음 내용은 흐르는 유체에 미치는 힘의 형태를 열거한 것이다. 비압축성 이상유체의 경우에 관계없는 항은?**

㉮ 중력에 의한 힘 ㉯ 압력차에 의한 힘 ㉰ 관성력 ㉱ 마찰력

해설 비압축성 이상유체의 경우는 마찰력은 고려되지 않는다. 즉, 중력, 압력차, 관성력만 고려하면 된다.

답 ㉱

3.2 유체 흐름의 특성

3.2.1 층류와 난류

(1) 층류(層流, laminar flow)

유체가 그 분자의 응집을 풀고 유체 입자들이 층상을 이루면서 미끄러지는 운동을 **층류**라고 하며 이웃하는 층 사이에 분자의 교환은 있으나 유체의 입자가 서로 교환되지는 않는다. Newton 유체가 층류로 흐를 때는 Newton의 점성법칙을 만족하며 이 흐름에서는 점성력이 난류에 비해 크게 작용한다.

(2) 난류(亂流, turbulent flow)

유체입자들이 불규칙한 경로를 따라 회전하면서 불규칙하게 흐르는 흐름을 **난류**라고 하며 유동속도가 불규칙하다. 난류에서의 점성법칙은 다음과 같이 표시된다.

$$\tau = (\mu + \eta)\frac{d\bar{u}}{dy} \tag{3-1}$$

η : 와점성계수(난류도와 유체밀도에 의해 결정되며 일반적으로 점성계수보다 크다.)

$\bar{u}$: 평균속도

(3) 천이유동(遷移流動, transition flow)

층류로부터 난류로 성장되는 유동상태를 말하며 이 유동은 층류와 난류가 교대로 일어난다.

3.2.2 정상류와 비정상류

(1) 정상류(steady flow)

유동장의 어느 한 점에서 유동특성이 시간에 따라 변화하지 않는 흐름을 **정상류**라고 하며 다음 조건을 만족한다.

$$\frac{\partial P}{\partial t} = 0, \ \frac{\partial \rho}{\partial t} = 0, \ \frac{\partial T}{\partial t} = 0, \ \frac{\partial u}{\partial t} = 0 \tag{3-2}$$

P = 압력, ρ = 밀도, T = 온도, u : 속도, t : 시간

(2) 비정상류(unsteady flow)

유동장의 어느 한 점에서의 유동 특성이 시간이 경과함에 따라 변화하는 흐름을 **비정상류**라고 한다.

$$\frac{\partial P}{\partial t} \neq 0, \ \frac{\partial \rho}{\partial t} \neq 0, \ \frac{\partial T}{\partial t} \neq 0, \ \frac{\partial u}{\partial t} \neq 0 \tag{3-3}$$

㊟ 정상류의 조건 중에서 어느 한 가지 조건이라도 만족하지 않으면 비정상류가 된다.

3.2.3 균속도 유동과 비균속도 유동

(1) 균속도유동(均速度流動, uniform flow)

한 유동장의 주어진 영역 내에서 어떤 순간에 모든 점의 속도가 위치에 관계없이 동일할 때 이 흐름을 **균속도유동 또는 등류(等流)**라고 하며 다음 식으로 표시된다.

$$\text{비정상 균속도유동}: \frac{\partial u}{\partial s}=0,\ \frac{\partial u}{\partial t}\fallingdotseq 0 \qquad (3\text{-}4)$$

$$\text{정상균속도유동}: \frac{\partial u}{\partial s}=0,\ \frac{\partial u}{\partial t}=0 \qquad (3\text{-}5)$$

여기서 s는 임의 방향의 좌표이며 u는 속도, t는 시간이다.

(2) 비균속도유동(非均速度流動, nonuniform flow)

한 유동장의 주어진 영역 내에서 어떤 순간에 속도가 위치에 따라 변화할 때 이 흐름을 **비균속도유동 또는 비등류(非等流)**라고 하며 다음 식으로 표시된다.

$$\text{비정상 비균속도 유동}: \frac{\partial u}{\partial s}\fallingdotseq 0,\ \frac{\partial u}{\partial t}\fallingdotseq 0 \qquad (3\text{-}6)$$

$$\text{정상 비균속도 유동}: \frac{\partial u}{\partial s}\fallingdotseq 0,\ \frac{\partial u}{\partial t}=0 \qquad (3\text{-}7)$$

3.3 유선과 유적선

3.3.1 유선(流線, streamline)

유동장에서 어느 순간에 각 점에서의 속도 방향과 접선 방향이 일치하는 연속적인 가상 곡선을 **유선**이라고 한다.

정상류에서의 유선은 시간이 경과하더라도 변하지 않으며 유적선(流跡線, pathline)과 일치하고 비정상류에서는 유선의 모양이 시간이 경과함에 따라 변화한다. 유선의 정의로부터 유선의 방정식은 다음과 같이 쓸 수 있다.

$$\mathrm{u}\times d\mathrm{s} = 0 \tag{3-8}$$

u : 속도벡터

ds : 유선방향의 미소변위벡터

또는 $(u_x\mathrm{i} + u_y\mathrm{j} + u_z\mathbf{k})\times(dx\mathrm{i} + dy\mathrm{j} + dz\mathbf{k}) = 0$ (3-9)

즉 $\dfrac{dx}{u_x} = \dfrac{dy}{u_y} = \dfrac{dz}{u_z}$ (3-10)

3.3.2 유관(流管, streamtube)

유동장 속에서 폐곡선을 통과하는 유선들에 의해 형성되는 공간을 **유관**이라고 하며 유관은 유선의 성질을 갖는다. 즉 미소단면적의 유관은 하나의 유선과 같으며 유관을 가로질러 흐르는 유동은 존재하지 않는다.

3.3.3 유적선(流跡線, pathline)

일정한 시간 내에 유체입자가 흘러간 경로를 **유적선**이라고하며 정상류인 경우는 유선과 일치한다.

3.3.4 유맥선(流脈線, streakline)

유동장 내의 어느 점을 통과하는 모든 유체가 어느 순간에 점유하는 위치를 나타내는 선을 **유맥선**이라고 한다.

예제 3.2 유맥선은?

㉮ 유체입자가 일정한 시간 동안 움직인 경로
㉯ 유체입자의 속도벡터와 접선이 되는 가상곡선
㉰ 에너지가 같은 점을 이은 선
㉱ 모든 유체입자의 순간 궤적

해설 ㉮ : 유적선 ㉯ : 유선 ㉰ : 에너지선 ㉱ : 유맥선

답 ㉱

예제 3.3 **다음 설명 중 맞는 것은?**

㉮ 유체의 흐름 속에 임의의 한 가상곡선을 그을 때 그 곡선상의 임의의 한 점에 대한 접선이 같은 점에서의 속도의 방향과 일치할 때, 이 곡선을 유선이라 한다.

㉯ 여러 개의 유선군으로 이루어지는 유동영역을 유동장이라 한다.

㉰ 유체입자가 일정한 시간내에 지나간 자취를 유적선이라 한다.

㉱ ㉮,㉯,㉰ 모두 맞는다.

해설 ㉮, ㉯, ㉰ 모두 맞는다.

답 ㉱

예제 3.4 **단면이 균일한 관로를 흐르는 유량이 시간과 함께 감소할 때는?**

㉮ 비등속류 · 비정상류　　㉯ 등속류 · 비정상류

㉰ 비등속류 · 정상류　　㉱ 등속류 · 정상류

해설 단면이 균일한 관로이므로 어느 순간에 모든 점의 속도가 동일하므로 균속도흐름 또는 등속류이며 유량이 시간의 경과에 따라 감소하므로 속도도 시간이 경과함에 따라 감소한다. 따라서 비정상류이다.

답 ㉯

예제 3.5 **유체의 유동상태에 대한 설명이다. 다음 중 틀리는 것은?**
단, P는 압력, t는 시간, u는 속도, s는 변위이다.

㉮ $\partial P/\partial t = 0$이면 정상류이다.　　㉯ $\partial u/\partial t \neq 0$이면 비정상류이다.

㉰ $\partial u/\partial s = 0$이면 등속류이다.　　㉱ 답이 없다.

해설 ㉮, ㉯, ㉰ 모두 맞는 내용이다.

답 ㉱

3.4 1차원, 2차원, 3차원 유동

3.4.1 1차원 유동 (one dimensional flow)

모든 물성과 유동특성(밀도, 압력, 온도, 속도 등)이 하나의 공간 좌표(x좌표)와 시간의 함수로 표시될 수 있는 유동을 **1차원 유동**이라고 한다.

예 원관이나 임의 단면의 폐수로(閉水路)에서 물성과 유동특성을 각 단면에서의 평균값으로 균일하게 분포되었다고 가정하는 경우의 흐름

3.4.2 2차원 유동(two dimensional flow)

모든 물성과 유동특성이 2개의 공간 좌표(x, y 좌표)와 시간의 함수로 표시될 수 있는 유동을 **2차원 유동**이라고 한다.

예 ① 단면이 일정하고 길이가 무한히 긴 날개 주위의 유동
② 길이가 무한히 길고 단면이 일정한 댐(dam)위를 넘쳐 흐르는 흐름
③ 두 평행 평판사이의 점성유동(물성과 유동특성을 평균값으로 생각하지 않는 경우)

3.4.3 3차원 유동(three dimensional flow)

모든 물성과 유동특성이 3개의 공간 좌표(x, y, z 좌표)와 시간의 함수로 표시될 수 있는 유동을 **3차원 유동**이라고 한다.

예 ① 관로입구 근방에서의 유동
② 유한한 길이를 갖는 날개의 끝점 부근의 유동
③ 원관 내의 점성 유동(물성과 유동특성을 평균값으로 생각하지 않는 경우)

예제 3.6 다음 중 2차원유동은?

㉮ 물성과 유동특성을 평균치로 생각하지 않는 경우의 원관 속의 점성 유동
㉯ 단면이 일정하고 길이가 무한히 긴 날개 주위의 흐름
㉰ 물성과 유동특성을 평균치로 생각하는 경우의 두 평행평판 사이의 점성 유동
㉱ 유한한 길이를 갖는 날개 끝점 부근의 유동

해설 ㉮ : 3차원 유동 ㉰ : 1차원 유동 ㉱ : 3차원 유동 답 ㉯

3.5 연속방정식(連續方程式, continuity equation)

흐르는 유체에 **질량 보존의 법칙**을 적용하여 얻은 방정식을 **연속방정식**이라고 한다.

3.5.1 1차원 정상류의 연속방정식

[그림 3-1]에서 질량 보존의 법칙을 적용하면 정상류이므로 단면 ①과 ②사이의 질량은 일정하게 유지되어야 한다.

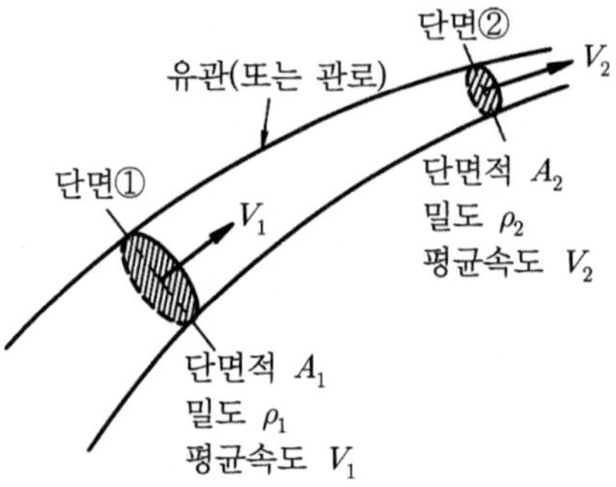

[그림 3-1]

따라서 단위 시간에 단면 ①을 들어가는 질량과 단면②를 통해 나가는 질량은 같다.

$$\rho_1 A_1 V_1 = \rho_2 A_2 V_2 \tag{3-11}$$

식(3-11)을 **1차원 정상류의 연속방정식**이라고 하며 다음과 같이 쓸 수 있다.

$$\rho A V = \text{const.} \tag{3-12}$$

양변에 log를 취하면

$$\ln\rho + \ln A + \ln V = \ln C \tag{3-13}$$

이 식을 미분하면

$$\frac{d\rho}{\rho} + \frac{dA}{A} + \frac{dV}{V} = 0 \tag{3-14}$$

(1) 질량유량(mass flowrate), $[m]$

$$m = \rho_1 A_1 V_1 = \rho_2 A_2 V_2 \tag{3-15}$$

(2) 중량유량(weight flowrate), $[G]$

$$G = \gamma_1 A_1 V_1 = \gamma_2 A_2 V_2 \qquad (3\text{-}16)$$

γ : 비중량

(3) 체적유량(volumetric flowrate), $[Q]$

비압축성 유체일 경우는 $\rho_1 = \rho_2$, $\gamma_1 = \gamma_2$이므로

$$Q = A_1 V_1 = A_2 V_2 \qquad (3\text{-}17)$$

3.5.2 일반적인 연속방정식

압축성 유체의 3차원 비정상류에 대한 연속방정식을 **일반적인 연속방정식**이라고 한다.

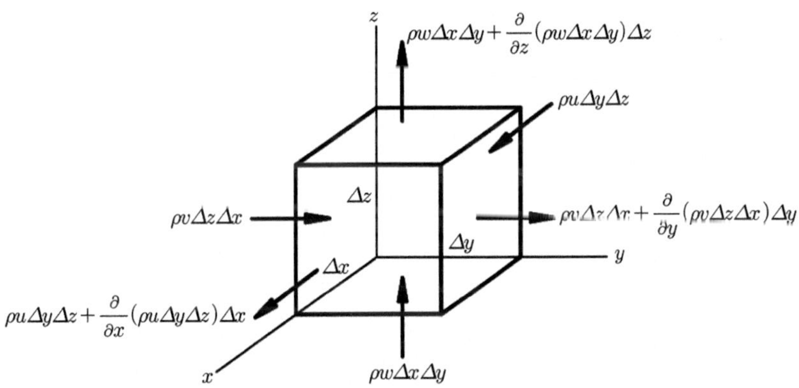

[그림 3-2]

[그림 3-2]에서 직육면체의 검사체적에 대하여 외부에서 흘러 들어가는 질량유량과 흘러 나오는 질량 유량의 차이는 검사체적 내의 질량의 변화율과 같다.

따라서

$$-\frac{\partial}{\partial x}(\rho u \Delta y \cdot \Delta z)\Delta x - \frac{\partial}{\partial y}(\rho v \Delta z \cdot \Delta x)\Delta y - \frac{\partial}{\partial z}(\rho w \Delta x \cdot \Delta y)\Delta z$$

$$= \frac{\partial}{\partial t}(\rho \Delta x \cdot \Delta y \cdot \Delta z)$$

Δx, Δy, Δz는 상수이므로 윗식을 $\Delta x \cdot \Delta y \cdot \Delta z$로 나누고 정리하면

$$\frac{\partial}{\partial x}(\rho u)+\frac{\partial}{\partial y}(\rho v)+\frac{\partial}{\partial z}(\rho w)+\frac{\partial \rho}{\partial t}=0 \tag{3-18}$$

식 (3-18)을 **일반적 연속방정식**이라고 한다.

예제 3.7 **연속방정식이 아닌 것은?**

㉮ $\frac{dx}{u}=\frac{dy}{v}=\frac{dz}{w}$　　㉯ $\frac{dA}{A}+\frac{d\rho}{\rho}+\frac{dV}{V}=0$

㉰ $\rho A V=C$　　㉱ $A_1 V_1=A_2 V_2$

해설 ㉮는 유선의 미분방정식이다.

답 ㉮

예제 3.8 **유량 196 [N/s]의 물이 직경 100[mm]인 관과 200[mm]인 관을 흐른다. 100[mm]관을 흐를 때의 유속 V_1과 200[mm]관을 흐를 때의 유속 V_2는 각각 몇 [m/s]인가?**

㉮ $V_1=1.27$, $V_2=0.54$　　㉯ $V_1=2.55$, $V_2=0.64$

㉰ $V_1=3.33$, $V_2=1.24$　　㉱ $V_1=4.27$, $V_2=1.79$

해설 중량 $W=196$ [N/s]이므로 이것을 체적유량으로 환산하면

$$Q=\frac{W}{\gamma}=\frac{196}{9800}=0.02\ [\mathrm{m^3/s}]$$

$Q=AV$이므로

$$V_1=\frac{Q}{A_1}=\frac{0.02}{\frac{\pi}{4}\times 0.1^2}\fallingdotseq 2.55[\mathrm{m/s}]$$

$$V_2=\frac{Q}{A_2}=\frac{0.02}{\frac{\pi}{4}\times 0.2^2}\fallingdotseq 0.64\ [\mathrm{m/s}]$$

답 ㉯

예제 3.9 **비압축성 유체의 속도성분이 $u=6x+y$, $v=-6y$인 흐름은?**
단, u는 x방향 속도, v는 y방향 속도이다.

㉮ 1차원 정상류　　㉯ 2차원 정상류　　㉰ 3차원 비정상류　　㉱ 1차원 비정상류

해설 $u=6x+y$에서

$$\frac{\partial u}{\partial x}=6$$

$v=-6y$에서

$$\frac{\partial v}{\partial y}=-6$$

$$\therefore\ \frac{\partial u}{\partial x}+\frac{\partial v}{\partial y}=0$$

이 방정식은 비압축성유체의 2차원, 정상류에 대한 연속방정식이다. 왜냐하면 일반적인 연속방정식에서

$$\frac{\partial}{\partial x}(\rho u)+\frac{\partial}{\partial y}(\rho v)+\frac{\partial}{\partial z}(\rho w)+\frac{\partial \rho}{\partial t}=0$$

정상류이면 $\frac{\partial \rho}{\partial t}=0$이고 비압축성유체이면 ρ는 상수로서 소거되므로 비압축성유체의 정상류에 대한 연속방정식은

$$\frac{\partial u}{\partial x}+\frac{\partial v}{\partial y}+\frac{\partial w}{\partial z}=0$$

또, 2차원 흐름이면 $w=0$이므로 비압축성유체의 2차원 정상류에 대한 연속방정식은

$$\frac{\partial u}{\partial x}+\frac{\partial v}{\partial y}=0$$

답 ㉯

3.6 오일러(Euler)의 운동방정식

유선 또는 미소단면적의 유관을 따라 움직이는 비점성유체요소에 **Newton의 제2운동법칙**을 적용하여 얻은 미분방정식을 **Euler의 운동방정식**이라고 한다.

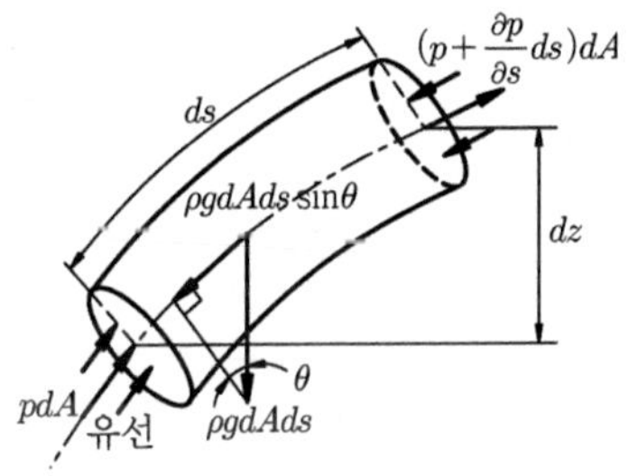

[그림 3-3]

[그림 3-3]에서 비정상류에 대한 운동방정식을 구하기 위해서 유선방향속도 V는 변위 s와 시간 t의 함수로 생각한다.

따라서

$$V=V(s,t) \tag{3-19}$$

$$dV=\frac{\partial V}{\partial s}ds+\frac{\partial V}{\partial t}dt$$

$$\frac{dV}{dt}=\frac{\partial V}{\partial s}\cdot\frac{ds}{dt}+\frac{\partial V}{\partial t}$$

$\frac{ds}{dt}=V$이므로

$$\frac{dV}{dt}=\frac{\partial V}{\partial s}\cdot V+\frac{\partial V}{\partial t} \tag{3-20}$$

또 유선 방향의 가속도 a_s는 $\frac{dV}{dt}$이므로

$$a_s = \frac{dV}{dt} = \frac{\partial V}{\partial s} \cdot V + \frac{\partial V}{\partial t} \tag{3-21}$$

[그림 3-3]에서 $\sum F_s = ma_s$를 적용하면

$$pdA - \left(p + \frac{\partial p}{\partial s}ds\right)dA - \rho g dA ds \sin\theta = \rho dA ds\left(\frac{\partial V}{\partial s} \cdot V + \frac{\partial V}{\partial t}\right)$$

$\sin\theta = \dfrac{\partial z}{\partial s}$이고 양변을 $\rho \cdot dA \cdot ds$로 나누어 단위 질량의 유체에 대해 생각하면

$$V\frac{\partial V}{\partial s} + \frac{1}{\rho}\frac{\partial p}{\partial s} + g\frac{\partial z}{\partial s} = -\frac{\partial V}{\partial t} \tag{3-22}$$

윗식은 단위질량의 비점성유체에 관한 유선방향의 **Euler의 운동방정식**이다. 유체가 정상류인 경우는 $\dfrac{\partial V}{\partial t} = 0$이고 또 V, p, z등이 s만의 함수이므로 윗 식은 다음과 같이 쓸 수 있다.

$$V\frac{dV}{ds} + \frac{1}{\rho}\frac{dp}{ds} + g\frac{dz}{ds} = 0 \qquad .(3\text{-}23)$$

$d(V^2) = 2VdV$이고 양변에 $\dfrac{ds}{g}$를 곱하여 단위 중량의 유체에 대해 생각하면

$$\frac{d(V^2)}{2g} + \frac{1}{\rho}\frac{dp}{g} + dz = 0 \tag{3-24}$$

식 (3-24)는 단위중량의 비점성유체가 정상류로 흐를 때 유선 방향에 대한 **Euler의 운동방정식**이다.

예제 3.10 **오일러(Euler)의 운동방정식 $V\dfrac{dV}{ds} + \dfrac{1}{\rho}\dfrac{dp}{ds} + g\dfrac{dz}{ds} = 0$을 유도하는데 필요한 가정이 아닌 것은?**

㉮ 유체입자는 유선을 따라 움직인다.　　㉯ 유체는 비점성유체이다.
㉰ 정상류이다.　　㉱ 비압축성유체이다.

해설 오일러의 운동방정식은 유선을 따라 움직이는 비점성유체 입자에 Newton의 제2운동법칙을 적용하여 얻은 미분방정식으로서 식(3-22)에서 정상류인 경우 $\dfrac{\partial V}{\partial t} = 0$로 하여 문제에서 주어진 식의 우변이 0이 된 것이다.

답 ㉱

예제 3.11 다음 중 Euler의 운동방정식이 아닌 것은?

㉮ $V\dfrac{dV}{ds}+\dfrac{1}{\rho}\dfrac{dp}{ds}+g\dfrac{dz}{ds}=0$ ㉯ $\dfrac{dp}{\gamma}+\dfrac{d(V^2)}{2g}+dz=0$

㉰ $\dfrac{\partial u}{\partial x}+\dfrac{\partial v}{\partial y}+\dfrac{\partial w}{\partial z}=0$ ㉱ $\dfrac{1}{\gamma}\dfrac{dp}{ds}+\dfrac{V}{g}\dfrac{dV}{ds}+\dfrac{dz}{ds}=0$

해설 ㉰는 비압축성 유체의 3차원 정상류에 대한 연속방정식이다. 답 ㉰

3.7 베루누이 방정식(Bernoulli's equation)

Euler의 운동방정식을 변위 s에 대해 적분한 것이 **베루누이 방정식**이다. 단위중량의 비점성유체에 대한 정상류의 Euler의 운동방정식(3-24)은 다음과 같다.

$$\frac{d(V^2)}{2g}+\frac{1}{\rho}\frac{dp}{g}+dz=0$$

3.7.1 비압축성유체인 경우

$\rho=\text{const.}$ 이므로 윗식을 s에 대해 적분하면

$$\frac{V^2}{2g}+\frac{p}{\rho g}+z=\text{const.}\ \text{또는}\ \frac{V^2}{2g}+\frac{p}{\gamma}+z=\text{const.} \tag{3-25}$$

식(3-25)를 **비압축성 유체에 대한 Bernoulli의 방정식**이라고 한다.

[그림 3-4]에서 식 (3-25)는 다음과 같이 쓸 수 있다.

$$\frac{V_1^2}{2g}+\frac{p_1}{\gamma}+z_1=\frac{V_2^2}{2g}+\frac{p_2}{\gamma}+z_2=H \tag{3-26}$$

$\dfrac{V^2}{2g}$: 속도 수두

$\dfrac{p}{\gamma}$: 압력 수두

z : 위치 수두

H : 전수두

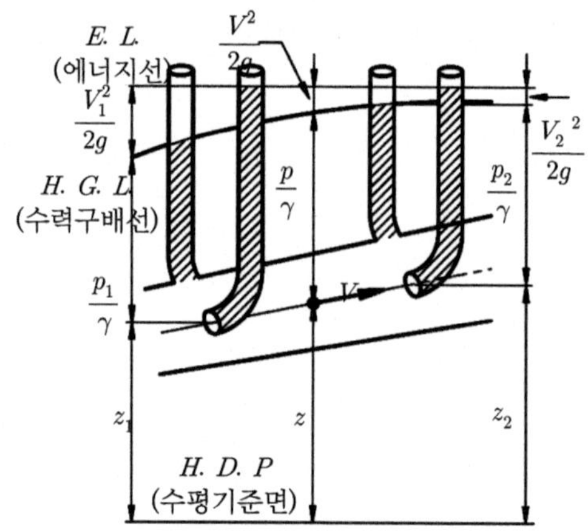

[그림 3-4]

(1) 에너지선(E.L)

유동하는 유체의 각 위치에서 $\dfrac{p}{\gamma}+\dfrac{V^2}{2g}+z$를 연결한 선이다.

(2) 수력구배선(H.G.L)

유동하는 유체의 각 위치에서 $\dfrac{p}{\gamma}+z$를 연결한 선이다.

또한 식 (3-25)는 다음과 같이 쓸 수 있다.

$$\frac{\rho V_1^2}{2}+p_1+\rho g z_1=\frac{\rho V_2^2}{2}+p_2+\rho g z_2=H_t \qquad (3\text{-}27)$$

$\dfrac{\rho V^2}{2}$: 동압

p : 정압

$\rho g z$: 포텐셜압력

H_t : 전압(총압)

3.7.2 압축성유체인 경우

압축성유체이면 ρ가 p의 함수이므로 식 (3-24)를 적분하면

$$\int \frac{dP}{\rho g} + \frac{V^2}{2g} + Z = \text{const.} \tag{3-28}$$

식 (3-28)이 **압축성유체에 대한 베루누이방정식**이다.

예제 3.12 방정식 $\int \frac{dp}{\rho} + \frac{V^2}{2} + gZ = \text{const.}$를 유도하는 데 필요한 가정이 아닌 것은?

㉮ 비점성 유체 ㉯ 정상류 ㉰ 동일한 유선 ㉱ 비압축성

해설 이 방정식은 압축성유체에 대한 베루누이 방정식이다. 즉, 밀도 ρ가 압력 p의 함수이므로 첫째 항을 $\frac{p}{\rho}$로 쓸 수 없는 것이다.

답 ㉱

예제 3.13 다음 그림과 같은 관 속을 물이 흐르고 있을 때 A점과 B점에서의 속도는 몇 [m/s] 인가?

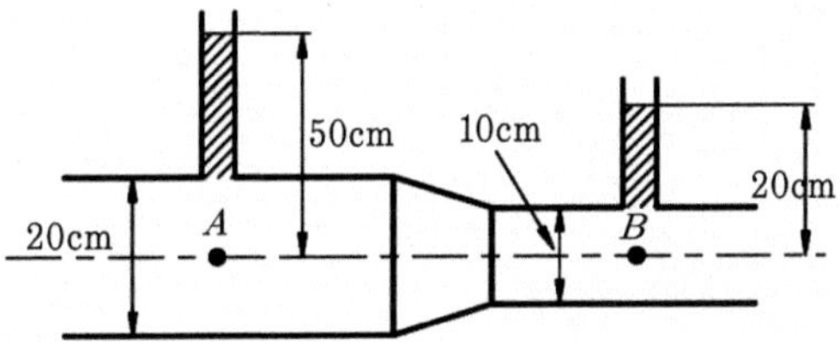

㉮ $V_A = 0.626$, $V_B = 2.504$

㉯ $V_A = 0.874$, $V_B = 3.142$

㉰ $V_A = 1.263$, $V_B = 3.738$

㉱ $V_A = 1.781$, $V_B = 4.095$

해설 A점과 B점 사이에 베루누이 방정식을 세우면

$$\frac{P_A}{\gamma} + \frac{V_A^2}{2g} + z_A = \frac{P_B}{\gamma} + \frac{V_B^2}{2g} + z_B$$

$z_A = z_B$(수평이므로)

$$\therefore \frac{P_A}{\gamma} + \frac{V_A^2}{2g} = \frac{P_B}{\gamma} + \frac{V_B^2}{2g}$$

또, 연속방정식으로부터

$$Q = A_A V_A = A_B V_B$$

$$\frac{\pi}{4} d_A^2 V_A = \frac{\pi}{4} d_B^2 V_B$$

$$V_A = \left(\frac{d_B}{d_A}\right)^2 V_B = \left(\frac{0.1}{0.2}\right)^2 V_B = 0.25 V_B$$

따라서

$$\frac{V_B^2 - V_A^2}{2g} = \frac{15 V_A^2}{2g} = \frac{P_A - P_B}{\gamma} = 0.5 - 0.2 = 0.3 \,[\text{m}]$$

$$\therefore V_A = \sqrt{\frac{2 \times 9.8 \times 0.3}{15}} \fallingdotseq 0.626 \,[\text{m/s}]$$

$$V_B = 4 V_A \fallingdotseq 4 \times 0.626 = 2.504 \,[\text{m/s}]$$

답 ㉮

예제 3.14 **에너지선(E.L)은?**

㉮ 수력구배선 보다 속도수두 만큼 위에 있다.

㉯ 수력구배선 보다 속도수두 만큼 아래에 있다.

㉰ 항상 수평선이다.

㉱ 수력구배선 보다 압력수두 만큼 위에 있다.

해설 에너지선(E.L)은 압력수두+위치수두+속도수도이므로 수력구배선(압력수두+위치수두)보다 속도수두만큼 위에 있다.

답 ㉮

예제 3.15 **비중량 γ인 비압축성 유체가 원관 속을 흐르고 있을 때 수력구배선의 높이는? 단, p는 정압, V는 속도, z는 위치수두를 나타낸다.**

㉮ $\dfrac{p}{\gamma}+\dfrac{V^2}{2g}$ ㉯ $\dfrac{p}{\gamma}$ ㉰ $\dfrac{p}{\gamma}+z$ ㉱ $\dfrac{V^2}{2g}$

해설 수력구배선(H.G.L)은 압력수두 $\dfrac{p}{\gamma}$와 위치수두 z의 합을 말한다.

답 ㉰

예제 3.16 **야구공이 그림과 같이 회전하면서 진행할 때 공의 궤도는 어떻게 되겠는가?**

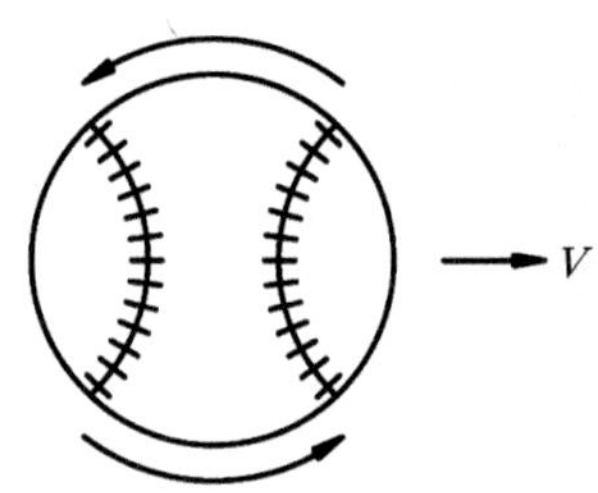

㉮ 아래로 굽는다.

㉯ 위로 굽는다.

㉰ 아래로 굽다가 위로 굽는다.

㉱ 그대로 직진한다.

해설 야구공의 윗면을 A, 아랫면을 B라고 하면 A점에서는 공이 회전하는 속도 V_A와 공이 전진하는 속도 V가 서로 반대방향이므로 상대속도는 V_A+V로 증가하고 B점에서는 공의 회전속도방향과 전진속도 방향이 같으므로 상대속도는 V_A-V로 되어 A점보다 작아진다. 따라서 A점과 B점 사이에 베르누이 방정식을 적용시켜보면 A점의 압력이 B점의 압력보다 낮게 되어 공은 위로 굽게 된다. 즉 윗방향으로 포물선을 그리며 날아갈 것이다. 만약 공을 반대방향으로 회전시키면 공은 아래로 굽는 운동을 할 것이다.

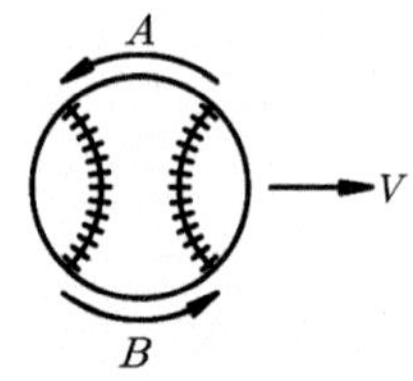

답 ㉯

3.8 베르누이 방정식의 응용

[그림 3-5]와 같이 단면적이 큰 수조나 저수지에 있는 유체의 임의의 한 점 A에 베르누이 방정식을 적용하면

$$\frac{V^2}{2g}+\frac{p}{\gamma}+z=0+h+(H-h)=H \tag{3-29}$$

따라서 저수지나 용적이 큰 저장탱크의 유체는 단위중량당의 에너지가 어느 점에서나 일정(H)하므로 동일 유선상의 점으로 보아 베루누이 방정식을 적용할 수 있다.

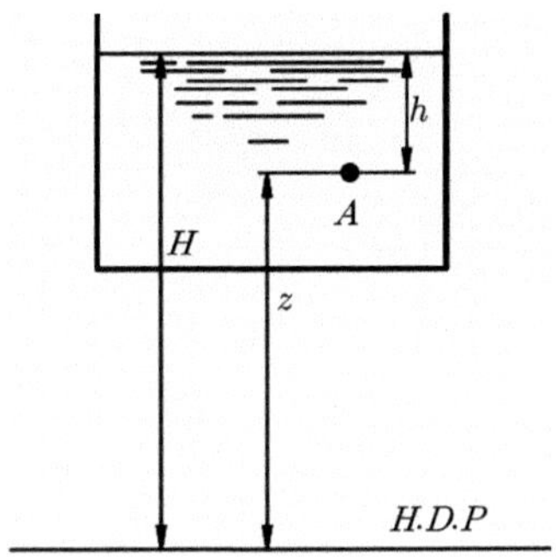

[그림 3-5]

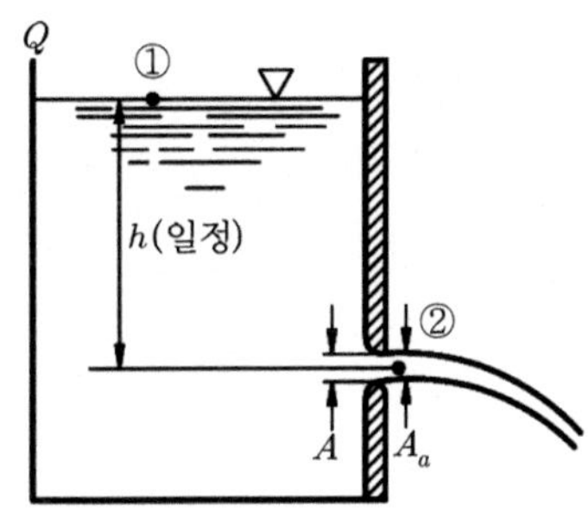

[그림 3-6]

3.8.1 오리피스(orifice)

예리한 끝을 가지는 원형구멍을 오리피스(orifice)라고 하며 유량을 측정하기 위해 이용된다. [그림 3-6]의 점 ①과 점 ② 사이에 베루누이 방정식을 적용시키면

$$0+0+z_1=\frac{V_2^{\,2}}{2g}+0+z_2$$

$$\frac{V_2^{\,2}}{2g}=z_1-z_2=h$$

$$\therefore\ V_2=\sqrt{2gh} \tag{3-30}$$

식(3-30)을 **토리첼리(Torricelli)의 정리**라고 한다.

(1) 이론유량, [Q]

$$Q=A\cdot V=A\cdot\sqrt{2gh} \tag{3-31}$$

(2) 실제유량

점성효과로 인해 이론유량보다 작다.

① 실제속도, $[V_a]$

$$V_a = C_v V = C_v \sqrt{2gh} \tag{3-32}$$

$C_v = 0.93 \sim 0.98$(물의 경우) : 유속계수(coefficient of velocity)

② 실제단면적, $[A_a]$

$$A_a = C_c A \text{ 또는 } d_a^2 = C_c d^2 \tag{3-33}$$

$C_c = 0.61 \sim 0.66$(물의 경우) : 수축계수(coefficient of contraction)

③ 실제유량, $[Q_a]$

$$Q_a = A_a V_a = C_c A \cdot C_v V = C_c C_v A V = CAV = CA\sqrt{2gh} \tag{3-34}$$

$C = C_c \cdot C_v = 0.59 \sim 0.68$(물의 경우) : 유량계수(coefficient of discharge)

3.8.2 벤츄리계(Venturi meter)

축소·확대관에서 정압을 측정함으로써 유량을 구할 수 있도록 만든 관으로서 [그림 3-7]과 같다.

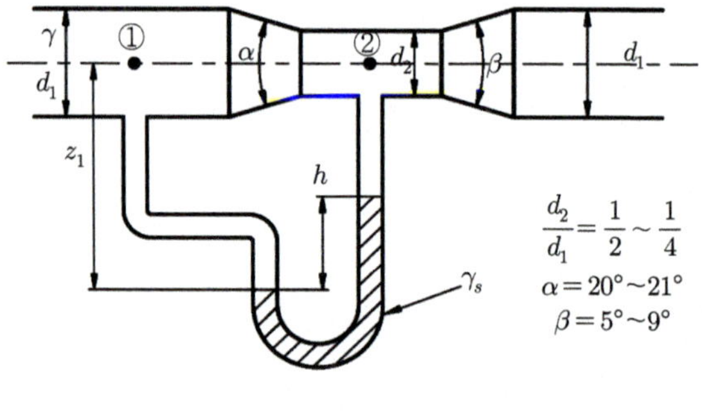

[그림 3-7]

[그림 3-7]에서 점①과 점② 사이에 베루누이 방정식을 세우면 $z_1 = z_2$이므로

$$\frac{p_1 - p_2}{\gamma} = \frac{V_2^2 - V_1^2}{2g} = \frac{1}{2g}\left\{1 - \left(\frac{d_2}{d_1}\right)^4\right\} \cdot V_2^2$$

$$\therefore\ V_2 = \sqrt{\frac{2g\dfrac{p_1 - p_2}{\gamma}}{1-\left(\dfrac{d_2}{d_1}\right)^4}}$$

따라서 유량은

$$Q = A_2 V_2 = \frac{A_2}{\sqrt{1-\left(\dfrac{d_2}{d_1}\right)^4}} \cdot \sqrt{2g \cdot \frac{p_1 - p_2}{\gamma}} \qquad (3\text{-}35)$$

[그림 3-7]의 Manometer에서

$$\frac{p_1 - p_2}{\gamma} = \frac{\gamma_s}{\gamma}h - h = h\left(\frac{\gamma_s}{\gamma} - 1\right)$$

윗 식을 식 (3-35)에 대입하면

$$Q = A_2 V_2 = A_2 \cdot \sqrt{\frac{2gh\left(\dfrac{\gamma_s}{\gamma} - 1\right)}{1-\left(\dfrac{d_2}{d_1}\right)^4}} \qquad (3\text{-}36)$$

3.8.3 피토관(pitot tube)

[그림 3-8]의 점①과 점②사이에 베루누이 방정식을 세우고 $z_1 = z_2$, $V_2 = 0$, $p_2 = p_s$로 놓으면

$$\frac{V_1^2}{2g} + \frac{p_1}{\gamma} = \frac{p_s}{\gamma}$$

$$\therefore\ p_s = p_1 + \frac{\rho V_1^2}{2}$$: **정체압 또는 전압**

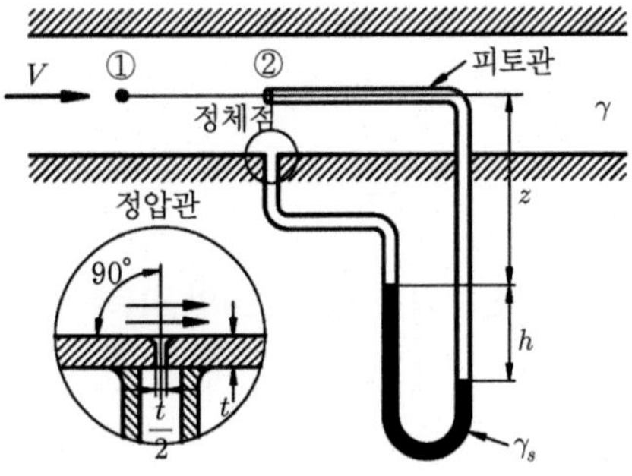

[그림 3-8] 피토-정압관

따라서

$$V_1 = \sqrt{\frac{2g}{\gamma}(p_s - p_1)}$$

Manometer에서

$$\frac{p_s - p_1}{\gamma} = h\left(\frac{\gamma_s}{\gamma} - 1\right)$$

$$\therefore V_1 = \sqrt{2gh\left(\frac{\gamma_s}{\gamma} - 1\right)} \qquad (3\text{-}37)$$

예제 3.17 [그림 3-6]에 표시된 물탱크에서 $h = 10[\mathrm{m}]$이고 orifice의 직경이 10[cm]이다. 유속계수가 0.95, 수축계수가 0.64일 때 실제 유량은 얼마인가?

㉮ $0.038[\mathrm{m^3/s}]$ ㉯ $0.051[\mathrm{m^3/s}]$ ㉰ $0.067[\mathrm{m^3/s}]$ ㉱ $0.095[\mathrm{m^3/s}]$

해설 실제유량

$$Q_a = C_v C_c A\sqrt{2gh}$$

$$= 0.95 \times 0.64 \times \frac{\pi}{4} \times 0.1^2 \times \sqrt{2 \times 9.8 \times 10}$$

$$\fallingdotseq 0.067[\mathrm{m^3/s}]$$

답 ㉰

예제 3.18 [그림 3-7]의 벤츄리계에 $50[l/s]$의 물이 흐르고 있을 때 수은주의 높이 h는 몇 [mm]인가? 단 $d_1 = 250[\mathrm{mm}]$, $d_2 = 100[\mathrm{mm}]$이다.

㉮ 140 ㉯ 160 ㉰ 180 ㉱ 200

해설 식(3-36)에서

$$h = \frac{\left(\frac{Q}{A_2}\right)^2 \cdot \left\{1 - \left(\frac{d_2}{d_1}\right)^4\right\}}{2g \cdot \left(\frac{\gamma_s}{\gamma} - 1\right)}$$

$$= \frac{\left\{0.05/\left(\frac{\pi}{4} \times 0.1^2\right)\right\}^2 \left\{1 - \left(\frac{0.1}{0.25}\right)^4\right\}}{2 \times 9.8 \times \left(\frac{13600}{1000} - 1\right)} \fallingdotseq 0.16[\mathrm{m}] = 160[\mathrm{mm}]$$

답 ㉯

예제 3.19 직경이 0.4[m]인 직관에 공기가 흐르고 있다. 이 관속에 설치한 pitot-staitc tube의 액주계는 그림과 같이 0.8m의 차이가 났다. 액주계 속에는 비중 0.8인 기름이 들어있다면 흐르는 공기의 동압은 수주로 몇 [m]인가?

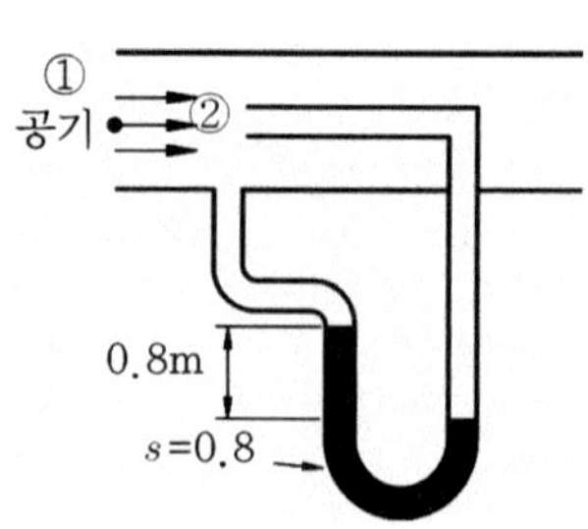

㉮ 0.43 ㉯ 0.64

㉰ 0.78 ㉱ 0.93

해설 $\frac{p_1}{\gamma} + \frac{V_1^2}{2g} = \frac{p_2}{\gamma} + \frac{V_2^2}{2g}$에서 $V_2 = 0$이므로

$$\frac{V_1^2}{2g} = \frac{p_2 - p_1}{\gamma} = \frac{0.8 \times 1000 \times 0.8}{1000} = 0.64\,[\mathrm{m}]$$

답 ㉯

예제 3.20 유속이 $5\,[\mathrm{m/s}]$인 물 속에 pitot관을 흐름의 방향으로 세웠을 때 수주의 높이는 몇 [m]인가?

㉮ 0.69 ㉯ 0.86 ㉰ 1.05 ㉱ 1.28

해설

$$\frac{V_1^2}{2g} + \frac{p_1}{\gamma} = \frac{p_s}{\gamma}$$

$$h = \frac{p_s - p_1}{\gamma} = \frac{V_1^2}{2g} = \frac{5^2}{2 \times 9.8} \fallingdotseq 1.28\,[\mathrm{m}]$$

답 ㉱

3.9 손실수두와 동력

식(3-26)의 베루누이 방정식은 비점성유체에 대해 성립하는 방정식이다. 실제 유체의 점성효과를 고려하면 에너지 손실이 있으므로 다음 식으로 쓸 수 있다.

$$\frac{V_1^2}{2g} + \frac{p_1}{\gamma} + z_1 = \frac{V_2^2}{2g} + \frac{p_2}{\gamma} + z_2 + H_l \qquad (3\text{-}38)$$

H_l : 손실수두

①과 ② 사이에 pump를 설치할 경우

$$\frac{V_1^2}{2g} + \frac{p_1}{\gamma} + z_1 + E_p = \frac{V_2^2}{2g} + \frac{p_2}{\gamma} + z_2 + H_l \qquad (3\text{-}39)$$

E_p : pump 에너지

①과 ② 사이에 Turbine 이 있을 경우

$$\frac{V_1^2}{2g} + \frac{p_1}{\gamma} + z_1 = \frac{V_2^2}{2g} + \frac{p_2}{\gamma} + z_2 + E_T + H_l \qquad (3\text{-}40)$$

E_T : Turbine에너지

pump 에너지 수두가 E_p이면 pump 동력은

$$P = E_p \times \gamma Q \qquad (3\text{-}41)$$

예제 3.21 **다음 그림과 같이 $0.15\,[m^3/s]$의 물을 퍼올리는 펌프가 있다. 압력계 ①과 ②의 읽음이 각각 -200[mmHg]와 250[kPa]이라면 펌프가 유체에 공급하는 동력은 몇 [kW]인가? 단, 압력계 ①, ②의 높이차는 3[m]이다.**

㉮ 36.8　㉯ 49.6　㉰ 53.4　㉱ 60.7

해설 ①, ② 단면에서의 압력수두는

$$\frac{p_1}{\gamma}=-\frac{200\times10332}{760\times1000}\fallingdotseq-2.7[m]$$

$$\frac{p_2}{\gamma}=\frac{250\times10^3}{9.8\times1000}\fallingdotseq25.5[m]$$

수력구배선은 점①에서 아랫방향으로 2.7[m], 점②에서 위로 25.5[m]되는 점을 지난다. 흡입관과 송출관에서의 평균속도와 속도수두는

$$V_1=\frac{Q}{A_1}=\frac{4\times0.15}{\pi\times(0.2)^2}\fallingdotseq4.78\,[m/s]$$

$$V_2=\frac{Q}{A_2}=\frac{4\times0.15}{\pi\times(0.15)^2}\fallingdotseq8.49\,[m/s]$$

$$\frac{V_1^2}{2g}=\frac{4.78^2}{2\times9.8}\fallingdotseq1.17\,[m]$$

$$\frac{V_2^2}{2g}=\frac{8.49^2}{2\times9.8}\fallingdotseq3.68\,[m]$$

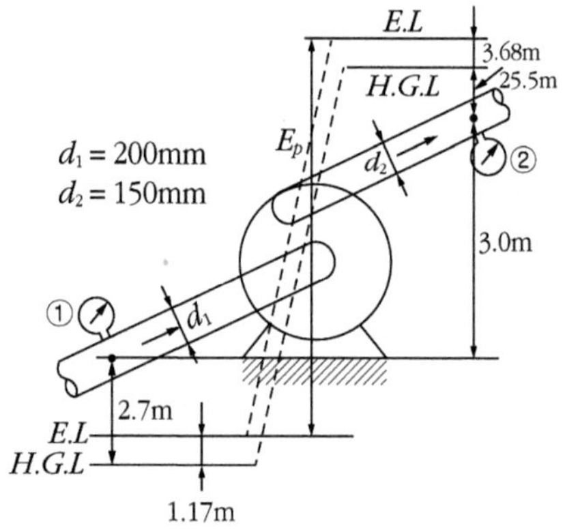

따라서 에너지선은 ①, ② 단면에서의 수력구배선 보다 각각 1.17[m], 3.68[m]위에 있다.

①, ② 단면사이에서 갑자기 에너지선이 상승하는 것은 펌프동력이 가해진 결과이며 E_P는 두 점에서의 에너지선의 높이 차와 같다.

$$E_P=3.68+25.5+3.0+2.7-1.17=33.71\,[m]$$

따라서 펌프의 동력은

$$P=E_P\cdot\gamma\cdot Q=\frac{33.71\times1000\times0.15}{102}\fallingdotseq49.6\,[kW]$$

답 ㉯

3.10 공동현상(cavitation)

액체 속에는 압력에 비례하는 양의 기체가 용해되어 있는데(Henry-Dalton의 법칙) 압력이 액체의 증기압 이하로 내려가면 기체가 유리(遊離)되면서 액체가 기화된 기체와 합쳐져서 기포를 발생한다. 이와 같이 수증기의 발생이나 흡수 공기의 유리(遊離) 등으로 인하여 흐름이 고체 벽면에서 떨어지는 기체의 모임을 **공동(空洞, cavity)**라고 하고 이것이 생기는 현상을 **공동현상**이라고 한다.

3.10.1 캐비테이션 계수

[그림 3-9]에서 ①과 ② 사이에 베루누이 방정식을 적용하면

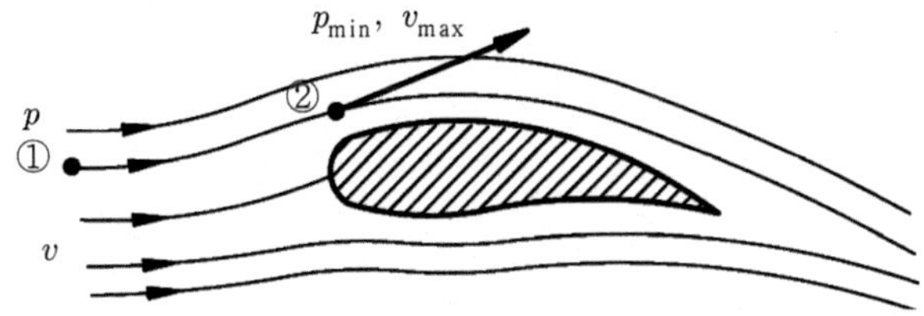

[그림 3-9]

$$\frac{p}{\gamma}+\frac{v^2}{2g}=\frac{p_{min}}{\gamma}+\frac{v_{max}^2}{2g}$$

$$\therefore\ p_{min}=p-\frac{\gamma}{2g}(v_{max}^2-v^2)=p-k\frac{\gamma v^2}{2g}$$

k : 흐름의 단면이나 익형의 상태에 따라 변하는 계수

공동현상이 발생할 때의 압력을 p_d, k를 k_d라고 하면 윗 식은 다음과 같이 된다.

$$p_d=p-k_d\frac{\gamma v^2}{2g}$$

$$\therefore\ k_d=\frac{p-p_d}{\frac{\gamma v^2}{2g}}\ :\text{캐비테이션 계수} \qquad (3\text{-}42)$$

예제 3.22 **다음 그림에서 $h=0.5$[m]일 때 직경 50[mm]인 관로의 수축부에서 공동현상이 일어난다면 물의 증기압은 몇 [kPa]인가? 이때 대기압은 101.3[kPa]이다.**

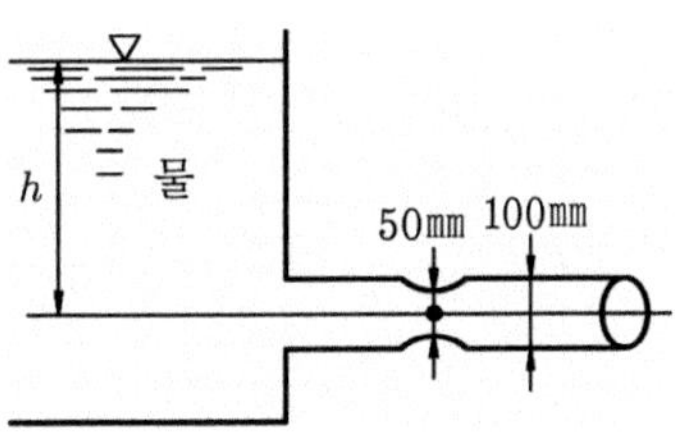

㉮ 27.8 ㉯ 22.3

㉰ 16.9 ㉱ 13.4

해설 관로의 수축부와 관 끝에서의 유속 및 압력을 각각 v_c, v 및 p_c, p라고 하면 p_c는 공동현상이 일어날 때의 증기압과 같다.

그림에서 $h=\frac{v^2}{2g}$이므로 $\frac{v^2}{2g}=0.5$[m], 또 연속방정식에서 $v_c=4v$이므로

$$\frac{v_c^2}{2g}=\frac{16v^2}{2g}=8\,[\mathrm{m}]$$

Bernoulli의 방정식에서

$$\frac{p_c}{\gamma}=\frac{p}{\gamma}+\left(\frac{v^2}{2g}-\frac{v_c^2}{2g}\right)$$

$$=\frac{101.3}{9.8}+(0.5-8)\fallingdotseq 2.84\,[\mathrm{m}]$$

$$\therefore\ p_c=2.84\times 9.8\fallingdotseq 27.8\,[\mathrm{kPa}]$$

답 ㉮

예제 3.23 다음 그림과 같은 관 속에 물이 980[N/s]로 흐르고 있다. ②단면에서 공동현상이 일어나지 않을 ①단면에서의 최소압력은 얼마인가? 단, 관 속의 에너지손실은 무시하고 물의 증기압은 55.324 [mmHg abs]이다.

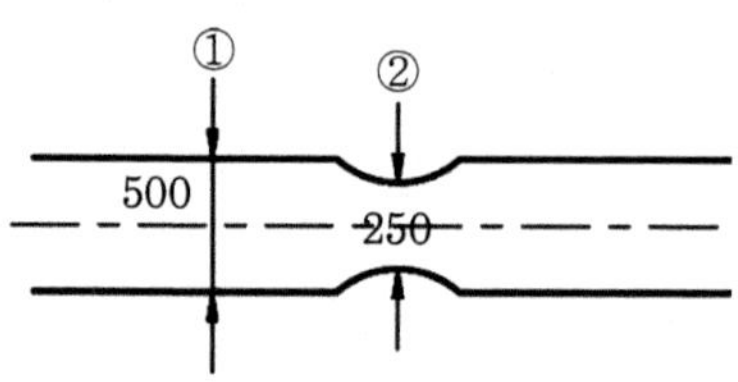

㉮ 7.733 [kPa abs]　㉯ 8.065[kPa abs]
㉰ 8.915 [kPa abs]　㉱ 9.327 [kPa abs]

해설

$$Q=\frac{980}{9800}=0.1\,[\mathrm{m^3/s}]$$

$$V_1=\frac{Q}{A_1}=\frac{4\times 0.1}{\pi\times 0.5^2}\fallingdotseq 0.51\,[\mathrm{m/s}]$$

$$V_2=\frac{Q}{A_2}=\frac{4\times 0.1}{\pi\times 0.25^2}\fallingdotseq 2.04\,[\mathrm{m/s}]$$

Bernoulli의 방정식에서

$$p_1=\frac{\rho(V_2^2-V_1^2)}{2}+P_2$$

$$=\frac{1000(2.04^2-0.51^2)}{2}+101325\times\frac{55.324}{760}\fallingdotseq 9327\,[\mathrm{N/m^2\ abs}]$$

$$=9.327\,[\mathrm{kPa\ abs}]$$

답 ㉱

연습문제

기초문제

1. 다음 글 중 내용이 잘못된 것은?

㉮ 정상유동은 유동특성이 시간에 따라 변하지 않는 흐름이다.

㉯ 균일유동은 유동속도의 크기와 방향이 위치에 따라 변하지 않는 흐름이다.

㉰ 유선이란 모든 점에서 속도벡터의 방향을 갖는 연속적인 선으로서 정상류에서는 유적선과 일치한다.

㉱ 1차원 유동이란 직선을 따라 흐르는 운동이다.

해설 답 ㉱

1차원 유동은 유동방향과 수직한 방향으로의 유동특성 변화를 무시하는 유동이다.

2. 다음 중에서 비정상 균속도 유동은? 단, V는 속도, t는 시간, U는 유속, S는 변위, P는 압력, T는 온도, ρ는 밀도이다.

㉮ $\dfrac{\partial V}{\partial l} \neq 0,\ \dfrac{\partial U}{\partial S} = 0$

㉯ $\dfrac{\partial U}{\partial t} = 0,\ \dfrac{\partial U}{\partial S} = 0$

㉰ $\dfrac{\partial P}{\partial t} = 0,\ \dfrac{\partial T}{\partial S} = 0$

㉱ $\dfrac{\partial \rho}{\partial t} \neq 0,\ \dfrac{\partial P}{\partial S} = 0$

해설 답 ㉮

비정상류인 경우는 ㉮, ㉱의 경우이며 어떤 순간에 위치에 관계없이 속도벡터가 같은 흐름은 $\dfrac{\partial U}{\partial S} = 0$인 경우이므로 정답은 ㉮이다.

3. 다음 기술 중에서 틀린 것은?

㉮ 단면적이 변화하는 직관 속을 일정한 유량이 흐를 때는 정상 · 비등류이다.

㉯ 단면적이 일정한 직관 속을 일정한 유량이 흐를 때는 정상 · 등류이다.

㉰ 단면이 일정한 직관 속을 유량이 변화하며 흐를 때는 비정상 · 등류이다.

㉱ 유량 변화에 관계없이 단면이 일정한 곡관 속의 흐름은 비정상 · 등류이다.

해설 답 ㉱

곡관 속의 흐름이므로 비등류는 되지만 비정상류가 되려면 유량이 변화하는 흐름이어야 한다.

연습문제

4. 다음 중에서 유선의 방정식은?

㉮ $\frac{d\rho}{\rho}+\frac{dA}{A}+\frac{du}{u}=0$　　㉯ $\frac{dx}{u_x}=\frac{dy}{u_y}=\frac{dz}{u_z}$

㉰ $d(\rho A V)=0$　　㉱ $\frac{\partial u}{\partial t}=0,\ \frac{\partial u}{\partial S}=0$

해설 답 ㉯

유선의 미분방정식은 $\frac{dx}{u_x}=\frac{dy}{u_y}=\frac{dz}{u_z}$ 또는 $V\times dl=0$이다. 여기서 dl는 유선방향의 미소변위벡터이다.

5. 다음 중에서 정상류는?

㉮ 펌프가 설치된 배관에서의 수격작용

㉯ 수동펌프에서 송출되는 물의 흐름

㉰ 직관 속을 일정한 속도로 흐르는 유체의 흐름

㉱ 관로에 설치된 밸브를 조작중인 흐름

해설 답 ㉰

정상류란 흐르는 유체의 유동특성(압력, 속도, 밀도, 온도 등)이 시간이 경과하더라도 변하지 않는 흐름을 말한다.

6. 한 유체입자가 공간을 운동할 때 그 입자의 운동궤적은?

㉮ 유선　㉯ 유적선　㉰ 유맥선　㉱ 유관

해설 답 ㉯

유선 : 속도벡터 방향과 일치하도록 그린 연속적인 선

유맥선 : 유동장 내의 어느 점을 통과하는 모든 유체가 어느 순간에 점유하는 위치를 나타내는 선

유관 : 유동장 속에서 폐곡선을 통과하는 유선들에 의해 형성되는 공간

정상류인 경우 유선, 유맥선, 유적선은 일치한다.

7. 다음 중 연속방정식과 관계가 깊은 것은?

㉮ 질량보존의 법칙　㉯ 관성의 법칙

㉰ Newton의 제2운동법칙　㉱ 에너지보존의 법칙

해설 답 ㉮

흐르는 유체에 질량보존의 법칙을 적용하여 얻은 방정식이 연속방정식이다.

8. 연속방정식 $\rho A V=\text{const.}$와 관계없는 것은? 단, ρ는 밀도, A는 단면적, V는 평균속도이다.

㉮ 1차원 유동 ㉯ 정상류 ㉰ 동일한 유선 ㉱ 균속도 유동

해설 답 ㉱

연속방정식 $\rho A V=\text{const.}$는 1차원 정상류의 경우 동일유선상을 흐르는 유체에 질량보존의 법칙을 적용한 식이다.

9. 연속방정식 $\dfrac{\partial u}{\partial x}+\dfrac{\partial v}{\partial y}=0$ 와 관계없는 항은?

㉮ 정상류 ㉯ 비점성유체 ㉰ 비압축성유체 ㉱ 2차원유동

해설 답 ㉯

비점성유체가 아니더라도 문제에서의 방정식은 성립한다. 즉,

$\dfrac{\partial(\rho u)}{\partial x}+\dfrac{\partial(\rho v)}{\partial y}+\dfrac{\partial(\rho w)}{\partial z}+\dfrac{\partial \rho}{\partial t}=0$에서 정상류이면 $\dfrac{\partial \rho}{\partial t}=0$, 비압축성이면 $\rho=\text{const.}$로서 소거되고 2차원유동이면 $w=0$이다.

10. 다음 중에서 비압축성 유체의 2차원 정상류에 대한 연속방정식을 만족하는 것은?

㉮ $V=(2x^2+2y^2)i+(-3xy)j$ ㉯ $V=(4x^2+2y^2)i+(6xy+3x)j$

㉰ $V=(2x^2+3y^2)i+(-4xy)j$ ㉱ $V=(6x^2+2xy)i+(2xy-2y^2)j$

해설 답 ㉰

일반적인 연속방정식

$\dfrac{\partial}{\partial x}(\rho u)+\dfrac{\partial}{\partial y}(\rho v)+\dfrac{\partial}{\partial z}(\rho w)+\dfrac{\partial \rho}{\partial t}=0$에서 비압축성 유체이므로 $\rho=\text{const.}$로서 소거되고 정상류이므로 $\dfrac{\partial \rho}{\partial t}=0$, 또 2차원이므로 x, y방향의 속도변화만 존재하고 z방향의 속도변화는 없다. 즉, $\dfrac{\partial w}{\partial z}=0$이다.

따라서 비압축성 유체의 2차원 정상류에 대한 연속방정식은 다음과 같다.

$$\frac{\partial u}{\partial x}+\frac{\partial v}{\partial y}=0$$

연습문제

㉮ $\frac{\partial}{\partial x}(2x^2+2y^2)+\frac{\partial}{\partial y}(-3xy)=4x-3x\neq 0$

㉯ $\frac{\partial}{\partial x}(4x^2+2y^2)+\frac{\partial}{\partial y}(6xy+3x)=8x+6x\neq 0$

㉰ $\frac{\partial}{\partial x}(2x^2+3y^2)+\frac{\partial}{\partial y}(-4xy)=4x-4x=0$: 만족하므로 정답이다.

㉱ $\frac{\partial}{\partial x}(6x^2+2xy)+\frac{\partial}{\partial y}(2xy-2y^2)=12x+2y+2x-4y=14x-2y\neq 0$

11. 정상류와 비정상류를 구분하는 데 있어서 기준이 되는 것은?

㉮ 질량보존의 법칙　　㉯ Newton의 점성법칙

㉰ 압축성과 비압축성　　㉱ 유동특성의 시간에 대한 변화율

해설　답 ㉱

정상류는 유동특성(속도, 압력, 밀도, 온도 등)이 시간이 경과함에 따라 변화하지 않는 유동을 말한다.

12. 1차원 정상류의 연속방정식을 바르게 나타낸 것은? 단, Q는 체적 유량, ρ는 밀도, A는 단면적, V는 속도, P는 압력, γ는 비중량이다.

㉮ $\rho_1 P_1=\rho_2 P_2$　　㉯ $Q=\rho A V$

㉰ $\gamma_1 A_1 V_1=\gamma_2 A_2 V_2$　　㉱ $\rho_1 A_1=\rho_2 A_2$

해설　답 ㉰

1차원 정상류의 연속방정식은 $\rho_1 A_1 V_1=\rho_2 A_2 V_2$ 또는 $\gamma_1 A_1 V_1=\gamma_2 A_2 V_2$로 나타낼 수 있다.

13. 다음 연속방정식 중에서 비압축성유체의 경우에만 적용되는 것은? 단, A는 단면적, ρ는 밀도, γ는 비중량, V는 유속이다.

㉮ $A_1 V_1=A_2 V_2$　　㉯ $\rho_1 A_1 V_1=\rho_2 A_2 V_2$

㉰ $\gamma_1 A_1 V_1=\gamma_2 A_2 V_2$　　㉱ $\frac{d\rho}{\rho}+\frac{dA}{A}+\frac{dV}{V}=0$

해설　답 ㉮

$A_1 V_1=A_2 V_2$는 연속방정식을 체적유량으로 나타낸 것이다. 체적유량으로 나타내는 것은 밀도가 일정한 경우에만 가능하므로 비압축성유체인 경우만 이 방정식을 적용할 수 있다.

14. 다음과 같은 관로를 매초 2940[N]의 물이 흐르고 있다. ①, ②단면에서의 평균 속도 V_1과 V_2를 구하라.

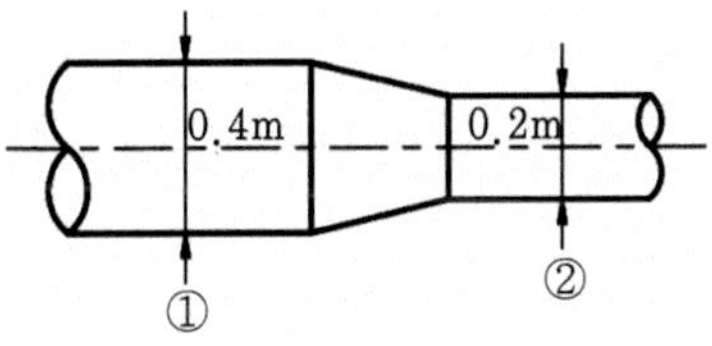

㉮ $V_1 = 1.78\,[\mathrm{m/s}],\ V_2 = 8.42\,[\mathrm{m/s}]$

㉯ $V_1 = 2.39\,[\mathrm{m/s}],\ V_2 = 9.55\,[\mathrm{m/s}]$

㉰ $V_1 = 3.21\,[\mathrm{m/s}],\ V_2 = 10.23\,[\mathrm{m/s}]$

㉱ $V_1 = 4.65\,[\mathrm{m/s}],\ V_2 = 11.05\,[\mathrm{m/s}]$

해설 답 ㉯

$$Q = \frac{G}{\gamma} = \frac{2940}{9800} = 0.3\,[\mathrm{m^3/s}]$$

$Q = A_1 V_1 = A_2 V_2$ 에서

$$V_1 = \frac{Q}{A_1} = \frac{4Q}{\pi d_1^2} = \frac{4 \times 0.3}{\pi \times 0.4^2} \fallingdotseq 2.39\,[\mathrm{m/s}]$$

$$V_2 = \frac{Q}{A_2} = \frac{4Q}{\pi d_2^2} = \frac{4 \times 0.3}{\pi \times 0.2^2} \fallingdotseq 9.55\,[\mathrm{m/s}]$$

15. 내경이 80[mm]인 파이프에 비중 0.9인 기름이 평균속도 4[m/s]로 흐를 때 질량유량은 몇 [kg/s]인가?

㉮ 69.26　　㉯ 72.69　　㉰ 18.09　　㉱ 93.64

해설 답 ㉰

질량유량은

$$m = \rho A V = 900 \times \frac{\pi}{4} \times 0.08^2 \times 4 = 18.09\,[\mathrm{kg/s}]$$

16. 내경 100[mm]인 관 속을 압력 2[ata], 온도 15[℃]인 공기가 매초당 0.907[kgf]이 흐르고 있다. 관 속의 평균유속은 몇 [m/s]인가?

㉮ 48.7　　㉯ 51.4　　㉰ 56.3　　㉱ 60.9

해설 답 ㉮

공기의 비중량은

$$\gamma = \frac{P}{RT} = \frac{2 \times 10^4}{29.27 \times (15 + 273)}$$

연습문제

$G=\gamma AV$에서 유속은

$$V=\frac{G}{\gamma A}=\frac{4\times 0.907\times 29.27\times(15+273)}{\pi\times 0.1^2\times 2\times 10^4}\fallingdotseq 48.7\,[\text{m/s}]$$

17. 유체가 가득찬 안지름이 150[mm]의 실린더 속에 바깥지름이 130[mm]인 피스톤이 0.03[m/s]의 속도로 삽입되고 있다. 피스톤과 실린더 사이의 틈으로 역류하여 올라가는 유체의 속도는?

㉮ 0.04 [m/s] ㉯ 0.09 [m/s] ㉰ 0.12 [m/s] ㉱ 0.18 [m/s]

해설 답 ㉯

$Q=A_1V_1=A_2V_2$에서

$$0.03\times\frac{\pi}{4}(0.13)^2=\frac{\pi}{4}(0.15^2-0.13^2)\,V_2$$

$$\therefore V_2=0.09\,[\text{m/s}]$$

18. Euler의 운동방정식과 관계없는 것은?

㉮ 비점성유체 ㉯ Newton의 제2운동법칙
㉰ 동일 유선상의 유체입자 ㉱ 비압축성유체

해설 답 ㉱

Euler의 운동방정식은 어떤 순간에 유선상의 한점을 통과하는 비점성 유체입자의 가속도와 그것에 미치는 힘과의 관계, 즉 Newton의 제2운동법칙을 적용하여 만든 미분방정식이다.

19. Euler의 운동방정식 $V\frac{\partial V}{\partial s}+\frac{1}{\rho}\frac{\partial p}{\partial s}+g\frac{\partial z}{\partial s}=-\frac{\partial V}{\partial t}$ 를 유도하는 데 필요없는 가정은?

㉮ 정상류 ㉯ 비점성유체
㉰ 동일 유선상의 유체 ㉱ 단위질량의 유체

해설 답 ㉮

단위질량의 비점성유체에 관한 유선방향의 Euler의 운동방정식 $V\frac{\partial V}{\partial S}+\frac{1}{\rho}\frac{\partial P}{\partial S}+g\frac{\partial Z}{\partial S}=-\frac{\partial V}{\partial t}$ 에서 정상류이면 $\frac{\partial V}{\partial t}=0$, V, P, Z 등이 S만의 함수이므로 윗식은 다음과 같이 된다.

$$V\frac{dV}{dS}+\frac{1}{\rho}\frac{dP}{dS}+g\frac{dZ}{dS}=0$$

기초문제

여기서 $d(V^2)=2VdV$의 관계를 대입하고 $\frac{dS}{g}$를 곱하여 단위중량의 유체에 대해 생각하면 다음과 같다.

$$\frac{d(V^2)}{2g}+\frac{1}{\rho}\frac{dP}{g}+dZ=0$$

따라서 이 식은 단위중량의 비점성유체가 정상류로 흐를 때 유선방향에 대한 Euler의 운동방정식이다.

20. 다음 중 내용이 잘못된 것은?

㉮ Euler의 운동방정식은 어떤 순간에 유동장 내의 한 점을 통과하는 유체입자의 가속도와 그 것에 미치는 힘의 관계를 나타낸 것이다.

㉯ 에너지선은 수력구배선보다 속도수두 만큼 위에 있다.

㉰ 균속도유동은 어떤 순간에 유동장 내의 임의의 모든 점에 대한 속도벡터가 동일한 흐름이다.

㉱ 베루누이 방정식은 Newton유체에만 적용된다.

해설 답 ㉱

베루누이 방정식은 비점성, 정상류, 동일 유선상유체에 적용된다.

21. 베루누이 방정식 $\frac{P}{\gamma}+\frac{V^2}{2g}+Z=\text{const.}$를 유도하는 네 필요한 가정이 아닌 것은?

㉮ 비점성유체 ㉯ 정상류 ㉰ 압축성유체 ㉱ 동일 유선상의 유체

해설 답 ㉰

베루누이방정식은 Euler의 운동방정식을 적분한 방정식으로 적분과정에서 압축성유체인 경우와 비압축성유체인 경우는 서로 다른 결과를 얻는다. 즉 압축성유체는 밀도 ρ가 압력 P의 함수이므로 $\int\frac{dP}{\rho}\neq\frac{P}{\rho}$이다. 따라서 압축성유체의 경우는 $\int\frac{dP}{\gamma}+\frac{V^2}{2}+Z=\text{const.}$가 된다.

22. $\int\frac{dP}{\gamma}+\frac{V^2}{2}+Z=\text{const.}$인 베루누이 방정식은 다음과 같은 가정하에서 성립된다. 아래 가정 중 틀리는 것은?

㉮ 비점성유체이다. ㉯ 유체의 흐름 상태가 정상류이다.

㉰ 동일 유선을 따라 흐르는 유체이다. ㉱ 유체가 비압축성이다.

연습문제

해설 답 ㉱

비압축성유체에 대한 베르누이 방정식은 $\frac{P}{\gamma}+\frac{V^2}{2g}+Z=\text{const.}$로 된다.

23. 물 분류(jet)가 수직 하향으로 떨어지고 있다. 표고 10[m] 지점에서의 분류지름이 5[cm]이고 유속이 20[m/s]이었다. 표고 5[m] 지점에서의 분류속도는 몇 [m/s]인가?

㉮ 18.7 ㉯ 22.3 ㉰ 24.6 ㉱ 25.9

해설 답 ㉯

표고 10[m] 지점 ①과 5[m] 지점 ② 사이에 베르누이 방정식을 세우면

$$\frac{P_1}{\gamma}+\frac{V_1^2}{2g}+Z_1=\frac{P_2}{\gamma}+\frac{V_2^2}{2g}+Z_2$$

여기서 압력 P_1과 P_2는 대기압으로 같으므로

$$\frac{V_2^2}{2g}=\frac{V_1^2}{2g}+Z_1-Z_2$$

$$\therefore V_2=\sqrt{V_1^2+2g(Z_1-Z_2)}=\sqrt{20^2+2\times9.8\times(10-5)}\fallingdotseq 22.3\,[\text{m/s}]$$

24. 다음 그림과 같은 사이폰을 통해 흐를 수 있는 유량은 몇 [m³/s]인가? 단, 손실은 무시한다.

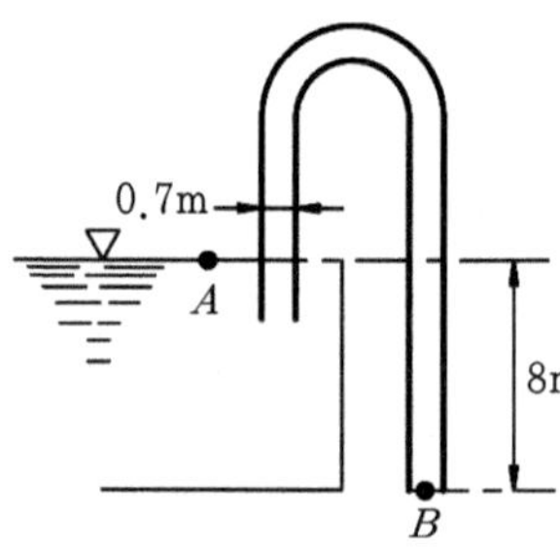

㉮ 3.269 ㉯ 3.611

㉰ 4.235 ㉱ 4.816

해설 답 ㉱

수면 위의 한점 A와 사이폰 출구 B사이에 Bernoulli의 방정식을 적용하면

$$\frac{P_A}{\gamma}+\frac{V_A^2}{2g}+Z_A=\frac{P_B}{\gamma}+\frac{V_B^2}{2g}+Z_B$$

여기서 $P_A=P_B=$ 대기압, $Z_B=0$, $V_A=0$이므로

$$Z_A=\frac{V_B^2}{2g}$$

$$V_B=\sqrt{2gZ_A}=\sqrt{2\times9.8\times8}\fallingdotseq 12.52\,[\text{m/s}]$$

$$\therefore Q=A_BV_B=\frac{\pi}{4}\times0.7^2\times12.52\fallingdotseq 4.816\,[\text{m}^3/\text{s}]$$

기초문제

25. 흐르는 물의 속도를 측정하기 위하여 다음 그림과 같이 피토우관이 설치되어 있다. 이 때 피토우관에는 수면보다 Δh만큼 물이 더 높이 올라갔다면 유속은?

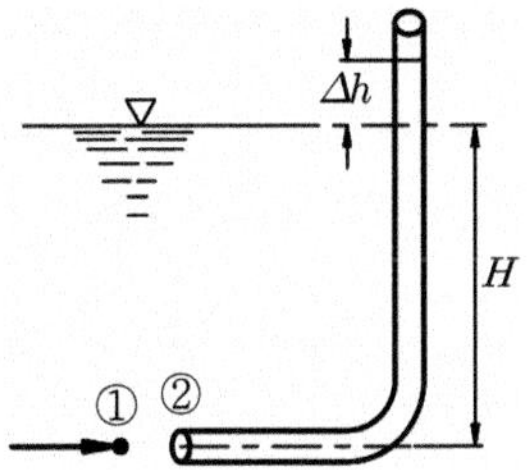

㉮ $\sqrt{2g\Delta h}$　　㉯ $\sqrt{2g(H+\Delta h)}$
㉰ $\sqrt{2g(H-\Delta h)}$　　㉱ $\sqrt{2gH}$

해설 답 ㉮

그림에서 ②점에서의 유속은 0이므로 ①, ②점에 대하여 베루누이 방정식을 적용시키면

$$\frac{V_1^2}{2g}+\frac{P_1}{\gamma}+0=0+\frac{P_2}{\gamma}+0$$

여기서 $\frac{P_1}{\gamma}=H$

$\frac{P_2}{\gamma}=H+\Delta h$가 되므로

$$\frac{V_1^2}{2g}+H+0=0+H+\Delta h$$

$$\therefore V_1=\sqrt{2g\Delta h}$$

26. 다음 그림과 같은 탱크 오리피스의 지름 d가 10[cm], $H=$ 10[m]일 때 오리피스를 통과하는 유량은 몇 [m^3/s]가 되는가?

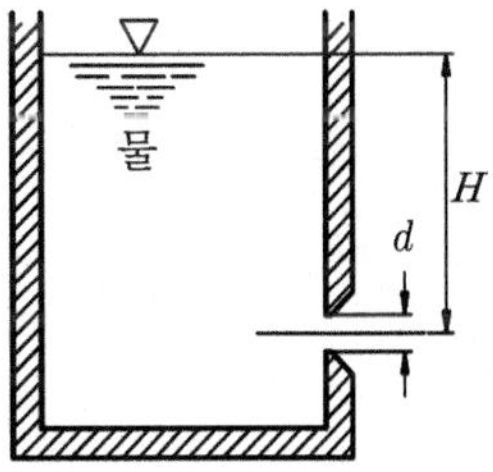

㉮ 0.25　　㉯ 0.19
㉰ 0.11　　㉱ 0.08

해설 답 ㉰

$$V=\sqrt{\frac{2gH}{1-\left(\frac{A}{A_t}\right)^2}}$$

A : 오리피스의 단면적

A_t : 탱크의 단면적

여기서 $A_t \gg A$이므로 $\frac{A}{A_t}\fallingdotseq 0$이다.

$$\therefore V=\sqrt{2gH}=\sqrt{2\times9.8\times10}=14\,[\mathrm{m/s}]$$

유량 $Q=AV=\frac{\pi}{4}d^2\cdot V=\frac{\pi}{4}\times0.1^2\times14\fallingdotseq0.11\,[\mathrm{m^3/s}]$

연습문제

27. 어떤 관로 속을 15[℃], 760[mmHg]인 공기가 흐르고 있다. 이 속에 pitot tube를 장치하여 유속을 쟀더니, U자관의 수은주의 읽음이 $h=450$[mmHg]였다. 비압축성 흐름일 때 공기의 속도는 몇 [m/s]가 되는가? 단, 공기의 비중량은 1.225[kg_f/m^3]이다.

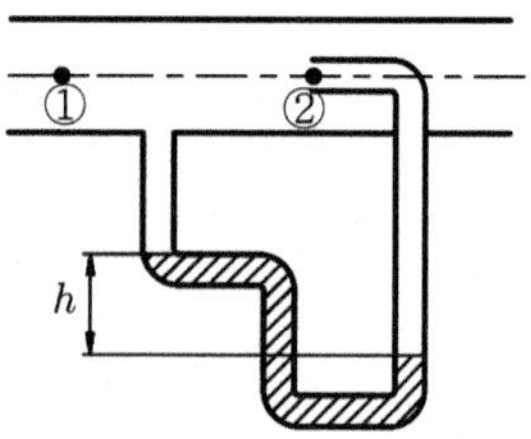

㉮ 295　　㉯ 313
㉰ 366　　㉱ 403

해설 답 ㉯

점 ①과 점②에서의 압력차 h는 동압에 해당한다. 공기의 비중량을 γ, 액주계 속의 수은의 비중량을 r_s라고 하면

$$V_1=\sqrt{2gh\left(\frac{\gamma_s}{\gamma}-1\right)}=\sqrt{2\times9.8\times0.45\times\left(\frac{13600}{1.225}-1\right)}\fallingdotseq 313\,[\mathrm{m/s}]$$

28. 다음 그림과 같이 수면의 높이가 다른 양쪽 저수지를 벽으로 차단하고 있다. 이 벽의 오리피스를 통하여 ①에서 ②로 물이 흐르고 있을 때 유출속도 V_2는?

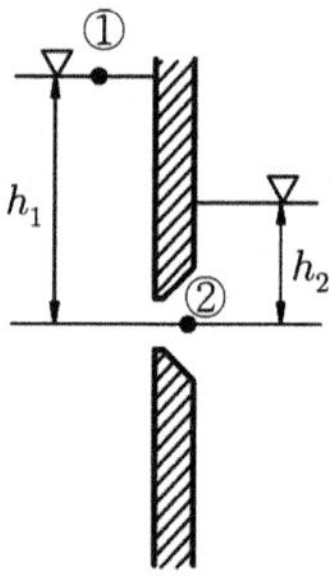

㉮ $\sqrt{2g(h_1-h_2)}$　　㉯ $\sqrt{2gh_1/\gamma}$
㉰ $\sqrt{\frac{2g}{\gamma}(h_1-h_2)}$　　㉱ $\sqrt{\frac{g}{\gamma}(h_1-h_2)}$

해설 답 ㉮

①, ②에 대하여 베르누이 방정식을 적용하면

$$\frac{V_1^2}{2g}+\frac{P_1}{\gamma}+Z_1=\frac{V_2^2}{2g}+\frac{P_2}{\gamma}+Z_2$$

여기서

$V_1=0,\ P_1=0,\ Z_1=h_1,\ P_2=\gamma h_2,\ Z_2=0$이므로

$$0+0+h_1=\frac{V_2^2}{2g}+h_2+0$$

$$\therefore\ V_2=\sqrt{2g(h_1-h_2)}$$

기초문제

29. Pitot tube를 그림과 같이 흐르는 물 속에 놓았더니 Pitot tube 속으로 물이 수면에서 8[m]만큼 올라갔다. 물의 속도는 몇 [m/s]인가?

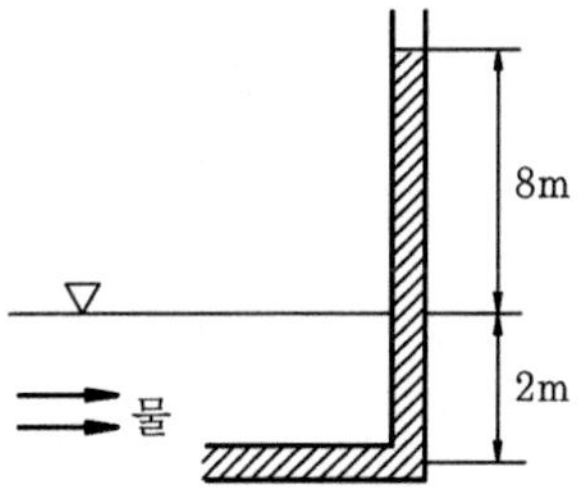

㉮ 10.44 ㉯ 12.52
㉰ 14.01 ㉱ 16.43

해설 답 ㉯

그림에서 ①과 ②점 사이에 베르누이 방정식을 세우면

$$\frac{P_1}{\gamma}+\frac{V_1^2}{2g}+Z_1=\frac{P_2}{\gamma}+\frac{V_2^2}{2g}+Z_2$$

여기서 $Z_1=Z_2$, $V_2=0$이므로

$$\frac{P_2-P_1}{\gamma}=\frac{V_1^2}{2g}=8\,[\text{m}]$$

$$\therefore\ V_1=\sqrt{2\times9.8\times8}\fallingdotseq 12.52\,[\text{m/s}]$$

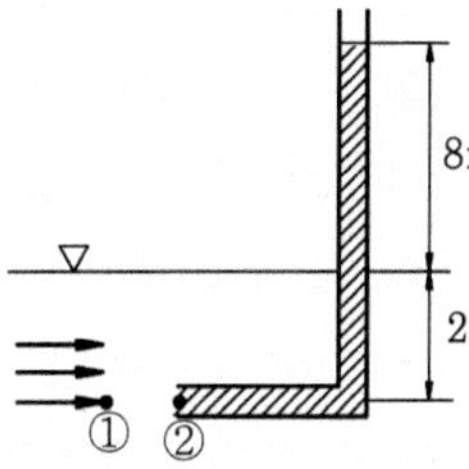

30. Venturi meter에서 단면 ①과 단면 ②의 직경은 각각 20[cm]와 10[cm]이다. 물이 흐를 때 두 단면 사이의 압력차가 2[kg_f/cm^2]이면 유량은 몇 [m^3/s]인가?

㉮ 0.161 ㉯ 0.174 ㉰ 0.186 ㉱ 0.193

해설 답 ㉮

$$\frac{P_1}{\gamma}+\frac{V_1^2}{2g}+Z_1=\frac{P_2}{\gamma}+\frac{V_2^2}{2g}+Z_2$$ 에서 $Z_1=Z_2$ 이므로

$$\frac{P_1-P_2}{\gamma}=\frac{V_2^2-V_1^2}{2g}$$

$Q=A_1V_1=A_2V_2$이므로

$$V_1=\frac{Q}{A_1}=\frac{4Q}{\pi d_1^2},\quad V_2=\frac{Q}{A_2}=\frac{4Q}{\pi d_2^2}$$

$$\therefore\ \frac{P_1-P_2}{\gamma}=\frac{V_2^2-V_1^2}{2g}=\frac{1}{2g}\left[\left(\frac{4Q}{\pi d_2^2}\right)^2-\left(\frac{4Q}{\pi d_1^2}\right)^2\right]=\frac{Q^2}{2g}\cdot\frac{16}{\pi^2}\left(\frac{1}{d_2^4}-\frac{1}{d_1^4}\right)$$

$$=\frac{Q^2}{2\times9.8}\cdot\frac{16}{\pi^2}\left(\frac{1}{0.2^4}-\frac{1}{0.1^4}\right)$$

$$\frac{P_1-P_2}{\gamma}=\frac{2\times10^4}{1000}=20\,[\text{m}]$$

연습문제

$$\therefore \frac{Q^2}{2\times 9.8}\times\frac{16}{\pi^2}\left(\frac{1}{0.1^4}-\frac{1}{0.2^4}\right)=20\text{에서}$$

$$Q=0.161\,[\mathrm{m^3/s}]$$

31. 그림과 같은 사이펀을 통하여 나오는 유량은 몇 [N/s]인가? 단, 수면은 항상 일정하게 유지한다.

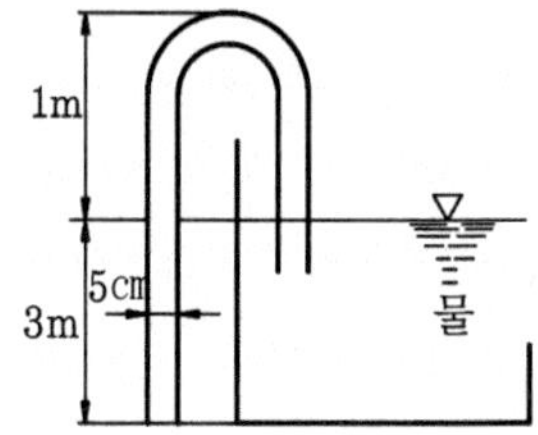

㉮ 88　　㉯ 118

㉰ 148　　㉱ 176

해설

수면①과 사이펀 출구②사이에 Bernoulli's 방정식을 세우면　　**답** ㉰

$$\frac{P_1}{\gamma}+\frac{V_1^2}{2g}+Z_1=\frac{P_2}{\gamma}+\frac{V_2^2}{2g}+Z_2\text{에서 } P_1=P_2=\text{대기압},\ V_1=0\text{이므로}$$

$$V_2=\sqrt{2g(Z_1-Z_2)}=\sqrt{2\times 9.8\times 3}\fallingdotseq 7.67\,[\mathrm{m/s}]$$

$$\therefore \text{중량유량 } W=\gamma Q=\gamma A V_2=9800\times\frac{\pi}{4}\times 0.05^2\times 7.67\fallingdotseq 148\,[\mathrm{N/s}]$$

32. 다음 중 유량측정과 관계 없는 것은?

㉮ Orifice　　㉯ Venturi meter　　㉰ Pitot tube　　㉱ Weir

해설　　**답** ㉰

Pitot tube는 동압 즉, 속도를 측정한다.

33. 다음 그림과 같은 관 속에서 물이 흐를 때 V_1=2[m/s], P_1=1[kg$_f$/cm^2], D_1=20[cm], D_2=40[cm]이고 확대손실은 무시한다. 이 때 V_2와 P_2를 구하라.

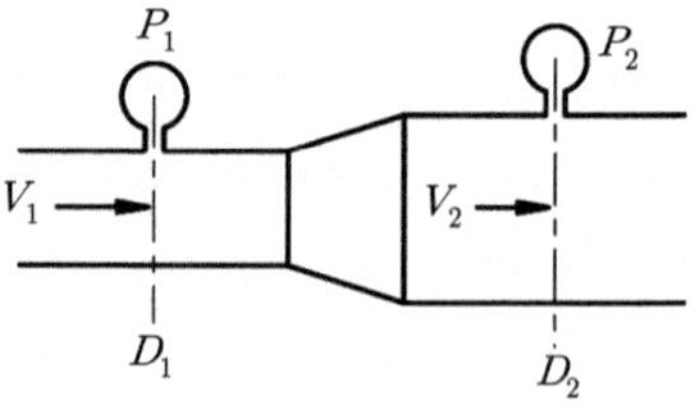

㉮ $V_2=0.3\,[\mathrm{m/s}]$, $P_2=0.8191\,[\mathrm{kg_f/cm^2}]$

㉯ $V_2=0.5\,[\mathrm{m/s}]$, $P_2=1.0191\,[\mathrm{kg_f/cm^2}]$

㉰ $V_2=0.7\,[\mathrm{m/s}]$, $P_2=2.1488\,[\mathrm{kg_f/cm^2}]$

㉱ $V_2 = 0.9[m/s]$, $P_2 = 2.6321[kg_f/cm^2]$

해설 답 ㉯

연속방정식 $A_1V_1 = A_2V_2$에서

$$V_2 = V_1\frac{A_1}{A_2} = V_1\left(\frac{D_1}{D_2}\right)^2 = 2\times\left(\frac{0.2}{0.4}\right)^2 = 0.5\,[m/s]$$

비압축성 유체에 대한 베루누이 방정식에서 $Z_1 = Z_2$이므로

$$\frac{P_1}{\gamma}+\frac{V_1^2}{2g} = \frac{P_2}{\gamma}+\frac{V_2^2}{2g}$$

$$\therefore P_2 = P_1 + \frac{\gamma}{2g}(V_1^2 - V_2^2) = 10^4 + \frac{1000}{2\times9.8}\times(2^2-0.5^2) \fallingdotseq 10191\,[kg_f/m^2]$$

$$= 1.0191\,[kg_f/cm^2]$$

34. 다음 그림과 같이 큰 수조에서 관을 통하여 물을 분출시킬 때 관에 의한 손실수두가 2[m]라 할 때 물의 분출 속도는?

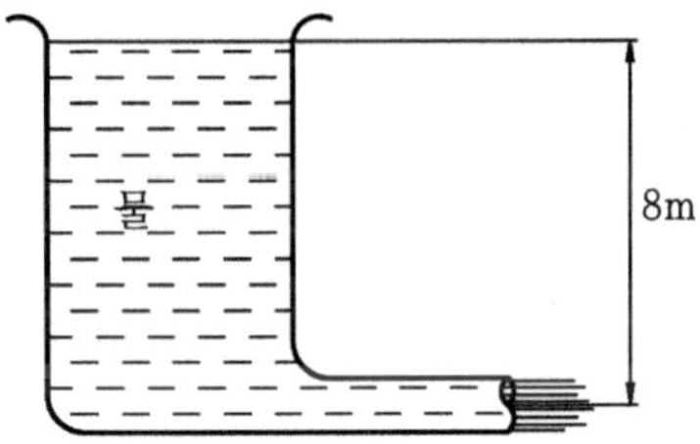

㉮ 8.4 [m/s] ㉯ 9.2 [m/s]
㉰ 10.8 [m/s] ㉱ 11.6 [m/s]

해설 답 ㉰

실제수두 H는

$$H = 8 - 2 = 6[m]$$

따라서 분출속도 V는

$$V = \sqrt{2gH} = \sqrt{2\times9.8\times6} \fallingdotseq 10.8[m/s]$$

35. 다음 그림에서 관을 통해 분출되는 유속은 몇 [m/s]인가?

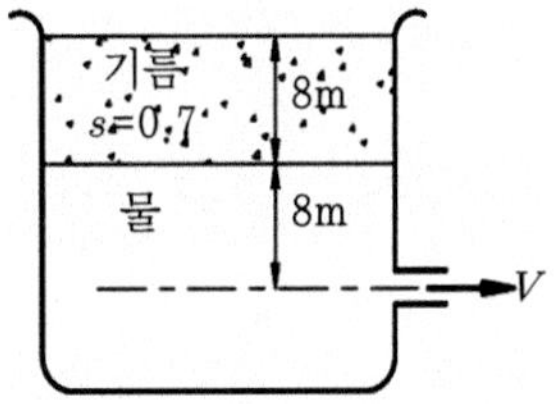

㉮ 16.33 ㉯ 15.21
㉰ 14.94 ㉱ 13.77

해설 답 ㉮

기름의 깊이로 생기는 압력에 상당하는 물의 깊이는

$$9800\times0.7\times8 = 9800\times h_e$$

연습문제

$\therefore h_e = 5.6[\text{m}]$

따라서 노즐까지의 물의 깊이는 5.6+8=13.6 [m]에 상당하므로

$V=\sqrt{2gH}=\sqrt{2\times9.8\times13.6}\fallingdotseq16.33[\text{m/s}]$

36. 유동하는 물의 동압이 132.3[Pa]이었다면 물의 유속은 몇 [m/s]인가? 단, 물의 밀도는 1000[kg/m^3]이다.

㉮ 2.34 ㉯ 1.68 ㉰ 0.94 ㉱ 0.51

해설 답 ㉱

$\frac{\rho V^2}{2}=132.3[\text{N/m}^2]$

$V=\sqrt{\frac{2\times132.3}{\rho}}=\sqrt{\frac{2\times132.3}{1000}}\fallingdotseq0.51[\text{m/s}]$

37. 지름이 10[cm], 압력이 0.62[kg$_f$/cm^2]인 수평관에 0.2[m^3/s]의 물이 흐르고 있다. 이 관의 지름이 8[cm]로 축소될 때 축소단면에서의 압력은 몇 [kg$_f$/cm^2]인가?

㉮ −3.7848 ㉯ −4.1535 ㉰ −5.1212 ㉱ −6.3646

해설 답 ㉯

$V_1=\frac{Q}{A_1}=\frac{0.2}{\pi\times0.05^2}\fallingdotseq25.48[\text{m/s}]$

$V_2=\frac{Q}{A_2}=\frac{0.2}{\pi\times0.04^2}\fallingdotseq39.81[\text{m/s}]$

두 단면 사이에 베루누이 방정식을 적용하면

$$\frac{P_1}{\gamma}+\frac{V_1^2}{2g}+Z_1=\frac{P_2}{\gamma}+\frac{V_2^2}{2g}+Z_2$$

여기서 수평관이므로 $Z_1=Z_2$이다. 따라서

$$\frac{P_1}{\gamma}+\frac{V_1^2}{2g}=\frac{P_2}{\gamma}+\frac{V_2^2}{2g}$$

$$\therefore P_2=P_1+\gamma\left(\frac{V_1^2-V_2^2}{2g}\right)$$

$$=0.62\times10^4+\left(\frac{25.48^2-39.81^2}{2\times9.8}\right)\times1000\fallingdotseq-41535[\text{kg}_f/\text{m}^2]=-4.1535[\text{kg}_f/\text{cm}^2]$$

38. 다음 그림과 같은 사이폰에 0.05[m³/s]의 물이 흐르고 있다. ①점과 ③점 사이의 손실수두와 ②점에서의 압력을 구하라. 단, ①점과 ②점까지의 손실은 전체손실의 $\frac{1}{3}$ 이다.

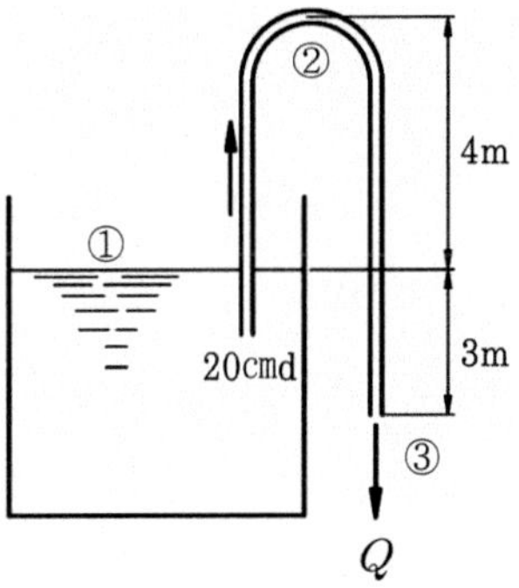

㉮ $H_1 = 1.23[\mathrm{m}],\ \mathrm{P}_2 = -34.5[\mathrm{kPa}]$

㉯ $H_1 = 1.92[\mathrm{m}],\ \mathrm{P}_2 = -39.2[\mathrm{kPa}]$

㉰ $H_1 = 2.87[\mathrm{m}],\ \mathrm{P}_2 = -49.9[\mathrm{kPa}]$

㉱ $H_1 = 3.12[\mathrm{m}],\ \mathrm{P}_2 = -60.8[\mathrm{kPa}]$

해설 답 ㉰

사이폰 속에서의 유속은

$$V = \frac{Q}{A} = \frac{0.05 \times 4}{\pi \times 0.2^2} \fallingdotseq 1.59\,[\mathrm{m/s}]$$

①점과 ③점 사이에 베르누이 방정식을 적용하면

$$\frac{P_1}{\gamma} + \frac{V_1^2}{2g} + Z_1 = \frac{P_3}{\gamma} + \frac{V_3^2}{2g} + Z_3 + H_{L13}$$

여기서 $P_1 = 0,\ V_1 = 0,\ Z_1 = 3[\mathrm{m}],\ \mathrm{P}_3 = 0,\ \mathrm{V}_3 = 1.59[\mathrm{m/s}],\ \mathrm{Z}_3 = 0$이므로

$$0 + 0 + 3 = \frac{1.59^2}{2g} + 0 + 0 + H_{L13}$$

$$\therefore\ H_{L13} = 3 - \frac{1.59^2}{2 \times 9.8} \fallingdotseq 2.87\,[\mathrm{m}]$$

①점과 ②점 사이에 베르누이 방정식을 적용하면

$$\frac{P_1}{\gamma} + \frac{V_1^2}{2g} + Z_1 = \frac{P_2}{\gamma} + \frac{V_2^2}{2g} + Z_2 + H_{L12}$$

여기서 $P_1 = 0,\ V_1 = 0,\ Z_1 = 0,\ V_2 = 1.59[\mathrm{m/s}],\ Z_2 = 4[\mathrm{m}]$

$H_{L12} = \frac{1}{3} H_{L13} = \frac{1}{3} \times 2.87 \fallingdotseq 0.96[\mathrm{m}]$이므로

$$0 + 0 + 0 = \frac{P_2}{\gamma} + \frac{1.59^2}{2g} + 4 + 0.96$$

$$\therefore\ P_2 \fallingdotseq -49872[\mathrm{N/m^2}] \fallingdotseq -49.9[\mathrm{kPa}]$$

연습문제

39. 다음 그림과 같이 물이 들어있는 탱크의 밑부분②에 작은 구멍이 뚫려 있을 때 이 구멍에서 흘러나가는 물의 속도는? 단, 물의 자유표면 ① 및 ②에서의 압력을 각각 P_1, P_2라 하고 구멍에서 수면까지의 높이를 h라고 한다. 또 구멍은 작고 정상류로 흐른다고 가정한다.

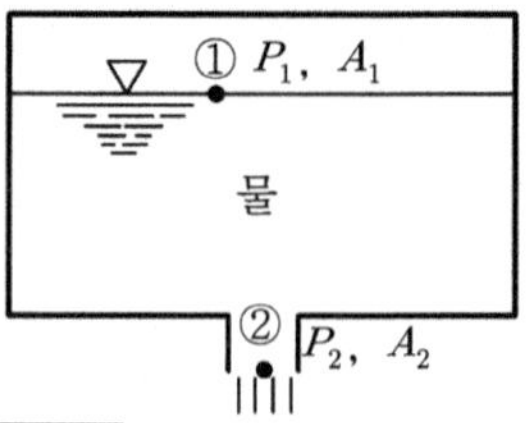

㉮ $\sqrt{2g\dfrac{P_1-P_2}{\gamma}-h}$ ㉯ $\sqrt{2g\left(h-\dfrac{P_1-P_2}{\gamma}\right)}$

㉰ $\sqrt{2gh(P_1-P_2)}$ ㉱ $\sqrt{2g\left(\dfrac{P_1-P_2}{\gamma}+h\right)}$

해설 답 ㉱

①점과 ②점 사이에 베루누이 방정식을 적용하면

$$\frac{P_1}{\gamma}+0+h=\frac{P_2}{\gamma}+\frac{V_2^2}{2g}+0$$

$$\therefore\ V_2=\sqrt{2g\left(\frac{P_1-P_2}{\gamma}+h\right)}$$

40. 베루누이 방정식 $\dfrac{P}{\gamma}+\dfrac{V^2}{2g}+Z=H$의 단위로서 적당한 것은?

㉮ kg · m/sec ㉯ kg · m ㉰ N · m ㉱ J/N

해설 답 ㉱

주어진 베루누이 방정식은 비압축성 유체의 단위 중량에 대한 에너지방정식이다. 따라서 [J/N] = [N · m/N] = [m]가 정답이다.

41. 다음 그림에서 탱크 출구의 물이 가진 에너지의 절반만큼 터빈이 동력을 얻고 있다. 터빈의 출력은 몇 [kW]인가?

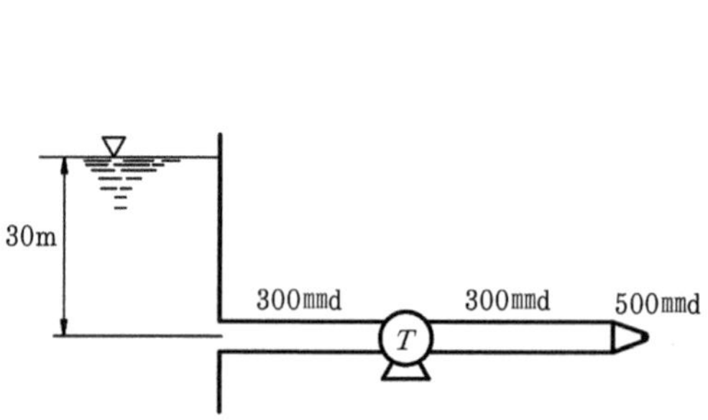

㉮ 63 ㉯ 72

㉰ 87 ㉱ 96

해설 답 ㉮

기초문제

터빈이 얻는 에너지는 $E_T = \frac{1}{2} \times 30 = 15[\text{m}]$

$$V = \sqrt{2gH} = \sqrt{2 \times 9.8 \times 30} \fallingdotseq 24.25[\text{m/s}]$$

$$Q = AV = \frac{\pi}{4} \times 0.15^2 \times 24.25 \fallingdotseq 0.4283[\text{m}^3/\text{s}]$$

∴ 동력 $P = \gamma E_T Q$

$$= 9800 \times 15 \times 0.4283[\text{W}] \fallingdotseq 63[\text{kW}]$$

42. 다음 그림에서 $d_1 = 30[\text{cm}]$, $d_2 = 20[\text{cm}]$이고 유량 $Q = 0.3[\text{m}^3/\text{s}]$일 때 액주계 눈금이 수평을 이루고 있다면 ①, ② 단면 중심의 높이차는 몇 [m]인가? 단, 공기의 비중량은 무시한다.

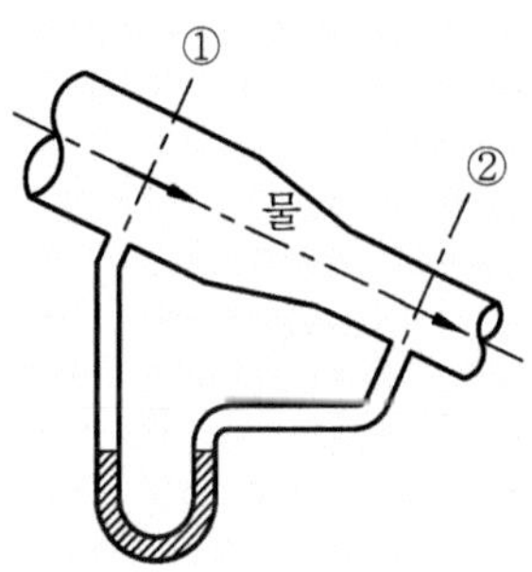

㉮ 1.25　　㉯ 2.63
㉰ 3.73　　㉱ 4.25

해설　　답 ㉰

$$V_1 = \frac{4Q}{\pi d_1^2} = \frac{4 \times 0.3}{\pi \times 0.3^2} \fallingdotseq 4.25[\text{m/s}]$$

$$V_2 = \frac{4Q}{\pi d_2^2} = \frac{4 \times 0.3}{\pi \times 0.2^2} \fallingdotseq 9.55[\text{m/s}]$$

①점과 ②점사이에 베르누이 방정식을 적용하면

$$\frac{P_1}{\gamma} + \frac{V_1^2}{2g} + Z_1 = \frac{P_2}{\gamma} + \frac{V_2^2}{2g} + Z_2$$

또, $P_1 = P_2$이므로

$$\therefore Z_1 - Z_2 = \frac{V_2^2 - V_1^2}{2g} = \frac{9.55^2 - 4.25^2}{2 \times 0.98} \fallingdotseq 3.73[\text{m}]$$

43. 다음 그림에서 $h = 0.6[\text{m}]$일 때 50[mm] 수축부에서 절대압력은 얼마인가? 단, 대기압은 760[mmHg]이다.

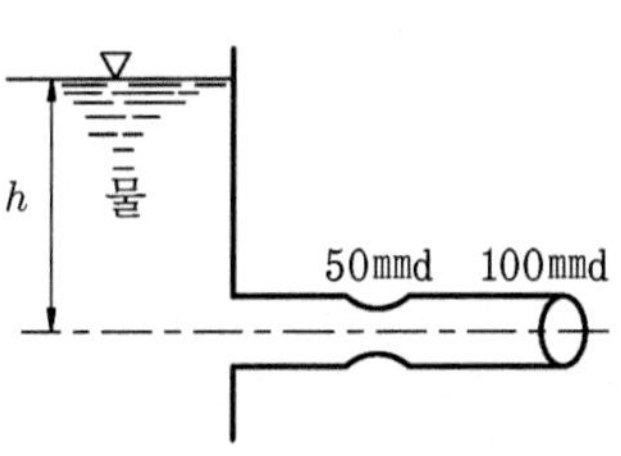

㉮ $1356[\text{kg}_f/\text{m}^2\text{abs}]$

㉯ $2135[\text{kg}_f/\text{m}^2\text{abs}]$

연습문제

㉰ 3152 $[kg_f/m^2abs]$

㉱ 4632 $[kg_f/m^2abs]$

해설 답 ㉮

저수지의 수면 ①과 수축부② 사이에 베루누이 방정식을 적용하면

$$\frac{P_1}{\gamma}+\frac{V_1^2}{2g}+Z_1=\frac{P_2}{\gamma}+\frac{V_2^2}{2g}+Z_2$$

여기서 $V_1=0,\ P_1=10332[kg_f/m^2]$

또 수축부②와 관의 출구 ③ 사이에 연속방정식을 적용하면

$$A_2V_2=A_3V_3$$

$$V_2=\frac{A_3}{A_2}V_3=\left(\frac{0.1}{0.05}\right)^2\times\sqrt{2\times9.8\times0.6}\fallingdotseq13.7\,[m/s]$$

따라서 베루누이 방정식은

$$\frac{10,332}{1,000}+0+0.6=\frac{P_2}{1,000}+\frac{13.7^2}{2\times9.8}+0$$

$$\therefore\ P_2\fallingdotseq1356\,[kg_f/m^2\,abs]$$

44. 문제 43에서 물의 증기압이 239$[kg_f/m^2]$이라고 할 때 수축부에서 공동현상이 일어나지 않을 최고높이 h는 얼마인가?

㉮ 1.82 ㉯ 1.54 ㉰ 0.67 ㉱ 0.32

해설 답 ㉰

저수지의 수면 ①과 수축부② 사이에 베루누이 방정식을 적용하면

$$\frac{P_1}{\gamma}+\frac{V_1^2}{2g}+Z_1=\frac{P_2}{\gamma}+\frac{V_2^2}{2g}+Z_2$$

여기서 $V_1=0,\ V_2=\frac{A_3}{A_2}V_3=\left(\frac{0.1}{0.05}\right)^2\times\sqrt{2\times9.8\times h}\fallingdotseq17.7\sqrt{h}\,[m/s]$,

$P_1=10332[kg_f/m^2],\ P_2=239[kg_f/m^2]$이므로

$$\frac{P_2-P_1}{\gamma}=\frac{(17.7\sqrt{h})^2}{2\times9.8}-h=14.98h$$

$$\therefore\ h=\frac{P_1-P_2}{14.98\gamma}=\frac{10332-239}{14.98\times1000}\fallingdotseq0.67\,[m]$$

기초문제

45. 다음 그림과 같은 사이폰을 통해 흐르는 유량은 얼마인가? 또 평균 속도가 4[m/s]이라면 손실수두는 얼마인가?

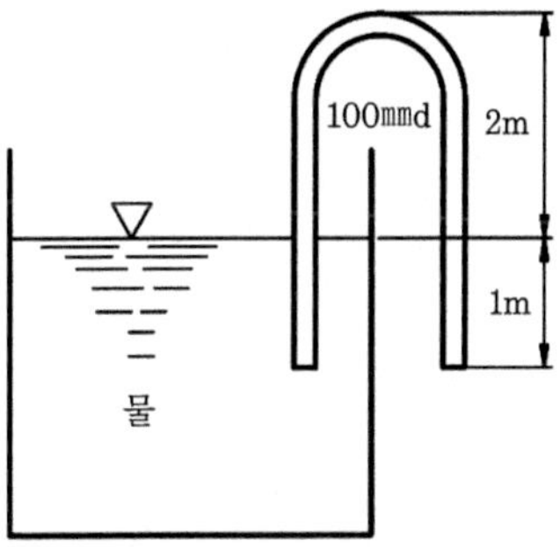

㉮ $0.035\,[\mathrm{m^3/s}]$, $0.184\,[\mathrm{m}]$

㉯ $0.048\,[\mathrm{m^3/s}]$, $0.223\,[\mathrm{m}]$

㉰ $0.062\,[\mathrm{m^3/s}]$, $0.296\,[\mathrm{m}]$

㉱ $0.084\,[\mathrm{m^3/s}]$, $0.305\,[\mathrm{m}]$

해설

답 ㉮

수면과 사이폰출구 사이에 베루누이 방정식을 세우면

$$\frac{P_1}{\gamma}+\frac{V_1^2}{2g}+Z_1=\frac{P_2}{\gamma}+\frac{V_2^2}{2g}+Z_2$$

여기서 $P_1=0,\ V_1=0,\ Z_1=1[\mathrm{m}],\ P_2=0,\ Z_2=0$이므로

$$V_2=\sqrt{2\times 9.8\times 1}\fallingdotseq 4.43\,[\mathrm{m/s}]$$

$$Q=\frac{\pi}{4}d^2\cdot V_2=\frac{\pi}{4}\times 0.1^2\times 4.43\fallingdotseq 0.035\,[\mathrm{m^3/s}]$$

또 손실수두를 고려하면 베루누이 방정식은

$$\frac{P_1}{\gamma}+\frac{V_1^2}{2g}+Z_1=\frac{P_2}{\gamma}+\frac{V_2^2}{2g}+Z_2+H_L$$

여기서 $P_1=0,\ V_1=0,\ Z_1=1[\mathrm{m}],\ P_2=0,\ Z_2=0$

$$1=\frac{V_2^2}{2g}+H_L$$

$$\therefore\ H_L=1-\frac{V_2^2}{2g}=1-\frac{4^2}{2\times 9.8}\fallingdotseq 0.184[\mathrm{m}]$$

46. 다음 그림에서 $d_1=50[\mathrm{cm}]$, $d_2=25[\mathrm{cm}]$일 때 압력계의 읽음이 같기 위해서는 유량이 얼마이어야 하는가?

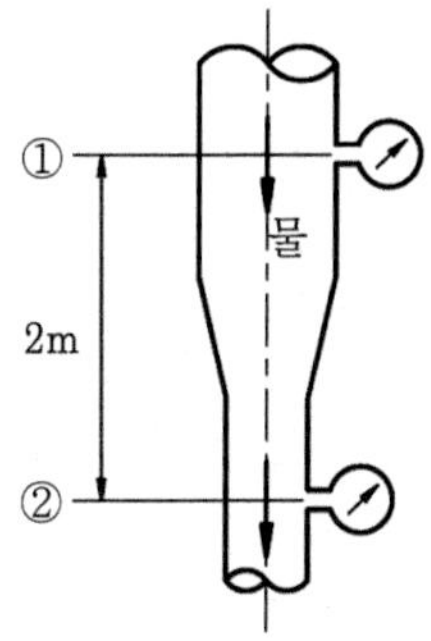

㉮ $0.55\,[\mathrm{m^3/s}]$ ㉯ $0.47\,[\mathrm{m^3/s}]$

㉰ $0.32\,[\mathrm{m^3/s}]$ ㉱ $0.24\,[\mathrm{m^3/s}]$

해설

답 ㉰

연습문제

①단면과 ②단면 사이에 베르누이 방정식을 세우면

$$\frac{P_1}{\gamma}+\frac{V_1^2}{2g}+Z_1=\frac{P_2}{\gamma}+\frac{V_2^2}{2g}+Z_2$$

여기서 $P_1=P_2$이므로

$$\frac{V_1^2-V_2^2}{2g}=Z_2-Z_1$$

또 연속방정식에서

$$V_2=\left(\frac{d_1}{d_2}\right)^2 V_1$$

따라서 $\dfrac{V_1^2\left\{1-\left(\dfrac{d_1}{d_2}\right)^4\right\}}{2g}=Z_2-Z_1$

$$\therefore\ V_1=\sqrt{\frac{2g(Z_2-Z_1)}{1-\left(\dfrac{d_1}{d_2}\right)^4}}=\sqrt{\frac{2\times9.8\times(-2)}{1-\left(\dfrac{0.5}{0.25}\right)^4}}\fallingdotseq1.62[\text{m/s}]$$

유량 $Q=A_1V_1=\frac{\pi}{4}\times0.5^2\times1.62\fallingdotseq0.32\ [\text{m}^3/\text{s}]$

47. 유체가 V[m/s]로 흐르고 있을 때 질량 1[kg]이 가지는 운동에너지는?

㉮ $\rho V^2/2$ ㉯ $mV^2/2$ ㉰ $V^2/2$ ㉱ $V^2/2g$

해설 답 ㉰

단위중량의 유체에 대한 베르누이 방정식은

$$\frac{P_1}{\gamma}+\frac{V^2}{2g}+Z=\text{const.}$$

따라서 단위질량에 대해서는 양변에 g 를 곱하면

$$\frac{P}{\rho}+\frac{V^2}{2}+gZ=\text{const.}$$

$\therefore$ 운동에너지는 $\frac{V^2}{2}$ 이다.

기초문제

48. 다음 그림과 같은 벤츄리미터에 비중량이 1.22[kg$_f$/ m^3]인 공기가 매초 2[m^3]으로 흐르고 있다. 피에조미터 입구까지 물이 올라갈 최대 단면적 A_2는 몇 [m^2]인가? 단, 공기의 압축성 및 무게는 무시한다.

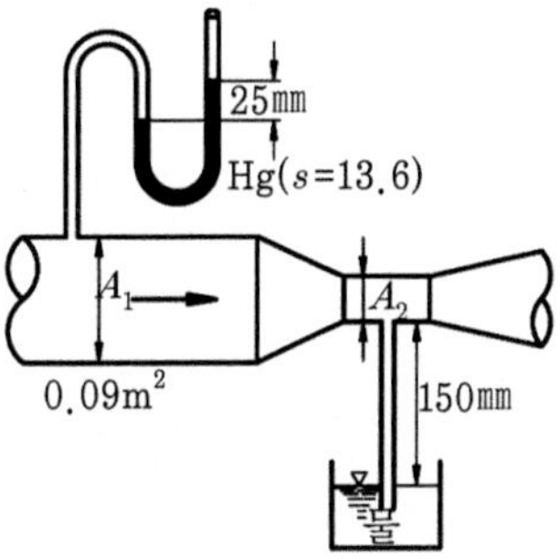

㉮ 0.013 ㉯ 0.018

㉰ 0.022 ㉱ 0.027

해설 답 ㉰

$$V_1 = \frac{Q}{A_1} = \frac{2}{0.09} \fallingdotseq 22[\text{m/s}]$$

$$\frac{P_1}{\gamma} = 25[\text{mmHg}] = \frac{13.6 \times 25 \times 10^{-3} \times 1000}{1.22} \fallingdotseq 278.69[\text{m}]$$

$$\frac{V_1^2}{2g} = \frac{22^2}{2 \times 9.8} \fallingdotseq 25[\text{m}]$$

$$\frac{P_2}{\gamma} = -150[\text{mmAq}] = -\frac{150 \times 1 \times 1000 \times 10^{-3}}{1.22} \fallingdotseq -123[\text{m}]$$

$\frac{P_1}{\gamma} + \frac{V_1^2}{2g} = \frac{P_2}{\gamma} + \frac{V_2^2}{2g}$ 에서

$$\frac{V_2^2}{2g} = \frac{P_1}{\gamma} + \frac{V_1^2}{2g} - \frac{P_2}{\gamma} = 278.69 + 25 + 123 = 426.69[\text{m}]$$

$$\therefore V_2 = \sqrt{2g \times 426.69} = \sqrt{2 \times 9.8 \times 426.69} \fallingdotseq 91.45[\text{m/s}]$$

단면적 $A_2 = \frac{Q}{V_2} = \frac{2}{91.45} \fallingdotseq 0.022[\text{m}^2]$

49. 다음 그림과 같이 설치된 pump에서 0.2[m^3/ s]의 유량을 송출하는데 필요한 펌프동력은 몇 [kW]인가?

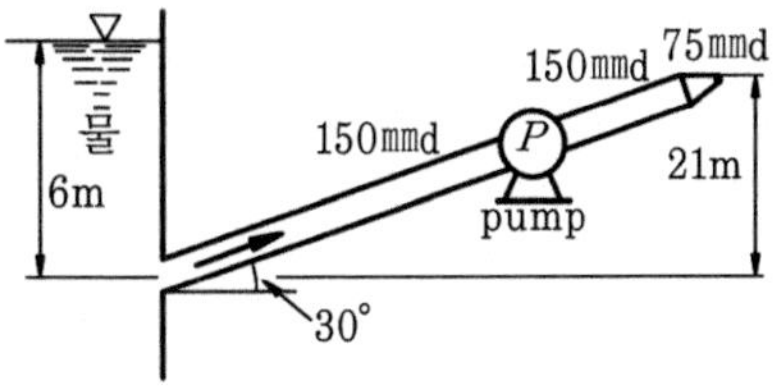

㉮ 125.3 ㉯ 186.7

㉰ 234.6 ㉱ 282.3

해설 답 ㉰

수면 ①과 노즐출구 ② 사이에 베루누이 방정식을 적용하면

$$\frac{P_1}{\gamma} + \frac{V_1^2}{2g} + Z_1 + E_P = \frac{P_2}{\gamma} + \frac{V_2^2}{2g} + Z_2$$

여기서 $P_1 = P_2 = 0$(대기압), $V_1 = 0$, $V_2 = \frac{4Q}{\pi d_2^2} = \frac{4 \times 0.2}{\pi \times 0.075^2} \fallingdotseq 45.29[\text{m/s}]$ 이므로

연습문제

$$E_P = \frac{V_2^2}{2g} + Z_2 - Z_1 = \frac{45.29^2}{2\times 9.8} + 21 - 6 \fallingdotseq 119.7\,[\mathrm{m}]$$

$$\therefore\ P = \gamma Q E_P = 9800 \times 0.2 \times 119.7 \times 10^{-3} \fallingdotseq 234.6\,[\mathrm{kW}]$$

50. 에너지선과 수력구배선의 높이차는?

㉮ 압력수두 ㉯ 속도수두

㉰ 위치수두 ㉱ 압력수두+위치수두

해설 답 ㉯

에너지선 =압력수두+위치수두+속도수두=수력구배선+속도수두

응용문제

1. 다음 그림과 같이 직경 20[cm]인 물탱크에서 직경 2[cm]인 관을 통하여 평균속도 2[m/s]로 물이 흘러 나간다. 이때 탱크의 수면이 강하하는 속도는 몇 [m/s]인가?

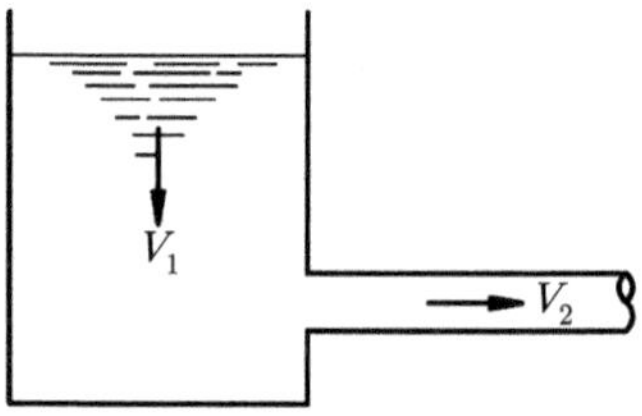

해설

탱그와 관 사이에 연속방정식을 적용하면

$$A_1 V_1 = A_2 V_2$$

$$\therefore V_1 = \frac{A_2}{A_1} V_2 = \left(\frac{d_2}{d_1}\right)^2 \cdot V_2 = \left(\frac{2}{20}\right)^2 \times 200 = 2\,[\mathrm{cm/s}]$$

2. Bernoulli의 정리, $\dfrac{P}{\gamma} + \dfrac{V^2}{2g} + Z = \mathrm{const.}$를 유도하라.

해설

Euler의 운동방정식을 적분하면 되지만 여기서는 이해를 돕기위하여 다른 방법으로 설명하기로 한다. 무게 W인 유체가 속도 V로 운동하고 압력을 P로, 비중량을 γ로, 기준면에서의 높이를 Z라고 하자. 이 유체의 운동에너지는

$$E_K = \frac{mV^2}{2} = \frac{W}{g} \cdot \frac{V^2}{2}$$

이 유체의 위치에너지는 기준면에서의 높이가 Z이므로 WZ이다. 또 압력 P에서 체적 $\frac{W}{\gamma}$를 차지하는 데 필요한 에너지(이것을 압력에너지라고 한다)는 $P\frac{W}{\gamma}$이다. 이것은 아무것도 없는 곳에서 체적 $\frac{W}{\gamma}$, 압력 P인 유체를 만드는데 필요한 일을 생각하면 이해하기 쉽다.

이상과 같은 3종류의 에너지 즉 운동에너지, 위치에너지, 압력에너지이 합은 에너지 보존의 원리에 의해서 일정하다.

$$\frac{W}{g} \cdot \frac{V^2}{2} + P \cdot \frac{W}{\gamma} + WZ = \text{const.}$$

여기서 각 항을 W로 나누면 단위중량당의 유체에 대한 에너지식이 된다.

$$\frac{V^2}{2g} + \frac{P}{\gamma} + Z = \text{const.}$$

이 식은 정상류, 비점성, 비압축성, 동일한 유선상의 유체라는 가정하에서 유도된다.

3. **출구가 연직하향으로 향한 원관에서 물이 연직으로 떨어지고 있다. 원관의 내경은 10[cm]이고 관의 출구에서 물의 속도는 1.4[m/s]이다. 관 출구로부터 1.5[m] 아래 지점에서 물의 낙하속도와 직경을 구하라.**

해설

관의 출구와 관의 출구에서 H만큼 아래 지점 사이를 동일한 유선상으로 보아 베루누이 방정식을 적용하면

$$\frac{V_1^2}{2g} + \frac{P_0}{\gamma} + H = \frac{V_2^2}{2g} + \frac{P_0}{\gamma} + 0$$

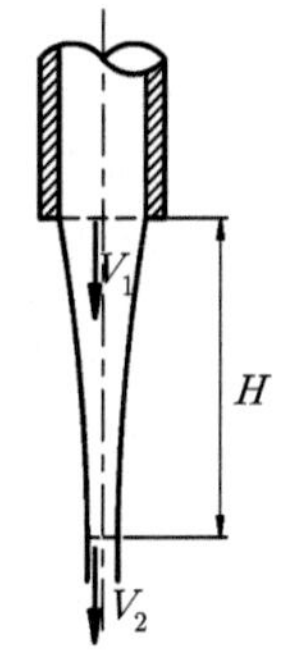

여기서 P_0는 대기압이다.

윗 식을 V_2에 대해서 정리하면

$$V_2 = \sqrt{V_1^{\,2} + 2gH} = \sqrt{1.4^2 + 2 \times 9.8 \times 1.5} \fallingdotseq 5.6[\text{m/s}]$$

또 관의 출구와 출구에서 H만큼 아래 지점 사이에 연속방정식을 적용하면

$$A_1 V_1 = A_2 V_2$$

$$\frac{\pi}{4} d_1^{\,2} \cdot V_1 = \frac{\pi}{4} d_2^{\,2} \cdot V_2 = \frac{\pi}{4} d_2^2 \sqrt{V_1^{\,2} + 2gH}$$

$$\therefore d_2 = d_1 \sqrt{\frac{V_1}{\sqrt{V_1^{\,2} + 2gH}}} = 10 \sqrt{\frac{1.4}{5.6}} = 5[\text{cm}]$$

연습문제

4. 수평면과 60°를 이루는 원관에서 분출되는 물이 상승하다가 중력의 영향을 받아 아래로 떨어질 때 물이 상승하는 최대높이는 얼마인가? 또 가장 큰 분류의 직경을 구하라. 단 원관의 직경을 10[cm], 관 출구에서의 유속을 7[m/s]로 하라.

해설

관이 수평면과 이루는 각도를 θ, 관출구에서 물의 속도를 V라고 하면 그 수평방향 분속도는 $V\cos\theta$, 수직방향 분속도는 $V\sin\theta$이다.

수직방향 분속도는 중력의 영향을 받아 점점 감소하여 0이 되고 다시 −(하향)로 되며 수직방향 속도 성분이 0이 되는 위치가 최고 높이가 된다.

그 사이에 수평방향 분속도는 변화하지 않으므로 최고점에서의 수평방향 분속도는 관의 출구에서와 같다.

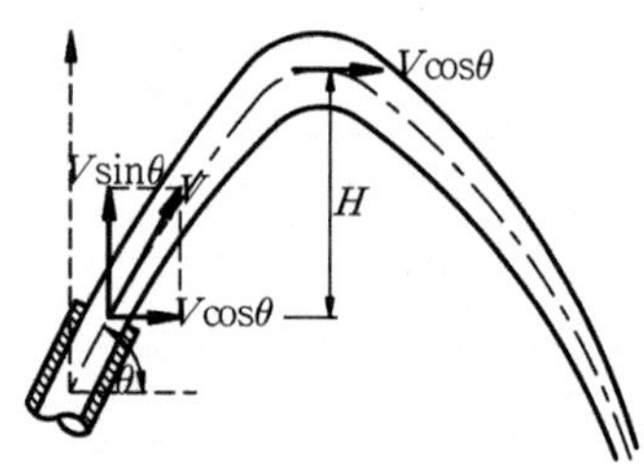

관의 출구에서 속도두수는 $\frac{V^2}{2g}$, 압력수두는 $\frac{P_0}{\gamma}$, 위치수두는 0이고 최고점에서의 속도수두는 $\frac{V^2\cos^2\theta}{2g}$, 압력수두는 $\frac{P_0}{\gamma}$, 위치수두는 H이다.

단, P_0는 대기압이다.

이 두 지점 사이에 베르누이방정식을 적용하면

$$\frac{V_1^2}{2g}+\frac{P_0}{\gamma}+0=\frac{V^2\cos^2\theta}{2g}+\frac{P_0}{\gamma}+H$$

$$\therefore\ H=\frac{V^2}{2g}(1-\cos^2\theta)=\frac{V^2}{2g}\sin^2\theta=\frac{7^2}{2\times 9.8}\times\sin^2 60°\fallingdotseq 1.88\,[\text{m}]$$

또 이 두 단면 사이에 연속방정식을 적용하면

$$\frac{\pi d_1^{\ 2}}{4}\cdot V=\frac{\pi d_2^{\ 2}}{4}\cdot V\cos\theta$$

$$\therefore\ d_2=d_1\sqrt{\sec\theta}$$
$$=10\sqrt{\sec 60°}\fallingdotseq 14\,[\text{cm}]$$

5. 절대압력 1.03[kg$_f$/cm^2]에서 정지상태에 있는 고기압에서 바람이 불어나가 풍속이 56[m/s]에 달했다. 그 장소에서의 절대압력은 얼마인가? 단 공기의 압축성과 마찰력은 무시하고 비중량은 1.25[kg$_f$/m^3]으로 한다.

해설

고기압인 어느 지점에서 풍속 56[m/s]인 지점에 이르는 유선에 대해서 베루누이 방정식을 적용한다. 실제로는 땅 표면과의 마찰저항이 있지만 이것을 무시하면 고기압의 어느 점에서는 풍속이 0, 압력이 P_0이고 풍속이 V인 지점에서의 압력을 P라고 하면

$$0+\frac{P_0}{\gamma}=\frac{V^2}{2g}+\frac{P}{\gamma}$$

$$\therefore\ P=P_0-\frac{V^2}{2g}\cdot\gamma=1.03-\frac{56^2\times1.25\times10^{-4}}{2\times9.8}=1.01\,[\mathrm{kg_f/cm^2}]$$

6. 다음 그림과 같은 점차 축소관을 통하여 물이 흐르고 있다. 직경 10[cm]인 원관에서 속도가 1.4[m/s], 계기 압력이 0이면 직경 5[cm]인 원관에서의 압력은 얼마인가? 단, 손실에너지는 없는 것으로 한다.

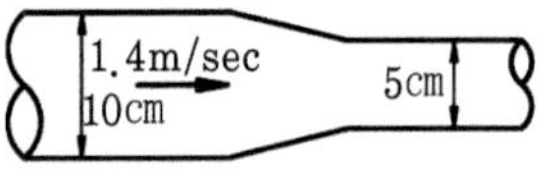

해설

두 단면 사이에 연속방정식을 적용하면

$$A_1V_1=A_2V_2$$

$$\therefore\ V_2=\frac{A_1}{A_2}V_1=\left(\frac{d_1}{d_2}\right)^2\cdot V_1=\left(\frac{10}{5}\right)^2\times1.4=5.6[\mathrm{m/s}]$$

또 베루누이 방정식을 적용하면

$$\frac{V_1^2}{2g}+\frac{P_1}{\gamma}=\frac{V_2^2}{2g}+\frac{P_2}{\gamma}$$

$$\therefore\ P_2=P_1-\frac{\gamma}{2g}(V_2^2-V_1^2)=0-\frac{1000}{2\times9.8}(5.6^2-1.4^2)=-1500\,[\mathrm{kg_f/m^2}]$$

$$=-0.15\,[\mathrm{kg_f/cm^2}]$$

7. 단면적이 일정한 수직 원관의 끝에 노즐이 있고 이 노즐이 수심 2[m]에 위치하여 20[l/s]의 물을 물속으로 토출한다. 수면보다 3[m] 높은 위치의 원관에 붙어있는 압력계는 얼마를 가리키는가? 단, 원관의 직경은 10[cm], 노즐의 직경은 6[cm]이다.

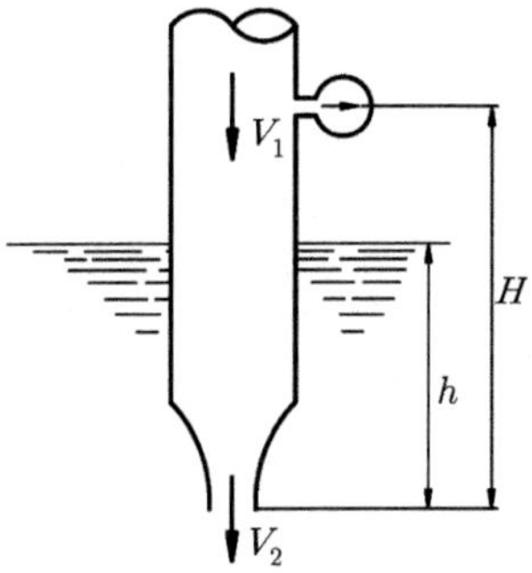

연습문제

해설

연속방정식에서

$$V_1 = \frac{Q}{A_1} = \frac{4Q}{\pi d_1^2} = \frac{4\times0.02}{\pi\times0.1^2} \fallingdotseq 2.55[\text{m/s}]$$

$$V_2 = \frac{Q}{A_2} = \frac{4Q}{\pi d_2^2} = \frac{4\times0.02}{\pi\times0.06^2} \fallingdotseq 7.08[\text{m/s}]$$

압력계가 있는 지점과 노즐 출구 사이에 베루누이 방정식을 적용하면

$$\frac{V_1^2}{2g} + \frac{P_1}{\gamma} + H = \frac{V_2^2}{2g} + \frac{P_2}{\gamma} + 0 = \frac{V_2^2}{2g} + \frac{\gamma h}{\gamma}$$

P_1을 구하면

$$P_1 = \gamma\left(\frac{V_2^2 - V_1^2}{2g} + h - H\right)$$

$$= 9800\left(\frac{7.08^2 - 2.55^2}{2\times9.8} + 2 - 5\right)$$

$$\fallingdotseq -7588[\text{N/m}^2] = -7588[\text{Pa}]$$

대기압보다 7588[Pa] 낮은 압력이다.

8. 다음 그림과 같이 유동하는 액체의 유속을 측정하는 데 쓰이는 피토관이 있다. 선단과 측벽에 작은 구멍이 있고 구멍에 연결된 마노미터로 유동액체와 같은 액체가 들어간다. 양쪽 마노미터의 높이차가 h일 때 흐름의 속도 V가 다음 식으로 표시됨을 증명하라.

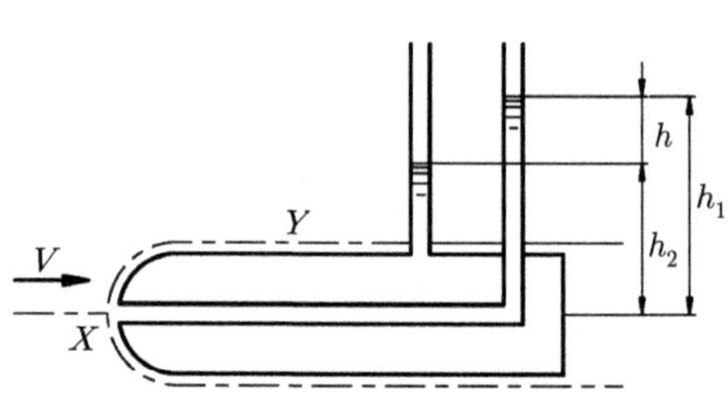

$$V = \sqrt{2gh}$$

해설

그림에서 쇄선은 유선을 나타낸다. 피토관으로부터 멀리 떨어진 상류에서 흘러와서 피토관 선단(점 X)에 도착하여 그 점에서 유선은 사방으로 갈라진다. 작은 구멍에서 피토관 속으로 유체가 흘러들어가지는 않는다(흘러들어가도 출구가 없으므로). 이와 같이 유선이 나누어지는 점을 분기점이라고 한다. 일반적으로 분기점에서는 속도가 0이다. 그 이유는 다음과 같이 설명된다. 분기점에서는 유선의 접선이 1개 뿐이 없다. 유선의 정의에서 유선은 속도벡터의 방향과 같으므로 만일 속도의 크기가 0이 아니라고 한다면

분기점이라고 하는 1개의 점에서의 속도가 1개가 아니게 된다. 한 점에서의 속도가 몇 개라도 있다는 것은 불가능하다. 이와 같이 되는 것은 속도의 크기가 0이 아니라고 했기 때문이다. 따라서 분기점에서 속도의 크기는 0이므로 피토관의 선단(점 X)에서의 속도는 0이다. 또 압력을 P_1이라고 하자. 피토관이 수평으로 있다고 하여 위치수두는 생각하지 않기로 한다. 측벽의 작은 구멍(Y점)에 대해서는 어떻게 되는가. 이 작은 구멍에서 유체가 흐르는 일은 없다(출구가 없으므로). 작은 구멍의 바깥 쪽에는 멀리 상류의 속도와 같은 크기 V로서 피토관의 벽을 따라서 흐르고 있다. 작은 구멍의 바로 외측에서는 속도 V, 바로 내측에서는 속도가 0이라고 하면 작은 구멍의 면은 유속의 불연속면이다. 그러나 작은 구멍의 외측과 내부는 붙어 있다고 하는 이유에서 압력은 같다. 그 압력을 P_2라고 한다.

X점과 Y점 사이에 베르누이 방정식을 적용하면

$$0+\frac{P_1}{\gamma}=\frac{V^2}{2g}+\frac{P_2}{\gamma}$$

X점의 작은 구멍에서 마노미터의 수면에 이르는 액체는 중력장에서 정지한 액체이므로 X점과 마노미터의 수면과의 높이차를 h, 대기압을 P_0로 하여 X점의 압력 P_1을 구하면

$$P_1=P_0+\gamma h_1$$

또 Y점과 그것에 연결된 마노미터의 수면과의 높이 차를 h_2로 하여 Y점의 압력 P_2를 구하면

$$P_2=P_0+\gamma h_2$$

$h_1-h_2=h$이므로

$$V=\sqrt{2g\frac{P_1-P_2}{\gamma}}=\sqrt{2g(h_1-h_2)}=\sqrt{2gh}$$

9. 다음 그림과 같이 유동하는 기체의 유속을 측정하기 위한 피토관이 있다. 마노미터로는 비중량이 γ'인 액체를 넣은 U자관을 사용하여 높이차 h를 측정한다. 유동하는 기체의 비중량을 γ, 유속을 V라고 할 때 속도가 다음 식으로 나타나는 것을 증명하라.

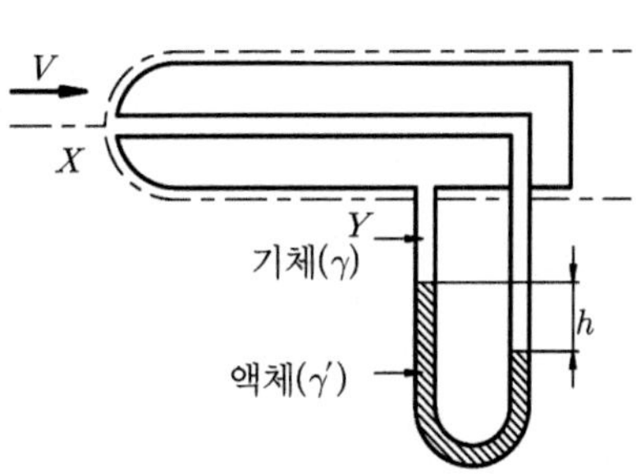

$$V=\sqrt{2gh\frac{\gamma'}{\gamma}}$$

연습문제

해설

X점에서의 속도는 0, 압력은 P_1이고 Y점에서의 속도는 V, 압력은 P_2이므로 X점과 Y점을 연결한 유선에 대해 베루누이 방정식을 적용하면

$$0+\frac{P_1}{\gamma}=\frac{V^2}{2g}+\frac{P_2}{\gamma}$$

X점의 압력 P_1은 그것에 연결된 U자관의 한쪽 압력과 같고 Y점의 압력 P_2는 그것에 연결된 U자관의 다른 쪽의 압력과 같다. 따라서

$$P_1=P_2+\gamma' h$$

$$\therefore\ V=\sqrt{2g\frac{P_1-P_2}{\gamma}}=\sqrt{2gh\frac{\gamma'}{\gamma}}$$

㈜ 기체는 압축성유체이므로 위에서 사용한 베루누이 방정식이 적용되지 않지만 저속의 경우, 즉 압력 변화가 작은 경우에는 근사적으로 적용되며 실용적으로도 유용하다.

10. 흐르는 물의 속도를 측정하기 위한 피토관에서 마노미터의 높이차가 10[cm]이었다. 유속은 얼마인가? 또 공기의 유속을 측정하기 위한 피토관에서 물을 넣은 U자관의 높이차가 10[cm]일 때 공기의 유속은 얼마인가? 공기의 비중량은 1.25[kg_f/m^3]이다.

해설

물의 속도는

$$V=\sqrt{2gh}=\sqrt{2\times9.8\times0.1}=1.4\,[\mathrm{m/s}]$$

공기의 속도는

$$V=\sqrt{2gh\frac{\gamma'}{\gamma}}=\sqrt{2\times9.8\times0.1\times\frac{1000}{1.25}}\fallingdotseq39.6\,[\mathrm{m/s}]$$

11. 다음 그림은 관 속을 흐르는 액체의 유량을 측정하기 위하여 사용되는 벤츄리관이다. 입구 압력과 목부분(수축부)의 압력차를 액주의 높이차 h로 하고, 입구 단면적이 A_1, 목부분의 단면적이 A_2일 때 유량을 구하는 공식을 유도하라.

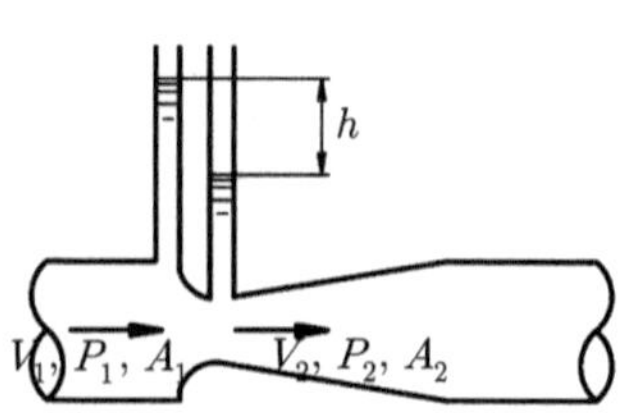

해설

관 속의 유속은 하나의 단면 위에서도 장소에 따라 차이가 있지만 간단히 하기 위해 하나의 단면 위에서는 속도가 일정하다고 하여 베루누이 방정식을 적용한다. 벤추리관 입구에서의 속도를 V_1, 단면적을 A_1, 압력을 P_1이라 하고 목부분에서의 속도를 V_2, 단면적을 A_2, 압력을 P_2라고 하여 두 단면 사이에 베루누이 방정식을 적용하면

$$\frac{V_1^2}{2g}+\frac{P_1}{\gamma}=\frac{V_2^2}{2g}+\frac{P_2}{\gamma} \qquad \text{(a)}$$

벤추리관을 유관이라고 생각하여 연속방정식을 적용하면

$$A_1V_1=A_2V_2 \qquad \text{(b)}$$

측정한 압력차에서

$$P_1-P_2=\gamma h \qquad \text{(c)}$$

(b)식에서 속도 V_1은

$$V_1=\frac{A_2}{A_1}V_2$$

이것을 (a)식에 대입하고 또 (c)식을 (a)식에 대입하면

$$\frac{1}{2g}\left(\frac{A_2}{A_1}\right)^2 \cdot V_2^2+\gamma h-\frac{V_2^2}{2g}$$

$$V_2=\sqrt{\frac{2gh}{1-\beta^2}} \quad \text{단,} \quad \beta=\frac{A_2}{A_1}$$

유량 Q는

$$Q=A_2V_2=A_2\sqrt{\frac{2gh}{1-\beta^2}}$$

여기에 실제로 잘 일치하도록 벤츄리계수 C를 곱하여

$$Q=CA_2\sqrt{\frac{2gh}{1-\beta^2}} \qquad \text{(d)}$$

C의 값은 벤츄리관의 치수와 유속에 따라서 변화하며 0.96~0.99이다.

$$\frac{C}{\sqrt{1-\beta^2}}=\alpha \qquad \text{(e)}$$

로 놓으면

$$Q=\alpha A_2\sqrt{2gh} \qquad \text{(f)}$$

α값은 β값에 따라서 다음과 같이 변화한다.

연습문제

β	0.05	0.1	0.2	0.3	0.4	0.5	0.6
α	0.987	0.990	1.001	1.020	1.048	1.092	1.155

㈜ (a)식에 의한 유량과 (f)식에 의한 유량은 차이가 있지만 (f)식에 의한 방법이 정확하다.

12. 입구의 직경이 10[cm], 목부분(수축부)의 직경이 5[cm]인 벤츄리관을 이용하여 유량을 측정하였더니 압력차가 96[cmAq]이었다. 유량은 얼마인가?

해설

입구와 목부분의 직경비가 $\frac{5}{10}=0.5$이므로 단면적비는 $\beta=0.25$

문제 11의 (d)식에 $\beta=0.25,\ h=0.96[\mathrm{m}],\ \mathrm{C}=0.98,\ \mathrm{A}_2=\frac{\pi}{4}\times 0.05^2$을 대입하면

$$Q=CA_2\sqrt{\frac{2gh}{1-\beta^2}}$$
$$=0.98\times\frac{\pi}{4}\times 0.05^2\times\sqrt{\frac{2\times 9.8\times 0.96}{1-0.25^2}}$$
$$=0.0086[\mathrm{m}^3/\mathrm{s}]=8.6\,[l/\mathrm{s}]$$

또 문제 11의 (f)식에 의해서 계산하면 $\beta=0.2$에 대해서는 $\alpha=0.001$, $\beta=0.3$에 대해서는 $\alpha=1.020$이므로 $\beta=0.25$에 대한 α값은 1.010으로 예상된다.

이 α값을 사용하면

$$Q=\alpha A_2\sqrt{2gh}$$
$$=1.010\times\frac{\pi}{4}\times(0.25)^2\times\sqrt{2\times 9.8\times 0.96}$$
$$=0.0086[\mathrm{m}^3/\mathrm{s}]=8.6[l/\mathrm{s}]$$

13. 입구의 직경이 10[cm]인 벤츄리관을 사용해서 5[l/s]에서 15[l/s]까지 변화하는 유량을 측정한다. 압력차를 나타내는 수주(水柱)의 높이차 h는 유량의 제곱에 비례하므로 유량이 3배로 변화하면 h는 9배로 변화한다. h의 실제값을 10[cm]에서 90[cm]까지 변화하도록 하려면 목부분(수축부)의 직경을 얼마로 결정하면 좋은가? 벤츄리계수는 0.98로 하라.

해설

벤츄리관에서의 유량은

$$Q = CA_2\sqrt{\frac{2gh}{1-\beta^2}} = CA_1\beta\sqrt{\frac{2gh}{1-\beta^2}}$$

양변에 제곱을 취하여 정리하면

$$Q^2 \cdot (1-\beta^2) = C^2A_1^2\beta^2 \times 2gh$$

$$Q^2 = \beta^2(Q^2 + 2ghC^2A_1^2)$$

$$\beta = \frac{Q}{\sqrt{Q^2+2ghC^2A_1^2}} = \frac{1}{\sqrt{1+\frac{2ghC^2A_1^2}{Q^2}}}$$

이 식에 최대유량을 대입하거나 최소유량을 대입해도 같은 값을 얻으므로 여기서는 최소유량을 대입한다.

$$\beta = \frac{1}{\sqrt{1+\frac{2ghC^2A_1^2}{Q^2}}} = \frac{1}{\sqrt{1+\frac{2\times980\times10\times0.98^2\times78.5^2}{5000^2}}} = 0.422$$

면적비가 β라고 하면 직경비는 $\sqrt{\beta}$ 이므로 목부분의 직경은

$$d_2 = d_1 \times \sqrt{\beta} = 10 \times \sqrt{0.422} \fallingdotseq 6.5\,[\text{cm}]$$

14. 벤츄리관이 수평면과 경사져서 설치되어 있는 경우의 유량공식은 수평으로 설치되어 있는 경우와 완전히 같다는 것을 증명하라.

해설

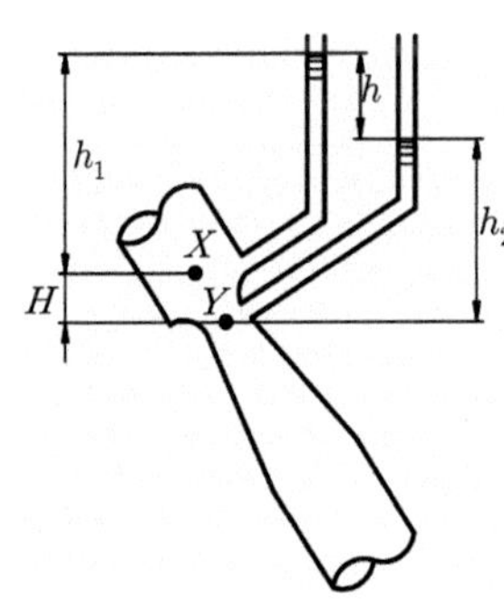

벤츄리관이 그림과 같이 설치되어 있다고 생각하자. 점 X의 속도를 V_1, 압력을 P_1, 위치수두를 H라고 하고 점 Y의 속도는 V_2, 압력을 P_2, 위치수두를 0으로 해서 점 X와 점 Y사이에 베루누이 방정식을 적용하면

$$\frac{V_1^2}{2g} + \frac{P_1}{\gamma} + H = \frac{V_2^2}{2g} + \frac{P_2}{\gamma} \qquad \text{(a)}$$

점 X는 마노미터의 수면에서 h_1의 깊이에 있으므로 P_0를 대기압이라고 하면

$$P_1 = P_0 + \gamma h_1$$

점 Y는 마노미터의 수면에서 h_2의 깊이에 있으므로

$$P_2 = P_0 + \gamma h_2$$

연습문제

또 그림에서

$$h_1 + H = h_2 + h$$

따라서 (a)식은

$$\frac{V_1^2}{2g} + h = \frac{V_2^2}{2g} \qquad \text{(b)}$$

(b)식에서 마노미터를 설치한 위치의 높이차 H에는 관계없다는 것을 알 수 있다. 즉 유량공식은 수평으로 설치된 벤츄리관에서와 같게 된다.

15. 벤츄리관의 압력차를 측정하는데 U자관에 넣은 수은을 사용할 때 수은주의 높이 차를 h, 수은의 비중량을 γ', 물의 비중량을 γ라고 해서 유량공식을 유도하라.

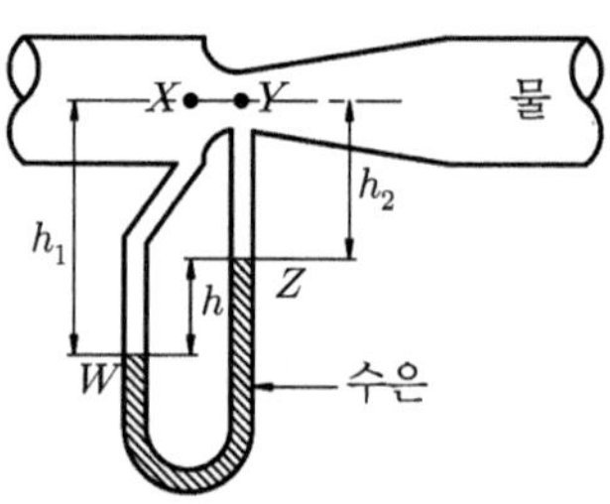

해설

점 Y에 대한 압력이 P_2라면 점 X에 대한 압력은

$$P_2 + \gamma h_2$$

그것보다 더 아래에 있는 점 W까지는 수은이 들어있으므로 점 W에서의 압력은

$$P_2 + \gamma h_2 + \gamma' h$$

점 X는 점 W의 위에 있고 그 사이가 물이므로 점 X에서의 압력 P_1은

$$P_1 = P_2 + \gamma h_2 + \gamma' h - \gamma h_1$$

그런데 그림에서 $h_1 - h_2 = h$이므로

$$P_1 = P_2 + \gamma' h - \gamma h_1$$

압력차는

$$P_1 - P_2 = (\gamma' - \gamma)h$$

압력수두의 차는

$$\frac{P_1 - P_2}{\gamma} = \frac{\gamma' - \gamma}{\gamma} h = \left(\frac{\gamma'}{\gamma} - 1\right) h$$

물을 사용한 마노미터의 식 중에서 h 대신 $\left(\frac{\gamma'}{\gamma} - 1\right)h$를 사용하면 수은 U자관을 사용한 벤츄리관의 유량공식이 구해진다.

$$Q = CA_2 \sqrt{\frac{2gh\left(\frac{\gamma'}{\gamma} - 1\right)}{1 - \beta^2}}$$

16. 수평으로 설치된 관 속을 속도 V, 압력 P인 유체가 유량 Q로 흐르고 있다. 어떤 단면을 단위시간에 통과하는 에너지는 얼마인가?

해설

전수두 H는

$$H=\frac{V^2}{2g}+\frac{P}{\gamma}$$

그런데 전수두의 정의는 단위중량의 유체가 갖는 전에너지이다. 따라서 그 단면을 단위시간에 통과하는 유체중량과 전수두의 곱을 구하면 그 단면을 단위시간에 통과하는 에너지가 구해진다. 단위시간에 단면을 통과하는 체적은 Q이므로 그 중량은 γQ이다. 따라서

$$L=\gamma QH=\gamma Q\left(\frac{V^2}{2g}+\frac{P}{\gamma}\right)$$

L은 동력이지만 유체의 동력이라고 하는 점에서 **수동력**이라고 한다.

17. 단면적이 0.3[m²]인 원관 속을 유속 2.8[m/s], 압력 0.46기압의 물이 흐르고 있다. 수동력을 구하라.

해설

전수두 H는

$$H=\frac{V^2}{2g}+\frac{P}{\gamma}=\frac{2.8^2}{2\times9.8}+\frac{0.46\times10^4}{1000}=5[\mathrm{m}]$$

유량 Q는

$$Q=AV=0.3\times2.8=0.84[\mathrm{m^3/s}]$$

수동력 L은

$$L=\gamma QH=1000\times0.84\times5=4200[\mathrm{kg_f\cdot m/s}]$$

또는 $1PS=75[\mathrm{kg_f\cdot m/s}]$이므로

$$L=\frac{4200}{75}=56[\mathrm{PS}]$$

18. 단면적 A인 수조에 면적 a인 오리피스가 있고 수면의 높이는 H이다. 수조 속을 흐르는 물의 유속이 오리피스를 흐르는 유속에 비하여 무시할 수 없을 정도일 때 유량 Q는 다음 식으로 구해

연습문제

진다는 것을 증명하라. 단, C는 유량계수, a는 오리피스면적이라고 한다.

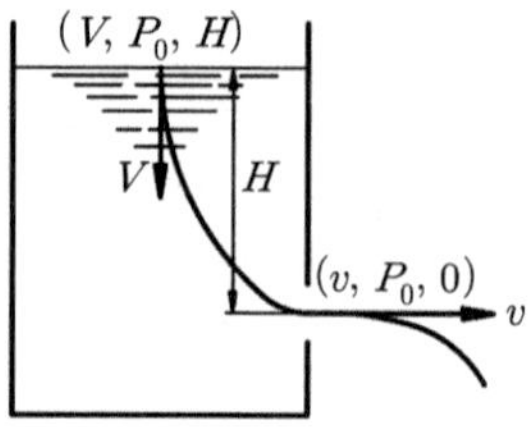

$$Q = ca\sqrt{\frac{2gH}{1-\left(\frac{ca}{A}\right)^2}}$$

해설

수면에서 오리피스 출구에 이르는 유선에 대해서 베루누이 방정식을 적용한다. 수조의 수면에 대한 유속은 V, 압력은 대기압, 위치수두는 H이고 오리피스 출구에 대한 유속은 v, 압력은 대기압, 위치수두는 0이므로

$$\frac{V^2}{2g} + H = \frac{v^2}{2g} \qquad \text{(a)}$$

오리피스를 나온 후 유선이 평행하게 되는 위치에 대한 분류의 단면적을 a_0, 속도의 크기를 v_0라고 하면 a_0v_0는 유량 Q와 같다. $a_0 = c_c a,\ v_0 = c_v v,\ c_c c_v = c$ 이므로

$$Q = cav$$

수조 속을 흐르는 속도 V와 수조단면적 A의 곱은 유량 Q와 같다.

$$AV = cav$$

$$V = \frac{ca}{A}v \qquad \text{(b)}$$

(b)식을 (a)식에 대입하면

$$H = \frac{v^2}{2g} - \frac{v^2}{2g}\left(\frac{ca}{A}\right)^2$$

$$v = \frac{\sqrt{2gH}}{\sqrt{1-\left(\frac{ca}{A}\right)^2}}$$

$$\therefore\ Q = cav = ca\frac{\sqrt{2gH}}{\sqrt{1-\left(\frac{ca}{A}\right)^2}}$$

19. 직경 10[cm]인 원관 속을 평균속도 2[m/s]정도로 흐르는 물의 유량을 정확히 측정하기 위하여 관의 도중에 오리피스를 사용하는 것으로 한다. 압력수두의 차를 1[m]정도로 하려면 오리피스 직경을 얼마로 하면 좋은가?

해설

관 속의 오리피스에서 유량은

$$Q=\alpha a\sqrt{2gH}$$

관에서의 유량은 관 속 평균유속을 V, 관의 단면적을 A라고 하면

$$Q=AV$$

이 두 식의 우변을 같이 놓으면 $\alpha a\sqrt{2gH}=AV$

$$\alpha\frac{a}{A}=\frac{V}{\sqrt{2gH}}$$

$$\alpha\beta=\frac{V}{\sqrt{2gH}}$$

$V=2[\mathrm{m/s}]$, $\mathrm{H}=1[\mathrm{m}]$를 대입하면

$$\alpha\beta=\frac{V}{\sqrt{2gH}}=\frac{2}{\sqrt{2\times 9.8\times 1}}=0.453$$

$\alpha\beta$가 0.453으로 되는 β를 찾으면 좋다. α와 β의 관계는 다음 표와 같다.

β	0.1	0.2	0.3	0.4	0.5	0.6	0.7
α_c	0.602	0.615	0.634	0.661	0.696	0.742	0.804
α_a	0.602	0.615	0.636	0.666	0.701	0.751	0.820
α_c'	0.989	0.999	1.016	1.041	1.081	1.142	
α_a'	0.984	0.993	1.009	1.036	1.076	1.137	

여기서, α_c : 관의 도중에 있는 오리피스

α_a : 관이 도중에 있는 노즐

α_c' : 관의 끝에 있는 오리피스

α_a' : 관의 끝에 있는 노즐

본 문제에서는 α_c값을 적용해야 한다. β가 0.6일 때 $\alpha\beta=0.445$이고, β가 0.7일 때 $\alpha\beta=0.563$이므로

$\alpha\beta=0.453$으로 되는 β값은

$$\beta=0.6+0.1\times\frac{0.453-0.445}{0.563-0.445}=0.6+0.007=0.607$$

$$\beta=\frac{a}{A}=\left(\frac{d}{D}\right)^2=0.607\text{이므로}$$

오리피스 직경 d는

$$d=D\sqrt{\beta}=10\sqrt{0.607}=7.80\,[\mathrm{cm}]$$

연습문제

20. 수면의 높이 2.5[m], 직경 4[cm]인 원형오리피스에서 유출하는 분류가 있다. 오리피스를 나온 직후의 유속과 직경을 구하라. 이 분류가 2.5[m] 낙하한 위치에 대한 속도와 직경을 구하라. 단, 오리피스의 수축계수를 0.62, 속도계수를 0.97로 하라.

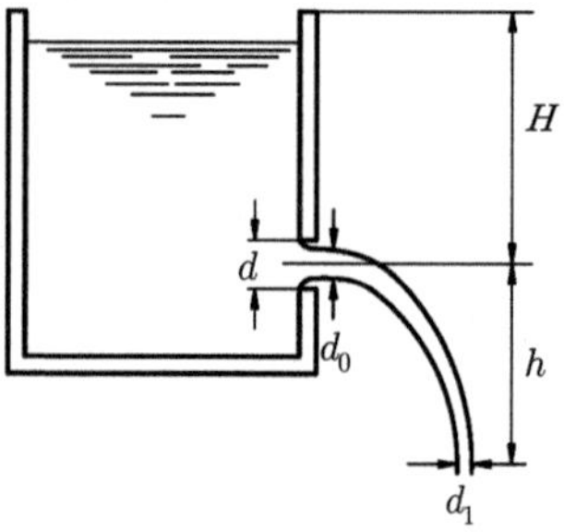

해설

오리피스에서 나온 직후의 유속 V_0는

$$V_0 = C_v\sqrt{2gH}$$

$C_v = 0.97,\ H = 2.5[\text{m}]$를 대입하면

$$V_0 = 0.97\times\sqrt{2\times 9.8\times 2.5} = 6.79\,[\text{m/s}]$$

오리피스의 단면적 $\frac{\pi}{4}d^2$과 분류단면적 $\frac{\pi}{4}d_0^2$의 비가 수축계수이므로

$$\frac{\frac{\pi}{4}d_0^2}{\frac{\pi}{4}d^2} = C_c$$

$$\therefore\ d_0 = \sqrt{C_c}\cdot d = \sqrt{0.62}\times 4 \fallingdotseq 3.15[\text{cm}]$$

분류가 오리피스를 나온 직후의 점과 낙하한 아래점 사이에 베르누이 방정식을 적용하면 위의 점에서는 속도의 크기가 V_0, 압력은 대기압, 위치수두는 h이고 아래점에서는 속도의 크기가 V_1, 압력은 대기압, 위치수두는 0이므로

$$\frac{V_0^2}{2g} + h = \frac{V_1^2}{2g}$$

$$\therefore V_1 = \sqrt{V_0^2 + 2gh} = \sqrt{6.79^2 + 2\times 9.8\times 2.5} \fallingdotseq 9.75\,[\text{m/s}]$$

또, 이 두점 사이에 연속방정식을 적용하면

$$\frac{\pi}{4}d_0^2\,V_0 = \frac{\pi}{4}d_1^2\,V_1$$

$$\therefore\ d_1 = d_0\sqrt{\frac{V_0}{V_1}} = 3.15\times\sqrt{\frac{6.79}{9.75}} \fallingdotseq 2.63[\text{cm}]$$

4장

역적-운동량의 원리

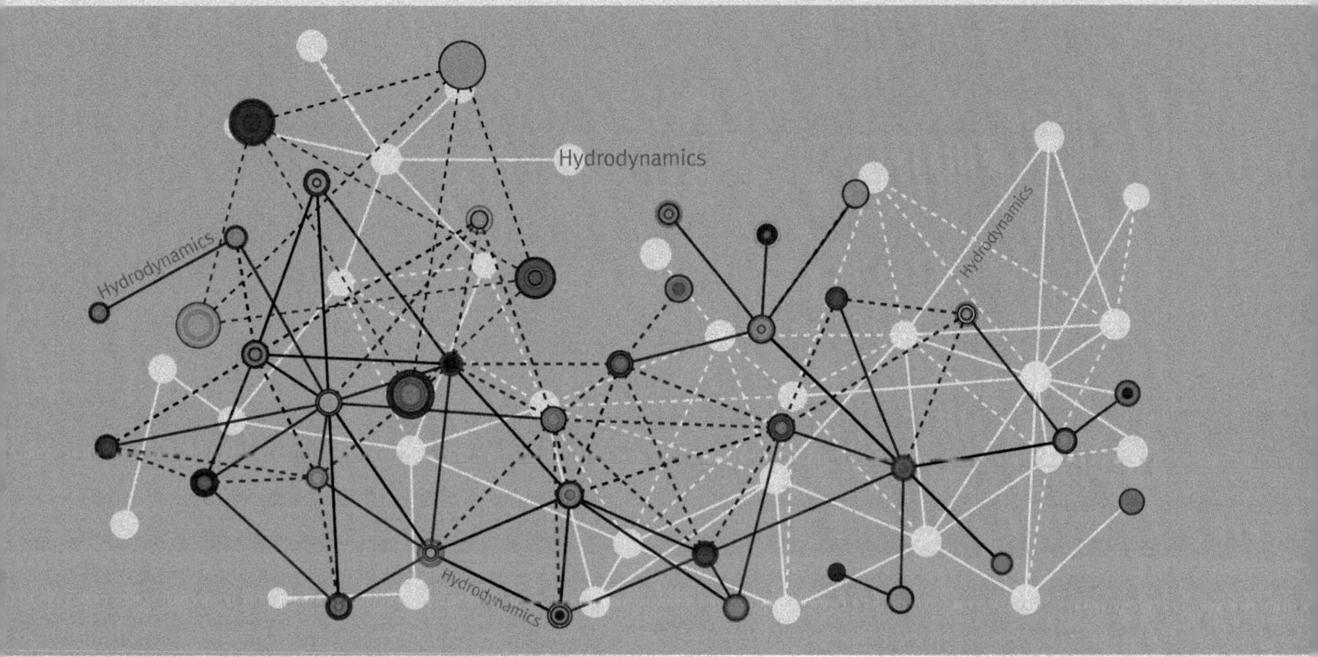
Hydrodynamics
Hydrodynamics
Hydrodynamics
Hydrodynamics

4.1 역적과 운동량

4.1.1 운동량(momentum)

질량 m인 물체가 속도 $\overrightarrow{V}$로 운동할 때 $m \cdot \overrightarrow{V}$를 **운동량**이라고 한다.

4.1.2 운동량의 법칙

Newton의 제 2운동법칙에 의하면 물체에 작용한 외력의 합은 그 물체의 시간에 대한 운동량의 변화율과 같다.

$$\sum \overrightarrow{F} = \frac{d}{dt}(m \cdot \overrightarrow{V}) \tag{4-1}$$

또는 $$\sum \overrightarrow{F} \cdot dt = d(m \cdot \overrightarrow{V}) \tag{4-2}$$

$\overrightarrow{F}$, $\overrightarrow{V}$: 힘벡터 및 속도벡터

$\sum \overrightarrow{F} \cdot dt$: 역적(力積, impulse)

식(4-2)를 시간에 대해 적분하면

$$\sum \overrightarrow{F} \cdot t = m(\overrightarrow{V_2} - \overrightarrow{V_1}) \tag{4-3}$$

식(4-3)을 **운동량방정식**(momentum equation)이라고 한다.

4.1.3 곡관 속의 1차원 정상류에 대한 운동량 방정식

[그림 4-1]에서 어느 순간에 단면 ①과 단면 ②사이에 있던 유체가 dt시간 후에 단면 ①'와 단면 ②' 사이의 유체로 이동하였다면 dt시간동안의 운동량 변화는

(단면 ②와 ②' 사이의 유체 운동량)−(단면 ①과 ①' 사이의 유체 운동량)

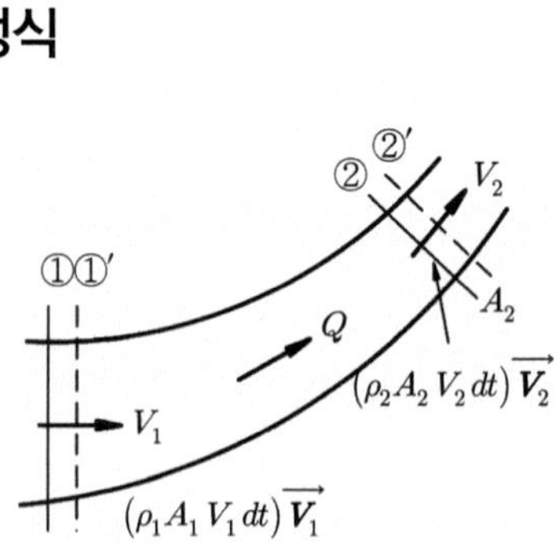

[그림 4-1]

따라서 역적-운동량의 원리를 적용하면

$$\sum \overrightarrow{F} \cdot dt = (A_2 V_2 \rho_2 dt)\overrightarrow{V_2} - (A_1 V_1 \rho_1 dt)\overrightarrow{V_1}$$
$$= (Q_2 \rho_2 dt)\overrightarrow{V_2} - (Q_1 \rho_1 dt)\overrightarrow{V_1}$$
$$= Q\rho(\overrightarrow{V_2} - \overrightarrow{V_1})dt$$

$$\therefore \sum \overrightarrow{F} = Q\rho(\overrightarrow{V_2} - \overrightarrow{V_1}) \quad (4\text{-}4)$$

식(4-4)는 다음과 같이 scalar식으로 쓸 수 있다.

$$\left.\begin{aligned} \sum F_x &= Q\rho(V_{2x} - V_{1x}) \\ \sum F_y &= Q\rho(V_{2y} - V_{1y}) \\ \sum F_z &= Q\rho(V_{2z} - V_{1z}) \end{aligned}\right\} \quad (4\text{-}5)$$

예제 4.1 정지하고 있는 질량 0.4[kg]인 공에 0.1[s]사이에 평균력 50[N]을 가했을 때 충격 후의 공의 속도는 몇 [m/s]인가?

㉮ 9.5 ㉯ 12.5 ㉰ 14.5 ㉱ 16.5

해설 $\sum \overrightarrow{F} \cdot t = m(\overrightarrow{V_2} - \overrightarrow{V_1})$이므로

$50 \times 0.1 = 0.4(\overrightarrow{V_2} - 0)$

$\therefore \overrightarrow{V_2} = \dfrac{5}{0.4} + 0 = 12.5[\text{m/s}]$

답 ㉯

예제 4.2 다음 중 운동량의 차원은?

㉮ MLT ㉯ $ML^{-1}T$ ㉰ MLT^{-1} ㉱ $ML^{-1}T^{-1}$

해설 운동량은 질량 m과 속도 V의 곱이므로

$m \cdot V = [M] \cdot [LT^{-1}] = MLT^{-1}$

답 ㉰

예제 4.3 질량 5[kg]인 물체가 일정한 속도 10[m/s]로 운동하고 있을 때 이 물체가 가지는 운동량은?

㉮ 50[kg·m/s] ㉯ 0.5[kg·m/s] ㉰ 5.1[kg·m/s] ㉱ 2[kg·m/s]

해설 운동량 $mV = 5 \times 10 = 50$ [kg·m/s]

답 ㉮

예제 4.4 **직경 30[cm]인 90° 엘보우(elbow)에 압력이 $5[\mathrm{kg}_f/\mathrm{cm}^2]$인 물이 $0.5[\mathrm{m}^3/\mathrm{s}]$로 흐르고 있다. 이 엘보우를 고정하는데 필요한 힘은 몇 $[\mathrm{kg}_f]$인가? 단, 물과 엘보우의 무게는 무시한다.**

㉮ 4011 ㉯ 4872 ㉰ 5173 ㉱ 5506

해설 R_x, R_y를 각각 수평방향과 수직방향으로의 지지력이라고 하면

$$\sum F_x = \rho Q(V_{2x} - V_{1x})\text{에서}$$

$$P_1A_1 - R_x = \rho Q(-V_{1x})$$

$$\therefore R_x = P_1A_1 - \rho Q(-V_{1x})$$

$$= 5\times10^4\times\frac{\pi}{4}\times0.3^2 + 102\times0.5\times\frac{0.5}{\frac{\pi}{4}\times0.3^2} \fallingdotseq 3893[\mathrm{kg}_f]$$

$$\sum F_y = \rho Q(V_{2y} - V_{1y})\text{에서}$$

$$-P_2A_2 + R_y = \rho QV_{2y}$$

$$\therefore R_y = P_2A_2 + \rho QV_{2y}$$

$$= 5\times10^4\times\frac{\pi}{4}\times0.3^2 + 102\times0.5\times\frac{0.5}{\frac{\pi}{4}\times0.3^2} \fallingdotseq 3893[\mathrm{kg}_f]$$

$$R = \sqrt{R_x^2 + R_y^2}$$

$$= \sqrt{3893^2 + 3893^2} \fallingdotseq 5506[\mathrm{kg}_f]$$

답 ㉱

4.2 관에 작용하는 힘

4.2.1 직관의 경우

[그림 4-2]와 같이 유체가 단면적이 변화하는 수평관 속을 흐를 때 ①, ② 단면 사이에 있는 유체에 운동량방정식을 적용하면

$$\sum F_x = \rho Q(V_{2x} - V_{1x})\text{에서}$$

$$R + P_1A_1 - P_2A_2 = \rho Q(V_2 - V_1)$$

$$\therefore R = \rho Q(V_2 - V_1) + P_2A_2 - P_1A_1 \tag{4-6}$$

반력 R의 방향은 임의로 정한 후 계산결과가 (+)값이면 그대로이고 (–)값이면 반대방향이다.

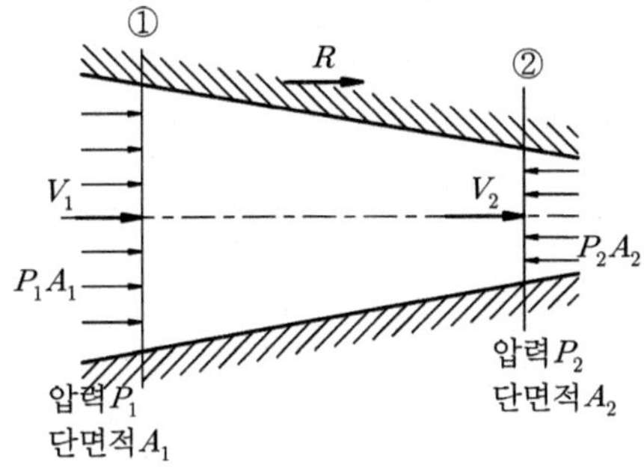

[그림 4-2]

4.2.2 곡관의 경우

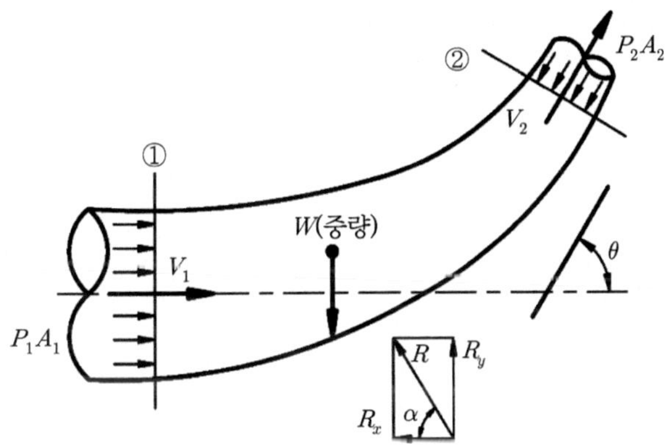

[그림 4-3]

[그림 4-3]과 같이 유체가 곡관 속을 흐를 때 ①, ② 단면 사이의 유체에 운동량방정식을 적용하면

$\sum F_x = \rho Q(V_{2x} - V_{1x})$에서

$$P_1A_1 - P_2A_2\cos\theta - R_x = \rho Q(V_2\cos\theta - V_1)$$

$$\therefore\ R_x = P_1A_1 - P_2A_2\cos\theta - \rho Q(V_2\cos\theta - V_1) \qquad (4\text{-}7)$$

$\sum F_y = \rho Q(V_{2y} - V_{1y})$에서

$$R_y - W - P_2A_2\sin\theta = \rho Q(V_2\sin\theta - 0)$$

$$\therefore\ R_y = W + P_2A_2\sin\theta + \rho Q V_2\sin\theta \qquad (4\text{-}8)$$

따라서 반력의 크기 R은

$$R = \sqrt{R_x^{\,2} + R_y^{\,2}} \tag{4-9}$$

$$\alpha = \tan^{-1}\frac{R_y}{R_x} \tag{4-10}$$

예제 4.5 **다음 그림과 같이 직경 40[mm]인 수평원관 속을 물이 흐르고 있다. ① 단면에서의 압력이 20[Pa], ②단면에서의 압력이 15[Pa]일 때 단면 ①과 ②사이의 유체가 관 벽에 미치는 힘은 몇 [N]인가? 단, 흐름은 정상류이다.**

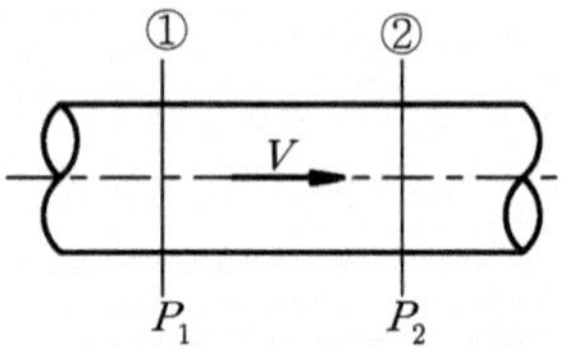

㉮ 3.98×10^{-2} ㉯ 5.45×10^{-2} ㉰ 6.28×10^{-3} ㉱ 8.61×10^{-3}

해설 단면 ①과 ②사이의 유체에 운동량방정식을 적용하면

$\sum F_x = \rho Q(V_{2x} - V_{1x})$에서

$P_1A_1 - P_2A_2 - R = \rho Q(V_2 - V_1)$

그런데 $A_1 = A_2 = A,\ V_1 = V_2$이므로

$(P_1 - P_2)A - R = 0$

$\therefore R = (P_1 - P_2)A = (20-15)\times\frac{\pi}{4}\times0.04^2 ≒ 6.28\times10^{-3}$[N]

답 ㉰

예제 4.6 **다음 그림과 같이 수평으로 놓인 점차축소관을 통하여 20[l/s]의 물이 정상류로 흐르고 있다. 단면 ① 에서의 압력이 200[kPa]이면 단면 ①과 ② 사이의 수축부가 받는 힘은 몇 [N]인가?❶**

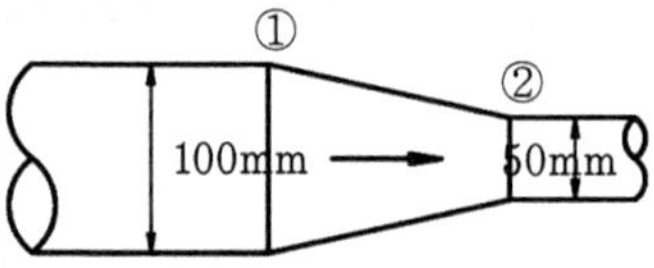

㉮ 1120 ㉯ 1850 ㉰ 2220 ㉱ 2670

해설 단면 ①과 ②사이의 유체에 운동량방정식을 적용하기 위하여 자유물체도를 생각하자.

운동량방정식 $\sum F_x = \rho Q(V_{2x} - V_{1x})$에서

$P_1A_1 + R_x - P_2A_2 = \rho Q(V_2 - V_1)$

$\therefore R_x = \rho Q(V_2 - V_1) - P_1A_1 + P_2A_2$

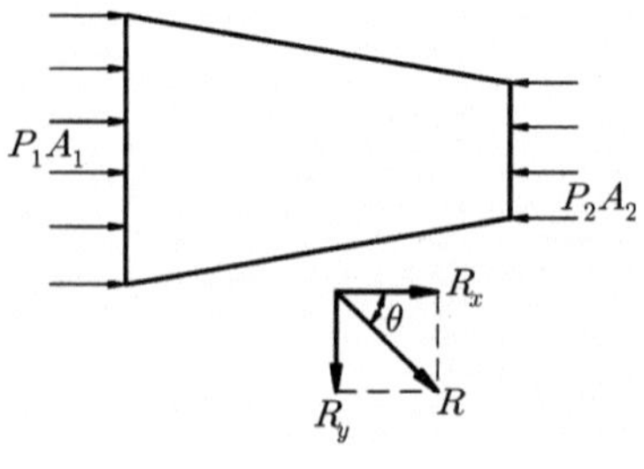

그런데 단면 ①과 ②에서의 유속은

$$V_1 = \frac{Q}{A_1} = \frac{4Q}{\pi d_1^2} = \frac{4\times20\times10^{-3}}{\pi\times0.1^2} ≒ 2.55\,[\text{m/s}]$$

$$V_2 = \frac{Q}{A_2} = \frac{4Q}{\pi d_2^2} = \frac{4\times20\times10^{-3}}{\pi\times0.05^2} ≒ 10.19\,[\text{m/s}]$$

또 단면 ①과 ②사이에 베루누이 방정식을 적용하면

$$\frac{V_1^2}{2g} + \frac{P_1}{\gamma} = \frac{V_2^2}{2g} + \frac{P_2}{\gamma}$$

$$\therefore P_2 = P_1 + \gamma\left(\frac{V_1^2 - V_2^2}{2g}\right)$$

$$= 200\times10^3 + 9800\left(\frac{2.55^2 - 10.19^2}{2\times9.8}\right) ≒ 151333[\mathrm{Pa}]$$

따라서 수평방향의 반력 R_x는

$$R_x = \rho Q(V_2 - V_1) - P_1A_1 + P_2A_2$$

$$= 1000\times20\times10^{-3}\times(10.19-2.55) - 200\times10^3\times\frac{\pi}{4}\times0.1^2 + 151333\times\frac{\pi}{4}\times0.05^2$$

$$≒ -1,120\,[\mathrm{N}]$$

R_x값이 (-)값이므로 자유물체도의 방향과 반대방향으로 작용한다.

$\sum F_y = \rho Q(V_{2y} - V_{1y})$에서

$V_{1y} = V_{2y} = 0,\ \sum F_y = -R_y$(유체의 자중은 무시)이므로

$R_y = 0$

즉, 유동하는 반대방향으로 1120[N]의 힘이 작용한다. 답 ㉮

예제 4.7 **다음 그림과 같은 직각벤드를 통하여 $3[\mathrm{m^3/s}]$의 물이 정상류로 흐르로 있을 때 직각벤드에 미치는 힘의 크기는 몇 $[\mathrm{kg_f}]$인가? 단, 유체의 자중은 무시한다.**

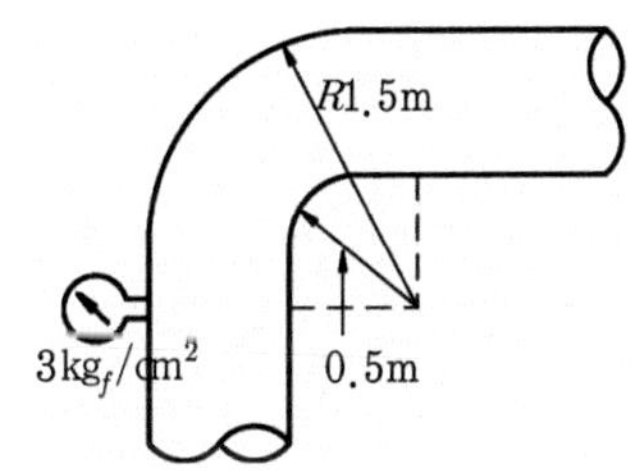

㉮ 19769 ㉯ 25004

㉰ 28911 ㉱ 34958

해설 직각벤드에 운동량방정식을 적용시키기 위하여 다음과 같은 자유물체도를 생각하자.
자유물체도에서 W는 직각벤드 속에 있는 유체의 무게이다. 유체의 자중은 무시하므로

$W = 0$

$\sum F_x = \rho Q(V_{2x} - V_{1x})$에서

$R_x - P_2A = \rho Q(V_2 - 0)$

$\therefore R_x = \rho QV_2 + P_2A$

$$= 102\times3\times\frac{4\times3}{\pi\times1^2} + 3\times10^4\times\frac{\pi}{4}\times1^2$$

$$≒ 24719\,[\mathrm{kg_f}]$$

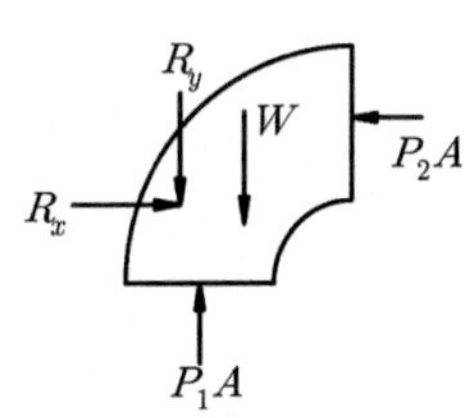

$\sum F_y = \rho Q(V_{2y} - V_{1y})$에서

$P_1A - R_y - W = \rho Q(0 - V_1)$

$\therefore R_y = P_1A + \rho QV_1 - W$

$$= 3\times10^4\times\frac{\pi}{4}\times1^2 + 102\times3\times\frac{4\times3}{\pi\times1^2} - 0$$

$$≒ 24719\,[\mathrm{kg_f}]$$

따라서 합력 R은

$$R = \sqrt{R_x^2 + R_y^2}$$

$$= \sqrt{24719^2 + 24719^2} ≒ 34958[\mathrm{kg_f}]$$

답 ㉱

4.3 분류(噴流)가 날개에 작용하는 힘

분류(噴流, jet)가 날개에 작용하는 힘은 다음과 같은 가정하에서 생각하기로 한다.

(1) 벽면과 분류 사이의 마찰력은 무시한다.

(2) 유체의 위치에너지 변화는 무시한다.

(3) 분류의 단면적은 일정하다.

(4) 분류의 정압은 대기압으로서 일정하다.

4.3.1 고정 평판에 작용하는 힘

[그림 4-4]에서 평판에 미치는 힘은

$\sum F_y = \rho Q(V_{2y} - V_{1y})$에서

$$-R = \rho Q(0 - V_{1y}) = -\rho QV\sin\theta$$

$$\therefore R = \rho QV\sin\theta \qquad (4\text{-}11)$$

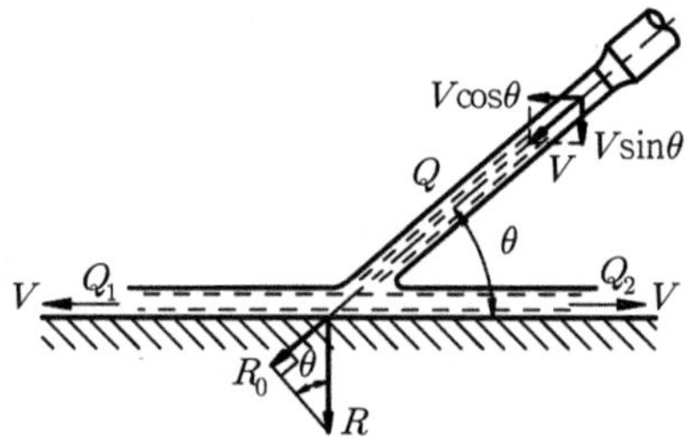

[그림 4-4]

또 분류방향의 분력은

$$R_0 = R\sin\theta = \rho QV\sin^2\theta \qquad (4\text{-}12)$$

유량 Q_1과 Q_2는 다음 식으로 구할 수 있다.

$$\left.\begin{aligned} Q_1 &= \frac{Q}{2}(1+\cos\theta) \\ Q_2 &= \frac{Q}{2}(1-\cos\theta) \end{aligned}\right\} \qquad (4\text{-}13)$$

4.3.2 고정 곡면판에 작용하는 힘

[그림 4-5]와 같이 분류가 곡면판 위를 흐를 때 곡면판에 미치는 힘을 생각하자.

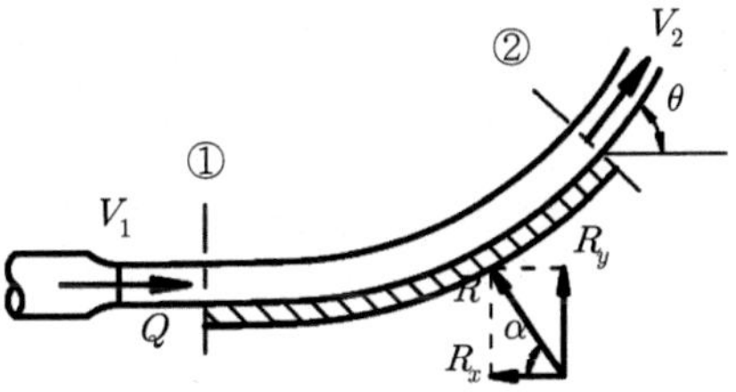

[그림 4-5]

단면 ① 과 ②사이에 운동량방정식을 적용하면

$$\sum F_x = -R_x = \rho Q(V_2 \cos\theta - V_1)$$

$V_2 = V_1$이므로 V로 놓으면

$$R_x = \rho Q V(1 - \cos\theta) \tag{4-14}$$

$$\sum F_y = R_y = \rho Q(V_2 \sin\theta - 0)$$

$$\therefore\ R_y = \rho Q V \sin\theta \tag{4-15}$$

따라서 수평력 R_x와 수직력 R_y를 합성하면 합력 R이 된다.

$$\left.\begin{aligned} R &= \sqrt{R_x^{\ 2} + R_y^{\ 2}} \\ \alpha &= \tan^{-1}\frac{R_y}{R_x} \end{aligned}\right\} \tag{4-16}$$

4.3.3 움직이는 평판에 작용하는 힘

[그림 4-6]과 같이 분류의 방향으로 V_2의 속도로 움직이는 평판에 분류가 충돌할 때 분류의 충돌 속도는 $V_1 - V_2$이고, 단위시간당 평판에 충돌하는 유량은 $A(V_1 - V_2)$이므로 평판에 미치는 힘은

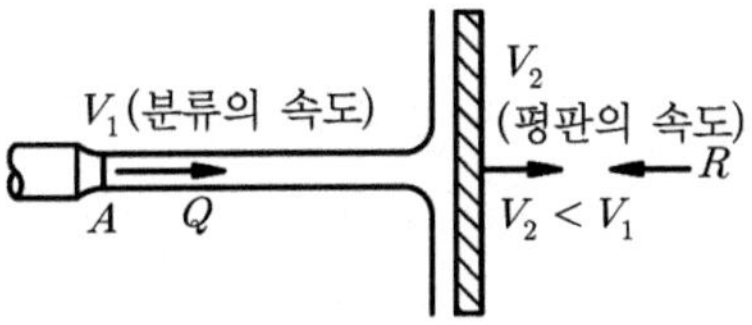

[그림 4-6]

$$\sum F_x = -R = \rho Q(V_2 - V_1)$$

$$\therefore\ R = \rho Q(V_1 - V_2) = \rho A(V_1 - V_2)^2 \tag{4-17}$$

4.3.4 움직이는 곡면판에 작용하는 힘

[그림 4-7]은 곡면판이 분류방향으로 속도 U로 움직일 때 속도 V_1의 분류가 곡면판에 충돌하는 경우이다. 이때 곡면판의 입구와 출구에서 분류의 곡면판에 대한 상대속도는 각각 다음과 같다.

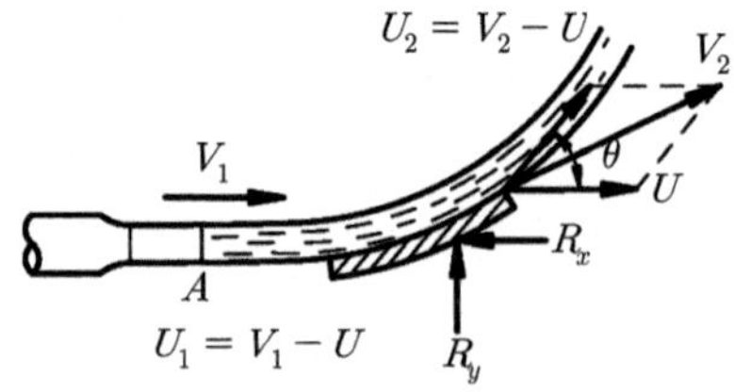

[그림 4-7]

$$U_1 = V_1 - U$$
$$|\overrightarrow{U_2}| = |\overrightarrow{V_2} - \overrightarrow{U}| = |\overrightarrow{V_1} - \overrightarrow{U}| \quad (\because V_1 = V_2)$$

따라서 곡면판에 작용하는 힘은

$$\sum F_x = -R_x = \rho A U_1 (U_2 \cos\theta - U_1)$$
$$\therefore R_x = \rho A U_1 (U_1 - U_2 \cos\theta) = \rho A (V_1 - U)^2 (1 - \cos\theta) \tag{4-18}$$

$$\sum F_y = R_y = \rho A U_1 (U_2 \sin\theta - 0)$$
$$\therefore R_y = \rho A U_1 U_2 \sin\theta = \rho A (V_1 - U)^2 \sin\theta \tag{4-19}$$

또 곡면판이 얻는 동력은

$$P = R_x \cdot U = \rho A (V_1 - U)^2 (1 - \cos\theta) \cdot U \tag{4-20}$$

예제 4.8 **다음 그림과 같이 수직평판에 분류가 수평으로 충돌할 때 이 평판을 지지하는 데 몇 [N]의 힘이 필요한가? 단, 분류의 속도는 5[m/s], 분류의 직경은 10[cm]이며 분류는 물이다.**

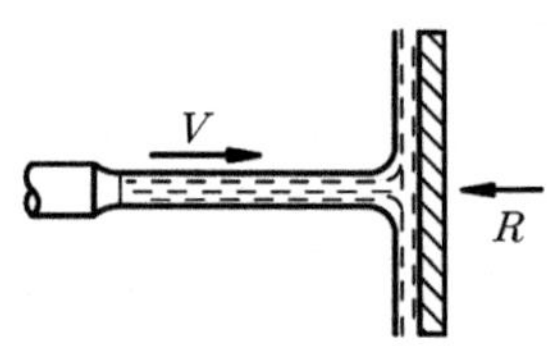

㉮ 98 ㉯ 196 ㉰ 294 ㉱ 392

해설
$$\sum F_x = -R = \rho Q (V_{2x} - V_{1x})$$
$$\therefore R = \rho Q (V_{1x} - V_{2x})$$
$$= \rho Q V$$
$$= \rho A V^2$$
$$= 1000 \times \frac{\pi}{4} \times 0.1^2 \times 5^2 \fallingdotseq 196[\mathrm{N}]$$

답 ㉯

예제 4.9 다음 그림과 같이 분류가 평판에 충돌할 때 평판을 지지하는 데 필요한 힘 R는 몇 [N]인가? 유량은 100[l/s], 물의 비중량은 9800[N/m^3], 분류의 속도는 100[m/s]이다.

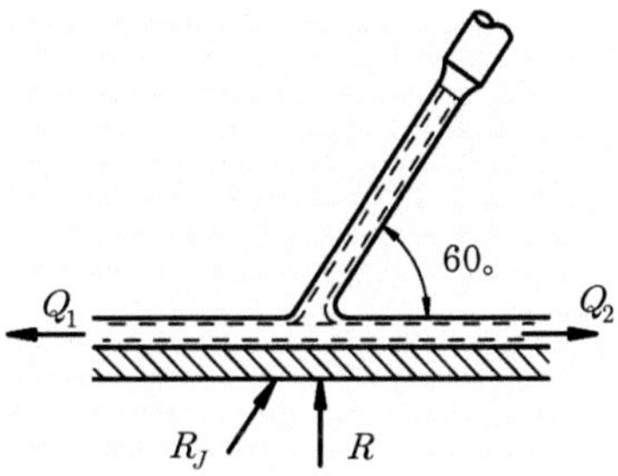

㉮ 8660 ㉯ 7506

㉰ 6497 ㉱ 5655

해설 식(4-11)에서

$$R = \rho QV\sin\theta$$
$$= 1000 \times 100 \times 10^{-3} \times 100 \times \sin 60°$$
$$\fallingdotseq 8660\,[N]$$

답 ㉮

예제 4.10 예제 9에서 분류방향의 힘 R_j는 몇 [N]인가?

㉮ 7000 ㉯ 7500 ㉰ 8500 ㉱ 9000

해설 식(4-12)에서

$$R_j = \rho QV\sin^2\theta$$
$$= 1000 \times 100 \times 10^{-3} \times 100 \times \sin^2 60°$$
$$= 7500\,[N]$$

답 ㉯

예제 4.11 예제 9에서 유량 Q_1과 Q_2는 각각 몇 [l/s]인가?

㉮ $Q_1 = 60,\ Q_2 = 40$ ㉯ $Q_1 = 65,\ Q_2 - 35$

㉰ $Q_1 = 70,\ Q_2 = 30$ ㉱ $Q_1 = 75,\ Q_2 = 25$

해설 식(4-13)에서

$$Q_1 = \frac{Q}{2}(1+\cos\theta) = \frac{100}{2} \times (1+\cos 60°) = 75\,[l/s]$$

$$Q_2 = \frac{Q}{2}(1-\cos\theta) = \frac{100}{2} \times (1-\cos 60°) = 25\,[l/s]$$

답 ㉱

예제 4.12 다음 그림과 같이 물이 곡면판에 충돌할 때 판을 지지하기 위해 필요한 힘은 몇 [N]인가?

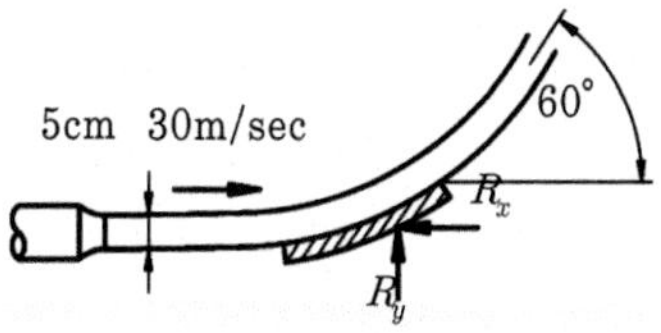

㉮ 1570 ㉯ 1666

㉰ 1767 ㉱ 1862

해설 $\sum F_x = -R_x = \rho Q(V_2\cos 60° - V_1)$

$$\therefore\ R_x = \rho Q(V_1 - V_2\cos 60°)$$

$$= 1000 \times \frac{\pi}{4} \times 0.05^2 \times 30 \times (30 - 30\cos 60°) \fallingdotseq 883\,[N]$$

$$\sum F_y = R_y = \rho Q(V_2 \sin 60° - 0)$$

$$\therefore R_y = \rho QV \sin 60°$$

$$= 1000 \times \frac{\pi}{4} \times 0.05^2 \times 30 \times 30 \sin 60° \fallingdotseq 1530[\text{N}]$$

따라서 합력 R은

$$R = \sqrt{R_x^2 + R_y^2}$$

$$= \sqrt{883^2 + 1530^2} \fallingdotseq 1767[\text{N}]$$

답 ㉰

예제 4.13 예제 12에서 합력 R의 방향은 수평과 몇 도 기울어진 방향인가?

㉮ 45°　　㉯ 50°　　`㉰ 55°　　㉱ 60°

해설

$$\theta = \tan^{-1}\frac{R_y}{R_x}$$

$$= \tan^{-1}\frac{1530}{883} \fallingdotseq 60°$$

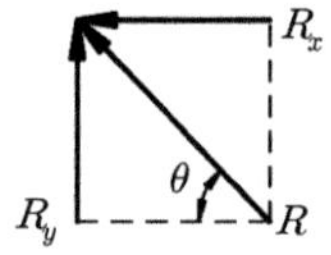

답 ㉱

예제 4.14 다음 그림과 같이 평판이 $U = 5$ [m/s]의 속도로 움직이고 있을 때 노즐에서 물이 10[m/s]의 속도로 수직평판에 충돌하고 있다. 이 때 평판이 받는 힘은 몇 [N]인가? 단, 분류의 직경은 10[cm]이다.

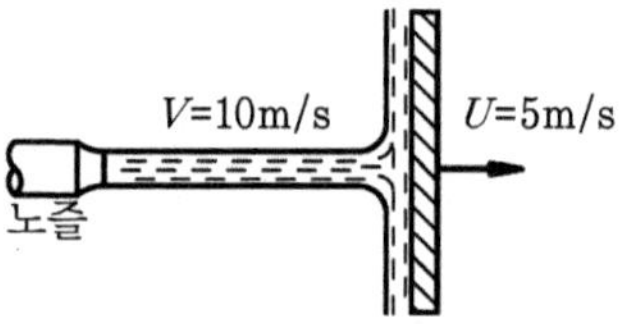

㉮ 196　　㉯ 294

㉰ 392　　㉱ 490

해설

$$\sum F_x = -R_x = \rho Q(V_{2x} - V_{1x})$$

$$= \rho A(V - U)\{0 - (V - U)\}$$

$$\therefore R_x = \rho A(V - U)^2$$

$$= 1000 \times \frac{\pi}{4} \times 0.1^2 \times (10 - 5)^2$$

$$\fallingdotseq 196[\text{N}]$$

답 ㉮

예제 4.15 지름이 10[cm]인 분류가 속도 40[m/s]로서 20[m/s]로 이동하는 곡면판에 충돌할 때 곡면판에 미치는 수평력은 몇 [N]인가? 단, 분류는 물로서 비중량이 9800 [N/m^3]이다.

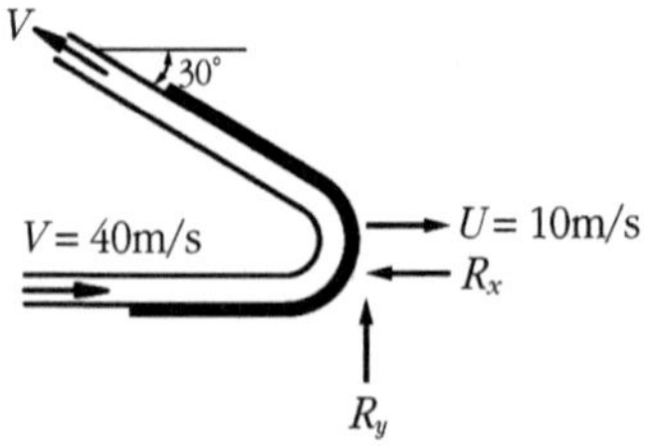

㉮ 5302　　㉯ 5859　　㉰ 6096　　㉱ 6840

해설

$$\sum F_x = -R_x = \rho Q(V_{2x} - V_{1x})$$

$$= \rho A(V - U)\{(V - U)\cos 150° - (V - U)\}$$

$\therefore R_x = \rho A(V-U)^2(1-\cos 150°)$

$= 1000 \times \frac{\pi}{4} \times 0.1^2 \times (40-20)^2 \times (1-\cos 150°) ≒ 5859\,[\mathrm{N}]$ 답 ㉯

예제 4.16 예제 15에서 분류가 곡면판에 미치는 수직력은 몇 [N]인가?

㉮ 1274 ㉯ 1372 ㉰ 1470 ㉱ 1570

해설 $\sum F_y = R_y = \rho Q(V_{2y} - V_{1y})$

$= \rho A(V-U)\{(V-U)\sin\theta - 0\}$

$= \rho A(V-U)^2 \sin\theta$

$\therefore R_y = \rho A(V-U)^2 \sin\theta$

$= 1000 \times \frac{\pi}{4} \times 0.1^2 \times (40-20)^2 \times \sin 150°$

$≒ 1570\,[\mathrm{N}]$ 답 ㉱

예제 4.17 예제 15에서 곡면판이 얻는 동력은 몇 [kW]인가?

㉮ 117 ㉯ 183 ㉰ 225 ㉱ 264

해설 $P = R_x \cdot U = 5859 \times 20 = 117180\,[\mathrm{N \cdot m/s}] = 117180\,[\mathrm{J/s}] = 117180\,[\mathrm{W}]$

$≒ 117\,[\mathrm{kW}]$ 답 ㉮

4.4 분사추진(噴射推進)

4.4.1 탱크의 벽에 설치한 노즐에 의한 추진

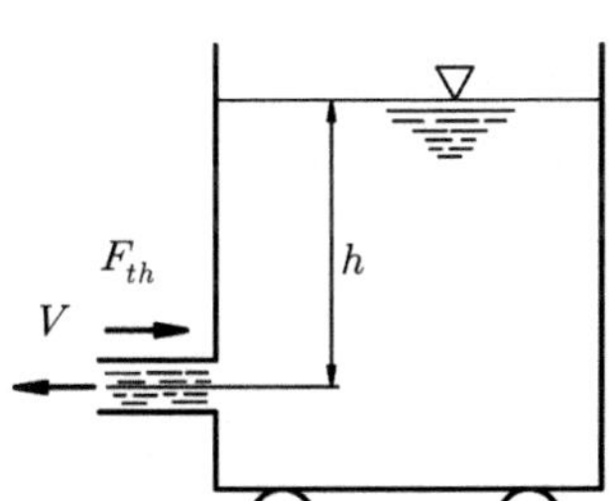

[그림 4-8]

[그림 4-8]과 같은 수조차의 벽에 설치된 노즐에서 분류가 속도 V로 분출할 때 탱크에서 단위시간에 잃게되는 운동량은 ρQV이다. 따라서 탱크는 분류의 방향과 반대방향으로 ρQV의 추력을 받는다. 즉,

$$F_{th} = \rho QV$$

그런데 노즐에서 분출하는 분류의 속도는

$$V = C_v\sqrt{2gh},\ (C_v : \text{유속계수})$$

또 유량은

$$Q = C_c A \cdot V, \ (C_c : \text{수축계수})$$

$$\therefore F_{th} = \rho C_c A \sqrt{2gh} \cdot C_v \sqrt{2gh} = 2\gamma CAh, \ (C = C_v \cdot C_c : \text{유량계수})$$

노즐에서 유량계수는 $C \fallingdotseq 1$ 이므로

$$F_{th} = 2\gamma Ah \tag{4-21}$$

즉, 탱크는 분류에 의하여 노즐의 면적에 작용하는 정압의 2배에 해당하는 힘을 받아 분류와 반대방향으로 움직인다.

4.4.2 제트비행기의 추진

[그림 4-9]는 공기의 질량유량 $\rho_1 Q_1$이 V_1의 속도로 제트기에 흡입되어 기체 내에서 연료와 혼합하고 연소된 다음 연소가스의 질량유량 $\rho_2 Q_2$가 V_2의 속도로 배출하는 경우를 나타낸 것이다. 이 때 제트기는 입구에서 단위시간당 $\rho_1 Q_1 V_1$의 운동량을 얻고 출구에서는 $\rho_2 Q_2 V_2$의 운동량을 잃는다.

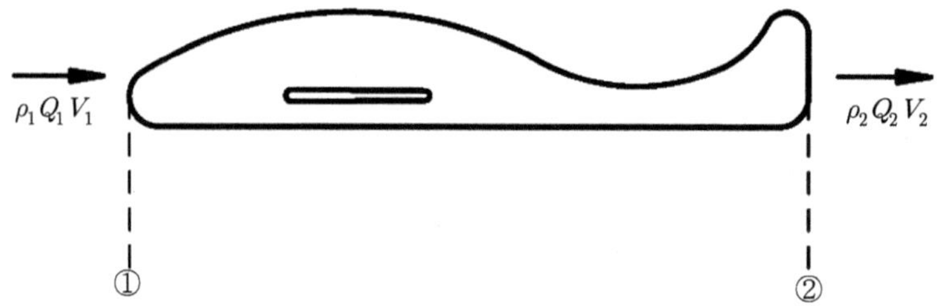

[그림 4-9]

따라서 제트기가 받는 추력은

$$F_{th} = \rho_2 Q_2 V_2 - \rho_1 Q_1 V_1 \tag{4-22}$$

ρ_1, Q_1, V_1 : 제트기 입구에서 공기의 밀도, 유량, 유속

ρ_2, Q_2, V_2 : 제트기에서 나오는 연소가스의 밀도, 유량, 유속

연속방정식 $\rho_1 Q_1 = \rho_2 Q_2 = \rho Q$가 성립하는 경우는

$$F_{th} = \rho Q(V_2 - V_1) \tag{4-23}$$

제트기의 추진동력은

$$P = F_{th} \cdot V_1 = \rho Q(V_2 - V_1) \cdot V_1 \tag{4-24}$$

단위시간에 버리는 에너지, 즉 손실은

$$h_\ell = \frac{1}{2}\rho Q(V_2 - V_1)^2 \tag{4-25}$$

따라서 추진효율은

$$\eta = \frac{\text{출력}}{\text{출력} + \text{손실}} = \frac{\rho Q(V_2 - V_1) \cdot V_1}{\rho Q(V_2 - V_1)V_1 + \frac{1}{2}\rho Q(V_2 - V_1)^2}$$

$$= \frac{1}{1 + \frac{1}{2}\frac{(V_2 - V_1)}{V_1}} \tag{4-26}$$

4.4.3 로켓 추진

로켓에서 분출되는 질량유량을 ρQ, 분출속도를 V라고 하면 추진력 F_{th}는

$$F_{th} = \rho Q V \tag{4-27}$$

예제 4.18 **다음 그림과 같은 탱크차의 벽에 설치된 노즐로부터 물이 분출되고 있다. 노즐은 수면으로부터 3 [m]아래에 있고 분류의 직경은 10[cm]이다. 이 때 탱크차가 받는 추력은 몇 [N]인가?**

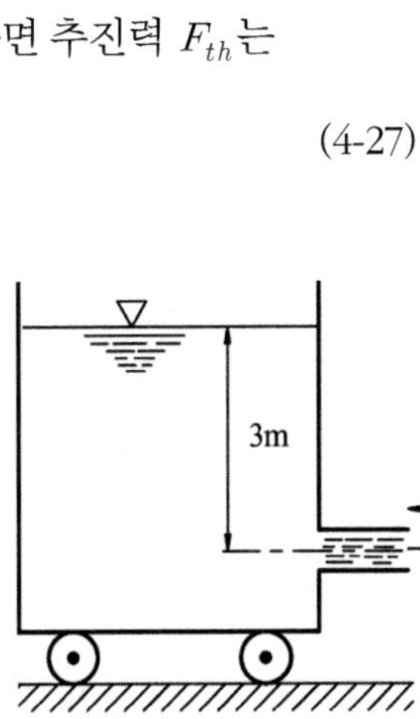

㉮ 384　　㉯ 462
㉰ 519　　㉱ 606

해설 식(4-21)로부터

$$F_{th} = 2\gamma A h = 2 \times 9800 \times \frac{\pi}{4} \times 0.1^2 \times 3 \fallingdotseq 462[\text{N}]$$

답 ㉯

예제 4.19 600[km/h]의 속도로 날고 있는 제트기가 400[m/s]의 속도로 배기가스를 배출하고 있다. 제트기의 흡기량은 20[kg/s]이고 배기량은 연소가스가 2[%] 증가될 때 제트기의 추진력은 몇 [N]인가?

㉮ 2238　　㉯ 3675　　㉰ 4826　　㉱ 5564

해설 제트기의 속도를 V_1이라고 하면 이 속도는 흡입공기의 속도와 같다.

$$V_1 = \frac{600\times10^3}{3600} \fallingdotseq 166.7\,[\text{m/s}]$$

배출가스속도는

$$V_2 = 400\,[\text{m/s}]$$

흡입가스의 질량유량은

$$\rho_1 Q_1 = 20\,[\text{kg/s}]$$

배출가스의 질량유량은

$$\rho_2 Q_2 = \rho_1 Q_1 + \rho_1 Q_1 \times \frac{2}{100} = 20 + 20\times\frac{2}{100} = 20.4\,[\text{kg/s}]$$

따라서 제트기의 추력은 식(4-22)에 의해서

$$F_{th} = \rho_2 Q_2 V_2 - \rho_1 Q_1 V_1$$
$$= 20.4\times400 - 20\times166.7 = 4826\,[\text{N}]$$

답 ㉰

예제 4.20 배가 분사추진에 의해 10[m/s]로 흐르는 강물을 거슬러 올라가고 있다. 배의 속도는 5[m/s]이고 배는 앞에서 물을 공급받아서 배의 뒤쪽으로 0.18 [m^3/s]의 물을 단면적 50[cm^2]인 노즐을 통하여 분출한다. 이 때 배의 추진동력은 몇 [PS]인가?

㉮ 18.4　　㉯ 22.5　　㉰ 25.7　　㉱ 30.6

해설 배의 앞부분에서 물의 상대속도 V_1은

$$V_1 = 5 + 10 = 15\,[\text{m/s}]$$

배의 뒤쪽에서 물의 속도 V_2는

$$V_2 = \frac{Q}{A} = \frac{0.18}{50\times10^{-4}} = 36\,[\text{m/s}]$$

따라서 배의 추진력은

$$F_{th} = \rho Q(V_2 - V_1)$$
$$= 102\times0.18\times(36-15)$$
$$\fallingdotseq 385.6\,[\text{kg}_f]$$

추진동력은

$$P = F_{th}\cdot V = 385.6\times5 = 1928\,[\text{kg}_f\cdot\text{m/s}] \fallingdotseq 25.7\,[\text{PS}]$$

답 ㉰

예제 4.21 어떤 로켓이 120[kg/s]의 연소가스를 1800[m/s]의 속도로 분출하고 있다. 이 로켓의 추진력은 몇 [kN]인가?

㉮ 216　　㉯ 279　　㉰ 298　　㉱ 347

해설 연소가스의 질량유량

$\rho Q = 120[\mathrm{kg/s}]$

로켓의 추진력은

$$F_{th} = \rho QV$$
$$= 120 \times 1800$$
$$= 216000[\mathrm{N}] = 216[\mathrm{kN}]$$

답 ㉮

4.5 프로펠러(propeller) 이론

[그림 4-10]은 유속 V_1의 유체가 프로펠러의 회전에 의해 유속 V_4로 되는 경우를 나타낸 것이다. 프로펠러를 지나는 동안 유속 V는 변화하지 않으며 운동량방정식을 적용하면 프로펠러가 유체에 가해준 힘은

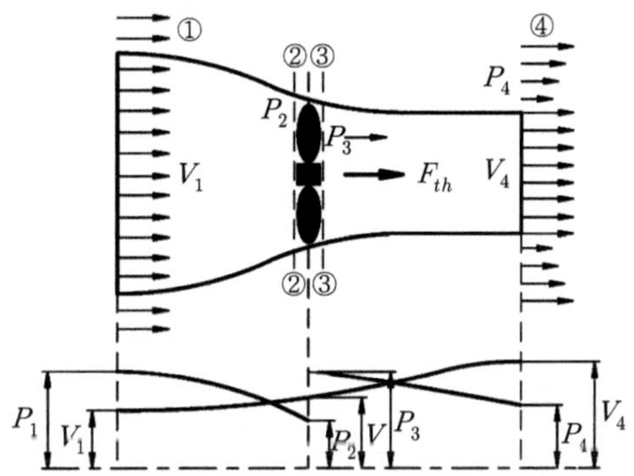

[그림 4-10]

$$F_{th} = (P_3 - P_2)A$$
$$= \rho Q(V_4 - V_1)$$
$$= \rho AV(V_4 - V_1) \tag{4-28}$$

따라서

$$P_3 - P_2 = \rho V(V_4 - V_1) \tag{4-29}$$

또, 단면 ①과 ②, ③과 ④ 사이에 각각 베루누이방정식을 적용하고 $P_1 = P_4$를 대입하면

$$P_3 - P_2 = \frac{1}{2}\rho(V_4^2 - V_1^2) \tag{4-30}$$

식(4-29)와 식 (4-30)에서 프로펠러를 지나는 유속 V는

$$V = \frac{V_1 + V_4}{2} \tag{4-31}$$

프로펠러의 출력은

$$P_0 = F_{th} \cdot V_1 = \rho Q(V_4 - V_1) \cdot V_1 \tag{4-32}$$

프로펠러의 입력은

$$P_i = \frac{\rho Q}{2}(V_4^2 - V_1^2)$$
$$= \rho Q(V_4 - V_1) \cdot V \qquad (4\text{-}33)$$

따라서 프로펠러의 이론 효율은

$$\eta_{th} = \frac{P_0}{P_i} = \frac{\rho Q(V_4 - V_1) \cdot V_1}{\rho Q(V_4 - V_1) \cdot V} = \frac{V_1}{V} \qquad (4\text{-}34)$$

여기서 $V = V_1$일 때는 프로펠러의 효율이 100[%]이지만 $V_1 = V_4$로 되어 추력이 발생하지 않는다.

예제 4.22 **지름 50[cm]의 프로펠러로 5 [m³/s]의 물을 분출하는 보트가 50[km/h]의 속력으로 달리고 있다. 이 보트의 추진력은 몇 [kN]인가?**

㉮ 82 ㉯ 97 ㉰ 103 ㉱ 116

해설 프로펠러를 통과하는 물의 평균속도는

$$V = \frac{Q}{A} = \frac{4Q}{\pi d^2} = \frac{4 \times 5}{\pi \times 0.5^2} \fallingdotseq 25.5[\text{m/s}]$$

보트의 추진속도는

$$V_1 = \frac{50 \times 10^3}{3600} \fallingdotseq 13.9[\text{m/s}]$$

식(4-31)로부터 물의 분출속도는

$$V_4 = 2V - V_1 = 2 \times 25.5 - 13.9 = 37.1[\text{m/s}]$$

따라서, 보트의 추진력은 식(4-28)로부터

$$F_{th} = \rho Q(V_4 - V_1)$$
$$= 1000 \times 5 \times (37.1 - 13.9)$$
$$= 116000[\text{N}]$$
$$= 116[\text{kN}]$$

답 ㉱

예제 4.23 **예제 22에서 프로펠러를 구동하는데 필요한 동력은 몇 [kW]인가?**

㉮ 2268 ㉯ 2543 ㉰ 2958 ㉱ 3254

해설 식(4-33)에서 입력 P_i는

$$P_i = \rho Q(V_4 - V_1) \cdot V$$
$$= 1000 \times 5 \times (37.1 - 13.9) \times 25.5$$
$$= 2958000[\text{N} \cdot \text{m/s}] = 2958[\text{kW}]$$

답 ㉰

예제 4.24 예제 22에서 프로펠러의 출력은 몇 [kW]인가?

㉮ 2645 ㉯ 2298 ㉰ 1954 ㉱ 1612

해설 식(4-32)에서 출력 P_0는

$$P_0 = F_{th} \cdot V_1$$
$$= \rho Q(V_4 - V_1) \cdot V_1$$
$$= 1000 \times 5 \times (37.1 - 13.9) \times 13.9$$
$$= 1612400[\mathrm{N \cdot m/s}] \fallingdotseq 1612[\mathrm{kW}]$$

답 ㉱

예제 4.25 예제 22에서 프로펠러의 효율은?

㉮ 54.5 ㉯ 58.4 ㉰ 60.3 ㉱ 63.8

해설 식(4-34)로부터

$$\eta_{th} = \frac{V_1}{V} = \frac{13.9}{25.5} \fallingdotseq 0.545 = 54.5[\%]$$

또는

$$\eta_{th} = \frac{P_0}{P_i} = \frac{1612}{2958} \fallingdotseq 0.545 = 54.5[\%]$$

답 ㉮

4.6 운동량 모멘트의 원리

"임의의 한 점을 중심으로 하여 물체에 작용한 힘의 모멘트는 그 점을 중심으로 한 물체의 운동량 모멘트의 시간에 대한 변화율과 같다." 이것을 **운동량 모멘트의 원리**라고 한다.

질량 m인 물체가 임의의 한 점을 중심으로 하여 반지름 r인 곡선 위를 속도 V로 운동하고 있을 때 이 물체에 작용한 힘의 모멘트 T는

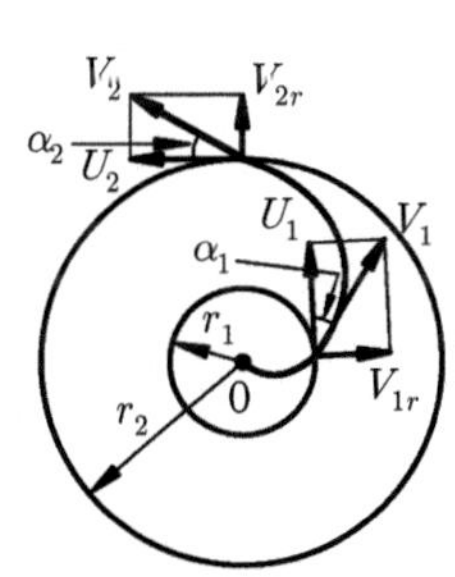

[그림 4-11]

$$T = \frac{d(mV \cdot r)}{dt} \tag{4-35}$$

운동량 모멘트의 원리를 [그림 4-11]과 같은 정상류의 선회류(旋回流)에 적용하면

$$T = \rho_2 Q_2 V_2 \cos\alpha_2 r_2 - \rho_1 Q_1 V_1 \cos\alpha_1 r_1$$
$$= \rho_2 Q_2 U_2 r_2 - \rho_1 Q_1 U_1 r_1 \tag{4-36}$$

만일 연속방정식 $\rho_1 Q_1 = \rho_2 Q_2 = \rho Q$가 성립하면

$$T = \rho Q(U_2 r_2 - U_1 r_1) \tag{4-37}$$

이 원리는 펌프, 터빈 및 송풍기의 회전차의 이론에 적용된다.

예제 4.26 **다음 그림과 같은 스프링클러(springkler)의 각 노즐로부터 분출되는 물의 양은 300 [cm^3/s] 이고 각 노즐의 단면적은 1.0 [cm^2] 이다. 이 스프링클러의 회전수는 몇 [rpm]인가?**

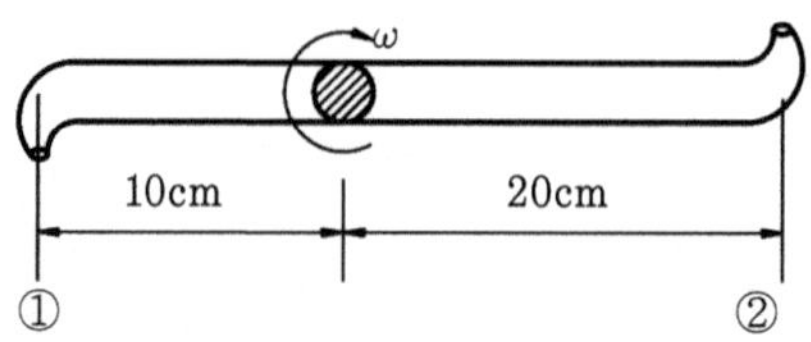

㉮ 138 ㉯ 153 ㉰ 172 ㉱ 196

해설 노즐 출구에서의 절대속도를 각각 V_{t1}, V_{t2}, 또 노즐 출구에 대한 분류의 상대속도를 V_{r1}, V_{r2}라고 한다. 스프링클러에는 외력이 작용하지 않으므로 운동량모멘트가 0이고 따라서 노즐 출구에서 물의 절대속도에 의한 운동량 모멘트의 합도 0이 되어야 한다. 즉

$$\rho Q_1 V_{t1} r_1 + \rho Q_2 V_{t2} r_2 = 0$$

$$Q_1 = Q_2 = 300[\text{cm}^3/\text{s}] = 3\times 10^{-4}[\text{m}^3/\text{s}]$$

$$V_{t1} = V_{r1} - r_1\omega = \frac{3\times 10^{-4}}{1\times 10^{-4}} - 0.1\omega = 3 - 0.1\omega$$

$$V_{t2} = V_{r2} - r_2\omega = \frac{3\times 10^{-4}}{1\times 10^{-4}} - 0.2\omega = 3 - 0.2\omega$$

따라서

$$\rho Q_1 V_{t1} r_1 + \rho Q_2 V_{t2} r_2 = \rho Q(V_{t1} r_1 + V_{t2} r_2)$$
$$= \rho Q\{(3-0.1\omega)r_1 + (3-0.2\omega)r_2\} = 0$$

$\rho Q \neq 0$이므로

$$(3-0.1\omega)\times 0.1 + (3-0.2\omega)\times 0.2 = 0$$

$$\therefore \ \omega = 18[\text{rad/s}]$$

$$N = \frac{60\omega}{2\pi} = \frac{60\times 18}{2\times\pi} \fallingdotseq 172[\text{rpm}]$$

답 ㉰

4.7 운동에너지 수정계수와 운동량 수정계수

유체의 운동에너지 및 운동량을 계산하는 데 있어서 실제속도로 계산하지 않고 평균속도로 계산함으로써 생기는 오차를 보정해주기 위한 계수를 말한다.

4.7.1 운동에너지 수정계수

$$\alpha = \frac{1}{AV^3}\int_A u^3 dA \qquad (4\text{-}38)$$

$$\alpha = \begin{cases} \text{층류} : 2 \\ \text{난류} : 1.01 \sim 1.10 \end{cases}$$

V : 평균속도

u : 실제속도

A: 유동단면적

4.7.2 운동량 수정계수

$$\beta = \frac{1}{AV^2}\int_A u^2 dA \qquad (4\text{-}39)$$

$$\beta = \begin{cases} \text{층류} : \dfrac{4}{3} \\ \text{난류} : 1.01 \sim 1.05 \end{cases}$$

예제 4.27 직경 50[cm]인 수평원관 속을 기름이 흐르고 있다. 관의 벽면에서의 속도는 0이고 최대 속도는 $u_{max} = 4[\text{m/s}]$로서 관 중심에서 일어나며 속도분포는 포물선이다. 이때 운동에너지 수정계수는 얼마인가?

㉮ 1.01 ㉯ 1.05 ㉰ 1.54 ㉱ 2.00

해설 평균속도 $V = \frac{1}{2}u_{max}$ 이므로 운동에너지 수정계수 α는

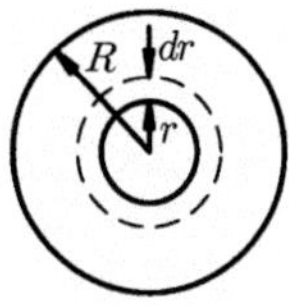

$dA = 2\pi r dr$

$$\alpha = \frac{1}{AV^3}\int_A u^3 dA$$

$$= \frac{1}{AV^3}\int_0^R u_{\max}^3 (1 - \frac{r^2}{R^2})^3 2\pi r dr$$

$$= \frac{8}{\pi R^2 u_{\max}^3}\cdot 2\pi u_{\max}^3 \int_0^R (1 - 3\frac{r^2}{R^2} + 3\frac{r^4}{R^4} - \frac{r^6}{R^6}) r dr$$

$$= \frac{16}{R^2}\left[\frac{r^2}{2} - \frac{3}{4}\frac{r^4}{R^2} + \frac{1}{2}\frac{r^6}{R^4} - \frac{1}{8}\frac{r^8}{R^6}\right]_0^R$$

$$= \frac{16}{R^2}\left[\frac{R^2}{2} - \frac{3}{4}\frac{R^4}{R^2} + \frac{1}{2}\frac{R^6}{R^4} - \frac{1}{8}\frac{R^8}{R^6}\right]$$

$$= \frac{16}{R^2}\left[\frac{R^2}{2} - \frac{3}{4}R^2 + \frac{1}{2}R^2 - \frac{1}{8}R^2\right]$$

$$= 16\left[\frac{1}{2} - \frac{3}{4} + \frac{1}{2} - \frac{1}{8}\right]$$

$$= 2$$

여기서 운동에너지 수정계수가 2이므로 층류라는 것을 알 수 있다. 답 ㉣

예제 4.28 **속도가 균일한 단면에서의 운동량 수정계수는?**

㉮ 1.00 ㉯ 1.01 ㉰ 1.05 ㉣ $\frac{4}{3}$

해설 운동량 수정계수 β는

$$\beta = \frac{1}{AV^2}\int_A u^2 dA$$

속도가 균일하므로 $u = V$이다.

$$\therefore \beta = \frac{1}{AV^2}\int_A u^2 dA$$

$$= \frac{V^2}{AV^2}\int_A dA$$

$$= 1$$

답 ㉮

연습문제

기초문제

1. 직경 500[mm]인 수평원관에 물이 흐르고 있다. ①단면에서의 압력이 100[kg_f/m^2], ②단면에서의 압력이 50[kg_f/m^2]일 때 두 단면 사이의 벽면이 받는 마찰력은 몇 [kg_f]인가?

㉮ 8.4　　㉯ 9.8　　㉰ 10.5　　㉱ 11.2

해설 답 ㉯

다음 그림에서 마찰력을 F, 각 단면에서의 압력을 P_1, P_2, 유속을 V_1, V_2, 단면적을 A라고 하고 두 단면 사이에 운동량 방정식을 적용하면

$\sum F_x = \rho Q(V_{2x} - V_{1x})$에서

$$P_1 A - P_2 A - F = \rho Q(V_2 - V_1)$$

$V_1 = V_2$이므로

$$P_1 A - P_2 A - F = 0$$

$$\therefore F = (P_1 - P_2)A$$

$$= (100-50) \times \frac{\pi}{4} \times 0.5^2 \fallingdotseq 9.8\,[kg_f]$$

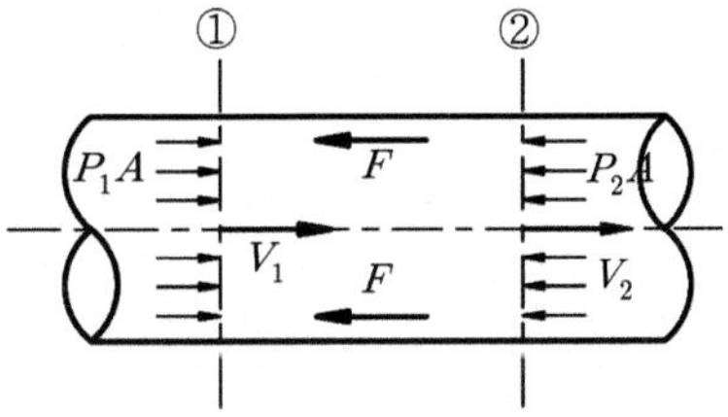

2. 다음 그림과 같은 관 오리피스에서 물이 분출되고 있다. 관의 직경은 20[cm]이고 분류의 직경은 12[cm]일 때 관 오리피스에 미치는 힘은 몇 [kg_f]인가?

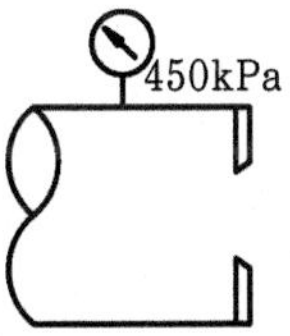

㉮ 677　　㉯ 825

㉰ 1,023　　㉱ 1,261

해설 답 ㉮

다음 그림과 같은 자유물체도를 생각하여 ①,② 단면 사이에 운동량방정식을 적용하면

$$\sum F_x = P_1 A_1 - P_2 A_2 - F = \rho Q(V_2 - V_1)$$

$P_1 = 450\,[kPa] = 450000\,[N/m^2]$

$\fallingdotseq 45920\,[kg_f/m^2] = 45.92\,[mAq]$

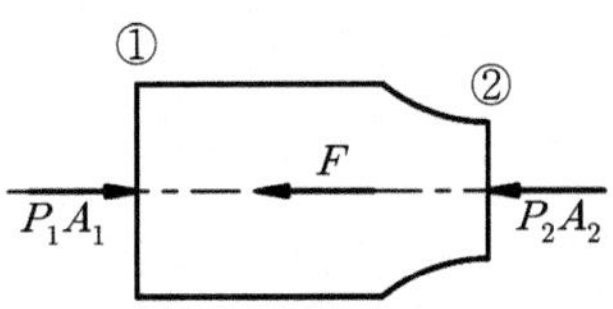

두 단면 사이에 베르누이 방정식을 적용하면

$$\frac{P_1}{\gamma} + \frac{V_1^2}{2g} + z_1 = \frac{P_2}{\gamma} + \frac{V_2^2}{2g} + z_2$$

연습문제

$$\frac{P_1}{\gamma}=45.92,\ z_1=z_2,\ P_2=0(\text{대기압})\ 45.92+\frac{V_1^{\ 2}}{2g}=\frac{V_2^{\ 2}}{2g}$$

또, $V_2^2=\left(\frac{d_1}{d_2}\right)^4 V_1^2=\left(\frac{0.2}{0.12}\right)^4\times V_1^2$ 이므로

$$45.92+\frac{V_1^{\ 2}}{2g}=\left(\frac{0.2}{0.12}\right)^4\times\frac{V_1^{\ 2}}{2g}$$

$$\therefore\ V_1\fallingdotseq 11.58[\text{m/s}]$$

$$V_2=\left(\frac{d_1}{d_2}\right)^2\cdot V_1=\left(\frac{0.2}{0.12}\right)^2\times 11.58\fallingdotseq 32.17[\text{m/s}]$$

$$Q=A_1V_1=A_2V_2=\frac{\pi}{4}d_1^2V_1=\frac{\pi}{4}\times 0.2^2\times 11.58\fallingdotseq 0.364[\text{m}^3/\text{s}]$$

따라서

$$\begin{aligned}F&=P_1A-\rho Q(V_2-V_1)\\&=45920\times\frac{\pi}{4}\times 0.2^2-102\times 0.364\times(32.17-11.58)\\&\fallingdotseq 677[\text{kg}_f]\end{aligned}$$

3. 운동량방정식 $\sum\vec{F}=\rho Q(\overrightarrow{V_2}-\overrightarrow{V_1})$을 유도하는데 있어서 필요한 가정은?

㉮ 압축성 유동 ㉯ 1차원 유동 ㉰ 비점성 유동 ㉱ 정상 유동

해설 답 ㉱

운동량의 법칙은 유체의 점성, 비점성, 압축성, 비압축성에 관계없이 모든 유체의 흐름에 적용되지만 주어진 방정식은 $\rho=\text{const.}$, 즉 비압축성유체 및 정상류라는 가정하에서 성립하는 방정식이며 $\overrightarrow{V_1}$, $\overrightarrow{V_2}$는 양쪽 단면에서의 평균속도이므로 각 단면에서의 속도는 균일한다는 것을 알 수 있다.

4. 운동량의 법칙은?

㉮ 비점성 유체에만 적용된다.
㉯ 비압축성 유체에만 적용된다.
㉰ 이상유체에만 적용된다.
㉱ 모든 유체에 적용된다.

해설 답 ㉱

운동량의 법칙은 모든 유체나 고체에 적용시킬 수 있는 자연법칙이다.

기초문제

5. 분류가 움직이는 단일 평판에 수직으로 충돌할 경우에 유량은?

㉮ 분류의 절대속도와 분류의 단면적을 곱한 값이다.

㉯ 평판에 대한 분류의 상대속도와 분류의 단면적을 곱한 값이다.

㉰ 분류의 속도와 평판의 속도를 곱한 값에 분류의 단면적을 곱한 값이다.

㉱ 평판의 절대속도와 분류의 단면적을 곱한 값이다.

해설 답 ㉯

$Q=A(V-U)$에서

A : 분류의 단면적

V : 분류의 절대속도

U : 평판의 절대 속도

즉, 분류의 단면적과 평판에 대한 분류의 상대속도 $(V-U)$를 곱한 값이 유량이 된다.

6. 직경 3[cm]인 분류가 고정평판에 수직으로 충돌하여 90[kg$_f$]의 힘을 평판에 가했다. 분류는 물이고 밀도를 1000[kg/m^3]이라고 할 때 유량은 몇 [m^3/s]인가?

㉮ 0.015 ㉯ 0.018 ㉰ 0.021 ㉱ 0.025

해설 답 ㉱

$$\sum F_x = -R = \rho Q(V_{2x} - V_{1x})$$

$$\therefore R = \rho Q(V_{1x} - V_{2x}) = \rho Q V_{1x} = \rho A V_{1x}^2$$

$$V_{1x} = \sqrt{\frac{R}{\rho A}} = \sqrt{\frac{90}{\frac{1000}{9.8} \times \frac{\pi}{4} \times 0.03^2}} \fallingdotseq 35.33[\text{m/s}]$$

$$Q = A V_{1x} = \frac{\pi}{4} \times 0.03^2 \times 35.33 \fallingdotseq 0.025[\text{m}^3/\text{s}]$$

7. 직경 5[cm]인 원형 노즐에서 매초 0.1[m^3]의 물을 수평으로 분출하고 있다. 이 때 추력은 몇 [N]인가?

㉮ 4579 ㉯ 4831 ㉰ 5096 ㉱ 5520

연습문제

해설 답 ㉰

$$\sum F_x = -F = \rho Q(V_{2x} - V_{1x})$$

$$\therefore\ F = \rho Q(V_{1x} - V_{2x}) = \rho Q V_{1x} = \rho \cdot \frac{Q^2}{A}$$

$$= 1000 \times \frac{0.1^2}{\frac{\pi}{4} \times 0.05^2} \fallingdotseq 5096[\mathrm{N}]$$

8. 직경 5[cm], 분류속도 20[m/s]인 물이 단일 이동날개에 충돌할 때 단위 시간당 운동량 변화를 일으키는 질량은 100[kg/s]이다. 이 때 단일 이동날개의 이동속도는 몇 [m/s]인가?

㉮ 22　㉯ 26　㉰ 31　㉱ 35

해설 답 ㉰

$\rho Q = 100[\mathrm{kg/s}]$

$\rho Q = \rho A(V - U)$이므로

$$U = V - \frac{100}{\rho A} = 20 - \frac{100}{1000 \times \frac{\pi \times 0.05^2}{4}} = -31[\mathrm{m/s}]$$

즉, 분류와 반대방향으로 $31[\mathrm{m/s}]$의 속도로 이동한다.

9. 수평으로 설치된 노즐로부터 물이 분출되고 있다. 분류의 직경은 10[cm]이고 압력이 10[kg_f/cm^2]일 때 노즐에 미치는 힘은 몇 [kg_f]인가?

㉮ 1480　㉯ 1570　㉰ 1660　㉱ 1750

해설 답 ㉯

노즐 출구에서의 압력은 대기압이므로 $P_1 - P_2 = \Delta P = 10[\mathrm{kg}_f/\mathrm{cm}^2]$이다. 따라서

$$F = \rho Q V = \rho A V^2 = \rho A\left(\sqrt{2g\frac{\Delta P}{\gamma}}\right)^2 = 2A \cdot \Delta P$$

$$= 2 \times \frac{\pi}{4} \times 0.1^2 \times 10 \times 10^4$$

$$= 1570[\mathrm{kg}_f]$$

기초문제

10. 다음 그림과 같이 비중 0.9인 기름이 평판에 수직으로 충돌한다. 분류의 직경이 10[cm], 속도가 10[m/s]일 때 평판을 지지하는데 필요한 힘은 몇 [N]인가?

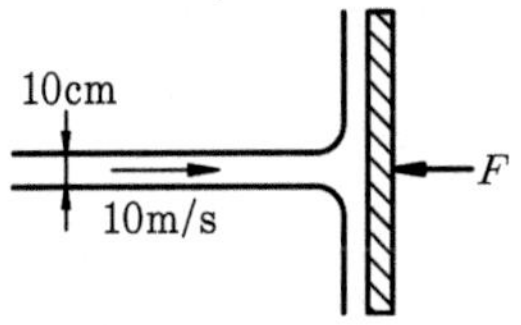

㉮ 706.5　　㉯ 732.4
㉰ 765.1　　㉱ 790.7

해설　　답 ㉮

분류가 평판에 충돌하기 전과 후에 있어서 운동량법칙을 적용하고 평판에 수직방향인 힘만 생각하면

$$\sum F_x = -F = \rho Q(V_{2x} - V_{1x})$$
$$= \rho Q(0 - V_1)$$
$$\therefore\ F = \rho Q V_1$$
$$= 1000 \times 0.9 \times \frac{\pi}{4} \times 0.1^2 \times 10 \times 10$$
$$= 706.5[\mathrm{N}]$$

11. 다음 그림과 같이 직경 5[cm]인 분류가 30[m/s]의 속도로 고정된 평판에 30° 의 경사를 이루면서 충돌하고 있다. 분류는 물로서 비중량이 9800[N/m³]일 때 판에 작용하는 힘 F는 몇 [kg_f] 인가?

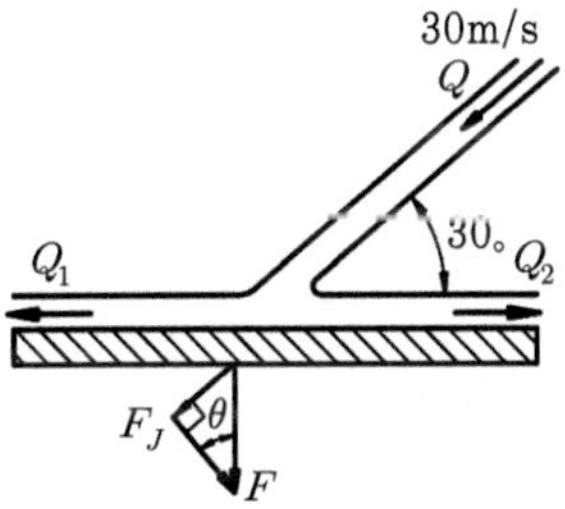

㉮ 75　　㉯ 80
㉰ 85　　㉱ 90

해설　　답 ㉱

물의 밀도는

$$p = \frac{\gamma}{g} = \frac{9800}{9.8} = 1000[\mathrm{kg/m^2}] = 102[\mathrm{kg}_f \cdot \mathrm{s^2/m^4}]$$

분류가 평판에 충돌하기 전 · 후에 있어서 운동량법칙을 적용하고 판에 수직인 방향의 힘만 고려하면

$$\sum F_y = -F = \rho Q(V_{2y} - V_1 \sin\theta)$$
$$\therefore\ F = \rho Q(V_1 \sin\theta - V_{2y})$$
$$= 102 \times \frac{\pi}{4} \times 0.05^2 \times 30^2 \times (30\sin 30° - 0) \fallingdotseq 90[\mathrm{kg}_f]$$

연습문제

12. 문제 11에서 평판에 작용하는 힘의 분류방향성분 F_j는 몇 [kg_f]인가?

㉮ 45 ㉯ 50 ㉰ 55 ㉱ 60

해설 답 ㉮

$F_j = F\sin\theta = \rho Q V_1 \sin^2\theta = 90\sin 30° = 45[kg_f]$

13. 문제 11에서 유량 Q_1 및 Q_2는 각각 몇 [m^3/s]인가?

㉮ $Q_1 = 0.053$, $Q_2 = 0.006$ ㉯ $Q_1 = 0.054$, $Q_2 = 0.005$

㉰ $Q_1 = 0.055$, $Q_2 = 0.004$ ㉱ $Q_1 = 0.056$, $Q_2 = 0.003$

해설 답 ㉰

전체유량 $Q = \frac{\pi}{4} \times 0.05^2 \times 30 \fallingdotseq 0.059[m^3/s]$

식(4-13)에 의하면

$$Q_1 = \frac{Q}{2}(1+\cos\theta) = \frac{0.059}{2} \times (1+\cos 30°) \fallingdotseq 0.055[m^3/s]$$

$$Q_2 = \frac{Q}{2}(1-\cos\theta) = \frac{0.059}{2} \times (1-\cos 30°) \fallingdotseq 0.004[m^3/s]$$

14. 다음 그림과 같이 단면이 일정한 수평원관에 물이 흐르고 있다. 관의 직경은 30[cm]이고 ① 단면에서의 압력은 8[kg_f/cm^2], ② 단면에서의 압력은 6[kg_f/cm^2]일 때 ①과 ② 단면사이에 작용하는 마찰력은 몇 [kg_f]인가?

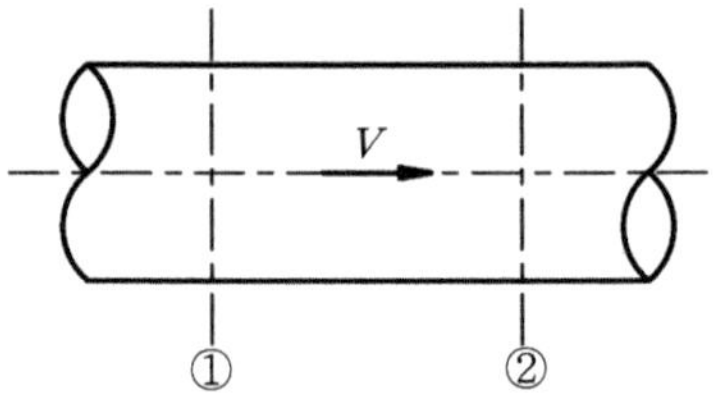

㉮ 1351 ㉯ 1365 ㉰ 1396 ㉱ 1413

해설 답 ㉱

두 단면 사이에 운동량법칙을 적용하면

$$\sum F_x = P_1 A - P_2 A - F = \rho Q(V_{2x} - V_{1x})$$

연속방정식에서 단면적이 일정하므로 $V_{1x} = V_{2x}$이다.

따라서

$$F = P_1 A - P_2 A = (P_1 - P_2)A$$

$$= (8-6) \times \frac{\pi}{4} \times 30^2$$

$$= 1413[kg_f]$$

기초문제

15. 다음 그림과 같이 직경 20[cm]인 원관 속을 물이 0.3[m^3/ s]로 흐르고 있다. 관 입구와 출구에서의 게이지압력이 1.2[kg_f/cm^2]일 때 이 관을 지지하는데 필요한 힘은 몇 [kg_f]인가?

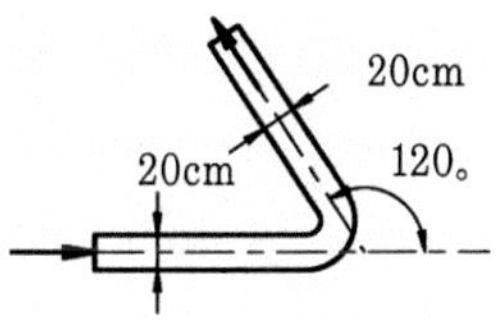

㉮ 940 ㉯ 1042

㉰ 1159 ㉱ 1260

해설 답 ㉰

관의 단면적과 유속은

$$A_1 = A_2 = \frac{\pi}{4} \times 0.2^2 = 0.0314\,[\mathrm{m^2}]$$

$$V_1 = V_2 = \frac{Q}{A} = \frac{0.3}{0.0314} \fallingdotseq 9.55\,[\mathrm{m/s}]$$

관의 입구와 출구 사이에 운동량법칙을 적용하면

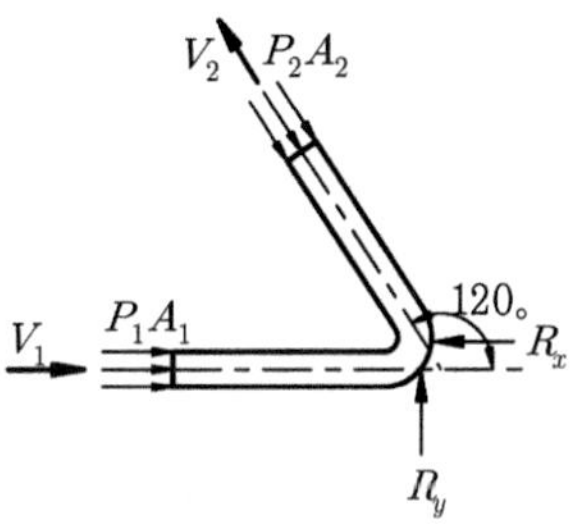

$$\sum F_x = P_1A_1 + P_2A_2\cos 60° - R_x = \rho Q(-V_2\cos 60° - V_1)$$

$$\therefore R_x = P_1A_1 + P_2A_2\cos 60° + \rho Q(V_2\cos 60° + V_1)$$
$$= 1.2\times 10^4 \times 0.0314 + 1.2\times 10^4 \times 0.0314 \times 0.5 + 102 \times 0.3 \times (9.55\times 0.5 + 9.55)$$
$$= 1003.5\,[\mathrm{kg_f}]$$

$$\sum F_y = R_y - P_2A_2\sin 60° = \rho Q(V_2\sin 60° - 0)$$

$$\therefore R_y = P_2A_2\sin 60° + \rho Q V_2 \sin 60°$$
$$= 1.2\times 10^4 \times 0.0314 \times \sin 60° + 102\times 0.3 \times 9.55 \times \sin 60° \fallingdotseq 579.4\,[\mathrm{kg_f}]$$

합력 $R = \sqrt{R_x^2 + R_y^2} = \sqrt{1003.5^2 + 579.4^2} \fallingdotseq 1159\,[\mathrm{kg_f}]$

16. 다음 그림과 같은 관 속을 유량 0.01[m^3/s]의 물이 흐른다. 단면 ①의 지름이 50[mm], 압력이 3[kg_f/ cm^2]이고 단면 ②의 지름이 30[mm]일 때 축소단면에 미치는 힘은 몇 [kg_f]인가?

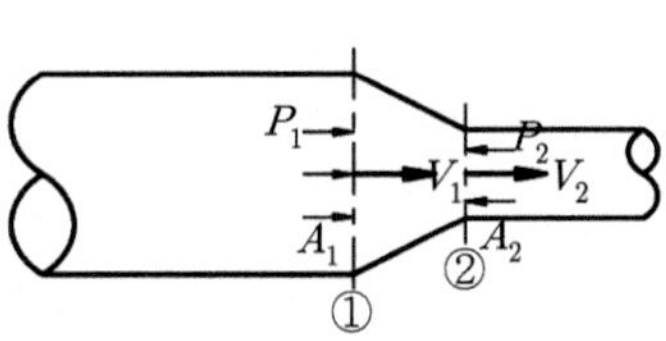

㉮ 38.4 ㉯ 49.6 ㉰ 56.8 ㉱ 65.4

해설 답 ㉯

$$V_1 = \frac{Q}{A_1} = \frac{4Q}{\pi d_1^2} = \frac{4\times 0.01}{\pi \times 0.05^2} \fallingdotseq 5.1\,[\mathrm{m/s}]$$

연습문제

$$V_2 = \frac{Q}{A_2} = \frac{4\times Q}{\pi\times d_2^2} = \frac{4\times 0.01}{\pi\times 0.03^2} \fallingdotseq 14.2[\mathrm{m/s}]$$

베루누이 방정식에서

$$\frac{P_1}{\gamma}+\frac{V_1^2}{2g}=\frac{P_2}{\gamma}+\frac{V_2^2}{2g}$$

$$\therefore\ P_2 = P_1 + \frac{\gamma}{2g}(V_1^2 - V_2^2)$$

$$= 3\times10^4 + \frac{1000}{2\times9.8}(5.1^2-14.2^2)$$

$$\fallingdotseq 21039\,[\mathrm{kg_f/m^2}]$$

두 단면 사이에 운동량방정식을 적용하면

$$\sum F_x = P_1A - P_2A - F = \rho Q(V_2 - V_1)$$

$$\therefore\ F = P_1A_1 - P_2A_2 - \rho Q(V_2 - V_1)$$

$$= 3\times10^4\times\frac{\pi}{4}\times0.05^2 - 21039\times\frac{\pi}{4}\times0.03^2 - 102\times0.01\times(14.2-5.1) \fallingdotseq 49.6[\mathrm{kg_f}]$$

17. 다음 그림과 같이 내경 200[mm]인 엘보우에 0.28[m³/ s]의 물이 흐를 때 엘보우에 미치는 힘은 몇 [kg_f]인가? 단, 압력은 2[kg_f/cm^2]로서 각 단면에서 일정하고 물과 엘보우의 무게는 무시한다.

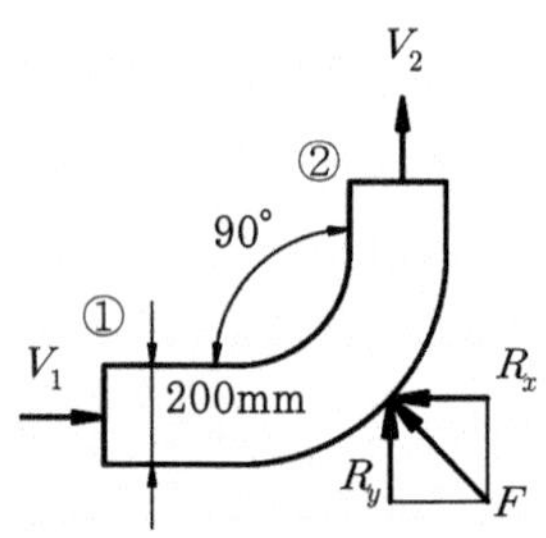

㉮ 1151　　㉯ 1249
㉰ 1336　　㉱ 1425

해설　　답 ㉯

단면 ①과 ②사이에 운동량법칙을 적용하면

$$\sum F_x = P_1A_1 - P_2A_2\cos\theta - R_x = \rho Q(V_2\cos\theta - V_1)$$

$$\therefore\ R_x = P_1A_1 - P_2A_2\cos\theta + \rho Q(V_1 - V_2\cos\theta)$$

$V_1 = V_2 = V,\ P_1 = P_2 = P,\ A_1 = A_2 = A$이므로

$$R_x = PA(1-\cos\theta) + \rho QV(1-\cos\theta)$$

$$= 2\times10^4\times\frac{\pi}{4}\times0.2^2(1-\cos90°) + 102\times0.28\times\frac{4\times0.28}{\pi\times0.2^2}(1-\cos90°)$$

$$\fallingdotseq 883[\mathrm{kg_f}]$$

기초문제

$$\sum F_y = -P_2A_2 + R_y = \rho Q(V_{2y} - V_{1y})$$

$$\therefore\ R_y = P_2A_2 + \rho QV_{2y}$$

$$= 2\times10^4 \times \frac{\pi}{4}\times0.2^2 + 102\times0.28\times\frac{4\times0.28}{\pi\times0.2^2}$$

$$≒ 883[\mathrm{kg}_f]$$

$$R = \sqrt{R_x^2 + R_y^2}$$

$$= \sqrt{883^2 + 883^2}$$

$$≒ 1249[\mathrm{kg}_f]$$

18. 안지름 30[mm]인 수평으로 놓인 곧은 관 속에 물이 흐르고 있다. 단면 ①과 ②에 설치된 시차액주계의 읽음이 1000[mmHg]일 때 관벽에 의한 마찰력은?

㉮ 7.3[kg_f] ㉯ 7.6[kg_f] ㉰ 8.2[kg_f] ㉱ 8.9[kg_f]

해설 답 ㉱

시차액주계로부터 두 단면 사이의 압력차를 계산하면

$$P_1 + \gamma_w h_1 = P_2 + \gamma_s h_2$$

$$P_1 - P_2 = \gamma_s h_2 - \gamma_w h_1$$

$$= 13.6\times1000\times1 - 1000\times1$$

$$= 12.6\times10^3[\mathrm{kg}_f/\mathrm{m}^2]$$

마찰력을 F_f라고 하고 두 단면 사이에 운동량방정식을 적용하면

$$P_1A - P_2A - F_f = \rho Q(V_2 - V_1)$$

곧은 관이므로 $V_1 = V_2$

$$\therefore\ F_f = (P_1 - P_2)A$$

$$= 12.6\times10^3\times\frac{\pi}{4}\times0.03^2 ≒ 8.9[\mathrm{kg}_f]$$

19. 그림과 같은 고체가 물의 분류를 거슬러 올라간다. 분류의 흐름을 2등분하여 45° 방향으로 가게 한다면 고체가 받는 힘의 크기는 몇 [N]인가?

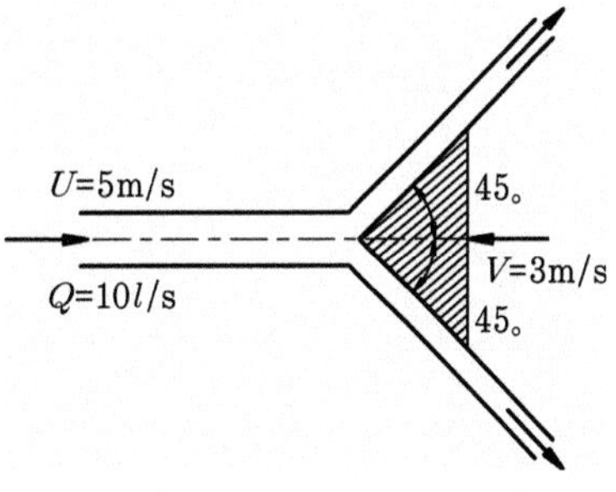

㉮ 24.5 ㉯ 29.5

연습문제

㉰ 31.4 ㉱ 37.5

해설 답 ㉱

분류단면적을 A라고 하면 단위시간에 고체에 부딪치는 유량 $Q'=(U+V)A$, $Q=UA$, $A=\frac{Q}{U}$

$$\therefore Q'=(U+V)\frac{Q}{U}=\frac{(U+V)}{U}Q$$

$$F=\rho Q'(U+V)(1-\cos\theta)=\rho Q\frac{(U+V)^2}{U}(1-\cos\theta)$$

$$=1000\times10^{-2}\times\frac{(3+5)^2}{5}(1-\cos45°)\fallingdotseq37.5[\text{N}]$$

20. 분사추진의 원리를 이용하는 배에서 흡입구가 배의 축방향과 90° 를 이룰 때 이론 추진 효율은? 단, V_1은 분류의 유입속도, V_2는 유출 속도, U는 배의 추진속도이다.

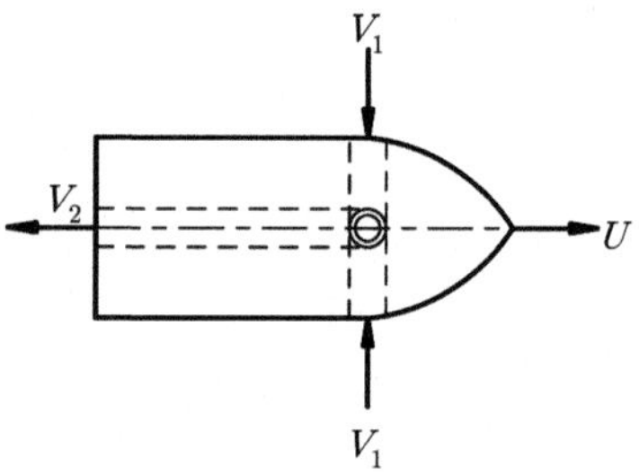

㉮ $\eta_{th}=\frac{2V_1}{V_1+V_2}$ ㉯ $\eta_{th}=\frac{V_2+U}{V_2}$

㉰ $\eta_{th}=\frac{V_1}{V_2}$ ㉱ $\eta_{th}=\frac{2U}{V_2}$

해설 답 ㉱

추진동력$=\rho QV_2U$

단위시간에 공급된 에너지$=\frac{\rho Q}{2}V_2^2$

$$\therefore \text{추진효율 } \eta_{th}=\frac{\rho QV_2\cdot U}{\frac{\rho QV_2^2}{2}}=\frac{2U}{V_2}$$

21. 지름이 2.54[cm]인 분류가 평판에 수직으로 충돌하여 72.5[kg_f]의 힘을 평판에 작용시켰다. 분류가 물일 때 유량은 몇 [m^3/s]인가?

㉮ 0.012 ㉯ 0.016 ㉰ 0.019 ㉱ 0.024

해설 답 ㉰

$$\sum F_x=-R_x=\rho Q(V_2-V_1)$$

$$R_x=\rho QV_1=\rho AV_1^2$$

$$\therefore\ V_1 = \sqrt{\frac{R_x}{\rho A}} = \sqrt{\frac{72.5}{102\times\frac{\pi}{4}\times 0.0254^2}} \fallingdotseq 37.5[\text{m/s}]$$

유량 $Q = AV_1 = \frac{\pi}{4}\times 0.0254^2\times 37.5 \fallingdotseq 0.019[\text{m}^3/\text{s}]$

22. 단면적이 0.003[m²]인 노즐에서 물이 25[m/s]의 속도로 분사되어 평판에 수직으로 충돌할 때 평판은 분류방향으로 3[m/s]로 움직인다. 이 때 분류가 평판에 미치는 힘은 몇 [N]인가?

㉮ 66　　㉯ 74　　㉰ 81　　㉱ 92

해설 답 ㉮

분류의 속도를 V, 평판의 속도를 U라고 하면 평판에 대한 분류의 상대속도는 $V-U$이다.
분류가 평판에 충돌하기 전 · 후에 있어서 운동량법칙을 적용하면

$$\sum F_x = -R_x = \rho Q\{0-(V-U)\}$$

$$\therefore\ R_x = \rho Q(V-U) = 1000\times 0.003\times(25-3) = 66[\text{N}]$$

23. 다음 그림과 같이 고정된 터빈 날개에 V[m/s]의 분류가 날개를 따라 유입할 때 중심신 방향으로 날개에 미치는 힘은?

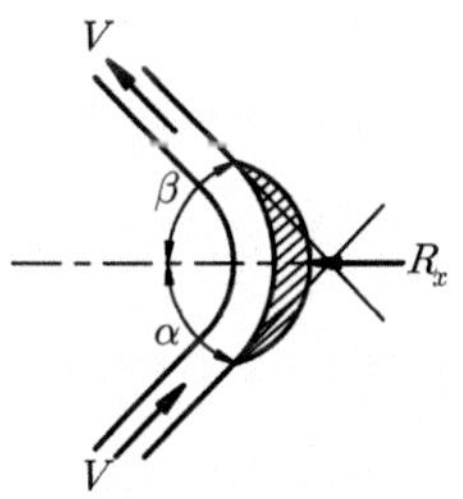

㉮ $\rho QV(\cos\alpha + \cos\beta)$
㉯ $\rho QV(\cos\alpha - \cos\beta)$
㉰ $\rho QV(\cos\alpha + \sin\beta)$
㉱ $\rho QV(\sin\alpha - \cos\beta)$

해설 답 ㉮

$$\sum F_x = -R_x = \rho Q(0 - V\cos\alpha) + \rho Q(-V\cos\beta - 0)$$

$$\therefore\ R_x = \rho QV(\cos\alpha + \cos\beta)$$

24. 운동량의 차원은? 단, M: 질량, L: 길이, T: 시간, F: 힘이다.

㉮ $FL^{-1}T^{-1}$　　㉯ FLT^{-1}　　㉰ MLT^{-1}　　㉱ $ML^{-1}T^{-1}$

해설 답 ㉰

연습문제

운동량$=m \cdot V$이므로

$[M] \cdot [LT^{-1}] = [MLT^{-1}] = [FL^{-1}T^2][LT^{-1}] = [FT]$

25. 다음 그림과 같이 분류가 작은 판에 수직으로 충돌하여 $\theta < 90°$의 각도로 유출한다. 유량을 Q, 분류의 속도를 V, 유체의 밀도를 ρ라고 할 때 분류가 판에 미치는 힘을 구하라.

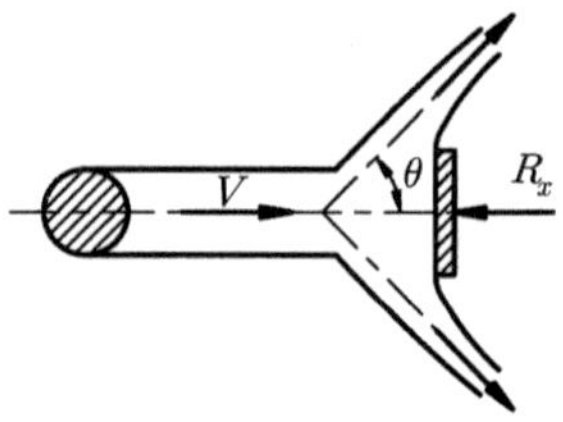

㉮ $\rho QV(1+\sin\theta)$　　㉯ $\rho QV(1-\cos\theta)$

㉰ $\rho QV\sin2\theta$　　㉱ $\rho QV\cos2\theta$

해설　　답 ㉯

$\sum F_x = -R_x = \rho Q(V\cos\theta - V)$

$\therefore R_x = \rho QV(1-\cos\theta)$

26. 원주방향으로 연속날개가 부착되어 있는 충격터빈에서 최대동력을 얻기 위한 조건은? 단, θ는 날개각, V는 분류속도, U는 날개의 원주속도이다.

㉮ $\theta = 90°,\ U = \dfrac{V}{2}$　　㉯ $\theta = 90°,\ U = \dfrac{V}{3}$

㉰ $\theta = 180°,\ U = \dfrac{V}{2}$　　㉱ $\theta = 180°,\ U = \dfrac{V}{3}$

해설　　답 ㉰

연속날개이므로 유량은

$Q = AV$

날개에 유입하는 속도는 날개에 대한 분류의 상대속도이므로 $(V-U)$이고 유출하는 속도는 $(V-U)\cos\theta$이다. 따라서 운동량법칙을 적용하면

$$\sum F_x = -R_x = \rho Q\{(V-U)\cos\theta - (V-U)\}$$
$$= \rho AV(V-U)(\cos\theta - 1)$$
$$R_x = \rho AV(V-U)(1-\cos\theta)$$

날개가 얻는 동력은

$$P = R_x \cdot U = \rho AV(VU - U^2)(1-\cos\theta)$$

최대동력을 얻는 U값은 $\frac{\partial P}{\partial U}=0$를 만족하는 값이다.

$$\frac{\partial P}{\partial U}=\rho AV(1-\cos\theta)(V-2U)=0$$

$\rho AV(1-\cos\theta)\neq 0$ 이므로

$$V-2U=0$$

$$\therefore\ U=\frac{V}{2}$$

또 최대동력을 얻을 θ값은 $\frac{\partial P}{\partial \theta}=0$를 만족하는 값이다.

$$\frac{\partial P}{\partial \theta}=\rho AV(VU-U^2)\sin\theta=0$$

$\rho AV(VU-U^2)\neq 0$ 이므로 $\sin\theta=0$

$\therefore\ \theta=180°(\because\ \theta=0$인 경우는 $R_x=0$이 되어 $P=0$가 된다.)

27. 절대속도가 20[m/s], 날개각이 150° 인 분류가 10[m/s]이 속도로 분류방향으로 이동하고 있는 날개에 유입되고 있다. 분류가 날개를 유출하는 순간에 갖는 절대속도의 분류방향성분(V_x)과 그것에 수직방향성분은 (V_y)은 각각 몇 [m/s]인가?

㉮ $\begin{cases} V_x=2.72 \\ V_y=3.5 \end{cases}$ ㉯ $\begin{cases} V_x=2.21 \\ V_y=4.0 \end{cases}$ ㉰ $\begin{cases} V_x=1.85 \\ V_y=4.5 \end{cases}$ ㉱ $\begin{cases} V_x=1.34 \\ V_y=5.0 \end{cases}$

해설 답 ㉱

다음 그림과 같이 날개의 출구에서 속도삼각형을 그리면

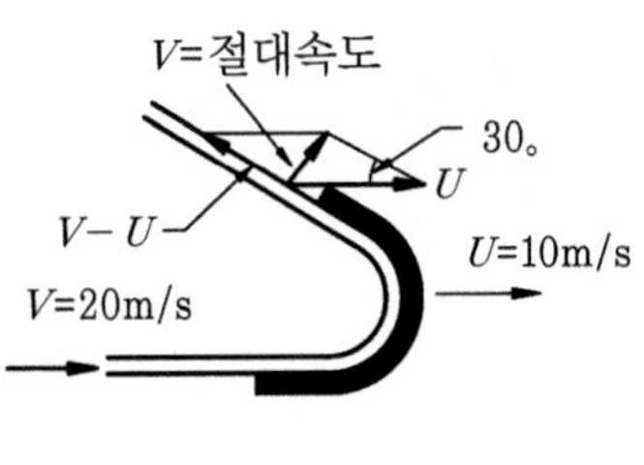

$$V_x=U+(V-U)\cos\theta$$
$$=10+(20-10)\cos 150°$$
$$\fallingdotseq 1.34\,[\text{m/s}]$$

$$V_y=(V-U)\sin\theta$$
$$=(20-10)\sin 150°$$
$$=5\,[\text{m/s}]$$

연습문제

28. 외경 250[mm], 내경 80[mm]인 원심펌프의 회전차가 1200[rpm]으로 회전한다. 회전차의 입구와 출구에서 원주방향속도가 각각 2[m/s], 13[m/s]이고 유량은 0.02 [m³/s]일 때 이론동력은 몇 [PS]인가? 단, 물의 비중량은 1000[kg_f/m³]이다.

㉮ 4.36 ㉯ 5.28 ㉰ 6.79 ㉱ 7.75

해설 답 ㉯

회전차의 입구와 출구에 대한 원주속도는

$$U_1 = \frac{\pi D_1 N}{60} = \frac{\pi \times 0.08 \times 1200}{60} = 5.024[\text{m/s}]$$

$$U_2 = \frac{\pi D_2 N}{60} = \frac{\pi \times 0.25 \times 1200}{60} = 15.7[\text{m/s}]$$

$$P_{th} = \frac{\rho Q}{75}(U_2 V_2 \cos\alpha_2 - U_1 V_1 \cos\alpha_1)$$

$$= \frac{102 \times 0.02}{75}(15.7 \times 13 - 5.024 \times 2) \fallingdotseq 5.28[\text{PS}]$$

29. 분사추진으로 움직이는 배가 4[m/s]로 흐르는 강물에서 10[m/s]로 거슬러 올라간다. 이 배는 앞 부분에서 물을 공급받아 배의 뒤편으로 0.157[m³/s]의 유량을 단면적 60[cm²]인 노즐로 분출한다. 배의 추진 동력은 몇 [kW]인가?

㉮ 8.2 ㉯ 19.1 ㉰ 26.4 ㉱ 38.3

해설 답 ㉯

배의 입구에서 물의 상대속도 $V_1 = 14[\text{m/s}]$

$$\therefore F_{th} = \rho Q(V_2 - V_1) = 1000 \times 0.157 \times \left(\frac{0.157}{60 \times 10^{-4}} - 14\right)$$

$$\fallingdotseq 1910[\text{N}]$$

$P = F_{th} \cdot U = 1910 \times 10 = 19100[\text{W}] = 19.1[\text{kW}]$, ($U$: 배의 추진 속도)

30. 매시 200[km]로 나는 항공기가 직경 3[m]인 프로펠러로부터 500[m³/s]의 공기를 방출한다. 공기의 비중량이 1.4[kg_f/m³]일 때 추력은 몇 [kN]인가?

㉮ 20.5 ㉯ 21.2 ㉰ 22.8 ㉱ 23.5

해설 답 ㉯

프로펠러에 유입하는 공기속도는

$$V_1 = \frac{200 \times 1000}{3600} ≒ 55.6[\text{m/s}]$$

프로펠러를 통과하는 공기속도는

$$V = \frac{Q}{A} = \frac{4 \times 500}{\pi \times 3^2} ≒ 70.74[\text{m/s}]$$

프로펠러를 유출하는 속도는 식 (4-31)로부터

$$V_4 = 2V - V_1 = 2 \times 70.74 - 55.6 = 85.88[\text{m/s}]$$

$$\therefore F_{th} = \rho Q(V_4 - V_1) = 1.4 \times 500 \times (85.88 - 55.6)$$
$$= 21196[\text{N}] ≒ 21.2[\text{kN}]$$

31. 연료의 질량유량 5[kg/s]와 산소의 질량유량 80[kg/s]를 태워서 연소가스를 5 [km/s]로 방출하는 로켓의 추진력은 몇 [kN]인가?

㉮ 425 ㉯ 482 ㉰ 516 ㉱ 542

해설 답 ㉮

$$\rho Q = \rho_1 Q_1 + \rho_2 Q_2 = 5 + 80 = 85[\text{kg/s}]$$

$$\therefore F_{th} = \rho Q V$$
$$= 85 \times 5 \times 1000 = 425000[\text{N}] = 425[\text{kN}]$$

32. 400[km/h]로 날고 있는 비행기의 프로펠러 직경은 2.1[m]이고 배출유량이 465 [m^3/s]일 때 이 비행기의 추진력은 몇 [kN]인가? 단, 공기의 비중량은 1.22[kg$_f$/m^3]이다.

㉮ 24.8 ㉯ 25.4
㉰ 26.4 ㉱ 27.3

해설 답 ㉰

비행기의 속도는 공기의 유입속도와 같다. 따라서

$$V_1 = \frac{400 \times 1000}{3600} ≒ 111[\text{m/s}]$$

프로펠러를 통과하는 공기의 유속은

연습문제

$$V = \frac{Q}{A} = \frac{4Q}{\pi d^2} = \frac{4 \times 465}{\pi \times 2.1^2} \fallingdotseq 134.3\,[\text{m/s}]$$

$V = \dfrac{V_1 + V_4}{2}$ 이므로 공기의 유출속도는

$$V_4 = 2V - V_1 = 2 \times 134.3 - 111 = 157.6\,[\text{m/s}]$$

따라서 추력은

$$F_{th} = \rho Q(V_4 - V_1) = 1.22 \times 465 \times (157.6 - 111) \fallingdotseq 26436\,[\text{N}] \fallingdotseq 26.4\,[\text{kN}]$$

33. 10[m/s]의 속력으로 항해하는 배의 프로펠러 후류의 속도가 6[m/s]일 때 이 배의 추진력은 몇 [kN]인가? 단, 프로펠러의 지름은 0.5[m]이다.

㉮ 14.3 ㉯ 15.3 ㉰ 16.6 ㉱ 17.3

해설 답 ㉯

프로펠러와 후류의 상대속도 V_4는

$$V_4 = 10 + 6 = 16\,[\text{m/s}]$$

$$V = \frac{V_1 + V_4}{2} = \frac{10 + 16}{2} = \frac{26}{2} = 13\,[\text{m/s}]$$

$$Q = \frac{\pi}{4}(0.5)^2 \times 13 \fallingdotseq 2.55\,[\text{m}^3/\text{s}]$$

$$\therefore F = \rho Q(V_4 - V_1) = 1000 \times 2.55(16 - 10)$$
$$= 15300\,[\text{N}] = 15.3\,[\text{kN}]$$

34. 밀도가 0.2[$\text{kg}_f \cdot \text{s}^2/\text{m}^4$]인 공기 속을 날으는 비행기의 프로펠러 추력이 150[kg_f]이고 유량이 214[m^3/s]라고 하면 이 비행기의 속도는 몇 [km/h]인가? 단, 프로펠러의 직경은 3[m]이다.

㉮ 4.7 ㉯ 5.3 ㉰ 5.8 ㉱ 6.3

해설 답 ㉱

프로펠러를 통과하는 공기속도는

$$V = \frac{Q}{A} = \frac{4 \times 214}{\pi \times 3^2} \fallingdotseq 30.27\,[\text{m/s}]$$

$V = \dfrac{V_1 + V_4}{2}$ 이므로

$$V_4 = 2V - V_1$$

$$F_{th} = \rho Q(V_4 - V_1) = \rho Q\{(2V - V_1) - V_1\} = 2\rho Q(V - V_1)$$

$$\therefore\ V_1 = V - \frac{F_{th}}{2\rho Q} = 30.27 - \frac{150}{2\times 0.2\times 214} \fallingdotseq 1.752[\text{m/s}]$$

$$\fallingdotseq 6.3[\text{km/h}]$$

35. 시속 800[km]의 속도로 날으고 있는 제트기가 있다. 이 제트기의 배기의 배출속도가 300[m/s]이고 공기의 흡입량이 26[kg_f/s]일 때 제트기의 추력은 몇 [kg_f]인가?
단, 배기에는 연소가스가 2.5% 증가되고 있다.

㉮ 162 ㉯ 186 ㉰ 227 ㉱ 252

해설 답 ㉰

제트기에 대한 추력 F_{th}는 운동량의 법칙으로부터

$$F_{th} = \rho_2 Q_2 V_2 - \rho_1 Q_1 V_1$$

여기에서

$$V_1 = \frac{800\times 1000}{3600} = 222.2[\text{m/s}]$$

$$V_2 = 300[\text{m/s}]$$

$$\rho_1 Q_1 = 26/9.8 \fallingdotseq 2.65[\text{kg}_f\cdot \text{s/m}]$$

$$\rho_2 Q_2 = (26 + 26\times 0.025)/9.8 \fallingdotseq 2.72[\text{kg}_f\cdot \text{s/m}]$$

$$\therefore\ F = 2.72\times 300 - 2.65\times 222.2 \fallingdotseq 227[kg_f]$$

36. 터보 제트기가 200[m/s]의 속도로 공기를 흡입하여 1500[m/s]의 속도로 분출시키고 있다. 공기의 흡입량은 3[kg_f/s]이며 연료의 소비량은 무시할 수 있을 정도일 때 지상추력은 몇 [kN]인가?

㉮ 3.9 ㉯ 4.2 ㉰ 4.4 ㉱ 4.6

해설 답 ㉮

운동량법칙으로부터 추력은

$$F_{th} = \rho Q(V_2 - V_1)$$
$$= 3(1500 - 200)$$
$$= 3900[\text{N}]$$

연습문제

37. 회전수가 400[rpm]이고 외경이 700[mm]인 축류펌프가 있다. 이 회전차의 입구 및 출구에서 유체가 갖는 회전방향에 대한 속도성분을 각각 0[m/s], 2.08[m/s]라고 할 때 펌프의 이론양정은 몇 [m]인가?

㉮ 2.43　　㉯ 2.69　　㉰ 3.11　　㉱ 3.85

해설 답 ㉰

펌프의 동력 P는 토크를 T, 각속도를 ω라고 할 때

$$P = T\cdot\omega = \rho Q(r_2U_2 - r_1U_1)\omega$$

또는 $P = \gamma QE_p$ (여기서 E_p는 펌프의 양정)

$$\therefore\ E_p = \frac{P}{\gamma Q} = \frac{T\cdot\omega}{\gamma Q} = \frac{\omega}{g}(r_2U_2 - r_1U_1)$$

$$= \frac{2\pi\times400}{9.8\times60}\times\left(\frac{0.7}{2}\times2.08 - 0\right)$$

$$= 3.11[\mathrm{m}]$$

38. 9000[m] 상공을 날고 있는 제트기가 있다. 이 제트기의 속도가 150[m/s]이고 추력이 450[kg_f]이며 제트노즐의 출구에서의 속도, 압력, 단면적이 각각 1200[m/s], 0.3516[kg_f/cm^2], 0.092[m^2]일 때 제트기의 연소실에서 필요한 공기의 흡입량은 몇 [kg_f/s]인가? 단, 9000[m] 상공에서의 대기압은 0.3103[kg_f/cm^2]이다.

㉮ 3.36　　㉯ 3.77　　㉰ 4.24　　㉱ 4.68

해설 답 ㉯

제트기의 추력은

$$F_{th} = \frac{G_a}{g}(V_2 - V_1) + \frac{G_f}{g}V_2 + (P_2 - P_1)A_2$$

$G_f \fallingdotseq 0$이므로

$$G_a = \frac{g\{F_{th} - (P_2 - P_1)A_2\}}{(V_2 - V_1)}$$

$$= \frac{9.8\times\{450 - (0.3516 - 0.3013)\times10^4\times0.092\}}{1200 - 150} \fallingdotseq 3.77[\mathrm{kg_f/s}]$$

39. 무게 3000[kg_f]의 로켓이 40[kg_f/s]의 연소가스를 1200[m/s]의 속도로 분출한다면 추력은 몇 [kN]인가?

㉮ 42 ㉯ 44 ㉰ 46 ㉱ 48

해설 답 ㉱

$$F_{th} = \rho Q V$$
$$= 40 \times 1200$$
$$= 4800[\mathrm{N}] = 48[\mathrm{kN}]$$

40. 프로펠러 지름이 3[m]인 비행기가 120[m/s]로 정지된 공기 속을 날으고 있다. 프로펠러를 지나는 공기의 유속이 140[m/s]일 때 비행기의 추력은 몇 [N]인가? 단, 밀도 ρ =0.04[kg/m^3]이다.

㉮ 1265 ㉯ 1582 ㉰ 1726 ㉱ 1931

해설 답 ㉯

프로펠러 출구에서 공기 속도는

$$V_4 = 2V - V_1 = 2 \times 140 - 120 = 160[\mathrm{m/s}]$$

$$Q = AV - \frac{\pi \times 3^2}{4} \times 140 \fallingdotseq 989[\mathrm{m^3/s}]$$

$$\therefore F_{th} = \rho Q(V_4 - V_1) = 0.04 \times 989 \times (160 - 120) \fallingdotseq 1582[\mathrm{N}]$$

41. 층류흐름인 경우 운동량 수정계수는?

㉮ $\frac{1}{2}$ ㉯ $\frac{2}{3}$ ㉰ $\frac{3}{4}$ ㉱ $\frac{4}{3}$

해설 답 ㉱

운동량 수정계수는 층류인 경우는 $\frac{4}{3}$, 난류인 경우는 1.01~1.05이다.

42. 역적-운동량 방정식 $\sum \vec{F} = \rho Q(\overrightarrow{V_2} - \overrightarrow{V_1})$을 적용할 수 있는 경우는?

㉮ 비압축성 유체 ㉯ 압축성 유체

㉰ 비정상 유동 ㉱ 모든 점에서의 속도가 일정할 때

연습문제

해설 답 ㉮

운동량법칙을 이용하여 식 $\sum\overrightarrow{F}=\rho Q(\overrightarrow{V_2}-\overrightarrow{V_1})$을 유도하는 데는 다음과 같은 가정이 필요하다.

① 비압축성 유체 ② 정상류

③ 유관의 양 끝 단면에서 각각 속도가 균일하다.

43. 다음 중 운동량 수정계수는? 단, u는 실제 속도, V는 평균 속도, A는 단면적이다.

㉮ $\frac{1}{AV^2}\int_A u^2 dA$ ㉯ $\frac{1}{AV^3}\int_A u^3 dA$

㉰ $\frac{1}{A}\int_A \left(\frac{V}{u}\right)^2 du$ ㉱ $\frac{1}{A}\int_A \left(\frac{V}{u}\right)^3 du$

해설 답 ㉮

운동에너지 수정계수 $\alpha=\frac{1}{AV^3}\int_A u^3 dA$

운동량 수정계수 $\beta=\frac{1}{AV^2}\int_A u^2 dA$

44. 다음 글 중에서 잘못 기술된 항은?

㉮ 유체운동량의 법칙은 모든 유체에 적용할 수 있다.

㉯ 운동량이 일정할 때 외력은 시간과 반비례한다.

㉰ 분류가 고정된 경사평면에 충돌할 때 면에 평행인 운동량의 성분은 변화하지 않는다.

㉱ 유체에 작용하는 외력의 합은 압력과 중력의 곱이다.

해설 답 ㉱

유체에 작용하는 외력의 합은 운동량의 시간에 대한 변화율과 같다.

45. 층류인 경우 운동에너지 수정계수는?

㉮ 1.0 ㉯ 1.5 ㉰ 2.0 ㉱ 2.5

해설 답 ㉰

운동에너지 수정계수는 층류인 경우는 2.0, 난류인 경우는 1.01~1.10이다.

46. 다음 그림과 같은 스프링클러(spring- kler)에서 물이 분출되고 있다. 노즐에서의 분출 속도는 10[m/s]이고 노즐의 지름은 8[mm]일 때 토크는 몇 [N · m]인가? 단, 마찰손실은 무시한다.

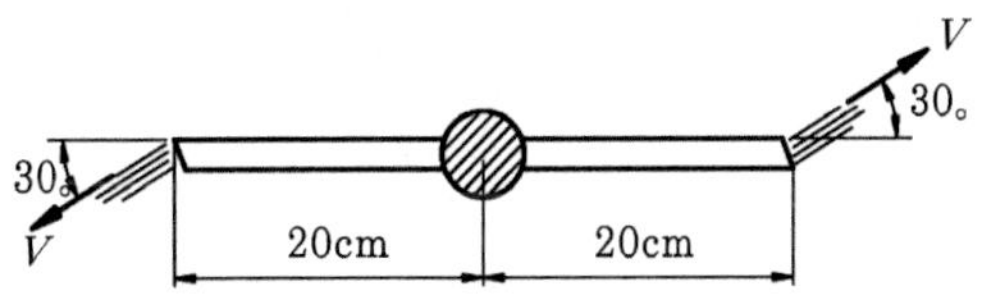

㉮ 0.8 ㉯ 1.0 ㉰ 1.2 ㉱ 1.4

해설 답 ㉯

유량 $Q=AV=\frac{\pi}{4}\times 0.008^2\times 10 \fallingdotseq 5.024\times 10^{-4}[\mathrm{m^3/s}]$

원주방향의 힘 F는

$$F=\rho QV\cos\theta=1000\times 5.024\times 10^{-4}\times 10\cos 60°$$
$$=2.512[\mathrm{N}]$$

$$T=2F\cdot r=2\times 2.512\times 0.2$$
$$\fallingdotseq 1[\mathrm{N\cdot m}]$$

47. 문제 46에서 springkler의 회전수는 몇 [rpm]인가?

㉮ 239 ㉯ 248 ㉰ 256 ㉱ 261

해설 답 ㉮

$$r\cdot\omega=V\cdot\cos\theta$$

$$\omega=\frac{V\cdot\cos\theta}{r}=\frac{10\cos 60°}{0.2}=25[\mathrm{rad/s}]$$

$$\therefore N=\frac{60\omega}{2\pi}=\frac{60\times 25}{2\pi}\fallingdotseq 239[\mathrm{rpm}]$$

48. 다음 그림과 같이 직경 5[cm]인 물이 35[m/s]의 속도로 단일 날개에 충돌된 후 180° 로 굴곡되어 나온다. 단일 날개가 분류 방향으로 20[m/s]로 움직일 때 분류가 단일 날개에 작용하는 힘은 몇 [N]인가?

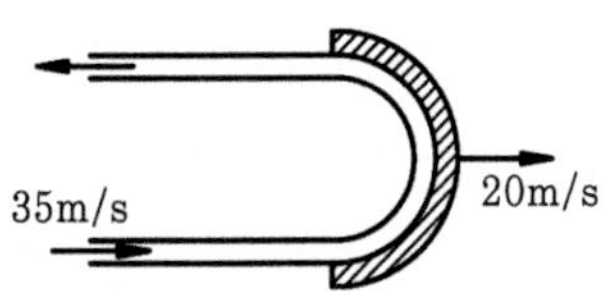

㉮ 551 ㉯ 639 ㉰ 765 ㉱ 883

연습문제

해설 답 ㉱

분류의 속도를 V, 날개의 속도를 U라고 하면 날개에 대한 분류의 상대속도는

$$V-U=35-20=15[\mathrm{m/s}]$$

날개의 입구와 출구 사이에 운동량 법칙을 적용하면

$$\begin{aligned}\sum F_x &= -R_x = \rho Q(V_{2x}-V_{1x})\\ &= \rho Q\{(V-U)\cos\theta-(V-U)\}\\ &= \rho A(V-U)^2(\cos\theta-1)\end{aligned}$$

$$\therefore\ R_x = 1000\times\frac{\pi}{4}\times 0.05^2\times 15^2\times(1-\cos 180°)$$
$$\fallingdotseq 883[\mathrm{N}]$$

49. 문제 48에서 날개가 얻는 동력은 몇 [kW]인가?

㉮ 5.8 ㉯ 9.3 ㉰ 17.7 ㉱ 31.4

해설 답 ㉰

$$P=R_x\cdot U=883\times 20=17660[\mathrm{W}]\fallingdotseq 17.7[\mathrm{kW}]$$

50. 다음 그림과 같이 포탄이 직경 0.3[m]인 관 끝을 부분적으로 막고 있다. 포탄을 현재 위치에서 지지하는 데 필요한 힘 R은 몇 [kg_f]인가?

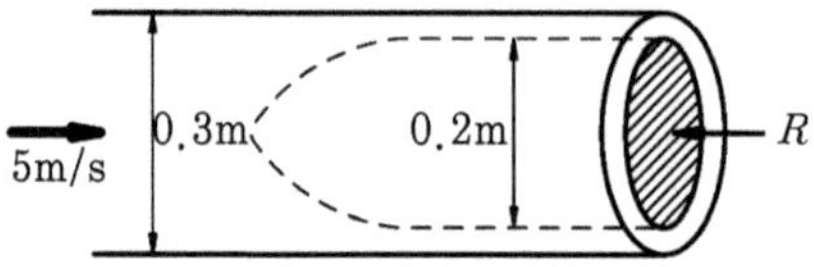

㉮ 45.51 ㉯ 57.72

㉰ 63.64 ㉱ 71.98

해설 답 ㉯

관의 입구와 출구 사이에 베르누이 방정식을 적용하면

$$\frac{P_1}{\gamma}+\frac{V_1^2}{2g}=\frac{P_2}{\gamma}+\frac{V_2^2}{2g}$$

여기서

$$V_1=5[\mathrm{m/s}]$$

$$V_2=\frac{A_1}{A_2}V_1=\frac{D^2}{D^2-d^2}V_1$$

$$= \frac{0.3^2}{0.3^2 - 0.2^2} \times 5$$
$$= 9[\text{m/s}]$$

$P_2 = 0$(대기압)

$$\therefore P_1 = \gamma \frac{V_2^2 - V_1^2}{2g}$$
$$= 1000 \times \frac{9^2 - 5^2}{2 \times 9.8}$$
$$\fallingdotseq 2857\,[\text{kg}_f/\text{m}^2]$$

관의 입구와 출구 사이에 운동량법칙을 적용하면

$$\sum F_x = P_1 A_1 - R = \rho Q(V_2 - V_1)$$
$$\therefore R = P_1 A_1 - \rho Q(V_2 - V_1)$$
$$= 2857 \times \frac{\pi}{4} \times 0.3^2 - 102 \times \frac{\pi}{4} \times 0.3^2 \times 5 \times (9-5) \fallingdotseq 57.72\,[\text{kg}_f]$$

응용문제

1. 밀도 ρ, 유량 Q, 속도의 크기 V인 분류가 정지상태에 있는 평판에 수직으로 충돌할 때 평판이 받는 힘을 구하라. 또, 분류가 유량 10[l/s], 유속 10[m/s]인 물이라면 평판이 받는 힘은 얼마인가?

해설

다음 그림에서 1점쇄선으로 나타낸 부분을 검사면(control surface)으로 생각하여 운동량법칙을 적용한다. 단위시간에 유입하는 운동량 $\vec{A}$의 크기 $|\vec{A}|$는 $|\vec{A}| = \rho QV$

충돌 후 분류는 상하로 나누어지고 유량은 $\frac{Q}{2}$씩이다. 충돌 전과 충돌 후는 동일한 유선상이므로 베루누이의 정리가 적용되어 전수두가 같다. 압력은 어디나 대기압으로 같으므로 속도수두도 같고 충돌 후의 속도의 크기는 V이며 속도의 방향은 평판에 접하는 방향이다.

단위시간에 상방향으로 유출하는 운동량 B_1의 크기는

$$|\vec{B_1}| = \frac{1}{2}\rho QV$$

연습문제

단위시간에 아랫방향으로 유출하는 운동량 B_2의 크기는

$$|\overrightarrow{B_2}| = \frac{1}{2}\rho QV$$

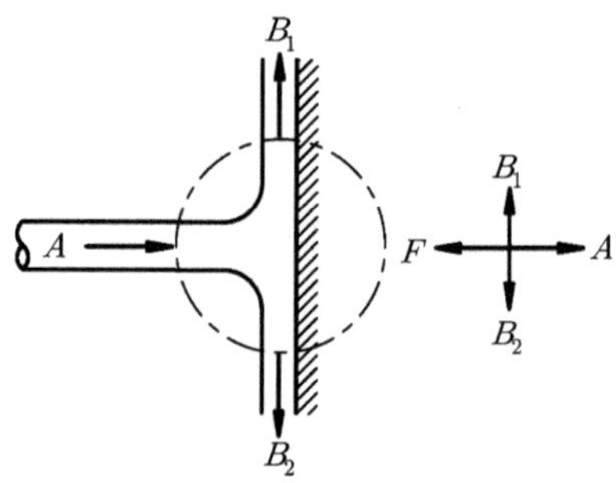

검사면 내의 물이 받는 힘 F는

$$\vec{F} = \overrightarrow{B_1} + \overrightarrow{B_2} - \vec{A} = -\vec{A}$$

유체가 받는 외력의 크기 F는 그림과 같이 구해진다. 외력은 평판에서 주어지는 것외에는 없으므로 F는 평판이 물에 가하는 힘이다. 물이 평판에 가하는 힘은 그 반작용이므로 $-F$이다. 즉, 크기는 같고 방향이 반대이다. 따라서

$$|-F| = \rho QV$$

또, $Q = 10[l/s] = 0.01[m^3/s]$, $V = 10[m/s]$, $\rho = \frac{\gamma}{g} = \frac{1000}{9.8}$ 을 대입하면

$$|-F| = \frac{1000 \times 0.01 \times 10}{9.8} \fallingdotseq 10.2[kg_f]$$

2. 밀도 ρ, 유량 Q, 속도의 크기 V인 분류가 정지상태에 있는 평판에 각도 α를 이루면서 충돌할 때 평판이 받는 힘을 구하라. 또 유량 10[l/s], 속도 10[m/s], $\alpha = 45°$인 경우에 평판이 받는 힘은 얼마인가?

해설

다음 그림에서 1점쇄선으로 나타낸 부분을 검사면(control surface)으로 생각하여 운동량법칙을 적용한다. 단위시간에 유입하는 운동량 $\vec{A}$의 크기는

$$|\vec{A}| = \rho Q\vec{V}$$

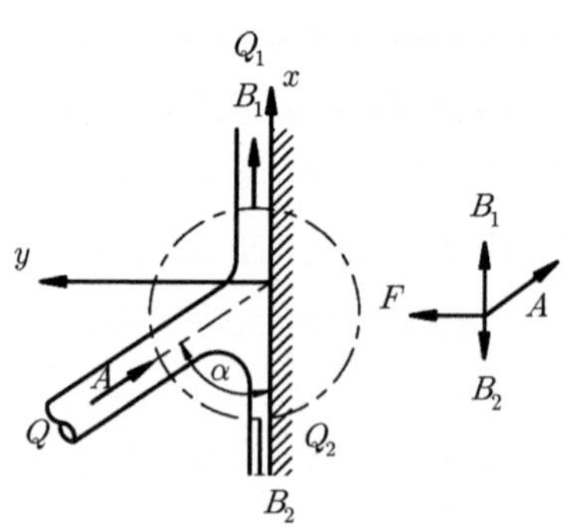

충돌 후 유체는 상· 하 두 방향으로 흐른다. 유량은 위로 Q_1, 아래로 Q_2가 흐른다고 하면

$$Q_1 + Q_2 = Q \qquad \text{(a)}$$

충돌 전과 충돌 후의 속도의 크기가 같다는 것은 문제 1에서 알 수 있다.

단위시간에 윗방향으로 유출한 운동량 $\overrightarrow{B_1}$의 크기는

$$|\overrightarrow{B_1}| = \rho Q_1 V$$

응용문제

단위시간에 아랫방향으로 유출하는 운동량 $\overrightarrow{B_2}$의 크기는

$$|\overrightarrow{B_2}| = \rho Q_2 V$$

검사면 내의 물이 받는 힘 $\overrightarrow{F}$는

$$\overrightarrow{F} = \overrightarrow{B_1} + \overrightarrow{B_2} - \overrightarrow{A}$$

이 벡터합을 구하기 위하여 윗방향으로 x축, 이것과 직각인 방향으로 y축을 취하여 $\overrightarrow{A}$, $\overrightarrow{B_1}$, $\overrightarrow{B_2}$의 성분을 구하면

구분	x 방향 성분	y 방향 성분
$\overrightarrow{B_1}$	$\rho Q_1 V$	0
$\overrightarrow{B_2}$	$-\rho Q_2 V$	0
$\overrightarrow{A}$	$\rho QV\cos\alpha$	$-\rho QV\sin\alpha$
$\overrightarrow{F}$	$\rho Q_1 V - \rho Q_2 V - \rho QV\cos\alpha$	$\rho QV\sin\alpha$

평판이 유체에 가하는 힘은 x방향으로 $(\rho Q_1 V - \rho Q_2 V - \rho QV\cos\alpha)$이고 y방향으로는 (ρQV)이지만 마찰력을 무시하므로 x방향의 힘은 0이다. 따라서

$$\rho Q_1 V - \rho Q_2 V - \rho QV\cos\alpha = 0$$

$$\therefore\ Q_1 - Q_2 - Q\cos\alpha = 0 \qquad \text{(b)}$$

식(a)와 (b)를 연립방정식으로 풀면

$$Q_1 = \frac{Q}{2}(1+\cos\alpha)$$

$$Q_2 = \frac{Q}{2}(1-\cos\alpha)$$

유체가 평판에 가하는 힘은 크기가 같고 방향이 반대인 $-\overrightarrow{F}$이므로 그 크기는

$$|-\overrightarrow{F}| = \rho QV\sin\alpha$$

이 힘의 방향은 평판에 수직인 방향이다.

$Q = 10[l/s] = 0.01[m^3/s]$, $V = 10[m/s]$, $\rho = \frac{1000}{9.8}[kg \cdot s^2/m^4]$, $\alpha = 45°$이므로

$$|-\overrightarrow{F}| = \frac{1000 \times 0.01 \times 10 \times \sin 45°}{9.8} \fallingdotseq 7.2[kg_f]$$

3. **밀도 ρ, 유량 Q, 속도의 크기 V인 분류가 정지하고 있는 곡면판을 따라서 각도 α만큼 방향이 변하여 흘러간다. 이 곡면판이 받는 힘의 분류방향 성분과 이것과 직각방향 성분을 구하라. 또 곡면판이 받는 합력의 크기를 구하라.**

연습문제

해설

곡면판을 둘러싼 검사면에 대해서 운동량법칙을 적용한다. 검사면을 통해 단위 시간에 유입하는 운동량 $\vec{A}$의 크기는

$|\vec{A}|=\rho QV$

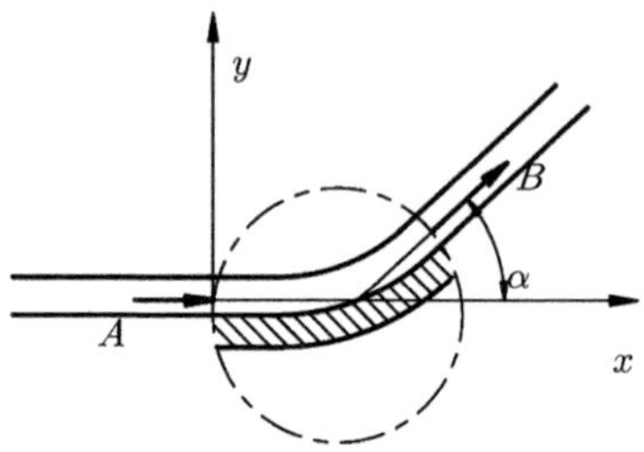

유출하는 운동량 $\vec{B}$의 크기는

$|\vec{B}|=\rho QV$

유체가 곡면판에서 받는 힘 $\vec{F}$는

$\vec{F}=\vec{B}-\vec{A}$

분류방향으로 x축, 그것과 수직으로 y축을 잡고 $\vec{A}$, $\vec{B}$, $\vec{F}$의 x, y 방향 성분을 계산한다.

구분	x 방향 성분	y 방향 성분
$\vec{A}$	ρQV	0
$\vec{B}$	$\rho QV\cos\alpha$	$\rho QV\sin\alpha$
$\vec{F}$	$\rho QV(\cos\alpha-1)$	$\rho QV\cos\alpha$

힘 $\vec{F}$의 부호를 바꾸면 곡면판이 받는 힘이 된다.

$|-\vec{F_x}|=\rho QV(1-\cos\alpha)$, $|-F_y|=-\rho QV\sin\alpha$

$$\therefore |-\vec{F}|=\rho QV\sqrt{(1-\cos\alpha)^2+\sin^2\alpha}$$
$$=\rho QV\sqrt{2(1-\cos\alpha)}$$

4. 문제 3에서 곡면판이 어떤 축의 hinge로 회전할 수 있도록 지지되어 있을 때 이 축에 걸리는 모멘트는 얼마인가? 축에서 곡면판 입구까지의 거리가 r_1, 곡면판 출구까지의 거리가 r_2, 입구와 출구에서 유동방향이 원주방향과 이루는 각을 α_1, α_2라고 한다.

해설

단위시간에 곡면판에 유입하는 운동량모멘트 $\vec{C}$의 크기는

$|\vec{C}|=\rho QVr_1\cos\alpha_1$

$\vec{C}$의 방향은 지면(紙面)과 수직이다. 단위시간에 곡면판에서 유출하는 운동량모멘트 $\vec{D}$의 크기는

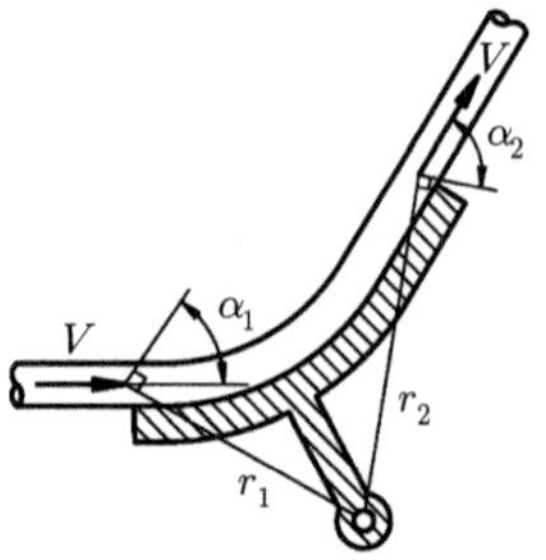

$|\vec{D}|=\rho QVr_2\cos\alpha_2$

$\vec{D}$의 방향도 $\vec{C}$의 방향과 같다. 따라서 모멘트 $\vec{M}$의 크기는

응용문제

$$|\overrightarrow{M}| = |\overrightarrow{D} - \overrightarrow{C}| = \rho QV(r_2 \cos\alpha_2 - r_1 \cos\alpha_1)$$

5. 다음 그림과 같이 곡면판에 유량 10[l/s], 속도 10[m/s]인 분류가 충돌한다. 회전축에 대한 모멘트는 몇 [kg$_f$ · m]인가? 단, 축에서 곡면판의 입구까지는 40[cm], 곡면판의 출구까지는 60[cm]이고 분류는 물이다.

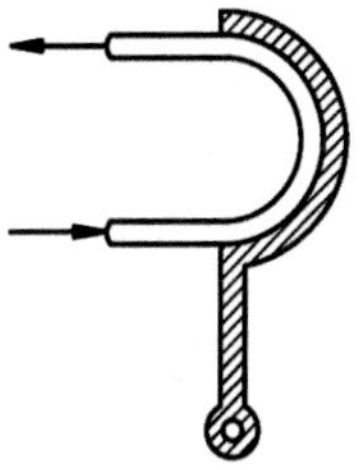

해설

문제4의 답을 이용하면 간단하다.

$$\rho = \frac{1000}{9.8}[\text{kg}_f \cdot \text{s}^2/\text{m}^4],\ Q = 0.01[\text{m}^3/\text{s}],\ V = 10[\text{m/s}],\ r_1 = 0.4[\text{m}],$$

$r_2 = 0.6[\text{m}]$, $\alpha_1 = 0°$, $\alpha_2 = 180°$ 이므로

$$|\overrightarrow{M}| = \rho QV(r_2 \cos\alpha_2 - r_1 \cos\alpha_1)$$

$$= \frac{1000 \times 0.01 \times 10}{9.8} \times (0.4\cos 0° - 0.6\cos 180°) \fallingdotseq 10.2\,[\text{kg}_f \cdot \text{m}]$$

6. 같은 크기의 속도 V를 갖는 두 분류가 서로 정면으로 충돌한 후 상 · 하로 분리되어 흐른다. 유량이 각각 Q_1, Q_2일 때 충돌 후의 분류방향은?

해설

충돌하는 부분을 둘러싼 검사면들 취하고 이 검사면에 단위시간에 유입하는 운동량을 $\overrightarrow{A_1}$과 $\overrightarrow{A_2}$라고 하면 그 크기는

$$|\overrightarrow{A_1}| = \rho Q_1 V,\quad |\overrightarrow{A_2}| = \rho Q_2 V$$

또 검사면을 통해서 단위시간에 유출하는 운동량을 상향으로 $\overrightarrow{B_1}$, 하향으로 $\overrightarrow{B_2}$라고 하면 그 크기는

$$|\overrightarrow{B_1}| = \frac{\rho(Q_1 + Q_2)V}{2} = |\overrightarrow{B_2}|$$

분류의 유출각을 α라고 하면 벡터합의 크기는

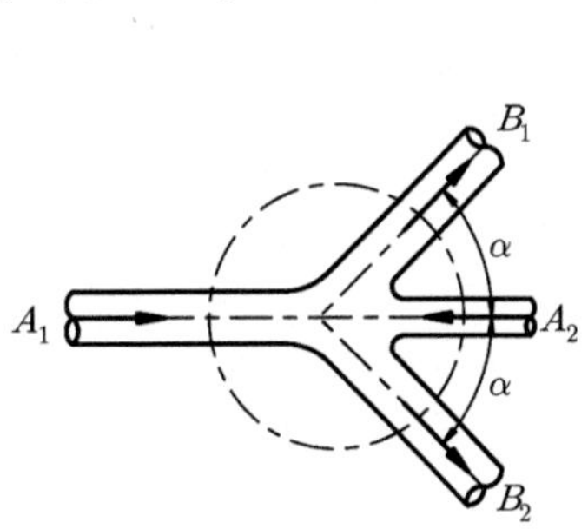

$$|\overrightarrow{B_1} + \overrightarrow{B_2}| = \rho(Q_1 + Q_2)V\cos\alpha$$

(∵ 분류방향 성분만 생각한다.)

운동량법칙에 의하면 검사면 내의 유체가 받는 힘 $\overrightarrow{F}$는

$$\overrightarrow{F} = \overrightarrow{B_1} + \overrightarrow{B_2} - \overrightarrow{A_1} - \overrightarrow{A_2}$$

연습문제

이 문제의 경우에는 외력이 없으므로 $\vec{F}=0$이 된다. 따라서

$$\rho(Q_1+Q_2)V\cos\alpha-\rho Q_1 V+\rho Q_2 V=0$$

여기서 α를 구하면

$$\alpha=\cos^{-1}\frac{Q_1-Q_2}{Q_1+Q_2}$$

7. **직경 10[m]인 원관 속을 물이 5[m/s]의 속도로 흐른다. 이 원관의 끝에 출구 직경이 5[cm]인 노즐을 설치하였을 때 노즐이 원관에서 떨어지지 않도록 하기 위해서는 어느 정도의 힘이 필요한가?**

해설

다음 그림에서 1점 쇄선으로 둘러쌓인 검사면을 생각하자. 검사면의 입구와 출구에서의 유속을 V_1, V_2, 단면적을 A_1, A_2, 압력을 P_1, P_2로 하고 유량을 Q라고 하면 검사면을 통하여 단위시간에 유입하는 운동량은 ρQV_1, 유출하는 운동량은 ρQV_2이므로 유체가 받는 힘의 크기 F는

$$F=\rho QV_2-\rho QV_1$$

이 힘 F의 방향은 우측방향이다. F는 다음과 같은 3가지 힘으로 이루어진다.

① 노즐 출구의 압력에 의한 힘 : 좌측 방향으로서 크기는 P_2A_2

② 노즐 입구의 압력에 의한 힘 : 우측 방향으로서 크기는 P_1A_1

③ 노즐과 유체의 접촉면에 작용하는 전압력 : 이 힘이 구하려고 하는 힘이며 K로 표시한다.

힘 F는 이들 힘의 합이므로

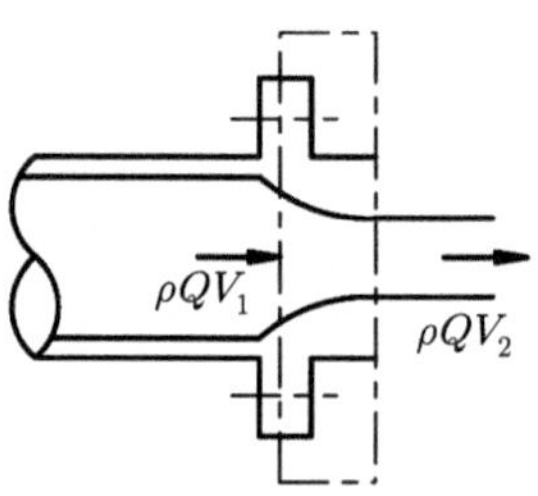

$$\rho QV_2-\rho QV_1=-P_2A_2+P_1A_1-K$$

P_2는 대기압이므로 0으로 놓으면 K는

$$K=P_1A_1-\rho Q(V_2-V_1)$$

노즐 입구에서 출구로 연결되는 유선에 대해서 베루누이 방정식을 적용하면

$$\frac{V_1^2}{2g}+\frac{P_1}{\gamma}=\frac{V_2^2}{2g}$$

여기서

$$P_1=\frac{\gamma(V_2^2-V_1^2)}{2g}$$

또, $\rho=\dfrac{\gamma}{g}$, $Q=A_1V_1$이므로 K의 식에 P_1, ρ, Q를 대입하면

응용문제

$$K=\frac{\gamma(V_2^2-V_1^2)A_1}{2g}-\frac{\gamma(V_2-V_1)A_1}{g}$$
$$=\frac{\gamma A_1(V_2^2-V_1^2-2V_1V_2+2V_1^2)}{2g}$$
$$=\frac{\gamma A_1(V_2^2-2V_1V_2+V_1^2)}{2g}$$
$$=\frac{\gamma A_1(V_2-V_1)^2}{2g}$$
$$=\frac{1000\times\frac{\pi}{4}\times0.1^2\times(20-5)^2}{2\times9.8}$$
$$\fallingdotseq 90[\mathrm{kg}_f]\text{(좌측방향)}$$

K는 노즐이 유체를 누르는 힘이므로 유체가 노즐을 미는 힘은 우측방향으로 $90[\mathrm{kg}_f]$이다. 따라서 노즐이 원관에서 떨어지지 않기 위해서는 $90[\mathrm{kg}_f]$의 힘이 필요하다.

8. 다음 그림과 같이 직경 10[cm]의 원관이 각도 60° 로 구부러져 있다. 구부러진 부분이 받는 힘은 얼마인가? 단, 관속의 물은 유속이 5[m/s]로서 일정하고 관속의 계기압력은 0.1기압이고 구부러진 부분에 의한 손실은 무시한다.

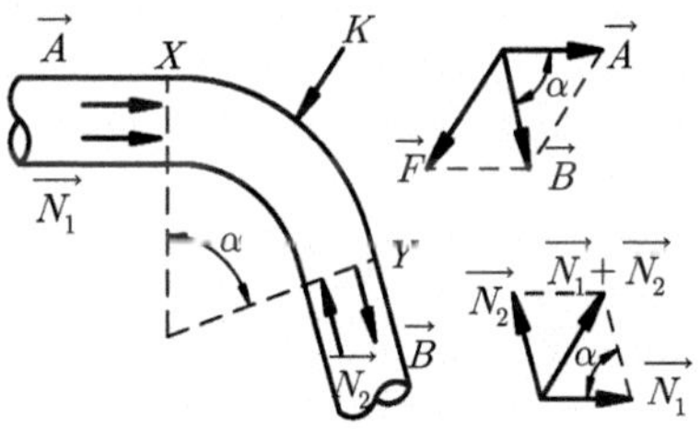

해설

구부러진 부분 주위의 검사면을 취하고 이 검사면을 통하여 단위시간에 유입하는 운동량 $\vec{A}$의 크기는 속도 $\vec{V}$, 유량 Q, 밀도 ρ라고 하면

$$|\vec{A}|=\rho QV$$

유출하는 운동량 $\vec{B}$의 크기는

$$|\vec{B}|=\rho QV$$

유체가 받는 힘 $\vec{F}$는

$$\vec{F}=\vec{B}-\vec{A}$$

벡터 $\vec{A}$와 벡터 $\vec{B}$가 이루는 각은 α와 같다. 그림을 참고하면

$$|\vec{F}|=2\rho QV\sin\frac{\alpha}{2}$$

연습문제

힘 $\vec{F}$는 다음 3가지 힘으로 이루어진다.

① X단면의 압력에 의해 그 면을 미는 힘 $\vec{N_1}$, 압력을 P, 단면적을 A라고 하면

$$|\vec{N_1}| = PA$$

② Y단면의 압력에 의해 그 단면을 미는 힘 $\vec{N_2}$

$$|\vec{N_2}| = PA$$

③ 구부러진 부분이 유체를 미는 힘 $\vec{K}$

$$\therefore \ \vec{F} = \vec{N_1} + \vec{N_2} + \vec{K}$$

여기서 $\vec{K}$는

$$\vec{K} = \vec{F} - \vec{N_1} - \vec{N_2}$$

벡터 $\vec{N_1}$과 벡터 $\vec{N_2}$가 이루는 각은 $\pi - \alpha$이다. 그림을 참고하면

$$|\vec{N_1} + \vec{N_2}| = 2PA\sin\frac{\alpha}{2}$$

또 $\vec{F}$와 $\vec{N_1} + \vec{N_2}$는 반대방향의 힘이므로

$$\begin{aligned} |\vec{K}| &= 2\rho QV\sin\frac{\alpha}{2} + 2PA\sin\frac{\alpha}{2} \\ &= 2A\sin\frac{\alpha}{2}\left(\frac{\gamma V^2}{g} + P\right) \\ &= 2 \times \frac{\pi}{4} \times 0.1^2 \times \sin 30° \times \left(\frac{1000 \times 5^2}{9.8} + 1000\right) \\ &\fallingdotseq 28[\mathrm{kg}_f] \end{aligned}$$

9. 다음 그림과 같이 단면적이 변화하면서 구부러진 관 속을 물이 흐른다. 그림에서 X단면의 직경은 10[cm], 유속은 5[m/s], 계기압력은 0.1[kg$_f$/cm^2]이고 Y단면의 직경은 7[cm]이며 α는 60° 이다. 구부러진 부분이 받는 힘은 얼마인가? 단, 구부러짐으로 인한 에너지 손실은 무시한다.

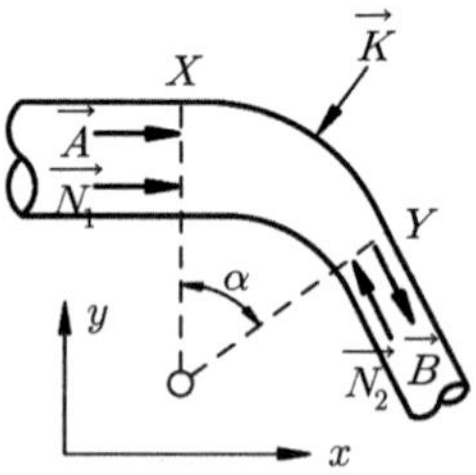

해설

구부러진 부분을 둘러싼 검사면을 취하고 구부러진 부분의 입구에서 유속을 V_1, 단면적을 A_1, 압력을 P_1이라고 하고 구부러진 부분의 출구에서는 각각 V_2, A_2, P_2라고 하면 이 검사면을 통하여 단위시간에 유입하는 운동량 $\vec{A}$의 크기는

$|\vec{A}| = \rho Q V_1$

유출하는 운동량 $\vec{B}$의 크기는

$|\vec{B}| = \rho Q V_2$

A, B를 x, y 방향 성분으로 나누면

$A_x = \rho Q V_1$, $A_y = 0$

$B_x = \rho Q V_2 \cos\alpha$, $B_y = -\rho Q V_2 \sin\alpha$

$F_x = \rho Q V_2 \cos\alpha - \rho Q V_1$, $F_y = -\rho Q V_2 \sin\alpha$

힘 F는 다음 3가지가 있다.

① X의 단면의 압력 P_1에 의해 그 단면을 미는 힘 $\overrightarrow{N_1}$

$\overrightarrow{N_1} = P_1 A_1$

② Y단면의 압력 P_2에 의해 그 단면을 미는 힘 $\overrightarrow{N_2}$

$\overrightarrow{N_2} = P_2 A_2$

③ 만곡부가 유체에 작용하는 힘 $\vec{K}$

따라서 힘 F는 다음과 같이 나타낼 수 있다.

$\vec{F} = \overrightarrow{N_1} + \overrightarrow{N_2} + \vec{K}$

여기서 K를 구하면

$\vec{K} = \vec{F} - \overrightarrow{N_1} - \overrightarrow{N_2}$

K의 x, y방향성분은

$$K_x = F_x - N_{1x} - N_{2x}$$
$$= \rho Q V_2 \cos\alpha - \rho Q V_1 - P_1 A_1 + P_2 A_2 \cos\alpha$$

$$K_y = F_y - N_{1y} - N_{2y}$$
$$= -\rho Q V_2 \sin\alpha - P_2 A_2 \sin\alpha$$

$\vec{K}$의 크기는

$$|\vec{K}| = \sqrt{K_x^2 + K_y^2}$$
$$= \sqrt{(\rho Q V_2 \cos\alpha - \rho Q V_1 - P_1 A_1 + P_2 A_2 \cos\alpha)^2 + (\rho Q V_2 \sin\alpha + P_2 A_2 \sin\alpha)^2}$$

또 연속방정식에서

$$V_2 = \frac{A_1}{A_2} V_1 = \frac{0.1^2}{0.07^2} \times 5 = 10.2\,[\text{m/s}]$$

연습문제

베루누이 방정식에서

$$P_2 = P_1 - \gamma \frac{V_2^2 - V_1^2}{2g}$$
$$= 0.1 - 0.001 \times \frac{1020^2 - 500^2}{2 \times 980}$$
$$= -0.303\,[\mathrm{kg}_f/\mathrm{cm}^2]$$

$$\therefore \ |\vec{K}| = \left[\left\{102 \times \frac{\pi}{4} \times 0.1^2 \times 5(10.2 \times \cos 60° - 5) - 1000 \times \frac{\pi}{4} \times 0.1^2 - 3030 \times \frac{\pi}{4} \times 0.07^2 \times \cos 60°\right\}^2 + \left\{102 \times \frac{\pi}{4} \times 0.1^2 \times 5 \times 10.2 \times \sin 60° - 3030 \times \frac{\pi}{4} \times 0.07^2 \times \sin 60°\right\}^2\right]^{\frac{1}{2}} \fallingdotseq 662\,[\mathrm{kg}_f]$$

10. 단면적이 일정한 연소관 속으로 비중량이 1.25[$\mathrm{kg}_f/\mathrm{m}^3$], 유속이 14[m/s]인 공기가 유입되어 연소 후 유속이 42[m/s]로 되었다. 연소 전과 연소 후의 압력차는 얼마인가?

해설

연소 전 · 후의 비중량을 γ_1, γ_2, 유량을 Q_1, Q_2, 유속을 V_1, V_2 라고 하면 연소기로 단위시간에 유입하는 운동량의 크기는 $\frac{\gamma_1}{g} Q_1 V_1$, 연소기에서 단위 시간에 유출하는 운동량은 $\frac{\gamma_2}{g} Q_2 V_2$ 이므로 유체가 받는 힘의 크기는 $\frac{\gamma_2 Q_2 V_2 - \gamma_1 Q_1 V_1}{g}$

이 힘은 입구의 압력에 의한 AP_1과 출구의 압력에 의한 힘 $-AP_2$의 합과 같다.

$$A(P_1 - P_2) = \frac{\gamma_2 Q_2 V_2 - \gamma_1 Q_1 V_1}{g}$$

연속의 식에서 $\gamma_1 Q_1 = \gamma_2 Q_2$ 이므로

$$P_1 - P_2 = \frac{\gamma_2 Q_2 V_2 - \gamma_1 Q_1 V_1}{Ag} = \frac{\gamma_1 Q_1 (V_2 - V_1)}{Ag} = \frac{\gamma_1 V_1 (V_2 - V_1)}{g}$$
$$= \frac{1.25 \times 14 \times (42 - 14)}{9.8} = 50\,[\mathrm{kg}_f/\mathrm{m}^2] = 0.005\,[\mathrm{kg}_f/\mathrm{cm}^2]$$

11. 저울 위에 물탱크를 놓고 위에서 물을 떨어뜨리면서 무게를 달면 실제로 물탱크 속에 있는 물의 무게와 얼마나 차이가 있는가? 관의 단면적을 a, 관 끝에서의 유속을 v, 관 끝에서 수면까지의 거리를 H, 물탱크 속의 수면의 단면적을 A 라고 한다. 단, 저울의 용수철이 휘는 것으로 인해 물탱크 전체가 가라앉는 속도는 무시한다.

해설

관에서 흘러나오는 물의 유량은

응용문제

$Q = av$

분류가 수면에 도착하는 속도 V를 구하기 위하여 관 끝과 수면을 연결한 유선에 대해서 베루누이 방정식을 적용하면

$$\frac{v^2}{2g} + H = \frac{V^2}{2g}$$

$$V = \sqrt{v^2 + 2gH}$$

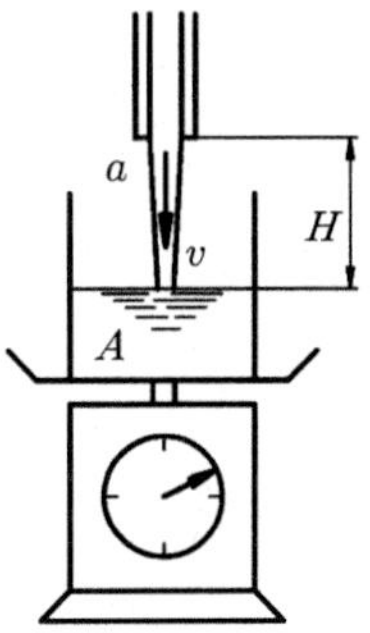

또 어느 순간에 물탱크 속에 있는 물의 전체를 포함하는 검사면(control surface)에 대해서 운동량법칙을 적용한다. 이 검사면을 통해서 유입하는 단위시간당 운동량은 ρQV이고 유출하는 운동량은 $\rho QV'$이다. 단, V'는 수면의 상승속도로서

$$V'A = Q$$

검사면 내부의 유체가 받는 힘의 크기는 F는

$$F = \rho QV + \rho QV'$$

방향은 상향이며 F는 다음과 같은 두 가지 힘으로 이루어진다.

① 중력 W로서 실제로 물탱크 속에 있는 물의 무게와 같고 방향은 하향이다.

② 물탱크가 물을 상향으로 미는 힘으로서 크기는 K이고 방향은 상향이다.

물탱크 자체의 무게를 무시하면 K는 저울이 물탱크를 미는 힘 즉, 저울 눈금의 읽음이다.

$$K = W + F = W + \rho QV + \rho QV' = W + \rho Q\left(\sqrt{v^2 + 2gH} + \frac{av}{A}\right)$$

저울의 눈금은 실제 중량보다 $\rho Q\left(\sqrt{v^2 + 2gH} + \frac{av}{A}\right)$만큼 크다.

12. 물탱크에 붙어있는 노즐에서 유속 V, 유량 Q의 물이 수평으로 유출된다. 물탱크가 받는 힘의 수평력 즉, 반동력을 구하라.

해설

물탱크 전체를 포함하는 검사면을 취하면 이 검사면을 통하여 단위시간에 유입하는 운동량은 없고 유출하는 운동량은 ρQV이다. 물탱크가 받는 힘의 크기는

$$F = \rho QV$$

연습문제

13. 문제 12에서 물탱크가 속도 U로서 분류와 반대 방향으로 운동하고 있을 때 물탱크가 받는 동력은 얼마인가? 물탱크의 물이 단위시간당 잃는 에너지(수동력)은 얼마인가? 두 동력의 비(효율)는 U의 값에 따라 얼마나 변화하는가? 효율을 최대로 하는 U의 값 및 최대 효율을 구하라.

해설

문제 12의 풀이 결과에서 물탱크가 받는 힘의 크기 F는 ρQV이다. 그 물탱크가 속도 U로서 운동하고 힘의 방향과 운동의 방향이 일치하고 있으므로 힘의 크기와 속도의 크기를 곱한 값이 물탱크가 받는 동력 L_1이 된다.

$$L_1 = \rho QV \cdot U$$

물탱크 속의 물은 속도 U로서 운동하고 있으므로 물탱크에 대해서 정지하고 있는 물이 갖는 속도수두는 $\frac{U^2}{2g}$이다. 이 문제의 물은 물탱크에서 V의 속도를 갖고 있으므로 $\frac{U^2}{2g}$ 외에 $\frac{V^2}{2g}$의 속도수두를 갖고 있다. 즉, 정지좌표에서 본 전수두 H는

$$H = \frac{U^2}{2g} + \frac{V^2}{2g}$$

전수두 H를 갖는 물이 유량 Q로서 물탱크에서 감소하게 되면 그로 인해 잃는 동력 L_2는

$$L_2 = \gamma QH = \frac{\gamma Q(U^2 + V^2)}{2g}$$

물이 잃는 동력과 물탱크가 얻는 동력의 비 η는

$$\eta = \frac{L_1}{L_2} = \frac{\rho QVU}{\frac{\gamma Q(U^2 + V^2)}{2g}} = \frac{2VU}{U^2 + V^2}$$

η의 최대값을 얻기위하여

$$\frac{\partial \eta}{\partial U} = 0$$

$$2V(U^2 + V^2) - 4VU^2 = 0$$

$$U = V$$

$U = V$일 때 η는 최대로 되고 그 값은

$$\eta_{max} = 1$$

이 문제는 운동량 법칙을 사용하지 않고서도 풀 수 있다. 다른 방법으로 풀어보자. 물탱크 속의 물이 갖는 전수두 H는 앞에서와 같이

$$H = \frac{V^2}{2g} + \frac{U^2}{2g}$$

응용문제

노즐을 나온 후의 정지좌표에 대한 속도의 크기는 $V-U$이므로 그 속도수두는

$$\frac{(V-U)^2}{2g}$$

전수두는 물탱크에 주어진 수두 H_0(단위중량의 물이 물탱크에 주어진 에너지)와 물탱크 밖을 운동하는 수두 즉, 이용되지 않은 수두 $\frac{(V-U)^2}{2g}$의 합이므로

$$H=H_0+\frac{(V-U)^2}{2g}$$

H_0를 구하면

$$H_0=\frac{U^2}{2g}+\frac{V^2}{2g}-\frac{(V-U)^2}{2g}=\frac{2V\cdot U}{2g}$$

또, H와 H_0의 비가 효율 η이므로

$$\eta=\frac{H_0}{H}=\frac{2VU}{U^2+V^2}$$

14. 다음 그림과 같이 45° 구부러진 곡관이 수평으로 설치되어 0.6[m³/s]의 물이 흐르고 있다. 단면 1에서의 압력이 150[KPa]일 때 물이 곡관에 미치는 힘은 얼마인가? 단, 미끄럼 손실은 무시한다.

해설

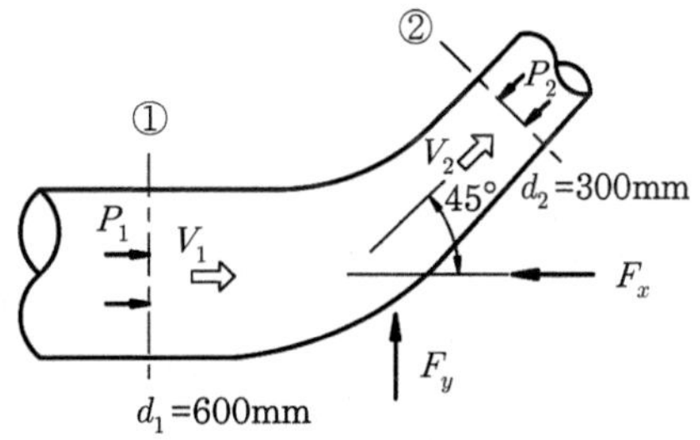

평균속도를 구하면

$$V_1=\frac{4Q}{\pi d_1^2}=\frac{4\times0.6}{\pi\times0.6^2}\fallingdotseq 2.12[\text{m/s}]$$

$$V_2=\frac{4Q}{\pi d_2^2}=\frac{4\times0.6}{\pi\times0.3^2}\fallingdotseq 8.48[\text{m/s}]$$

단면 1과 2사이에 베루누이 방정식을 적용하면

$$P_1+\frac{1}{2}\rho V_1^2=P_2+\frac{1}{2}\rho V_2^2$$

여기서 P_2는

$$P_2=P_1+\frac{1}{2}\rho(V_1^2-V_2^2)=150\times10^3+\frac{1}{2}\times10^3\times(2.12^2-8.48^2)$$

$$\fallingdotseq 116.3\times10^3[\text{Pa}]=116.3[\text{kPa}]$$

또 두 단면 사이에 운동량 법칙을 적용하면

$$P_1A_1-P_2A_2\cos45°-F_x=\rho QV_2\cos45°-\rho QV_1 \qquad \text{(a)}$$

연습문제

$$-P_2A_2\sin 45° + F_y = \rho Q V_2 \sin 45° - 0$$ (b)

식 (a)에서

$$F_x = P_1A_1 - P_2A_2\cos 45° - \rho Q(V_2\cos 45° - V_1)$$
$$= 150\times10^3\times\frac{\pi}{4}\times0.6^2 - 116.3\times10^3\times\frac{\pi}{4}\times0.3^2\times\cos45° - 1000\times0.6\times(8.48\times\cos45° - 2.12)$$
$$\fallingdotseq 34256[\mathrm{N}] \fallingdotseq 34.3[\mathrm{kN}]$$

$$F_y = \rho Q V_2\sin 45° + P_2A_2\sin 45°$$
$$= 1000\times0.6\times8.48\times\sin45° + 116.3\times10^3\times\frac{\pi}{4}\times0.3^2\times\sin45°$$
$$\fallingdotseq 9406[\mathrm{N}] \fallingdotseq 9.41[\mathrm{kN}]$$

유체가 관에 미치는 힘은 이 힘과 크기가 같고 방향이 반대이다.

15. 다음 그림에서 유량 $Q = 100[l/\mathrm{s}]$, 속도 $V = 10[\mathrm{m/s}]$의 분류가 곡면판을 따라 흘러서 $\theta = 60°$로 유출되고 있다. 곡면판이 일정속도 $U = 8[\mathrm{m/s}]$로 운동하고 있을 때 분류가 곡면판에 미치는 힘의 성분 F_x, F_y 및 동력 L을 구하라. 단, 손실은 무시한다.

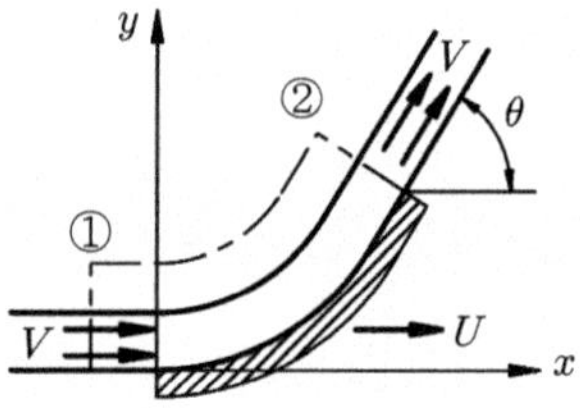

해설

곡면판이 받는 힘은

$$F_x = \rho Q(V-U)(1-\cos\theta) = \rho A(V-U)^2(1-\cos\theta)$$
$$= 1000\times100\times10^{-3}\times(10-8)(1-\cos 60°) = 100[\mathrm{N}]\ (\text{오른쪽방향})$$

$$F_y = -\rho Q(V-U)\sin\theta$$
$$= -1000\times100\times10^{-3}\times(10-8)\times\sin 60° \fallingdotseq -173.2[\mathrm{N}]\ (\text{아랫방향})$$

동력 L은

$$L = F_x\cdot U$$
$$= 100\times8 = 800[\mathrm{N\cdot m/s}] = 800[W]$$

16. 어떤 축의 주위를 회전하도록 지지한 물탱크에 노즐이 붙어 있다. 노즐에서 유출하는 속도의 크기가 V, 유량이 Q이다. 분류의 방향은 원주방향과 각도 α를 이룬다. 축에서 노즐 출구까지의 거리가 R, 각속도가 ω이다. 이 장치가 발생하는 동력은 얼마인가? 또 최대효율을 구하라.

응용문제

해설

물탱크가 받는 반동력의 크기는

$$F=\rho QV$$

그 방향은 분류의 방향과 정반대 방향이고 작용점은 노즐 출구이다. 작용점과 축을 연결한 직선과 반동력의 방향이 수직이 아닌 것에 주의해서 모멘트를 구하면

$$M=FR\cos\alpha=\rho QVR\cos\alpha$$

모멘트 M과 각속도 ω를 곱하면 동력 L_1이므로 $L_1=\omega\cdot\rho QVR\cos\alpha$

물탱크 속의 물의 전수두는

$$H=\frac{\omega^2R^2}{2g}+\frac{V^2}{2g}$$

전수두 H인 물이 유량 Q로 유출하기 때문에 물탱크에서 잃는 동력 L_2는

$$L_2=\gamma QH=\frac{\gamma Q(\omega^2R^2+V^2)}{2g}$$

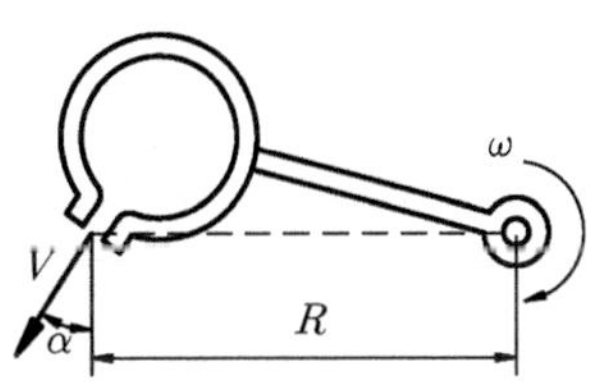

효율 η는

$$\eta=\frac{L_1}{L_2}=\frac{\omega\cdot\rho QVR\cos\alpha}{\frac{\gamma Q(\omega^2R^2+V^2)}{2g}}=\frac{2V\omega R\cos\alpha}{\omega^2R^2+V^2}$$

$\frac{d\eta}{d\omega}=0$로 놓음으로써 최대효율을 주는 ω의 값이 정해진다.

$$\omega=\frac{V}{R}$$

이 때 효율은 $\eta_{max}=\cos\alpha$

17. 다음 그림과 같이 분사추진에 의해 움직이는 배가 있다. 펌프 출구의 압력이 게이지 압력으로 70[kPa]일 때 밧줄이 받는 인장력을 계산하라.

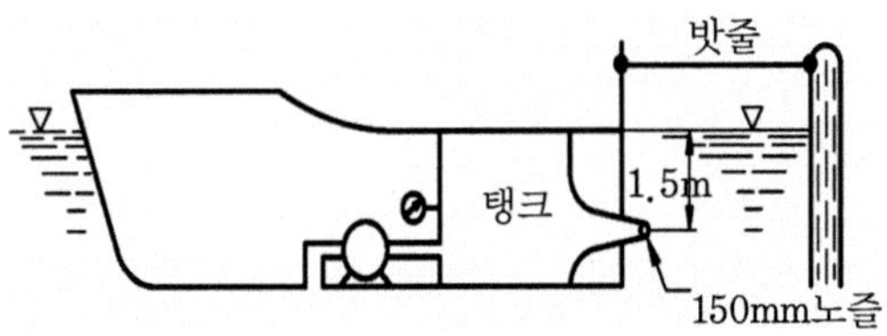

해설

노즐 출구에서 분류의 속도는 베루누이 방정식에 의해서

$$V_2=\sqrt{2g\cdot\frac{P_1-P_2}{\gamma}}=\sqrt{2\times9.8\times\left(\frac{70\times10^3}{9800}-1.5\right)}\fallingdotseq10.5[\text{m/s}]$$

$$\therefore\ F=\rho Q(V_2-V_1)=1000\times\frac{\pi}{4}\times0.15^2\times10.5\times(10.5-0)\fallingdotseq1947.29[\text{N}]$$

연습문제

18. 다음 그림과 같이 4개의 노즐을 가진 터빈이 있다. 각 노즐의 직경은 25[mm]이고 각 노즐에서의 유량은 7[l/s]이다. 이 터빈의 각속도가 10[rad/s]일 때 터빈의 동력은 얼마인가?

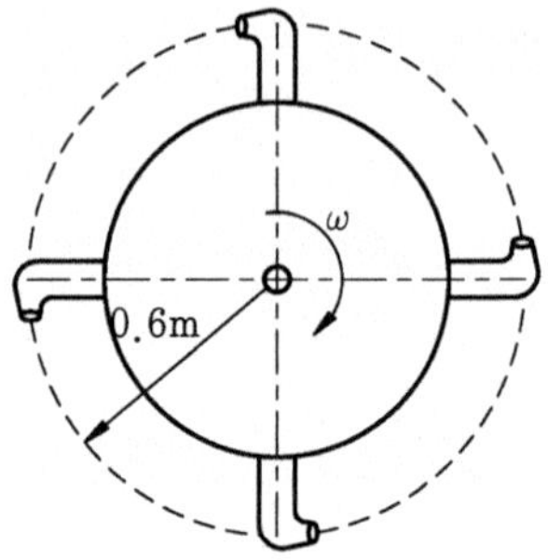

해설

노즐 출구에서의 물의 속도

$$V=\frac{4\times 0.007}{\pi\times 0.025^2}\fallingdotseq 14.3[\text{m/s}]$$

터빈의 원주속도는

$$U=r\omega=0.6\times 10=6[\text{m/s}]$$

노즐 출구에 대한 물의 상대속도는

$$V-U=14.3-6=8.3[\text{m/s}]$$

터빈의 토크는

$$T=\rho Q(V-U)\cdot r$$
$$=1000\times 7\times 4\times 10^{-3}\times 8.3\times 0.6=130.44[\text{N}\cdot\text{m}]$$

터빈의 동력은

$$P=T\omega=139.44\times 10=1394.4[\text{W}]$$

19. 다음 그림과 같은 장치에서 펌프가 가동되지 않고 물이 아무런 저항없이 흘러 나갈 때 스프링에서의 힘은 672[N]이었다. 펌프가 가동되어 스프링에서의 힘이 2.24[kN]이라면 펌프가 유체에 공급하는 동력은 몇 [kW]인가? 단, 용기 속의 물은 일정량으로 유지된다.

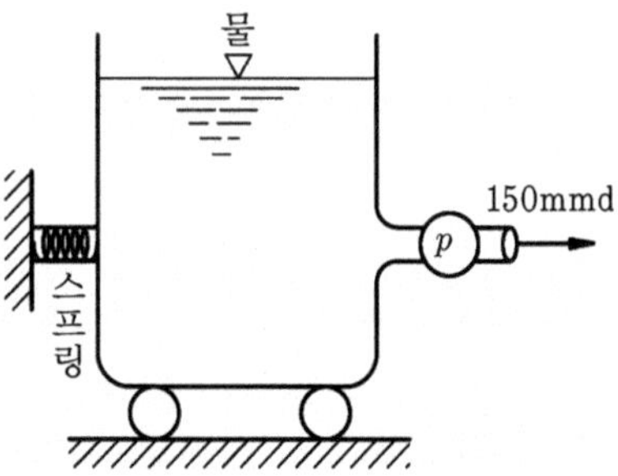

해설

탱크의 수면과 노즐 출구사이에 운동량법칙을 적용하여 수평력만을 생각하면

$$F=\rho Q(V_2-V_1)=\rho QV_2=\rho AV^2$$

$$\therefore\ V=\sqrt{\frac{F}{\rho A}}$$

따라서 펌프를 가동하지 않을 때 분류의 속도는

$$V_0 = \sqrt{\frac{F}{\rho A}} = \sqrt{\frac{672}{1000 \times \frac{\pi}{4} \times 0.15^2}} \fallingdotseq 6.17[\mathrm{m/s}]$$

펌프를 가동할 때의 분류속도는

$$V_p = \sqrt{\frac{F}{\rho A}} = \sqrt{\frac{2.24 \times 1000}{1000 \times \frac{\pi}{4} \times 0.15^2}} \fallingdotseq 11.26[\mathrm{m/s}]$$

펌프가 물에 공급하는 에너지는

$$E_p = \frac{V_p^2}{2g} - \frac{V_o^2}{2g} = \frac{11.26^2 - 6.17^2}{2 \times 9.8} \fallingdotseq 4.53[\mathrm{m}]$$

펌프가 유체에 공급하는 동력은

$$P = \gamma Q E_p = 9800 \times \frac{\pi}{4} \times 0.15^2 \times 11.26 \times 4.53 \fallingdotseq 8829[\mathrm{W}] = 8.829[\mathrm{kW}]$$

20. 외경 300[mm], 내경 100[mm]인 원심펌프의 회전차가 있다. 회전차의 각 속도가 100[rad/s]일 때 회전차 입구와 출구에서의 원주방향 속도가 각각 1[m/s], 10[m/s]이고, 유량이 3[m^3/min]이다. 이 펌프의 이론동력은 몇 [kW]인가?

해설

회전차의 원주속도는

$$U_1 = r_1 \omega = 0.05 \times 100 = 5[\mathrm{m/s}]$$

$$U_2 = r_2 \omega = 0.15 \times 100 = 15[\mathrm{m/s}]$$

$$\therefore P_{th} = \rho Q (U_2 V_2 \cos\alpha_2 - U_1 V_1 \cos\alpha_1)$$

$$= 1000 \times \frac{3}{60} \times (15 \times 10 - 5 \times 1)$$

$$= 7250[\mathrm{W}] = 7.25[\mathrm{kW}]$$

5장

실제 유체의 흐름

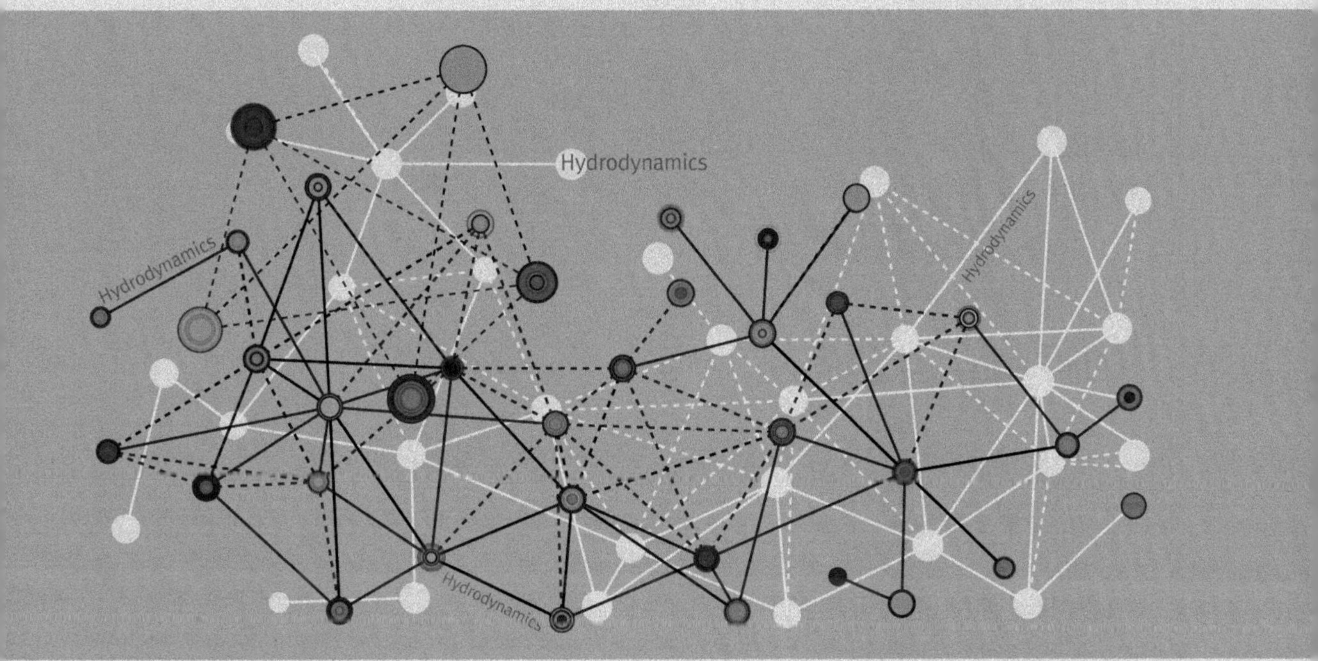
Hydrodynamics
Hydrodynamics
Hydrodynamics
Hydrodynamics

5.1 층류(層流)와 난류(亂流)

5.1.1 층류(laminar flow)

유체층 사이에 분자의 교환이 없이 질서 정연하게 미끄러지면서 흐르는 유동상태를 **층류**라고 하며 이때는 다음과 같은 Newton의 점성법칙이 성립한다.

$$\tau = \mu \cdot \frac{du}{dy} \tag{5-1}$$

τ : 전단응력

μ : 점성계수

$\frac{du}{dy}$: 속도구배

5.1.2 난류(turbulent flow)

유체분자들이 불규칙하게 난동을 일으키면서 흐르는 유동상태를 **난류**라고 하며 이 때의 전단응력은 다음과 같다.

$$r = (\mu + \epsilon) \cdot \frac{d\overline{u}}{dy} \tag{5-2}$$

ϵ : 와점성계수(渦粘性係數, eddy viscosity)

μ : 점성계수

와점성계수는 난류도와 유체의 밀도에 따라 정해지는 계수이다.

예제 5.1 난류유동에서는?

㉮ Newton의 점성법칙이 그대로 성립한다.

㉯ 일반적으로 층류유동에서 보다 전단응력이 크다.

㉰ 전단응력에는 유체입자의 응집력이 운동량보다 더 크게 작용한다.

㉱ 유체입자는 질서정연하게 미끄러지듯 흐른다.

해설 난류유동은 유체입자가 무질서하게 난동을 일으키면서 흐르는 유동상태이며 이 때의 전단응력은 유체입자의 응집력보다 운동량이 더 크게 작용한다. 일반적으로 층류유동에서 보다 전단응력이 크며 Newton의 점성법칙은 그대로 성립하지 않는다. 답 ㉯

5.2 레이놀드 수(Reynolds number)

층류와 난류를 구분하는 척도가 되는 무차원 수로서 직경이 일정한 수평원관 내의 유동에서는 다음과 같이 정의된다.

$$Re = \frac{\rho VD}{\mu} = \frac{VD}{\nu} \tag{5-3}$$

ρ : 유체의 밀도

μ : 유체의 점성계수

ν : 유체의 동점성계수

V : 유속

D : 관의 직경

즉, 레이놀드 수는 실제유체의 유동에 있어서 점성력과 관성력의 비를 나타낸다.

실험결과에 의하면 수평원관 내의 유동에서 층류와 난류는 다음과 같이 구분된다.

$Re < 2100$: 층류

$2100 < Re < 4000$: 천이영역

$Re > 4000$: 난류

$Rc = 4000$: 상임계 레이놀드 수(층류에서 난류로 변하는 레이놀드 수)

$Re = 2100$: 하임계 레이놀드 수(난류에서 층류로 변하는 레이놀드 수)

㈜ 하임계 레이놀드 수는 학자에 따라, 2000~2300을 쓰기도 한다.

예제 5.2 **원관 속의 유동에 있어서 상임계 레이놀드 수는?**

㉮ 2100 ㉯ 4000 ㉰ 6000 ㉱ 50000

해설 층류상태로 유동하는 원관 속의 유동에서 Re수를 증가시키면 층류 흐름이 난류로 바뀐다. 이 과정에서 층류와 난류가 공존하는 천이영역을 지나서 난류로 변하게 되는데 이 레이놀드 수를 상임계 레이놀드수라고 하며 그 값은 $Re = 4000$이다.

답 ㉯

예제 5.3 **비중이 0.8, 동점성계수가 0.83×10^{-4} [m²/s]인 기름이 직경 10[cm]인 원관 속을 평균속도 2.5[m/s]로 흐를 때 유동상태는?**

㉮ 층류 ㉯ 천이영역 ㉰ 난류 ㉱ 상임계 레이놀드수

해설 $Re=\frac{\rho VD}{\mu}=\frac{VD}{\nu}$

$$=\frac{2.5\times0.1}{0.83\times10^{-4}}\fallingdotseq3012$$

이 값은 2100보다 크고, 4000보다 작으므로 천이영역이다. 답 ㉯

예제 5.4 **밀도가 $1.3[\mathrm{kg/m^3}]$이고 점성계수가 $2.0\times10^{-5}[\mathrm{kg/m\cdot s}]$인 유체가 직경 3[cm]인 원관 속을 층류로 흐를 수 있는 최대속도는 몇 $[\mathrm{m/s}]$인가?**

㉮ 0.64 ㉯ 1.08 ㉰ 1.81 ㉱ 2.11

해설 하임계 레이놀드 수는 2100이므로

$$Re=\frac{\rho VD}{\mu}=\frac{1.3\times V\times0.03}{2.0\times10^{-5}}\fallingdotseq2100$$

$$\therefore V=\frac{2.0\times10^{-5}\times2100}{1.3\times0.03}\fallingdotseq1.08[\mathrm{m/s}]$$

답 ㉯

5.3 평행평판 사이의 층류

[그림 5-1]과 같이 평행평판 사이를 흐르는 점성유체의 층류 유동을 생각하자. 간격 $2h$인 평행평판 사이에 길이 dl, 두께 $2y$, 폭 1인 미소체적에 미치는 힘은 정상류의 경우에 다음과 같은 평형방정식을 만족한다.

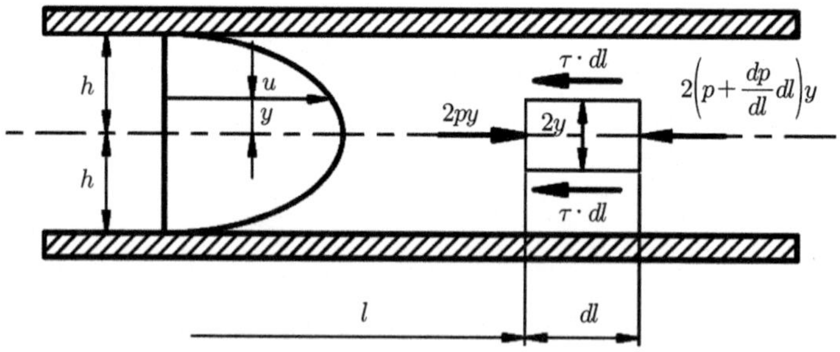

[그림 5-1] 평행평판 사이의 층류

$$2py-2\left(p+\frac{dp}{dl}dl\right)y-2\tau\cdot dl=0$$

$$\therefore \tau=-\left(\frac{dp}{dl}\right)y \tag{5-4}$$

또, 유동상태가 층류이고 y가 증가함에 따라 속도 u가 감소하므로 Newton의 점성법칙은

$$\tau = -\mu \frac{du}{dy} \tag{5-5}$$

식(5-4)와 식 (5-5)에서 전단응력 τ를 소거하면

$$\frac{du}{dy} = \frac{y}{\mu}\frac{dp}{dl} \tag{5-6}$$

식(5-6)에서 유동방향에 대한 압력기울기 $\frac{dp}{dl}$는 y와 무관하므로 y에 대해 적분하면

$$u = \frac{1}{2\mu}\frac{dp}{dl}y^2 + c$$

$y = \pm h$일 때 $u = 0$이므로 적분상수 c는

$$c = -\frac{1}{2\mu}\frac{dp}{dl}h^2$$

따라서 속도분포는

$$u = -\frac{1}{2\mu}\frac{dp}{dl}(h^2 - y^2) \tag{5-7}$$

식(5-7)에서 속도분포곡선은 포물선임을 알 수 있고 $y = 0$에서 최대속도가 된다.

$$u_{max} = -\frac{h^2}{2\mu}\frac{dp}{dl} \tag{5-8}$$

단위폭당유량은

$$Q = \int_A udA = \int_{-h}^{h} udy = -\frac{1}{2\mu}\frac{dp}{dl}\int_{-h}^{h}(h^2 - y^2)dy$$

$$= -\frac{2h^3}{3\mu}\frac{dp}{dl} \tag{5-9}$$

평균속도 V는

$$V = \frac{Q}{A} = \frac{Q}{2h} = -\frac{h^2}{3\mu}\cdot\frac{dp}{dl} = \frac{2}{3}u_{max} \tag{5-10}$$

길이 l인 평행평판 사이의 층류흐름에서 압력강하를 Δp라고 하면 식(5-9)에서 $-\dfrac{dp}{dl}=\dfrac{\Delta p}{l}$이므로

$$\Delta p=\frac{3}{2}\frac{\mu Ql}{h^3} \tag{5-11}$$

폭이 b이면 $\Delta p=\dfrac{3}{2}\dfrac{\mu Ql}{bh^3}$

평판이 경사진 경우는 식 (5-10)에서 $-\dfrac{dp}{dl}$를 $-\dfrac{d(p+\gamma z)}{dl}$로 놓으면 된다.

예제 5.5 평행평판 사이의 층류 흐름에서 점성유체의 평균속도가 10[m/s]일 때 최대 속도는 몇 [m/s]인가?

㉮ 11 ㉯ 13 ㉰ 15 ㉱ 17

해설 식(5-10)에서

$$u_{max}=\frac{3}{2}V=\frac{3}{2}\times 10=15[\text{m/s}]$$

답 ㉰

예제 5.6 폭 1[m], 길이[5m]인 두 평판이 간격 3[mm]를 두고 평행으로 놓여있다. 이 사이에 동점성계수가 0.01[cm^2/s]인 물이 길이방향으로 5[l/s]씩 흐를 때 압력강하는 몇 [kPa]인가?

㉮ 7.9 ㉯ 8.3 ㉰ 9.8 ㉱ 11.1

해설 식 (5-11)에서

$$\Delta p=\frac{3}{2}\frac{\mu\cdot Q\cdot l}{h^3}=\frac{3}{2}\frac{\rho\nu Ql}{h^3}$$

$$=\frac{3}{2}\times\frac{1000\times 0.01\times 10^{-4}\times 5\times 10^{-3}\times 5}{(0.0015)^3}\fallingdotseq 11111[\text{N/m}^2]$$

$$\fallingdotseq 11.1\,[\text{kPa}]$$

답 ㉱

㈜ 식 (5-11)은 단위 폭에 대해서 유도한 식이므로 폭 b에 대해서는 $\Delta p=\dfrac{3}{2}\dfrac{\mu Ql}{bh^3}$로 해야 한다.

예제 5.7 폭 0.5[m], 길이3 [m]인 두 평판이 간격 1[m]를 두고 평행하게 놓여 있다. 그 사이를 점성계수가 15[poise]인 기름이 흐를 때 길이 3[m] 사이의 압력차가 100[kPa]이라면 유량은 몇 [m^3/s]인가?

㉮ 543 ㉯ 637 ㉰ 926 ㉱ 1213

해설 식(5-9)에서 길이 l에 대한 압력강하가 Δp라고 놓고 폭을 b라고 하면

$$Q = \frac{2\Delta P \cdot bh^3}{3\mu l}$$

$$= \frac{2\times 100\times 10^3\times 0.5\times 0.5^3}{3\times(15\times 9.8/98)\times 3} \fallingdotseq 926[\mathrm{m^3/s}]$$

$$\left(\because 1[\mathrm{poise}] = \frac{1}{98}[\mathrm{kg_f\cdot s/m^3}] = 0.1[\mathrm{N\cdot s/m^2}],\ 1[\mathrm{kg_f}] = 9.8[\mathrm{N}]\right)$$

답 ㉰

5.4 원관 속의 층류

직경이 일정한 직관 속에서 정상류인 비압축성 유체의 층류 흐름을 생각하자. 관의 단면적이 유동 방향에 따라 일정하므로 속도도 일정하고 점성에 의한 마찰손실은 압력에너지와 위치에너지의 감소로 나타난다.

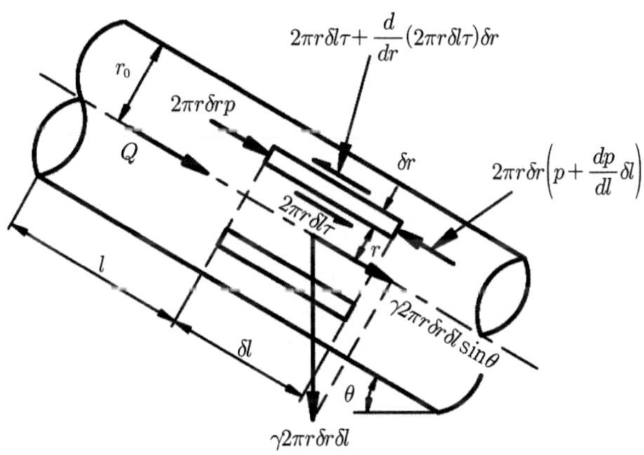

[그림 5-2] 원관속의 층류

[그림 5-2]에서 유체의 운동량 변화는 없으므로 검사체적 내의 유체에 작용하는 모든 외력의 유동방향 성분은 0이다. 따라서 힘의 평형방정식을 적용하면

$$2\pi r\delta rp - \left(2\pi r\delta rp + 2\pi r\delta r\frac{dp}{dl}\delta l\right) + 2\pi r\delta l\tau - \left[2\pi r\delta l\tau + \frac{d}{dr}(2\pi r\delta l\tau)\delta r\right]$$
$$+\gamma 2\pi r\delta r\delta l\sin\theta = 0$$

이 식을 정리하여 $\sin\theta = -\frac{dh}{dl}$로 놓고 양변을 $2\pi r\delta r\delta l$로 나누면

$$\frac{d}{dl}(p+\gamma h)+\frac{1}{r}\frac{d}{dr}(\tau r)=0 \tag{5-12}$$

윗 식을 r에 대해 적분하면

$$\frac{r^2}{2}\frac{d}{dl}(p+\gamma h)+\tau r=C$$

$r=0$에서 $\tau=0$이므로 적분상수는 $C=0$이다. 따라서 윗 식은

$$\tau=-\frac{r}{2}\frac{d}{dl}(p+\gamma h) \tag{5-13}$$

여기서 $-\dfrac{d}{dl}(p+\gamma h)$는 수력구배선의 하강을 의미한다.

수평 원관의 경우는 $dh=0$이므로

$$\tau=-\frac{r}{2}\frac{dp}{dl} \tag{5-14}$$

Newton의 점성법칙 $\tau=\mu\dfrac{du}{dy}=-\mu\dfrac{du}{dr}$를 식 (5-14)에 대입하고 속도 u에 대해 정리하면

$$u=-\frac{1}{4\mu}\frac{dp}{dl}(r_0^2-r^2) \tag{5-15}$$

최대속도는 관의 중심($r=0$) 속도이므로

$$u_{max}=-\frac{r_0^2}{4\mu}\frac{dp}{dl} \tag{5-16}$$

[그림 5-1]에서 미소단면적을 통과하는 유량은

$$dQ=2\pi r dr\cdot u$$

식 (5-15)를 윗 식에 대입하고 원관의 단면적 전체에 대해 적분하면

$$Q=-\frac{\pi}{2\mu}\frac{dp}{dl}\int_0^{r_0}(r_0^2-r^2)rdr=-\frac{\pi r_0^4}{8\mu}\frac{dp}{dl} \tag{5-17}$$

관의 길이 L에 대해 압력강하를 Δp라고 하면 $-\dfrac{dp}{dl}=\dfrac{\Delta p}{L}$이므로

$$Q = \frac{\pi r_0^4 \Delta p}{8\mu L} = \frac{\pi D^4 \Delta p}{128\mu L} \tag{5-18}$$

식(5-18)을 **하겐-포아젤(Hagen-Poiseuille)의 방정식**이라고 한다.

또 관속의 평균속도를 V라고 하면

$$V = \frac{Q}{\pi r_0^2} = \frac{r_0^2 \Delta p}{8\mu L} = \frac{1}{2} u_{max} \tag{5-19}$$

경사진 관로에서의 유량은 식(5-17)에서

$$Q = -\frac{\pi r_0^4}{8\mu} \frac{d}{dl}(p + \gamma h) \tag{5-20}$$

예제 5.8 **동점성계수가 2.5×10^{-4}[m^2/s]이고 비중이 0.85인 기름을 500[m] 떨어진 곳에 직경 100[mm]인 수평원관을 통하여 수송하려고 한다. 유량이 0.03[m^3/s]라고 하면 500[m]거리에서의 손실수두는 몇 [m]인가?**

㉮ 118 ㉯ 137 ㉰ 156 ㉱ 184

해설 $Re = \frac{VD}{\nu} = \frac{4QD}{\pi D^2 \nu}$

$= \frac{4 \times 0.03 \times 0.1}{\pi \times 0.1^2 \times 2.5 \times 10^{-4}} \fallingdotseq 1529$

Re수가 2100보다 작으므로 층류이다. 따라서 하겐-포아젤의 방정식을 적용할 수 있다.

손실수두 H_L은

$H_L = \frac{\Delta p}{\gamma} = \frac{\Delta p}{\rho g}$

하겐-포아젤의 방정식에서

$\Delta p = \frac{128\mu LQ}{\pi D^4}$

$\therefore H_L = \frac{128\mu LQ}{\pi D^4 \rho g} = \frac{128\nu LQ}{\pi D^4 g}$

$= \frac{128 \times 2.5 \times 10^{-4} \times 500 \times 0.03}{\pi \times 0.1^4 \times 9.8} \fallingdotseq 156$[m]

답 ㉰

예제 5.9 **예제 8에서 기름을 수송하는데 필요한 펌프의 동력은 몇 [kW]인가?**

㉮ 25 ㉯ 28 ㉰ 32 ㉱ 39

해설 펌프의 동력 P는

$$P = \gamma H_L Q$$
$$= 9800 \times 0.85 \times 156 \times 0.03 \fallingdotseq 38984[\mathrm{N \cdot m/s}] \fallingdotseq 39[\mathrm{kW}]$$

답 ㉱

예제 5.10 **점성유체가 원관 속에서 층류로 흐를 때 평균속도는 최대속도의 몇 배인가?**

㉮ $\frac{3}{4}$ ㉯ $\frac{2}{3}$ ㉰ $\frac{1}{2}$ ㉱ $\frac{1}{3}$

해설 식(5-19)에서

$$V = \frac{1}{2} u_{max} = \frac{r_0^2 \Delta P}{8\mu L}$$

답 ㉰

예제 5.11 **직경 300[mm]인 수평원관 속을 물이 층류로 흐르고 있다. 관의 길이 50[m]에 대해 압력강하가 100[kPa]이라면 관벽에서 전단응력은 몇 $[\mathrm{N/m^2}]$인가?**

㉮ 100 ㉯ 150 ㉰ 200 ㉱ 250

해설 식(5-14)에서

$$\tau = -\frac{r}{2}\frac{dp}{dl} = -\frac{0.15}{2} \times \left(-\frac{100000}{50}\right) = 150[\mathrm{N/m^2}]$$

답 ㉯

예제 5.12 **직경 10[cm], 관의 길이 300[m]인 수평원관 속을 비중 0.75인 기름이 유량 0.002[$\mathrm{m^3/s}$]로 흐르고 있다. 관의 전체 길이에 대하여 압력강하가 3[$\mathrm{kg_f/cm^2}$]이면 이 기름이 점성계수는 몇 [$\mathrm{kg_f \cdot s/m^2}$]인가?**

㉮ 0.4151 ㉯ 0.3216 ㉰ 0.2064 ㉱ 0.1227

해설 우선 층류라고 가정하여 하겐-포아젤의 방정식을 적용하면

$$Q = \frac{\pi D^4 \Delta P}{128\mu L}$$

여기서 점성계수 μ는

$$\mu = \frac{\pi D^4 \Delta P}{128 QL} = \frac{\pi \times 0.1^4 \times 3 \times 10^4}{128 \times 0.002 \times 300} \fallingdotseq 0.1227[\mathrm{kg_f \cdot s/m^2}]$$

하겐-포아젤의 방정식을 적용하려면 층류이어야 하므로 계산된 μ값을 이용하여 Re수를 구하고 층류인가를 확인해야 한다.

$$Re = \frac{\rho VD}{\mu} = \frac{0.75 \times 102 \times \frac{4 \times 0.002}{\pi \times 0.1^2} \times 0.1}{0.1227} \fallingdotseq 15.88 < 2100$$

층류이므로 처음 가정은 맞는다.

답 ㉱

예제 5.13 **원관 속의 층류 흐름에 관한 내용 중 잘못된 항은?**

㉮ 전단응력은 관 중심에서 0이고 관 벽에서 최대이다.

㉯ 전단응력은 관 중심에서 관 벽까지 직선적으로 증가한다.

㉰ 속도는 관 중심에서 최대이고 관 벽에서 0이다.

㉱ 속도는 관 벽에서 관 중심까지 선형적으로 증가한다.

해설 식(5-14)에서 전단응력은 $\tau = -\frac{r}{2} \cdot \frac{dp}{dl}$ 이므로 관 중심에서 0이고 관 벽에서 최대이며 반지름 r에 비례하여 관 벽까지 직선적으로 증가하고 식(5-15)에서 속도 분포는 포물선을 나타내며 관 중심에서 최대이고 관 벽에서 0이다.

답 ㉱

예제 5.14 **다음 그림과 같은 경사관 속을 층류로 흐르는 유량과 유동방향을 구하라. 단, 관의 직경은 10[mm], 유체의 밀도는 850[kg/m³], 점성계수는 0.5[poise]이다.**

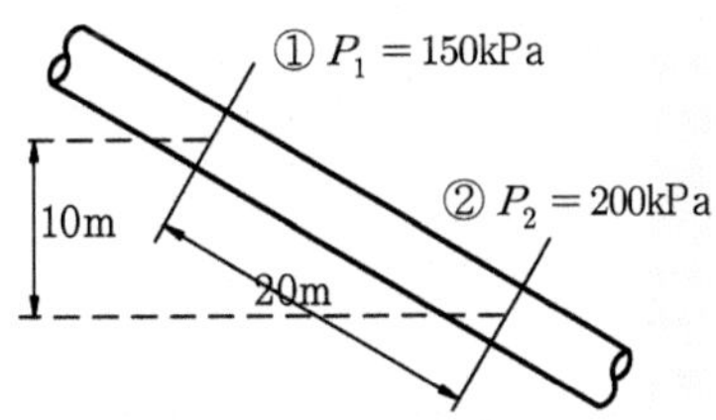

㉮ ①에서 ②로 $3.27 \times 10^{-5}\,[\mathrm{m^3/s}]$　　㉯ ①에서 ②로 $10.05 \times 10^{-5}\,[\mathrm{m^3/s}]$

㉰ ②에서 ①로 $3.27 \times 10^{-5}\,[\mathrm{m^3/s}]$　　㉱ ②에서 ①로 $10.05 \times 10^{-5}\,[\mathrm{m^3/s}]$

해설 단면 ①에서의 전압 H_1은

$$H_1 = P_1 + \gamma h_1 + \frac{\gamma V_1^2}{2g}$$

단면 ②에서의 전압 H_2는

$$H_2 = P_2 + \gamma h_2 + \frac{\gamma V_2^?}{2g}$$

일정단면의 원관이므로 $V_1 = V_2$이다. 따라서

$$\begin{aligned} H_1 - H_2 &= (P_1 + \gamma h_1) - (P_2 + \gamma h_2) \\ &= (P_1 - P_2) + \gamma(h_1 - h_2) \\ &= (150 - 200) \times 10^3 + 850 \times 9.8(10 - 0) \\ &= -50 \times 10^3 + 83300 \\ &= 33300[\mathrm{N/m^2}] \end{aligned}$$

따라서 단면 ①의 에너지가 더 크다. 즉 유동 방향은 ①단면에서 ②단면으로 흐른다. 유량은 하겐-포아젤의 방정식에서 $\frac{\Delta P}{L}$ 대신 $\frac{d}{dl}(P + \gamma h)$를 쓰면

$$\begin{aligned} Q &= \frac{\pi D^4}{128\mu}\left\{\frac{d}{dl}(P + \gamma h)\right\} \\ &= \frac{\pi D^4}{128\mu}\left\{\frac{(P_2 + \gamma h_2) - (P_1 + \gamma h_1)}{L}\right\} \\ &= \frac{\pi \times 0.01^4}{128 \times 0.5 \times 10^{-1}}\left\{\frac{(200 \times 10^3 - 150 \times 10^3 + 850 \times 9.8 \times 10)}{20}\right\} \\ &= 3.27 \times 10^{-5}[\mathrm{m^3/s}] \end{aligned}$$

답 ㉮

5.5 난류(亂流, turbulent flow)

5.5.1 전단응력

난류 유동에서는 [그림 5-3]에 나타낸 바와 같이 x방향의 평균속도 $\bar{u}$에 대해 난동이 일어나며 순간속도 u는 다음과 같이 표시될 수 있다.

$$u = \bar{u} + u' \qquad (5\text{-}21)$$

u': 변동속도(fluctuating velocity)

같은 방법으로 y방향의 순간속도 v는 다음과 같다.

$$v = \bar{v} + v' \qquad (5\text{-}22)$$

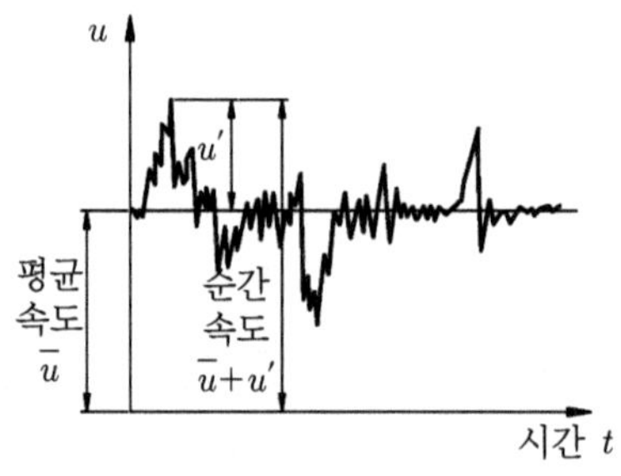

[그림 5-3]

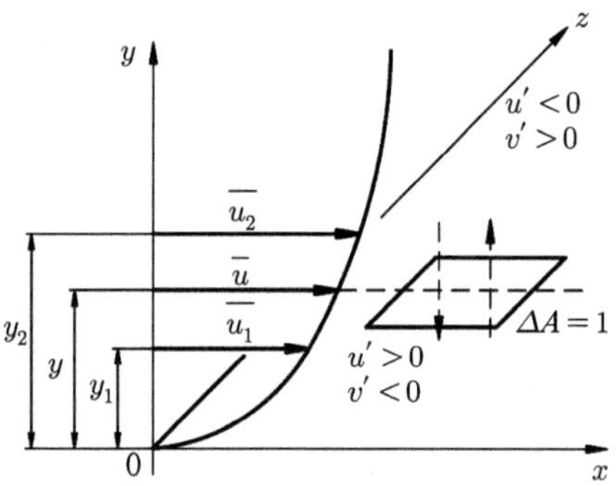

[그림 5-4]

[그림 5-4]와 같이 x축에 평행한 2차원 난류흐름을 생각하자.

벽에서 거리 y에 단위면적 $\Delta A = 1$을 가상하면 ΔA를 통과하는 유체의 y방향 속도는 v'이므로 단위시간에 통과하는 유체의 질량은 $\rho v' \Delta A = \rho v'$이다. 이 유체는 x방향의 속도 $u = \bar{u} + u'$를 가지고 있으므로 유체가 수송하는 운동량의 시간 T에 대한 평균치는

$$\frac{1}{T}\int_0^T \rho v'(\bar{u} + u')dt = \frac{\rho \bar{u}}{T}\int_0^T v' dt + \frac{\rho}{T}\int_0^T u' v' dt$$

여기서 $\overline{v'} = \frac{1}{T}\int_0^T v' dt = 0$이므로

$$\frac{1}{T}\int_0^T \rho v'(\overline{u}+u')dt = \frac{\rho}{T}\int_0^T u'v'dt = \rho\overline{u'v'} \tag{5-23}$$

이 운동량에 상당하는 힘이 단위면적 ΔA의 상하로 저항하는 힘이 된다. 생각하고 있는 면에서 상향에서 $u' > 0$의 유체가 이동하면 그 면은 $-x$방향의 힘을 받는다. 따라서 전단응력은 다음과 같이 나타낸다.

$$\tau_t = -\rho\overline{u'v'} \tag{5-24}$$

식(5-24)를 **Reynolds 응력**(Reynolds stress)이라고 한다. 여기서 $\overline{u'v'}$는 상승 평균을 표시한다.

[그림 5-4]와 같은 경우에 u'와 v'의 부호에 대해 조사해 보자. 지금 y_1에 있는 유체가 ΔA를 통과하여 상방향으로 이동($v' > 0$)하면 이 유속은 ΔA면에서의 유체속도보다 $(\overline{u}-\overline{u_1})$만큼 느리므로 $u' \propto (\overline{u}-\overline{u_1})$로서 $u' < 0$의 속도변동이 생긴다. 반대로 y_2에 있는 유체가 하방향으로 이동 ($u' < 0$)하면 $u' \propto (\overline{u_2}-\overline{u})$로서 $u' > 0$의 속도변동이 생긴다. 따라서 u'와 v'와는 부호가 반대인 경우가 많고 이것은 실험적으로 확인되고 있다.

결국 난류에 대한 전단응력은 다음과 같이 된다.

$$\tau = \mu\frac{du}{dy} + (-\rho\overline{u'v'}) \tag{5-25}$$

실험에 의하면 식(5-25)의 우변 제 1항은 벽면부근을 제외하고는 제2항에 비해서 무시할 수 있을 정도로 작으므로 난류의 경우 전단응력은 Reynolds 응력만으로 표시할 수 있다. 즉 식 (5-24)에서

$$\tau = -\rho\overline{u'v'} = \epsilon\frac{du}{dy} \tag{5-26}$$

따라서 전체의 전단응력은 식 (5-25)에서

$$\tau = \mu\frac{du}{dy} - \rho\overline{u'v'} = (\mu+\epsilon)\frac{du}{dy} \tag{5-27}$$

여기서 ϵ을 **와점성계수**(eddy viscosity)라고 한다.

Prandtl은 난류에서 유체의 혼합에 대하여 기체분자운동론의 평균자유행로와 같은 이치로 **혼합거리**(混合距離, mixing length) l을 도입하였다. 이것은 유체의 운동량이 어떤

거리 l만큼 수송되면 주위의 유체와 융화해서 그 분위기의 물리량을 얻는다고 한 모델(model)이다. 여기서

$$u' \sim \pm l \frac{d\bar{u}}{dy}, \ v' \sim -u'$$

로 가정되고 Reynolds 응력을 다음과 같이 표현하고 있다.

$$\tau_t = \rho l^2 \left| \frac{d\bar{u}}{dy} \right| \frac{d\bar{u}}{dy}, \ \tau = \mu \frac{du}{dy} + \rho l^2 \left| \frac{d\bar{u}}{dy} \right| \frac{d\bar{u}}{dy} \tag{5-28}$$

l은 상수로서 흐름의 상태에 의존한다. 예를들면 경계층에서 벽근방에 대해서 $l = k \cdot y$ ($k = 0.4$, Kármán 상수)이고 자유분류에서는 유동방향 거리가 일정한 단면 내에서 일정하고 분류 폭에 비례한다.

5.2.2 원관속의 속도분포

(1) 매끈한 원관인 경우

이 경우도 식 (5-14)는 성립하므로 식 (5-14)와 Prandtl의 혼합거리 이론을 사용하여 속도분포를 구해보자. 벽 근방만 생각하기로 하면

$$\frac{\tau}{\tau_0} = \frac{r}{r_0} = \frac{r-y}{r_0} = 1 - \frac{y}{r_0} \approx 1 \tag{5-29}$$

따라서 식(5-28)은

$$\frac{d\bar{u}}{dy} = \frac{1}{k} \sqrt{\frac{\tau_0}{\rho}} \frac{1}{y} \tag{5-30}$$

$\sqrt{\tau_0/\rho} = v_*$ (마찰속도, friction velocity)로 놓고 적분하면

$$\bar{u} = \frac{v_*}{k} \ln y + c \tag{5-31}$$

$y = \delta_s = \beta\nu/v_*$ (δ_s는 점성저층의 두께, β는 상수)이고 식 (5-31)은 점성저층 내의 속도분포로 놓을 수 있다고 하면 적분상수 c를 결정할 수 있다. 여기서 점성저층(viscous sublayer)이라는 것은 벽면에서 아주 가까운 곳이며 점성력의 영향이 지배적인 곳으로서 거기에는 ν/v_*를 길이의 척도로 취하면

$$\frac{d\overline{u}}{dy} = \frac{v_*}{\nu/v_*} = \frac{v_*^2}{\nu} \tag{5-32}$$

따라서

$$\frac{\overline{u}}{v_*} = v_* \frac{y}{\nu} \tag{5-33}$$

여기서 상수 c는 $\beta - (1/k)\ln(\beta\nu/v_*)$로 되고 식 (5-31)은 다음과 같이 된다.

$$\frac{\overline{u}}{v_*} = \frac{1}{k}\ln\frac{v_* y}{\nu} + \beta - \frac{1}{k}\ln\beta \tag{5-34}$$

여기서 k와 β는 실험결과를 참조하여 결정하며 그림 5-5에서 $k = 0.4$, $\beta - \frac{1}{k}\ln\beta = 5.5$를 얻는다. 따라서

$$\frac{\overline{u}}{v_*} = 2.5\ln\frac{v_* y}{\nu} + 5.5 = 5.75\log\frac{v_* y}{\nu} + 5.5 \tag{5-35}$$

이것을 **대수속도분포**(logarithmic velocity law)라고 하며 Reynolds 수에 관계없이 적용된다. [그림 5-5]에서 실선이 식(5-35)이고 실험결과와 2~3%의 오차범위 내에서 일치하고 있다. 또 점성저층영역에서 실험결과가 빠져있는 것은 식(5-35)를 유도할 때 전단응력의 가정에서 점성응력을 무시했기 때문이다.

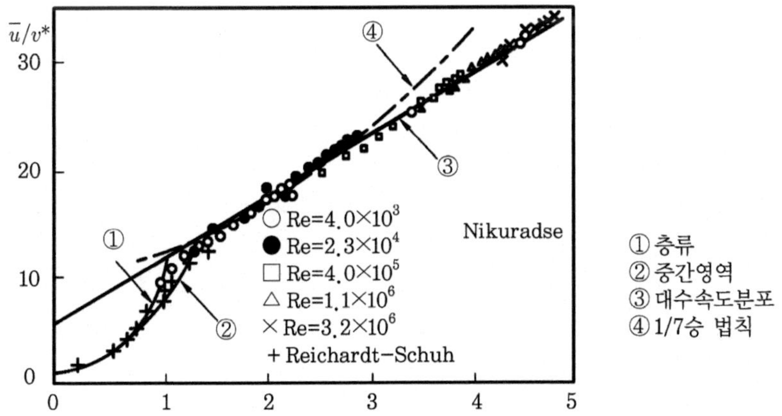

[그림 5-5] 매끈한 원관 내의 속도분포

실용적으로 간단하고 쉬운 속도분포의 근사식으로서 **Pramdtl-Kármán**의 **1/7승 법칙**(1/7th power law)이라고 하는 지수법칙이 있다.

$$\frac{\overline{u}}{u_{max}}=\left(\frac{y}{r_0}\right)^{\frac{1}{7}} \tag{5-36}$$

여기서 u_{max}는 최대속도이다. 또 지수 1/7은 $Re=3\times10^3\sim10^5$에서의 값으로 R_e수에 따라 변화한다.

지금까지 설명한 층류와 난류의 속도분포는 어느 경우도 하류방향으로 속도분포가 변화하지 않는 영역 즉, 충분히 발달한 관 속의 흐름에 대해 성립하는 것이다. 예를 들면 큰 탱크에서 원관으로 흐르는 경우에 흐름이 충분히 발달하기에는 상당한 거리를 필요로 한다. 이와 같이 흐름이 발달하고 있는 영역을 **조주구간**(inlet lenth)이라고 하고 층류와 난류에서 다르다. 그 거리는 대개 다음과 같다.

층류 $0.03d\times Re$, 직경의 150~300배
난류 직경의 50~100 배

이와 같은 것은 관 속으로 유입하는 경우뿐만 아니라 구부러진 후, 오리피스나 노즐을 지난 후에도 상당한 거리를 지나서야 처음 발달한 흐름으로 된다.

(2) 거친 원관인 경우

관벽의 거칠기는 일반적으로 속도분포에 영향을 미치고 압력손실을 증가시키는 원인이 된다. 그러나 층류에서는 압력손실 등의 영향은 나타나지 않는다. 난류의 경우에 돌출부의 영향은 점성저층의 두께와의 상대비에 의해 결정된다. 예를 들면 돌출부가 점성저층의 두께보다 큰 경우에는 돌출부 부근의 속도분포가 변화하고 압력손실이 증가한다. 이와 같은 돌출부의 영향을 나타내는 parameter는 돌출부의 평균높이 k_s와 벽근방에 대한 길이의 척도 $\frac{\nu}{v_*}$의 비, 즉, $\frac{k_s}{(\nu/v_*)}=\frac{v_*k_s}{\nu}$가 적당하다. 이 값을 **거칠기 Reynolds 수**라고 부른다. 실험결과 의하면 거칠기는 다음과 같이 분류된다.

$v_*k_s/\nu<5$: 유체역학적으로 매끈하다.
$5\le v_*k_s/\nu<70$: 천이영역(층류에서 난류로의 천이에서는 없다.)
$v_*k_s/\nu\ge70$: 완전히 거칠다.

속도분포에 대해 조사해 보면 $v_* k_s/\nu < 5$의 경우에는 매끈한 면의 경우에 대한 속도분포식(5-35)와 완전히 같다는 것이 확인되고 있다. $v_* k_s/\nu \geq 70$의 완전히 거친 경우에 대해서는 Prandtl의 혼합거리 이론이 성립한다는 것이 실험에 의해 확인되어 있으므로 식(5-31)을 이용할 수 있다. 벽에서의 거리 y는 거칠기의 대표길이 k_s로서 무차원화 한 방법이 적당하다고 생각된다. 즉,

$$\frac{\bar{u}}{v_*} = \frac{1}{k}\ln\frac{y}{k_s} + \frac{1}{k}\ln k_s + c \tag{5-37}$$

Nikuradse의 실험결과에서 $k = 0.4$, $\frac{1}{k}\ln k_s + c = 8.5$로 놓으면

$$\frac{\bar{u}}{v_*} = 2.5\ln\frac{y}{k_s} + 8.5 = 5.75\log\frac{y}{k_s} + 8.5 \tag{5-38}$$

예제 5.15 직경 500[mm]인 관 속으로 물이 난류로 흐르고 있다. 관 속의 속도분포를 실험적으로 구하였더니 $u = 2.0 + \ln y$이었다. 여기서 u는 유속 [m/s]이고 y는 관벽에서 잰 거리 [m]이다. 관벽으로부터 150[mm] 떨어진 지점에서의 전단응력이 90[Pa]일 때 와점성계수는 몇 [Pa · s]인가?

㉮ 11.6　　㉯ 13.5　　㉰ 15.2　　㉱ 17.8

해설

$$\frac{du}{dy} = \frac{d}{dy}(2.0 + \ln y) = \frac{1}{y}$$

$$\tau = \epsilon\frac{du}{dy} = \epsilon \cdot \frac{1}{y}$$

$$\therefore\ \epsilon = \tau \cdot y = 90 \times 0.15 = 13.5[\mathrm{Pa \cdot s}]$$

답 ㉯

예제 5.16 예제 15에서 혼합거리는 몇 [cm]인가?

㉮ 3.2　　㉯ 3.8　　㉰ 4.5　　㉱ 4.9

해설

$$\tau = \rho l^2 \left|\frac{d\bar{u}}{dy}\right| \frac{d\bar{u}}{dy}$$

$$l = \sqrt{\frac{\tau}{\rho\left(\frac{d\bar{u}}{dy}\right)^2}} = \sqrt{\frac{90}{1000 \times \left(\frac{1}{0.15}\right)^2}} = 0.045[\mathrm{m}] = 4.5[\mathrm{cm}]$$

답 ㉰

예제 5.17 예제 15에서 난류일반상수 k를 계산하면 얼마인가?

㉮ 0.2　　㉯ 0.3　　㉰ 0.4　　㉱ 0.5

해설 $\tau=\rho l^2\left|\frac{d\bar{u}}{dy}\right|\frac{d\bar{u}}{dy}$

Kármán이 상사이론에 의하여 구한 임의의 점에 적용할 수 있는 혼합거리는

$$l=k\left|\frac{d\bar{u}}{dy}\Big/\frac{d^2\bar{u}}{dy^2}\right|$$

따라서 $\tau=k^2\rho\frac{\left(\frac{d\bar{u}}{dy}\right)^4}{\left(\frac{d^2\bar{u}}{dy^2}\right)^2}$

$$\therefore\ K=\sqrt{\frac{\tau\left(\frac{d^2\bar{u}}{dy^2}\right)^2}{\rho\left(\frac{d\bar{u}}{dy}\right)^4}}=\sqrt{\frac{90\times\left(\frac{-1}{0.15^2}\right)^2}{1000\times\left(\frac{1}{0.15}\right)^4}}=0.3$$

답 ㉯

예제 5.18 밀도 ρ, 점성계수 μ인 유체가 $\frac{du}{dy}$의 속도기울기를 가지고 유동방향 및 이것과 직각인 방향으로 각각 u', v'의 변동속도로 난류를 이루면서 흐를 때 Reynolds 응력은?

㉮ $\tau_t=\rho\overline{u'v'}$　　㉯ $\tau_t=-\rho\overline{u'v'}$

㉰ $\tau_t=(\mu+\rho)\frac{du}{dy}$　　㉱ $\tau_t=\rho\frac{du}{dy}$

해설 식(5-24)에서

$\tau_t=-\rho\overline{u'v'}$이므로 정답은 ㉯이다.

답 ㉯

예제 5.19 비중량이 $9.8[\mathrm{kN/m^3}]$인 물이 원관 속을 흐를 때 관벽에서의 전단응력이 150[kPa]이면 마찰속도는 몇 $[\mathrm{m/s}]$인가?

㉮ 7.93　㉯ 9.60　㉰ 11.83　㉱ 12.25

해설 마찰속도는

$$v_*=\sqrt{\frac{\tau_0}{\rho}}=\sqrt{\frac{\tau_0\cdot g}{\gamma}}$$

$$=\sqrt{\frac{150\times10^2\times9.8}{9.8\times10^3}}$$

$$=12.25[\mathrm{m/s}]$$

답 ㉱

예제 5.20 직경 200[mm]인 원관 속에 물이 난류로 흐를 때 마찰 속도가 $3[\mathrm{m/s}]$이면 관벽에서 30[mm]인 곳의 속도 구배는 몇 $[1/\mathrm{s}]$인가?

㉮ 150　㉯ 200　㉰ 250　㉱ 300

해설 식(5-30)에서

$$\frac{d\bar{u}}{dy}=\frac{1}{k}\sqrt{\frac{\tau_0}{\rho}}\frac{1}{y}=\frac{1}{k}\cdot\frac{v_*}{y}$$

여기서 $k=0.4$이므로

$$\frac{d\bar{u}}{dy}=2.5\frac{v_*}{y}=2.5\times\frac{3}{0.03}=250\left[\frac{1}{\mathrm{s}}\right]$$

답 ㉰

예제 5.21 직경 200[mm[인 원관 속을 물이 난류로 흐를 때 관 중심의 최대속도가 $10[\mathrm{m/s}]$이면 관 벽에서 50[mm] 떨어진 곳의 유속은 몇 $[\mathrm{m/s}]$인가? 단, $\frac{1}{7}$승법칙을 적용하라.

㉮ 8.25 ㉯ 8.68 ㉰ 9.06 ㉱ 9.83

해설 식(5-36)의 Pramdtl-Kármán의 $\frac{1}{7}$승법칙을 적용하면

$$\frac{\bar{u}}{u_{max}}=\left(\frac{y}{r_0}\right)^{\frac{1}{7}}$$

$$\therefore\ \bar{u}=\left(\frac{y}{r_0}\right)^{\frac{1}{7}}\cdot u_{max}=\left(\frac{0.05}{0.1}\right)^{\frac{1}{7}}\times 10 \fallingdotseq 9.06[\mathrm{m/s}]$$

답 ㉰

예제 5.22 매끈한 원관 속을 유체가 난류로 흐를 때 속도분포식에서 A의 실험치는 얼마인가? 단, $\bar{u}$는 속도, v_*는 마찰속도, y는 관벽에서의 수직거리, ν는 동점성계수이다.

$$\frac{\bar{u}}{v_*}=2.5\ln\frac{v_* y}{\nu}+A$$

㉮ 4.0 ㉯ 4.5 ㉰ 5.0 ㉱ 5.5

해설 식(5-35)에서

$$\frac{\bar{u}}{v_*}=2.5\ln\frac{v_* y}{\nu}+5.5$$

답 ㉱

예제 5.23 동점성계수가 $1.8\times10^{-6}[\mathrm{m^2/s}]$인 기름이 원관 속을 난류로 흐를 때 관벽에서 5[cm] 떨어진 곳에서의 유속은 몇 $[\mathrm{m/s}]$인가? 단, 마찰속도는 $0.2[\mathrm{m/s}]$이다.

㉮ 4.83 ㉯ 5.41 ㉰ 6.18 ㉱ 7.64

해설 식(5-35)에서

$$\begin{aligned}\bar{u}&=v_*\left(2.5\ln\frac{v_* y}{\nu}+5.5\right)\\&=0.2\times\left(2.5\times\ln\frac{0.2\times0.05}{1.8\times10^{-6}}+5.5\right)\\&\fallingdotseq 5.41[\mathrm{m/s}]\end{aligned}$$

답 ㉯

연습문제

기초문제

1. 동점성계수가 1.0×10^{-6}[m^2/s]인 물이 직경 5[cm]인 원관속을 흐르고 있다. 유량이 0.001[m^3/s]일 때 레이놀드 수는 얼마인가?

㉮ 22935 ㉯ 23771 ㉰ 25478 ㉱ 27631

해설 답 ㉰

유속은

$$V=\frac{Q}{A}=\frac{4Q}{\pi D^2}$$

$$Re=\frac{VD}{\nu}=\frac{4QD}{\pi D^2\nu}=\frac{4Q}{\pi D\nu}$$

$$=\frac{4\times0.001}{\pi\times0.05\times1.0\times10^{-6}}\fallingdotseq25478$$

2. 비중이 0.9, 점성계수가 0.25[poise]인 기름이 직경 50[cm]인 원관 속을 흐르고 있다. 유량이 0.2[m^3/s]일 때 유동 형태는?

㉮ 층류 ㉯ 난류 ㉰ 천이구역 ㉱ 정답없다

해설 답 ㉯

$$Re=\frac{\rho VD}{\mu}=\frac{4\rho QD}{\pi D^2\mu}=\frac{4\rho Q}{\pi D\mu}$$

$$=\frac{4\times1000\times0.9\times0.2}{\pi\times0.5\times0.025}$$

$$\fallingdotseq18344$$

레이놀드 수가 상임계레이놀드 수인 4000보다 크므로 난류이다.

3. 비중 0.85, 점성계수 3.2×10^{-3}[$kg_f\cdot s/m^2$]인 기름이 직경 100[mm]인 원관 속을 흐를 때 층류로 흐를 수 있는 최대 유속은 몇 [m/s]인가? 단, 하임계 레이놀드수는 2100이다.

㉮ 0.775 ㉯ 1.463 ㉰ 2.191 ㉱ 3.482

해설 답 ㉮

하임계 레이놀드 수가 2100이므로

$$2100 = \frac{\rho VD}{\mu}$$

$$\therefore\ V = \frac{2100\mu}{\rho D}$$

$$= \frac{2100 \times 3.2 \times 10^{-3}}{102 \times 0.85 \times 0.1} ≒ 0.775[\mathrm{m/s}]$$

4. 레이놀드 수에 관한 설명 중 틀린 것은?

㉮ 층류와 난류를 구분하는 척도이다.

㉯ 점성력과 관성력의 비이다.

㉰ Reynolds 수가 작은 경우는 점성력이 크게 영향을 미친다.

㉱ 유동 단면의 형상에는 무관하며 하임계레이놀드 수는 2100이다.

해설 답 ㉱

Reynolds 수는 층류와 난류를 구분하는 척도로서 점성력과 관성력의 비이다. 즉 $Re = \frac{\text{관성력}}{\text{점성력}}$이다. 따라서 Reynolds 수가 작은 경우는 점성력이 관성력에 비해 크게 영향을 미친다는 것을 의미하며 상임계 레이놀드 수 및 하임계 레이놀드 수는 각각 원관 속의 흐름에서는 4000과 2100이다. 유동 단면의 형상이 변하면 임계레이놀드수도 변화한다.

5. 직경 50[mm]이 원관 속의 흐름에서 Re 수가 24000일 때 직경이 100[mm]로 변화하면 Re 수는 얼마인가?

㉮ 10000　　㉯ 12000　　㉰ 14000　　㉱ 16000

해설 답 ㉯

$$Re = \frac{\rho VD}{\mu} = \frac{4\rho QD}{\pi D^2 \mu} = \frac{4\rho Q}{\pi D\mu}$$

$$\frac{Re_1}{Re_2} = \frac{4\rho Q/\pi D_1\mu}{4\rho Q/\pi D_2\mu} = \frac{D_2}{D_1}$$

$$\therefore\ Re_2 = Re_1 \frac{D_1}{D_2} = 24000 \times \frac{50}{100} = 12000$$

연습문제

6. 동점성계수가 6.52×10^{-5}[m²/s]인 기름이 곧은 원관 속을 0.2[m³/s]로 흐르고 있다. 이 때 층류로 흐를 수 있는 관의 최소 직경은 몇 [m]인가? 단, 하임계레 이놀드 수는 2100이다.

㉮ 1.37 ㉯ 1.53 ㉰ 1.86 ㉱ 1.93

해설 답 ㉰

$$Re = \frac{VD}{\nu} = \frac{4QD}{\pi D^2 \nu} = \frac{4Q}{\pi D \nu}$$

$$\therefore\ D = \frac{4Q}{\pi \nu Re}$$

$$= \frac{4\times0.2}{\pi\times6.52\times10^{-5}\times2100} \fallingdotseq 1.86[\text{m}]$$

7. 와점성계수와 관계없는 것은?

㉮ 전단응력 ㉯ 난류도 ㉰ 유체의 밀도 ㉱ 층류

해설 답 ㉱

난류 유동에서의 전당응력은

$$\tau = (\mu + \epsilon)\frac{du}{dy}$$

여기서 μ는 유체의 점성계수이고, ϵ은 와점성계수로서 유체의 밀도, 난류도에 따라 결정된다.

8. 상임계 레이놀드수는?

㉮ 층류에서 난류로 변하는 레이놀드수
㉯ 난류에서 층류로 변하는 레이놀드 수
㉰ 등류에서 비등류로 변하는 레이놀드 수
㉱ 비등류에서 등류로 변하는 레이놀드 수

해설 답 ㉮

층류에서 난류로 변하는 레이놀드 수를 상임계 레이놀드 수라 하고 난류에서 층류로 변하는 레이놀드 수를 하임계 레이놀드 수라고 한다. 원관 속의 흐름에서 상임계 레이놀드수는 4000, 하임계 레이놀드 수는 2100이며 학자에 따라 2000~2300을 쓰기도 한다.

9. 레이놀드 수는?

㉮ $\dfrac{\text{점성력}}{\text{중력}}$ ㉯ $\dfrac{\text{중력}}{\text{점성력}}$ ㉰ $\dfrac{\text{점성력}}{\text{관성력}}$ ㉱ $\dfrac{\text{관성력}}{\text{점성력}}$

해설 답 ㉱

점성력 $F=\tau\cdot A=\mu\dfrac{du}{dy}\cdot A=\mu\left(\dfrac{V}{D}\right)D^2=\mu\cdot V\cdot D$

관성력 $I=Ma=\rho D^3\left(\dfrac{V^2}{D}\right)=\rho V^2D^2$

$\therefore\ \dfrac{I}{F}=\dfrac{\rho V^2D^2}{\mu VD}=\dfrac{\rho VD}{\mu}=Re$

10. 다음 그림과 같이 두 평행평판이 수평으로 놓여 있고 그 속을 유체가 층류로 흐른다. 이 때 평판에서의 전단응력은?

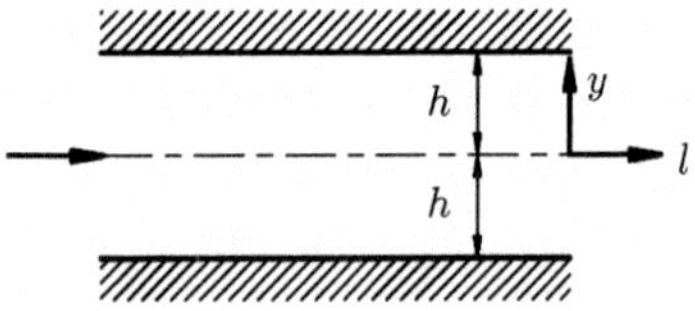

㉮ $-h^2\dfrac{dp}{dl}$ ㉯ $-h\dfrac{dp}{dl}$ ㉰ $-\dfrac{h^2}{2}\dfrac{dp}{dl}$ ㉱ $-\dfrac{h}{2}\dfrac{dp}{dl}$

해설 답 ㉯

식(5−4)에서 전당응력분포는

$$\tau=-\frac{dp}{dl}y$$

$y=h$에서의 전단응력은

$$\tau=-\frac{dp}{dl}h$$

11. 문제 10에서 두 평판의 중앙점에서의 전단응력은?

㉮ $h\dfrac{dp}{dl}$ ㉯ $h^2\dfrac{dp}{dl}$ ㉰ $2h\dfrac{dp}{dl}$ ㉱ 0

해설 답 ㉱

$\tau=-\dfrac{dp}{dl}y$에서

$y=0$이면 $\tau=0$

연습문제

12. 문제 10에서의 속도분포는?

㉮ $-\frac{1}{\mu}\frac{dp}{dl}(y^2-h^2)$　　㉯ $-\frac{1}{\mu}\frac{dp}{dl}(y-h)$

㉰ $-\frac{1}{2\mu}\frac{dp}{dl}(h^2-y^2)$　　㉱ $-\frac{1}{2\mu}\frac{dp}{dl}(h-y)$

해설　　답 ㉰

식(5−7)에서

$$u=-\frac{1}{2\mu}\frac{dp}{dl}(h^2-y^2)$$

여기서 μ는 점성계수, $\left(-\frac{dp}{dl}\right)$는 유동 방향의 압력강하를 의미한다.

13. 문제 10에서 최대속도는?

㉮ $-\frac{h}{2\mu}\frac{dp}{dl}$　　㉯ $-\frac{h^2}{2\mu}\frac{dp}{dl}$　　㉰ $-\frac{h^3}{2\mu}\frac{dp}{dl}$　　㉱ $-\frac{h^4}{2\mu}\frac{dp}{dl}$

해설　　답 ㉯

$u=-\frac{1}{2\mu}\frac{dp}{dl}(h^2-y^2)$에서 속도분포는 포물선이고 $y=0$에서 최대속도가 됨을 알 수 있다.

$$\therefore u_{max}=-\frac{h^2}{2\mu}\frac{dp}{dl}$$

14. 문제 10에서의 평판의 길이 l에 대한 압력강하량은? 단, Q는 유량, μ는 점성계수이다.

㉮ $\frac{3}{2}\frac{\mu Ql}{h^3}$　　㉯ $\frac{2}{3}\frac{h^3}{\mu Ql}$　　㉰ $\frac{3}{2}\frac{h^3}{\mu Ql}$　　㉱ $\frac{2}{3}\frac{\mu Ql}{h^3}$

해설　　답 ㉮

식(5−11)에서 압력강하는

$$\Delta P=\frac{3}{2}\frac{\mu Ql}{h^3}$$

15. 문제 10에서 평균속도 V와 최대속도 u_{max}의 관계는?

㉮ $V=\frac{1}{2}u_{max}$　㉯ $V=\frac{2}{3}u_{max}$　㉰ $V=\frac{3}{4}u_{max}$　㉱ $V=\frac{4}{5}u_{max}$

해설　답 ㉯

문제 13에서 최대속도는

$$u_{max}=-\frac{h^2}{2\mu}\frac{dp}{dl}$$

식(5-10)에서 평균속도는

$$V=-\frac{h^2}{3\mu}\frac{dp}{dl}$$

$$\therefore \frac{V}{u_{max}}=\frac{2}{3}$$

16. 폭 0.5[m], 길이 5[m]인 두 평행평판이 8[mm]의 간격을 두고 수평으로 놓여 있다. 이 사이에 점성계수가 15.14[poise]인 기름이 3[l/s]로 흐를 때 압력강하는 몇 [kPa]인가? 단, 층류흐름이다.

㉮ 734.1　㉯ 872.8　㉰ 1064.5　㉱ 1268.3

해설　답 ㉰

식(5-11)에서

$$\Delta P=\frac{3}{2}\frac{\mu Ql}{h^3}$$

폭이 b일 때는

$$\Delta P=\frac{3}{2}\frac{\mu Ql}{bh^3}$$

$$=\frac{3}{2}\times\frac{15.14\times10^{-1}\times3\times10^{-3}\times5}{0.5\times(0.008/2)^3}\fallingdotseq 1064531[\mathrm{N/m^2}]$$

$$\fallingdotseq 1064.5[\mathrm{kPa}]$$

17. 문제 16에서 최대 유속은 몇 [m/s]인가?

㉮ 0.627　㉯ 0.765　㉰ 0.936　㉱ 1.125

해설　답 ㉱

연습문제

식(5-8)에서

$$u_{max} = -\frac{h^2}{2\mu}\frac{dp}{dl}$$

$$= -\frac{(0.008/2)^2}{2\times 15.14\times 10^{-1}}\times\left(-\frac{1064531}{5}\right) \fallingdotseq 1.125[\mathrm{m/s}]$$

[별해]

평균속도는

$$V = \frac{Q}{A} = \frac{3\times 10^{-3}}{0.5\times 0.008}$$

$$\therefore u_{max} = \frac{3}{2}V = \frac{3}{2}\times\frac{3\times 10^{-3}}{0.5\times 0.008} = 1.125[\mathrm{m/s}]$$

18. 문제16에서 평면벽에서의 전단응력은 몇 [N/m²]인가?

㉮ 851.6 ㉯ 926.4 ㉰ 1054.6 ㉱ 1115.3

해설 답 ㉮

식(5-4)에서 전단응력은

$$\tau = -\frac{dp}{dl}y$$

평면벽에서의 전단응력은 $y=h$일 때 이므로

$$\tau_w = -\frac{dp}{dl}h$$

$$= -\left(-\frac{1064531}{5}\right)\times(0.008/2) \fallingdotseq 851.6[\mathrm{N/m^2}]$$

19. 수평으로 놓인 두 평행평판 사이를 층류로 흐를 때 속도분포는?

㉮ 직선 ㉯ 포물선 ㉰ 쌍곡선 ㉱ 직선과 포물선의 조합

해설 답 ㉯

식(5-7)에서 속도분포는

$$u = -\frac{1}{2\mu}\frac{dp}{dl}(h^2 - y^2)$$

따라서 속도분포는 포물선이며 두 평판 사이의 중앙부에서는 최대속도이고 평면벽에서의 속도는 0이다.

20. 두 평행평판 사이를 점성유체가 층류로 흐를 때 최대속도가 1.2[m/s]이면 평균속도는 몇 [m/s]인가?

㉮ 0.4　　㉯ 0.6　　㉰ 0.8　　㉱ 1.0

해설 답 ㉰

평균속도는 최대속도의 $\frac{2}{3}$이므로

$$V=\frac{2}{3}u_{max}$$
$$=\frac{2}{3}\times 1.2=0.8[\mathrm{m/s}]$$

21. 두 고정된 평행평판 사이의 층류흐름에 있어서 전단응력 분포는?

㉮ 포물선 분포이다.

㉯ 평판에서 0이며 중앙선까지 선형적으로 증가한다.

㉰ 두 평판 사이의 중앙면에서 0이며 평판까지 선형적으로 증가한다.

㉱ 단면 전체에 걸쳐 일정하다.

해설 답 ㉰

식(5-4)에서 전단응력은

$$\tau=-\frac{dp}{dl}y$$

여기서 $y=0$ 즉, 두 평판 사이의 중앙면에서는 0이며 y에 비례하여 평판까지 선형적으로 증가하게 된다.

22. 비압축성 유체가 원관 속을 층류로 흐를 때 전단응력은?

㉮ 관의 중심에서 0이고 반경에 따라 선형적으로 증가한다.

㉯ 관의 벽에서 0이고 선형적으로 증가하여 관의 중심에서 최대가 된다.

㉰ 관의 단면 전체에 걸쳐 일정하다.

㉱ 관의 중심에서 0이고 반경의 제곱에 비례하여 증가한다.

해설 답 ㉮

식(5-13)에서 전단응력은

$$\tau=-\frac{r}{2}\frac{d}{dl}(p+\gamma h)$$

연습문제

여기서 $-\frac{d}{dl}(p+\gamma h)$는 수력구배선의 하강을 의미하므로 $r=0$ 즉, 관 중심에서는 전단응력이 0이며 r에 비례하여 증가하게 된다.

23. 반경 r_0인 수평원관 속을 기름이 층류로 흐를 때 반경 r인 지점의 속도 분포는? 단, μ는 기름의 점성계수, $-\frac{dp}{dl}$는 유동방향 길이에 대한 압력강하이다.

㉮ $u=-\frac{1}{4\mu}\frac{dp}{dl}(r_0^2-r^2)$　　㉯ $u=-\frac{1}{2\mu}\frac{dp}{dl}(r_0-r)$

㉰ $u=-\frac{1}{4\mu}\frac{dp}{dl}(r_0-r)$　　㉱ $u=-\frac{1}{2\mu}\frac{dp}{dl}(r_0^2-r^2)$

해설 　답 ㉮

식(5-15)에 의하면

$$u=-\frac{1}{4\mu}\frac{dp}{dl}(r_0^2-r^2)$$

24. 문제 23에서 최대유속은?

㉮ $-\frac{r_0}{2\mu}\frac{dp}{dl}$　　㉯ $-\frac{r_0^2}{2\mu}\frac{dp}{dl}$　　㉰ $-\frac{r_0^2}{4\mu}\frac{dp}{dl}$　　㉱ $-\frac{r_0}{4\mu}\frac{dp}{dl}$

해설 　답 ㉰

$u=-\frac{1}{4\mu}\frac{dp}{dl}(r_0^2-r^2)$에서

$\frac{du}{dr}=0$인 지점, 즉 $r=0$인 지점에서 최대속도이므로

$$u_{max}=-\frac{r_0^2}{4\mu}\frac{dp}{dl}$$

25. 양쪽 끝의 높이차가 z인 경사진 원관 속을 물이 층류로 흐르고 있다. 이 때 유량은? 단, r_0는 반경, μ는 물의 점성계수, p는 압력, γ는 물의 비중량이다.

㉮ $-\frac{\pi r_0^4}{8\mu}\frac{d}{dl}(p+\gamma h)$　　㉯ $-\frac{\pi r_0^3}{4\mu}\frac{d}{dl}(p+\gamma h)$

㉰ $-\dfrac{\pi r_0^2}{2\mu}\dfrac{d}{dl}(p+\gamma h)$　　　㉱ $-\dfrac{\pi r_0}{\mu}\dfrac{d}{dl}(p+\gamma h)$

해설　　　답 ㉮

식(5-20)에서

$$Q=-\frac{\pi r_0^4}{8\mu}\frac{d}{dl}(p+\gamma h)$$

26. 다음 중 하겐-포아젤(Hagen-Poiseuille)의 방정식은? 단, D는 관의 직경, ΔP는 관의 길이 L에서의 압력강하, μ는 점성계수, Q는 유량이다.

㉮ $Q=\dfrac{\pi D^2\Delta P}{8\mu L}$　　　㉯ $Q=\dfrac{8\mu L}{\pi D^2\Delta P}$

㉰ $Q=\dfrac{128\mu L}{\pi D^4\Delta P}$　　　㉱ $Q=\dfrac{\pi D^4\Delta P}{128\mu L}$

해설　　　답 ㉱

식(5-18)에서

$$Q=\frac{\pi D^4\Delta P}{128\mu L}$$

이 식을 하겐-포아젤의 방정식이라고 하며 층류흐름의 경우에만 적용할 수 있다.

27. 문제 26에서 하겐-포아젤의 방정식을 적용할 수 없는 경우는?

㉮ 층류　㉯ 정상류　㉰ 비압축성유체　㉱ 난류

해설　　　답 ㉱

하겐-포아젤의 방정식은 단면적이 일정한 곧은 원관 속을 비압축성 유체가 정상류, 층류로 흐른다고 가정하여 유도한 식이다. 따라서 난류에서는 적용할 수 없다.

28. 관길이 50[m], 직경 10[cm]인 원관이 수평과 30° 기울어져 있다. 이 관 속을 유체가 층류로 흐를 때 양쪽 끝의 압력차가 25[kg_f/m^2]이었다. 유체의 비중량이 950 [kg_f/m^3]이라면 관벽에서의 전단응력은 몇 [kg_f/m^2]인가?

㉮ 8.1　㉯ 9.8　㉰ 10.4　㉱ 11.9

연습문제

해설 답 ㉣

식(5−13)에서

$$\tau = -\frac{r}{2}\frac{d}{dl}(p+\gamma h)$$

$$= -\frac{0.05}{2}\times\left(-\frac{25+950\times 50\sin 30°}{50}\right) \fallingdotseq 11.9[\mathrm{kg_f/m^2}]$$

29. 원관 속을 점성 유체가 층류로 흐를 때 평균속도 V와 최대속도 u_{max}는 어떤 관계가 있는가?

㉮ $V=\frac{1}{3}u_{max}$　　㉯ $V=\frac{1}{2}u_{max}$　　㉰ $V=\frac{2}{3}u_{max}$　　㉱ $V=\frac{4}{3}u_{max}$

해설 답 ㉯

식(5−19)에서

$$V=\frac{1}{2}u_{max}$$

30. 내경 50[cm]인 수평원관 속을 유체가 층류로 흐를 때 관 길이 100[m]에서 16 [kg$_f$/m^2]의 압력강하가 생겼다. 관벽에서의 전단응력은 몇 [kg$_f$/m^2]인가?

㉮ 0.02　　㉯ 0.04　　㉰ 0.06　　㉱ 0.08

해설 답 ㉮

식(5−14)에서

$$\tau = -\frac{r}{2}\frac{dp}{dl}$$

$$= -\frac{0.05}{2}\times\left(-\frac{16}{100}\right) \fallingdotseq 0.02[\mathrm{kg_f/m^2}]$$

31. 비중량 800[kg$_f$/m^3], 점성계수 0.5[poise]인 유체가 기울어진 원관 속을 흐르고 있다. 관의 직경은 12[mm], 관의 길이 9[m]에 대해 압력차는 0.7[kg$_f$/cm^2]이고 수직 높이차는 5[m]이었다. 이때 유량은 몇 [l/s]인가?

㉮ 3.467　　㉯ 2.139　　㉰ 1.098　　㉱ 0.651

해설 답 ㉰

식(5-20)에서

$$Q = -\frac{\pi r_0^4}{8\mu}\cdot\frac{d}{dl}(p+\gamma h)$$

$$= -\frac{\pi\times(0.006)^4}{8\times\frac{0.5}{98}}\times(7000+800\times5)$$

$$\fallingdotseq 1.098\times10^{-3}[\mathrm{m^3/s}] = 1.098[l/s]$$

층류로 가정하고 식(5-20)을 적용하였으므로 층류인가를 확인해야 한다.

$$Re = \frac{\rho VD}{\mu} = \frac{\gamma VD}{\mu\cdot g} = \frac{4\gamma Q}{\pi D\mu g}$$

$$= \frac{800\times1.098\times10^{-3}}{\pi\times0.006\times\frac{0.5}{98}\times9.8} \fallingdotseq 932.5 < 2100$$

따라서 층류로 가정하고 문제를 푼 것은 타당하다.

32. 수평원관 속을 층류로 흐를 때 최대속도를 u_{max}이라고 하면 속도 분포식은 다음 중 어느 것인가? 단, r_0는 관의 반경이다.

㉮ $u = u_{max}\left\{\left(\frac{r}{r_0}\right)^2 - 1\right\}$ ㉯ $u = u_{max}\left\{1 - \left(\frac{r}{r_0}\right)^2\right\}$

㉰ $u = u_{max}\left\{\left(\frac{r_0}{r}\right)^2 - 1\right\}$ ㉱ $u = u_{max}\left\{1 - \left(\frac{r_0}{r}\right)^2\right\}$

해설 답 ㉯

식(5-15)에서

$$u = -\frac{1}{4\mu}\frac{dp}{dl}(r_0^2 - r)$$

최대속도는 $r=0$인 점, 즉 원관의 중심속도이므로

$$u_{max} = -\frac{r_0^2}{4\mu}\frac{dp}{dl}$$

$$\frac{u_{max}}{r_0^2} = -\frac{1}{4\mu}\frac{dp}{dl}$$

$$\therefore u = -\frac{1}{4\mu}\frac{dp}{dl}(r_0^2 - r)$$

$$= \frac{u_{max}}{r_0^2}(r_0^2 - r) = u_{max}\left\{1 - \left(\frac{r}{r_0}\right)^2\right\}$$

연습문제

33. 직경 D인 수평원관 속을 물이 층류로 흐를 때 유량 Q는? 단, u_{max}는 관의 중심속도이다.

㉮ $\frac{\pi D^4 u_{max}}{2}$ ㉯ $\frac{\pi D^4 u_{max}}{8}$ ㉰ $\frac{\pi D^2 u_{max}}{2}$ ㉱ $\frac{\pi D^2 u_{max}}{8}$

해설 답 ㉱

$u=-\frac{1}{4\mu}\frac{dp}{dl}(r_0^2-r)=u_{max}\left\{1-\left(\frac{r}{r_0}\right)^2\right\}$이므로

$$Q=\int_0^{r_0} u\cdot 2\pi r dr=2\pi u_{max}\int_0^{r_0}\left(1-\frac{r^2}{r_0^2}\right)rdr=\frac{2\pi u_{max}}{r_0^2}\int_0^{r_0}(r_0^2-r^2)rdr$$

$$=\frac{2\pi u_{max}}{r_0^2}\left(\frac{r_0^4}{2}-\frac{r_0^4}{4}\right)=\frac{\pi r_0^2 u_{max}}{2}=\frac{\pi D^2 u_{max}}{8}$$

34. 점성유체가 단면적이 일정한 수평원관 속을 정상류, 층류로 흐를 때 유량은?

㉮ 길이에 비례하고 직경의 제곱에 반비례한다.

㉯ 압력강하에 반비례하고 관 길이의 제곱에 비례한다.

㉰ 점성계수에 반비례하고 관의 직경의 4제곱에 비례한다.

㉱ 압력강하와 관의 길이에 비례한다.

해설 답 ㉰

하겐-포아젤의 방정식에서

$$Q=\frac{\pi D^4 \Delta P}{128\mu L}$$

여기서 유량은 관의 직경의 4제곱과 압력강하에 비례하고 점성계수와 관의 길이에 반비례함을 알 수 있다.

35. 다음 그림과 같이 간격 a인 두 평행평판 사이에 점성계수가 μ인 유체가 들어 있다. 이동 평판이 일정한 속도 U로 이동할 때 유체의 속도분포는 다음과 같다. 단, 층류로 가정한다.

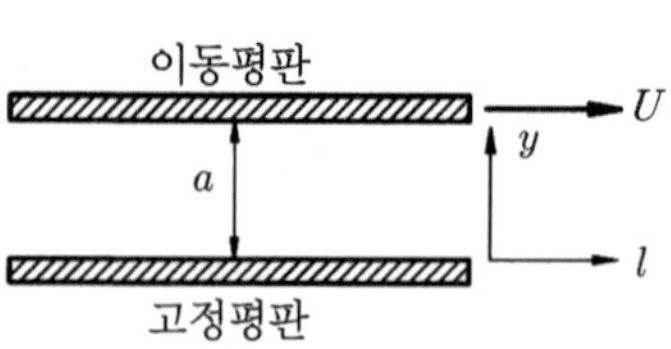

$$u=\frac{Uy}{a}-\frac{1}{2\mu}\frac{dp}{dl}(ay-y^2)$$

이때 이동하는 평판에서의 전단응력은?

㉮ $\frac{U}{a}+\frac{a}{2\mu}\frac{dp}{dl}$ ㉯ $\frac{\mu U}{a}+\frac{a}{2}\frac{dp}{dl}$ ㉰ $\frac{U}{2a}+\frac{a}{3\mu}\frac{dp}{dl}$ ㉱ $\frac{\mu U}{2a}+\frac{a}{3}\frac{dp}{dl}$

해설 답 ㉯

$$\tau=\mu\cdot\frac{du}{dy}=\mu\cdot\frac{d}{dy}\left\{\frac{Uy}{a}-\frac{1}{2\mu}\frac{dp}{dl}(ay-y^2)\right\}$$
$$=\mu\cdot\left\{\frac{U}{a}-\frac{1}{2\mu}\frac{dp}{dl}(a-2y)\right\}$$

이동하는 평판은 $y=a$일 때 이므로

$$\tau=\mu\cdot\left(\frac{U}{a}+\frac{a}{2}\frac{dp}{dl}\right)=\frac{\mu U}{a}+\frac{a}{2}\frac{dp}{dl}$$

36. 직경 180[mm], 길이 1200[m]인 수평원관 속을 점성계수 0.089[$kg_f\cdot s/m^2$], 비중량 950 [kg_f/m^3]인 기름이 0.025[m^3/s]로 흐르고 있다. 이 기름을 수송하는데 필요한 압력차는 몇 [kg_f/cm^2]인가?

㉮ 6.66 ㉯ 8.45 ㉰ 10.37 ㉱ 12.63

해설 답 ㉰

먼저 층류인가 난류인가를 확인해 본다

$$Re=\frac{\rho VD}{\mu}=\frac{\gamma VD}{\mu g}=\frac{4\gamma Q}{\pi\mu gD}$$
$$=\frac{4\times950\times0.025}{\pi\times0.089\times9.8\times0.18}$$
$$\fallingdotseq 192.7$$

이 값은 하임계 레이놀드 수 2100보다 작으므로 층류이다. 따라서 하겐-포아젤의 방정식을 적용할 수 있다.

$Q=\frac{\pi D^4\Delta P}{128\mu L}$에서

$$\Delta P=\frac{128\mu LQ}{\pi D^4}$$
$$=\frac{128\times0.089\times1200\times0.025}{\pi\times0.18^4}\fallingdotseq 103682[kg_f/m^2]$$
$$\fallingdotseq 10.37[kg_f/cm^2]$$

연습문제

37. 직경 75[mm]인 수평원관 속을 비중 0.85, 점성계수 5.867×10^{-3}[$kg_f\cdot s/m^2$]인 기름이 유량 0.35[m^3/min]으로 흐르고 있다. 관의 길이가 300[m]이라면 손실수두는 몇 [m]인가?

㉮ 8.64 ㉯ 10.51 ㉰ 12.24 ㉱ 15.56

해설 답 ㉱

$$V=\frac{Q}{A}=\frac{0.35}{\frac{\pi}{4}\times(0.075)^2\times60}\fallingdotseq1.32[\mathrm{m/s}]$$

$$Re=\frac{\rho VD}{\mu}=\frac{102\times0.85\times1.32\times0.075}{5.867\times10^{-3}}\fallingdotseq1463$$

이 값은 하임계 레이놀드 수 2100보다 작으므로 층류이다. 따라서 하겐-포아젤의 방정식을 적용할 수 있다.

$$Q=\frac{\pi D^4\Delta P}{128\mu L}\text{에서}$$

$$\Delta P=\gamma h_L=\frac{128\mu LQ}{\pi D^4}$$

$$\therefore\ h_L=\frac{128\mu LQ}{\pi\gamma D^4}$$

$$=\frac{128\times5867\times10^{-3}\times300\times0.35}{\pi\times0.85\times1000\times(0.075)^4\times60}\fallingdotseq15.56[\mathrm{m}]$$

38. 직경 5[cm], 관의 길이 10[m]인 수평원관 속을 비중 0.9, 점성계수 0.6[poise]인 기름이 0.003[m^3/s]로 흐르고 있다. 이 기름을 수송하는 데 필요한 압력은 몇 [kPa]인가?

㉮ 11.74 ㉯ 13.46 ㉰ 15.21 ㉱ 17.81

해설 답 ㉮

먼저 층류인가 난류인가를 확인해야 한다.

$$Re=\frac{\rho VD}{\mu}=\frac{4\rho Q}{\pi\mu D}$$

$$=\frac{4\times1000\times0.9\times0.003}{\pi\times0.6\times10^{-1}\times0.05}$$

$$=1146<2100$$

층류이므로 하겐-포아젤의 방정식에서

$$\Delta P=\frac{128\mu LQ}{\pi D^4}$$

$$=\frac{128\times0.6\times10^{-1}\times10\times0.003}{\pi\times(0.05)^4}\fallingdotseq11740[\mathrm{N/m^2}]\fallingdotseq11.74[\mathrm{kPa}]$$

기초문제

39. 어떤 유체가 반경 r_0 인 수평원관 속을 층류로 흐르고 있다. 속도가 평균속도와 같게 되는 위치는 관의 중심에서 얼마나 떨어져 있는가?

㉮ $\sqrt{\frac{r_0}{3}}$ ㉯ $\sqrt{\frac{r_0}{2}}$ ㉰ $\frac{r_0}{\sqrt{2}}$ ㉱ $\frac{r_0}{\sqrt{3}}$

해설 답 ㉰

식(5−15)에서 속도분포는

$$u = -\frac{1}{4\mu}\frac{dp}{dl}(r_0^2 - r^2)$$

식 (5−19)에서 평균속도는

$$V = \frac{Q}{\pi r_0^2} = \frac{r_0^2 \Delta P}{8\mu L}$$

속도 u가 평균속도 V와 같을 때의 r의 값을 구하면 되므로

$$-\frac{1}{4\mu}\frac{dp}{dl}(r_0^2 - r^2) = \frac{r_0^2 \Delta P}{8\mu L}$$

여기서 $\left(-\frac{dp}{dl}\right)$는 $\frac{\Delta P}{L}$ 이므로

$$r_0^2 - r^2 = \frac{r_0^2}{2}$$

$$\therefore r = \frac{r_0}{\sqrt{2}}$$

40. 일정한 유량의 물이 원관 속을 흐를 때 직경을 2배로 하면 손실수두는 몇 배로 되는가? 단, 층류로 가정한다.

㉮ $\frac{1}{16}$ ㉯ $\frac{1}{8}$ ㉰ $\frac{1}{4}$ ㉱ $\frac{1}{2}$

해설 답 ㉮

하겐−포아젤의 방정식에서

$$h_L = \frac{128\mu LQ}{\pi D^4 \gamma}$$

따라서 손실수두는 직경의 4제곱에 반비례한다. 즉,

$$h_L = \left(\frac{1}{2}\right)^4 = \frac{1}{16}$$

연습문제

41. 직경 50[mm]인 원관 속을 2[m/s]의 속도로 흐르는 기름의 동점성계수가 1.2×10^{-4} [m^2/s]이고 비중이 0.9이다. 관 길이 50[m]에서 손실수두는 몇 [m]인가?

㉮ 11.82 ㉯ 13.25 ㉰ 15.67 ㉱ 17.21

해설 답 ㉰

$$Re = \frac{VD}{\nu} = \frac{2\times0.05}{1.2\times10^{-4}} ≒ 833 < 2100$$

층류이므로 하겐-포아젤의 방정식을 적용하여

$$h_L = \frac{128\mu LQ}{\pi D^4 \cdot \gamma} = \frac{128\mu L}{\pi D^4 \cdot \gamma} \cdot \frac{\pi D^2}{4} \cdot V = \frac{32\mu LV}{D^2\gamma}$$

$$= \frac{32\times102\times0.9\times1.2\times10^{-4}\times50\times2}{(0.05)^2\times0.9\times1000} ≒ 15.67[\mathrm{m}]$$

42. 문제 41에서 유속을 3.5[m]로 하면 손실수두는?

㉮ 16.82 ㉯ 18.92 ㉰ 24.36 ㉱ 27.42

해설 답 ㉱

$$Re = \frac{V\cdot D}{\nu} = \frac{3.5\times0.05}{1.2\times10^{-4}} ≒ 1458 < 2100$$

층류이므로 하겐-포아젤의 방정식을 적용할 수 있다.

$$h_L = \frac{128\mu LQ}{\pi D^4 \cdot \gamma} = \frac{32\mu LV}{D^2\gamma}$$

여기서 손실수두에 직접 비례함을 알 수 있다. 따라서

$$\frac{R_{L2}}{h_{L1}} = \frac{V_2}{V_1}$$

$$h_{L2} = \frac{V_2}{V_1} h_{L1} = \frac{3.5}{2}\times15.67 = 27.42[\mathrm{m}]$$

43. 난류유동에서 속도분포가 $u = y^{\frac{5}{3}}$으로 주어졌다. 혼합거리를 $l = k\cdot y$라 할 때 임의 위치에서의 전단응력은?

㉮ $\frac{5}{3}\rho k^2 y^{\frac{8}{3}}$ ㉯ $\frac{5}{3}\rho k^2 y^{\frac{10}{3}}$ ㉰ $\frac{25}{9}\rho k^2 y^{\frac{8}{3}}$ ㉱ $\frac{25}{9}\rho k^2 y^{\frac{10}{3}}$

해설 답 ㉣

식(5−28)에서

$$\tau=\rho l^2\left|\frac{d\bar{u}}{dy}\right|\frac{d\bar{u}}{dy}=\rho l^2\left(\frac{d\bar{u}}{dy}\right)^2$$

$$=\rho l^2\left(\frac{5}{3}y^{\frac{2}{3}}\right)^2=\rho k^2y^2\left(\frac{25}{9}y^{\frac{4}{3}}\right)=\frac{25}{9}\rho k^2y^{\frac{10}{3}}$$

44. 프란틀의 혼합거리(mixing length)는?

㉮ 점성이 지배적인 거리로서 뉴톤유체에서는 0.4이다.

㉯ 난류에서 유체입자가 이웃에 있는 다른 속도구역으로 이동되는 평균거리로서 경계면 부근에서는 수직거리에 비례한다.

㉰ 유체의 평균속도와 변동속도의 차를 나타내는 거리로서 층류에서 보다 난류에서 큰 값을 갖는다.

㉱ 난류에서 유체입자가 충돌없이 이동할 수 있는 거리로서 점성이 주어지면 일정한 상수이다.

해설 답 ㉯

혼합거리는 분자이론에서 한 분자가 이웃하고 있는 분자와 충돌하는 데 필요한 평균거리인 평균자유행로(mean free path)와 유사한 개념으로서 경계면 부근에서는 수직거리에 비례한다. 즉 $l=ky$에서 $k=0.4$이다. 또 경계면에서 멀리 떨어진 난류 구역에서는 $l=k\dfrac{(d\bar{u}/dy)}{(d^2\bar{u}/dy^2)}$이다.

45. 직경 1.5[m]인 원관 속을 비중 0.85인 기름이 난류로 흐를 때 속도분포는 $u=5y^{\frac{1}{6}}$[m/s]이다. 벽으로부터 0.3[m]인 곳에서 전단응력이 1.0[kg_f/m^2]일 때 이 점에서의 혼합거리는 몇 [m]인가?

㉮ 0.0712 ㉯ 0.0865 ㉰ 0.0932 ㉱ 0.1026

해설 답 ㉮

식(5−28)에 의하면

$$\tau=\rho l^2\left(\frac{d\bar{u}}{dy}\right)^2=\rho l^2\frac{d}{dy}\left(5y^{\frac{1}{6}}\right)=\rho l^2\left(\frac{5}{6}y^{-\frac{5}{6}}\right)$$

$$\therefore\ l=\sqrt{\frac{6\tau y^{\frac{5}{6}}}{5\rho}}$$

$$=\sqrt{\frac{6}{5}\times\frac{1\times0.3^{\frac{5}{6}}}{0.85\times102}}\fallingdotseq0.0712[\mathrm{m}]$$

연습문제

46. 난류에서 전단응력을 나타낸 식 중에서 틀린 것은?

㉮ $\tau = \mu \dfrac{du}{dy} + (-\rho \overline{u'}\,\overline{v'})$　　㉯ $\tau = (\mu + \epsilon)\dfrac{du}{dy}$

㉰ $\tau = \rho l \dfrac{d^2u/dy^2}{(du/dy)^2}$　　㉱ $\tau = \mu \cdot \dfrac{du}{dy} + \rho l^2 \left| \dfrac{d\overline{u}}{dy} \right| \dfrac{d\overline{u}}{dy}$

해설　　답 ㉰

식(5-27), 식(5-28)을 참조하라.

47. 비중량 1000[kg$_f$/m^3]인 물이 원관 속을 흐를 때 관벽에 작용하는 전단응력은 1.5 [kg$_f$/m^2]이다. 마찰속도는 몇 [m/s]인가?

㉮ 10.5　　㉯ 11.4　　㉰ 12.1　　㉱ 13.6

해설　　답 ㉰

마찰속도 u_*은

$$u_* = \sqrt{\frac{\tau_0}{\rho}}$$

$$= \sqrt{\frac{9.8 \times 1.5 \times 10^4}{1000}} \fallingdotseq 12.1[\mathrm{m/s}]$$

48. 직경 50[mm]인 원관 속을 물이 난류로 흐를 때 관 중심의 속도가 10[m/s]이면 관벽에서 20[mm]되는 지점의 유속은 몇 [m/s]인가?

㉮ 6.23　　㉯ 7.93　　㉰ 8.51　　㉱ 9.69

해설　　답 ㉱

Kármán–Prandtl의 1/7승법칙에 의하여

$$u = u_{max}\left(\frac{y}{r_0}\right)^{\frac{1}{7}}$$

$$= 10 \times \left(\frac{0.02}{0.025}\right)^{\frac{1}{2}}$$

$$\fallingdotseq 9.69[\mathrm{m/s}]$$

49. 다음 중 Reynolds의 응력은? 단 ρ는 밀도, μ는 점성계수, du/dy는 속도구배, u' 및 v'는 유동방향 및 유동방향과 직각방향으로의 변동속도이다.

㉮ $\tau_t = (\rho + \mu)\dfrac{du}{dy}$ ㉯ $\tau_t = \rho\dfrac{du}{dy}$

㉰ $\tau_t = \rho\overline{u'}\,\overline{v'}$ ㉱ $\tau_t = -\rho\overline{u'}\,\overline{v'}$

해설 답 ㉱

식(5-54)에서 전단응력은

$$\tau_t = -\rho\overline{u'}\,\overline{v'}$$

50. 다음 글 중 잘못 설명된 것은?

㉮ 난류의 전단응력은 일반적으로 Reynolds 응력만으로 표시될 수 있다.

㉯ Reynolds 응력은 보통 (−)값으로 표시한다.

㉰ 점성저층(viscous sublayer)은 점성의 영향이 지배적이며 벽면에서 가까운 곳을 말한다.

㉱ 난류에서 전단응력과 속도구배의 비를 나타내는 점성계수는 유체의 성질로서 온도만의 함수이다.

해설 답 ㉱

전단응력 $\tau = (\mu + \epsilon)\dfrac{du}{dy}$ 이고 $\epsilon = \rho l^2 \dfrac{du}{dy}$ 이므로 유체의 밀도 및 유동의 혼합길이와 평균속도구배의 함수이다.

응용문제

1. 동점성계수가 1.004×10^{-6}[m^2/s]인 물이 내경 152.4[mm]인 원관 속을 흐르고 있다. 층류로 흐를 수 있는 최대 속도는? 단, 상임계 레이놀드 수는 4000, 하임계 레이놀드 수는 2100이다.

해설

$$Re = \frac{VD}{\nu}$$

$$V = \frac{Re \cdot \nu}{D}$$

$$= \frac{2100 \times 1.004 \times 10^{-6}}{0.1524} \fallingdotseq 0.0138[\text{m/s}]$$

연습문제

2. 동점성계수가 1.0064×10^{-6}[m²/s]인 물이 직경 10[cm]인 원관 속을 흐를 때 난류로 흐를 수 있는 최소 유량은 얼마인가? 단, 상임계 레이놀드 수는 4000이고 하임계 레이놀드 수는 2100이다.

해설

$$Re=\frac{VD}{\nu}$$

$$V=\frac{Re\cdot\nu}{D}=\frac{4000\times1.0064\times10^{-6}}{0.1}\fallingdotseq0.0403[\mathrm{m/s}]$$

$$\therefore\ Q=AV=\frac{\pi\times0.1^2}{4}\times0.0403\fallingdotseq3.16\times10^{-4}[\mathrm{m^2/s}]$$

3. 직경 300[mm]인 원관 속을 물이 흐를 때 관 길이 300[m]에 대한 손실수두가 15[m]이면 관벽에서의 전단응력은 얼마인가? 또 마찰속도는 얼마인가? 단, 흐름은 층류이다.

해설

관길이 L에 대한 압력강하를 $\Delta P=\gamma h_L$로 하면 식(5-14)에서

$$\tau=-\frac{r}{2}\frac{dp}{dl}=\frac{r}{2}\cdot\frac{\gamma h_L}{L}$$

관벽$(r=r_0)$에서의 전단응력은

$$\tau_0=\frac{r_0}{2}\frac{\gamma h_L}{L}=\frac{0.15}{2}\times\frac{9800\times15}{300}=36.75[\mathrm{N/m^2}]$$

마찰속도는

$$v_*=\sqrt{\frac{\tau_0}{\rho}}=\sqrt{\frac{36.75}{1000}}\fallingdotseq0.192[\mathrm{m/s}]$$

4. 다음 그림과 같이 고정평판과 이동평판 사이에 비압축성 뉴톤유체가 채워져 있고 이동평판은 고정평판과 간격 h를 유지하면서 수평방향으로 속도 V로 움직인다. 이 때 유체의 속도분포와 유량을 구하라.

해설

그림과 같이 유체 내부에 미소체적 ($dl\times dy\times$단위폭)을 취하고 여기에 운동량 방정식을 적용하면 다음과 같다.

$$pdy-(p+dp)dy-\tau dl+(\tau+d\tau)dl=0$$

윗 식을 정리하면

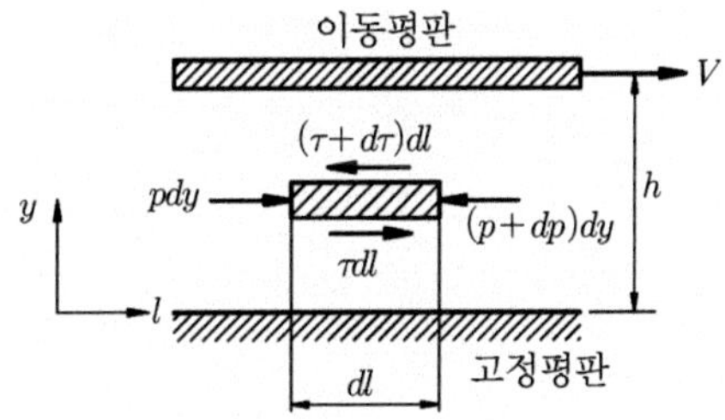

$$\frac{d\tau}{dy}=\frac{dp}{dl}$$

y에 대해 적분하면

$$\tau=\frac{dp}{dl}y+A$$

여기서 A는 적분상수이다.

윗 식에 뉴톤의 점성법칙을 적용하면

$$\tau=\mu\frac{du}{dy}=\frac{dp}{dl}y+A$$

따라서

$$\frac{du}{dy}=\frac{1}{\mu}\frac{dp}{dl}y+\frac{A}{\mu}$$

이 식을 적분하면

$$u=\frac{1}{2\mu}\frac{dp}{dl}y^2+\frac{A}{\mu}y+B$$

여기서 B는 적분상수이다. 적분상수 A, B를 구하기 위하여 다음과 같은 경계조건을 생각한다.

$$y=0 \rightarrow u=0$$

$$y=h \rightarrow u=V$$

이 경계조건을 윗 식에 대입하면

$$y=0\ :\ 0=0+0+B$$

$$\therefore B=0$$

$$y=h\ :\ V=\frac{1}{2\mu}\frac{dp}{dl}h^2+\frac{A}{\mu}h+B$$

$$\therefore A=\frac{\mu}{h}V-\frac{1}{2}\frac{dp}{dl}h$$

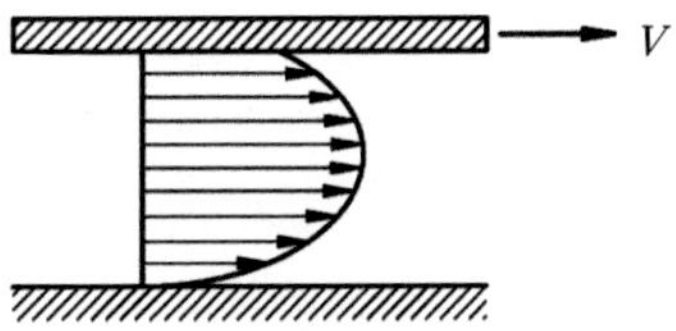

속도분포곡선

따라서 속도분포는

$$u=\frac{1}{2\mu}\frac{dp}{dl}y^2+\frac{y}{\mu}\left(\frac{\mu}{h}V-\frac{1}{2}\frac{dp}{dl}h\right)=\frac{Vy}{h}-\frac{1}{2\mu}\frac{dp}{dl}(hy-y^2)$$

또 유량은

$$Q=\int_0^h udy=\int_0^h\left\{\frac{Vy}{h}-\frac{1}{2\mu}\frac{dp}{dl}(hy-y^2)\right\}dy=\frac{Vh}{2}-\frac{1}{12\mu}\frac{dp}{dl}h^3$$

이러한 유동을 Couette **흐름**이라고 한다.

연습문제

5. 다음 그림과 같이 평행한 고정평판과 이동평판이 수평과 θ 만큼 기울어져 있고 그 사이에 비압축성 뉴톤유체가 있다. 이동평판이 고정평판과 평행하게 속도 U로 움직일 때 속도분포를 구하라. 또 유량, 평균속도, 양쪽 평판에서의 전단응력을 구하라. 단, 두 평판사이의 거리는 a이고 유체의 비중량은 γ이다.

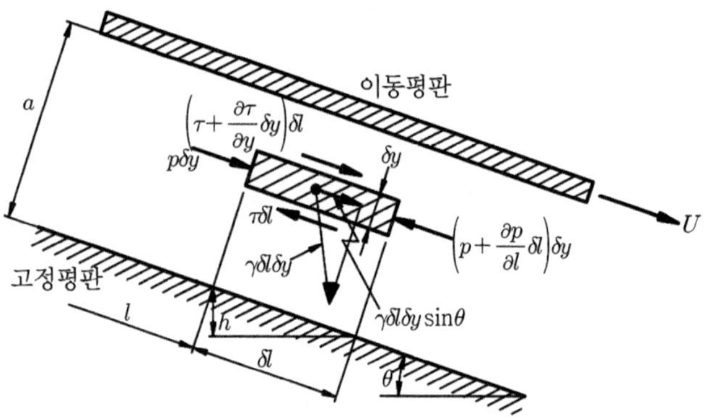

해설

정상류로 가정하고 y방향에 대한 압력변화는 무시한다. 그림과 같이 유체 내부에 미소체적 ($\delta l\times\delta y\times$ 단위폭)을 취하고 유동방향에 대해 운동량 방정식을 적용하면

$$\tau\delta l-\left(\tau+\frac{\partial\tau}{\partial y}\delta y\right)\delta l-\gamma\delta l\delta y\sin\theta+\left(p+\frac{\partial p}{\partial l}\delta l\right)\delta y-p\delta y=0$$

윗 식을 정리하면

$$\frac{\partial\tau}{\partial y}=-\gamma\sin\theta+\frac{\partial p}{\partial l} \qquad ①$$

전단응력 $\tau=\mu\frac{\partial u}{\partial y}$ 이므로

$$\mu\frac{\partial^2 u}{\partial y^2}=-\gamma\sin\theta+\frac{\partial p}{\partial l}$$

압력 p는 l만의 함수이므로 $\frac{\partial p}{\partial l}=\frac{dp}{dl}$ 이다. 따라서 윗 식을 적분하면

$$\mu u=\left(-\gamma\sin\theta+\frac{dp}{dl}\right)\frac{y^2}{2}+Ay+B \qquad ②$$

여기서 A, B는 적분상수이다. 적분상수 A, B는 경계조건을 적용하면 구할 수 있다.

$y=0$에서 $u=0$이므로

$$B=0$$

$y=a$에서 $u=U$이므로

$$U = \frac{a^2}{2\mu}\left(-\gamma\sin\theta + \frac{dp}{dl}\right) + \frac{A}{\mu}a$$

$$\therefore\ A = \frac{\mu U}{a} - \frac{a}{2}\left(-\gamma\sin\theta + \frac{dp}{dl}\right)$$

그러므로 식 ②는 다음과 같이 된다.

$$u = \frac{1}{2\mu}\left(-\gamma\sin\theta + \frac{dp}{dl}\right)(y^2 - ay) + \frac{U}{a}y \qquad ③$$

$-\gamma\sin\theta = \dfrac{d}{dl}(\gamma h)$ 이므로 속도분포는

$$u = \frac{1}{2\mu}\frac{d}{dl}(p + \gamma h)(y^2 - ay) + \frac{U}{a}y \qquad ④$$

유량 Q는

$$Q = \int_0^a u\,dA = \int_0^a \left[\frac{U}{a}y - \frac{a}{2\mu}y\left\{\frac{d}{dl}(p+\gamma h)\right\}\left(1 - \frac{y}{a}\right)\right](dy \times 1)$$

$$= \frac{U}{2}a - \frac{1}{12\mu}\left\{\frac{d}{dl}(p+\gamma h)\right\}a^3 \qquad ⑤$$

평균속도 V는

$$V = \frac{Q}{A} = \frac{Q}{a} = \frac{U}{2} - \frac{1}{12\mu}\left\{\frac{d}{dl}(p+\gamma h)\right\}a^2 \qquad ⑥$$

고정평판에 작용하는 전단응력 τ_f는

$$\tau_f = \mu\frac{du}{dy}\bigg|_{y=o} = \mu\frac{U}{a} - \frac{a}{2}\frac{d}{dl}(p+\gamma h) \qquad ⑦$$

이동평판에 작용하는 전단응력 τ_m은

$$\tau_m = \mu\frac{du}{dy}\bigg|_{y=a} = \mu\frac{U}{a} + \frac{a}{2}\frac{d}{dl}(p+\gamma h) \qquad ⑧$$

6. 문제 5에서 거리 5[m] 사이의 압력차는 70[kPa]이고 θ는 45° 이다. 또 평판 사이의 간격은 10[mm], 이동평판의 속도는 3[m/s], 액체의 점성계수 0.9[poise], 밀도 900[kg/m³]일 때 속도분포식, 단위폭당 유량, 평균속도, 고정평판과 이동평판에서의 전단응력을 구하라.

해설

(1) 속도 분포식

$$\frac{d}{dl}(p+\gamma h) = \frac{70\times10^3 + 900\times9.8\times5\sin45^\circ}{5} \fallingdotseq -101.2[\text{kPa}]$$

$$\mu = 0.9[\text{poise}] = 0.09[\text{N}\cdot\text{s/m}^2]$$

연습문제

$$\therefore u = \frac{1}{2\mu}\frac{d}{dl}(p+\gamma h)(y^2-ay)+\frac{U}{a}y$$

$$=-\frac{101.2\times10^3}{2\times0.09}(y^2-0.01y)+\frac{3}{0.01}y$$

$$=5922y-562222y^2\,[\mathrm{m/s}]$$

(2) 단위폭당 유량

$$Q=\frac{U}{2}a-\frac{1}{12\mu}\left\{\frac{d}{dl}(p+\gamma h)\right\}a^3$$

$$=\frac{3}{2}\times0.01+\frac{1}{12\times0.09}\times101200\times0.01^3$$

$$\fallingdotseq 0.1087[\mathrm{m^3/s}]$$

[별해]

$$Q=\int_0^{0.01}udy=\int_0^{0.01}(5922y-562222y^2)dy\fallingdotseq 0.1087[\mathrm{m^3/s}]$$

(3) 평균속도

$$V=\frac{U}{2}-\frac{1}{12\mu}\left\{\frac{d}{dl}(p+\gamma h)\right\}a^2$$

$$=\frac{3}{2}+\frac{101200\times0.01^2}{12\times0.09}$$

$$=10.87[\mathrm{m/s}]$$

(4) 고정평판에서의 전단응력

$$\tau_f=\mu\frac{U}{a}-\frac{a}{2}\frac{d}{dl}(p+\gamma h)$$

$$=0.09\times\frac{3}{0.01}\times\frac{0.01}{2}+101200$$

$$=533[\mathrm{N/m^2}]$$

(5) 이동평판에서의 전단응력

$$\tau_m=\mu\frac{U}{a}+\frac{a}{2}\frac{d}{dl}(p+\gamma h)$$

$$=0.09\times\frac{3}{0.01}+\frac{0.01}{2}\times(-101200)$$

$$=-479[\mathrm{N/m^2}]$$

응용문제

7. 길이 20[m], 폭 1[m]인 직사각형 평판 2개가 간격 0.5[mm]를 두고 서로 평행하게 수평으로 놓여 있다. 그 사이를 동점성계수가 0.01[cm^2/s]인 물이 길이방향으로 흐를 때 평판의 양쪽 끝에서 압력차가 10[at]이었다. 유량과 평균유속을 구하라.

해설

식(5−11)에서 폭이 b이면

$$\Delta P = \frac{3}{2} \cdot \frac{\mu Q l}{b h^3}$$

$$Q = \frac{2}{3} \cdot \frac{\Delta P b h^3}{\mu l}$$

문제에서 $b = 1[\mathrm{m}]$, $h = \frac{0.005}{2} = 0.0025[\mathrm{m}]$, $\Delta P = 1\mathrm{at} = 10^4[\mathrm{kg_f/m^2}]$, $\mu = \rho \cdot \nu = 102 \times 0.01 \times 10^{-4}$ $= 1.02 \times 10^{-4}[\mathrm{kg_f \cdot s/m^2}]$, $l = 20[\mathrm{m}]$이므로

$$Q = \frac{2}{3} \times \frac{10^4 \times 1 \times 0.0025^3}{1.02 \times 10^{-4} \times 20} \fallingdotseq 0.077[\mathrm{m^3/s}]$$

평균속도는

$$V = \frac{Q}{A} = \frac{0.077}{1 \times 0.005} = 15.4[\mathrm{m/s}]$$

8. 다음 그림과 같이 간격 10[mm]를 유지하면서 평행한 두 평판 사이에 점성계수가 0.8[poise], 밀도가 880[kg/m^3]인 액체가 있고 위 평판은 (−)방향으로 1[m/s]로 움직이고 있다. 이 때 속도분포, 단위폭 당의 유량, 위평판에 작용하는 전단응력을 구하라.

해설

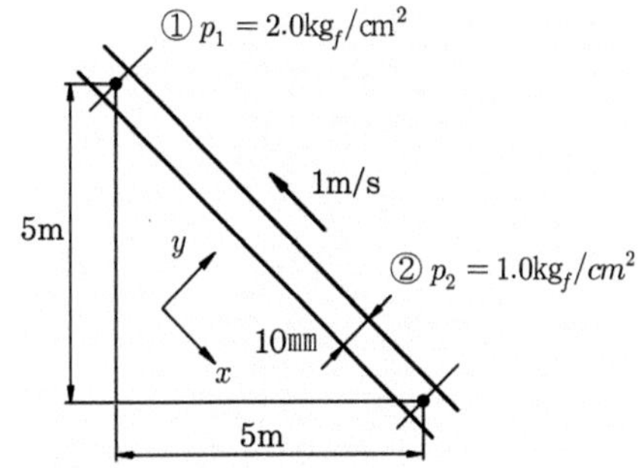

점 ①에서

$$(p + \gamma h)_1 = (2.0 \times 10^4) + 880 \times 5 = 24400[\mathrm{kg_f/m^2}]$$

점 ②에서

$$(p + \gamma h)_2 = 1.0 \times 10^4 = 10000[\mathrm{kg_f/m^2}]$$

$$\frac{d}{dx}(p + \gamma h) = \frac{10000 - 24400}{5\sqrt{2}} \fallingdotseq -2036.5[\mathrm{kg_f/m^2}]$$

따라서 문제 5의 ④식에 의하면 속도분포는

$$u = \frac{1}{2\mu}\frac{d}{dx}(p + \gamma h)(y^2 - ay) + \frac{U}{a}y$$

연습문제

$$= \frac{1}{2\times0.8\times\frac{1}{98}}\times(-2036.5)\times(y^2-0.01y)+\frac{(-1)}{0.01}y$$

$$=-124735.625(y^2-0.01y)-100y \fallingdotseq 1147y-124736y^2\,[\mathrm{m/s}]$$

단위폭 당 유량은

$$q=\int_0^{0.01}u'dy=\int_0^{0.01}(1147y-124736y^2)dy$$

$$=\left[\frac{1147}{2}y^2-\frac{124736}{3}y^3\right]_0^{0.01}$$

$$\fallingdotseq 0.0158[\mathrm{m^3/s}]$$

위 평판에 작용하는 전단응력은

$$\tau=\mu\cdot\left.\frac{du}{dy}\right|_{y=0.01}=\mu(1147-2\times124736y)_{y=0.01}$$

$$=\frac{0.8}{98}(1147-2\times124736\times0.01)\fallingdotseq-1348[\mathrm{kg_f/m^2}]$$

이 전단응력은 운동하는 평판이 유체에 작용하는 전단응력이므로 유체가 평판에 작용하는 전단응력은 1348 $[\mathrm{kg_f/m^2}]$이다.

9. 층류에서의 속도분포가 포물선이면 전단응력분포는 직선이어야 함을 증명하라.

해설

속도를 u, 유동방향과 직각방향의 좌표를 y라고 할 때 y방향에 대한 속도분포가 포물선이면 다음 식이 성립한다.

$$u=ay^2+b$$

층류이므로 뉴톤의 점성법칙이 성립한다. 따라서

$$\tau=\mu\cdot\frac{du}{dy}=2\mu ay$$

즉, 전단응력은 y에 비례하여 직선분포를 나타낸다. 여기서 y는 원판의 경우는 관의 반경, 평행한 두 평판사이의 흐름에서는 두 평판의 중앙에서 평판과 수직방향으로의 거리를 나타낸다.

10. 직경 2[m]인 원관 속에 물이 난류로 흐르고 있다. 속도분포가 $u = 10 + 0.8\ln y$이고 관 벽으로부터 $\frac{1}{3}$[m]인 지점에서의 전단응력이 103[Pa]일 때 이 지점에서의 와점성계수, 혼합거리, 난동상수(Kármán 상수)를 구하라. 단, u의 단위는 [m/s], 벽에서의 거리 y의 단위는 [m]이다.

해설

$$\frac{du}{dy} = \frac{d}{dy}(10 + 0.8\ln y) = \frac{0.8}{y} = \frac{0.8}{\left(\frac{1}{3}\right)} = 2.4$$

$$\frac{d^2u}{dy^2} = \frac{d}{dy}\left(\frac{0.8}{y}\right) = \frac{-0.8}{y^2} = \frac{-0.8}{\left(\frac{1}{3}\right)^2} = -7.2$$

전단응력 τ는

$$\tau = (\mu + \epsilon)\frac{du}{dy}$$

난류이므로 점성계수 μ를 무시하면

$$\tau = \epsilon\frac{du}{dy}$$

따라서 와점성계수 ϵ은

$$\epsilon = \frac{\tau}{\frac{du}{dy}} = \frac{103}{2.4} \fallingdotseq 42.9[\mathrm{Pa\cdot s}]$$

혼합거리 l은 식(5-28)에서

$$\tau = \rho l^2\left(\frac{du}{dy}\right)^2$$

$$\therefore\ l = \sqrt{\frac{\tau}{\rho\cdot\left(\frac{du}{dy}\right)^2}} = \sqrt{\frac{103}{1000\times(2.4)^2}} \fallingdotseq 0.134[\mathrm{m}]$$

난동상수(Kármán 상수) k는 Prandtl-Kármán의 방정식에 의하면

$$\tau = \rho k^2\frac{(du/dy)^4}{(d^2u/dy^2)^2}$$

$$\therefore\ k = \sqrt{\frac{\tau\cdot(d^2u/dy^2)^2}{\rho\cdot(du/dy)^4}} = \sqrt{\frac{103\times(-7.2)^2}{1000\times(2.4)^2}} \fallingdotseq 0.401$$

또는 식(5-28)에서 $\ell = ky$로 놓으면

$$\tau = \rho k^2y^2\left(\frac{du}{dy}\right)^2$$

연습문제

$$\therefore k = \sqrt{\frac{\tau}{\rho y^2 (du/dy)^2}} = \sqrt{\frac{103}{1000 \times \left(\frac{1}{3}\right)^2 \times (2.4)^2}} ≒ 0.401$$

혼합거리는 관의 반경에 대략 10%가 되는 것으로 알려져 있다.

11. 원관 속을 층류로 흐르는 경우, 속도수두의 평균값은 평균속도를 이용하여 구한 속도수두의 2배가 되는 것을 증명하라.

해설

식(5-19)에서 평균속도 V는

$$V = \frac{r_0^2 \Delta P}{8\mu L}$$

식(5-15)에서 속도분포는

$$u = -\frac{1}{4\mu}\frac{dp}{dl}\left(r_0^2 - r^2\right)$$

관의 길이 L에 대한 압력강하를 ΔP라고 하면

$$u = \frac{\Delta P}{4\mu l}\left(r_0^2 - r^2\right) = \frac{\Delta P r_0^2}{4\mu L}\left(1 - \frac{r^2}{r_0^2}\right) = 2V\left(1 - \frac{r^2}{r_0^2}\right)$$

원관의 한 단면을 택하여 반경 r, $r+dr$인 두 원 사이의 미소면적 $2\pi r dr$을 통과하는 유량은 $2\pi r dr \cdot V$, 그 중량은 $2\pi r dr \cdot V \cdot \gamma$, 속도수두는 $\frac{u^2}{2g}$이므로 이 미소면적을 통과하는 속도에너지는 $(2\pi r dr \cdot V \cdot \gamma) \cdot \frac{u^2}{2g}$이다. 원관의 단면 전체에 대한 속도에너지는

$$\int_0^{r_0} \frac{2\pi\gamma}{2g} u^3 r dr$$

또 이 단면을 통과하는 유량은 $\pi r_0^2 V$이고 그 중량유량은 $\pi r_0^2 V\gamma$이다. 따라서 속도수두의 평균치는

$$\begin{aligned}
\frac{1}{\pi r_0^2 V\gamma}\int_0^{r_0} \frac{2\pi\gamma}{2g} u^3 r dr &= \frac{1}{g r_0^2 V}\int_0^{r_0} u^3 r dr = \frac{1}{g r_0^2 V}\int_0^{r_0} 8V^3\left(1 - \frac{r^2}{r_0^2}\right)^3 r dr \\
&= \frac{8V^2}{g r_0^2}\int_0^{r_0}\left(1 - 3\frac{r^2}{r_0^2} + 3\frac{r^4}{r_0^4} - \frac{r^6}{r_0^6}\right) r dr = \frac{8V^2}{g r_0^2}\left[\frac{r^2}{2} - \frac{3r^4}{4r_0^2} + \frac{3r^6}{6r_0^4} - \frac{r^8}{8r_0^6}\right]_0^{r_0} \\
&= \frac{8V^2}{g}\left(\frac{1}{2} - \frac{3}{4} + \frac{3}{6} - \frac{1}{8}\right) = \frac{V^2}{g}
\end{aligned}$$

평균속도에 의한 속도수두는 $\frac{V^2}{2g}$이므로 속도수두의 평균치 $\frac{V^2}{g}$은 2배이다.

12. 반경 R인 원관 속의 흐름이 층류이다. 원관은 수평으로 놓여 있고 그 입구에서의 압력은 p_1, 출구에서의 압력은 p_2이다. 관 벽에서의 전단력에 의해서 관은 유동방향으로 힘을 받는다. 그 크기는 얼마인가?

해설

층류의 경우 원관 속의 속도분포는

$$u = \frac{p_1 - p_2}{4\mu L}(R^2 - r^2)$$

전단응력 τ는

$$\tau = -\mu\frac{du}{dr} = -\mu\frac{p_1 - p_2}{4\mu L}\frac{d}{dr}(R^2 - r^2) = \frac{p_1 - p_2}{4L}(-2r) = \frac{p_1 - p_2}{2L}r$$

관 벽에 대한 전단응력의 크기 τ_0는 $r = R$로 놓으면

$$\tau_0 = \frac{p_1 - p_2}{2L}R$$

관 벽의 면적 $2\pi RL$과 전단응력 τ_0를 곱하면 전단력 F가 된다.

$$F = (2\pi RL) \times \frac{p_1 - p_2}{2L}R = \pi R^2(p_1 - p_2)$$

이 힘은 관이 유체에 의해서 받는 힘의 크기이다.

[별해]

관 속의 유체는 등속운동을 하므로 유체에 작용하는 외력의 합은 0이어야 한다. 입구 단면에서의 힘의 크기는 $\pi R^2 p_1$, 방향은 유동방향이며 출구단면에서의 힘의 크기는 $\pi R^2 p_2$, 방향은 흐름과 반대방향이다. 관 벽에서의 전단력은 F로서 그 방향은 유동과 반대방향이다. 이들 3개의 힘의 합이 0이 되어야 하므로

$$\pi R^2 p_1 - \pi R^2 p_2 - F = 0$$

여기서

$$F = \pi R^2(p_1 - p_2)$$

관이 유체에 의해서 받는 힘은 F와 반대방향이다.

13. 직경 4[mm], 길이 10[m]인 원관 속을 동점성계수가 0.01[poise]인 물이 흐르고 있다. 관 출구와 입구에서의 압력차가 0.1기압이라면 유량은 얼마인가? 단, 흐름은 층류이다.

해설

층류이므로 식(5–18)을 적용할 수 있다.

연습문제

$$Q=\frac{\pi D^4 \Delta P}{128\mu L}$$

문제에서 $D=4[\text{mm}]=0.4[\text{cm}]$

$$\Delta P=p_1-p_2=0.1[\text{kg}_f/\text{cm}^2]$$

$$L=1000[\text{cm}]$$

$$\mu=\rho\nu=\frac{\gamma\nu}{g}=\frac{0.001\times0.01}{980}=1.02\times10^{-8}[\text{kg}_f\cdot\text{s}/\text{cm}^2]$$

$$\therefore\ Q=\frac{\pi D^4 \Delta P}{128\mu L}=\frac{\pi\times(0.4)^4\times0.1}{128\times1.02\times10^{-8}\times1000}\fallingdotseq 6.15[\text{cm}^3/\text{s}]$$

14. 밀도 ρ, 점성계수 μ인 유체가 직경 D인 원관 속을 흐르고 있다. 층류에서 얻을 수 있는 최대 전단응력은? 단, 하임계 레이놀드 수는 2100이다.

해설

식(5-14)에서

$$\tau=-\frac{r}{2}\frac{dp}{dl}=-\frac{D}{4}\frac{dp}{dl}$$

관 길이 L에 대한 압력강하를 ΔP라고 하면

$$\tau=\frac{D}{4}\cdot\frac{\Delta P}{L}$$

하겐-포아젤의 방정식에서 평균유속 V는

$$V=\frac{Q}{A}=\frac{\pi D^4\Delta P/128\pi L}{\pi D^2/4}=\frac{D^2\Delta P}{32\mu L}$$

하임계레이놀드 수가 2100이므로

$$Re=\frac{\rho VD}{\mu}=2100$$

$$V=\frac{2100\mu}{\rho D}$$

따라서

$$\frac{D^2\Delta P}{32\mu L}=\frac{2100\mu^2}{\rho D}$$

$$\therefore\ \frac{\Delta P}{L}=\frac{67200\mu^2}{\rho D^3}$$

응용문제

최대 전단응력은

$$\tau_{\max} = \frac{D}{4} \cdot \frac{\Delta P}{L} = \frac{D}{4} \cdot \frac{67200\mu^2}{\rho D^3} = \frac{16800\mu^2}{\rho D^2}$$

15. 다음 그림에서 $H=12$[m], 관길이 $L=30$[m], $\theta=30°$, $D=10$[mm]일 때 비중량 $\gamma=1000$[kg$_f$/ m^3], 점성계수 $\mu=8.151\times10^{-3}$[kg$_f$ · s/m^2]인 기름이 흐른다면 유량은 얼마인가?

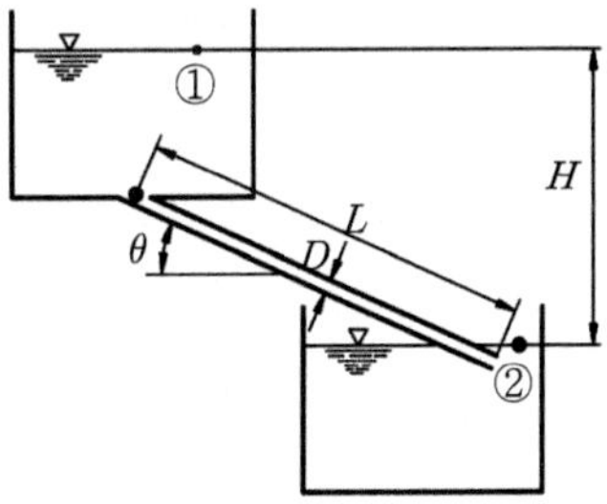

해설

층류로 가정하고 하겐-포아젤의 방정식을 적용하기로 한다.

$$Q = \frac{\pi D^4 \Delta P}{128\mu L}$$

여기서 ΔP는 베르누이 방정식으로부터 구할 수 있다. ①단면과 ②단면 사이에 베르누이 방정식을 세우면

$$\frac{p_1}{\gamma} + \frac{V_1^2}{2g} + z_1 = \frac{p_2}{\gamma} + \frac{V_2^2}{2g} + z_2 + h_L$$

그런데 $p_1 = p_2 =$대기압이고 $V_1 = V_2 = 0$(관과 탱크의 단면적 비 $\frac{A}{A_r}$가 작으므로), $z_1 - z_2 = H$이므로

손실수두 h_L은

$$h_L = z_1 - z_2 = H = 12[\text{m}]$$

$$\Delta P = \gamma h_L = 1000\times12 = 12000[\text{kg}_f/\text{m}^2]$$

$$\therefore\ Q = \frac{\pi D^4 \Delta P}{128\mu L} = \frac{\pi\times(0.01)^4\times12000}{128\times8.151\times10^{-3}\times30} ≒ 1.204\times10^{-5}[\text{m}^3/\text{s}]$$

층류로 가정한 것이 맞는가를 확인해야 한다.

평균속도 V는

$$V = \frac{Q}{A} = \frac{4Q}{\pi D^2} = \frac{4\times1.204\times10^{-5}}{\pi\times(0.01)^2} ≒ 0.153[\text{m/s}]$$

레이놀드 수는

$$Re = \frac{\rho VD}{\mu} = \frac{\frac{1000}{9.8}\times0.153\times0.01}{8.151\times10^{-3}} ≒ 19.15 < 2100$$

따라서 이 흐름은 층류이며 하겐-포아젤의 방정식을 적용할 수 있다.

연습문제

16. 문제 15에서 상부의 탱크에 액체를 더 채워서 유속이 2[m/s]가 되도록 하려면 H가 몇 [m]가 되어야 하는가?

해설

유속이 2[m/s]일 때 레이놀드 수는

$$Re = \frac{\rho VD}{\mu} = \frac{\frac{1000}{9.8} \times 2 \times 0.01}{8.151 \times 10^{-3}} ≒ 250.38$$

액면의 높이차 H는 손실수두 h_L과 같으므로 하겐-포아젤의 방정식에서

$$H = h_L = \frac{128\mu LQ}{\mu\gamma D^4} = \frac{32\mu LV}{\gamma D^2} = \frac{32 \times 8.151 \times 10^{-3} \times 30 \times 2}{1000 \times (0.01)^2} ≒ 156.5[\text{m}]$$

17. 비중이 0.85인 기름을 직경 50[mm]인 관을 통해 300[m] 떨어진 곳으로 수송하는데 압력손실이 2.1[kg_f/cm^2]이었다. 유량이 1.25×10^{-3}[m^3/s]이면 점성계수는 얼마인가?

해설

층류라고 가정하면 하겐-포아젤의 방정식에서

$$Q = \frac{\pi D^4 \Delta P}{128\mu L}$$

$$= \frac{\pi \times (0.05)^4 \times 2.1 \times 10^4}{128 \times 300 \times 1.25 \times 10^{-3}}$$

$$≒ 8.59 \times 10^{-3} [\text{kg}_f \cdot \text{s/m}^2]$$

층류라는 가정이 맞는가를 확인해야 한다.

$$Re = \frac{\rho VD}{\mu} = \frac{\frac{1000}{9.8} \times \frac{4 \times 1.25 \times 10^{-3}}{\pi \times (0.05)^2} \times 0.05}{8.59 \times 10^{-3}} ≒ 378 < 2100$$

따라서 층류로 가정하여 하겐-포아젤의 방정식을 적용한 것은 옳았다.

응용문제

18. 동점성계수가 $\nu = 1.5 \times 10^{-6}[m^2/s]$인 액체가 연직관 속에서 흘러 내려 온다. 관 전체에 대해 압력이 일정하고 $Re = 1800$이면 관의 직경은 얼마인가?

해설

관의 입구 ①과 출구 ②사이에 베르누이 방정식을 적용하면

$$\frac{p_1}{\gamma} + \frac{V_1^{\,2}}{2g} + z_1 = \frac{p_2}{\gamma} + \frac{V_2^{\,2}}{2g} + z_2 + h_L$$

손실수두 h_L은 $V_1 = V_2$, $p_1 = p_2$이므로

$$h_L = z_1 - z_2 = L \qquad ①$$

여기서 L은 관의 길이이다.

층류이므로 하겐-포아젤의 방정식을 적용하면

$$Q = \frac{\pi D^4 \Delta P}{128\mu L}$$

$$h_L - \frac{\Delta(P+\gamma h)}{\gamma} - \frac{128\mu LQ}{\mu\gamma D^4} = \frac{32\mu LV}{\gamma D^2} \qquad ②$$

①식과 ②식에서

$$\therefore \frac{32\mu LV}{\gamma D^2} = L \qquad ③$$

또 $Re = 1800$이므로

$$\frac{VD}{\nu} = 1800 \qquad ④$$

식 ③과 ④에서 V를 소거하면

$$\frac{57600\mu\nu V}{\gamma D^3} = L \qquad ⑤$$

여기서 D에 대해 풀면

$$D = \left(\frac{57600\mu\nu}{\gamma}\right)^{\frac{1}{3}} = \left(\frac{57600\nu^2}{g}\right)^{\frac{1}{3}}$$

$$= \left\{\frac{57600 \times (1.5 \times 10^{-6})^2}{9.8}\right\}^{\frac{1}{3}} \fallingdotseq 2.365 \times 10^{-3}[\mathrm{m}] = 2.365[\mathrm{mm}]$$

연습문제

19. 다음 그림과 같이 반지름 R인 원관이 수평면과 h의 간격을 두고 그 사이에는 밀도 ρ, 점성계수 μ인 액체가 있다. 원판을 일정한 힘 F로 누를 때 원판의 하강속도는 V_0이며 V_0는 매우 느려서 액체의 가속도, 운동에너지는 무시할 수 있다고 가정한다. 반지름 방향의 액체의 속도 분포는 같다고 하고 층류로 가정할 때 압력분포식, 원판을 누르는 힘 F, 원판이 무한원점에서 h까지 내려오는 데 필요한 시간을 구하라. 단, h는 시간 t의 함수이다.

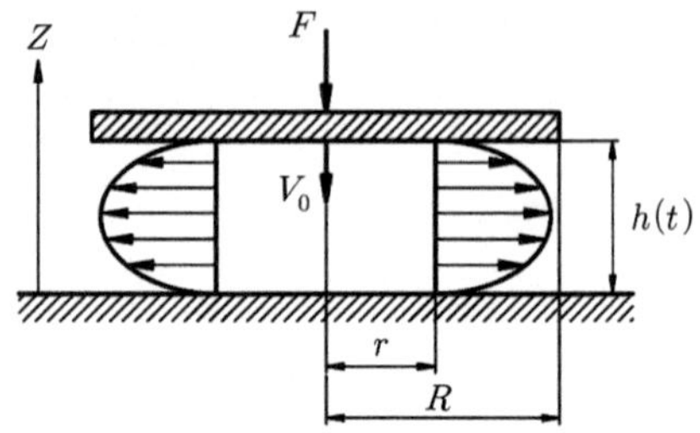

해설

압력은 z와 r의 함수이므로

$$p = -\rho g z + f(r) \qquad ①$$

여기서 $f(r)$은 적분상수이고 임의의 반지름에서 압력분포는 같으므로 r만의 함수이다.

또 연속방정식에서

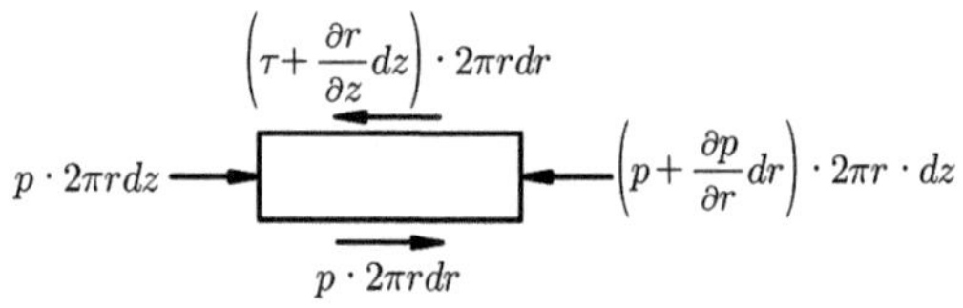

$$\frac{1}{r}\frac{\partial}{\partial r}(r u_r) + \frac{1}{r}\frac{\partial u_0}{\partial \theta} + \frac{\partial u_z}{\partial z} = 0$$

$u_o = 0$, $\dfrac{\partial u_z}{\partial z} = \dfrac{\partial V_0}{\partial z} = 0$이므로

$$\frac{\partial}{\partial r}(r \cdot u_r) = 0 \qquad ②$$

또 운동량 방정식을 적용하면 자유물체도에서

$$-\tau \cdot 2\pi r dr + \left(\tau + \frac{\partial \tau}{\partial z} dz\right) \cdot 2\pi r dr + p \cdot 2\pi r \cdot dz - \left(p + \frac{\partial p}{\partial r} dr\right) 2\pi r dr = 0 \qquad ③$$

이 식을 정리하면

$$\frac{\partial \tau}{\partial z} - \frac{\partial p}{\partial r} = 0$$

$$\therefore \mu \cdot \frac{d^2 u_r}{dz^2} - \frac{df}{dr} = 0 \qquad ④$$

식 ④를 적분하면

$$u_r = \frac{1}{2\mu}\frac{df}{dr} z^2 + c_1 z + c_2$$

유동조건에서 경계조건은

$z=0$에서 $u_r=0$

$z=h$에서 $u_r=0$

이 경계조건을 식④에 대입하면

$$c_2=0$$

$$c_1=-\frac{1}{2\mu}\frac{df}{dr}h$$

따라서 식④는

$$u_r=\frac{1}{2\mu}\frac{df}{dr}(z^2-hz) \qquad ⑤$$

임의의 반지름 r 면을 통과하는 유량 Q는

$$Q=\int_0^h u_r dA=\int_0^h \frac{1}{2\mu}\frac{df}{dr}(z^2-hz)\cdot 2\pi r dz$$

$$=\frac{\pi r}{\mu}\frac{df}{dr}\int_0^h (z^2-hz)dz=-\frac{\pi r}{6\mu}\frac{df}{dr}h^3 \qquad ⑥$$

이 유량은 원판이 V_0의 속도로 하강함으로써 배제되는 유량과 같으므로

$$-\frac{\pi r}{6\mu}\frac{df}{dr}h^3=\pi r^2 V_0$$

$$\frac{df}{dr}=-\frac{6\mu V_0}{h^3}r^2$$

이 식을 적분하면

$$f=-\frac{3\mu V_0}{h^3}r^2+A \qquad ⑦$$

$f(r)$은 동적체적압력(dynamic bulk pressure)이므로 $f(r)$에 대한 경계조건은

$r=R$에서 $f=0$

따라서

$$A=\frac{3\mu V_0}{h^3}R^2$$

식 ⑦에서

$$f=\frac{3\mu V_0}{h^3}(R^2-r^2) \qquad ⑧$$

압력(열역학적 압력) 분포는

$$p=\frac{3\mu V_0}{h^3}(R^2-r^2)-\gamma z \qquad ⑨$$

연습문제

원판을 누르는데 필요한 힘 F는

$$F=\int_A fdA=\int_0^R\left\{\frac{3\mu V_0}{h^3}\left(R^2-r^2\right)\right\}\cdot 2\pi r dr=\frac{3\pi\mu V_0 R^4}{2h^3} \qquad ⑩$$

$V_0=-\dfrac{dz}{dt}$이므로 이 관계식을 식 ⑩에 대입하여 정리하면

$$dt=-\frac{3\pi\mu R^4}{2F}\cdot\frac{dz}{z^3}$$

이 식을 적분하면

$$\int_0^t dt=-\frac{3\pi\mu R^4}{2F}\int_\infty^h\frac{dz}{z^3}$$

$$\therefore\ t=\left[\frac{3\pi\mu R^4}{4F}\cdot\frac{1}{z^2}\right]_\infty^h=\frac{3\pi\mu R^4}{4Fh^2}$$

20. 비중이 0.95인 기름이 직경 2.5[m]인 관 속을 난류상태로 흐른다. 속도분포가 $u=5y^{\frac{1}{8}}$[m/s]이고 벽에서 0.6[m]되는 곳의 전단응력이 0.8[kg_f/m^2]일 때 이 점에서의 혼합거리는 몇 [m]인가? 단, y[m]는 관 벽에서 수직거리이다.

해설

0.6[m] 지점에서의 속도구배는

$$\left.\frac{du}{dy}\right|_{y=0.6}=\left.\frac{5}{8}y^{-\frac{7}{8}}\right|_{y=0.6}=\frac{5}{8}\times(0.6)^{-\frac{7}{8}}\fallingdotseq 0.977$$

식(5−28)에서

$$\tau=\rho l^2\left(\frac{du}{dy}\right)^2$$

$$\therefore\ l=\sqrt{\frac{\tau}{\rho\left(\frac{du}{dy}\right)^2}}$$

$$=\sqrt{\frac{0.8}{0.95\times 102\times 0.977}}\fallingdotseq 0.092[\mathrm{m}]$$

6장

관로유동

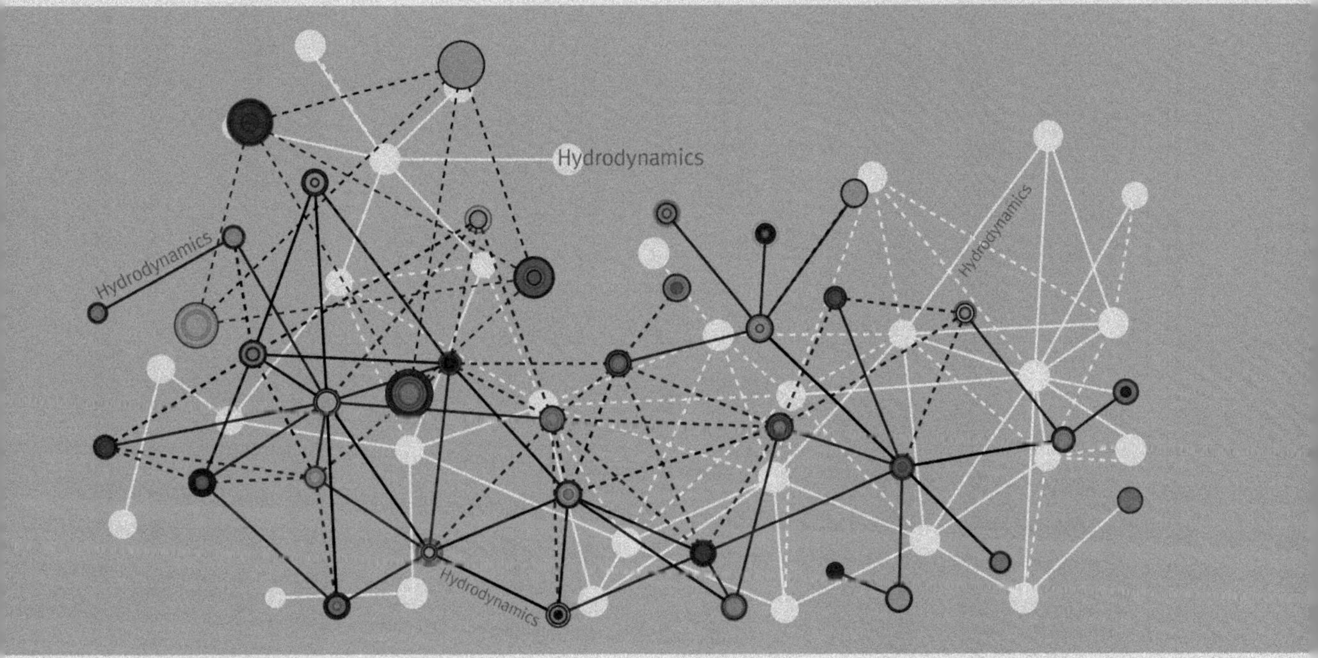
Hydrodynamics
Hydrodynamics
Hydrodynamics
Hydrodynamics

6.1 원형관로에서의 압력 손실

[그림 6-1]과 같이 단면이 균일한 수평원관 속의 흐름에서 흐름이 충분히 발달한 정상류라고 하면 층류, 난류에 관계없이 관벽의 전단응력에 대해 다음 식이 성립한다.

$$\tau_0 = \left[-\frac{dp}{dl}\cdot\frac{r}{2}\right]_{r=r_0} = -\frac{dp}{dl}\cdot\frac{r_0}{2} = \frac{\Delta p}{L}\cdot\frac{r_0}{2} \tag{6-1}$$

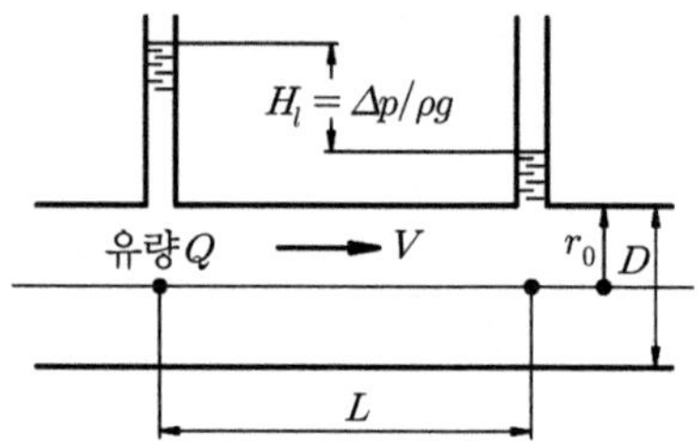

[그림 6-1] 수평원관의 압력손실

양변을 동압으로 나누면 레이놀드 수의 함수로 된다.

따라서 압력손실은

$$\Delta p = \frac{1}{2} f(Re)\frac{L}{r_0/2}\rho V^2 \tag{6-2}$$

이 식을 손실수두 H_l로 나타내면

$$H_l = \frac{\Delta p}{\rho g} = \lambda\frac{L}{D}\frac{V^2}{2g},\ V = \frac{4Q}{\pi D^2} \tag{6-3}$$

이 식을 **달시 · 바이스바하(Darcy-Weisbach)의 식**이라고 하며 λ는 **관마찰계수**(pipe friction coeficient)로서 일반적으로 레이놀드 수와 상대조도의 함수이다.

6.1.1 매끈한 관의 경우

(1) 층류($Re < 2100$)

층류흐름인 경우에는 Hagen-Poiseuille의 방정식이 성립하므로 압력손실은 다음 식으로 나타낼 수 있다.

$$\Delta p = \frac{128\mu LQ}{\pi D^4} \tag{6-4}$$

이 식을 식(6-3)과 비교하면

$$\lambda = \frac{64}{Re} \tag{6-5}$$

(2) 난류($Re > 4000$)

난류흐름인 경우, 관마찰계수는 대수속도분포의 고찰에서 얻어진 **Kármán-Nikuradse의 식**이 가장 대표적이다.

$$\left.\begin{aligned} \frac{1}{\sqrt{\lambda}} &= 2.0\log(Re\sqrt{\lambda}) - 0.8 \\ Re &= 3\times10^3 \sim 3\times10^6 \end{aligned}\right\} \tag{6-6}$$

식 (6-6)에 의해 구해진 관마찰계수는 광범위한 레이놀드 수 범위에서 실험결과와 잘 일치한다.

또 좀더 간단한 식으로서 **Blasius의 실험식**이 있다.

$$\left.\begin{aligned} \lambda &= 0.3164Re^{-\frac{1}{4}} \\ Re &= 3\times10^3 \sim 10^5 \end{aligned}\right\} \tag{6-7}$$

식(6-7)은 레이놀드 수가 10^5을 초과하면 오차가 크므로 적용하는데 있어서 주의가 필요하다.

6.1.2 거친 관의 경우

(1) 유체역학적으로 매끈한 관

거칠기 레이놀드 수가 $v_* e/\nu < 5$(e는 관의 표면에서 돌출부의 평균높이이며 v_*는 마찰속도이다), 또는 $e/\delta' < \frac{1}{3}$(δ'는 층류저층의 두께)인 경우는 식(6-6)이나 식(6-7)이 적용된다.

(2) 매끈한 관에서 거친관으로의 천이영역인 경우($5 \leq v_* e/\nu < 70$)

관마찰계수는 레이놀드 수와 상도조도 $\frac{e}{D}$에 따라 변화하며 Moody선도에서 결정하는 것이 편리하다.

(3) 완전히 거친 관($v_* e/\nu \geq 70$)

관마찰계수는 상대조도 $\frac{e}{D}$만의 함수이고 레이놀드 수와는 무관하다. 이 경우 Nikuradse의 실험결과에 의하면 다음 식이 성립한다.

$$\lambda = \frac{1}{\{1.74 - 2\log(e/D)\}^2} \tag{6-8}$$

실용적인 관의 마찰계수에 대해서는 많은 식이 얻어지고 있지만 관 내면의 거칠기의 영향을 고려한 식으로는 다음 식이 사용된다.

$$\lambda = 0.0096 + 0.057\sqrt{\frac{e}{D}} + \sqrt{\frac{2.88}{Re}} \tag{6-9}$$

6.1.3 Moody 선도

상품용 신관에 대해서 Moody는 관의 종류와 직경으로부터 상대조도, $\frac{e}{D}$를 구하고 상대조도와 레이놀드 수와의 관계에서 관마찰계수를 구하는 선도를 작성하였는데 이 선도를 **Moody 선도**라고 한다. [그림 6-2]에 각종 관의 상대조도를 구하는 선도, [그림 6-3]에 Moody선도를 나타낸다.

예제 6.1 Darcy-Wiesbach방정식은?

㉮ 곧고 긴 원관에서의 마찰손실수두를 계산하는데 사용된다.
㉯ 점차 확대관에서의 손실수두를 계산하는데 사용된다.
㉰ 점차 축소관에서의 손실수두를 계산하는데 사용된다.
㉱ 돌연확대 · 축소관에서의 손실수두를 계산하는데 사용된다.

해설 Darcy-Wiesbach방정식은 단면이 균일하고 곧은 원관에서의 마찰 손실수두를 계산하는데 사용되는 식으로서 다음과 같이 표시된다.

$$H_l = \lambda \frac{L}{D} \cdot \frac{V^2}{2g}$$

λ : 관마찰 계수

답 ㉮

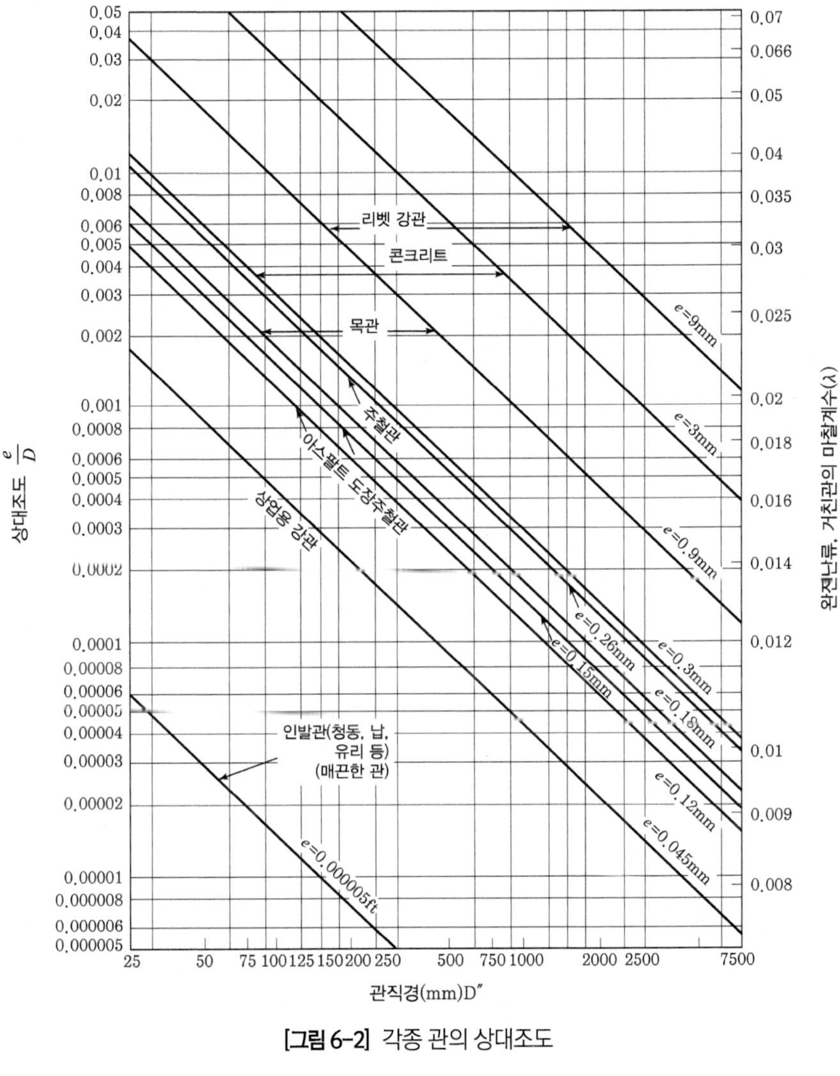

[그림 6-2] 각종 관의 상대조도

예제 6.2 **원관에서의 관마찰계수는?**

㉮ 절대조도와 관의 직경의 함수이다.
㉯ 상대조도와 레이놀드 수의 함수이다.
㉰ 관의 길이와 레이놀드 수의 함수이다.
㉱ 마하수와 프루우드 수의 함수이다.

해설 관마찰계수는 층류 흐름에서는 레이놀드 수만의 함수이고 천이영역 난류흐름에서는 레이놀드 수와 상대조도의 함수이다. 또 거친 관의 완전난류 구역에서는 레이놀드 수와 무관하며 상대조도만의 함수이다.

답 ㉯

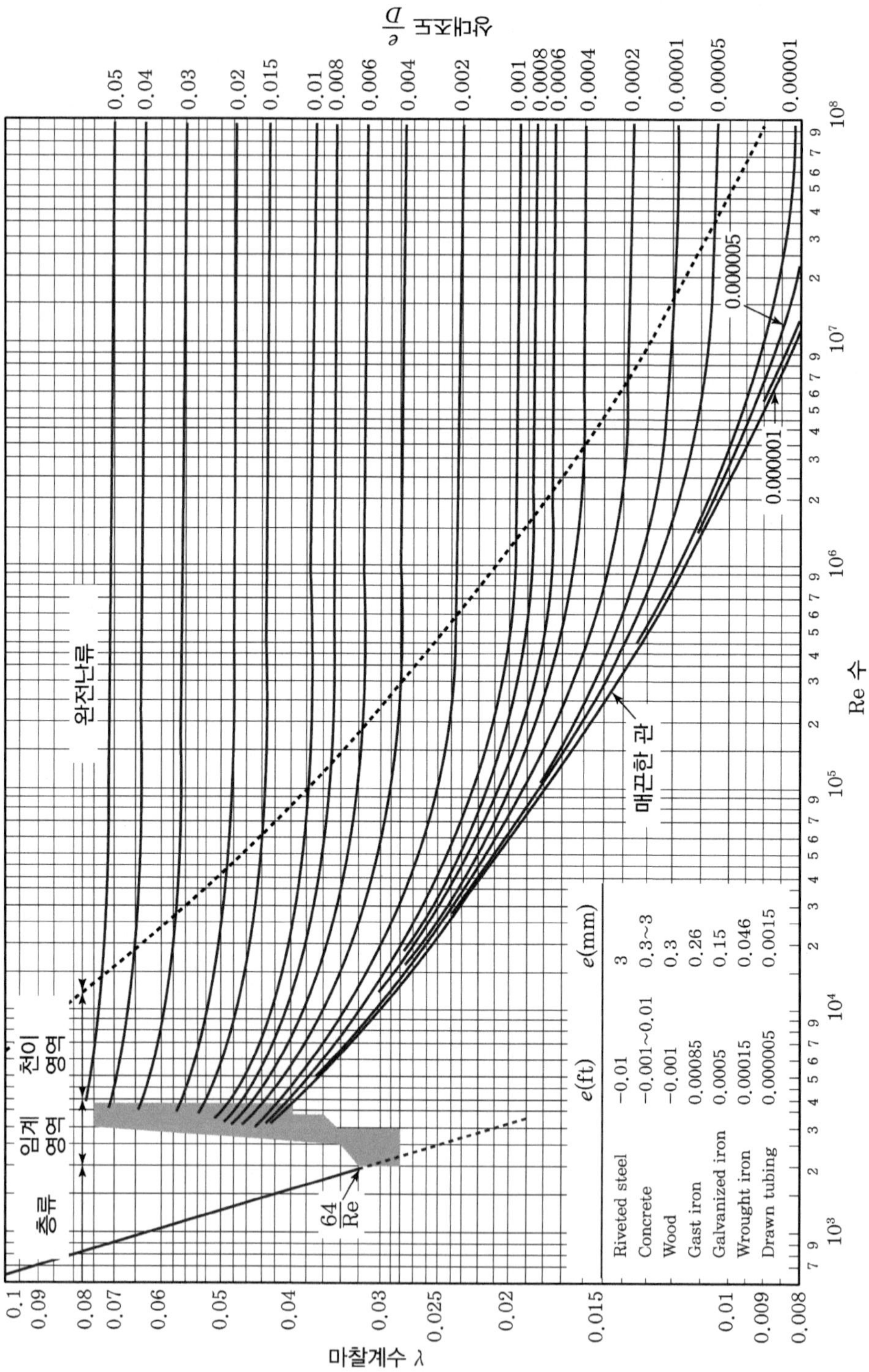

[그림 6-3] Moody 선도

예제 6.3 내경 5[mm]의 원관 속을 점성계수 60[cp], 비중 0.85인 액체가 흐르고 있다. 레이놀드 수가 200일 때 관의 길이 1[m]당 압력손실은 몇 [kPa]인가?

㉮ 183.5 ㉯ 216.6 ㉰ 311.8 ㉱ 432.1

해설 $Re = \frac{\rho VD}{\mu}$에서 평균속도 V는

$$V = \frac{\mu \cdot Re}{\rho D}$$

$$\mu = 60[\text{cp}] = 0.6[\text{p}] = 0.06[N \cdot s/\text{m}^2] = 0.06[\text{kg/m} \cdot \text{s}]$$

$$\rho = S \cdot \rho_w = 0.85 \times 1000 = 850[\text{kg/m}^3]$$

$$\therefore V = \frac{\mu\, Re}{\rho D} = \frac{0.06 \times 200}{850 \times 0.005} \fallingdotseq 2.82[\text{m/s}]$$

유량 Q는

$$Q = A \cdot V = \frac{\pi}{4} D^2 V$$

$$= \frac{\pi}{4} \times (0.005)^2 \times 2.82$$

$$\fallingdotseq 5.537 \times 10^{-5}[\text{m}^3/\text{s}]$$

$Re = 200 < 2100$이므로 층류이다. 따라서 Hagen-Poiseuille의 방정식을 적용하면 압력손실 Δp는

$$\Delta p = \frac{128 \mu L Q}{\pi D^4}$$

$$= \frac{128 \times 0.06 \times 1 \times 5.537 \times 10^{-5}}{\pi \times (0.005)^4} \fallingdotseq 216574[\text{Pa}] \fallingdotseq 216.6[\text{kPa}]$$

답 ㉯

예제 6.4 직경 5[cm]인 매끈한 관에 동점성계수가 $1.5 \times 10^{-5}[\text{m}^2/\text{s}]$인 공기가 0.5 [m/s]의 속도로 흐른다. 이 관의 길이 100[m]에 대한 손실수두는 몇 [m]인가?

㉮ 0.84 ㉯ 0.98 ㉰ 1.25 ㉱ 1.89

해설 $Re = \frac{VD}{\nu} = \frac{0.5 \times 0.05}{1.5 \times 10^{-5}} \fallingdotseq 1667 < 2100$: 층류

따라서 관마찰계수 λ는 식 (6-5)에서

$$\lambda = \frac{64}{Re} = \frac{64}{1667} \fallingdotseq 0.0384$$

손실수두 H_l은 식(6-3)에서

$$H_l = \lambda \frac{L}{D} \frac{V^2}{2g} = 0.0384 \times \frac{100}{0.05} \times \frac{(0.5)^2}{2 \times 9.8} \fallingdotseq 0.98[\text{m}]$$

답 ㉯

예제 6.5 동점성계수가 $0.662 \times 10^{-6}[\text{m}^2/\text{s}]$인 물이 레이놀드 수 70000으로 직경 75[mm]인 관속을 흐를 때 관의 절대조도가 0.13[mm]라고 하면 관의 길이 250[m]에 대한 손실수두는 몇 [m]인가? 단, 관마찰계수는 Moody선도를 이용하라.

㉮ 1.49 ㉯ 1.83 ㉰ 2.11 ㉱ 2.68

해설 상대조도 $\frac{e}{D}=\frac{0.13}{75}\fallingdotseq 0.00173$

레이놀드 수 $Re=70000$

Moody선도에서 관마찰계수를 구하면 $\lambda \fallingdotseq 0.023$

평균유속은

$$V=\frac{\nu \cdot Re}{D}=\frac{70000\times 0.662\times 10^{-6}}{0.075}\fallingdotseq 0.618[\text{m/s}]$$

$$\therefore H_l=\lambda \cdot \frac{L}{D}\cdot \frac{V^2}{2g}=0.023\times \frac{250}{0.075}\times \frac{(0.618)^2}{2\times 9.8}\fallingdotseq 1.49[\text{m}]$$

답 ㉮

예제 6.6 **직경 5[cm]인 매끈한 원관 속을 동점성계수가 $1.15\times 10^{-6}[\text{m}^2/\text{s}]$인 물이 $1.8[\text{m/s}]$로 흐르고 있다. 길이 100[m]에 대한 손실수두는 몇 [m]인가?**

㉮ 3.45 ㉯ 4.36 ㉰ 5.78 ㉱ 6.25

해설 $Re=\frac{VD}{\nu}=\frac{1.8\times 0.05}{1.15\times 10^{-6}}\fallingdotseq 78261>2100$: 난류

레이놀드 수가 $3\times 10^3 \sim 10^5$ 범위 내에 있으므로 Blasius의 실험식을 적용할 수 있다. 따라서

$$\lambda=0.3164Re^{-\frac{1}{4}}=0.3164\times (78261)^{-\frac{1}{4}}\fallingdotseq 0.0189$$

손실수두 H_l은

$$H_l=\lambda \frac{L}{D}\frac{V^2}{2g}=0.0189\times \frac{100}{0.05}\times \frac{(1.8)^2}{2\times 9.8}\fallingdotseq 6.25[\text{m}]$$

답 ㉱

6.2 비원형 관로에서의 압력손실

장방형 관과 같이 비원형 단면을 갖는 관로의 경우에 유동상태는 축대칭과는 물론 다르고 모퉁이 부분에서는 2차흐름이 나타나서 복잡하게 된다. 이와같은 경우의 압력손실과 벽면마찰응력을 생각해 보자.

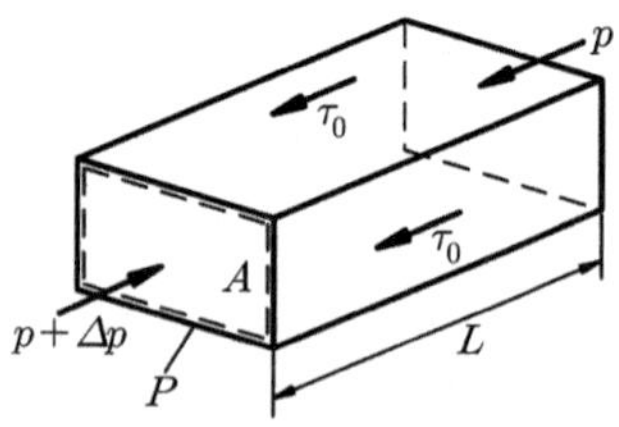

[그림 6-4] 비원형관로의 흐름

흐름이 층류인 경우는 장방형, 정삼각형 등의 단면형상을 갖는 관에 대해서 속도분포 및 압력손실을 이론적으로 구할 수 있지만 난류의 경우는 불가능하다. 그래서 가장 상세히 조사되어 있는 원관 속의 흐름과 비교하여 각각의 단면형상에 대해 생각하는 것이 일반적이다.

지금 [그림 6-4]와 같이 길이 L사이의 압력손실을 Δp, 유체의 접수길이를 P, 평균전단 응력을 τ_0라고 하면

$$\Delta pA = \tau_0 PL \tag{6-10}$$

한편 전단응력을 평균속도수두를 써서 나타내면

$$\tau_0 = \lambda' \frac{\rho V^2}{2} \tag{6-11}$$

여기서 λ'는 비원형 단면형상의 관마찰계수이다.

식(6-10)과 (6-11)에 의해서

$$\left.\begin{aligned} \frac{\Delta p}{\rho g} &= H_l = \lambda' \frac{L}{A/P} \frac{V^2}{2g} = \lambda' \frac{L}{R_h} \frac{V^2}{2g} \\ R_h &= \frac{A}{P} \end{aligned}\right\} \tag{6-12}$$

여기서 R_h는 **수력반경** 또는 **유체평균깊이**라고 한다.

λ'를 원관의 λ와 비교하여 보면 원관의 경우 수력반경은

$$R_h = \frac{A}{P} = \frac{\pi D^2/4}{\pi D} = \frac{D}{4} \tag{6-13}$$

식(6-13)을 식(6-12)에 대입하면

$$\frac{\Delta p}{\rho g} = H_l = \lambda' \frac{L}{(D/4)} \frac{V^2}{2g} = 4\lambda' \frac{L}{D} \frac{V^2}{2g}$$

그러므로 원관의 마찰손실수두와 비교하면

$$\lambda = 4\lambda'$$

따라서 식(6-12)는

$$\frac{\Delta p}{\rho g} = H_l = \lambda \frac{L}{4R_h} \frac{V^2}{2g} \tag{6-14}$$

이것은 비원형 단면형상을 갖는 관에 대한 마찰손실수두를 나타내고 **Fanning의 식**이라고 한다. 여기서 λ는

$$\left.\begin{aligned} Re &= V\frac{4R_h}{\nu} \\ \lambda &= \left(Re,\ \frac{e}{4R_h}\right),\ \frac{e}{4R_h}\text{는 상대조도} \end{aligned}\right\} \tag{6-15}$$

장방형 관($2a\times 2b,\ a>b$)의 층류에 대해서 식(6-14)의 λ는 다음과 같이 구해진다.

$$\left.\begin{aligned} Q &= \frac{ab^3}{4\mu}\frac{\Delta p}{L}X, \\ \lambda &= \frac{64}{Re}\frac{8a^2}{(a+b)^2X} \\ X &= \frac{16}{3}-\frac{1024}{\pi^5}\frac{b}{a}\left(\tanh\frac{\pi a}{2b}+\frac{1}{3^5}\tanh\frac{3\pi a}{2b}+\cdots\right) \end{aligned}\right\} \tag{6-16}$$

이것을 보면 원형단면인 관과 완전히 대응하지는 않는다는 것을 알 수 있으므로 각 형상의 관에 대하여 실험이 필요하다.

예제 6.7 **한 변이 30[mm]인 정사각형 도관 속을 비중 0.8인 기름이 5[m/s]의 속도로 흐른다. 100[m]당 압력강하는 몇 [kg_f/cm^2]인가? 단, 관마찰계수는 0.03이다.**

㉮ 8.7　㉯ 9.3　㉰ 10.2　㉱ 11.8

해설 수력반경은

$$R_h=\frac{A}{P}=\frac{(0.03)^2}{4\times 0.03}=0.0075[\text{m}]$$

식(6-14)에 의하여

$$\Delta p=\lambda\frac{l}{4R_h}\frac{V^2}{2g}\cdot\gamma$$

$$=0.03\times\frac{100}{4\times 0.0075}\times\frac{(5)^2}{2\times 9.8}\times 0.8\times 1000 \fallingdotseq 102041[\text{kg}_f/\text{m}^2]$$

$$\fallingdotseq 10.2[\text{kg}_f/\text{cm}^2]$$

답 ㉰

예제 6.8 **단면적이 같은 원형관로와 정사각형관로에서 같은 압력구배를 가지고 물이 흐를 때 원형과 정사각형 관로의 유량을 각각 Q_1, Q_2라고 하면 Q_2/Q_1의 값은 얼마인가? 단, 두 관로의 마찰계수는 같다.**

㉮ 0.86　㉯ 0.94　㉰ 1.21　㉱ 1.43

해설 원형단면의 수력반경은 $R_{h1}=\dfrac{\pi D^2/4}{\pi D}=\dfrac{D}{4}$

정사각형 단면의 수력반경은 $R_{h2} = \frac{a^2}{4a} = \frac{a}{4}$

손실수두는 두 단면에서 같으므로

$$H_l = \lambda \frac{l}{4R_{h1}} \cdot \frac{V_1^{\,2}}{2g} = \lambda \frac{l}{4R_{h2}} \frac{V_2^{\,2}}{2g}$$

$$\therefore\ V_1 = \sqrt{\frac{8gH_lR_{h1}}{\lambda l}}, \qquad V_2 = \sqrt{\frac{8gH_lR_{h2}}{\lambda l}}$$

단면적이 같으면 유량비는 유속비와 같으므로

$$\frac{Q_2}{Q_1} = \frac{V_2}{V_1} = \sqrt{\frac{(a/4)}{(D/4)}} = \sqrt{\frac{a}{D}} = \sqrt{\frac{\frac{\sqrt{\pi}}{2}D}{D}} = \left(\frac{\sqrt{\pi}}{2}\right)^{\frac{1}{2}} \fallingdotseq 0.94$$

$$\left(\because\ \frac{\pi}{4}D^2 = a^2,\ \ a = \sqrt{\frac{\pi}{4}D^2} = \frac{\sqrt{\pi}}{2}D\right)$$

답 ㉯

예제 6.9 **단면이 원형이 아닌 도관의 수력반경이 R_h, 이 속을 흐르는 유체의 동점성계수 ν, 유속이 V일 때 레이놀드 수는?**

㉮ $Re = \frac{4R_h V}{\nu}$ ㉯ $Re = \frac{R_h V}{4\nu}$ ㉰ $Re = \frac{\nu V}{4R_h}$ ㉱ $Re = \frac{\nu R_h V}{4}$

해설 식(6-13)에서 $R_h = \frac{D}{4}$이므로

$$Re = \frac{VD}{\nu} = \frac{4R_h V}{\nu}$$

답 ㉮

6.3 돌연확대, 돌연축소관에서의 손실

6.3.1 돌연확대관에서의 손실수두

[그림 6-5]와 같은 돌연확대관에서 검사면은 돌연확대하기 조금 전과 후의 ①, ②단면과 관벽이다.

압력과 속도는 각 단면 내에서 일정하다고 가정하면 연속방정식은

[그림 6-5] 돌연확대관

$$Q = A_1 V_1 = A_2 V_2$$

y방향의 흐름은 없으므로 x방향의 흐름만 생각하면 운동량의 법칙에서

$$\rho Q(V_2 - V_1) = (p_1 - p_2)A_2 \tag{6-17}$$

확대된 측면압력을 p_1이라고 놓은 이유는 그 부분에 와류가 발생하여 압력이 p_2까지 상승하지 않고 p_1이 그대로 유지된다고 생각하기 때문이다. 이 가정은 반드시 자명한 것은 아니고 실험적으로 입증되어야 하지만 거의 정확한 것으로 알려지고 있다. 돌연 확대부분에서는 흐름이 넓게 펴져서 와류가 생기고 손실이 발생한다. 따라서 베르누이 방정식을 적용하면

$$\frac{V_1^{\ 2}}{2g} + \frac{p_1}{\gamma} = \frac{V_2^{\ 2}}{2g} + \frac{p_2}{\gamma} + \frac{\Delta p}{\gamma} \tag{6-18}$$

식(6-17)과 식(6-18)에서

$$H_l = \frac{\Delta p}{\gamma} = \frac{(V_1 - V_2)^2}{2g} = \left(1 - \frac{A_1}{A_2}\right)^2 \frac{V_1^{\ 2}}{2g} = k\frac{V_1^{\ 2}}{2g},$$

$$k = \left(1 - \frac{A_1}{A_2}\right)^2 = \left[1 - \left(\frac{D_1}{D_2}\right)^2\right]^2 \tag{6-19}$$

여기서 k는 돌연확대관에서의 손실계수이다.

6.3.2 돌연축소관에서의 손실수두

[그림 6-6]과 같은 돌연축소관에서의 손실수두는

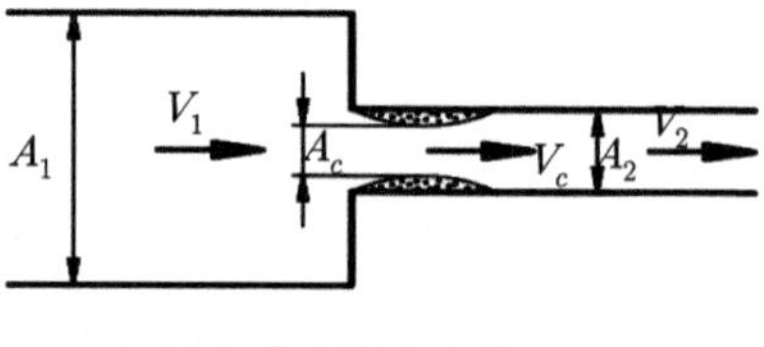

[그림 6-6] 돌연축소관

$$H_l = \frac{(V_c - V_2)^2}{2g} \tag{6-20}$$

연속방정식 $A_c V_c = A_2 V_2$에서

$$V_c = \frac{A_2}{A_c} V_2 = \frac{1}{c_c} V_2 \tag{6-22}$$

여기서 $c_c = \dfrac{A_c}{A_2}$는 **단면수축계수**라고 하며 0.6~ 0.8정도이다.

식(6-21)을 식(6-20)에 대입하면

$$H_l = \left(\frac{1}{c_c} - 1\right)^2 \frac{{V_2}^2}{2g} = k\frac{{V_2}^2}{2g}, \quad k = \left(\frac{1}{c_c} - 1\right)^2 \tag{6-22}$$

여기서 k는 돌연축소관에서의 손실계수이며, 0.4~0.04정도이다.

예제 6.10 **직경 75[mm]에서 100[mm]로 돌연확대되는 관 속을 물이 0.03[m^3/s]의 유량으로 흐르고 있다. 이 때 돌연확대에 의한 손실수두는 몇 [m]인가?**

㉮ 0.25 ㉯ 0.45 ㉰ 0.62 ㉱ 0.87

해설 손실계수 k는

$$k = \left(1 - \frac{A_1}{A_2}\right)^2 - \left\{1 \ \left(\frac{D_1}{D_2}\right)^2\right\}^2 - \left\{1 - \left(\frac{75}{100}\right)^2\right\}^2 \fallingdotseq 0.1914$$

$$V_1 = \frac{Q}{A_1} = \frac{4Q}{\pi {D_1}^2} = \frac{4\times 0.03}{\pi \times (0.075)^2} \fallingdotseq 6.794[\text{m/s}]$$

$$\therefore \ H_l = k\cdot\frac{{V_1}^2}{2g} - 0.1914\times\frac{(6.794)^2}{2\times 9.8} \fallingdotseq 0.45[\text{m}]$$

답 ㉯

예제 6.11 **단면적이 0.5[m^2]에서 0.3[m^2]으로 돌연 축소하는 관의 수축계수가 0.685이고 유량이 0.5[m^3/s]라고 하면 돌연축소에 의한 손실수두는 몇 [m]인가?**

㉮ 0.02 ㉯ 0.03 ㉰ 0.04 ㉱ 0.05

해설 $V_2 = \dfrac{Q}{A_2} = \dfrac{0.5}{0.3} \fallingdotseq 1.67[\text{m/s}]$

$$H_l = \left(\frac{1}{c_c} - 1\right)^2 \frac{{V_2}^2}{2g}$$

$$= \left(\frac{1}{0.685} - 1\right)^2 \times \frac{(1.67)^2}{2\times 9.8} \fallingdotseq 0.03[\text{m}]$$

답 ㉯

6.4 점차확대, 점차축소관에서의 손실

6.4.1 점차확대관(diffuser)

점차확대관은 유체의 속도를 감소시키고 압력을 상승시키고자 할 때 사용된다.

손실수두 H_l은 [그림 6-7]에서 확대각 α에 따라 변화하며 다음 식으로 된다.

$$H_l = k\frac{(V_1 - V_2)^2}{2g} \tag{6-23}$$

여기서 k는 [그림 6-8]과 같이 α에 따라 변화하는 손실계수이다. $\alpha = 180°$일 때는 돌연확대관과 같으므로 $k = 1$이고 $\alpha \fallingdotseq 62°$ 일 때 k는 최대치를 갖고 $\alpha \fallingdotseq 5° \sim 7°$일 때 최소치를 갖는다. 실험결과에 의하면 그림 6-8과 같이 k의 최소값은 약 0.135이다.

α가 이 보다 작은 각도일 때는 관이 길기 때문에 관마찰의 영향이 커서 k는 다시 증가한다.

[그림 6-8]은 원형단면의 점차확대관인 경우이며 장방형 단면인 경우는 $\alpha \fallingdotseq 11°$에서 k는 최소치를 가지며 그 값은 약 0.175이다.

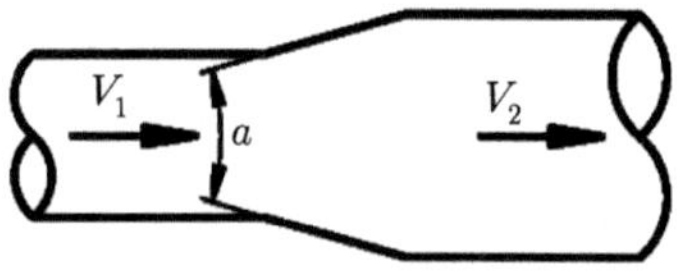

[그림 6-7] 점차확대관

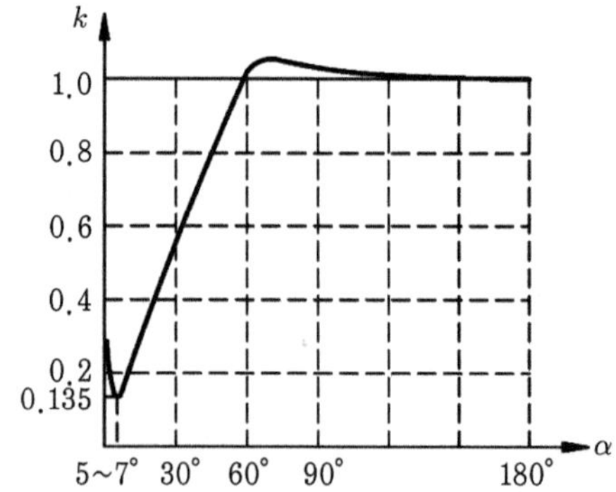

[그림 6-8]

6.4.2 점차축소관

이것은 점차확대관과 반대로 속도를 증가시키고 압력을 감소시키는 목적으로 사용되며 이 경우는 박리현상은 거의 없고 일반적으로 마찰손실만 고려하면 충분하다(보통 원추각 30°이내인 경우). 손실수두 H_l은 다음과 같다.

$$H_l = k \cdot \frac{{V_2}^2}{2g} \tag{6-24}$$

$k \fallingdotseq 0.094 \sim 0.04$

예제 6.12 **점차확대관에서 압력손실을 최소로 하는 원추각은?**

㉮ 6° ㉯ 12° ㉰ 18° ㉱ 22°

해설 손실수두를 최소로 하는 원추각은 5° ~ 7°이며 장방형 단면인 경우는 11°이다. 답 ㉮

예제 6.13 **점차확대관과 점차축소관에서의 손실수두에 관한 내용 중 잘못된 항은?**

㉮ 점차축소관은 점차확대관에 비해 손실수두가 작다.

㉯ 점차확대관에서 최대 손실수두를 가지는 원추각은 약 62° 이다.

㉰ 점차확대관에서의 손실수두는 원추각 뿐만 아니라 면적비, 입구속도 분포가 영향을 미친다.

㉱ 점차축소관에서의 손실수두는 박리현상이 중요한 원인이다.

해설 점차축소관에서는 박리현상은 거의 없고 일반적으로 마찰손실만 고려하면 된다. 답 ㉱

6.5 입구 및 출구손실

6.5.1 입구손실

관로가 큰 탱크 등에 연결되어 있는 경우 그 입구 형상에 따라 손실은 다르다. [그림 6-9]와 같은 각종 형상의 입구에 대한 손실계수는 거의 다음과 같다.

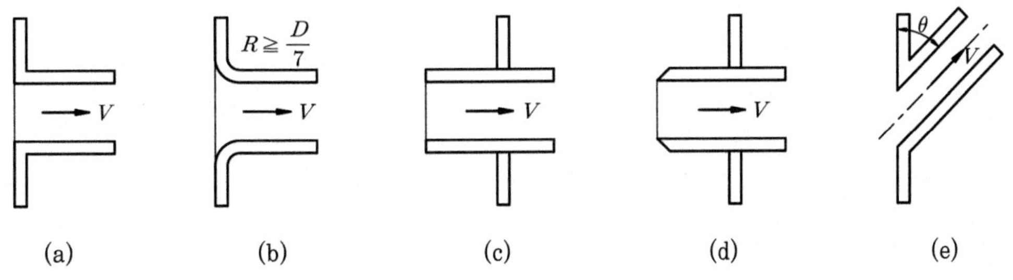

[그림 6-9] 각종 입구 형상

(a) $k=0.5$, (b) $k=0.06\sim0.005$, (c) $k=0.56$, (d) $k=3.0\sim1.3$, (e) $k=0.5+0.3\cos\theta$ $+0.2\cos^2\theta$(단, 0.5는 입구형상에 따라 변한다.)

따라서 입구손실은 다음 식으로 된다.

$$H_l = k\frac{V^2}{2g} \tag{6-25}$$

여기서 V는 관 속의 평균유속이다.

6.5.2 출구손실

관로의 출구에 대해서는 압력수두가 출구 조건에 따라 정해지는 값까지 변화하고 이에 따라 속도수두도 변화한다. 이 속도수두는 특별한 경우를 제외하고는 보통 그대로 손실수두로 된다. 즉, $k=1$이 된다. 따라서 출구손실은 다음과 같다.

$$H_l = \frac{V^2}{2g} \tag{6-26}$$

여기서 V는 관 속의 평균유속이다.

6.6 벤드(bend) 및 엘보우(elbow)에서의 손실

6.6.1 벤드에서의 손실

[그림 6-10]과 같은 벤드의 흐름에서 단면 AB에서는 원심력으로 인해 압력차가 생겨 구부러진 부분의 안쪽에서는 압력이 떨어지고 바깥쪽에서는 압력이 상승한다. 이것은 주로 두가지 영향으로 나타난다.

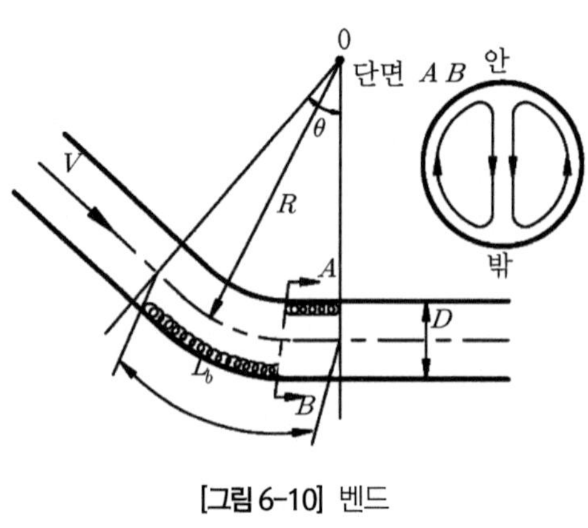

[그림 6-10] 벤드

첫째로, 흐름방향으로 압력 구배가 생기지만 이것은 구부러진 부분의 안쪽에서는 하류측에 압력상승부가 생기고 바깥쪽에는 상류측에 압력상승부가 나타난다. 따라서 급격히 구부러진 경우는 압력상승이 크기 때문에 흐름의 박리가 일어난다.

둘째로, 단면 AB내에서 보면 원심력 때문에 안쪽의 압력은 낮고 바깥쪽의 압력은 높으므로 관벽 부근의 유체는 벽면을 따라서 외측에서 내측으로 향하며 속도가 큰 중심 부근 유체는 내측에서 외측으로 향한다. 따라서 그림에 나타낸 것과 같은 **2차흐름**(secondary flow)이 생긴다.

이와같은 영향에 의해 벤드에 대한 손실은 직관의 경우보다 크다. 벤드의 전손실수두를 H_b라고 하면

$$H_b = k_b \frac{V^2}{2g} = \left(k + \lambda \frac{L_b}{D}\right)\frac{V^2}{2g} \tag{6-27}$$

여기서 k_b는 전손실계수, k는 구부러짐으로 인한 손실계수, λ는 관마찰계수, L_b는 벤드의 중심선의 길이이다. k의 값은 벽면 거칠기, 구부러진 각도 및 곡률 반경과 관직경과의 비 등에 따라 변화하지만 대개 0.03~0.5정도이다.

매끈한 벽면의 벤드 ($\theta = 90°$)인 경우는

$$k = \left\{0.131 + 0.1632\left(\frac{D}{R}\right)^{3.5}\right\}, \quad 0.5 < \frac{R}{D} < 2.5 \tag{6-28}$$

또 k_b에 대해서는 매끈한 벽면의 경우

$$k_b = 0.00515\alpha\theta Re^{-0.2}\left(\frac{R}{D}\right)^{0.9}, \quad Re\left(\frac{R}{D}\right)^2 < 364 \tag{6-29}$$

$$k_b = 0.00431\alpha\theta Re^{-0.17}\left(\frac{R}{D}\right)^{0.84}, \quad Re\left(\frac{R}{D}\right)^2 > 364 \tag{6-30}$$

여기서 $Re = \dfrac{VD}{\nu}$ 이고 α는 다음과 같다.

$$\theta = 45° : \alpha = 1 + 5.13\left(\frac{R}{D}\right)^{-1.47}$$

$$\theta = 90°, \ R/D < 9.85 : \alpha = 0.95 + 4.42\left(\frac{R}{D}\right)^{-1.96}$$

$$R/D > 9.85 : \alpha = 1$$

$$\theta = 180^\circ : \alpha = 1 + 5.06\left(\frac{R}{D}\right)^{-4.52}$$

장방형 단면의 벤드에 대해서는 $\theta = 90^\circ$ 의 경우

$$k_b = c_1\left(\frac{R}{b}\right) + c_2\left(\frac{R}{b}\right)^{-2}, \quad \left(1.5 < \frac{R}{b} < 4.0\right) \tag{6-31}$$

여기서 b는 장방형 관의 곡률반경 방향의 변의 길이이고 c_1, c_2는 장방형 단면의 아스펙트(aspect) 비에 따라 변화하는 상수로서 대개 0.02~0.40정도이다.

6.6.2 엘보우에서의 손실

[그림 6-11]과 같은 엘보우에서의 손실수두 H_e는

$$H_e = k_e \frac{V^2}{2g} \tag{6-32}$$

여기서 손실계수 k_e는

$$k_e = 0.946 \sin^2\left(\frac{\theta}{2}\right) + 2.05 \sin^4\left(\frac{\theta}{2}\right) \tag{6-33}$$

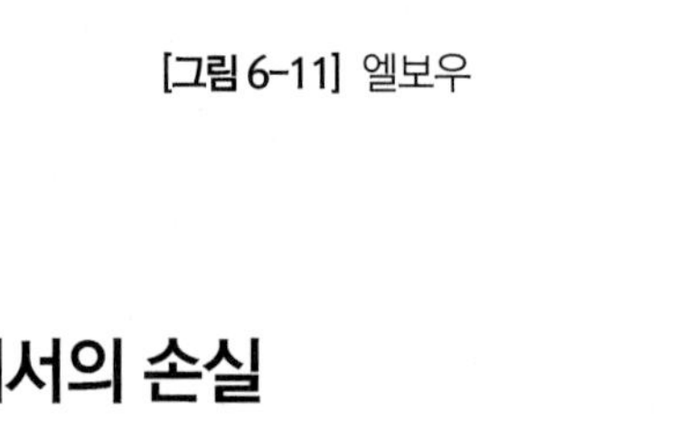

[그림 6-11] 엘보우

6.7 밸브 및 콕에서의 손실

관로를 흐르는 유체의 유량이나 흐름의 방향을 제어하기 위하여 각종 밸브나 콕이 사용되는데 이 경우, 흐름의 단면적이 변화하기 때문에 생기는 에너지 손실 H_v는

$$H_v = k_v \cdot \frac{V^2}{2g} \tag{6-34}$$

여기서 V는 관로에서 밸브나 콕의 영향을 받지 않는 곳에서의 평균유속이다.

손실계수 k_v는 각종 밸브나 콕에서 열린 정도에 따라 다르며 슬루우스 밸브(sluice valve)에서는 다음과 같다.

표 6-1 슬루우스 밸브의 손실계수

D'/D	valve의 호칭경(in)					
	1/2	1	2	4	8	12
1/8	374	211	146	67.2	66.0	96.2
1/2	7.74	3.54	3.22	1.93	2.19	2.29
1	0.808	0.233	0.175	0.164	0.103	0.047

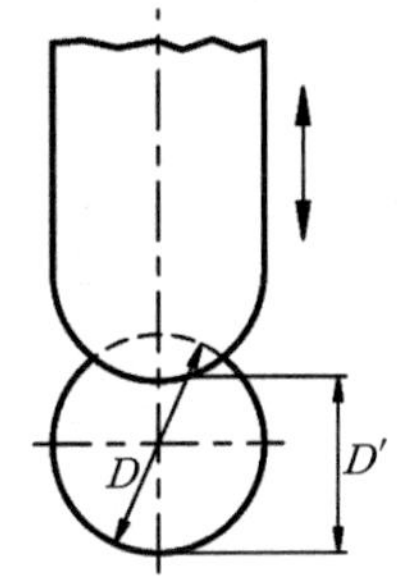

[그림 6-12] 슬로우스 밸브

예제 6.14 같은 크기의 원관을 직각으로 접속한 관 속을 물이 평균유속 1.5[m/s]로 흐르고 있다. 관의 만곡에 의한 손실수두는 몇 [m]인가?

㉮ 0.11 ㉯ 0.25 ㉰ 0.34 ㉱ 0.46

해설 손실계수 k_e는 식(6-33)에서

$$k_e = 0.946\sin^2\left(\frac{\theta}{2}\right) + 2.05\sin^4\left(\frac{\theta}{2}\right)$$

$$= 0.946 \times \frac{1}{2} + 2.05 \times \frac{1}{4} = 0.9855$$

$$\therefore\ H_l = k_e\frac{V^2}{2g} = 0.9855 \times \frac{(1.5)^2}{2 \times 9.8} \fallingdotseq 0.11[\mathrm{m}]$$

답 ㉮

예제 6.15 직경 1inch인 관로에 슬루우스밸브가 달려 있다. 관로의 평균유속이 2[m/s]이면 밸브가 완전히 열려 있을 때의 손실수두는 몇 [m]인가?

㉮ 0.023 ㉯ 0.031 ㉰ 0.048 ㉱ 0.056

해설 밸브의 손실계수는 표 6-1에서 $\frac{D'}{D} = 1$이므로 $k_v = 0.233$이다. 따라서 손실수두는

$$H_v = k_v\frac{V^2}{2g}$$

$$= 0.233 \times \frac{(2)^2}{2 \times 9.8} \fallingdotseq 0.048[\mathrm{m}]$$

답 ㉰

6.8 분기관과 합류관에서의 손실

[그림 6-13]의 분기관과 합류관에서 관 ①, ③은 본관, 관②는 지관이라고 한다. 분기관과 합류관에서의 흐름의 양상은 관 ①~③의 각각의 유량, 단면적비, 분기관과 합류관의 각도 및 접속부분의 형상 등에 따라 다르다. 그러나 마찰손실은 편의상 직관의 경우와 같이 나타낸다.

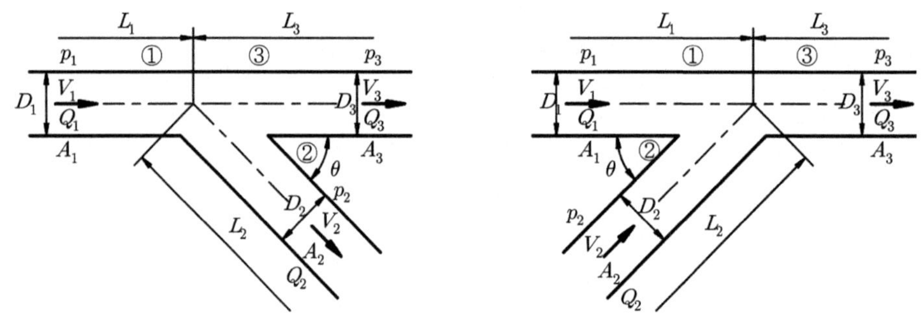

[그림 6-13] 분기관과 합류관

6.8.1 분기관

본관 ①에서 ③으로 향하는 흐름에 대하여 베르누이 방정식을 세우면

$$\frac{p_1}{\gamma}+\frac{V_1^{\ 2}}{2g}=\frac{p_3}{\gamma}+\frac{V_3^{\ 2}}{2g}+\lambda_1\frac{L_1}{D_1}\frac{V_1^{\ 2}}{2g}+\lambda_3\frac{L_3}{D_3}\frac{V_3^{\ 2}}{2g}+H_{l13} \tag{6-35}$$

여기서 H_{l13}은 분기손실수두이다.

분기손실수두는 분기손실계수 k_{13}을 써서 다음과 같이 정의한다.

$$\begin{aligned} H_{l13} &= \left(\frac{p_1}{\gamma}-\lambda_1\frac{L_1}{D_1}\frac{V_1^{\ 2}}{2g}\right)-\left(\frac{p_3}{\gamma}+\lambda_3\frac{L_3}{D_3}\frac{V_3^{\ 2}}{2g}\right)+\left(\frac{V_1^{\ 2}}{2g}-\frac{V_3^{\ 2}}{2g}\right) \\ &= H_{13}+\left(\frac{V_1^{\ 2}}{2g}-\frac{V_3^{\ 2}}{2g}\right) \\ &= k_{13}\frac{V_1^{\ 2}}{2g} \end{aligned} \tag{6-36}$$

같은 방법으로 ①에서 ②로 흐르는 흐름에 대해서는 분기손실계수 k_{12}를 써서 다음과 같이 정의한다.

$$H_{l12}=\left(\frac{p_1}{\gamma}-\lambda_1\frac{L_1}{D_1}\frac{{V_1}^2}{2g}\right)-\left(\frac{p_2}{\gamma}+\lambda_2\frac{L_2}{D_2}\frac{{V_2}^2}{2g}\right)+\left(\frac{{V_1}^2}{2g}-\frac{{V_2}^2}{2g}\right)$$

$$=H_{12}+\left(\frac{{V_1}^2}{2g}-\frac{{V_2}^2}{2g}\right)$$

$$=k_{12}\frac{{V_1}^2}{2g} \tag{6-38}$$

또, 각 관의 유량 사이에는 다음 식이 성립한다.

$$Q_1=Q_2+Q_3 \tag{6-39}$$

6.8.2 합류관

본관 ①~③으로 향하는 흐름에 대해서 분기관과 같이 식(6-35)가 성립한다. 또 합류손실은 식(6-35)에서 다음과 같이 정의한다.

$$H_{l13}=k_{13}\frac{{V_3}^2}{2g} \tag{6-39}$$

관 ②에서 ③으로 향하는 흐름에 대하여 합류손실 H_{l23} 및 합류손실계수 k_{23}은 다음 식으로 정의한다.

$$H_{l23}=\left(\frac{p_2}{\gamma}-\lambda_2\frac{L_2}{D_2}\frac{{V_2}^2}{2g}\right)-\left(\frac{p_3}{\gamma}+\lambda_3\frac{L_3}{D_3}\frac{{V_3}^2}{2g}\right)+\left(\frac{{V_2}^2}{2g}-\frac{{V_3}^2}{2g}\right)$$

$$=H_{23}+\left(\frac{{V_2}^2}{2g}-\frac{{V_3}^2}{2g}\right)$$

$$=k_{23}\frac{{V_3}^2}{2g} \tag{6-40}$$

또, 각 관 속을 흐르는 유량 사이에는 다음 식이 성립한다.

$$Q_1+Q_2=Q_3 \tag{6-41}$$

분기관과 합류관의 경우에 기준으로 하는 속도수두가 서로 다르다는 점에 주의해야 한다.

예제 6.16 **분기관에서의 손실계수와 관계없는 것은?**

㉮ 분기각 ㉯ 본관과 지관의 면적비

㉰ 관 벽의 거칠기 ㉱ 유량 분배비와 레이놀드 수

해설 분기손실계수는 본관과 분기관과의 면적비, 분기각, 분기점에서의 접속상태, 유량분배비 및 레이놀드 수에 따라 변한다.

답 ㉰

예제 6.17 **그림 6-13의 분기관에서 유체가 ①에서 ③으로 흐를 때 어떤 손실이 생기는가?**

㉮ 확대손실 ㉯ 만곡손실 ㉰ 곡관손실 ㉱ 축소손실

해설 분기관에서 본관 ①에서 분기관 ②로 흐를 때에는 만곡손실이 생기고 본관 ①에서 ③으로 흐를 때에는 확대손실이 생긴다.

답 ㉮

예제 6.18 **그림 6-13의 합류관에서 유체가 ①에서 ③으로 흐를 때 어떤 손실이 생기는가?**

㉮ 확대손실 ㉯ 곡관손실 ㉰ 축소손실 ㉱ 만곡손실

해설 합류관에서 본관 ①에서 ③으로 흐를 때에는 축소손실이 생기고 ②에서 ③으로 흐를 때에는 곡관손실이 생긴다.

답 ㉰

6.9 관로의 총손실 및 동력

실제로 유체가 관로를 유동하는 경우에는 [그림 6-14]와 같이 여러 가지 관로 요소가 조합되어 있는 경우가 많고 이들 요소의 손실에 대한 합이 관로계의 총손실로 된다. 여기서는 [그림 6-14]의 관로에 대한 손실을 생각한다.

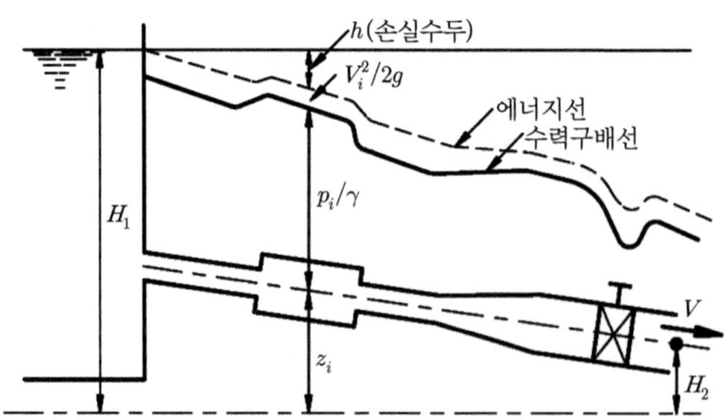

[그림 6-14] 수력구배선과 에너지선

관로의 입구에서 출구까지의 **총손실수두**(total loss of head)를 h_l이라고 하면

$$H_1 - H_2 = h_l + \frac{V^2}{2g}$$
$$= \lambda_1 \frac{L_i}{D_i}\frac{V_i^2}{2g} + \sum_i k_i \frac{V_i^2}{2g} + \frac{V^2}{2g}, \quad (i = 1,\ 2,\ 3,\ \cdots) \tag{6-42}$$

여기서 λ_1, λ_2, ……는 관마찰계수를 나타내며, k_1, k_2, ……는 마찰손실 이외의 손실에 대한 계수이다.

그림에서 관로계의 각 점에서의 압력수두를 연결한 선을 **수력구배선**(hydraulic grade line)이라고 하고 또 관로의 각 점에 대한 전수두$\left(z_i + p_i/\gamma + V_i^{\,2}/2g\right)$를 연결한 선을 **에너지선**(energy line)이라고 한다.

물이 갖는 에너지에 의해 동력을 발생시키는 경우, 전낙차 H_t하에서 유량 Q인 물이 관로를 흐를 때 총손실수두를 h_l이라고 하면 이용가능한 유효낙차 H는

$$H = H_t - h_l \tag{6-43}$$

이때 발생하는 동력 L_a는

$$L_a = \frac{\gamma Q(H_t - h_l)}{102} = \frac{1000\,QH}{102}[\text{kW}] = \frac{1000\,QH}{75}[\text{PS}] \tag{6-44}$$

또 수차의 효율을 η라고 하면 정미동력 L_e는

$$L_e = \eta L_a \tag{6-45}$$

예제 6.19 **수면차가 12[m]인 두 물탱크를 직경 250[mm], 길이 1500[m]인 원관으로 연결하고 있다. 관로의 도중에 곡관이 5개 붙어 있을 때 관로를 흐르는 물은 몇 $[\text{m}^3/\text{s}]$인가? 단, 관마찰계수는 0.032, 입구손실계수는 0.45, 곡관의 손실계수는 0.17이다.**

㉮ 0.026 ㉯ 0.045 ㉰ 0.069 ㉱ 0.082

해설 식(6-42)에서 관의 직경은 일정하므로

$$H_1 - H_2 = \frac{V^2}{2g}\left(\lambda\frac{L}{D} + \sum k + 1\right)$$

따라서 평균속도 V는

$$V = \sqrt{\frac{2g(H_1 - H_2)}{\lambda\frac{L}{D} + \sum k + 1}} = \sqrt{\frac{2\times 9.8\times 12}{0.032\times\frac{1500}{0.25} + 5\times 0.17 + 0.45 + 1}} \fallingdotseq 1.1[\text{m/s}]$$

유량 Q는

$$Q=\frac{\pi}{4}D^2V=\frac{\pi}{4}\times(0.25)^2\times1.1\fallingdotseq0.069[\mathrm{m^3/s}]$$

답 ㉰

예제 6.20 **상당기울기 $i=\tan\theta$에서 θ는?**

㉮ 수력구배선이 수평선과 이루는 각 ㉯ 에너지선이 수평선과 이루는 각
㉰ 관로가 수평선과 이루는 각 ㉱ 관로가 수력구배선과 이루는 각

해설 수력구배선과 수평선이 이루는 각을 θ라고 할 때 상당기울기는

$i=\tan\theta$

i는 관의 실제 경사각과는 관계없고 유량, 관의 크기 및 유체마찰에만 관계된다.

답 ㉮

6.10 복합관로에서의 흐름

6.10.1 직렬관

크기가 다른 2개 이상의 관로가 한 줄로 연결된 것을 **직렬관**이라고 한다.

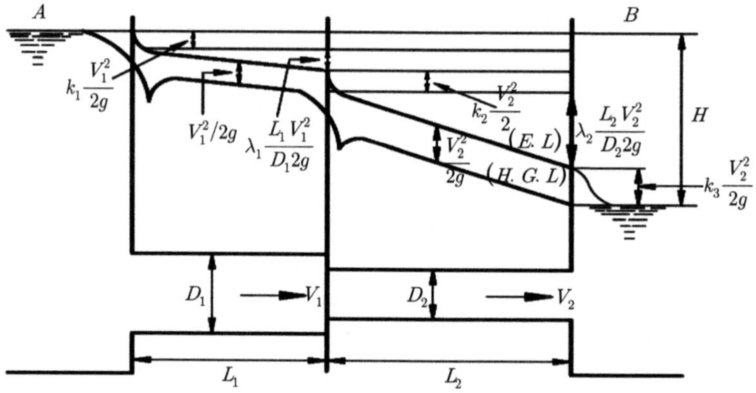

[그림 6-15] 직렬관

[그림 6-15]와 같이 A, B 두 저수지를 연결한 직렬관을 통하여 물이 흐르는 경우에 총손실수두는 두 저수지의 수위차 H와 같다.

$$H=k_1\frac{{V_1}^2}{2g}+\lambda_1\frac{L_1}{D_1}\frac{{V_1}^2}{2g}+k_2\frac{{V_2}^2}{2g}+\lambda_2\frac{L_2}{D_2}\frac{{V_2}^2}{2g}+k_3\frac{{V_2}^2}{2g} \tag{6-46}$$

또 $\dfrac{A_2}{A_1} = \alpha$라고 하면 $V_1 = \alpha V_2$이고 입구손실 $k_1 = 0.5$, 출구손실 $k_3 = 1$이므로

$$H = \frac{{V_2}^2}{2g}\left(0.5\alpha^2 + \lambda_1 \frac{L_1}{D_1}\alpha^2 + k_2 + \lambda_2 \frac{L_2}{D_2} + 1\right) \tag{6-47}$$

여기서 k_2는 돌연축소관에서의 손실계수이므로 λ_1, λ_2를 알면 주어진 수면차 H에 대한 속도 V_2를 구할 수 있어서 유량을 계산할 수 있으며 반대로 주어진 유량에 대한 수위차 H를 계산할 수 있다.

또 V_2와 λ_1, λ_2가 주어지지 않았으면 무디선도를 이용하여 시행착오법을 써서 λ_1과 λ_2를 가정하고 V_2를 구한다.

6.10.2 등가길이

두 관계(管系)에서 같은 손실수두에 대하여 같은 유량을 내게될 때 이 두 관로는 등가(equivalent)라고 한다.

(1) 부분적 손실에 대한 등가길이

$$L_e = \frac{k \cdot D}{\lambda} \tag{6-48}$$

여기서 k는 부분적 손실계수, D는 관의 직경, λ는 관마찰계수이다.

(2) 직렬관에서의 등가길이

직경 D_1, 길이 L_1인 관에서의 손실수두와 같은 크기의 손실수두를 갖는 직경 D_2인 관에서의 길이를 L_{1e}라고 하면

$$H = \lambda_1 \frac{L_1}{D_1}\frac{{V_1}^2}{2g} = \lambda_2 \frac{L_{1e}}{D_2}\frac{{V_2}^2}{2g}$$

따라서 등가길이 L_{1e}는

$$L_{1e} = L_1 \frac{\lambda_1}{\lambda_2}\frac{D_2}{D_1}\left(\frac{V_1}{V_2}\right)^2$$

연속방정식에서 $\left(\frac{V_1}{V_2}\right)^2 = \left(\frac{D_2}{D_1}\right)^4$ 이므로

$$L_{1e} = L_1 \frac{\lambda_1}{\lambda_2}\left(\frac{D_2}{D_1}\right)^5 \tag{6-49}$$

6.10.3 병렬관

[그림 6-16]과 같이 한 관로에서 여러개의 관로로 분기하였다가 다시 하나의 관로로 합쳐지는 것을 **병렬관**(parallel pipes)이라고 한다.

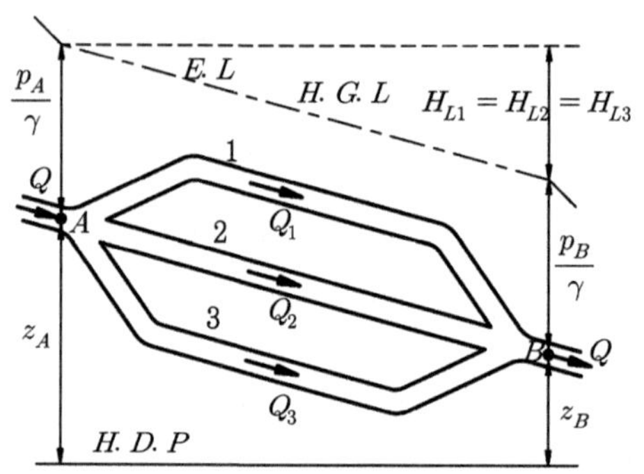

[그림 6-16] 병렬관

병렬관의 모든 지관에 있어서 기계적 에너지 손실은 같고 유량은 점차 증가하므로 관로의 용량을 증가시키는 방법에 이용된다. 이 때 병렬관은 원래의 관과 평행하게 배열해야 하며 지관에서의 유동분포는 각각의 지관에서 같은 손실이 일어나도록 하여야 한다.

[그림 6-16]과 같은 병렬관에서는 다음과 같은 방정식이 성립한다.

$$\left.\begin{aligned} H_{L1} = H_{L2} = H_{L3} &= \left(\frac{p_A - p_B}{\gamma}\right) + (z_A - z_B) \\ Q = Q_1 + Q_2 + Q_3 & \end{aligned}\right\} \tag{6-50}$$

여기서 Q는 입구 또는 출구관의 유량이며 수두손실은 Darcy-Weisbach의 식에 의해서 다음과 같이 구할수 있다.

$$H_{L1} = H_{L2} = H_{L3} = \lambda \frac{L}{D}\frac{V^2}{2g} = \left(\frac{8\lambda L}{\pi^2 g D^5}\right)Q^2 \tag{6-51}$$

6.10.4 다지관

한 점으로부터 여러 갈래의 관로가 각각 저장용기에 연결된 것을 **다지관**(branching pipes)이라고 한다.

[그림 6-17]과 같은 다지관에서 흐름의 방향은 다음 3가지 경우를 생각할 수 있다.

① $A \rightarrow B,\ C$

② $A \rightarrow C,\ B=0$

③ $A,\ B \rightarrow C$

이 경우들을 유량관계식으로 나타내면

① $Q_A = Q_B + Q_C$

② $Q_A = Q_C,\ Q_B = 0$

③ $Q_A + Q_B = Q_C$

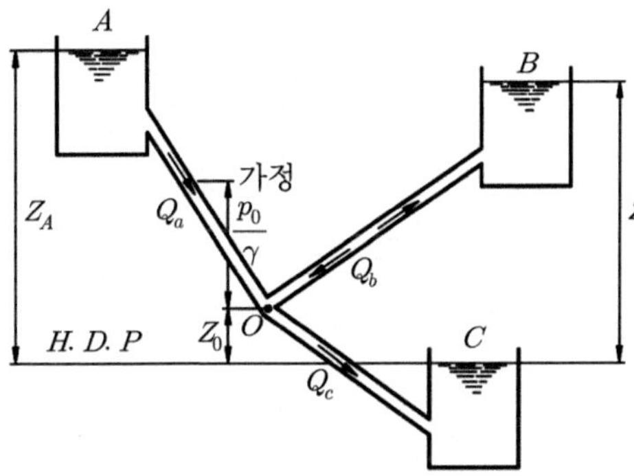

[그림 6-17] 다지관

공통점 0에서의 전수두를 수력구배선의 높이로 잡고 속도수두를 무시할 때 각 관로의 손실수두를 각각 H_{LA}, H_{LB}, L_{LC}, 0점에서의 전수두를 $z_0 + \dfrac{p_0}{\gamma}$라고 하면 다음 식이 성립한다.

$$\left.\begin{aligned} H_{LA} &= z_A - \left(z_0 + \frac{p_0}{\gamma}\right) = \lambda_A \frac{L_A}{D_A}\frac{V_A^2}{2g} \\ H_{LB} &= \left| z_B - \left(z_0 + \frac{p_0}{\gamma}\right)\right| = \lambda_B \frac{L_B}{D_B}\frac{V_B^2}{2g} \\ H_{LC} &= \left(z_0 + \frac{p_0}{\gamma}\right) - z_C = \lambda_C \frac{L_C}{D_C}\frac{V_C^2}{2g} \end{aligned}\right\} \tag{6-52}$$

각 관로의 속도를 구하기 위해서는 우선 $\left(z_0 + \dfrac{p_0}{\gamma}\right)$를 가정하여 속도를 구하고 이 속도로 유량관계식이 만족되도록 시행착오법을 쓴다.

6.10.5 관로망

[그림 6-18]과 같이 몇 개의 폐로로 구성된 관로를 **관로망**(network) 또는 **조합관로**라고 한다.

관로망의 각 관이 충분히 길고 관마찰손실이 커서 부분적 손실을 무시할 수 있을 때 손실수두 H_l은

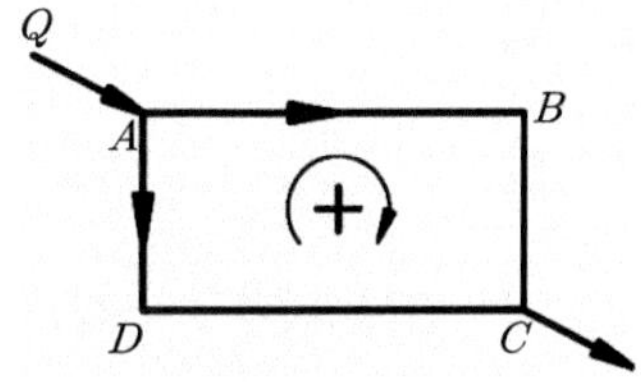

[그림 6-18] 관로망

$$\left.\begin{aligned} H_l &= \lambda \frac{L}{D}\frac{V^2}{2g} = \lambda \frac{L}{D}\frac{1}{2g}\left(\frac{4Q}{\pi D^2}\right)^2 = kQ^2 \\ k &= \lambda \frac{L}{D}\frac{1}{2g}\left(\frac{4}{\pi D^2}\right)^2 = \frac{8\lambda L}{g\pi^2 D^5} = 0.0827\lambda \frac{L}{D^5} \end{aligned}\right\} \tag{6-53}$$

여기서 k는 관마찰계수 λ, 관의 내경 D, 관의 길이 L에 의하여 정해지는 계수이다.

식(6-53)과 같이 손실수두 H_l은 유량 Q의 2승에 비례하여 Q만의 함수가 된다. 참유량 Q를 구하기 위해 1차 근사값 Q'를 가정하고 Q'가 흐를 때의 손실수두를 H_l', 참유량 Q가 흐를 때의 손실수두를 H_l이라고 하면

$$H_l = H_l' + \Delta H_l, \quad Q = Q' + \Delta Q \tag{6-54}$$

따라서 ΔQ에 대한 ΔH_l은 식(6-54)에 식(6-53)의 관계를 대입하여 고차의 미소항을 생략하면 다음 식이 성립한다.

$$\begin{aligned} \Delta H_l &= H_l - H_l' \\ &= kQ^2 - kQ'^2 = k(Q' + \Delta Q)^2 - kQ'^2 \fallingdotseq 2kQ'\Delta Q \end{aligned} \tag{6-55}$$

여기서 Q및 ΔQ의 부호는 시계방향을 (+)로 하고 반시계방향을 (-)로 한다. 마찰손실수두도 흐름의 방향이 (+)일 때는 (+), (-)일 때는 (-)로 잡으면 [그림 6-18]에 대해서는

$$H_{lAC} = H_{lAB} + H_{lBC} = H_{lAD} + H_{lDC}$$

또 $H_{lABC} = H_{lCDA} = 0$

즉, 하나의 폐관로에 대해서는 총손실수두의 합 $\sum H_l$은 0이 되어야 하므로 식(6-54)는 다음 식으로 표시된다.

$$\sum H_l = \sum H_l' + \sum \Delta H_l = 0 \tag{6-56}$$

관로망을 형성하는 하나의 폐관로에 대해서는 ΔQ가 균일하게 분배된다고 가정하면 식(6-56)에 식(6-55)를 대입하여 다음 식을 얻는다.

$$\sum H_l \fallingdotseq \sum H_l' + 2\sum kQ'\Delta Q = 0 \tag{6-57}$$

식(6-55)에 있어서 ΔQ와 ΔH_l은 같은 부호이므로 Q'가 (-)일 때는 (-)부호를 붙이지 않으면 안된다.

$$\therefore \ \Delta Q = -\frac{\sum H_l'}{2\sum|kQ'|} \tag{6-58}$$

식(6-58)에 의하여 처음에 가정한 Q'를 가지고 Q'에 대한 보정값 ΔQ를 구하고 다시 제2근사값 $Q'' = Q' + \Delta Q$를 가지고 이 조작을 ΔQ가 0이 될 때까지 반복하면 참유량 Q를 알 수 있다.

이 방법을 **Hardy-Cross의 근사해법**이라고 한다.

예제 6.21 **직경 100[mm], 관마찰계수 $\lambda = 0.015$인 관속을 기름이 흐르고 있다. 이 관로의 부분적손실계수의 총합이 10이라고 하면 전손실수두를 구하기 위하여 실제 관 길이에 더해야 할 등가길이는 몇 [m]인가?**

㉮ 48.8 ㉯ 53.2 ㉰ 66.7 ㉱ 75.4

해설 부분적 손실에 대한 등가길이는 식(6-48)에서

$$L_e = \frac{k \cdot D}{\lambda} = \frac{10 \times 100 \times 10^{-3}}{0.015} \fallingdotseq 66.7[\text{m}]$$

답 ㉰

예제 6.22 **다음 그림과 같은 병열관에서 ①, ②관로의 마찰계수는 0.03으로 같고 총유량 Q는 0.05 $[\text{m}^3/\text{s}]$일 때 각 관로의 유량 Q_1, Q_2는 몇 $[\text{m}^3/\text{s}]$인가?**

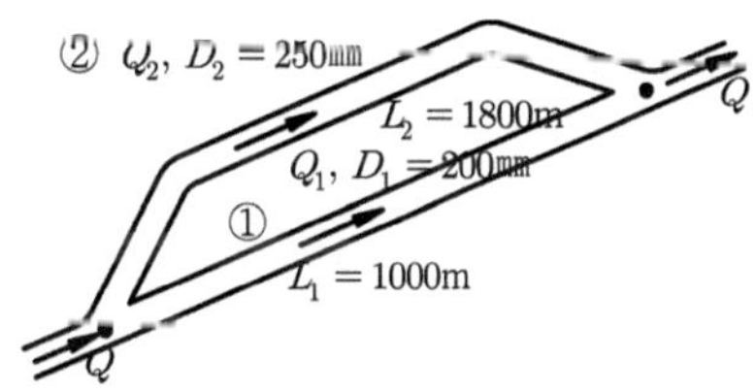

㉮ Q_1=0.018, Q_2=0.032 ㉯ Q_1=0.022, Q_2=0.028

㉰ Q_1=0.032, Q_2=0.028 ㉱ Q_1=0.028, Q_2=0.022

해설 손실수두는 각각 다음과 같다.

$$H_{L1} = \lambda_1 \frac{L_1}{D_1} \frac{V_1^{\ 2}}{2g} = 0.03 \times \frac{1000}{0.2} \times \frac{V_1^{\ 2}}{2g}$$

$$H_{L2} = \lambda_2 \frac{L_2}{D_2} \frac{V_2^{\ 2}}{2g} = 0.03 \times \frac{1800}{0.25} \times \frac{V_2^{\ 2}}{2g}$$

이들 두 손실수두는 서로 같아야 한다.

$$0.03 \times \frac{1000}{0.2} \times \frac{V_1^{\ 2}}{2g} = 0.03 \times \frac{1800}{0.25} \times \frac{V_2^{\ 2}}{2g}$$

$$\therefore \ V_2 = \sqrt{\frac{1000 \times 0.25}{1800 \times 0.2}} \cdot V_1 \fallingdotseq 0.833\, V_1$$

$$\text{유량비} \ \frac{Q_2}{Q_1} = \frac{A_2}{A_1} \frac{V_2}{V_1} = \left(\frac{D_2}{D_1}\right)^2 \left(\frac{V_2}{V_1}\right)$$

$$\therefore \ Q_2 = \left(\frac{D_2}{D_1}\right)^2 \left(\frac{V_2}{V_1}\right) Q_1 = \left(\frac{0.25}{0.2}\right)^2 \times 0.833 \times Q_1 \qquad ①$$

$$Q_1 + Q_2 = 0.05 \qquad ②$$

①, ②식을 연립하여 풀면

$$Q_1 + \left(\frac{0.25}{0.2}\right)^2 \times 0.833 \times Q_1 = 0.05$$

$$Q_1 \left[1 + \left(\frac{0.25}{0.2}\right)^2 \times 0.833\right] = 0.05$$

$$\therefore \ Q_1 = \frac{0.05}{1 + \left(\frac{0.25}{0.2}\right)^2 \times 0.833} \fallingdotseq 0.022[\text{m}^3/\text{s}]$$

$$Q_2 = 0.05 - 0.022 = 0.028[\text{m}^3/\text{s}]$$

답 ㉯

예제 6.23 그림 6-15와 같은 직렬관에서 D_1=200[mm], D_2=100[mm], L_1=600[m], L_2=2000[m], λ_1=0.03, λ_2=0.02, k_2=0.38이라고 하면 A, B 두 탱크의 수면차가 70[m]일 때 유량은 몇 $[\text{m}^3/\text{s}]$ 인가?

㉮ 0.014 ㉯ 0.026 ㉰ 0.031 ㉱ 0.048

해설 식(6-47)에서

$$H = \frac{V_2^{\ 2}}{2g}\left(0.5\alpha^2 + \lambda_1 \frac{L_1}{D_1}\alpha^2 + k_2 + \lambda_2 \frac{L_2}{D_2} + 1\right)$$

따라서, $70 = \frac{V_2^{\ 2}}{2g}\left(0.5 \times \frac{1}{16} + 0.03 \times \frac{600}{0.2} \times \frac{1}{16} + 0.38 + 0.02 \times \frac{2,000}{0.1}\right)$

$$\therefore \ V_2 \fallingdotseq 1.84[\text{m/s}]$$

유량 Q는

$$Q = \frac{\pi}{4} D_2^{\ 2} V_2 = \frac{\pi}{4} \times (0.1)^2 \times 1.84 \fallingdotseq 0.014[\text{m}^3/\text{s}]$$

답 ㉮

예제 6.24 예제 23에서 관 길이 L_2에 가해야 할 관길이 L_1의 등가길이 L_{1e}는 몇[m]인가?

㉮ 19.8 ㉯ 22.4 ㉰ 28.1 ㉱ 32.6

해설 식(6-49)에서

$$L_{1e} = L_1 \frac{\lambda_1}{\lambda_2}\left(\frac{D_2}{D_1}\right)^5 = 600 \times \frac{0.03}{0.02} \times \left(\frac{1}{2}\right)^5 \fallingdotseq 28.1[\text{m}]$$

답 ㉰

예제 6.25 [그림 6-17]과 같은 다지관에서 다음 값들이 주어질 때 각 관로의 유량은 각각 몇 $[\text{m}^3/\text{s}]$ 인가?

Z_A=30[m], D_A=30[cm], L_A 1000[m], λ_A=0.02

Z_B=15[m], D_B=25[cm], L_B=700[m], λ_B=0.03

Z_C=0[m], D_C=40[cm], L_C=500[m], λ_C=0.024

㉮ Q_A=0.1135, Q_B=0.2533, Q_C=0.3671 ㉯ Q_A=0.1861, Q_B=0.0695, Q_C=0.2548

㉰ Q_A=0.2136, Q_B=0.0923, Q_C=0.3070 ㉱ Q_A=0.3114, Q_B=0.0236, Q_C=0.3362

해설 $z_0 + \dfrac{p_0}{\gamma} = 10$[m]로 가정하고 식(6-52)를 적용하면

$$20 = 0.02 \times \frac{1000}{0.3} \times \frac{{V_A}^2}{2 \times 9.8}$$

$$V_A = \sqrt{\frac{20 \times 0.3 \times 2 \times 9.8}{0.02 \times 1000}} ≒ 2.4249[\text{m/s}],$$

$$Q_A = \frac{\pi}{4} \times (0.3)^2 \times 2.4249 = 0.1713[\text{m}^3/\text{s}]$$

$$5 = 0.03 \times \frac{700}{0.25} \times \frac{{V_B}^2}{2 \times 9.8}$$

$$V_B = \sqrt{\frac{5 \times 0.25 \times 2 \times 9.8}{0.03 \times 700}} ≒ 1.0801[\text{m/s}]$$

$$Q_B = \frac{\pi}{4} \times (0.25)^2 \times 1.0801 ≒ 0.0530[\text{m}^3/\text{s}]$$

$$10 = 0.024 \times \frac{500}{0.4} \times \frac{{V_C}^2}{2 \times 9.8}$$

$$V_C = \sqrt{\frac{10 \times 0.4 \times 2 \times 9.8}{0.024 \times 500}} ≒ 2.5560[\text{m/s}]$$

$$Q_C = \frac{\pi}{4} \times (0.4)^2 \times 2.5560 ≒ 0.3210[\text{m}^3/\text{s}]$$

$Q_A + Q_B < Q_C$이므로 가정을 조금 작게한다.

$z_0 + \dfrac{p_0}{\gamma} = 6$[m]로 하면

$$24 = 0.02 \times \frac{1000}{0.3} \times \frac{{V_A}^2}{2 \times 9.8}$$

$$V_A = \sqrt{\frac{24 \times 0.3 \times 2 \times 9.8}{0.02 \times 1000}} ≒ 2.6563[\text{m/s}],$$

$$Q_A = \frac{\pi}{4} \times (0.3)^2 \times 2.6563 = 0.1877[\text{m}^3/\text{s}]$$

$$9 = 0.03 \times \frac{700}{0.25} \times \frac{{V_B}^2}{2 \times 9.8}$$

$$V_B = \sqrt{\frac{9 \times 0.25 \times 2 \times 9.8}{0.03 \times 700}} ≒ 1.4491[\text{m/s}]$$

$$Q_B = \frac{\pi}{4} \times (0.25)^2 \times 1.4491 ≒ 0.0711[\text{m}^3/\text{s}]$$

$$6 = 0.024 \times \frac{500}{0.4} \times \frac{{V_C}^2}{2 \times 9.8}$$

$$V_C = \sqrt{\frac{6 \times 0.4 \times 2 \times 9.8}{0.024 \times 500}} \fallingdotseq 1.9799[\mathrm{m/s}]$$

$$Q_C = \frac{\pi}{4} \times (0.4)^2 \times 1.9799 \fallingdotseq 0.2487[\mathrm{m^3/s}]$$

$Q_A + Q_B > Q_C$이므로 $z_0 + \frac{p_0}{\gamma} = 6.4[\mathrm{m}]$로 가정하여 같은 방법으로 풀면

$Q_A \fallingdotseq 0.1861,\ \ Q_B = 0.0695,\ \ Q_C = 0.2548$

$Q_A + Q_B \fallingdotseq Q_C$이므로 이 값을 유량으로 본다. 답 ㉯

연습문제

기초문제

1. 수평 원통관 속에서 일차원 층류흐름일 때 압력손실은? 단, μ는 점성계수, L은 관의 길이, Q는 유량, D는 관의 직경이다.

㉮ $\dfrac{\pi D^4 Q}{128\mu L}$ ㉯ $\dfrac{\pi D^4 L}{128\mu Q}$ ㉰ $\dfrac{128\mu L Q}{\pi D^4}$ ㉱ $\dfrac{128\mu L}{\pi D^4 Q}$

해설 답 ㉰

Hagen–Poiseuille의 방정식에 의하면 압력손실은 식(6–4)와 같다. 즉,

$$\Delta p = \frac{128\mu L Q}{\pi D^4}$$

2. 내경 20[mm]인 원관 속을 평균유속 0.4[m/s]로 물이 흐르고 있을 때 관의 길이 50[m]에 대한 손실수누는 몇[m]인가? 단, 관마찰계수는 0.013이다.

㉮ 0.265 ㉯ 2.65 ㉰ 0.432 ㉱ 4.32

해설 답 ㉮

식(6–3)에 의하면

$$H_l = \lambda \frac{L}{D}\frac{V^2}{2g}$$

$$= 0.013 \times \frac{50}{0.02} \times \frac{(0.4)^2}{2 \times 9.8}$$

$$\fallingdotseq 0.265[\mathrm{m}]$$

3. 내경 30[mm], 길이 80[m]인 매끈한 원관 속을 동점성계수 1.31×10^{-2}[st]인 물이 3[l/s]로 흐를 때 마찰에 의한 손실수두는 얼마인가? 단, 관마찰계수는 난류인 경우 Blasius의식을 적용한다.

㉮ 25 ㉯ 38 ㉰ 44 ㉱ 52

해설 답 ㉰

$$Re = \frac{VD}{\nu}$$

$$= \frac{0.03 \times 4 \times 0.003/(\pi \times 0.03^2)}{1.31 \times 10^{-6}}$$

$$\fallingdotseq 97243 > 2100$$: 난류

연습문제

따라서 Blasius의 식을 적용하면 관마찰계수는

$$\lambda = 0.3164 \times Re^{-\frac{1}{4}}$$
$$= \frac{0.3164}{(97243)^{0.25}} \fallingdotseq 0.01792$$

손실수두는

$$H_l = \lambda \frac{L}{D} \frac{V^2}{2g}$$
$$= 0.01792 \times \frac{80}{0.03} \times \frac{\{4 \times 0.003/(\pi \times 0.03^2)\}^2}{2 \times 9.8} \fallingdotseq 44[\mathrm{m}]$$

4. 내경 25[mm], 길이 10[m], 관마찰계수 0.02인 원관 속을 난류로 흐를 때 관 입구와 출구 사이의 압력차가 40[kPa]이다. 이 때 유량은 몇 [m^3/s]인가? 단, 비중은 1.12이다.

㉮ 0.81×10^{-3} ㉯ 1.47×10^{-3} ㉰ 2.31×10^{-4} ㉱ 3.25×10^{-4}

해설 답 ㉯

손실수두는

$$H_l = \frac{\Delta p}{\gamma} - \frac{40 \times 10^3}{9800 \times 1.12} \fallingdotseq 3.64[\mathrm{m}]$$

$H_l = \gamma \frac{L}{D} \frac{V^2}{2g}$ 이므로

$$V = \sqrt{\frac{2g \cdot D \cdot H_l}{\lambda L}}$$
$$= \sqrt{\frac{2 \times 9.8 \times 0.025 \times 3.64}{0.02 \times 10}} \fallingdotseq 2.99[\mathrm{m/s}]$$

$$\therefore Q = AV = \frac{\pi}{4} D^2 V$$
$$= \frac{\pi}{4} \times 0.025^2 \times 2.99 \fallingdotseq 1.47 \times 10^{-3}[\mathrm{m^3/s}]$$

5. 점성계수 0.625×10^{-2}[P], 비중 0.85인 기름이 내경 100[mm]인 곧은 강관 속을 50[l/s]로 흐르고 있다. 관 길이 100[m]에 대한 압력손실은 몇 [kPa]인가?

㉮ 19.7 ㉯ 196.7 ㉰ 28.5 ㉱ 284.5

해설 답 ㉣

평균유속은

$$V = \frac{4Q}{\pi D^2} = \frac{4 \times 50 \times 10^{-3}}{\pi \times (0.1)^2} ≒ 6.37[\text{m/s}]$$

점성계수는

$$\mu = 0.625 \times 10^{-2}[\text{P}] = \frac{0.625 \times 10^{-2} \times 9.8}{98} = 0.625 \times 10^{-2}[\text{Pa} \cdot \text{s}]$$

따라서

$$Re = \frac{\rho VD}{\mu} = \frac{0.85 \times 9800 \times 6.37 \times 0.1}{0.625 \times 10^{-3} \times 9.8} = 866320 > 2100 \text{ : 난류}$$

그림 6-2에서 직경 100[mm]인 상업용 강관의 상대조도 $\frac{e}{D}$는 0.00043이므로 그림 6-3의 moody 선도에서 관마찰계수를 구하면 $\lambda = 0.0165$이다.

압력손실은

$$\Delta p = \gamma H_l = \gamma \cdot \lambda \frac{L}{D} \frac{V^2}{2g} = 9800 \times 0.85 \times 0.0165 \times \frac{100}{0.1} \times \frac{6.37^2}{2 \times 9.8} ≒ 284546[\text{Pa}] ≒ 284.5[\text{kPa}]$$

6. Reynolds수가 1800인 유체가 매끈한 원관 속을 흐를 때 관마찰계수는?

㉮ 0.0134 ㉯ 0.0211 ㉰ 0.0356 ㉱ 0.0423

해설 답 ㉰

층류이므로 식(6-5)에서

$$\lambda = \frac{64}{R_e} = \frac{64}{1800} ≒ 0.0356$$

연습문제

7. 동점성계수가 1.15×10^{-6}[m²/s]인 물이 내경 25[cm]인 주철관 속을 평균유속 1.5 [m/s]로 흐를 때 관마찰계수는 얼마인가? Moody선도를 써서 구하라.

㉮ 0.0187 ㉯ 0.0235 ㉰ 0.0326 ㉱ 0.0432

해설 답 ㉮

$$Re=\frac{1.5\times0.25}{1.15\times10^{-6}}\fallingdotseq 326087$$

내경 25[cm]인 주철관의 상대속도는 그림 6-2에서 $\frac{e}{D}=0.0008$이다. 따라서 Moody선도에서 $Re=326087$과 $\frac{e}{D}=0.0008$의 교점에서 관마찰계수 λ를 읽으면 $\lambda\fallingdotseq0.0187$ 이다.

8. 점성계수 0.95[pa · s], 비중 0.95인 기름을 매분 100l씩 내경 100[mm]인 원관을 통하여 30[km] 떨어진 곳으로 수송할 때 필요한 동력은 몇 [kW]인가?

㉮ 25.6 ㉯ 33.2 ㉰ 46.5 ㉱ 51.8

해설 답 ㉯

평균유속은

$$V=\frac{4Q}{\pi D^2}=\frac{4\times100\times10^{-3}}{\pi\times0.1^2\times60}=0.212[\mathrm{m/s}]$$

$$Re=\frac{\rho VD}{\mu}$$

$$=\frac{9800\times0.95\times0.212\times0.1}{0.98\times9.8}\fallingdotseq 20.55<2100 \text{ : 층류}$$

따라서 관마찰계수는

$$\lambda=\frac{64}{Re}=\frac{64}{20.55}\fallingdotseq3.114$$

압력손실은

$$\varDelta p=\gamma\cdot\lambda\frac{L}{D}\frac{V^2}{2g}$$

$$=9800\times0.95\times3.114\times\frac{30\times10^3}{0.1}\times\frac{(0.212)^2}{2\times9.8}\fallingdotseq19943675[\mathrm{Pa}]$$

소요동력은

$$L=\varDelta p\cdot Q=\frac{19943675\times100\times10^{-3}}{60}\fallingdotseq33239[\mathrm{W}]\fallingdotseq33.2[\mathrm{kW}]$$

기초문제

9. 내경 500[mm]인 수평 원관에 유체가 흐를 때 100[m]길이에서 1.5[kg_f/cm^2]의 압력강하가 생겼다. 전단응력은 몇 [kg_f/cm^2]인가?

㉮ 1.875×10^{-3} ㉯ 2.632×10^{-3} ㉰ 3.511×10^{-4} ㉱ 4.232×10^{-4}

해설 답 ㉮

Newton의 운동법칙을 적용하면 가속도는 0이므로

$$p_1A-(p_1-\Delta p)A-\tau_0A_0=0$$

$$\tau_0=\frac{\Delta pA}{A_0}=\frac{\frac{\pi}{4}D^2\Delta p}{\pi DL}=\frac{D\cdot\Delta p}{4L}$$

$$=\frac{0.5\times1.5}{4\times100}=1.875\times10^{-3}[kg_f/cm^2]$$

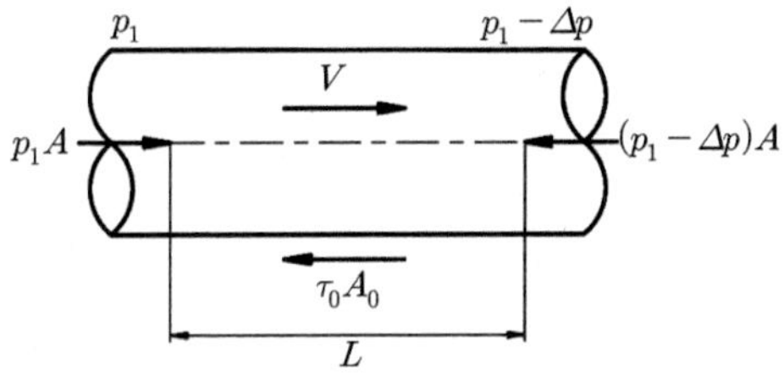

10. 단면이 일정한 원관 속을 유체가 흐를 때 두 점 사이에 생긴 압력강하 Δp[Pa]은 무엇을 의미하는가?

㉮ 연속의 법칙에 의하여 단위질량의 유체에 대한 중력의 감소를 의미한다.

㉯ 단위체적의 유체에 생기는 에너지손실이다.

㉰ 원관의 두 점 사이의 위치차 h에 의한 정수압 γh이다.

㉱ 가속으로 인한 속도수두 $\frac{V^2}{2g}$의 증가에 해당하는 압력수두의 감소이다.

해설 답 ㉯

11. 관마찰계수는?

㉮ 항상 Re수만의 함수이다. ㉯ 상대조도만의 함수이다.

㉰ Re수와 상대조도의 함수이다. ㉱ 상대조도와 절대조도의 함수이다.

해설 답 ㉰

관마찰계수는 Re수와 상대조도의 함수이며 층류에서는 Re수 만의 함수이고 거친관의 완전 난류구역에서는 상대조도 만의 함수이다. 또 매끈한 관의 난류에서는 Re 수의 함수이다.[식(6-6), 식(6-7) 참조]

연습문제

12. 어떤 유체가 매끈한 관에서 난류유동을 할 때 관마찰계수와 관계없는 것은?

㉮ 유속　　㉯ 관의 직경　　㉰ 점성계수　　㉱ 관의 조도

해설 답 ㉱

매끈한 관 속의 난류에 대한 관마찰계수는 레이놀드 수만의 함수이므로 점성계수, 유체의 밀도, 유속, 관의 직경에 관계된다.

13. Nikuradse가 원관에 대해 조도실험을 한 결과 얻은 그래프에서 천이영역이란?

㉮ 상대조도가 변하는 영역

㉯ 층류에서 난류로 변하는 영역

㉰ 상대조도는 변하지 않고 Re수가 큰 영역

㉱ 수력학적으로 매끈한 원관에서 거친관으로 관마찰계수가 변하는 영역

해설 답 ㉱

수력학적으로 매끈한 관에서 거친관으로 관마찰계수가 변하는 영역이 천이영역이다.

14. 수력반경은?

㉮ 유동단면적을 접수길이로 나눈 값이다.　　㉯ 접수길이를 유동단면적으로 나눈 값이다.

㉰ 유동단면적을 대표길이로 나눈 값이다.　　㉱ 접수길이의 절반이다.

해설 답 ㉮

수력반경이란 유동단면적을 접수길이로 나눈 값이다.

15. 유동단면의 폭이 3[m], 깊이가 1.5[m]인 개수로에서 수력반경은 몇[m]인가?

㉮ 0.42　　㉯ 0.75　　㉰ 1.33　　㉱ 1.48

해설 답 ㉯

식(6−12)에서

$$R_h = \frac{A}{P} = \frac{3\times1.5}{1.5\times2+3} = \frac{4.5}{6} = 0.75[\mathrm{m}]$$

기초문제

16. 유동단면이 10[cm]×15[cm]인 폐수로에 액체가 가득 차서 흐를 때 수력 반경은 몇 [cm]인가?

㉮ 3　　㉯ 4　　㉰ 5　　㉱ 6

해설 답 ㉮

식(6-12)에서

$$R_h=\frac{A}{P}=\frac{10\times15}{10\times2+15\times2}=3[\text{cm}]$$

17. 직경 D인 원관의 수력반경은?

㉮ $\frac{D}{4}$　　㉯ $\frac{2}{3}D$　　㉰ $\frac{1}{2}D$　　㉱ $\frac{3}{4}D$

해설 답 ㉮

식(6-13)에

$$R_h=\frac{A}{P}=\frac{\frac{\pi D^2}{4}}{\pi D}=\frac{D}{4}$$

18. 원관의 관마찰계수 λ와 비원형 관로에서의 관마찰계수 λ'는 다음 중 어떤 관계가 성립하는가?

㉮ $\lambda=\lambda'$　　㉯ $\lambda=2\lambda'$　　㉰ $\lambda=3\lambda'$　　㉱ $\lambda=4\lambda'$

해설 답 ㉱

비원형 관로에서의 손실수두는 식(6-12)에서

$$H_l=\lambda'\frac{L}{R_h}\frac{V^2}{2g}=\lambda'\frac{L}{\left(\frac{D}{4}\right)}\frac{V^2}{2g}=4\lambda'\frac{L}{D}\frac{V^2}{2g}$$

원관에서의 손실수두는

$$H_l=\lambda\frac{L}{D}\frac{V^2}{2g}$$ 이므로

$$\lambda=4\lambda'$$

19. 수력반경 R_h[m], 관마찰계수 λ, 길이 100[m]인 덕트 속의 유속이 5[m/s]일 때 손실수두는 몇 [m]인가?

㉮ $25.3\frac{\lambda}{R_h}$　　㉯ $31.9\frac{\lambda}{R_h}$　　㉰ $45.3\frac{\lambda}{R_h}$　　㉱ $53.6\frac{\lambda}{R_h}$

연습문제

해설 답 ㉯

식(6−14)에서 손실수두는

$$H_l = \lambda \frac{L}{4R_h}\frac{V^2}{2g}$$

$$= \lambda \frac{100}{4R_h} \times \frac{5^2}{2\times 9.8}$$

$$\fallingdotseq 31.9\frac{\lambda}{R_h}$$

20. 절대압력 100[kPa], 온도 15℃, 동점성계수 0.15×10^{-4}[m²/s]인 공기를 평균유속 2[m/s]로 가로 200[mm], 세로 300[mm]인 직사각형 도관을 통하여 수평거리 1500[m]인 곳으로 수송할 때 압력강하는 몇 [Pa]인가? 단, 도관의 벽면은 매끈하다.

㉮ 135 ㉯ 216 ㉰ 348 ㉱ 425

해설 답 ㉰

수력반경은

$$R_h = \frac{A}{P} = \frac{0.2\times0.3}{2\times0.2+2\times0.3} = 0.06[\text{m}]$$

$$Re = \frac{4R_h V}{\nu} = \frac{4\times0.06\times2}{0.15\times10^{-4}} = 32000$$

따라서 흐름은 난류이다.

도관의 가로와 세로의 비는 $\frac{b}{a} = \frac{300}{200} = \frac{3}{2}$ 즉, $\frac{1}{3} < \frac{b}{a} < 3$의 범위 내에 있으므로 원관의 관마찰계수를 적용할 수 있다. 따라서 Moody 선도를 이용하면 $Re = 32000$에서 $\lambda = 0.023$이다.

또 공기의 비중량은

$$\gamma = \frac{gp}{RT} = \frac{100\times10^3\times9.8}{287\times(273+15)} \fallingdotseq 11.86[N/\text{m}^3]$$

$$\therefore\ \Delta p = \gamma\cdot\lambda\frac{L}{4R_h}\frac{V^2}{2g} = 11.86\times0.023\times\frac{1500}{4\times0.06}\times\frac{2^2}{2\times9.8} \fallingdotseq 348[\text{Pa}]$$

㈜ 타원이나 도관과 같은 비원형관로에 대한 관마찰계수는 흐름이 난류이고 단면의 가로, 세로의 비가 극히 작거나 큰 범위(실제로는 1:3과 3:1사이의 범위)일 때는 원관의 관마찰계수와 일치하며 그 밖의 경우는 원관의 관마찰계수 보다 조금 큰 값을 갖는다.

21. 내경 200[mm]인 원관 속에 외경 150[mm]인 동심원이 들어 있다. 이 두 원관 사이를 평균유속 3[m/s]로 물이 흐를 때 관 길이 100[m]사이에서 생기는 손실수두는 몇 [m]인가? 단, 관은 신품 주철관이며 관마찰계수는 Darcy의 식을 쓰기로 한다.

㉮ 13.26　　㉯ 27.55　　㉰ 33.43　　㉱ 42.68

해설 답 ㉯

수력반경은

$$R_h = \frac{\frac{\pi}{4}(200^2 - 150^2)}{\pi(200+150)} = \frac{200^2 - 150^2}{4\pi(200+150)} 12.5[\text{mm}]$$

관마찰계수는 Darcy의 식을 적용하면 신품 주철관이므로

$$\lambda = 0.02\left(1+\frac{0.025}{D}\right) = 0.02\left(1+\frac{0.025}{4R_h}\right)$$
$$= 0.02\left(1+\frac{0.025}{4\times 12.5\times 10^{-3}}\right) = 0.03$$

따라서 손실수두는

$$H_l = \lambda\frac{L}{4R_h}\frac{V^2}{2g}$$
$$= 0.03\times\frac{100}{4\times 12.5\times 10^{-3}}\times\frac{3^2}{2\times 9.8}$$
$$\fallingdotseq 27.55[\text{m}]$$

㈜ 관마찰계수에 대한 Darcy의 식은 다음과 같다.

$$\lambda = 0.02\left(1+\frac{0.025}{D}\right)\text{(신품 주철관)}$$

$$\lambda = 0.04\left(1+\frac{0.025}{D}\right)\text{(낡은 주철관)}$$

22. 내경 D_1, 외경 D_2인 2중 동심원관에 액체가 가득 차서 흐를 때 수력 반경은?

㉮ $\frac{D_2 - D_1}{4}$　　㉯ $\frac{D_2 - D_1}{3}$　　㉰ $\frac{D_2 - D_1}{2}$　　㉱ $D_2 - D_1$

해설 답 ㉮

$$R_h = \frac{A}{P} = \frac{\frac{\pi}{4}({D_2}^2 - {D_1}^2)}{\pi(D_1 + D_2)} = \frac{D_2 - D_1}{4}$$

연습문제

23. 다음 중 관로의 부차적 손실에 속하지 않는 것은?

㉮ 돌연축소 손실 ㉯ 돌연확대 손실 ㉰ 밸브 손실 ㉱ 마찰손실

해설 답 ㉱

부차적손실은 관마찰손실 외에 관로에서 단면적이 돌연확대되는 경우, 단면적이 돌연축소되는 경우, 방향이 변화하는 경우 등에 대한 에너지 손실을 말한다.

24. 관로에서 부차적손실을 $H_l = k\dfrac{V_2}{2g}$으로 나타낼 때 k와 관계없는 것은?

㉮ 상대조도 ㉯ 장애물의 형상 ㉰ Reynolds수 ㉱ 마찰응력

해설 답 ㉱

손실계수 k는 일반적으로 Re수, 장애물의 형상 $\dfrac{y}{D}$(D는 관의 직경, y는 장애물의 크기), 상대조도와 함수관계가 있다. 난류를 형성하는 관로의 손실계수 k는 거의 장애물의 형상 $\dfrac{y}{D}$만에 의해 정해진다.

25. 부차적 손실이 생기는 이유?

㉮ 위치변화 ㉯ 압력변화 ㉰ 속도변화 ㉱ 점성변화

해설 답 ㉰

부차적 손실은 일반적으로 속도의 변화(크기와 방향) 때문에 생기는데 이것을 속도변화 또는 형상변화에 의한 손실이라고 한다. 또 속도의 변화가 클때에는 충돌손실이라고도 하며 관로 도중에 놓인 장애물의 뒷면에는 와류가 생기는데 이로 인해 생기는 손실을 와류손실이라고 한다.

26. 내경 200[mm]인 관이 내경 350[mm]로 돌연확대될 때 유량 0.3[m^3/s]가 흐르면 손실수두는 몇 [m]가 되는가?

㉮ 0.58 ㉯ 1.23 ㉰ 1.85 ㉱ 2.11

해설 답 ㉱

$$V_1 = \frac{4Q}{\pi {D_1}^2} = \frac{4\times 0.3}{\pi \times 0.2^2} \fallingdotseq 9.554[\text{m/s}]$$

$$V_2 = \frac{4Q}{\pi {D_2}^2} = \frac{4\times 0.3}{\pi \times 0.35^2} \fallingdotseq 3.12[\text{m/s}]$$

따라서 손실수두는 식(6–19)에 의하면

$$H_l = \frac{(V_1 - V_2)^2}{2g} = \frac{(9.55-3.12)^2}{2\times 9.8} \fallingdotseq 2.11[\text{m}]$$

27. 돌연확대관에서의 손실수두를 $H_l = k\dfrac{V_1^{\ 2}}{2g}$이라고 할 때 손실계수 k는? 단, A_1, A_2는 단면적, D_1, D_2는 관의 직경이고 $\dfrac{A_2}{A_1}>1$, $\dfrac{D_2}{D_1}>1$이다.

㉮ $\left(1-\dfrac{A_1}{A_2}\right)^2$　㉯ $\left(1-\dfrac{A_1}{A_2}\right)$　㉰ $\left(1-\dfrac{D_1}{D_2}\right)^2$　㉱ $\left(1-\dfrac{D_2}{D_1}\right)$

해설 　답 ㉮

식(6–19)에서

$$H_l = \left(1-\frac{A_1}{A_2}\right)^2\frac{V_1^{\ 2}}{2g} = k\cdot\frac{V_1^{\ 2}}{2g}$$

$$\therefore k = \left(1-\frac{A_1}{A_2}\right)^2$$

28. Borda–Carnot의 손실수두는?

㉮ $H_l = \xi\dfrac{(V_1 - V_2)^2}{2g}$　㉯ $H_l = \xi\dfrac{V_1^{\ 2} - V_2^{\ 2}}{2g}$

㉰ $H_l = \xi\dfrac{(V_2 - V_1)^2}{g}$　㉱ $H_l = \xi\dfrac{V_2^{\ 2} - V_1^{\ 2}}{g}$

해설 　답 ㉮

식(6–19)는 실제에 있어서는 수정하여 $H_l = \xi\dfrac{(V_1-V_2)^2}{2g}$이며 이것을 $k\dfrac{V_1^{\ 2}}{2g}$의 꼴로 나타내면 $H_l = \xi\left(1-\dfrac{A_1}{A_2}\right)^2\dfrac{V_1^{\ 2}}{2g}$이다. 즉 $k = \xi\left(1-\dfrac{A_1}{A_2}\right)^2$이 된다.

여기서 ξ는 1에 가까운 값이 되고 이 돌연확대관에서의 손실을 **Borda–carnot의 손실수두**라고 한다.

연습문제

29. 단면적 4[m^2]인 관에 단면적이 1.5[m^2]인 관이 연결되어 있다. 수축계수가 0.68이면 수축부의 단면적은 몇 [m^2]인가?

㉮ 0.83 ㉯ 1.02 ㉰ 2.13 ㉱ 3.26

해설 답 ㉯

수축계수는

$$C_c = \frac{A_c}{A_2}$$

$$\therefore A_c = C_c \cdot A_2 = 0.68 \times 1.5 = 1.02[\mathrm{m}^2]$$

30. 내경 400[mm]인 관에서 내경 200[mm]인 관으로 돌연 축소되는 관 속을 0.3[m^3/s]의 물이 흐르고 있을 때 돌연 축소에 의한 손실수두는 몇 [m]인가? 단, 수축계수는 0.625이다.

㉮ 0.823 ㉯ 1.675 ㉰ 2.322 ㉱ 3.155

해설 답 ㉯

$$V_2 = \frac{4Q}{\pi {D_2}^2} = \frac{4 \times 0.3}{\pi \times 0.2^2} \fallingdotseq 9.55[\mathrm{m/s}]$$

따라서 손실수두는 식(6-22)에 의하면

$$H_l = \left(\frac{1}{C_c} - 1\right)^2 \frac{{V_2}^2}{2g} = \left(\frac{1}{0.625} - 1\right)^2 \times \frac{9.55^2}{2 \times 9.8} \fallingdotseq 1.675[\mathrm{m}]$$

31. 돌연 축소관에서 수축부의 속도를 V_c, 직경이 큰 관에서 속도를 V_1, 직경이 작은 관에서의 속도를 V_2라고 할 때 손실수두는?

㉮ $H_l = \dfrac{{V_c}^2 - {V_2}^2}{2g}$ ㉯ $H_l = \dfrac{(V_c - V_2)^2}{2g}$

㉰ $H_l = \dfrac{{V_c}^2 - {V_1}^2}{2g}$ ㉱ $H_l = \dfrac{(V_c - V_1)^2}{2g}$

해설 답 ㉯

식(6-20)에서 손실수두는

$$H_l = \frac{(V_c - V_2)^2}{2g}$$

32. 점차확대관에서 최대손실계수를 갖는 원추각은 몇도인가?

㉮ 43° ㉯ 56° ㉰ 62° ㉱ 75°

해설 답 ㉰

그림 6-8에 의하면 62° 근방에서 최대 손실계수를 갖는다.

33. 돌연 축소관이나 돌연 확대관에서의 손실수두를 $H_l = k\dfrac{V_1^{\ 2}}{2g}$ 으로 나타낼 때 속도수두는?

㉮ 축소나 확대된 후의 단면에서의 속도수두이다.

㉯ 축소나 확대되기 전의 단면에서의 속도수두이다.

㉰ 단면변화 전 · 후의 속도수두 중 큰 값이다.

㉱ 단면변화 전 · 후의 속도수두 중 작은 값이다.

해설 답 ㉰

속도 V는 손실이 생기는 곳의 전 · 후에서 평균유속이 변하므로 큰 쪽의 값을 잡는다.

34. 점차 확대관에서 최소 손실계수를 갖는 원추각은 몇 도인가?

㉮ 7° ㉯ 10° ㉰ 15° ㉱ 21°

해설 답 ㉮

점차 확대관에서 최소 손실계수를 갖는 원추각은 5°~ 7°이다.

35. 직경이 10[cm]인 관이 큰 탱크에 연결되어 물이 흐를 때 유동속도가 3[m/s]이면 부차적손실수두는 몇 [m]인가? 단, 물은 관에서 탱크로 흐른다.

㉮ 0.46 ㉯ 0.85 ㉰ 1.34 ㉱ 1.65

연습문제

해설 답 ㉮

$$H_l = k \cdot \frac{V^2}{2g} = \left(1-\frac{A_1}{A_2}\right)^2 \frac{V^2}{2g} = \left\{1-\left(\frac{d_1}{d_2}\right)^2\right\}^2 \frac{V_1^2}{2g}$$

그런데 $\frac{d_1}{d_2} \fallingdotseq 0$이므로

$$H_l = \frac{V_1^2}{2g} = \frac{9}{2\times 9.8} \fallingdotseq 0.46[\text{m}]$$

36. 속도 V_1인 흐름을 속도 V_2로 바꿀 때 중간 굵기의 관을 사용하여 2단으로 감속함으로써 1단으로 감속할 때보다 손실수두를 줄일 수가 있다. 중간 굵기의 관에서 속도 V를 어떻게 하면 손실수두가 가장 작은가?

㉮ $\frac{(V_1-V_2)^2}{3}$ ㉯ $\frac{V_1+V_2}{3}$ ㉰ $\frac{(V_1-V_2)^2}{2}$ ㉱ $\frac{V_1+V_2}{2}$

해설 답 ㉱

속도 V_1에서 V로 감속할 때의 손실수두와 속도 V에서 V_2로 감속할 때의 손실수두의 합이 전체 손실수두이다. 돌연 확대관을 써서 감속하는 경우이므로

$$H_l = \frac{(V_1-V)^2}{2g} + \frac{(V-V_2)^2}{2g}$$

최소 손실수두를 갖는 V의 값은 $\frac{dH_l}{dV}=0$으로 놓으면

$$-(V_1-V)+(V-V_2)=0$$

$$\therefore\ V = \frac{V_1+V_2}{2}$$

37. 문제 36에서 최소 손실수두는 1단으로 감속할 때의 손실수두에 비해 얼마로 줄어드는가?

㉮ $\frac{1}{4}$ ㉯ $\frac{2}{3}$ ㉰ $\frac{1}{3}$ ㉱ $\frac{1}{2}$

해설 답 ㉱

$V = \frac{V_1+V_2}{2}$일 때가 최소 손실수두이므로

$$H_l = \frac{\left(V_1 - \frac{V_1+V_2}{2}\right)^2}{2g} + \frac{\left(\frac{V_1+V_2}{2} - V_2\right)^2}{2g} = \frac{(V_1-V_2)^2}{4g}$$

따라서 1단 감속의 경우에 손실수두 $\dfrac{(V_1 - V_2)^2}{2g}$ 의 $\dfrac{1}{2}$로 된다.

38. 큰 물탱크에 직경 10[cm]인 관이 연결되어 5[m/s]의 유속으로 탱크에서 관으로 흐른다. 이 때 부차적 손실수두는 몇 [m]인가?

㉮ 0.28 ㉯ 0.64 ㉰ 1.13 ㉱ 1.75

해설 답 ㉯

입구손실이다. 식(6–25)에서

$$H_l = k \cdot \frac{V_2^2}{2g}$$

그림 6–9에서

$\dfrac{A_2}{A_1} \fallingdotseq 0$일 때 $k = 0.5$이다.

$$\therefore\ H_l = 0.5 \times \frac{5^2}{2 \times 9.8} \fallingdotseq 0.64[\text{m}]$$

39. 직경이 같은 원관을 직각으로 접속하고 관내 평균유속을 2[m/s]로 할 때 관의 만곡으로 인한 손실계수는 얼마인가?

㉮ 0.55 ㉯ 0.99 ㉰ 1.33 ㉱ 1.88

해설 답 ㉯

엘보우에서의 손실은 식(6–32)에서

$$H_l = k_e \frac{V^2}{2g}$$

여기서 손실계수 k_e는 식(6–33)에서

$$k_e = 0.946 \sin^2\left(\frac{\theta}{2}\right) + 2.05 \sin^4\left(\frac{\theta}{2}\right)$$

$$= 0.946 \times \frac{1}{2} + 2.05 \times \frac{1}{4} = 0.9855 \fallingdotseq 0.99[\text{m}]$$

연습문제

40. 상당기울기와 관계없는 것은?

㉮ 관의 직경　㉯ 관의 경사각　㉰ 유체마찰　㉱ 유량

해설　답 ㉯

수력구배선과 수평선이 이루는 각을 θ라고 할 때 상당기울기는 i는 $i=\tan\theta$이며 이 값은 관의 실제 경사각과는 관계없고 유량, 관의 크기, 유체마찰에만 관계된다.

41. 직경 D인 균일한 관로를 유량 Q가 흐를 때 상당기울기는?

㉮ $0.0828\dfrac{D^2Q^2}{\lambda}$　㉯ $0.0828\dfrac{\lambda Q^2}{D^5}$　㉰ $0.0828\dfrac{\lambda D^2}{Q}$　㉱ $0.0828\dfrac{D^3}{\lambda Q}$

해설　답 ㉯

균일한 관로의 관마찰계수를 일정하다고 하면 마찰손실수두는

$$H_l=\lambda\frac{L}{D}\frac{V^2}{2g} \quad ①$$

수력구배선이 수평선과 θ만큼 기울어 졌다면 수력기울기의 정의에 의해서

$$i=\tan\theta \fallingdotseq \frac{H_l}{L} \quad ②$$

여기서 H_l은 관의 길이 L에 대한 손실수두이다.

식 ①, ②에서

$$i \fallingdotseq \frac{H_l}{L}=\frac{\lambda}{D}\frac{V^2}{2g}$$

$$\therefore\ V=\sqrt{\frac{2g}{\lambda}D\cdot i}$$

이 식은 관로의 흐름에 대한 Chézy의 식이라고 한다.

연속의 식에서

$$Q=\frac{\pi}{4}D^2V=\frac{\pi}{4}D^2\cdot\sqrt{\frac{2g}{\lambda}D\cdot i}=\frac{\pi}{4}\sqrt{\frac{2g}{\lambda}D^5\cdot i}$$

$$\therefore\ i=\frac{16}{\pi^2}\frac{\lambda Q^2}{2gD^5}=\frac{8}{\pi^2 g}\frac{\lambda Q^2}{D^5}\fallingdotseq 0.0828\frac{\lambda Q^2}{D^5}$$

만약 $\lambda=0.03$이라고 하면

$$i=0.0025\frac{Q^2}{D^5}$$

기초문제

42. 분기관에서의 손실계수와 관계없는 것은?

㉮ 주관과 분기관의 면적비　　㉯ 분기각
㉰ 유량배분비　　㉱ 상대조도

해설　　답 ㉱

분기관에서의 손실수두는 분기관과 주관의 면적비, 분기각, 분기점에서의 모따기 상태, 유량배분비, Re수에 따라 변한다.

43. 주관에서 분기각 θ를 이룬 분기관으로 분기할 때 손실은?

㉮ 확대손실　　㉯ 만곡손실　　㉰ 마찰손실　　㉱ 축소손실

해설　　답 ㉯

그림 6-13(a)에서 주관 ①에서 분기관 ②로 분기될 때는 만곡손실이 생기고 주관 ①에서 ③으로 흐를 때에는 확대손실이 생긴다.

44. 그림 6-13(b)와 같은 합류관에서 주관 ①에서 ③으로 흐를 때 생기는 손실은?

㉮ 만곡손실　　㉯ 마찰손실　　㉰ 축소손실　　㉱ 확대손실

해설　　답 ㉰

그림 6-13(b)에서 주관 ①에서 ③으로 흐를 때에는 축소손실이 생기고 지관 ②에서 주관 ③으로 흐를 때에는 곡관손실이 생긴다.

45. 다음 그림에서 유량은 몇 [m^3/s]인가? 단, 관마찰계수는 0.0025, 입구손실계수는 0.5, 출구손실계수는 1이다.

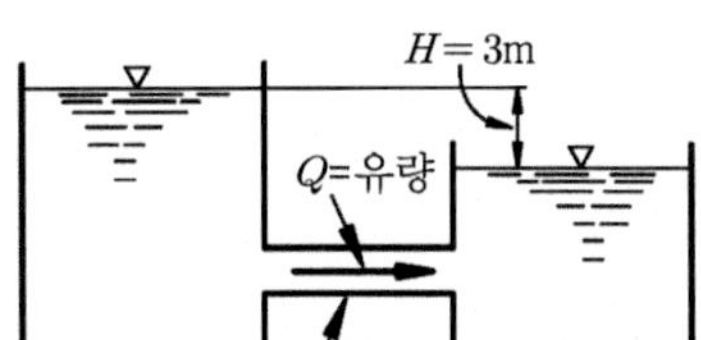

㉮ 0.0145　　㉯ 0.145
㉰ 1.45　　㉱ 14.5

해설　　답 ㉯

손실수두 H_l은

$$H_l = k_1\frac{V^2}{2g} + \lambda\frac{L}{D}\frac{V^2}{2g} + k_2\frac{V^2}{2g}$$
$$= \left(k_1 + \lambda\frac{L}{D} + k_2\right)\frac{V^2}{2g}$$

연습문제

양쪽 탱크의 수면을 각각 ①, ②라고 하고 두점 사이에 베르루이 방정식을 세우면

$$\frac{p_1}{\gamma}+\frac{{V_1}^2}{2g}+z_1=\frac{p_2}{\gamma}+\frac{{V_2}^2}{2g}+z_2+\left(k_1+\lambda\frac{L}{D}+k_2\right)\frac{V^2}{2g}$$

여기서

$p_1=p_2=0,\quad V_1=V_2=0,\quad z_1=H=3[\mathrm{m}],\quad z_2=0$이므로

$$V=\sqrt{\frac{2gH}{k_1+\lambda\frac{L}{D}+k_2}}=\sqrt{\frac{2\times 9.8\times 3}{0.5+0.0025\times\frac{100}{0.2}+1}}\fallingdotseq 4.62[\mathrm{m/s}]$$

$$\therefore\ Q=\frac{\pi}{4}D^2V=\frac{\pi}{4}\times(0.2)^2\times 4.62\fallingdotseq 0.145[\mathrm{m^3/s}]$$

46. 관마찰계수가 같고 길이가 L_1, L_2인 제1, 제2의 관로에서 제2관의 지름이 제1관의 지름의 3배일 때 제2관로의 제1관로로서의 등가길이는 얼마인가?

㉮ $L_{1e}=243L_1$ ㉯ $L_{1e}=81L_1$ ㉰ $L_{1e}=27L_1$ ㉱ $L_{1e}=9L_1$

해설 답 ㉮

$\lambda_1=\lambda_2$, $D_2=3D_1$이므로 등가길이 L_{1e}는 식(6-49)에 의하면

$$L_{1e}=L_1\frac{\lambda_1}{\lambda_2}\left(\frac{D_2}{D_1}\right)^5$$
$$=L_1\left(\frac{3D_1}{D_1}\right)^5=243L_1$$

47. 다음 글 중 잘못된 항은?

㉮ 에너지선은 수력구배선 보다 속도수두만큼 위에 있다.
㉯ 수력구배선은 위치수두와 압력수두를 합한 점을 이은 선이다.
㉰ 에너지선은 항상 하향 기울기를 갖는다.
㉱ 수력구배선과 에너지선은 항상 직선으로 나타난다.

해설 답 ㉱

단면이 균일하고 직관의 손실이 마찰손실만이라면 수력구배선과 에너지선은 직선이 되나 관의 크기가 변하든가 방향이 변할 때는 곡선이 된다.

48. 부차적 손실수두는?

㉮ 점성계수에 반비례한다. ㉯ 관의 길이에 반비례한다.

㉰ 속도의 제곱에 비례한다. ㉱ 유량의 제곱에 비례한다.

해설 답 ㉰

부차적 손실수두는

$$H_l = k \cdot \frac{V^2}{2g}$$

여기서 k는 부차적손실계수이므로

$$H_l \propto V^2$$

49. 수면의 차이가 H인 두 저수지 사이에 직경 D, 길이 L인 관로가 그림과 같이 연결되어 있을 때 관로에서 평균유속 V는? 단, λ는 관마찰계수, k_1은 입구손실계수, k_2는 출구손실계수이다.

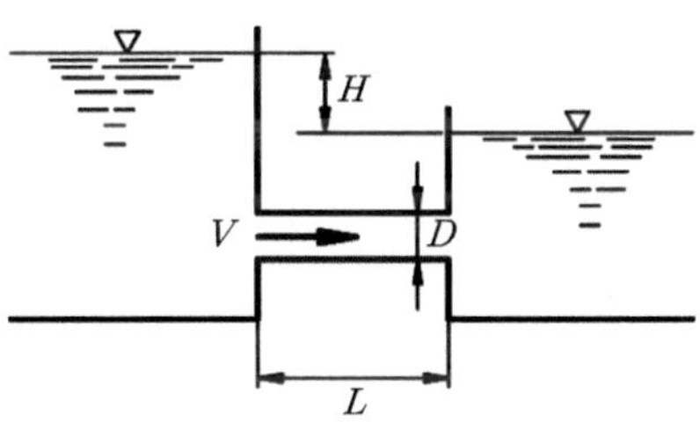

㉮ $V = \sqrt{\dfrac{2gH}{k_1 + \dfrac{\lambda L}{D} + k_2}}$ ㉯ $V = \sqrt{\dfrac{2gH}{k_1 + \dfrac{L}{\lambda D} + k_2}}$

㉰ $V = \sqrt{\dfrac{2gH}{k_1 + \dfrac{DL}{\lambda} + k_2}}$ ㉱ $V = \sqrt{\dfrac{2gH}{k_1 + \dfrac{D\lambda}{L} + k_2}}$

해설 답 ㉮

문제35의 해설을 참조하면

$$V = \sqrt{\frac{2gH}{k_1 + \lambda \dfrac{L}{D} + k_2}}$$

연습문제

50. 직경 200[mm]의 상품용 강관에 완전난류가 흐르고 있다. 이 관로의 부차적 손실계수의 총합이 15라고 하면 Darcy방정식을 써서 전 손실수두를 구하기 위하여 실제 관 길이에 더해야 할 등가 길이는 몇 [m]인가?

㉮ 60 ㉯ 70 ㉰ 80 ㉱ 90

해설 답 ㉰

그림 6-2에서 직경 200[mm]인 상품용 강관에 대한 상대조도 $\frac{e}{D}$는 0.0002이다. 완전 난류로 흐르므로 Moody선도에서 $\frac{e}{D}=0.0002$에 대한 관마찰계수 λ는 0.0375이다.

따라서 등가길이 L_e는 식(6-48)에 의하면

$$L_e=\frac{kD}{\lambda}=\frac{15\times 0.2}{0.0375}=80[\text{m}]$$

응용문제

1. 원관 속의 층류흐름에 대하여 관마찰계수가 $\lambda=\frac{64}{Re}$가 되는 것을 증명하라.

해설

다음 그림과 같이 원관의 길이를 L이라고 하자. 반경 r인 원통면과 반경 $r+dr$인 원통면 사이에 있는 환상부분은 등속운동을 한다. 따라서 이 환상부분에 작용하는 힘의 합은 0이 되어야 한다. 좌단면의 압력을 p_1, 우단면의 압력을 p_2라고 하면 양 단면에서의 힘의 크기는 $2\pi r dr(p_1-p_2)$이고 방향은 우측 방향이다. 환상 원통의 내면에서는 전단력이 작용하고 속도구배는 du/dr이므로 전단응력은 $\mu\frac{du}{dr}$이다. 여기서 면적 $2\pi rL$을 곱하면 전단력 F가 되고 방향은 좌측 방향이다.

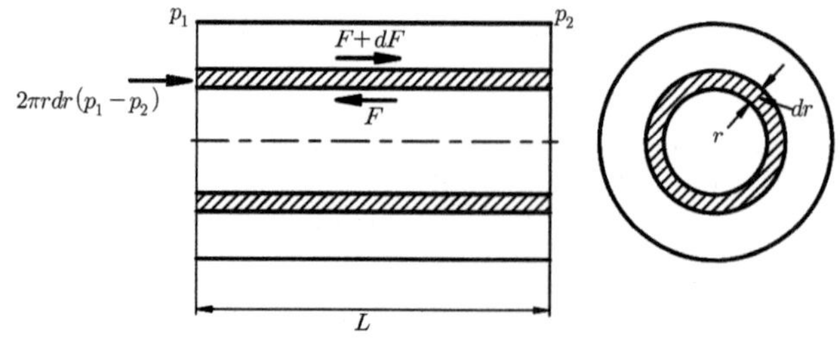

응용문제

$$F = 2\pi r L\mu \frac{du}{dr}$$

환상 원통의 외측면에서는 전단력 $F+dF$가 작용하고 방향은 우측 방향이다.

이들 3가지 힘의 합이 0이다.

$$2\pi r dr(p_1 - p_2) - F + F + dF = 0$$

$$2\pi r dr(p_1 - p_2) + 2\pi L\mu d\left(r \cdot \frac{du}{dr}\right) = 0$$

$$d\left(r \cdot \frac{du}{dr}\right) = -\frac{p_1 - p_2}{\mu L} r dr$$

적분하면

$$r \cdot \frac{du}{dr} = -\frac{p_1 - p_2}{\mu L}\frac{r^2}{2} + C$$

$r=0$일 때 윗식이 성립하기 위해서는 적분상수 C가 0이다.

$$\frac{du}{dr} = -\frac{p_1 - p_2}{2\mu L} r$$

다시 적분해서

$$u = -\frac{p_1 - p_2}{2\mu L}\frac{r^2}{2} + C$$

관 벽에 대해서는 유체의 속도가 0이다. 즉, $r=R$일 때 $u=0$이므로 적분상수 C가 정해지고 속도 u는

$$u = \frac{p_1 - p_2}{4\mu L}(R^2 - r^2)$$

유량을 Q라고 하면

$$Q = \int_0^R u \cdot 2\pi r dr = \int_0^R \frac{p_1 - p_2}{4\mu L}(R^2 - r^2) 2\pi r dr = \frac{\pi R^4 (p_1 - p_2)}{8\mu L}$$

관의 단면적은 πR^2이므로 평균유속 V는

$$V = \frac{Q}{\pi R^2} = \frac{R^2(p_1 - p_2)}{8\mu L}$$

$p_1 - p_2$에 대해서 풀고 $\mu = \rho\nu = \frac{\gamma\nu}{g}$를 대입하면

$$p_1 - p_2 = \frac{8\mu LV}{R^2} = \frac{8\gamma\nu LV}{gR^2}$$

$\frac{p_1 - p_2}{\gamma}$는 손실수두 H_l과 같다. 직경 $D=2R$을 대입하여

연습문제

$$H_l = \frac{8\nu LV}{gR^2} = \frac{32\nu LV}{gR^2} = 64\frac{\nu}{DV}\frac{L}{D}\frac{V^2}{2g} = \lambda\frac{L}{D}\frac{V^2}{2g}$$

$$\therefore\ \lambda = 64\frac{\nu}{DV} = \frac{64}{Re}$$

2. 수직으로 설치된 원통에 위에서 아래로 물이 흐른다. 관 길이 L에 대한 손실수두를 구하기 위하여 그림과 같이 액주계를 설치하였다. 액주계의 높이차 h가 손실수두임을 증명하라.

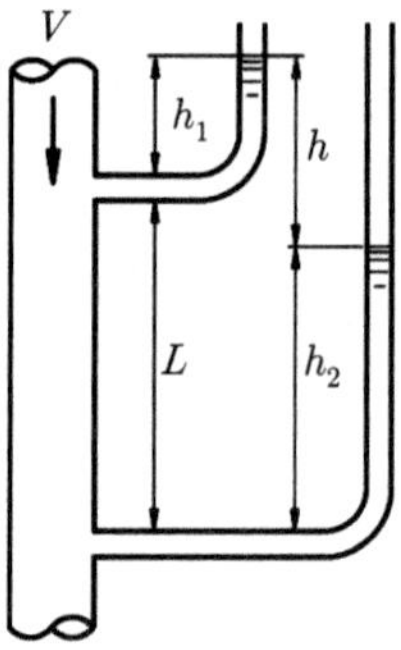

해설

윗 부분 액주계 설치 위치에 대한 속도수두는 $\frac{V^2}{2g}$, 압력수두는 $\frac{(p_0+\gamma h_1)}{\gamma}$, 위치수두는 L, 아래 부분 액주계 설치 위치에서의 속도수두는 $\frac{V^2}{2g}$, 압력수두는 $\frac{(p_0+\gamma h_2)}{\gamma}$, 위치수두는 0이다.

따라서 손실수두는

$$H_l = \frac{V^2}{2g} + \frac{p_0+\gamma h_1}{\gamma} + l - \frac{V^2}{2g} - \frac{p_0+\gamma h_2}{\gamma}$$
$$= h_1 + l - h_2 = h$$

3. 수평으로 설치된 직경 10[cm], 길이 100[m]인 원관을 통하여 매초 10[l]의 기름을 수송하기 위하여 관 입구와 관 출구 사이에 어느 정도의 압력차를 주어야 하는가? 단, 기름의 동점성계수는 1[cm²/s], 비중은 0.85로 한다.

해설

원관의 단면적은 $\frac{\pi}{4}\times 10^2$[cm²], 유량은 10000[cm³/s]이므로 관 속의 평균유속 V는

$$V = \frac{Q}{A} = \frac{4\times 10000}{\pi \times 10^2} \fallingdotseq 127[\text{cm/s}]$$

레이놀드 수는

$$Re = \frac{VD}{\nu} = \frac{127\times 10}{1} = 1270 < 2100\ :\ \text{층류}$$

층류이므로 관마찰계수 λ는

$$\lambda = \frac{64}{Re} = \frac{64}{1270} \fallingdotseq 0.05$$

손실수두는 Darcy–Weisbach의 식에 의하면

$$H_\ell = \lambda \frac{L}{D}\frac{V^2}{2g} = 0.05 \times \frac{100}{0.1} \times \frac{(1.27)^2}{2\times 9.8} \fallingdotseq 4.1[\text{m}] = 410[\text{cm}]$$

손실수두는 관 입구와 관 출구 사이의 압력수두 차와 같으므로 압력차는

$$\Delta p = \gamma H_l = 0.00085[\text{kg}_f/\text{cm}^3] \times 410[\text{cm}]$$
$$\fallingdotseq 0.35[\text{kg}_f/\text{cm}^2]$$

4. 직경 2.5[cm]인 매끈한 원관을 통하여 동점성계수가 0.01[cm²/s]인 물을 매초 1[l]씩 수송하고 있다. 관 길이 5[m]에 대한 손실수두는 얼마인가?

해설

원관 속의 평균유속 V는

$$V = \frac{4Q}{\pi D^2} = \frac{4\times 1000}{\pi \times (2.5)^2} \fallingdotseq 204[\text{cm/s}]$$

레이놀드 수

$$Re = \frac{VD}{\nu} = \frac{204\times 2.5}{0.01} = 51000 > 2100 \text{ : 난류}$$

레이놀드 수가 $3\times 10^3 \sim 10^5$ 범위 내에 있으므로 Blasius의 식을 적용하면

$$\lambda = 0.3164 Re^{-0.25} = 0.3164 \times 51000^{-0.25} \fallingdotseq 0.0211$$

손실수두는

$$H_\ell = \lambda \frac{L}{D}\frac{V^2}{2g} = 0.0211 \times \frac{5}{0.025} \times \frac{(2.04)^2}{2\times 9.8} \fallingdotseq 0.896[\text{m}]$$

5. 매끈한 원관에서 일정한 유량의 물을 수송하는데 직경을 2배로 하면 손실수두는 몇 배로 되는가? 단, 흐름은 난류로 하고 관마찰계수는 Blasius의 식에서 구하는 것으로 한다.

해설

직경 D_1인 원관에서 유량 Q의 물을 수송할 때 관 속의 평균유속 V_1은

$$V_1 = \frac{4Q}{\pi {D_1}^2}$$

연습문제

그 때의 레이놀드 수는

$$Re_1 = \frac{V_1 D_1}{\nu} = \frac{4Q}{\pi \nu D_1}$$

관마찰계수 λ_1은

$$\lambda_1 = 0.3164 Re_1^{-0.25} = 0.3164\left(\frac{4Q}{\pi\nu D_1}\right)^{-0.25} = 0.3164\left(\frac{4Q}{\pi\nu}\right)^{-0.25} \times D_1^{0.25}$$

손실수두 H_{l1}은

$$H_{l1} = \lambda_1 \frac{L}{D_1}\frac{V_1^2}{2g} = 0.3164\left(\frac{4Q}{\pi\nu}\right)^{-0.25} \times D_1^{0.25} \times \frac{1}{2g}\left(\frac{4Q}{\pi}\right)^2 \times \frac{1}{D_1^4} \times \frac{L}{D_1}$$

같은 방법으로 손실수두 H_{l2}는

$$H_{l2} = \lambda_2 \frac{L}{D_2}\frac{V_2^2}{2g} = 0.3164\left(\frac{4Q}{\pi\nu}\right)^{-0.25} \times D_2^{0.25} \times \frac{1}{2g}\left(\frac{4Q}{\pi}\right)^2 \times \frac{1}{D_2^4} \times \frac{L}{D_2}$$

$$\therefore \frac{H_{l2}}{H_{l1}} = \left(\frac{D_2}{D_1}\right)^{-4.75} = 2^{-4.75} ≒ 0.037(\text{배})$$

6. 매끈한 원관을 통해 물이 흐를 때 유량을 2배로 증가하면 손실수두는 몇 배로 되는가? 단, 흐름은 난류이고 관마찰계수는 Blauius의 식에서 구하는 것으로 한다.

해설

평균유속 V_1일 때 레이놀드 수 Re_1은

$$Re_1 = \frac{V_1 D}{\nu}$$

관마찰계수 λ_1은

$$\lambda_1 = 0.3164 Re_1^{-0.25} = 0.3164\left(\frac{V_1 D}{\nu}\right)^{-0.25}$$

손실수두 H_{l1}은

$$H_{l1} = \lambda_1 \frac{L}{D}\frac{V_1^2}{2g} = 0.3164\left(\frac{V_1 D}{\nu}\right)^{-0.25} \times \frac{L}{D} \times \frac{V_1^2}{2g}$$
$$= 0.3164\left(\frac{D}{\nu}\right)^{-0.25} \times \frac{1}{2g} \times \frac{L}{D} \times V_1^{1.75}$$

같은 방법으로 평균유속 V_2일 때의 손실수두 H_{l2}는

$$H_{l2} = 0.3164\left(\frac{D}{\nu}\right)^{-0.25} \times \frac{1}{2g} \times \frac{L}{D} \times V_2^{\ 1.75}$$

$$\frac{H_{l2}}{H_{l1}} = \left(\frac{V_2}{V_1}\right)^{1.75}$$

문제에서 유량을 2배라고 하였으므로 유속도 2배가 된다. 따라서

$$\frac{H_{l2}}{H_{l1}} = 2^{1.75} \fallingdotseq 3.36[\text{배}]$$

7. 어떤 철관으로 물을 수송하는데 관 벽의 부식으로 인해 원관의 직경이 1[%] 감소하였다. 관의 양단에서의 압력차가 일정하다면 유량은 몇 [%] 감소하는가? 또 부식되기 전과 동일한 유량을 얻기 위해서는 압력차를 몇 [%] 증가하면 되는가? 관마찰계수는 일정한 것으로 한다.

해설

부식되기 전의 상태를 첨지 1, 부식된 후의 상태를 첨지 2로 나타내면

$$\frac{Q_2}{Q_1} = \left(\frac{D_2}{D_1}\right)^2 \frac{V_2}{V_1} \qquad ①$$

손실수두 H_l이 동일하므로

$$H_l = \lambda \frac{L}{D_1} \frac{V_1^{\ 2}}{2g} = \lambda \frac{L}{D_2} \frac{V_2^{\ 2}}{2g}$$

$$\frac{V_2}{V_1} = \sqrt{\frac{D_2}{D_1}} \qquad ②$$

식 ②를 ①에 대입하면

$$\frac{Q_2}{Q_1} = \left(\frac{D_2}{D_1}\right)^{2.5}$$

문제에서 $\frac{D_1 - D_2}{D_1} = 0.01$이므로 $\frac{D_2}{D_1} = 1 - 0.01$이다.

$$\frac{Q_2}{Q_1} = (1-0.01)^{2.5} \fallingdotseq 0.975$$

즉, 유량은 2.5[%] 감소한다.

또 동일한 유량을 얻기 위해서는

$$Q = \frac{\pi}{4} D_1^{\ 2} V_1 = \frac{\pi}{4} D_2^{\ 2} V_2$$

연습문제

$$\frac{V_2}{V_1}=\left(\frac{D_2}{D_1}\right)^{-2} \quad ③$$

손실수두 H_{l1}, H_{l2}는

$$H_{l1}=\lambda_1\frac{L}{D_1}\frac{{V_1}^2}{2g},\ H_{l2}=\lambda_2\frac{L}{D_2}\frac{{V_2}^2}{2g}$$

$$\frac{H_{l2}}{H_{l1}}=\left(\frac{V_2}{V_1}\right)^2\left(\frac{D_2}{D_1}\right)^{-1} \quad ④$$

식 ③을 식④에 대입하면

$$\frac{H_{l2}}{H_{l1}}=\left(\frac{D_2}{D_1}\right)^{-4}\left(\frac{D_2}{D_1}\right)^{-1}=\left(\frac{D_2}{D_1}\right)^{-5}$$
$$=(1-0.1)^{-5}$$
$$\fallingdotseq 1.05$$

원관의 직경이 1[%] 감소하기 전과 동일한 유량을 보내면 손실수두는 5[%] 증가한다. 관 출구와 입구의 압력차는 손실수두에 비중량을 곱한 것이므로 압력차도 5[%] 증가하는 것으로 된다.

8. **직경 5[cm], 길이 10[m]의 원관 속을 물이 흐른다. 관의 출구와 입구의 압력차가 0.1기압이면 유량은 얼마인가? 흐름은 난류로 하고 관마찰계수는 0.025로 한다.**

해설

관 출구와 입구의 압력수두 차는 1[m]로서 이것은 관 속을 흐름으로 인해서 생기는 손실수두 H_l이다.

$$H_l=\lambda\frac{L}{D}\frac{V^2}{2g}$$

V에 대해서 풀면

$$V=\sqrt{\frac{2gH_lD}{\lambda L}}=\sqrt{\frac{2\times9.8\times1\times0.05}{0.025\times10}}\fallingdotseq 1.98[\text{m/s}]=198[\text{cm/s}]$$

따라서 유량은

$$Q=\frac{\pi}{4}D^2V=\frac{\pi}{4}\times5^2\times198\fallingdotseq 3.886[\text{cm}^3/\text{s}]=3.886[l/\text{s}]$$

응용문제

9. 2[cm]×3[cm]인 장방형 단면의 매끈한 관 속을 동점성계수가 0.01[cm²/s]인 물이 평균유속 1[m/s]로 흐른다. 관 길이 1[m]당의 손실수두는 얼마인가? 단, 관마찰계수는 Blasius의 식으로 구하라.

해설

수력반경 R_h는

$$R_h = \frac{A}{P} = \frac{2\times3}{2\times2+3\times2} = 0.6[\text{cm}]$$

$$D = 4R_h = 4\times0.6 = 2.4[\text{cm}]$$

레이놀드 수는

$$Re = \frac{VD}{\nu} = \frac{100\times2.4}{0.01} = 24000$$

Blasius의 식에 의해 마찰계수 λ를 구하면

$$\lambda = 0.3164Re^{-0.25} = 0.3164\times24000^{-0.25}$$
$$\fallingdotseq 0.0254$$

관 길이 1[m]당의 손실수두 H_l은

$$H_l = \lambda\frac{L}{D}\frac{V^2}{2g} = 0.0254\times\frac{1}{0.024}\times\frac{1^2}{2\times9.8} \fallingdotseq 0.054[\text{m}]$$

10. 동일한 단면적과 동일한 길이를 갖는 원관과 정사각형관을 흐르는 난류에 대해서 양단에서의 압력차도 같다면 유량비는 얼마인가? 관마찰계수도 동일하다고 한다.

해설

정사각형의 한 변을 a라고 하면 단면적은 a^2, 접수길이는 $4a$이므로 수력반경 R_h는

$$R_h = \frac{A}{P} = \frac{a^2}{4a} = \frac{a}{4},\ \text{따라서 직경 } D \text{ 는 } D = 4R_h = 4\times\frac{a}{4} = a$$

정사각형 관의 손실수두 H_{l1}은 V_1을 정사각형 관 속의 평균유속으로 하여

$$H_{l1} = \lambda\frac{L}{D}\frac{V_1^2}{2g} = \lambda\frac{L}{a}\frac{V_1^2}{2g}$$

원관의 직경을 D로 하면 원관의 손실수두 H_{l2}는 V_2를 원관 속의 평균유속으로 하여

$$H_{l2} = \lambda\frac{L}{D}\frac{V_2^2}{2g}$$

연습문제

문제에서 $H_{l1} = H_{l2}$ 이므로

$$\frac{V_1}{V_2} = \left(\frac{a}{D}\right)^{\frac{1}{2}}$$

또 정사각형 관의 단면적과 원관의 단면적이 같으므로

$$\frac{\pi}{4}D^2 = a^2 \quad \frac{a}{D} = \left(\frac{\pi}{4}\right)^{\frac{1}{2}}$$

두 가지 관은 같은 단면적을 가지므로 유량비는 평균 유속비와 같다.

$$\frac{Q_1}{Q_2} = \left(\frac{\pi}{4}\right)^{\frac{1}{4}} \fallingdotseq 0.94$$

11. 내경 20[cm]인 원관 속에 외경 18[cm]인 원관이 동심원으로 들어 있다. 이 두 개의 원관 사이를 평균유속 2[m/s]로 물이 흐른다. 관의 길이 10[m]사이에서 일어나는 손실수두는 얼마인가? 마찰계수는 Darcy의 식에 의하여 구한다.

해설

수력반경 R_h 는

$$R_h = \frac{A}{P} = \frac{\frac{\pi}{4}(20^2 - 18^2)}{\pi(20-18)} = 0.5[\text{cm}]$$

$$D = 4R_h = 4 \times 0.5 = 2[\text{cm}] = 0.02[\text{m}]$$

관마찰계수는 Darcy의 식에 의하면

$$\lambda = 0.02 + \frac{0.0005}{D} = 0.02 + \frac{0.0005}{0.02} = 0.045$$

손실수두 H_l은

$$H_l = \lambda \frac{L}{D}\frac{V^2}{2g} = 0.045 \times \frac{10}{0.02} \times \frac{2^2}{2 \times 9.8} \fallingdotseq 4.6[\text{m}]$$

12. 수평으로 놓인 길이 1[m], 내경 1[mm]인 모세관의 양단에 대한 압력수두차가 50 [cm]일 때 유량이 6[cm^3/min]이었다. 모세관을 흐르는 유체의 동점성계수는 얼마인가?

해설

관의 직경이 작고 유속도 작으므로 흐름은 층류로 예상된다. 층류라고 가정하여 풀고나서 층류라는 것

을 확인하기로 한다. 관마찰계수 λ는

$$\lambda = \frac{64}{Re} = \frac{64\nu}{VD}$$

손실수두는

$$H_l = \lambda \frac{L}{D}\frac{V^2}{2g} = \frac{64\nu}{VD}\frac{L}{D}\frac{V^2}{2g}$$

여기서 동점성계수 ν는

$$\nu = \frac{H_l D g}{32VL}$$

문제에서 $H_l = 50[\text{cm}]$, $D = 0.1[\text{cm}]$, $L = 100[\text{cm}]$, $V = \frac{4Q}{\pi D^2} = \frac{4\times 6}{\pi \times 0.1^2 \times 60} \fallingdotseq 12.7[\text{cm/s}]$이므로

$$\nu = \frac{50\times 0.1\times 980}{32\times 12.7\times 100} \fallingdotseq 0.12[\text{cm}^2/\text{s}]$$

레이놀드 수는

$$Re = \frac{VD}{\nu} = \frac{12.7\times 0.1}{0.12} \fallingdotseq 10.6 < 2100 \ \text{: 층류}$$

따라서 층류로 가정한 것은 타당하다.

13. **원관 속의 난류에 대하여 관 벽에서의 거리 y인 점의 유속을 u라고 하고 관 벽에서의 전단응력을 τ_0, 유체의 밀도를 ρ, 동점성계수를 ν라고 한다. 이때**

$$u \propto \left(\frac{\tau_0}{\rho}\right)^A \left(\frac{y}{\nu}\right)^B \qquad ①$$

이라고 가정하여 A, B를 구하라. 단, 관마찰계수는 Blasius의 식에 의해서 구한다.

해설

손실수두 H_l은

$$H_l = \lambda \frac{L}{D}\frac{V^2}{2g} = 0.3164 Re^{-0.25}\frac{L}{D}\frac{V^2}{2g}$$

V는 관 속의 평균유속이다. $R_e = \frac{VD}{\nu}$를 대입하면

$$H_l = 0.3164\, V^{-\frac{1}{4}} D^{-\frac{1}{4}} \nu^{\frac{1}{4}} \frac{L}{D}\frac{V^2}{2g} \propto V^{\frac{7}{4}} \qquad ②$$

손실수두 H_l은 평균유속 V의 7/4승에 비례한다. 길이 L인 원관 속의 유체는 가속도가 없으므로 힘은

연습문제

평형을 이루고 있다. 유체에 작용하는 힘은 관의 입구 단면에서의 힘 $\frac{\pi}{4}D^2 \cdot p_1$과 관의 출구 단면에서의 힘 $\frac{\pi}{4}D^2 \cdot p_2$, 관의 벽에서의 힘 $\pi DL\tau_0$이다.

$$\frac{\pi}{4}D^2 \cdot p_1 - \frac{\pi}{4}D^2 \cdot p_2 - \pi DL\tau_0 = 0$$

$$\tau_0 = \frac{D(p_1 - p_2)}{4L} = \frac{D\gamma}{4L}H_l \propto H_l$$

손실수두는 τ_0에 비례한다. 따라서

$$V \propto \tau_0^{\frac{4}{7}}$$

u는 V에 비례하는 것이 명백하므로

$$u \propto \tau_0^{\frac{4}{7}}$$

①의 A는 $\frac{4}{7}$가 되어야 한다.

①의 차원해석을 하도록 하자.

L : 길이, T : 시간, F : 힘으로 해서 $[\tau_0] = [FL^{-2}]$, $[\rho] = [FT^2L^{-4}]$, $[y] = [L]$, $[\nu] = [L^2T^{-1}]$, $[u] = [LT^{-1}]$을 ①에 대입하면

$$[LT^{-1}] \propto \frac{[FT^{-2}]^A}{[FT^2L^{-4}]^A}\frac{[L]^B}{[L^2T^{-1}]^B} = [L^{2A-B}T^{-2A+B}]$$

L의 지수와 T의 지수를 각각 양변에서 같다고 놓으면

$$1 = 2A - B,\ -1 = -2A + B$$

A는 $\frac{4}{7}$이므로

$$B = 2A - 1 = 2 \times \frac{4}{7} - 1 = \frac{1}{7}$$

따라서 A는 $\frac{4}{7}$, B는 $\frac{1}{7}$이 결정된다.

비례상수는 실험에 의하여 정하며 8.7이다.

$$\therefore\ u = 8.7\left(\frac{\tau_0}{\rho}\right)^{\frac{4}{7}}\left(\frac{y}{\nu}\right)^{\frac{1}{7}}$$

14. 문제 13에서 관의 중앙에 대한 유속을 u_0 라고 하면

$$\tau_0 = 0.0225 \rho u_0^2 \left(\frac{\nu}{u_0 R} \right)^{\frac{1}{4}}$$

임을 유도하라. 단, R은 관은 반경이다.

해설

$u = 8.7\left(\frac{\tau_0}{\rho}\right)^{\frac{4}{7}}\left(\frac{y}{\nu}\right)^{\frac{1}{7}}$ 에 대해서 특히 $y = R$이라고 놓으면 $u = u_0$로 된다.

$$u_0 = 8.7\left(\frac{\tau_0}{\rho}\right)^{\frac{4}{7}}\left(\frac{R}{\nu}\right)^{\frac{1}{7}}$$

$$\left(\frac{\tau_0}{\rho}\right)^{\frac{4}{7}} = \frac{1}{8.7} u_0 \left(\frac{\nu}{R}\right)^{\frac{1}{7}}$$

양변을 $\frac{7}{4}$ 승하면

$$\frac{\tau_0}{\rho} = \left(\frac{1}{8.7}\right)^{\frac{7}{4}} u_0^{\frac{7}{4}} \left(\frac{\nu}{R}\right)^{\frac{1}{4}} = \left(\frac{1}{8.7}\right)^{\frac{7}{4}} u_0^2 \left(\frac{\nu}{u_0 R}\right)^{\frac{1}{4}}$$

$$\tau_0 = 0.0225 \rho u_0^2 \left(\frac{\nu}{u_0 R}\right)^{\frac{1}{4}}$$

15. 단면적이 갑자기 확대하는 원관 속을 흐르는 물의 손실수두 H_l이 다음 식으로 표시되는 것을 증명하라. 단 V_1은 작은 관에서의 평균유속이고 V_2는 큰 관에서의 평균유속이다.

$$H_\ell = \frac{(V_1 - V_2)^2}{2g}$$

해설

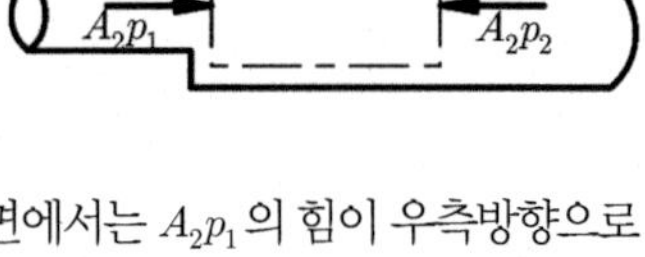

다음 그림에서 점선으로 둘러 싸인 영역에 운동량법칙을 적용한다. 단위시간동안 이 영역으로 유입하는 운동량은 ρQV_1, 유출하는 운동량은 ρQV_2이다. 이 영역에 작용하는 압력에 의한 힘은 우측 단면에서 A_2p_2의 힘이 좌측방향으로 작용하고 A_2는 큰 관의 단면적, p_2는 큰 관에서의 압력이다. 또 이 영역의 좌측 단면에서는 A_2p_1의 힘이 우측방향으로 작용하고 p_1은 작은 관에서의 압력이고 작은 관을 나온 직후도 p_1이라고 생각한다. 지금 생각하고 있는

연습문제

영역의 좌측 단면에서는 면적 A_2에 압력 p_1이 작용하므로 힘은 A_2p_1으로 된다.

$$\rho QV_2 - \rho QV_1 = -A_2p_2 + A_2p_1 \qquad ①$$

두 단면 사이에 베르누이 방정식을 적용하면

$$\frac{V_1^{\,2}}{2g} + \frac{p_1}{\gamma} = \frac{V_2^{\,2}}{2g} + \frac{p_2}{\gamma} + H_l \qquad ②$$

연속방정식으로부터

$$Q = A_2V_2 \qquad ③$$

식 ②에서 손실수두 H_l은

$$H_l = \frac{V_1^{\,2} - V_2^{\,2}}{2g} + \frac{p_1 - p_2}{\gamma}$$

$p_1 - p_2$를 식 ①에서 구하여 대입하면

$$p_1 - p_2 = \frac{\rho Q(V_2 - V_1)}{A_2} = \frac{\gamma A_2V_2(V_2 - V_1)}{gA_2} = \frac{\gamma V_2(V_2 - V_1)}{g}$$

$$H_l = \frac{V_1^{\,2} - V_2^{\,2}}{2g} + \frac{V_2(V_2 - V_1)}{g} = \frac{V_1^{\,2} - V_2^{\,2} + 2V_2^{\,2} - 2V_1V_2}{2g}$$

$$= \frac{V_1^{\,2} - 2V_1V_2 + V_2^{\,2}}{2g}$$

$$= \frac{(V_1 - V_2)^2}{2g}$$

16. 직경 2[cm]인 원관에 직경 4[cm], 길이 1[m]인 원관을 접속하여 그 끝을 대기 중에 노출시켰다. 관마찰계수를 0.03으로하고 관의 접속부의 압력수두를 구하라. 단, 관은 수평으로 설치하였고 직경 2[cm]인 원관 속의 평균유속은 4[m/s]이다.

해설

큰 관의 단면적은 작은 관의 단면적의 4배이므로 연속방정식에서

$$V_1 = 4[\text{m/s}],\ \ V_2 = 1[\text{m/s}]$$

돌연확대 부분에 대한 손실수두 H_{l1}은

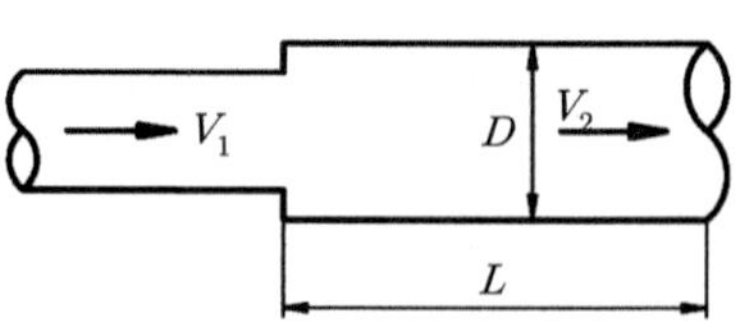

$$H_{l1} = \frac{(V_1 - V_2)^2}{2g} = \frac{(4-1)^2}{2\times 9.8} = 0.46[\text{m}]$$

큰 관에서의 관마찰에 의한 손실수두 H_{l2}는

$$H_{l2} = \lambda \frac{L}{D}\frac{V_2^2}{2g} = 0.03 \times \frac{1}{0.04} \times \frac{1^2}{2 \times 9.8} \fallingdotseq 0.04[\text{m}]$$

돌연 확대되기 직전과 대기에 나온 직후 사이에 손실수두 H_{l1}, H_{l2}를 포함하는 베르누이 방정식을 쓰면

$$\frac{{V_1}^2}{2g} + \frac{p_1}{\gamma} = \frac{{V_2}^2}{2g} + \frac{p_2}{\gamma} + H_{l1} + H_{l2}$$

$p_2 = 0$로 놓고 $\frac{p_1}{\gamma}$을 구하면

$$\begin{aligned}\frac{p_1}{\gamma} &= \frac{{V_2}^2 - {V_1}^2}{2g} + H_{l1} + H_{l2} \\ &= \frac{1^2 - 4^2}{2 \times 9.8} + 0.46 + 0.04 \fallingdotseq -0.77 + 0.46 + 0.04 \\ &= -0.27[\text{m}]\end{aligned}$$

17. 다음 그림과 같이 단면적과 방향이 갑자기 변하는 관에서 상류의 속도벡터를 V_1, 하류의 속도벡터를 V_2라고 할 때 손실수두 H_l이 다음과 같이 표시되는 것을 운동량법칙으로부터 유도하라.

$$H_1 = \frac{|\overrightarrow{V_1} - \overrightarrow{V_2}|^2}{2g}$$

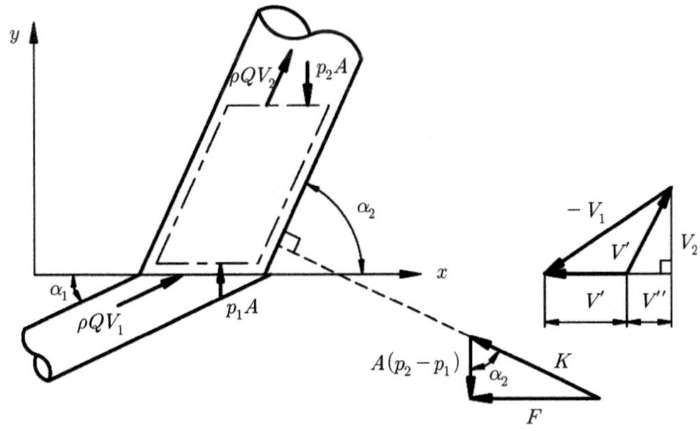

해설

1점 쇄선으로 표시된 영역에 운동량법칙을 적용한다. 이 영역에서 단위시간에 유출되는 운동량벡터는 $\rho Q\overrightarrow{V_2}$이고 유입하는 운동량벡터는 $\rho Q\overrightarrow{V_1}$이므로 이 영역의 유체가 받는 힘은

$$\overrightarrow{F} = \rho Q(\overrightarrow{V_2} - \overrightarrow{V_1}) = \rho Q\overrightarrow{V'}$$

연습문제

두 관의 접속부의 면적을 A로 하여 그 방향으로 x축, 직각방향으로 y축을 잡는다. 관이 x축과 이루는 각을 a_1, a_2로 하면 각각의 관의 단면적은 $A\sin\alpha_1$, $A\sin\alpha_2$이다. 연속의 식에서

$$V_1 A\sin\alpha_1 = V_2 A\sin\alpha_2 = Q$$

따라서 벡터 $\vec{V}'$의 방향은 x축의 (−) 방향임을 알 수 있다. 한편 이 영역의 하단 입구에서의 압력을 p_1, 상단 출구에서의 압력을 p_2라고 하면 압력에 의한 힘은 상향으로 Ap_1, 하향으로 Ap_2이므로 하향으로 $A(p_2-p_1)$의 힘이 작용한다. 관 벽에서의 힘 $\vec{K}$는 지금 알 수 없지만 압력에 의한 힘은 면에 수직으로 작용한다는 성질에서 그 방향만은 명확하다. 단면에서의 힘(y방향)과 관 벽에서의 힘의 합력은 운동량 법칙에 의해서 구한 힘 F(방향은 x방향)와 같아야 한다.

$$\tan\alpha_2 = \frac{|\vec{F}|}{A(p_2-p_1)} = \frac{\rho Q V'}{A(p_2-p_1)}$$

손실수두 H_l을 포함하는 베르누이 방정식을 쓰면

$$\frac{V_1^{\,2}}{2g} + \frac{p_1}{\gamma} = \frac{V_2^{\,2}}{2g} + \frac{p_2}{\gamma} + H_l$$

H_l을 풀면

$$\begin{aligned} H_l &= \frac{V_1^{\,2}-V_2^{\,2}}{2g} + \frac{p_1-p_2}{\gamma} = \frac{V_1^{\,2}-V_2^{\,2}}{2g} - \frac{\rho QV'}{A\tan\alpha_2} \\ &= \frac{V_1^{\,2}-V_2^{\,2}}{2g} - \frac{\rho A\sin\alpha_2 V_2 V'}{\gamma A\tan\alpha_2} \\ &= \frac{V_1^{\,2}-V_2^{\,2}}{2g} - \frac{V_2 V'\cos\alpha^2}{g} \\ &= \frac{V_1^{\,2}-V_2^{\,2}}{2g} - \frac{V'V''}{g} \end{aligned}$$

여기서 V''는 그림을 참조하라.

$$H_l = \frac{(V'+V'')^2 - V''^2 - 2V'V''}{2g} = \frac{V'^2}{2g}$$

$$V' = |\vec{V}'| = |\vec{V}_1 - \vec{V}_2|$$

이므로

$$H_l = \frac{|\vec{V}_1 - \vec{V}_2|^2}{2g}$$

응용문제

18. 높은 위치에 설치한 물탱크의 바닥에 내경 2[cm], 길이 5[m]인 원관을 수직으로 연결하고 하단을 대기 중에 노출시켰다. 물탱크의 수심이 1[m], 관마찰계수 0.02, 관의 입구 손실계수 0.5로 하여 관 속의 평균유속을 구하라. 또 압력수두 분포를 구하라.

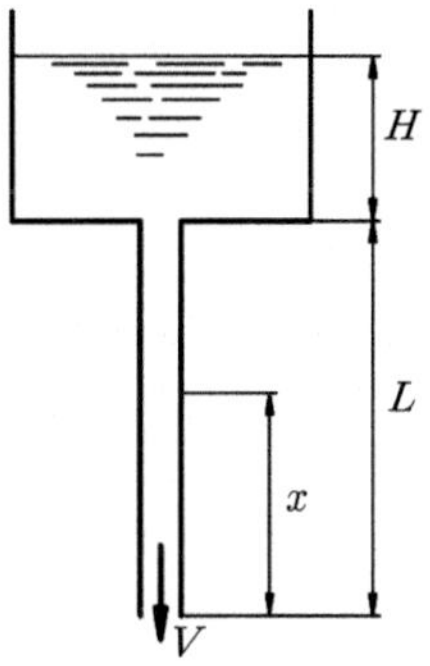

해설

물탱크의 수면과 관의 하단 사이에 베르누이 방정식을 적용한다. 물탱크의 수면에서는 속도수두 0, 압력수두 0, 위치수두는 $L+H$이다. 단 L은 관의 길이, H는 물탱크의 수심이다.

관 하단에서의 속도수두는 $\frac{V^2}{2g}$, 압력수두는 0, 위치수두는 0이다. 손실수두는 관의 입구에 대한 손실수두 H_{l1}과 관마찰손실수두 H_{l2}의 두 가지가 있다.

$$H_{l1} = k\frac{V^2}{2g},$$

$$H_{l2} = \lambda\frac{L}{D}\frac{V^2}{2g}$$

베르누이 방정식을 쓰면

$$L+H = \frac{V^2}{2g} + k\frac{V^2}{2g} + \lambda\frac{L}{D}\frac{V^2}{2g}$$

여기서 V를 풀면

$$V = \sqrt{\frac{2g(L+H)}{1+k+\lambda\frac{L}{D}}}$$

$$= \sqrt{\frac{2\times9.8\times(5+1)}{1+0.5+0.02\times\frac{5}{0.02}}} \fallingdotseq 4.26[\mathrm{m/s}]$$

관 속의 압력분포를 구하기 위하여 관의 하단에서 상방으로 거리 x가 되는 지점과 관의 하단 사이에 베르누이 방정식을 적용한다. x지점에 대한 속도수두는 $\frac{V^2}{2g}$, 압력수두는 $\frac{p}{\gamma}$, 위치수두는 x이고 관의 하단에서 속도수두는 $\frac{V^2}{2g}$, 압력수두는 0, 위치수두는 0, 손실수두는 관마찰손실수두 $\lambda\frac{V^2}{2g}\frac{x}{D}$이다.

$$\frac{V^2}{2g} + \frac{p}{\gamma} + x = \frac{V^2}{2g} + \lambda\frac{x}{D}\frac{V^2}{2g}$$

$$\frac{p}{\gamma} = \lambda\frac{x}{D}\frac{V^2}{2g} - x = \left(\lambda\frac{1}{D}\frac{V^2}{2g} - 1\right)x$$

연습문제

$$=\left(0.02\times\frac{(4.26)^2}{2\times 9.8}\times\frac{1}{0.02}-1\right)x \fallingdotseq -0.077x$$

19. 다음 그림과 같이 점차확대관이 수직으로 설치되어 위에서 아래로 물이 흐른다. 입구 직경은 30[cm], 출구직경은 60[cm], 관의 길이는 3[m]이고 관의 출구는 수심 1[m] 위치에 잠겨 있다. 점차 확대관의 입구에서 속도가 6[m/s]라면 그 곳에서의 압력은 얼마인가?

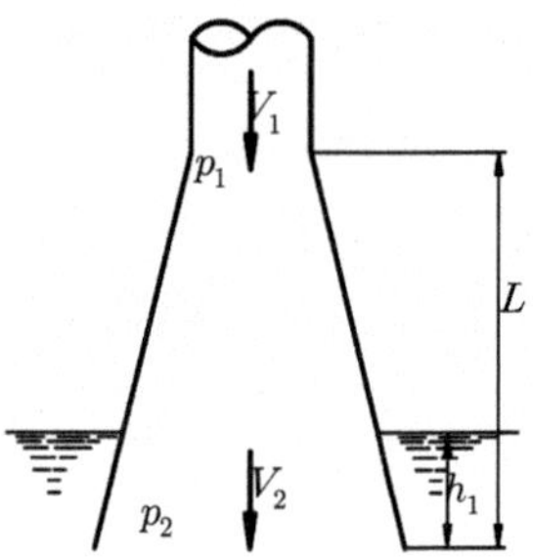

해설

관의 길이 300[cm]에 대해서 반경 증가는 $\frac{60-30}{2}=15[\text{cm}]$이므로 확대각 α는

$$\alpha = 2\tan^{-1}\frac{15}{300} = 2\tan^{-1}0.05$$
$$= 0.1[\text{rad}] \fallingdotseq 5.7^\circ$$

$\alpha=5.7^\circ$일 때 손실계수 k는 최소값이며 $k=0.135$이다. 확대관 입구의 유속 V_1이 6[m/s]이므로 출구의 유속 V_2는 연속방정식에 의해서 다음과 같이 구해진다.

$$V_2 = 6\times\frac{\frac{\pi}{4}\times 30^2}{\frac{\pi}{4}\times 60^2} = 1.5[\text{m/s}]$$

확대에 의한 손실수두는

$$H_l = k\frac{(V_1-V_2)^2}{2g} = 0.135\times\frac{(6-1.5)^2}{2\times 9.8} \fallingdotseq 0.14[\text{m}]$$

확대관 입구와 출구 사이에 베르누이 방정식을 세우면

$$\frac{V_1^2}{2g}+\frac{p_1}{\gamma}+L=\frac{V_2^2}{2g}+\frac{p_2}{\gamma}+H_l$$

관의 하단에서의 압력 p_2는 수심이 h_1이므로 $p_2=\gamma h_1$이다.

윗 식에서 $\frac{p_1}{\gamma}$을 풀면

$$\frac{p_1}{\gamma}=\frac{{V_2}^2-V_1^2}{2g}+\frac{h_1}{\gamma}+H_l-L$$
$$=\frac{1.5^2-6^2}{2\times 9.8}+1+0.14-3=-1.72+1+0.14-3$$

$$=-3.58[\text{m}]$$

$$p_1=-3.58[\text{m}]\times 1000[\text{kg}_f/\text{m}^3]=-3580[\text{kg}_f/\text{m}^2]$$
$$=-0.358[\text{kg}_f/\text{cm}^3]$$

20. 같은 크기의 직경을 갖는 원관을 다음 그림과 같이 직각으로 연결하고 관 속을 평균유속 1.4[m/s]로 물이 흐른다. 관이 구부러짐으로 인한 손실수두를 구하라.

해설

손실계수 k는

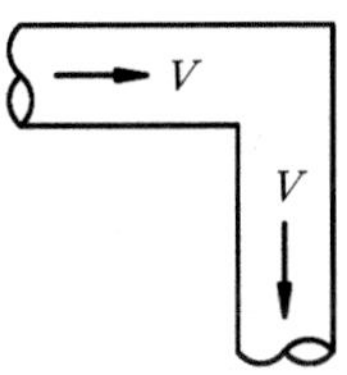

$$k=0.946\sin^2\left(\frac{\theta}{2}\right)+2.05\sin^4\left(\frac{\theta}{2}\right)$$
$$=0.946\times\frac{1}{2}+2.05\times\frac{1}{4}$$
$$=0.473+0.5125=0.9855\fallingdotseq 1$$

따라서 손실수두 H_l은

$$H_l=k\cdot\frac{V^2}{2g}=\frac{1.4^2}{2\times 9.8}\fallingdotseq 0.1[\text{m}]$$

다른 방법으로 풀면

$$H_l=\frac{|\overrightarrow{V_1}-\overrightarrow{V_2}|^2}{2g}$$

$|\overrightarrow{V_1}|=V$, $|\overrightarrow{V_2}|=V$이고 벡터 V_1과 벡터 V_2는 $90°$ 를 이루므로 $|\overrightarrow{V_1}-\overrightarrow{V_2}|=\sqrt{2}\,V$로 된다.

$$\therefore\ H_l=\frac{(\sqrt{2}\,V)^2}{2g}=\frac{V^2}{g}=\frac{1.4^2}{9.8}\fallingdotseq 0.2[\text{m}]$$

21. 다음 그림과 같은 펌프 흡입관의 직경은 10[cm]이고 수직부의 길이가 3[m]인데 그 중에서 1[m]는 물 속에 잠겨 있다. 90° 엘보우를 지나서 수평부가 4[m]있고 관 속의 평균유속이 2[m/s]라고 하면 펌프 입구에서의 압력은 얼마인가? 단, 관의 입구손실계수는 0.56이다.

해설

관의 입구손실은

$$H_{l1}=k_1\frac{V^2}{2g}$$

연습문제

$$= 0.56 \times \frac{2^2}{2 \times 9.8} = 0.11[\text{m}]$$

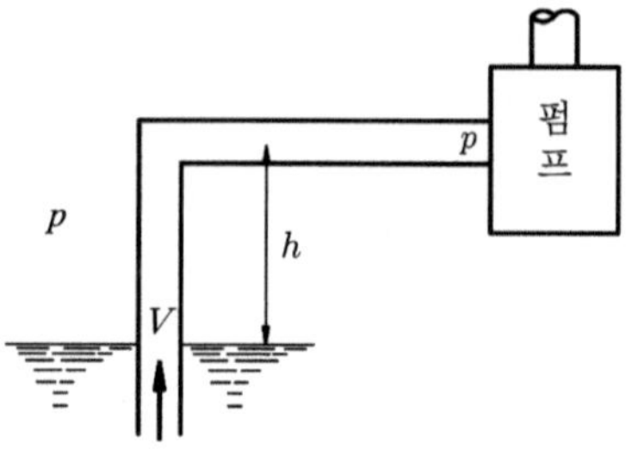

엘보우에서의 손실계수는

$$k_2 = 0.946\sin^2\left(\frac{\theta}{2}\right) + 2.05\sin^4\left(\frac{\theta}{2}\right) \fallingdotseq 1$$

따라서 엘보우에 대한 손실수두 H_{l2}는

$$H_{l2} = k_2\frac{V^2}{2g} = \frac{2^2}{2 \times 9.8} \fallingdotseq 0.2[\text{m}]$$

또 관마찰손실계수는 Darcy의 공식에서 0.025이므로 마찰손실수두 H_{l3}는

$$H_{l3} = \lambda\frac{L}{D}\frac{V^2}{2g} = 0.025 \times \frac{2^2}{2 \times 9.8} \times \frac{7}{0.1} \fallingdotseq 0.36[\text{m}]$$

수면과 펌프 입구 사이에 베르누이 방정식을 적용하면 수면에서는 속도수두 0, 압력수두 0, 위치수두 0이고 펌프입구에서는 속도수두 $\frac{V^2}{2g}$, 압력수두 $\frac{p}{\gamma}$, 위치수두 $h = 3 - 1 = 2[\text{m}]$이므로

$$0 = \frac{V^2}{2g} + \frac{p}{\gamma} + h + H_{l1} + H_{l2} + H_{l3}$$

여기서 $\frac{p}{\gamma}$를 구하면

$$\frac{p}{\gamma} = -\frac{V^2}{2g} - h - H_{l1} - H_{l2} - H_{l3} = -\frac{2^2}{2 \times 9.8} - 2 - 0.11 - 0.20 - 0.36$$
$$= -2.87[\text{m}]$$

$$\therefore\ p = -2.87[\text{m}] \times 1000[\text{kg}_f/\text{m}^3] = -2870[\text{kg}_f/\text{m}^2]$$
$$= -0.287[\text{kg}_f/\text{cm}^2]$$

22. **단면적 A_1인 작은 관 속을 유속 V_1으로 물이 흐른다. 작은 관에는 단면적이 A_2인 큰 관이 연결되어 있고 그 끝은 대기 중에 개방되어 있다. 돌연 확대부에는 면적 A_3인 구멍이 있고 그 바깥에는 대기압상태로 정지하고 있는 물이 채워져 있다. 작은 관을 흐르는 물에 의해서 돌연 확대부에 부압이 생겨 이 때문에 구멍을 통해 물이 유입된다. 이 유량을 구하라. 단, 마찰손실은 무시한다.**

해설

다음 그림에서 1점쇄선으로 표시된 영역에 운동량의 법칙을 적용한다. 이 영역으로 단위시간에 유입하는 운동량은 작은 관에서 $\rho Q_1 V_1$, 구멍을 통해서 $\rho Q_3 V_3$이다. 단, Q_3와 V_3는 각각 구멍을 통해 유입하는 유량과 유속이다. 또, 유출하는 운동량은 $\rho Q_2 V_2$이며 큰 관에서의 유량과 유속은 각각 Q_2, V_2라

응용문제

고 한다. 검사관의 우측 단면은 대기에 노출되어 있으므로 마찬손실을 생각하지 않으면 대기압과 같고 이 면에서의 힘은 0이다. 좌측 단면에서의 압력을 p_1이라고 하면 압력에 의한 힘은 A_2p_1이다.

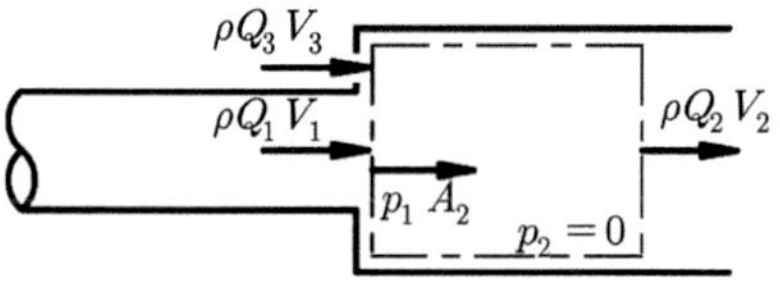

$$\rho Q_2 V_2 - \rho Q_1 V_1 - \rho Q_3 V_3 = A_2 p_1 \quad ①$$

구멍을 통과하는 물에 대해서 베르누이 방정식을 적용하면 구멍 바깥에서는 속도수두 0, 압력수두 0, 구멍을 통과할 때에는 압력수두 $\frac{p_1}{\gamma}$, 속도수두 $\frac{V_3^2}{2g}$이므로

$$0 = \frac{V_3^2}{2g} + \frac{p_1}{\gamma} \quad ②$$

연속방정식에서

$$Q_1 = A_1 V_1 \quad ③$$

$$Q_2 = A_2 V_2 \quad ④$$

$$Q_3 = A_3 V_3 \quad ⑤$$

$$Q_2 = Q_1 + Q_3 \quad ⑥$$

식 ⑤에는 orifice의 유량계수가 필요하지만 이것을 1로 생각한 것이다. 식 ①의 V_2에는 $V_2 = \frac{Q_2}{A_2} = \frac{(Q_1+Q_3)}{A_2}$를 대입하고 V_1에는 $V_1 = \frac{Q_1}{A_1}$을 대입한다. 또 V_3에는 $V_3 = \frac{Q_3}{A_3}$를 대입하고 p_1에는 식 ②를 대입하면

$$\frac{(Q_1+Q_3)^2}{A_2} - \frac{Q_1^{\ 2}}{A_1} - \frac{Q_3^{\ 2}}{A_3} = -\frac{A_2}{2A_3^{\ 2}} Q_3^2$$

$\frac{Q_3}{Q_1}$에 대한 2차방정식의 형으로 정리하면

$$\left(1 - \frac{A_2}{A_3} + \frac{1}{2}\frac{A_2^{\ 2}}{A_3^{\ 2}}\right)\left(\frac{Q_3}{Q_1}\right)^2 + 2\left(\frac{Q_3}{Q_1}\right) + \left(1 - \frac{A_2}{A_1}\right) = 0$$

$$\frac{Q_3}{Q_1} = \frac{-1 + \sqrt{1 - \left(1 - \frac{A_2}{A_1}\right)\left(1 - \frac{A_2}{A_3} + \frac{1}{2}\frac{A_2^{\ 2}}{A_3^{\ 2}}\right)}}{1 - \frac{A_2}{A_3} + \frac{1}{2}\frac{A_2^{\ 2}}{A_3^{\ 2}}} \quad ⑦$$

연습문제

23. 문제 22에서 작은 단면적이 25[cm²], 그 관에서의 평균유속이 4[m/s], 큰 관의 단면적이 100[cm²], 돌연확대부에 있는 구멍의 단면적이 25[cm²]이다. 구멍에서 유입하는 물의 유량은 얼마이며 그 유속은 얼마인가? 또, 큰 관에서의 유량, 유속은 얼마이며 돌연 확대부에서의 압력 수두는 얼마인가?

해설

작은 관에서의 유량은 Q_1은

$$Q_1 = A_1 V_1 = 25 \times 400 = 10000[\text{cm}^3/\text{s}] = 10[l/\text{s}]$$

또 $A_1 = 25[\text{cm}^2]$, $A_2 = 100[\text{cm}^2]$, $A_3 = 25[\text{cm}^2]$을 문제 22의 식 ⑦에 대입하면

$$\frac{Q_3}{Q_1} = \frac{-1+\sqrt{1-\left(1-\dfrac{A_2}{A_1}\right)\left(1-\dfrac{A_2}{A_3}+\dfrac{1}{2}\dfrac{A_2^{\,2}}{A_3^{\,2}}\right)}}{1-\dfrac{A_2}{A_3}+\dfrac{1}{2}\dfrac{A_2^{\,2}}{A_3^{\,2}}}$$

$$= \frac{-1+\sqrt{1-\left(1-\dfrac{100}{25}\right)\left\{1-\dfrac{100}{25}+\dfrac{1}{2}\times\dfrac{(100)^2}{(25)^2}\right\}}}{1-\dfrac{100}{25}+\dfrac{1}{2}\times\dfrac{(100)^2}{(25)^2}}$$

$$= \frac{-1+\sqrt{1-(1-4)(1-4+8)}}{1-4+8} = \frac{3}{5}$$

$$Q_3 = \frac{3}{5}Q_1 = \frac{3}{5}\times 10 = 6[l/\text{s}]$$

$$V_3 = \frac{Q_3}{A_3} = \frac{6000}{25} = 240[\text{cm/s}]$$

$$Q_2 = Q_1 + Q_3 = 10 + 6 = 16[l/\text{s}]$$

$$V_2 = \frac{Q_2}{A_2} = \frac{16000}{100} = 160[\text{cm/s}]$$

$$\frac{p_1}{\gamma} = -\frac{V_3^{\,2}}{2g} = -\frac{(2.4)^2}{2\times 9.8} \fallingdotseq -0.29[\text{m}]$$

24. 다음 그림과 같이 한 점에서 분기한 후 다시 합류하는 관이 있다. 그 중 관 ①은 직경 25[cm], 길이 250[m]이고 관 ②는 직경 20[cm], 길이 300[m]이다. 두 관을 흐르는 총 유량이 100[l/s]일 때 각 관을 흐르는 유량을 구하라. 단, 관마찰

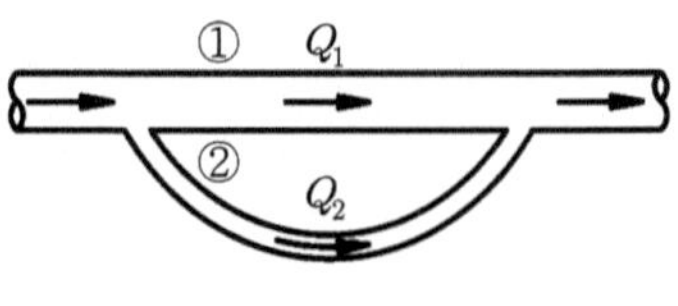

손실 이외의 손실은 없는 것으로 한다.

해설

큰 관의 입구와 작은 관의 입구는 같은 점이므로 같은 압력이다. 또 큰 관의 출구와 작은 관의 출구도 같은 점이므로 같은 압력이다. 따라서 두 관에서의 압력강하는 같다. 즉, 양쪽 관 모두 같은 손실수두를 갖는다. 손실수두는 관마찰손실 뿐이므로 큰 관의 직경을 D_1, 길이를 L_1, 유속을 V_1, 작은관의 직경을 D_2, 길이를 L_2, 유속을 V_2라고 하면

$$\lambda\frac{L_1 V_1^{\,2}}{D_1 2g}=\lambda\frac{L_2 V_2^{\,2}}{D_2 2g}$$

여기서 $\frac{V_2}{V_1}$를 구하면

$$\frac{V_2}{V_1}=\sqrt{\frac{D_2 L_1}{D_1 L_2}}$$

각 관에서의 유량 Q_1, Q_2는

$$Q_1=\frac{\pi}{4}D_1^{\,2}V_1,\ Q_2=\frac{\pi}{4}D_2^{\,2}V_2$$

그러므로

$$\frac{Q_2}{Q_1}=\frac{V_2}{V_1}\left(\frac{D_2}{D_1}\right)^2=\left(\frac{D_2}{D_1}\right)^{2.5}\cdot\left(\frac{L_2}{L_1}\right)^{-0.5}=\left(\frac{20}{25}\right)^{2.5}\cdot\left(\frac{300}{250}\right)^{-0.5}\fallingdotseq 0.523$$

$Q_1+Q_2=100[l/\mathrm{s}]$이므로

$$Q_1=100\times\frac{1}{1+0.523}\fallingdotseq 65.7[l/\mathrm{s}],\ Q_2=100\times\frac{0.523}{1+0.523}\fallingdotseq 34.3[l/\mathrm{s}]$$

25. 펌프에서 매초 10[l/s]의 유량으로 흘러 나온 물이 분기관을 통과한다. 다음 그림과 같이 관 ①은 직경 10[cm], 길이 50[m]이고 대기중에 개방되며 관 ②는 직경 8[cm], 길이 40[m]이고 관 ①보다 수직높이 2[m] 아래에서 대기 중에 개방된다. 각 관에 배분되는 유량을 구하라. 관마찰계수를 0.025로 하고 관마찰손실 이외의 손실을 무시한다.

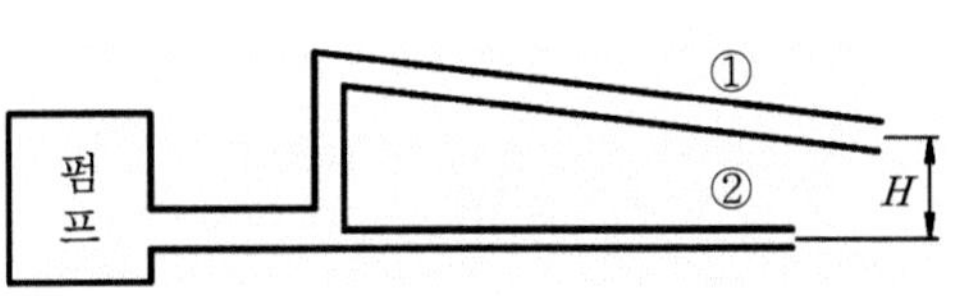

해설

관 ①의 직경을 D_1, 길이를 L_1, 관 속의 평균유속을 V_1, 유량을 Q_1, 관 ②의 직경을 D_2, 길이를 l_2, 관속의 평균유속을 V_2, 유량을 Q라고 하면 관 ①에서의 손실수두 H_{l1}은

연습문제

$$H_{l1} = \lambda \frac{L_1}{D_1} \frac{V_1^{\ 2}}{2g}$$

관 ②에서의 손실수두 H_{l2}는

$$H_{l2} = \lambda \frac{L_2}{D_2} \frac{V_2^{\ 2}}{2g}$$

분기점에서는 양쪽 관의 압력이 같고 관의 출구에서도 압력이 대기압으로 같으며 출구에서 수직높이 차가 H만큼 있으므로

$$H = H_{l2} - H_{l1} = \lambda \frac{L_2}{D_2} \frac{V_2^{\ 2}}{2g} - \lambda \frac{L_1}{D_1} \frac{V_1^{\ 2}}{2g} \qquad ①$$

또

$$Q_1 = \frac{\pi}{4} D_1^{\ 2} V_1 \qquad ②$$

$$Q_2 = \frac{\pi}{4} D_2^{\ 2} V_2 \qquad ③$$

$$Q_1 + Q_2 = Q \qquad ④$$

식 ②에서 V_1, 식 ③에서 V_2를 풀고 식 ①에 대입하면

$$H = \frac{8\lambda}{\pi^2 g} \frac{L_2}{D_2^{\ 5}} Q_2^{\ 2} - \frac{8\lambda}{\pi^2 g} \frac{L_1}{D_1^{\ 5}} Q1^{\ 2} \qquad ⑤$$

식 ④, ⑤에서 Q_1과 Q_2를 미지수로 하는 연립방정식으로 생각하여 푼다. $H = 20[\text{dm}]$, $g = 98[\text{dm/s}^2]$, $L_1 = 500[\text{dm}]$, $D_1 = 1[\text{dm}]$, $L_2 = 400[\text{dm}]$, $D_2 = 0.8[\text{dm}]$, $\lambda = 0.025$, $Q = 10[\text{dm}^2/\text{s}]$를 대입하면

$$20 = \frac{8 \times 0.025}{\pi^2 \times 98} \times \frac{400}{0.8^5} \times Q_2^{\ 2} - \frac{8 \times 0.025}{\pi^2 \times 98} \times \frac{500}{1^5} \times Q_1^{\ 2}$$

$$\therefore \begin{cases} 20 = 0.253 Q_2^{\ 2} - 0.104 Q_1^{\ 2} \\ 10 = Q_1 + Q_2 \end{cases}$$

$Q_1 = 10 - Q_2$를 대입하여

$$\begin{aligned} 20 &= 0.253 Q_2^{\ 2} - 0.104(10 - Q_2)^2 \\ &= 0.253 Q_2^{\ 2} - 10.4 + 2.08 Q_2 - 0.104 Q_2^{\ 2} \end{aligned}$$

따라서

$$0.149 Q_2^{\ 2} + 2.08 Q_2 - 30.4 = 0$$

$$Q_2 = \frac{-1.04 + \sqrt{1.04^2 + 30.4 \times 0.149}}{0.149} \fallingdotseq 9[l/\text{s}]$$

$$Q_1 = 10 - Q_2 = 10 - 9 = 1[l/\text{s}]$$

7장

개수로 유동

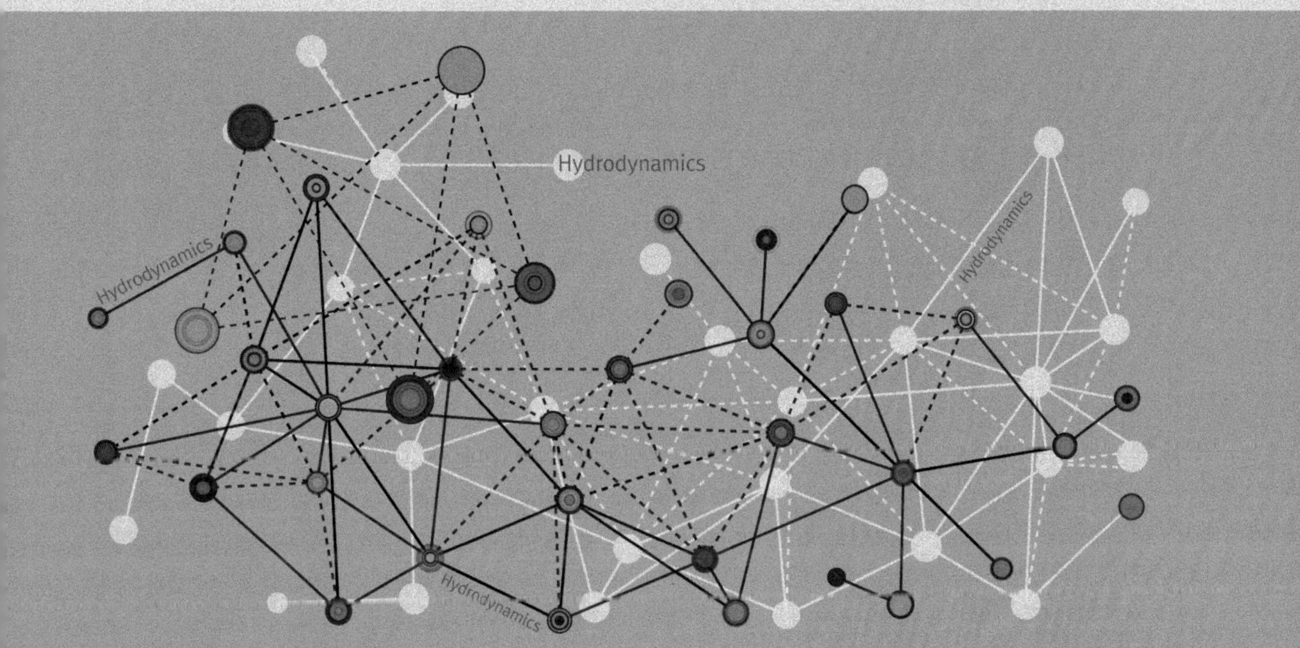
Hydrodynamics
Hydrodynamics
Hydrodynamics
Hydrodynamics

7.1 개수로의 흐름상태

관로와 달리 자유표면 즉, 대기와 접하는 면을 갖는 유로를 **개수로**(open chennel)라고 한다. 관로유동은 유동의 원인이 압력차에 있지만 개수로에서는 압력은 어느 곳이나 대기압이므로 수로의 기울기 즉, 중력의 영향에 의해서만 흐른다. 또, 관 속의 흐름이라도 자유표면을 가질때에는 개수로 유동에 속한다. 개수로의 예로서는 강, 하천, 운하, 하수도 등을 들 수 있다.

7.1.1 층류와 난류

레이놀드 수 : $Re = \dfrac{VR_h}{\nu}$, R_h : 수력반경

층류 : $Re < 500$

난류 : $Re > 2000$

천이영역 : $500 < Re < 2000$

대부분의 개수에서는 수력반경이 크므로 Re 수가 커져서 흐름은 난류이다. 따라서 벽에서의 전단응력은 속도의 제곱에 비례하고 마찰계수는 Re 수에 관계없이 벽의 조도에 의해서만 정해지므로 개수에서는 Re 수가 별로 중요하지 않다.

7.1.2 등류(等流, uniform flow)와 비등류(非等流, nonuniform flow)

(1) 등류(균속도 유동)

유동단면과 깊이가 일정하게 유지되면서 유속이 일정한 흐름이며 가속하려는 힘과 마찰력이 서로 평형을 이룰 때의 흐름이다.

(2) 비등류(비균속도 유동)

유동단면과 깊이가 변함에 따라 유속이 변하는 흐름을 말한다.

개수로 흐름에서 이상유체는 하류로 갈수록 유속이 계속 증가하므로 비등류이지만 실제유체는 비등류로 시작되어 일정한 구간에는 등류를 유지하다가 다시 비등류가 된다.

7.1.3 개수로 흐름의 특성

(1) 수력구배선(H. G. L.)은 항상 수면과 일치한다.

(2) 에너지선(E. L)은 수면보다 속도수두만큼 위에 있다.

(3) 에너지선의 기울기를 S, 개수로를 따르는 길이 L 사이의 손실수두를 H_L이라고 하면 다음 식이 성립한다.

$$S = \frac{H_L}{L} \tag{7-1}$$

(4) 등류에서는 수면과 에너지선이 평행하다. 따라서 수면의 기울기, 수로바닥의 기울기 및 에너지선의 기울기는 모두 같다.

예제 7.1 **다음 중 개수로 흐름과 관계없는 것은?**

㉮ 수력구배선은 항상 수면과 일치한다.
㉯ 등류일 때는 수면, 수로바닥면, 에너지선이 모두 평행하다.
㉰ 중력에 의해서만 흐른다.
㉱ 대부분의 경우 층류이며 Re 수가 마찰계수에 큰 영향을 미친다.

해설 개수로유동은 대부분 Re 수가 커서 난류이고 마찰계수는 Re 수에 관계없이 조도에 의해서만 정해진다.

답 ㉱

예제 7.2 **다음 중 개수로 흐름에 속하지 않는 것은?**

㉮ 강물 ㉯ 하수도물
㉰ 대기의 흐름 ㉱ 관 속에서 자유표면을 갖는 흐름

해설

답 ㉰

7.2 등류 흐름

등류로 흐르는 개수로에서 [그림 7-1]과 같이 개수로의 단면적 A, 거리 L인 자유물체도에 대한 힘의 평형을 생각하자.

등류이므로 수심은 일정하고 단면 ①과 ②에 미치는 압력에 의한 힘 F_1과 F_2는 평형을 이룬다.

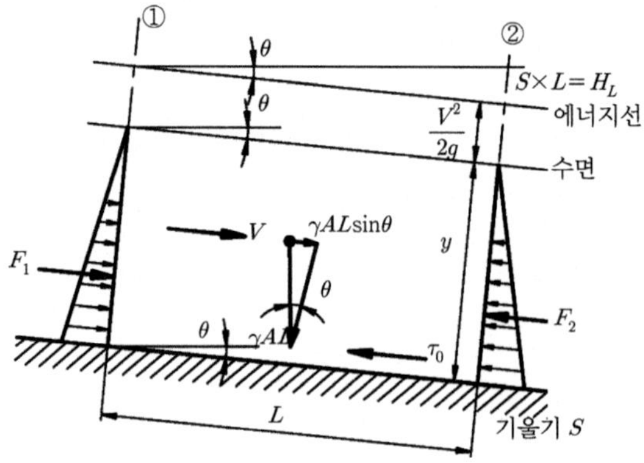

[그림 7-1] 등류 흐름에서의 힘의 평형

따라서 유동방향으로 작용하는 힘은 물의 중량에 대한 유동방향성분 뿐이고 이 힘은 개수로 벽면의 마찰력과 같다. 접수길이를 P, 벽면에서의 평균전단응력을 τ_0라고 하면

$$\gamma AL\sin\theta = \tau_0 PL \tag{7-1}$$

또 $\sin\theta = \dfrac{H_L}{L} = S$이므로 수력반경을 $R_h = \dfrac{A}{P}$로 놓으면

$$\tau_0 = \gamma\left(\frac{A}{P}\right)S = \gamma R_h S \tag{7-2}$$

τ_0를 마찰계수 λ를 써서 $\tau_0 = \lambda' \dfrac{\rho V^2}{2}$으로 놓으면 식(7-2)에서

$$V = \sqrt{\frac{2g}{\lambda'}}\sqrt{R_h \cdot S} \tag{7-3}$$

또 손실수두를 Darcy방정식 $H_L = \lambda \dfrac{L}{4R_h}\dfrac{V^2}{2g}$로 표시하면 $\dfrac{H_L}{L} = S$이므로

$$V = \sqrt{\frac{8g}{\lambda}}\sqrt{R_h \cdot S} \tag{7-4}$$

7.2.1 Chézy의 식

$$V = C\sqrt{R_h \cdot S} \tag{7-5}$$

C : Chézy 상수 또는 유속계수

식(7-4)와 비교하면 $C=\sqrt{\frac{8g}{\lambda}}$ 이고 그 차원은 $L^{\frac{1}{2}}T^{-1}$이다.

Chézy 상수 C는 보통 상대조도만의 함수이며 유량은

$$Q=AC\sqrt{R_h\cdot S} \tag{7-6}$$

7.2.3 Basin의 식

$$C=\frac{87}{1+(\alpha/R_h)} \tag{7-7}$$

여기서 α는 수로의 벽면상태에 따라 정해지는 상수로서 단위는 [m · s]이다.

7.2.4 Ganguillet-Kutter의 식

$$C-\frac{23+\frac{1}{n}+\frac{0.00155}{S}}{1+\frac{n}{\sqrt{R_h}}\left(23+\frac{0.00155}{S}\right)} \tag{7-8}$$

여기서 n은 벽면의 상태에 따라 결정되는 상수로서 단위는 [m · s]이다.

7.2.5 Manning의 식

$$C=MR_h^{\frac{1}{6}} \tag{7-9}$$

여기서 R_h의 단위는 [m]이며 R_h의 단위가 [ft]이면 $C=\frac{1.49}{n}R_h^{\frac{1}{6}}$ 이다.

이 식을 식(7-5)에 대입하면

$$V=MR_h^{\frac{2}{3}}S^{\frac{1}{2}} \tag{7-10}$$

이 식을 **Manning의 식**이라고 한다. 따라서 유량 Q는

$$Q=MAR_h^{\frac{2}{3}}S^{\frac{1}{2}}[\mathrm{m^3/s}]=1.49\mathrm{MAR_h^{\frac{2}{3}}S^{\frac{1}{2}}}\ [\mathrm{ft^3/s}] \tag{7-11}$$

각 공식에서 a, n, M 값은 표 7-1과 같다.

표 7-1 a, n, M 값

벽면의 종류	상 태	a	n	M
목 재	(1) 대패질을 한것 (2) 대패질을 안 한것 (3) 오래된 것	0.06 0.16	0.010~0.012 0.012 0.014	90 80 65~70
콘크리이트	(1) 매끈한 표면(몰탈손질 한 것) (2) 형판을 뗀 그대로의 콘크리이트 (3) 모래가 노출된 조잡한 것	0.06	0.010~0.012 0.015~0.018 0.016~0.020	90~95 50
금 속	(1) 매끈한 것 (2) 리벳트이음	0.06 0.30	0.010 0.015	90~95 55~75
벽 돌	(1) 몰탈손질 한 표면 (2) 몰탈로 붙인 표면	0.16 0.30	0.013 0.015	
석 조	(1) 다듬어 놓은 돌(몰탈로 붙임) (2) 거친 돌(몰탈로 붙임)	0.16 0.46	0.013 0.017	
자연수로	(1) 침식, 수송이 없는 것 (2) 침식, 수송이 있는 것 (3) 침식, 수송이 있으며 잡초가 나 있는 것 (4) 바닥이 모래로서 깊은 것 (5) 자갈 바닥으로서 풀이 난 것		 0.025~0.033 0.030~0.040	40 35 30

예제 7.3 매끈한 표면의 콘크리이트 벽면을 가진 직사각형 단면의 개수로에서 폭이 10[m], 수심이 1.5[m]이다. 기울기가 $\frac{1}{400}$ 일 때 평균유속은 몇 [m/s]인가? 단, Manning의 식을 쓴다.

㉮ 2.34　　㉯ 3.12　　㉰ 4.95　　㉱ 5.87

해설 Manning의 식을 쓰면

$$C = MR_h^{\frac{1}{6}}$$

표 7-1에서 M값은 90~95이므로 90을 택하기로 한다.

또 수력반경은

$$R_h = \frac{A}{P} = \frac{15}{13} \fallingdotseq 1.154[\mathrm{m}]$$

$$\therefore C = MR_h^{\frac{1}{6}}$$

$$= 90 \times (1.154)^{\frac{1}{6}} \fallingdotseq 92.17$$

평균유속은

$$V = C\sqrt{R_h \cdot S}$$

$$= 92.17 \times \sqrt{1.154 \times 2.5 \times 10^{-3}} \fallingdotseq 4.95[\mathrm{m/s}]$$

답 ㉰

예제 7.4 다음 그림과 같은 원형수로에서 수력반경은?

㉮ $R_h = \dfrac{D\left(1-\dfrac{\sin\theta}{\theta}\right)}{4}$

㉯ $R_h = \dfrac{D\sin\theta}{4}$

㉰ $R_h = \dfrac{\pi D\sin\theta}{4}$

㉱ $R_h = \dfrac{D(1-\sin\theta)}{4}$

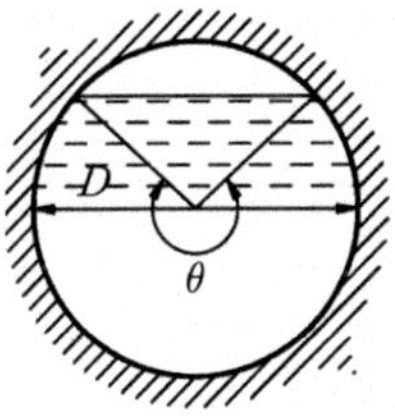

해설 단면적 A와 접수길이 P는

$$A = \frac{D^2}{8}(\theta - \sin\theta),\ \ P = \frac{D}{2}\theta$$

수력반경 R_h는

$$R_h = \frac{A}{P} = \frac{\frac{D^2}{8}(\theta-\sin\theta)}{\frac{D}{2}\theta} = \frac{D\left(1-\frac{\sin\theta}{\theta}\right)}{4}$$

답 ㉮

예제 7.5 직사각형 단면의 개수로에 물이 흐르고 있다. 폭이 5[m], 수심이 1[m]로써 경사가 0.0002인 매끈한 콘크리이트 벽면이라면 유량은 몇 [m³/s]인가?

㉮ 3.8 ㉯ 4.2 ㉰ 5.1 ㉱ 6.5

해설 수력반경 R_h는

$$R_h = \frac{5\times1}{5+2\times1} = \frac{5}{7}[\mathrm{m}]$$

Manning의 식에서 M값은 표 7-1에서 90을 택한다.
식(7-11)에서 유량 Q는

$$Q = MAR_h^{\frac{2}{3}}S^{\frac{1}{2}} = 90\times5\times\left(\frac{5}{7}\right)^{\frac{2}{3}}\times(0.0002)^{\frac{1}{2}} \fallingdotseq 5.1[\mathrm{m/s}]$$

답 ㉰

예제 7.5 폭 1[m], 깊이 0.5[m]인 직사각형 수로의 체지상수가 $C = 60[\mathrm{m}^{1/2}/\mathrm{s}]$이다. 체지-만닝의 식을 이용하여 조도계수 n값을 구하라.

㉮ 0.0121 ㉯ 0.0126 ㉰ 0.0132 ㉱ 0.0138

해설 수력반경 R_h는

$$R_h = \frac{A}{P} = \frac{1\times0.5}{1+2\times0.5} = \frac{0.5}{2} = 0.25[\mathrm{m}]$$

식(7-9)에서 $C = MR_h^{\frac{1}{6}} = \frac{1}{n}R_h^{\frac{1}{6}}$

따라서

$$n = \frac{1}{C}R_h^{\frac{1}{6}} = \frac{1}{60}\times(0.25)^{\frac{1}{6}} \fallingdotseq 0.0132$$

답 ㉰

예제 7.7 다음 그림과 같은 개수로에서 경사도가 0.0005일 때 유량은 몇 [m3/s]인가? 단, 조도계수 n은 0.015이다.

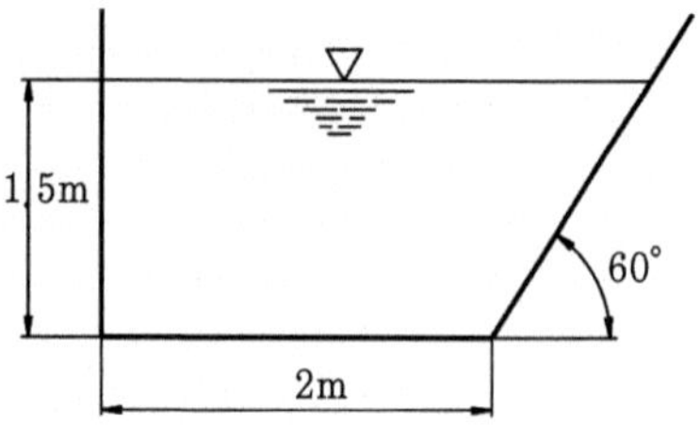

㉮ 3.35 ㉯ 4.28

㉰ 5.21 ㉱ 6.32

해설 단면적 A와 접수길이 P는

$$A = 2\times1.5 + \frac{1}{2}(1.5\times1.5\tan30°) \fallingdotseq 3.65[\text{m}^2]$$

$$P = 2 + 1.5 + \frac{1.5}{\cos30°} \fallingdotseq 5.23[\text{m}]$$

수력반경 R_h는

$$R_h = \frac{A}{P} = \frac{3.65}{5.23} \fallingdotseq 0.698[\text{m}]$$

유량 Q는 식(7-11)에 의해서

$$Q = MAR_h^{\frac{2}{3}}S^{\frac{1}{2}} = \frac{1}{n}AR_h^{\frac{2}{3}}S^{\frac{1}{2}}$$

$$= \frac{1}{0.015}\times3.65\times(0.698)^{\frac{2}{3}}\times(0.0005)^{\frac{1}{2}} \fallingdotseq 4.28[\text{m}^3/\text{s}]$$

답 ㉯

7.3 최적 수력 단면

개수로에서 주어진 기울기와 벽면조건에 대하여 유량을 최대로 하는 단면 즉, 주어진 유량에 대하여 최대 수력반경 또는 최소 접수길이를 갖는 단면을 **최적수력단면**(最適水力斷面, best hydraulic cross section) 또는 **최대효율단면**(最大效率斷面, most efficient cross section)이라고 한다.

수로의 기울기와 벽면조건, 유량이 주어지면 식(7-11)에서 M, Q, S가 상수이므로 이 값을 C로 놓고, 수력반경 $R_h = \dfrac{A}{P}$를 대입하면

$$A = CP^{\frac{2}{5}} \tag{7-12}$$

7.3.1 직사각형 단면 개수로

[그림 7-2]에서 단면적 A는

$$A = by = (P-2y)y = CP^{\frac{2}{5}} \tag{7-13}$$

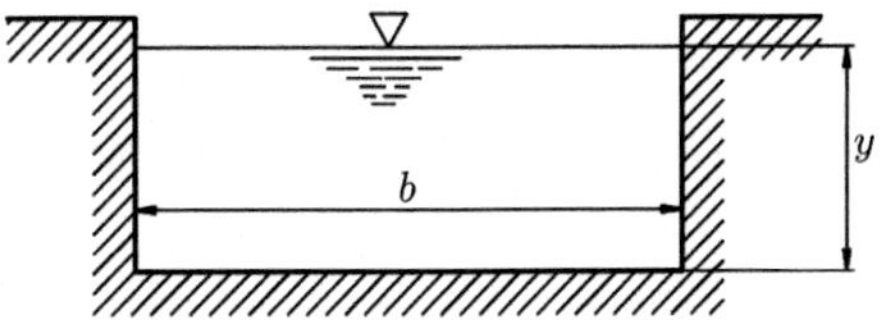

[그림 7-2] 직사각형 단면 개수로

주어진 개수로와 유량에 대하여 최적수력단면이 되려면 접수길이 P가 최소값을 가져야 한다. 식(7-13)에서

$$\left(\frac{dP}{dy}-2\right)y+P-2y=\frac{5}{2}CP^{-\frac{3}{5}}\frac{dP}{dy}$$

$\frac{dP}{dy}=0$으로 놓으면

$$P=4y,\ \ b=2y \tag{7-14}$$

즉, 직사각형 단면의 개수로에서는 폭이 높이의 2배일 때가 최적수력단면이다.

7.3.2 사다리꼴 단면 개수로

[그림 7-3]과 같은 사다리꼴 단면의 개수로에서 단면적 A와 접수길이 P는

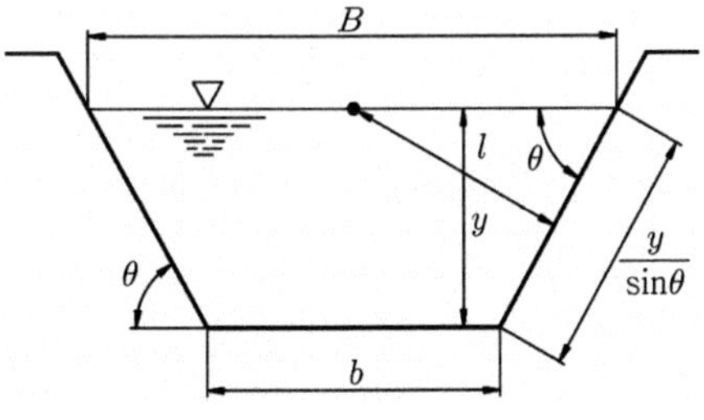

[그림 7-3] 사다리꼴 단면 개수로

$$A=y(b+y\cot\theta) \tag{7-15}$$

$$P=b+\frac{2y}{\sin\theta} \tag{7-16}$$

식(7-15)에서는 b를 식(7-16)에 대입하고 y에 대한 접수길이 P의 극소치를 구하면

$$P = \frac{A}{y} - y\cot\theta + \frac{2y}{\sin\theta}$$

$$\frac{\partial P}{\partial y} = -\frac{A}{y^2} - \cot\theta + \frac{2}{\sin\theta} = 0$$

$$\therefore\ y^2 = \frac{A\sin\theta}{2-\cos\theta} = \frac{(by + y^2\cot\theta)\sin\theta}{2-\cos\theta} \tag{7-17}$$

그러므로

$$b = 2y\left(\frac{1}{\sin\theta} - \cot\theta\right) \tag{7-18}$$

[그림 7-3]에서 수면의 폭 B는

$$B = b + 2y\cot\theta \tag{7-19}$$

식(7-19)에서 식(7-18)을 대입하면

$$B = \frac{2y}{\sin\theta} \tag{7-20}$$

수면의 중앙에서 벽면에 내린 수선의 길이를 l이라고 하면

$$l = \frac{B\sin\theta}{2} = y \tag{7-21}$$

따라서 수로의 밑면과 측벽이 수면의 중앙을 중심으로 하는 원에 접하는 경우가 최적단면이 된다.

또 최적조건의 θ를 구하기 위해서는 A와 y가 일정한 조건하에서 P를 θ로 미분하여 0으로 놓으면 된다. 따라서

$$\frac{1-2\cos\theta}{\sin^2\theta} = 0$$

즉, $\theta = 60°$가 된다. $\theta = 60°$이면 식(7-17)에서 $A = \sqrt{3}\,y^2$이고 식(7-15)에서

$A = y\left(b + \frac{y}{\sqrt{3}}\right)$이므로

$$\sqrt{3}\,y^2 = y\left(b + \frac{y}{\sqrt{3}}\right)$$

$$\therefore\ y = \frac{\sqrt{3}}{2}b \tag{7-22}$$

이 때 측변의 길이를 구해보면

$$\frac{y}{\sin\theta} = b \tag{7-23}$$

따라서 사다리꼴 단면의 최적조건은 $\theta = 60°$일 때 $B = 2b$인 경우 즉, 정육각형의 절반과 같은 형상일 때이다.

7.3.3 원형수로

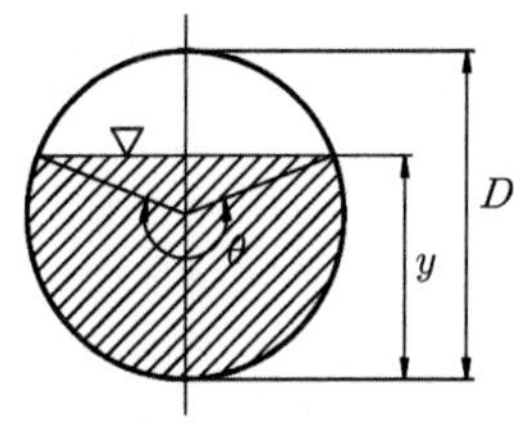

[그림 7-4] 원형수로

원관이라도 물이 관 속을 꽉 차서 흐르지 않을 때에는 개수로로 취급하며 이것을 **원형수로**라고 한다.

[그림 7-4]와 같은 원형수로에서 단면적 A가 일정한 때 유속 V와 유량 Q를 최대로 하는 각 θ의 조건은

$$\theta - 2\sin\theta + \theta\cos\theta = 0 \tag{7-24}$$

즉, $\theta = 180°$일 때이다.

또 원의 지름 D가 주어질 때 유속 V가 최대가 되는 각 θ의 조건은

$$\tan\theta = \theta \tag{7-25}$$

즉, $\theta = 257°30'$일 때이다.

유량 Q가 최대일 경우의 θ는

$$2\theta - 3\theta\cos\theta + \sin\theta = 0 \tag{7-26}$$

에서 $\theta = 308°10'$(5.3785rad)이다.

또 원형수로에서 단면을 꽉 차서 흐를 때의 유량을 Q_f, 유속을 V_f라고 하여 $\frac{Q}{Q_f}$와 $\frac{V}{V_f}$를 구하면 이 값은 $\frac{y}{D}$만의 함수로서 [그림 7-5]와 같이 된다. 이와 같은 곡선을 **수리특성곡선**

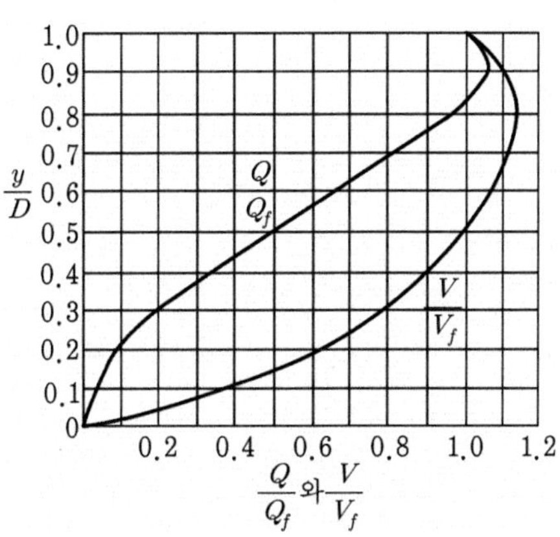

[그림 7-5] 수리특성곡선

(hydraulic c-haracteristic curve)이라고 한다.

이 곡선에 의하면 유량은 $y=0.94D$일 때 최대이고 유속은 $y=0.8D$일 때 최대이다.

예제 7.8 **최적수력단면이란?**

㉮ 주어진 유량에 대해 단면적을 최대로 하는 단면

㉯ 벽면조도가 가장 작은 단면

㉰ 주어진 단면에 대해 기울기가 가장 큰 단면

㉱ 주어진 수로와 유량에 대해 접수길이를 최소로 하는 단면

해설 최적수력단면이란 주어진 개수로의 기울기와 벽면조건에 대하여 유량을 최대로 하는 단면 즉, 최대수력반경 또는 최소접수길이를 갖는 단면을 말한다. 답 ㉱

예제 7.9 **직사각형 수로에서 마찰저항을 작게 하는 가장 경제적인 단면은? 단, 수로의 폭을 b, 수심을 y라고 한다.**

㉮ $b=\frac{1}{2}y$ ㉯ $b=\frac{3}{2}y$ ㉰ $b=\frac{3}{2}y$ ㉱ $b=2y$

해설 식(7-14)에 의하면 $b=2y$ 답 ㉱

예제 7.10 **개수로에서 수심을 y라고 하면 최대유속은 수면으로부터 y의 몇 배인 곳이 되는가?**

㉮ $(0.1\sim0.2)y$ ㉯ $(0.1\sim0.4)y$ ㉰ $(0.1\sim0.6)y$ ㉱ $(0.3\sim0.6)y$

해설 개수로에서 최대유속은 수면에서 $(0.1\sim0.4)y$ 되는 지점의 유속이며 평균유속은 수면에서 $0.632y$ 되는 지점의 유속이다. 정확한 평균유속은 수면에서 $0.2y$ 및 $0.8y$인 두 지점의 평균유속이 되며 일반적으로 0.5~3[m/s]이다. 답 ㉯

예제 7.11 **그림 7-3와 같은 사다리꼴 단면에서 최적조건은?**

㉮ $B=2y$ ㉯ $y=\frac{2}{\sqrt{3}}=b$ ㉰ $B=2b$ ㉱ $y=b$

해설 사다리꼴 단면의 최적조건은 $B=2b$, $\theta=60°$ 즉, $y=\frac{\sqrt{3}}{2}=b$일 때이다. 답 ㉰

예제 7.12 **그림 7-4와 같은 원형수로에서 단면적이 일정할 때 유량을 최대로 하는 각 θ는?**

㉮ 120° ㉯ 150° ㉰ 180° ㉱ 270°

해설 식(7-24)에서 θ를 구하면 $\theta=180°$이다. 답 ㉰

예제 7.13 그림 7-4와 같은 원형수로에서 유속을 최대로 하는 조건은?

㉮ $y=0.6D$ ㉯ $y=0.7D$ ㉰ $y=0.8D$ ㉱ $y=0.9D$

해설 최대유속은 $y=0.8D$일 때이고 최대유량은 $y=0.94D$일 때이다. 답 ㉰

7.4 비에너지, 상류와 사류

7.4.1 비에너지(specific energy)

수로의 바닥에서 에너지선(E.L.)까지의 높이를 **비에너지**라고 하며 수심을 y라고 하면 비에너지는 E는

$$E=y+\frac{V^2}{2g} \tag{7-27}$$

직사각형 수로에서 단위폭당 유량은 $q=V\cdot y$이므로

$$E=y+\frac{q^2}{2gy^2} \tag{7-28}$$

따라서 단위폭당 유량 q는

$$q=y\sqrt{2g(E-y)} \tag{7-29}$$

[그림 7-6]은 식(7-28)에서 유량이 일정한 경우를 나타낸 것이며 [그림 7-7]은 식(7-29)에서 비에너지 E가 일정한 경우를 나타낸 것이다.

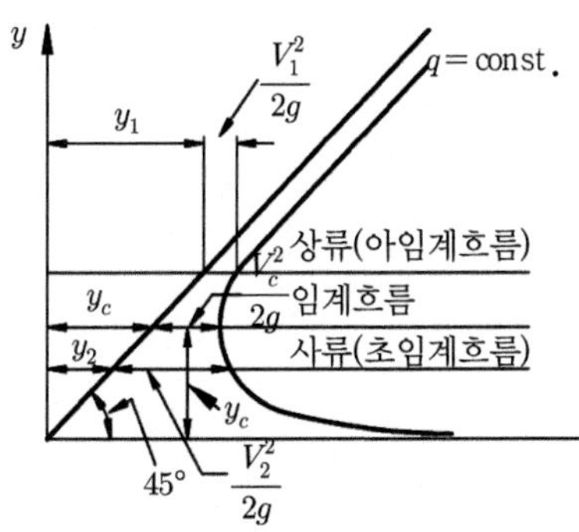

[그림 7-6] 상류와 사류

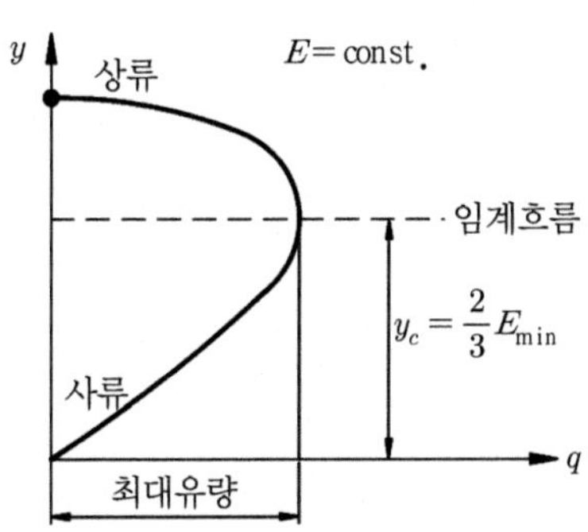

[그림 7-7] 임계수심과 상류 및 사류와의 관계

7.4.2 임계깊이(critical depth)

비에너지 E가 최소일 때의 수심 y_c를 구하면 $\frac{dE}{dy}=0$으로부터

$$y_c = \sqrt[3]{\frac{q^2}{g}} = \frac{2}{3}E_{\min} \tag{7-30}$$

7.4.3 임계속도(critical velocity)

[그림 7-6]과 [그림 7-7]에서 보면 비에너지 최소(유량일정) 또는 유량최대(비에너지 일정)의 상태는 모두 동일한 임계상태이다. 이 때의 유속을 **임계유속**이라고 한다.

$$V_c = \frac{q}{y_c} = \sqrt{gy_c} \tag{7-31}$$

7.4.4 상류(tranquil flow)

$$V < V_c,\ y > y_c \tag{7-32}$$

7.4.5 사류(rapid flow)

$$V > V_c,\ y < y_c \tag{7-33}$$

7.4.6 공액깊이(alternate depth)

[그림 7-6]에서 임계점을 제외하고는 같은 비에너지를 갖는 깊이는 상류와 사류에서 각각 하나씩 두 개가 존재한다. 이들 두 개의 깊이를 **공액깊이**라고 한다.

예제 7.14 폭 5[m]인 직사각형 수로에서 10[m³/s]의 물이 흐르고 있을 때 임계수심은 몇 [m]인가?

㉮ 0.46　　㉯ 0.52　　㉰ 0.66　　㉱ 0.74

해설 임계수심은 식(7-30)에 의해서

$$y_c = \sqrt[3]{\frac{q^2}{g}}$$

$$= \sqrt[3]{\frac{\left(\frac{10}{5}\right)^2}{9.8}} \fallingdotseq 0.74[\text{m}]$$

답 ㉱

예제 7.15 예제 14에서 임계유속은 몇 [m/s]인가?

㉮ 1.41 ㉯ 2.69 ㉰ 3.55 ㉱ 4.28

해설 $V_c = \sqrt{gy_c}$

$= \sqrt{9.8 \times 0.74} \fallingdotseq 2.69[\text{m/s}]$

답 ㉯

예제 7.16 콘크리이트 다듬질한 폭 5[m]인 직사각형 수로에서 10[m^3/s]의 물이 흐르고 있다. 수심 1.2[m]를 유지하기 위한 개수로의 기울기는 얼마이며 또 상류인가? 사류인가? 단, Manning의 공식에서 $M = \frac{1}{n} = 90$이다.

㉮ 2.65×10^{-3}, 사류 ㉯ 4.21×10^{-3}, 상류

㉰ 2.42×10^{-4}, 사류 ㉱ 4.54×10^{-4}, 상류

해설 Manning의 식에서 유량 Q는

$$Q = MAR_h^{\frac{2}{3}} S^{\frac{1}{2}}$$

수력반경 R_h는

$$R_h = \frac{A}{P} = \frac{by}{b+2y} = \frac{5 \times 1.2}{5 + 2 \times 1.2} = \frac{6}{7.4}[\text{m}]$$

$$M = 90$$

$$A = 5 \times 1.2 = 6[\text{m}^2]$$

$$\therefore S = \left(\frac{Q}{MAR_h^{\frac{2}{3}}}\right)^2 = \left[\frac{10}{90 \times 6 \times \left(\frac{6}{7.4}\right)^{\frac{2}{3}}}\right]^2 \fallingdotseq 4.54 \times 10^{-4}$$

임계수심은

$$y_c = \sqrt[3]{\frac{q^2}{g}} = \sqrt[3]{\frac{\left(\frac{10}{5}\right)^2}{9.8}} \fallingdotseq 0.74[\text{m}]$$

$y = 1.2[\text{m}] > y_c = 0.74[\text{m}]$이므로 흐름은 상류이다.

답 ㉱

예제 7.17 폭 5[m]인 직사각형 수로에서 유속이 1.2[m/s]로써 10[m^3/s]의 물이 흐를 때 비에너지는 몇 [m]인가?

㉮ 1.74 ㉯ 2.36 ㉰ 3.11 ㉱ 4.54

해설 유속 V는

$$V = \frac{Q}{by}$$

수심 y는

$$y = \frac{Q}{bV} = \frac{10}{5 \times 1.2} = \frac{5}{3}[\text{m}]$$

비에너지는 E는

$$E = y + \frac{V^2}{2g} = \frac{5}{3} + \frac{1.2^2}{2\times 9.8} \fallingdotseq 1.74[\mathrm{m}]$$

답 ㉮

7.5 수력도약

개수로 유동에서 사류가 상류로 변할 때 수심이 깊어지는데 이것은 곧 운동에너지가 위치에너지로 변하는 현상이다. 이 현상을 **수력도약**(Rydraulic jump)이라고 한다.

7.5.1 발생조건

(1) 개수로의 경사가 급경사에서 완만한 경사로 변할 때

(2) 사류에서 상류로 변할 때

7.5.2 수력도약이 발생한 후의 수심

[그림 7-8]에서 수력도약이 발생한 후의 수심 y_2는

$$y_2 = \frac{y_1}{2}\left[-1 + \sqrt{1 + (8q^2/gy_1^3)}\,\right] \qquad (7\text{-}34)$$

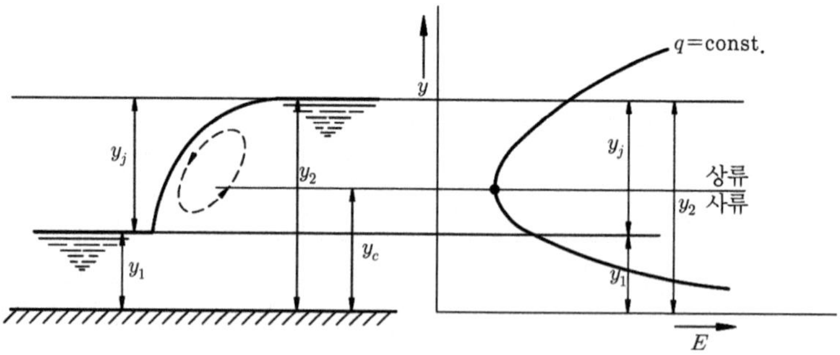

[그림 7-8] 수력도약

또는

$$y_2 = \frac{y_1}{2}\left(-1 + \sqrt{1 + \frac{8V_1^2}{gy_1}}\right) \qquad (7\text{-}35)$$

7.5.3 수력도약에 의한 손실수두

$$H_L = \frac{(y_2 - y_1)^3}{4y_1y_2} \tag{7-36}$$

식(7-34)와 식(7-35)로부터 다음과 같은 관계를 알 수 있다.

(1) $\dfrac{q^2}{gy_1^3} = 1,\ \left(\dfrac{V_1^2}{gy_1} = F = 1\right)$이면 $y_1 = y_2$

(2) $\dfrac{q^2}{gy_1^3} > 1,\ \left(\dfrac{V_1^2}{gy_1} = F > 1\right)$이면 $y_1 < y_2$

(3) $\dfrac{q^2}{gy_1^3} < 1,\ \left(\dfrac{V_1^2}{gy_1} = F < 1\right)$이면 $y_1 > y_2$

수력도약이 발생하면 $y_1 < y_2$이므로 (2)의 경우가 수력도약의 발생조건이다.

예제 7.18 수력도약이 발생하기 전과 후의 수심이 각각 3[m]와 5[m]이었다. 수력도약에 의한 손실수두는 몇 [m]인가?

㉮ 0.133　　㉯ 0.423　　㉯ 1.212　　㉰ 1.683

해설 식(7-36)에 의하면

$$H_L = \frac{(y_2 - y_1)^3}{4y_1y_2} = \frac{(5-3)^2}{4\times3\times5} = 0.133[\text{m}]$$

답 ㉮

예제 7.19 수력도약이 발생하기 전의 수심은 2[m], 유속은 5[m/s]이다. 수력도약이 발생한 후의 수심은 몇 [m]인가?

㉮ 2.35　　㉯ 3.42　　㉰ 4.27　　㉱ 5.05

해설 $F = \dfrac{V_1^2}{gy_1} = \dfrac{5^2}{9.8\times2} \fallingdotseq 1.28 > 1$

따라서 수력도약이 발생한다. 수력도약 발생 후의 수심 y_2는 식(7-35)로부터

$$y_2 = \frac{y_1}{2}\left(-1 + \sqrt{1 + \frac{8V_1^2}{gy_1}}\right)$$

$$= \frac{2}{2}\left(-1 + \sqrt{1 + \frac{8\times5^2}{9.8\times2}}\right) \fallingdotseq 2.35[\text{m}]$$

답 ㉮

예제 7.20 **다음 중 수력도약의 발생조건이 아닌 것은? 단, F는 푸루우드 수, q는 단위폭당 유량, g는 중력가속도, y_1과 V_1은 수력도약 발생 전의 수심과 유속, y_2는 수력도약 발생 후의 수심이다.**

㉮ $F > 1$　　㉯ $\dfrac{g^2}{gy_1^3} > 1$　　㉰ $y_1 > y_2$　　㉱ $\dfrac{V_2}{gy_1} > 1$

해설 식(7-34)로부터 수력도약 발생조건 즉, $y_1 < y_2$가 되려면

$$\frac{q^2}{gy_1^3} > 1,$$

또는 식(7-35)로부터

$$\frac{V_1^2}{gy_1} = F > 1$$

답 ㉰

7.6 중력파의 전파속도

액체표면에 발생한 파동의 전파속도는 중력가속도 g와 유체의 깊이 y의 함수이므로 이 파동을 **중력파**(gravity wave)라고 한다. 이 중력파의 전파속도 C는

$$C = \sqrt{gy} \tag{7-37}$$

연습문제

기초문제

1. 개수로유동에서 등류는?

㉮ 이상유체에서만 생각할 수 있다.
㉯ 이상유체에서 급경사가 완만한 경사로 변할 때 얻을 수 있다.
㉰ 실제유체에서 유체의 마찰력과 가속하려는 힘이 평형을 이룰 때 얻을 수 있다.
㉱ 실제유체에서 완만한 경사가 급경사로 변할 때 얻을 수 있다.

해설 답 ㉰

개수로유동에서 등류는 유동단면과 깊이가 일정하게 유지되면서 유속이 일정한 흐름이며 가속하려는 힘과 마찰력이 서로 평형을 이룬다.

2. 폭이 0.5[m]인 직사각형 수로의 수심이 0.4[m]일 때 수력반경은 몇 [m]인가?

㉮ 0.154 ㉯ 0.122 ㉰ 0.101 ㉱ 0.094

해설 답 ㉮

$$R_h = \frac{A}{P} = \frac{0.5 \times 0.4}{0.5 + 2 \times 0.4} \fallingdotseq 0.154[\text{m}]$$

3. 직경 D인 원관에 물이 꽉 차서 흐를 때의 수력반경은?

㉮ $\frac{D}{2}$ ㉯ $2D$ ㉰ $4D$ ㉱ $\frac{D}{4}$

해설 답 ㉱

$$R_h = \frac{A}{P} = \frac{\pi D^2/4}{\pi D} = \frac{D}{4}$$

4. 다음 설명 중 틀린 것은?

㉮ 개수로유동에서 정상류의 등류일 때 수로면, 자유표면, 에너지선은 모두 평행하다.
㉯ 개수로유동에서 정상류, 등류일 때 수력구배선과 수면을 일치한다.
㉰ 최적단면이란 주어진 유량에서의 최소단면적을 갖는 단면이다.
㉱ 개수로에서의 표면파는 상류일 때 하류쪽으로 흐른다.

연습문제

해설 답 ㉱

표면파는 상류(常流)일 때는 상류(上流)로, 사류일 때는 하류쪽으로 흐른다.

5. 상류(常流)를 얻을 수 있는 조건은? 단, F는 프루우드 수이다.

㉮ $F > 1$ ㉯ $F < 1$ ㉰ $F > 0$ ㉱ $F < 0$

해설 답 ㉯

유동속도가 기본파의 전파속도보다 느린 경우이며 $F<1$일 때 일어난다.

6. 아임계 흐름이란?

㉮ 임계깊이 이상일 때 ㉯ 임계깊이 이하일 때

㉰ 임계깊이일 때 ㉱ 프루우드 수가 1보다 클 때

해설 답 ㉮

아임계 흐름이란 상류를 말하며 수심이 임계깊이 보다 깊은 경우이며 $F<1$일 때 일어난다.

7. 폭이 b, 수심이 h인 직사각형 개수로의 최적단면은?

㉮ $b = 2h$ ㉯ $b = 3h$ ㉰ $b = \frac{h}{2}$ ㉱ $b = \frac{h}{3}$

해설 답 ㉮

식(7−14)에 의하면 최적조건은 $b=2y$이다.

8. 개수로 유동에서 임계깊이 y_c는? 단, g는 중력가속도, q는 단위폭당 유량이다.

㉮ $y_c = (gq^2)^{\frac{1}{2}}$ ㉯ $y_c = \left(\frac{q^2}{g}\right)^{\frac{1}{3}}$ ㉰ $y_c = \left(\frac{q^2}{g}\right)^{\frac{1}{2}}$ ㉱ $y_c = (gq^2)^{\frac{1}{3}}$

해설 답 ㉯

식(7−30)에 의하면

$$y_c = \left(\frac{q^2}{g}\right)^{\frac{1}{3}}$$

기초문제

9. 개수로 유동에서 임계유속은? 단, g는 중력가속도, y_c는 임계깊이이다.

㉮ $V_c = \sqrt{gy_c}$　　㉯ $V_c = (gy_c)^{\frac{1}{3}}$　　㉰ $V_c = (gy_c)^2$　　㉱ $V_c = (gy_c)^3$

해설 　　답 ㉮

식(7−31)에 의하면

$V_c = \sqrt{gy_c}$

10. 다음 그림과 같은 사다리꼴 개수로에서 유량이 10[m³/s]라면 마닝의 조도계수 n은 얼마인가? 단, 기울기는 0.004이다.

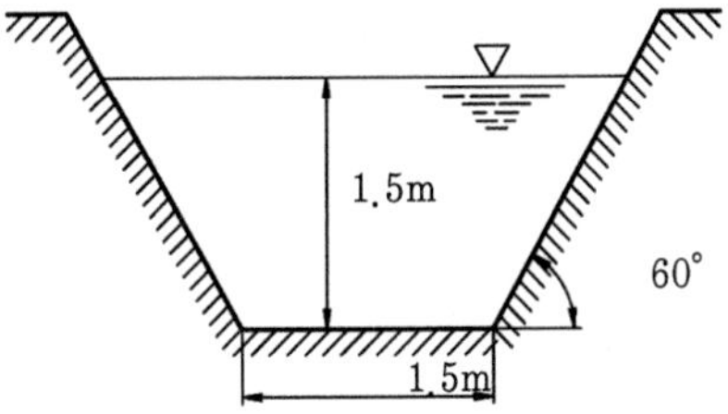

㉮ 0.01795　　㉯ 0.02134

㉰ 0.02539　　㉱ 0.03111

해설 　　답 ㉮

$$Q = \frac{1}{n} A R_h^{\frac{2}{3}} S^{\frac{1}{2}}$$

$$A = \left\{1.5 + 2\left(\frac{1.5}{\sin 60^\circ} \cdot \cos 60^\circ\right) + 1.5\right\} \times 1.5/2 \fallingdotseq 3.55[\text{m}^2]$$

$$R_h = \frac{A}{P} = \frac{3.55}{1.5 + 2 \times \dfrac{1.5}{\sin 60^\circ}} \fallingdotseq 0.715$$

$$\therefore 10 = \frac{1}{n} \times 3.55 \times 0.715^{\frac{2}{3}} \times 0.004^{\frac{1}{2}}$$

$$n = \frac{1}{10} \times 3.55 \times 0.715^{\frac{2}{3}} \times 0.004^{\frac{1}{2}} \fallingdotseq 0.01795$$

11. 다음 그림과 같은 사다리꼴 단면의 개수로에 물이 20[m³/s]로 흐를 때 비에너지는?

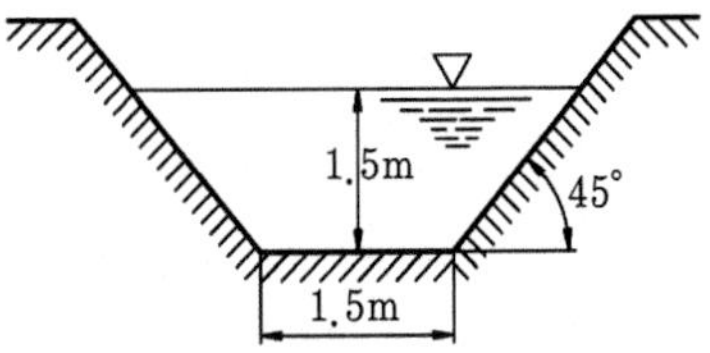

㉮ 3.05m　　㉯ 2.92m

㉰ 2.49m　　㉱ 1.84m

해설 　　답 ㉰

연습문제

단면적 $A = 1.5^2 + 1.5^2 = 4.5[\mathrm{m}^2]$

$$V = \frac{Q}{A} = \frac{20}{4.5} \fallingdotseq 4.4[\mathrm{m/s}]$$

비에너지 $E = y + \dfrac{V^2}{2g} = 1.5 + \dfrac{4.4^2}{2 \times 9.8} \fallingdotseq 2.49[\mathrm{m}]$

12. 폭이 8[m], 수심이 3[m]인 직사각형 단면의 개수로에서 수로면의 기울기가 0.002, 조도계수 n = 0.015일 때 유속은 몇 [m/s]인가?

㉮ 4.96 ㉯ 4.27 ㉰ 3.78 ㉱ 3.55

해설 답 ㉯

Chezy 계수는

$$C = \frac{1}{n} R_h^{\frac{1}{6}}$$

$$= \frac{1}{0.015} \left(\frac{24}{8 + 2 \times 3} \right)^{\frac{1}{6}} \fallingdotseq 72.9$$

$$V = C\sqrt{R_h \cdot S}$$

$$= 72.9 \times \sqrt{\frac{24}{8 + 2 \times 3} \times 0.002} \fallingdotseq 4.27[\mathrm{m/s}]$$

13. 개수로 유동에서 $\dfrac{\partial V}{\partial S} = 0$으로 나타낼 수 있는 흐름은? 단, V는 속도벡터, S는 변위이다.

㉮ 상류 ㉯ 사류 ㉰ 정상류 ㉱ 등류

해설 답 ㉱

유동단면과 깊이가 일정하게 유지되면서 유속이 일정한 흐름을 등류 또는 균속도유동이라고 한다.

14. 임계깊이는?

㉮ 주어진 유량에 대해 비에너지가 최대인 깊이

㉯ 주어진 비에너지에 대해 유량이 최소인 깊이

㉰ 비에너지와 유량이 일정할 때 최대깊이

㉱ 주어진 유량에 대해 비에너지가 최소인 깊이

해설 답 ㉱

$$y_c = \frac{2}{3}E_{\min} \text{ 또는 } y_c = \left(\frac{q^2}{g}\right)^{\frac{1}{3}}$$

15. 개수로유동에서 수력도약이 일어나는 경우는?

㉮ 수로의 폭이 넓었다가 좁아질 때

㉯ 수로의 기울기가 변하지 않을 때

㉰ 수로의 경사가 급경사에서 완만한 경사로 변할 때

㉱ 수로의 경사가 완만한 경사에서 급경사로 변할 때

해설 답 ㉰

수력도약은 개수로의 경사가 급경사에서 완만한 경사로 변할 때 또는 사류에서 상류로 변할 때 발생한다.

16. 직사각형 개수로에서 깊이에 비하여 폭이 매우 넓을 때 수력반경은? 단, y는 수심이다.

㉮ y ㉯ $\frac{2}{3}y$ ㉰ $\frac{y}{2}$ ㉱ $\frac{y}{3}$

해설 답 ㉮

폭을 b라고 하면

$$R_h = \frac{by}{b+2y}$$

문제에서 $b \gg y$인 경우라고 하였으므로

$$R_h \fallingdotseq \frac{by}{b} = y$$

17. 직사각형 개수로 유동에서 단위 폭당의 유량이 3[m³/s]일 때 임계깊이는 몇 [m]인가? 단, 등류이다.

㉮ 0.685 ㉯ 0.762 ㉰ 0.854 ㉱ 0.972

해설 답 ㉱

$$y_c = \left(\frac{q^2}{g}\right)^{\frac{1}{3}} = \left(\frac{2^2}{9.8}\right)^{\frac{1}{3}} \fallingdotseq 0.972[\text{m}]$$

연습문제

18. 수력도약이 일어나기 전 · 후의 수심이 각각 2[m], 8[m]일 때 수력도약으로 인한 손실수두는?

㉮ 3.375[m]　　㉯ 3.831[m]　　㉰ 4.236[m]　　㉱ 4.754[m]

해설　답 ㉮

$$H_L = \frac{(y_2 - y_1)^3}{4y_1y_2} = \frac{(8-2)^3}{4\times2\times8} = 3.375[\text{m}]$$

19. 수력도약에 관한 사항 중 틀린 것은?

㉮ 수력도약이 일어나기 전의 유속과 수심을 각각 V_1, y_1이라고 할 때 수력도약이 일어나는 조건은 $V_1 > \sqrt{gy_1}$ 이다.

㉯ 수력도약이 일어나면 유속은 감소한다.

㉰ 수력도약이 일어나면 수심은 갑자기 증가한다.

㉱ 수력도약이 생긴 직후에는 급류(shooting flow)가 생긴다.

해설　답 ㉱

수력도약 직후에는 급류가 생기지 않고 유속이 느려지고 수심이 깊어진다.

20. 수력도약이 일어나기 전의 유속과 수심이 각각 5[m/s], 0.4[m]일 때 수력도약이 일어난 후의 수심은 몇 [m]인가?

㉮ 0.781　　㉯ 0.913　　㉰ 1.104　　㉱ 1.243

해설　답 ㉱

$$y_2 = \frac{y_1}{2}\left(-1+\sqrt{1+\frac{8V_1^{\,2}}{gy_1}}\right)$$

$$= \frac{0.4}{2}\left(-1+\sqrt{1+\frac{8\times5^2}{9.8\times0.4}}\right) = 1.243[\text{m}]$$

21. 수심을 y라고 할 때 개수로의 유동속도가 가장 빠른 곳은? 단, y는 수심이다.

㉮ 수로의 바닥(y)　　㉯ 자유표면($y=0$)

㉰ 수심의 절반되는 지점($0.5y$)　　㉱ 수면에서 $(0.1 \sim 0.4)y$인 지점

해설 답 ㉱

개수로 단면 내의 속도분포는 균일하지 않고 벽면가까이는 속도가 느리며 벽면에서 먼 곳은 빠르다. 보통 수로의 속도분포는 단면 형상에 따라 변하지만 최대속도는 수면에서 $(0.1 \sim 0.4)y$인 지점의 속도이다.

22. 사다리꼴 개수로에서 최적단면은?

㉮ 수심이 단면적의 1/2되는 단면형 ㉯ 정육각형의 절반되는 단면형
㉰ 수심이 밑면의 1/2이 되는 단면형 ㉱ 수심이 밑면과 같은 단면형

해설 답 ㉯

최적사다리꼴 단면은 밑면과 경사면의 길이가 같을 때이다. 따라서 정답은 정육각형의 절반인 단면형이다.

23. 다음 중 중력파의 전파속도를 바르게 나타낸 것은? 단, g는 중력가속도, y는 수심이다.

㉮ $C = \sqrt{gy}$ ㉯ $C = \dfrac{y}{g}$ ㉰ $C = (gy)^2$ ㉱ $C = \left(\dfrac{y}{g}\right)^2$

해설 답 ㉮

중력파의 전파속도는 중력가속도와 유체의 깊이에 관계되며 $C = \sqrt{gy}$ 로 표시된다.

24. 공액깊이에 관한 내용 중 맞는 것은?

㉮ 공액깊이는 임계점에서만 정의될 수 있다.
㉯ 공액깊이는 아임계흐름에서만 존재한다.
㉰ 공액깊이는초임계흐름에서만 존재한다.
㉱ 같은 비에너지 값에 대한 아임계흐름과 초임계흐름에서의 깊이를 말한다.

해설 답 ㉱

임계점을 제외하고는 같은 비에너지 값을 갖는 깊이는 아임계흐름과 초임계흐름에서 각각 하나씩 두 개의 깊이가 존재하는데 이것을 공액깊이라고 한다.

연습문제

25. 다음 그림과 같은 개수로에서 등류흐름일 경우의 유량 Q는?

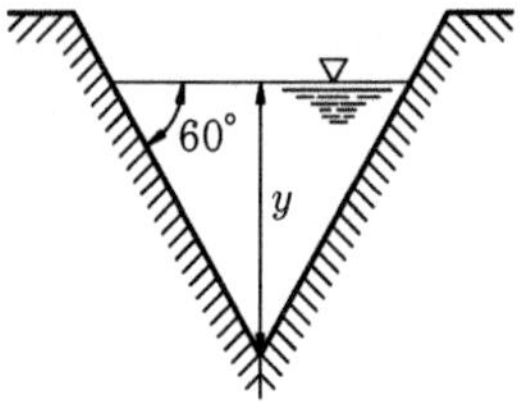

㉮ $y^{\frac{5}{3}}$에 비례한다. ㉯ $y^{\frac{7}{3}}$에 비례한다.

㉰ $y^{\frac{8}{3}}$에 비례한다. ㉱ $y^{\frac{10}{3}}$에 비례한다.

해설 답 ㉰

$Q=\frac{1}{n}AR_h^{\frac{2}{3}}S^{\frac{1}{2}}$에서 y값과 관계되는 것은 단면적 A와 수력반경 R_h이다. 따라서,

$$Q\backsim AR_h^{\frac{2}{3}}=A\left(\frac{A}{P}\right)^{\frac{5}{3}}=A^{\frac{2}{3}}P^{-\frac{2}{3}}$$

$$A=\frac{y^2}{\sqrt{3}} \quad \therefore A\backsim y^2$$

$$P=\frac{4}{\sqrt{3}}y \quad \therefore P\backsim y$$

따라서,

$$Q\backsim(y^2)^{\frac{5}{3}}\cdot(y)^{-\frac{2}{3}}=y^{\frac{8}{3}}$$

$\therefore y^{\frac{8}{3}}$에 비례한다.

26. 수심이 0.8[m]인 개수로를 물이 단위폭당 4[m^3/s]로 흐를 때 수력도약을 일으킬 수 있는 깊이는 몇 [m]인가?

㉮ 1.38 ㉯ 1.66 ㉰ 2.05 ㉱ 2.45

해설 답 ㉯

$$V_1=\frac{q}{y_1}=\frac{4}{0.8}=5[\text{m/s}]$$

$$\frac{V_1^{\ 2}}{gy_1}=\frac{5^2}{9.8\times0.8}\fallingdotseq 3.2>1$$

따라서 수력도약이 발생한다. 수력도약 발생 후의 수심 y_2는

$$y_2=\frac{y_1}{2}\left(-1+\sqrt{1+\frac{8V_1^{\ 2}}{gy_1}}\right)=\frac{0.8}{2}\left(-1+\sqrt{1+8\times3.2}\right)\fallingdotseq 1.66[\text{m}]$$

기초문제

27. 원형수로에서 유량이 최대가 되는 경우에 수심 y와 지름 D의 관계 중 맞는 것은?

㉮ $y=0.98D$ ㉯ $y=0.94D$ ㉰ $y=0.86D$ ㉱ $y=0.80D$

해설 답 ㉯

[그림 7–5]의 수리특성곡선에서 보면 $\frac{y}{D}=0.94$인 경우 유량이 최대이다.

28. 원형수로에서 유속이 최대인 경우에 수심 y와 지름 D의 관계 중 맞는 것은?

㉮ $y=0.98D$ ㉯ $y=0.94D$ ㉰ $y=0.86D$ ㉱ $y=0.80D$

해설 답 ㉱

[그림 7–5]의 수리특성곡선에서 보면 $\frac{y}{D}=0.80$인 경우 유속이 최대이다.

29. 사류의 유속이 수로 밑면의 기울기에 의하여 결정되는 유속(Chézy의 식)보다 클 때에는 갑자기 상류로 변한다. 이 현상은?

㉮ 아음속흐름 ㉯ 수력도약 ㉰ 수격작용 ㉱ 임계흐름

해설 답 ㉯

사류의 유속이 수로 밑면의 기울기에 의해 결정되는 유속보다 클 때 그 사류는 불안정하고 흐름은 도중에서 상류로 갑자기 변화하는데 이 현상은 수력도약(hydraulic jump)이라고 한다.

30. 직사각형 수로에서 매분 5[m^3]의 물을 수송하려고 한다. 마찰저항을 최소로 하기 위한 수심 y와 폭 b는 몇 [m]인가? 단, 수로의 기울기는 0.002, Manning의 조도계수 $M=\frac{1}{n}=95$이다.

㉮ $y=1.06,\ b=2.12$ ㉯ $y=1.45,\ b=2.90$

㉰ $y=1.63,\ b=3.26$ ㉱ $y=1.84,\ b=3.68$

해설 답 ㉮

직사각형 수로의 최적조건은 $b=2y$이므로

$$R_h=\frac{by}{b+2y}=\frac{2y\times y}{2y+2y}=\frac{y}{2}$$

$$A=by=2y\times y=2y^2$$

연습문제

유량 Q는

$$Q = MAR_h^{\frac{2}{3}} S^{\frac{1}{2}}$$

$$= M \times (2y^2) \times \left(\frac{y}{2}\right)^{\frac{2}{3}} S^{\frac{1}{2}}$$

$$= My^{\frac{8}{3}} S^{\frac{1}{2}}$$

$$y^{\frac{8}{3}} = \frac{Q}{MS^{\frac{1}{2}}} = \frac{5}{95 \times \sqrt{0.002}} \fallingdotseq 1.1769[\mathrm{m}]$$

$$\therefore y \fallingdotseq 1.06[\mathrm{m}]$$

$$b = 2y = 2 \times 1.06 = 2.12[\mathrm{m}]$$

응용문제

1. 매끈한 콘크리트로 된 직사각형 단면의 개수로에 대해 폭이 8[m], 수심이 1[m], 기울기가 0.002이다. 평균유속을 Ganguillet-Kutter의 식, Basin의 식, Manning의 식에 의해서 계산하라.

해설

(1) Ganguillet-Kutter의 식

표 7-1에서 $n = 0.01$

수로의 면적 $A = 1 \times 8 = 8[\mathrm{m}^2]$

접수길이 $P = 8 + 2 \times 1 = 10[\mathrm{m}]$

수력반경 $R_h = \frac{A}{P} = \frac{8}{10} = 0.8[\mathrm{m}]$

기울기 $S = 0.002$

유속계수 C는

$$C = \frac{23 + \frac{1}{n} + \frac{0.00155}{S}}{1 + \frac{n}{\sqrt{R_h}}\left(23 + \frac{0.00155}{S}\right)} = \frac{23 + \frac{1}{0.01} + \frac{0.00155}{0.002}}{1 + \frac{0.01}{\sqrt{0.8}}\left(23 + \frac{0.00155}{0.002}\right)} \fallingdotseq 98$$

Chézy의 식에서 평균유속을 구하면

$$V = C\sqrt{R_h S} = 98 \times \sqrt{0.8 \times 0.002} = 3.92[\mathrm{m/s}]$$

응용문제

(2) Basin의 식

표 7–1에서 $\alpha=0.06$이므로

$$C=\frac{87}{1+\left(\alpha\sqrt{R_h}\right)}=\frac{87}{1+\frac{0.06}{\sqrt{0.8}}}\fallingdotseq 81.5$$

$$V=C\sqrt{R_h\cdot S}=81.5\times\sqrt{0.8\times0.002}=3.26[\mathrm{m/s}]$$

(3) Manning의 식

표 7–1에서 $M=90$을 얻으므로

$$C=MR_h^{\frac{1}{6}}=90\times(0.8)^{\frac{1}{6}}\fallingdotseq 86.7$$

$$V=C\sqrt{R_h\cdot S}=86.7\times\sqrt{0.8\times0.002}\fallingdotseq 3.47[\mathrm{m/s}]$$

2. 다음 그림과 같은 콘크리트 벽면의 개수로가 있다. 이 수로의 기울기가 2/1000일 때 유량은 얼마인가? 유속계수는 Basin의 식에서 구하라.

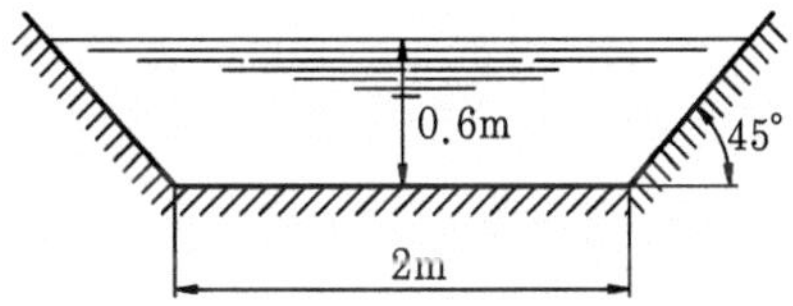

해설

수로의 단면적 A는

$$A=(3.2+2)\times0.6\div2=1.56[\mathrm{m}^2]$$

접수길이 P는

$$P=\sqrt{2}\times0.6+2+\sqrt{2}\times0.6\fallingdotseq 3.70[\mathrm{m}]$$

수력반경 R_h는

$$R_h=\frac{A}{P}=\frac{1.56}{3.70}\fallingdotseq 0.422[\mathrm{m}]$$

Basin의 식에서 α는 표 7–1에서 0.06이므로

$$C=\frac{87}{1+\left(\alpha/\sqrt{R_h}\right)}=\frac{87}{1+\left(0.06/\sqrt{0.422}\right)}\fallingdotseq 79.5$$

Chézy의 식에서 평균유속을 구하면

$$V=C\sqrt{R_h\cdot S}=79.5\sqrt{0.422\times0.002}\fallingdotseq 2.31[\mathrm{m/s}]$$

$$\therefore\ Q=AV=1.56\times2.31\fallingdotseq 3.6[\mathrm{m}^3/\mathrm{s}]$$

연습문제

3. 다음 그림과 같이 두 저수지를 폭이 1[m]인 직사각형 개수로로 연결하여 1[m^3/s]의 물을 수송한다. 두 저수지의 수면의 높이 차가 5[m]이고 거리가 1[km]이면 개수로의 수심은 얼마인가? 단, Manning의 식에서 $M=\frac{1}{n}=90$이다.

해설

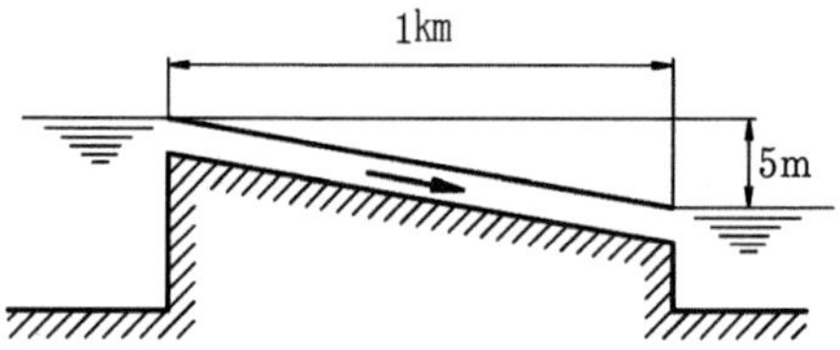

개수로의 기울기 S는

$$S=\frac{5}{1000}=0.005$$

Manning의 식에 의하면

$$C=MR_h^{\frac{1}{6}}$$

이것을 Chézy의 식에 대입하면

$$V=C\sqrt{R_h\cdot S}=MR_h^{\frac{1}{6}}R_h^{\frac{1}{2}}S^{\frac{1}{2}}=MR_h^{\frac{2}{3}}S^{\frac{1}{2}}$$

개수로의 폭을 b, 수심을 y라고 하면 유량 Q는

$$Q=byV=byMR_h^{\frac{2}{3}}S^{\frac{1}{2}} \quad ①$$

$$R_h=\frac{by}{2y+b} \quad ②$$

식 ①, ②에 $b=1[\text{m}]$, $M=90$, $S=0.005$를 대입하면

$$Q=1\times y\times 90\times R_h^{\frac{2}{3}}\times 0.005^{\frac{1}{2}}=6.35y\times R_h^{\frac{2}{3}} \quad ③$$

$$R_h=\frac{y}{2y+1} \quad ④$$

식④를 ③에 대입하여 Q가 $1[\text{m}^3/\text{s}]$로 되는 y값을 시행착오법에 의해 풀면

$$y=0.413[\text{m}]$$

4. 폭이 2[m], 수심이 0.5[m]인 직사각형 개수로가 있다. 유량이 2배로 되면 수심은 얼마인가? 단, 유속계수는 일정한 것으로 본다.

해설

직사각형 개수로의 폭을 b, 수심을 y_1, 유량 증가 후의 수심을 y_2로 놓으면 각각의 경우에 수력반경 R_{h1}, R_{h2}는

응용문제

$$R_{h1}=\frac{by_1}{2y_1+b}$$

$$R_{h2}=\frac{by_2}{2y_2+b}$$

각각의 경우에 유량 Q_1, Q_2는

$$Q_1=by_1C\sqrt{R_{h1}\cdot S}$$

$$Q_2=by_2C\sqrt{R_{h2}\cdot S}$$

$$\frac{Q_2}{Q_1}=\frac{y_2}{y_1}\sqrt{\frac{R_{h2}}{R_{h1}}}=\frac{y_2}{y_1}\sqrt{\frac{y_2}{y_1}\cdot\frac{2y_1+b}{2y_2+b}}$$

$\frac{Q_2}{Q_1}=2$, $y_1=0.5[\mathrm{m}]$, $b=2[\mathrm{m}]$를 대입하면

$$2=\frac{y_2}{0.5}\sqrt{\frac{y_2}{0.5}\cdot\frac{2\times0.5+2}{2y_2+2}}=2y_2\sqrt{\frac{3y_2}{y_2+1}}$$

$$3y_2^{\ 3}-y_2-1=0$$

$$\therefore\ y_2=0.85[\mathrm{m}]$$

5. 반경 R인 원형 개수로에서 수심이 H이다. 수력반경 R_h는 수심 H에 따라 어떻게 변화하는가?

해설

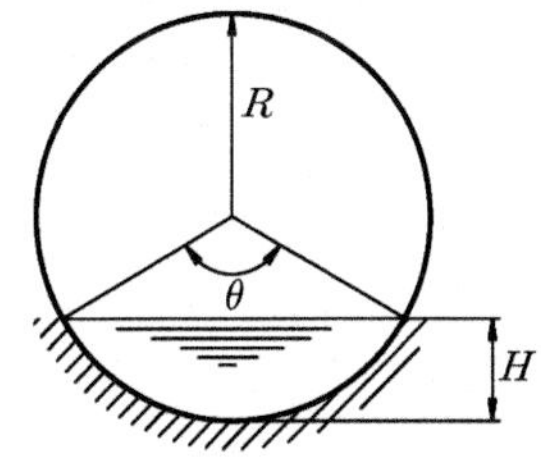

다음 그림에서 접수길이 P는

$$P=R\theta$$

개수로의 단면적 A는

$$A=\frac{1}{2}R^2\theta-\frac{1}{2}R^2\sin\theta=\frac{R^2}{2}(\theta-\sin\theta)$$

수력반경 R_h는

$$R_h=\frac{A}{P}=\frac{\frac{R^2}{2}(\theta-\sin\theta)}{R\theta}=\frac{R}{2}\left(1-\frac{\sin\theta}{\theta}\right)$$

θ와 H의 관계는

$$H=R-R\cos\frac{\theta}{2}$$

$$\cos\frac{\theta}{2}=1-\frac{H}{R}$$

연습문제

$$\theta = 2\cos^{-1}\left(1-\frac{H}{R}\right)$$

$$R_h = \frac{R}{2}\left\{1-\frac{\sin 2\cos^{-1}\left(1-\frac{H}{R}\right)}{2\cos^{-1}\left(1-\frac{H}{R}\right)}\right\}$$

6. 직사각형 개수로에서 가장 경제적인 단면(최적단면)을 결정하라.

해설

Chézy의 식에서 평균유속 V는

$$V = C\sqrt{R_h \cdot S}$$

유량 Q는

$$Q = AV = CA\sqrt{\frac{A}{P}\cdot S} = CA^{1.5}P^{-0.5}S^{0.5}$$

유속계수 C와 기울기 S는 일정하므로 유량 Q는 단면적의 1.5제곱에 비례하고 접수길이의 0.5제곱에 반비례한다. 그리고 개수로 건설의 비용은 접수길이 P에 비례한다. 일정한 비용으로 건설할 수 있는 개수로는 일정한 접수길이를 갖는다. 일정한 접수길이를 갖는 개수로 중에서 가장 유량이 큰 것을 경제적인 개수로라고 한다. $P=$ const.로 하고 Q를 최대로 하는 경우는 A를 최대로 하는 것과 같다. 직사각형 개수로의 폭을 b, 수심을 y라고 하면 접수길이 P와 단면적 A는

$$P = 2y + b, \quad A = by$$

상기 두 식에서

$$A = y(P-2y) = yP - 2y^2$$

이 식에서 P를 일정하게 놓고 A의 최대치를 구하면

$$\frac{dA}{dy} = 0 \qquad P - 4y = 0 \qquad y = \frac{P}{4} \qquad b = \frac{P}{2}$$

즉, 주어진 접수길이의 $\frac{1}{2}$을 폭으로 하고 $\frac{1}{4}$을 수심으로 하면 좋다. 이 때 폭 b와 수심 y의 관계는

$$b = 2y$$

7. 다음 그림과 같은 2등변 삼각형의 개수로 중에서 가장 경제적인 단면의 형상을 구하라.

해설

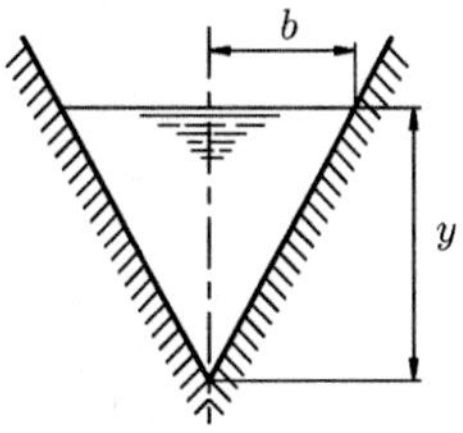

접수길이 P는

$$P = 2\sqrt{b^2 + y^2} \quad ①$$

단면적 A는

$$A = by \quad ②$$

식 ①에서

$$b^2 = \left(\frac{P}{2}\right)^2 - y^2$$

이것을 식 ②에 대입하면

$$A^2 = b^2y^2 = \left\{\left(\frac{P}{2}\right)^2 - y^2\right\}^2 y^2$$

$$\frac{dA^2}{dy^2} = \left(\frac{P}{2}\right)^2 - 2y^2 = 0$$

$$y^2 = \frac{1}{2}\left(\frac{P}{2}\right)^2$$

$$b^2 = \left(\frac{P}{2}\right)^2 - y^2 = \left(\frac{P}{2}\right)^2 - \frac{1}{2}\left(\frac{P}{2}\right)^2 = \frac{1}{2}\left(\frac{P}{2}\right)^2 = \frac{1}{2}(b^2 + y^2)$$

$$\therefore\ b = y$$

즉, 단면의 형상은 직각 2등변 삼각형이다.

8. 원형 개수로의 가장 경제적인 단면형상을 구하라.

해설

수면의 중심각을 θ, 원의 반경을 r라고 하면 접수길이 P는

$$P = r\theta \quad ①$$

단면적 A는

$$A = \frac{r^2}{2}(\theta - \sin\theta) \quad ②$$

식 ①에서 r을 구하고 이것을 식 ②에 대입하면

$$A = \frac{P^2}{2}\frac{(\theta - \sin\theta)}{\theta^2}$$

연습문제

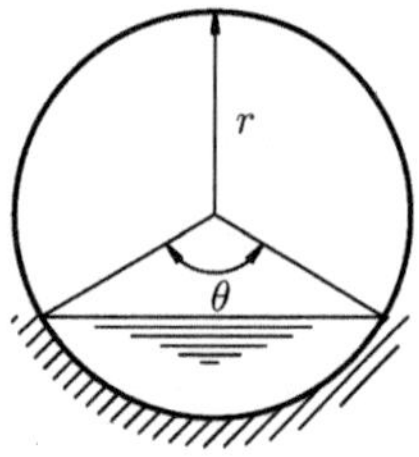

$\frac{dA}{d\theta}=0$로 놓으면

$$\frac{(1-\cos\theta)\theta^2-2\theta(\theta-\sin\theta)}{\theta^4}=0$$

$$0-\cos\theta-2\theta+2\sin\theta=0$$

$$\theta\cos\theta+\theta-2\sin\theta=0$$

이 식을 만족하는 θ의 값은 $\theta=\pi$이다. 이것을 윗 식에 대입하면

$$\pi\cos\pi+\pi-2\sin\pi=-\pi+\pi-0=0$$

즉, 단면의 형상이 반원인 경우가 가장 경제적이다.

9. 반경 R인 원형 개수로에서 유량을 최대로 하기 위한 수심 y는 얼마인가?

해설

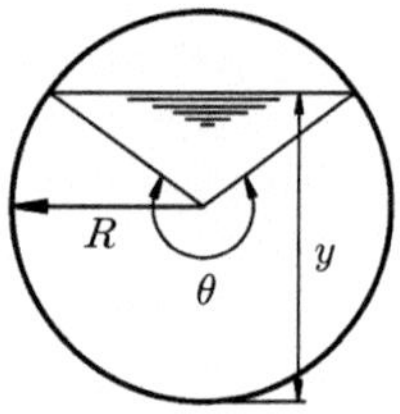

수면의 중심각을 θ라고 하면 접수길이 P와 단면적 A는

$$P=R\theta$$

$$A=\frac{P^2}{2}(\theta-\sin\theta)$$

유량 Q는

$$Q=CA^{1.5}P^{-0.5}S^{0.5}$$

C와 S가 일정하다면 Q를 최대로 하기 위해서는 $A^{1.5}P^{-0.5}$을 최대로 할 필요가 있다. 또는 2제곱해서 A^3P^{-1}을 최대로 하면 좋다.

$$A^3P^{-1}\propto\frac{(\theta-\sin\theta)^3}{\theta}$$

$\frac{d(A^3P^{-1})}{d\theta}=0$으로 놓으면

$$\frac{3(\theta-\sin\theta)^2(1-\cos\theta)\theta-(\theta-\sin\theta)^3}{\theta^2}=0$$

$$3\theta(1-\cos\theta)-(\theta-\sin\theta)=0$$

$$3\theta-3\cos\theta-\theta+\sin\theta=0$$

이것을 풀면

$$\theta=308^\circ$$

수심 y는

$$y = R - R\cos\frac{\theta}{2} = R(1-\cos 154^\circ) = R(1+\cos 26^\circ) = 1.9R$$

10. 기울기 0.001인 곳에 물 1[m³/s]를 보내는 반원형 개수로를 설치하려고 한다. 반경을 얼마로 하면 좋은가? 단, 유속계수는 80으로서 일정하다.

해설

반경 r인 반원형 개수로의 접수길이 P와 단면적 A는

$$P = \pi r$$

$$A = \frac{r^2}{2}(\pi - \sin\pi) = \frac{r^2}{2}\pi$$

유량 Q는

$$Q = CA^{1.5}P^{-0.5}S^{0.5} = C\left(\frac{r^2}{2}\pi\right)^{1.5}(\pi r)^{-0.5}S^{0.5} = \frac{C\pi S^{0.5}}{2^{1.5}}r^{2.5}$$

$$r = \left(\frac{2^{1.5}Q}{C\pi S^{0.5}}\right)^{\frac{1}{2.5}}$$

$Q=1,\ C=80,\ S=0.001$을 대입하면

$$r = \left(\frac{2^{1.5}\times 1}{80\times\pi\times 0.001^{0.5}}\right)^{0.4} = 0.66[\mathrm{m}]$$

8장

차원해석과 상사법칙

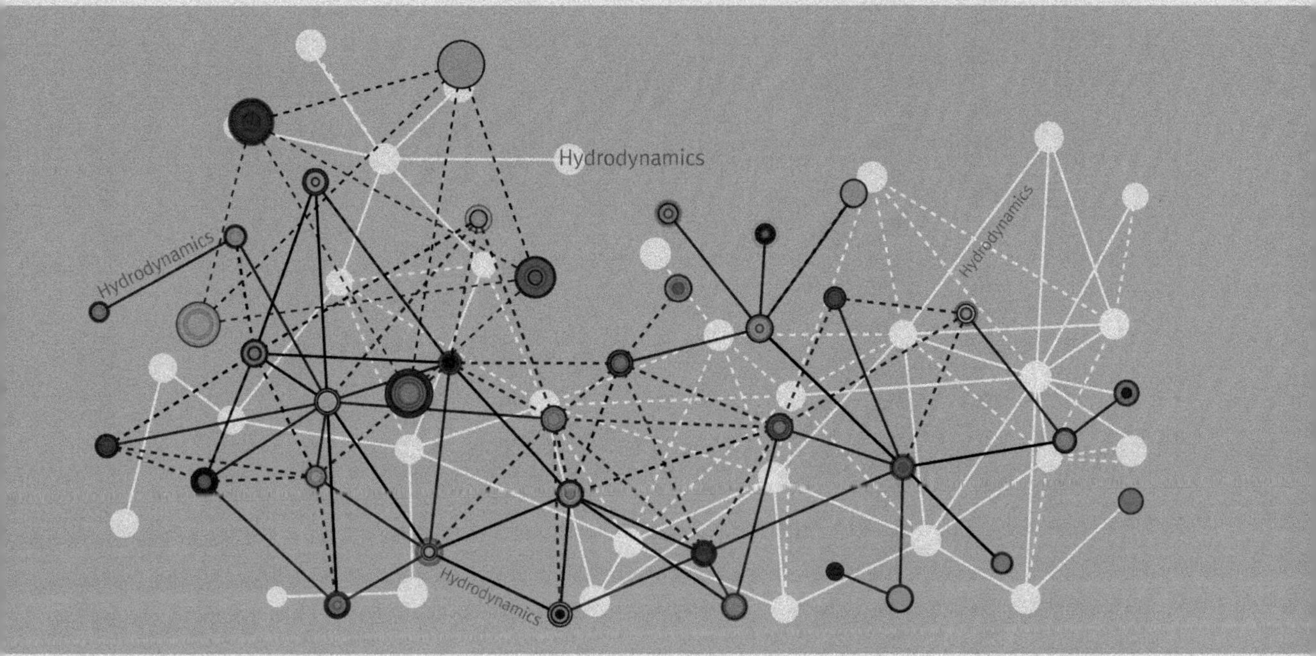

8.1 차원해석

물리량을 나타낼 때 그 물리량과 관계되는 각종 변수와의 함수관계를 결정하는 절차를 **차원해석**(dmensional analysis)이라고 하며 동차성의 원리를 적용한다.

8.1.1 동차성의 원리

물리량의 관계를 나타내는 방정식에서 좌변과 우변, 또 가감(加減)으로 표시되는 각 항은 동일한 차원을 갖는다. 예를 들면 베루누이 방정식에서 전수두(全水頭)는

$$H=\frac{P}{\gamma}+\frac{V^2}{2g}+Z$$

좌변의 차원 : $[L]$

우변의 차원 : $\frac{P}{\gamma}=\frac{[FL^{-2}]}{[FL^{-3}]}=[L]$

$$\frac{V^2}{2g}=\frac{[L^2T^{-2}]}{[LT^{-2}]}=[L]$$

$$Z=[L]$$

따라서, $[L]=[L]+[L]+[L]$

8.1.2 차원해석 방법

Darcy방정식을 차원해석법에 의해 구해보면 원관에서의 압력손실은 관의 길이(L), 속도(V), 관의 직경(D), 점성계수(μ), 유체의 밀도(ρ), 관의 절대조도(e) 등과 관계가 있다는 것이 실험을 통해서 알려졌다. 즉,

$$\Delta p=\gamma H_l=f(L,\ V,\ D,\ \mu,\ \rho,\ e) \tag{8-1}$$

따라서

$$\Delta p=kL^a\cdot V^b\cdot D^c\cdot \mu^d\cdot \rho^e\cdot e^f,\quad k:\text{무차원 계수} \qquad (8\text{-}1)'$$

실험에 의하면 $\Delta p \propto L$이므로 $a=1$이고 좌변과 우변을 MLT계 차원으로 나타내면

$$ML^{-1}T^{-2} = L^a[LT^{-1}]^b \cdot L^c \cdot [ML^{-1}T^{-1}]^d \cdot [ML^{-3}]^e L^f$$
$$= M^{d+e}L^{a+b+c-d-3e+f}T^{-b-d} \quad (8\text{-}2)$$

좌변과 우변의 지수를 비교하면 동차성의 원리에 따라 다음과 같다.

$M : 1 = d + e$

$L : -1 = a + b + c - d - 3e + f$

$T : -2 = -b - d$

$\therefore b = 2 - d$

$c = -1 - d - f, \ (\because a = 1, \ e = 1 - d, \ b = 2 - d)$

$e = 1 - d$

이것을 식(8-1)′에 대입하면

$$\Delta p = kL \cdot V^{2-d}D^{-1-d-f} \cdot \mu^d \cdot \rho^{1-d} \cdot e^f$$
$$= 2k\frac{L}{D} \cdot \frac{\rho V^2}{2} \cdot \left(\frac{\mu}{\rho VD}\right)^d \cdot \left(\frac{e}{D}\right)^f \quad (8\text{-}3)$$

$$\therefore H_l = \frac{\Delta P}{\gamma} = 2k \cdot \left(\frac{1}{R_e}\right)^d \left(\frac{e}{D}\right)^f \frac{L}{D}\frac{V^2}{2g} = f \cdot \frac{L}{D} \cdot \frac{V^2}{2g} \quad (8\text{-}4)$$

$f = F\left(Re, \ \frac{e}{D}\right)$: 마찰계수로서 무차원수이다.

예제 8.1 **선회류에서 유체입자의 운동량 모멘트는 $T = \rho Q(r_2u_2 - r_1u_1)$이다. 이것으로부터 운동량모멘트 T의 차원을 구하면 다음 중 어느 것인가?**

㉮ MLT^2 ㉯ ML^2T^{-2} ㉰ MLT^{-1} ㉱ $M^{-1}T^2L$

해설 밀도 ρ의 차원 : $[ML^{-3}]$

유량 Q의 차원 : $[L^3T^{-1}]$

반경 r의 차원 : $[L]$

원주속도 u의 차원 : $[LT^{-1}]$

차원해석 방법에 의하면

$M^aL^bT^c = [ML^{-3}][L^3T^{-1}][L][LT^{-1}]$

따라서

$M : a=1$

$L : b=-3+3+1+1=2$

$T : c=-1-1=-2$

이것을 윗 식에 대입하면

$[ML^2T^{-2}]$ 답 ㉯

예제 8.2 **배가 운항할 때 선두와 선미에서 파가 일어나고 이것에 의해 저항이 증가된다. 파에 의해서 생기는 저항을 조파저항(wave making resistance)이라고 한다. 조파저항 D의 실험식을 구하면? 단, D는 유체의 밀도 ρ, 선체의 배수체적 Q, 속도 u, 중력가속도 g에 관계되며 k는 무차원 계수, s와 l은 각각 면적과 길이를 나타낸다.**

㉮ $D=k\cdot\rho us^2\left(\frac{\sqrt{l^2g}}{u^2}\right)^d$ ㉯ $D=k\cdot\rho^2u^2s\left(\frac{\sqrt{l^2g}}{u}\right)^{2d}$

㉰ $D=k\cdot\rho us\left(\frac{\sqrt{lg}}{u}\right)^d$ ㉱ $D=k\cdot\rho u^2s\left(\frac{\sqrt{lg}}{u}\right)^{2d}$

해설 $D=k\cdot\rho^aQ^bu^cg^d$

차원방정식을 세우면

$[MLT^{-2}]=[ML^{-3}]^a[L^3]^b[LT^{-1}]^c[LT^{-2}]^d$

동차성의 원리에 의하면

$M : 1=a$

$L : 1=-3a+3b+c+d$

$T : -2=-c-2d$

여기서 a, b, c를 d의 함수로 구하면

$a=1$

$b=\frac{2+d}{3}$

$c=2-2d$

따라서

$$D=k\rho u^2Q^{\frac{2}{3}}\left(\frac{Q^{\frac{1}{3}}g}{u^2}\right)^d$$

$Q^{\frac{1}{3}}$ 은 길이의 차원을 가지므로 배의 기준길이 l로 대치하고 $Q^{\frac{2}{3}}$ 은 면적의 차원을 가지므로 기준면적 s로 대치하면

$$D=k\cdot\rho u^2s\left(\frac{\sqrt{lg}}{u}\right)^{2d}$$

여기서 $\frac{u}{\sqrt{lg}}$ 는 무차원 량으로 **Froude 수**라고 한다. 답 ㉱

8.2 π 정리

복잡한 유동장을 해석할 때 잘 이용되는 방법으로 이것은 m개의 기본차원을 갖는 n개의 물리량은 $(n-m)$개의 독립 무차원 매개변수로 정리될 수 있다는 것이다.

즉, 어떤 물리적인 현상에 물리량 $x_1,\ x_2,\ x_3,\ \cdots,\ x_n$이 관계하고 있다면

$$F(x_1,\ x_2,\ x_3,\ \cdots,\ x_n) = 0 \tag{8-5}$$

이때 기본차원의 수가 m개이면 독립 무차원 매개변수는 $(n-m)$개이고 식(8-5)는 다음과 같은 무차원 함수로 나타낼 수 있다.

$$f(\pi_1,\ \pi_2,\ \pi_3,\ \cdots,\ \pi_{n-m}) = 0$$

이것을 **Buckingham의 π 정리**라고 한다.

※ 독립 무차원 매개변수 π의 결정방법

(1) n개의 물리량 중에서 기본차원의 수 m개 만큼 반복변수를 결정한다.

예 기본차원을 $M,\ L,\ T$로 하면 물리량 $x_1,\ x_2,\ x_3,\ \cdots,\ x_n$ 중에서 MLT를 포함하는 물리량 3개 ($x_1,\ x_2,\ x_3$가 $M.\ L.\ T$를 포함하고 있다면 $x_1,\ x_2,\ x_3$)를 반복변수로 결정한다.

(2) 결정된 반복변수 $(x_1,\ x_2,\ x_3)$를 이용하여 $(n-m)$개의 독립 무차원 매개변수를 다음과 같이 결정한다.

$$\left.\begin{aligned} \pi_1 &= {x_1}^{a_1}\cdot {x_2}^{b_1}\cdot {x_3}^{c_1}\cdot x_4 \\ \pi_2 &= {x_1}^{a_2}\cdot {x_2}^{b_2}\cdot {x_3}^{c_2}\cdot x_5 \\ &\vdots \\ \pi_{n-m} &= {x_1}^{a_{n-m}}\cdot {x_2}^{b_{n-m}}\cdot {x_3}^{c_{n-m}}\cdot x_n \end{aligned}\right\} \tag{8-7}$$

• 반복변수는 관례에 따라 다음과 같이 결정한다.

① 기하학적 상사를 만족하는 변수(길이)

② 운동학적 상사를 만족하는 변수(속도)

③ 역학적 상사를 만족하는 변수(밀도)

④ 반복변수의 개수는 기본차원 수(m)와 같게 하고 반복변수는 기본차원$(M,\ L,\ T)$을 모두 포함해야 한다.

⑤ 종속변수는 반복변수로 택하지 않는다.

(3) 식(8-7)에 $x_1,\ x_2,\ x_3,\ \cdots,\ x_n$의 차원을 대입하여 π에 대해서 무차원양이 되도록 $M.\ L.\ T$에 대한 지수를 0으로 놓고 $a,\ b,\ c$를 구하면

$\pi_1,\ \pi_2,\ \pi_{n-m}$를 구할 수 있다.

예제 8.3 어떤 유동장을 해석하는데 관계되는 변수는 6개이다. 기본차원을 M, L, T로 할 때 Buckingham의 π정리로서 해석한다면 몇 개의 π를 얻는가?

㉮ 1　　㉯ 2　　㉰ 3　　㉱ 4

해설 변수 $n=6$개, 기본차원의 수 $m=3$개 이므로 독립 무차원 매개변수는 $(n-m)=6-3=3$개다.

답 ㉰

예제 8.4 어떤 물리량의 함수관계가 $F(\nu,\ a,\ L,\ t,\ V)=0$으로 주어졌을 때 독립무차원 매개변수 π는 몇 개인가? 단, ν는 동점성계수, a는 가속도, L은 길이, t는 시간, V는 속도이다.

㉮ 1　　㉯ 2　　㉰ 3　　㉱ 4

해설 문제에서 물리량의 수 $n=5$이며 각 물리량의 차원은

$$[\nu]=L^2T^{-1},\ [a]=LT^{-2},\ [L]=\mathrm{L},\ [t]=\mathrm{T},\ [V]=LT^{-1}$$

여기서 기본차원은 L과 T이므로 $m=2$임을 알 수 있다. 따라서 π의 수는

$$(n-m)=5-2=3(\text{개})$$

답 ㉰

예제 8.5 수평관을 흐르는 체적유량 Q는 단위길이당의 압력강하 $\dfrac{\Delta P}{L}$, 관의 직경 D 및 점성계수 μ에 관계된다. 이 유동에 관련된 무차원수는?

㉮ $\dfrac{(\Delta P/L)D^4}{\mu Q}$　　㉯ $\dfrac{\mu Q}{D^4(\Delta P/L)}$　　㉰ $\dfrac{\mu QD^4}{(\Delta P/L)}$　　㉱ $\dfrac{QD^4}{\mu(\Delta P/L)}$

해설 물리량이 갯수 $n=4$이고 각 물리량의 차원은

$$[Q]=L^2T^{-1},\ [\Delta P/L]=ML^{-2}T^{-2},\ [D]=L,\ [\mu]=ML^{-1}T^{-1}$$

여기서 기본차원의 갯수 $m=3$이다. 따라서 무차원 수는 $n-m=4-3=1$개이다.

$$F\left(Q,\ \frac{\Delta P}{L},\ D,\ \mu\right)=0$$

반복변수로서 Q, $\dfrac{\Delta P}{L}$, D를 택하고 식으로 표시하면

$$\pi_1=Q^{a_1}\left(\frac{\Delta P}{L}\right)^{b_1}D^{c_1}\mu$$

윗 식이 무차원이 되기 위해서는

$$\pi_1=M^0L^0T^0=[L^3T^{-1}]^{a_1}[ML^{-2}T^{-2}]^{b_1}[L]^{c_1}[ML^{-1}T^{-1}]$$

지수방정식을 세우면

$$M:\ b_1+1=0 \quad ①$$
$$L:\ 3a_1-2b_1+c_1-1=0 \quad ②$$
$$T:\ -a_1-2b_1-1=0 \quad ③$$

①, ②, ③식을 연립하여 풀면

$$a_1=1,\ b_1=-1,\ c_1=-4$$

따라서

$$\pi_1=\frac{\mu Q}{D^4(\Delta P/L)}$$

답 ㉯

8.3 상사법칙

유체역학에서 자주 접하는 문제는 유동장에 관계되는 물리량을 예측할 수 있어서 차원해석 등의 방법을 이용하여 함수관계는 알 수 있으나 유체요소에 작용하는 힘의 비로부터 구해지는 무차원 수의 영향(예를 들면 Reynolds 수의 영향)을 아는 것이 아주 곤란한 경우이다. 이 경우는 모형을 사용하여 실험을 행하고 이 결과를 이용하여 실제문제를 해결하는 것이 일반적이다. 그러나 이 경우에 주의해야 할 점은 실제의 흐름상태를 **모형**(model)에 대해서도 실현하여야 한다는 것이다. 이와같은 실험을 **모형실험**(model studies)라고 하고 이것을 행하기 위해서는 **실형**(prototype)과 모형 사이에 어떤 조건이 필요하게 되는데 이 조건을 **상사법칙**(law of similarity)이라고 한다.

모형실험을 할 경우에 어떠한 상사법칙을 사용하면 실형과 모형사이에 유동장이 대응하는가를 생각해 보자. 이 때에는 다음과 같은 3가지 상사법칙을 만족하지 않으면 안된다.

(1) 기하학적 상사(geometric similarity)
(2) 운동학적 상사(kinematic similarity)
(3) 역학적 상사(dynamic similarity)

8.3.1 기하학적 상사

실형과 모형의 대응하는 모든 치수의 비가 일정할 때 실형과 모형은 기하학적 상사가 존재한다고 한다. 실형과 모형에 각각 p, m의 첨자를 붙이면

$$\left.\begin{aligned} &\text{길 이}: \ = \frac{L_m}{L_p} = L_r \\ &\text{넓 이}: \frac{A_m}{A_p} = \frac{L_m^2}{L_p^2} = L_r^2 \\ &\text{체 적}: \frac{V_m}{V_p} = \frac{L_m^3}{L_p^3} = L_r^3 \end{aligned}\right\} \tag{8-8}$$

8.3.2 운동학적 상사

실형과 모형의 유동 사이에 유선이 기하학적으로 상사할 때 이 두 유동은 운동학적 상사가 존재한다. 따라서 실형과 모형 사이의 대응하는 두점 사이에는 속도와 가속도, 유량 등의 비가 일정하다.

$$\left.\begin{aligned} &\text{속 도}: \frac{U_m}{U_p} = \frac{L_m/T_m}{L_p/T_p} = \frac{L_r}{T_r} \\ &\text{가속도}: \frac{a_m}{a_p} = \frac{L_m/T_m}{U_p/T_p} = \frac{L_m/T^2}{L_p/{T_p}^2} = \frac{L_r}{{T_r}^2} \\ &\text{유 량}: \frac{Q_m}{Q_p} = \frac{{L_m}^3/T_m}{{L_p}^3/T_p} = \frac{{L_r}^3}{T_r} \end{aligned}\right\} \tag{8-9}$$

8.3.3 역학적 상사

기하학적 상사이고 운동학적 상사인 실형과 모형 사이에 서로 대응하는 점에 작용하는 힘(점성력, 압력, 중력, 표면장력, 탄성력 등)의 방향이 같고 크기의 비가 같을 때 역학적 상사가 존재한다.

역학적 상사의 조건은 Newton의 제2법칙 $\sum \vec{F} = m\vec{a}$에서 유도할 수 있다. 지금 작용하는 힘이 점성력 F_μ, 압력 F_p, 중력 F_g, 표면장력 F_σ, 탄성력 F_k라고 하면

$$\begin{aligned} \frac{\sum(F_\mu + F_p + F_g + F_\sigma + F_k)_m}{\sum(F_\mu + F_p + F_g + F_\sigma + F_k)_p} &= \frac{(ma)_m}{(ma)_p} = \frac{(F_i)_m}{(F_i)_p} = \frac{\rho_m {L_m}^3}{\rho_p {L_p}^3} \times \frac{L_r}{{T_r}^2} \\ &= \rho_r {L_r}^2 \left(\frac{L_r}{T}\right)^2 \end{aligned} \tag{8-10}$$

여기서 F_i는 관성력이다.

이 식이 모형과 실형 사이에 역학적 상사가 성립하기 위한 일반법칙을 나타낸다.

역학적 상사가 성립하는 경우에는 모형과 실형 사이에 각각의 대응하는 힘의 비가 같으므로

$$\frac{(F_\mu)_m}{(F_\mu)_p} = \frac{(F_p)_m}{(F_p)_p} = \frac{(F_g)_m}{(F_g)_p} = \frac{(F_\sigma)_m}{(F_\sigma)_p} = \frac{(F_k)_m}{(F_k)_p} = \frac{(F_i)_m}{(F_i)_p} \tag{8-11}$$

이 식을 관성력에 대한 비로 다시 쓰면

$$\left(\frac{F_i}{F_\mu}\right)_m = \left(\frac{F_i}{F_\mu}\right)_p, \quad \left(\frac{F_i}{F_p}\right)_m = \left(\frac{F_i}{F_p}\right)_p \tag{8-12}$$

이들은 유체역학에서 취급되는 여러 가지 무차원 매개변수이다.

각종 무차원 수와 정의, 물리적인 의미를 표 8-1에 나타낸다.

표 8-1 무차원 수

명칭	정의	물리적 의미
레이놀드수(Reynolds number)	$Re = \frac{\rho VL}{\mu}$	$\frac{\text{관성력}}{\text{점성력}}$
프루우드수(Froude number)	$Fr = \frac{V^2}{gL}$	$\frac{\text{관성력}}{\text{중 력}}$
마하수(Mach number)	$M = \frac{V}{a}$	$\frac{\text{속 도}}{\text{음파속도}}$
오일러수(Euler number)	$Eu = \frac{\rho V^2}{p}$	$\frac{\text{관성력}}{\text{압 력}}$
웨버수(Weber number)	$We = \frac{\rho V^2 L}{\sigma}$	$\frac{\text{관성력}}{\text{표면장력}}$
코우시수(Cauchy number)	$Ca = \rho\frac{V^2}{K}$	$\frac{\text{관성력}}{\text{탄성력}}$
압력계수(Pressure coefficient)	$P = \frac{\Delta P}{\rho V^2/2}$	$\frac{\text{압 력}}{\text{동 압}}$
비열비(Specific heat ratio)	$\gamma = \frac{C_p}{C_v}$	$\frac{\text{엔탈피}}{\text{내부에너지}}$

V : 속도, a : 음속, L : 길이, σ : 표면장력, μ : 점성계수, p : 압력, K : 체적탄성계수, ρ : 밀도, g : 중력가속도

예제 8.6 **개수로 흐름에서 중요한 무차원 수는?**

㉮ 레이놀드 수 ㉯ 프루우드 수 ㉰ 오일러 수 ㉱ 코우시 수

해설 개수로 유동에서는 점성력보다 중력과 관성력이 크게 작용하므로 역학적 상사를 만족하기 위해서는 프루우드 수$\left(Fr = \frac{V^2}{gL} = \frac{\text{관성력}}{\text{중 력}}\right)$가 같아야 한다.

답 ㉯

예제 8.7 **다음 중 역학적 상사를 만족하기 위해 Re 수를 고려하지 않아도 되는 경우는?**

㉮ 관 속에서의 흐름 ㉯ 비행기의 양력과 항력

㉰ 풍동문제 ㉱ 조파저항

해설 조파저항 문제에는 프루우드 수가 중요하다. 각종 문제에 대한 중요한 무차원 수는 다음과 같다.

각종 문제 내용	중요한 무차원 수
① 관속 유동 ② 비행기의 양력과 항력 ③ 잠수함 ④ 경계층 문제 ⑤ 압축성 유체의 유동(단, 유동속도가 $M < 0.3$ 일 때)	$(Re)_p = (Re)_m$
자유표면을 갖는 유동 문제 ① 개수로 ② 수력도약 ③ 수면위에 떠 있는 배의 조파저항 문제	$(Fr)_p = (Fr)_m$
① 풍동 문제 ② 유체기계(유체의 압축성을 무시할 경우에는 레이놀드 수만 고려하면 된다.)	$(Re)_p = (Re)_m$ $M_p = M_m$

답 ㉱

예제 8.8 길이 200[m]인 배를 1 : 100의 모형시험을 하려고 한다. 배가 60[km/h]로 항해한다면 역학적 상사가 되기 위해서는 모형 배를 몇 [km/h]로 해야 하는가? 단, 점성마찰은 무시한다.

㉮ 3　　㉯ 4　　㉰ 5　　㉱ 6

해설 역학적 상사를 만족하려면 프루우드 수가 같아야 한다.

$$(Fr)_p = (Fr)_m$$

따라서

$$\left(\frac{V^2}{gL}\right)_p = \left(\frac{V^2}{gL}\right)_m$$

여기서 $g_p = g_m$ 이므로

$$V_m = V_p\sqrt{\frac{L_m}{L_p}}$$

$$= 60 \times \sqrt{\frac{1}{100}} = 6[\text{km/h}]$$

답 ㉱

예제 8.9 직사각형 단면의 개수로가 있다. 실형의 1/50인 모형 개수로의 폭이 0.5[m]이고 실형의 높이가 10[m]일 때 모형의 높이는 몇 [m]인가?

㉮ 0.2　　㉯ 0.3　　㉰ 0.4　　㉱ 0.5

해설 기하학적 상사에서

$$L_r = \frac{L_m}{L_p} = \frac{1}{50}$$

$$\therefore L_m = \frac{L_p}{50} = \frac{10}{50} = 0.2[\text{m}]$$

답 ㉮

예제 8.10 **직경이 10[cm]인 관에 물이 6[m/s]로 흐르고 있다. 직경이 5[cm]인 관에 기름이 흐르고 있을 때 역학적 상사가 되기 위해서는 기름의 유속을 몇 [m/s]로 하면 되는가? 단, 물의 동점성계수는 $1.05\times10^{-6}[m^2/s]$, 기름의 동점정계수는 $2.09\times10^{-6}[m^2/s]$이다.**

㉮ 22　　㉯ 33　　㉰ 44　　㉱ 55

해설 관 속의 유동 문제에서 역학적 상사가 되려면 Reynolds 수가 같아야 한다.
따라서

$$\left(\frac{VL}{\nu}\right)_p=\left(\frac{VL}{\nu}\right)_m$$

$$\therefore V_m=V_p\cdot\frac{\nu_m}{\nu_p}\frac{L_p}{L_m}$$

$$=6\times\frac{2.90\times10^{-6}}{1.05\times10^{-6}}\times\frac{10}{5}\fallingdotseq33[m/s]$$

답 ㉯

예제 8.11 **관성력과 탄성력의 비로서 표시되는 무차원 수 $\frac{\rho V^2}{K}$은? 단, ρ는 유체의 밀도, V는 유속, K는 유체의 체적탄성계수이다.**

㉮ Euler 수　　㉯ Weber 수　　㉰ Froude 수　　㉱ Cauchy 수

해설 표 8-1에서 Cauchy 수는

$$Ca=\frac{\rho V^2}{K}=\frac{\text{관성력}}{\text{탄성력}}$$

답 ㉱

예제 8.12 **액체 표면에 발생하는 표면장력에 의한 파에 관한 문제에 사용되는 무차원 수는?**

㉮ Euler 수　　㉯ Weber 수　　㉰ Froude 수　　㉱ Cauchy 수

해설 수면에 발생하는 표면장력에 의한 파 또는 공동현상에 의해 일어나는 액체 속의 기포발생에 관한 문제에 대해서는 관성력과 표면장력의 비인 Weber 수가 중요하다.
표 8-1에서

$$We=\frac{\rho V^2L}{\sigma}=\frac{\text{관성력}}{\text{표면장력}}$$

답 ㉯

예제 8.13 **실형의 1/200인 강의 모형에서 표면 유속이 0.4[m/s]이다. 역학적 상사가 되려면 실형의 표면 유속은 몇 [m/s]인가?**

㉮ 5.66　　㉯ 6.54　　㉰ 7.28　　㉱ 8.45

해설 자유표면을 갖는 경우이므로 역학적으로 상사가 되려면 Froude 수가 같아야 한다. 따라서

$$\left(\frac{V^2}{gL}\right)_p=\left(\frac{V^2}{gL}\right)_m$$

$$\therefore V_p = V_m \sqrt{\frac{g_p}{g_m}} \sqrt{\frac{L_p}{L_m}}$$

$$= 0.4 \times \sqrt{1} \times \sqrt{200} \fallingdotseq 5.66[\mathrm{m/s}]$$

답 ㉮

예제 8.14 **잠수함이 10[km/h]로 잠수하는 경우에 대해 길이가 1/20인 모형을 만들어 바닷물에 넣어 실험하려고 한다. 모형의 속도는 몇 [km/h]로 하면 되는가?**

㉮ 100 ㉯ 150 ㉰ 200 ㉱ 250

해설 역학적 상사가 되려면 Reynolds 수가 같아야 한다. 따라서

$$\left(\frac{VL}{\nu}\right)_p = \left(\frac{VL}{\nu}\right)_m$$

$$\therefore V_m = V_p \frac{\nu_m}{\nu_p} \frac{L_p}{L_m}$$

$$= 10 \times 1 \times \frac{10}{1} = 200[\mathrm{km/h}]$$

답 ㉰

예제 8.15 **유체의 압축성을 고려하는 경우의 유체기계에 관한 문제에서 Reynolds 수 외에 고려해야 할 무차원 수는?**

㉮ Euler 수 ㉯ Mach 수 ㉰ Cauchy 수 ㉱ Fuoude 수

해설 유체의 압축성이 문제가 되는 경우로서 고속 기류의 흐름을 고려하는 경우는 Mach 수가 중요하다. Mach 수는 표 8-1에서

$$M = \frac{V}{a} = \frac{\text{유속}}{\text{음파속도}}$$

답 ㉯

연습문제

기초문제

1. 차원해석에 있어서 반복변수는?

㉮ 기본차원을 모두 포함하는 변수로 택한다.

㉯ 기본차원의 수를 가능한 한 감소할 수 있도록 택한다.

㉰ 같은 차원을 갖는 두 변수가 있으면 이들 모두를 택한다.

㉱ 중요하지 않은 변수라고 하더라도 꼭 포함시켜야 한다.

해설 답 ㉮

반복변수의 개수는 기본차원의 수와 같게 하고 반복변수는 기본차원을 모두 포함해야 하며 종속변수는 택하지 않는다.

2. 개수로를 설계하려고 할 때 실형과 모형간에 역학적상사를 만족시키는 데 가장 중요한 무차원 수는?

㉮ 마하 수 ㉯ 모일러 수 ㉰ 프루우드 수 ㉱ 코우시 수

해설 답 ㉰

자유표면을 갖는 유동에서의 중력과 관성력이 가장 중요하다. 따라서 프루우드 수(관성력/중력)가 정답이다.

3. 지름이 D인 모세관에서 액면상승높이 Δh는 표면장력 σ, 유체의 비중량 γ에 의해 결정된다. π정리를 이용하여 Δh에 관한 식을 유도하면?

㉮ $\Delta h = Df\left(\dfrac{\sigma}{\gamma D^2}\right)$ ㉯ $\Delta h = \gamma \cdot f\left(\dfrac{\sigma}{\gamma D}\right)$

㉰ $\Delta h = Df\left(\dfrac{\sigma^2}{\gamma^2 D^2}\right)$ ㉱ $\Delta h = \gamma \cdot f\left(\dfrac{\sigma^2}{\gamma^2 D^2}\right)$

해설 답 ㉮

$$F(\Delta h,\ D,\ \sigma,\ \gamma)=0$$

각 물리량의 FLT계 차원은

$[\Delta h]=L,\ [D]=L,\ [\sigma]=FL^{-1},\ [\gamma]=FL^{-3}$ 이므로 기본차원의 수는 F, L 두 개다. 따라서 독립 무차원

연습문제

매개변수의 개수=4−2=2, 반복변수 2개는 D와 γ로 결정한다.

$$\therefore\ \pi_1 = D^{a_1}\gamma^{b_1}\cdot \Delta h \rightarrow [L]^{a_1}[FL^{-3}]^{b_1}\cdot[L]$$

$$\left.\begin{array}{l} L:\ a_1-3b_1+1=0 \\ F:\ b_1=0 \end{array}\right\} \rightarrow a_1=-1,\ b_1=0$$

$$\pi_1 = \frac{\Delta h}{D}$$

$$\pi_2 = D^{a_2}\gamma^{b_2}\cdot \sigma \rightarrow [L]^{a_2}[FL^{-3}]^{b_2}[FL^{-1}]$$

$$\left.\begin{array}{l} L:\ a_2-3b_2-1=0 \\ F:\ b_2+1=0 \end{array}\right\} \rightarrow a_2=-2,\ b_2=-1$$

$$\pi_2 = \frac{\sigma}{\gamma D^2}$$

따라서 $F_1(\pi_1,\ \pi_2)=F_1\left(\frac{\Delta h}{D},\ \frac{\sigma}{\gamma D^2}\right)=0$

그러므로 Δh에 대하여 풀면

$$\frac{\Delta h}{D}=f\left(\frac{\sigma}{\gamma D^2}\right)$$

$$\therefore\ \Delta h = Df\left(\frac{\sigma}{\gamma D^2}\right)$$

4. 실형과 모형의 길이가 $L_p\ :\ L_m=10\ :\ 1$인 모형 잠수함을 바닷물에서 실험하고자 할 때 실형을 5[m/s]로 운전하려면 모형의 속도는 몇 [m/s]로 해야 하는가?

㉮ 45　　㉯ 50　　㉰ 60　　㉱ 70

해설 　답 ㉯

점성과 관성력이 관계되므로 역학적 상사가 존재하려면 레이놀드 수가 같아야 한다.

$$\left(\frac{VL}{\nu}\right)_p=\left(\frac{VL}{\nu}\right)_m$$

$\nu_p=\nu_m$: 바닷물의 동점성계수이므로

$$V_m = V_p\cdot\frac{L_p}{L_m}=5\times\frac{10}{1}=50[\mathrm{m/s}]$$

기초문제

5. 길이의 비 $\frac{L_p}{L_m}=\frac{1}{20}$로 기하학적 상사인 댐(dam)이 있다. 모형 댐의 상봉에서 유속이 2 [m/s]일 때 실형의 대응점에서 유속은 몇 [m/s]인가?

㉮ 5.91　　㉯ 6.36　　㉰ 7.41　　㉱ 8.94

해설　　답 ㉱

역학적 상사가 존재하기 위해서는 프루우드 수가 같아야 한다.

$$\frac{V_p}{\sqrt{L_p g_p}}=\frac{V_m}{\sqrt{L_m g_m}}$$

$g_p=g_m$ 이므로

$$V_p=V_m\cdot\sqrt{\frac{L_p}{L_m}}=2\times\sqrt{20}\fallingdotseq 8.94[\text{m/s}]$$

6. 물 위에 떠 있는 배의 저항문제에서 모형과 실형 사이에 중요한 무차원 수는?

㉮ 프루우드 수, 오일러 수　　㉯ 마하 수, 오일러 수

㉰ 웨버 수, 마하 수　　㉱ 마하 수, 레이놀드 수

해설　　답 ㉮

물 위에 떠 있는 배의 저항문제에 관성력, 중력, 압력이 중요하므로 정답은 ㉮이다.

7. 밀도 ρ, 속도 V, 체적탄성계수 K일 때 관성력과 탄성력의 비로 표시되는 무차원 수 $\frac{\rho V^2}{K}$은?

㉮ 오일러 수　　㉯ 코우시 수　　㉰ 마하 수　　㉱ 웨버 수

해설　　답 ㉯

표 8-1에서 코우시 수는

$$Ca=\frac{\rho V^2}{K}=\frac{\text{관성력}}{\text{탄성력}}$$

연습문제

8. 어떤 물리적인 관계가 $F(V,\ L,\ \rho,\ \mu)=0$의 식으로 주어졌다. 이 식을 무차원 수의 함수로 표시할 때 몇 개의 독립 무차원 변수가 있는가? 단, V는 속도, L은 길이, ρ는 밀도, μ는 점성계수이다.

㉮ 3　　㉯ 2　　㉰ 1　　㉱ 없다

해설　　답 ㉰

물리량의 수 : 4

각 물리량의 차원은

$V:\ [VT^{-1}],\ L:\ [L],\ \rho:\ [ML^{-3}],\ \mu:\ [ML^{-1}T^{-1}]$

따라서 기본차원은 $M,\ L,\ T$ 3개이므로 4−3=1(개)

9. 압력강하 ΔP, 밀도 ρ, 길이 L, 유량 Q에서 얻을 수 있는 무차원 수는?

㉮ $\sqrt{\dfrac{\rho}{\Delta P}}\cdot\dfrac{Q}{L^2}$　　㉯ $\dfrac{\Delta P}{\rho}\dfrac{L^4}{Q^2}$　　㉰ $\left(\dfrac{\rho}{\Delta P}\right)^{\frac{1}{3}}\dfrac{Q^2}{L^4}$　　㉱ $\left(\dfrac{\Delta P}{\rho}\right)^2\dfrac{L^2}{Q}$

해설　　답 ㉮

각 물리량의 차원은

$\Delta P:[ML^{-1}T^{-2}],\ \rho:[ML^{-3}],\ L:[L],\ Q:[L^3T^{-1}]$

기본차원은 $M,\ L,\ T$ 3개이므로

(물리량의 수)−(기본차원의 수)=4−3=1

$$\therefore \pi=\Delta P^a\cdot\rho^b\cdot L^c\cdot Q=[ML^{-1}T^{-2}]^a\cdot[ML^{-3}]^b\cdot[L]^c\cdot[L^3T^{-1}]$$

$$\left.\begin{aligned}M&:\ a+b=0\\ L&:\ -a-3b+c+3=0\\ T&:\ -2a-1=0\end{aligned}\right\}\rightarrow a=-\frac{1}{2},\ b=\frac{1}{2},\ c=-2$$

$$\pi=\frac{\rho^{\frac{1}{2}}Q}{\Delta P^{\frac{1}{2}}L^2}=\sqrt{\frac{\rho}{\Delta P}}\cdot\frac{Q}{L^2}$$

10. 풍동시험에서 중요한 무차원 수는?

㉮ 레이놀드 수, 마하수　　㉯ 프루우드 수, 코우시 수

㉰ 프루우드 수, 오일러 수　　㉱ 웨버 수, 코우시 수

해설 답 ㉮

풍동시험에서 유속이 작은 경우 ($M<0.3$)는 레이놀드 수가 중요한 무차원수이지만 유속이 클 때 ($M>0.3$)는 마하 수도 중요하다.

11. 실형의 길이가 100[m]인 배를 길이 4[m]인 모형으로 시험하려고 한다. 실형의 배가 50[km/h]로 움직인다면 실형과 모형사이에 역학적 상사를 만족하기 위해서 모형은 몇 [km/h]가 되어야 하는가? 또 모형의 항력이 5[kg_f]이면 실형의 항력은 몇 [kg_f]인가? 단, 실형과 모형은 같은 유체에서 실험한다.

㉮ $V_m = 10,\ D_p = 78125$　　㉯ $V_m = 15,\ D_p = 64265$

㉰ $V_m = 20,\ D_p = 56363$　　㉱ $V_m = 25,\ D_p = 43656$

해설 답 ㉮

프루우드 수가 같아야 하므로

$$\left(\frac{V}{\sqrt{Lg}}\right)_p = \left(\frac{V}{\sqrt{Lg}}\right)_m$$

$$V_m = V_p \cdot \sqrt{\frac{L_m}{L_p}} = 50 \times \sqrt{\frac{4}{100}} = 10[\text{km/h}]$$

또, 항력계수가 같아야 하므로

$$(C_D)_p = (C_D)_m$$

따라서

$$\left(\frac{D}{\rho A V^2/2}\right)_p = \left(\frac{D}{\rho A V^2/2}\right)_m$$

$$\begin{aligned} D_p &= D_m \cdot \left(\frac{\rho_p}{\rho_m}\right) \cdot \left(\frac{A_p}{A_m}\right) \cdot \left(\frac{V_p}{V_m}\right)^2 \\ &= D_m \cdot \left(\frac{\rho_p}{\rho_m}\right) \cdot \left(\frac{L_p}{L_m}\right)^2 \cdot \left(\frac{V_p}{V_m}\right)^2 \\ &= 5 \times 1 \times \left(\frac{100}{4}\right)^2 \times \left(\frac{50}{10}\right)^2 \\ &= 78125[\text{kg}_f] \end{aligned}$$

연습문제

12. 기하학적으로 상사인 두 원관에 유체가 꽉 차서 흐를 때 역학적 상사가 되려면 다음 중 무엇이 같아야 하는가?

㉮ 프로우드 수 ㉯ 레이놀드 수 ㉰ 웨버 수 ㉱ 코우시 수

해설 답 ㉯

자유표면이 없는 유동에서는 Re수가 일정하면 역학적 상사이다.

13. 2개의 평행 평판 사이의 층류 유동에서 중요한 힘은?

㉮ 관성력, 점성력 ㉯ 압력, 관성력 ㉰ 중력, 관성력 ㉱ 점성력, 압력

해설 답 ㉮

두 형행 평판 사이의 층류 유동에서 역학적 상사가 되려면 레이놀드 수가 같으면 된다

$$Re = \frac{VD}{\nu} = \frac{\text{관성력}}{\text{점성력}}$$

14. 다음 무차원 함수 중에서 마하 수와 관계 깊은 것은?

㉮ 레이놀드 수 ㉯ 코우시 수 ㉰ 프루우드 수 ㉱ 웨버 수

해설 답 ㉯

$$(C_a)_p = (C_a)_m$$

$$\left(\frac{\rho V^2}{K}\right)_p = \left(\frac{\rho V^2}{K}\right)_m$$

$$\left(\frac{V}{\sqrt{K/\rho}}\right)_p = \left(\frac{V}{\sqrt{K/\rho}}\right)_m$$

$$\therefore \left(\frac{V}{a}\right)_p = \left(\frac{V}{a}\right)_m \rightarrow (M)_p = (M)_m$$

15. 다음 중 배의 조파저항이 생기는 조건이 아닌 것은?

㉮ 배가 항진할 때 앞 부분의 압력 영향 ㉯ 배가 항진할 때 후미 부분의 압력 영향

㉰ 배와 유체의 마찰 ㉱ 배의 중력작용

해설 답 ㉰

항해 중인 배의 저항은 표면마찰저항과 조파저항으로 조성되는데 조파저항은 배의 앞, 뒤의 압력과 중력의 영향을 받는다.

기초문제

16. 물 위를 3[m/s]로 항진하는 길이 2[m]의 모형선에 작용하는 조파조항이 50[N]이다. 길이 45[m]인 실형선을 이것과 상사인 조파상태에서 바닷물 위를 항진 시킬 때 몇 [kN]의 조파저항이 생기는가? 단, 바닷물의 비중량은 10045[N/m³]이다.

㉮ 286.42 ㉯ 343.64 ㉰ 425.36 ㉱ 583.75

해설 답 ㉱

상사이면 Froude 수가 같으므로 실형의 속도 V_p는

$$V_p = V_m \sqrt{\frac{L_p}{L_m}}$$
$$= 3 \times \sqrt{\frac{45}{2}} ≒ 14.23[\text{m/s}]$$

실형의 조파저항 F_p와 모형의 조파저항 F_m의 비를 구하면

$$\frac{F_p}{F_m} = \frac{C_{wp}\dfrac{\gamma_p}{2g}{V_p}^2 A_p}{C_{wm}\dfrac{\gamma_m}{2g}{V_m}^2 A_m} = \frac{C_{wp}\gamma_p {V_p}^2 {L_p}^2}{C_{wm}\gamma_m {V_m}^2 {L_m}^2}$$

서로 상사인 조파상태이므로 조파항력 계수 C_w는 같다. 즉, $C_{wp} = C_{wm}$이다. 따라서

$$\frac{F_p}{F_m} = \frac{\gamma_p {V_p}^2 L_p^2}{\gamma_m {V_m}^2 L_m^2}$$
$$= \frac{10045 \times 23^2 \times 45^2}{9800 \times 3^2 \times 2^2} ≒ 11675$$

$$\therefore\ F_p = F_m \times 11675 = 50 \times 11675 = 583750[\text{N}]$$
$$= 583.75[\text{kN}]$$

17. 개수로에 위어를 설치하여 유량을 측정한 결과 500[m³/s]이였다. 1/20의 비로 축소된 모형 개수로를 만들 때 역학적 상사를 이루려면 모형에서의 유량은 몇 [m³/s]가 되어야 하는가? 단, 위어에서의 마찰은 무시한다.

㉮ 0.28 ㉯ 0.75 ㉰ 28 ㉱ 75

해설 답 ㉮

개수로 유동에 관한 문제이므로 Froude 수가 같으면 역학적 상사가 된다.

따라서

$$\left(\frac{V^2}{\sqrt{gL}}\right)_p = \left(\frac{V^2}{\sqrt{gL}}\right)_m$$

연습문제

이 식에 $V=\dfrac{Q}{L^2}$를 대입하면

$$\left(\frac{Q}{g^{\frac{1}{2}}L^{\frac{5}{2}}}\right)_p=\left(\frac{Q}{g^{\frac{1}{2}}L^{\frac{5}{2}}}\right)_m$$

$$\therefore\ Q_m=Q_p\left(\frac{g_m}{g_p}\right)^{\frac{1}{2}}\left(\frac{L_m}{L_p}\right)^{\frac{5}{2}}=500\times(1)^{\frac{1}{2}}\times\left(\frac{1}{20}\right)^{\frac{5}{2}}\fallingdotseq 0.28[\text{m}^3/\text{s}]$$

18. 회전속도가 1200[rpm]인 원심펌프로 동점성계수가 1.05×10^{-3}인 기름을 수송하고 있다. 원심펌프의 모형을 만들어 동점성계수가 1.56×10^{-4}인 유체로 모형실험을 하려고 한다. 모형펌프의 지름을 실형의 2배로 하였을 때 모형펌프의 회전수를 구하면 몇 [rpm]인가?

㉮ 30　　㉯ 35　　㉰ 40　　㉱ 45

해설 답 ㉱

역학적 상사가 이루어 지려면 Reynolds의 상사법칙이 성립해야 한다. 따라서

$$\left(\frac{VD}{\nu}\right)_p=\left(\frac{VD}{\nu}\right)_m$$

여기서 속도는 회전차의 원주속도를 사용해야 하므로 각속도를 ω라고 하면 원주속도는 $r\omega$이다. 즉

$$\left(\frac{r\omega D}{\nu}\right)_p=\left(\frac{r\omega D}{\nu}\right)_m$$

그러므로

$$\frac{\omega_m}{\omega_p}=\left(\frac{r_p}{r_m}\right)\left(\frac{D_p}{D_m}\right)\left(\frac{\nu_m}{\nu_p}\right)=\left(\frac{1}{2}\right)\left(\frac{1}{2}\right)\left(\frac{1.56\times10^{-4}}{1.05\times10^{-3}}\right)\fallingdotseq 0.0371$$

따라서 회전수 N_m은

$$N_m=N_p\times0.0371=1200\times0.0371\fallingdotseq 45[\text{rpm}]$$

19. 풍동(wind tunnel)시험에 있어서 실형과 모형 사이에 서로 상사를 이루려면 어떤 무차원 함수들이 같아야 하는가?

㉮ 웨버 수, 마하 수　　㉯ 레이놀드 수, 마하 수

㉰ 오일러 수, 레이놀드 수　　㉱ 웨버 수, 오일러 수

해설 답 ㉯

풍동시험에 있어서 중요한 무차원 수는 레이놀드 수와 마하 수이다.

20. 압축성을 무시할 수 있는 유체기계에서 모형과 실형 사이에 역학적 상사가 되려면 다음 중 어떤 무차원 수가 같아야 하는가?

㉮ 레이놀드 수 ㉯ 마하 수 ㉰ 웨버 수 ㉱ 프루우드 수

해설 답 ㉮

유체기계 문제에서는 레이놀드 수와 마하 수가 중요하지만 압축성을 무시할 수 있을 경우에는 레이놀드 수만 고려하면 된다.

응용문제

1. 이상유체가 다음 그림과 같이 관 속의 orifice를 흐르고 있을 때 유량 Q를 유체의 밀도 ρ, orifice의 직경 d 및 orifice 전 · 후의 압력차 Δp로 나타내라.

해설

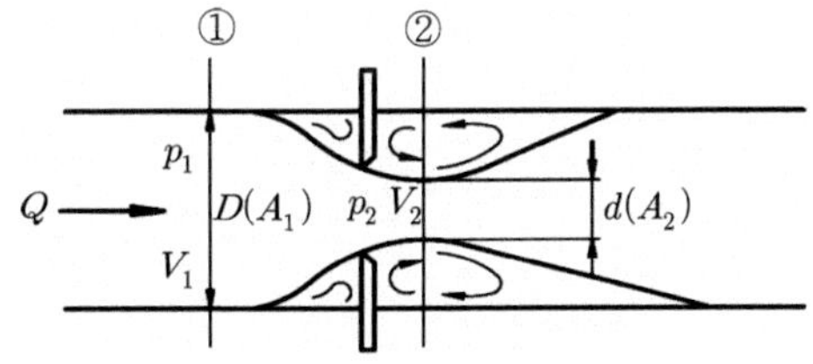

$$F(\rho,\ d,\ \Delta p,\ Q)=0$$

각 물리량의 차원은

$$[\rho]=ML^{-3},\quad [d]=L,$$
$$[\Delta p]=ML^{-1}T^{-2},\quad [Q]=L^3T^{-1}$$

물리량의 수 $n=4$개

기본차원의 수 $m=3$개$(M,\ L,\ T)$

따라서 독립 무차원 매개변수는 $n-m=4-3=1$개다. $m=3$이므로 3개의 반복변수 $\rho,\ d,\ \Delta p$를 택하고 π정리를 적용하면

$$\pi=\rho^a\cdot d^b\cdot \Delta p^c\cdot Q$$
$$=[ML^{-3}]^a[L]^b[ML^{-1}T^{-2}]^c[L^3T^{-1}]$$

윗 식에서 지수방정식을 세우면

$$M:\ a+c=0$$
$$L:\ -3a+b-c+3=0$$

연습문제

$$T: -2c-1=0$$

이 지수방정식들을 연립하여 풀면

$$a=\frac{1}{2},\ b=-2,\ c=-\frac{1}{2}$$

$$\therefore \pi=\rho^{\frac{1}{2}}d^{-2}\Delta p^{-\frac{1}{2}}Q$$

여기서

$$Q=k\cdot\rho^{-\frac{1}{2}}d^{2}\Delta p^{\frac{1}{2}}=kd^{2}\sqrt{\Delta p/\rho}$$

$k=\frac{\sqrt{2}}{4}\pi$로 놓으면

$$Q=\frac{\pi d^{2}}{4}\sqrt{2gh}$$

여기서 $\Delta p=\rho gh$이다.

2. 균일한 유체 속에 놓인 직경 d인 구가 받는 항력 D는 균일한 유속 V, 유체의 밀도 ρ, 및 점성계수 μ와 어떤 관계가 있는가?

해설

$$F(\rho,\ V,\ d,\ D,\ \mu)=0$$

각 물리량의 차원은

$$[\rho]=ML^{-3},\ [V]=LT^{-1},\ [d]=L,\ [\mu]=ML^{-1}T^{-1},\ [D]=MLT^{-2}$$

물리량의 수 $n=5$개

기본차원의 수 $m=3$개$(M,\ L,\ T)$

따라서 독립 무차원 매개변수는 $n-m=5-3=2$개다. $m=3$이므로 반복변수는 3개를 택한다. 반복변수 $\rho,\ V,\ d$를 택하면 식(8-7)에서

$$\pi_1=\rho^{a_1}V^{b_1}d^{c_1}D,\quad \pi_2=\rho^{a_2}V^{b_2}d^{c_2}\mu$$

윗 식에서 각 변수의 차원을 대입하면

$$\pi_1=[ML^{-3}]^{a_1}[LT^{-1}]^{b_1}[L]^{c_1}[MLT^{-2}]$$

$$\pi_2=[ML^{-3}]^{a_2}[LT^{-1}]^{b2}[L]^{c_2}[ML^{-1}T^{-1}]$$

지수방정식을 세우면

$$M: \ a_1 + 1 = 0$$

$$L: \ -3a_1 + b_1 + c_1 + 1 = 0$$

$$T: \ -b_1 - 2 = 0$$

이들 식을 연립하여 풀면

$$a_1 = -1, \ b_1 = -2, \ c_1 = -2$$

또

$$M: \ a_2 + 1 = 0$$

$$L: \ -3a_2 + b_2 + c_2 + 1 = 0$$

$$T: \ -b_2 - 1 = 0$$

이들 식을 연립하여 풀면

$$a_2 = -1, \ b_2 = -1, \ c_2 = -1$$

따라서

$$\pi_1 = \rho^{-1} V^{-2} d^{-2} D = \frac{D}{\rho V^2 d^2}$$

$$\pi_2 = \rho^{-1} V^{-1} d^{-1} \mu = \frac{\mu}{\rho V d} = \frac{1}{Re}$$

여기서 $\pi_1 = \phi\left(\frac{1}{\pi_2}\right)$로 놓으면

$$D = \phi(Re) \rho V^2 d^2 = C_D \frac{1}{2} \rho V^2 A$$

여기서

$$C_D = \left(\frac{8}{\pi}\right) \phi(Re)$$

$$A = \frac{\pi}{4} d^2$$

3. 동점성계수가 1.004×10^{-6}[m²/s]인 물이 직경 150[mm]인 관 속을 유속 3.5[m/s]로 흐른다. 또 동점성계수 2.96×10^{-6}[m²/s]인 기름이 75[mm]인 관 속을 흐른다고 하면 두 흐름이 역학적 상사를 이루기 위해서는 기름의 유속이 얼마이어야 하는가?

해설

양 쪽 흐름이 역학적 상사를 이루려면 레이놀드 수가 같아야 하므로

$$\left(\frac{VD}{\nu}\right)_p = \left(\frac{VD}{\nu}\right)_m$$

연습문제

기름의 유속은

$$V_m = V_p\left(\frac{\nu_m}{\nu_p}\right)\left(\frac{D_p}{D_m}\right) = 3.5 \times \frac{2.96\times10^{-6}}{1.004\times10^{-6}} \times \frac{150}{75} \fallingdotseq 20.64[\mathrm{m/s}]$$

4. 크기를 1/80로 한 비행기 모형이 50[m/s]인 유속 (20℃의 공기)하에서 시험되고 있다. (a) 20℃ 물 속에 충분히 잠기게 하여 모형실험을 한다고 하면 유속을 얼마로 해야 하는가? (b) 물 속에서 모형이 받는 저항을 6.0[N]이라고 하면 공기 속에서 실형이 받는 저항은 얼마인가? 단, 20[℃] 공기의 동점성계수는 $1.512\times10^{-5}[\mathrm{m^2/s}]$이고 20[℃] 물의 동점성계수는 $1.004\times10^{-6}[\mathrm{m^2/s}]$이다.

해설

(a) Reynolds 수를 같다고 놓으면

$$\left(\frac{50L}{1.512\times10^{-5}}\right)_{\text{공기}} = \left(\frac{VL}{1.004\times10^{-6}}\right)_{\text{물}}$$

$$\therefore\ V_{\text{물}} = \frac{1.004\times10^{-6}}{1.512\times10^{-5}}\times50 \fallingdotseq 3.32[\mathrm{m/s}]$$

(b) Euler의 수를 같다고 놓으면

$$\left(\frac{\rho V^2}{p}\right)_m = \left(\frac{\rho V^2}{p}\right)_p$$

한편 작용하는 힘은 (압력)×(면적)이므로

$$\frac{F_m}{F_p} = \frac{p_m L_m^2}{p_p L_p^2} = \frac{\rho_m {V_m}^2 {L_m}^2}{\rho_p {V_p}^2 {L_p}^2} = \rho_r {V_r}^2 {L_r}^2$$

공기 속에서 실형의 속도는 레이놀드 수를 갖다고 놓으면

$$\left\{\frac{(50L_p/80)}{\nu}\right\}_{\text{공기}} = \left(\frac{V_p L_p}{\nu}\right)_{\text{공기}}$$

여기서

$$V_p = \left(\frac{\nu_{\text{공기}}}{\nu_{\text{공기}}}\right)\left\{\frac{(50L_p/80)}{\nu}\right\} = 1\times\frac{50}{80} = 0.625[\mathrm{m/s}]$$

따라서

$$\frac{6.0}{F_p} = \left(\frac{\rho_m}{\rho_p}\right)\left(\frac{V_m}{V_p}\right)^2\left(\frac{L_m}{L_p}\right)^2 = 998.2\times\left(\frac{3.32}{0.625}\right)^2\times\left(\frac{1}{80}\right)^2$$

$$\therefore\ F_p \fallingdotseq 1.36[\mathrm{N}]$$

5. 하천 속에 직사각형 교각(폭 1.2[m], 길이 3.6[m], 평균깊이 2.5[m])이 있다. 1/16척도의 모형을 만들어 유속이 0.8[m/s]인 물 속에 넣었을 때 모형은 4[N]의 힘을 받았다. (a) 실물에 대한 하천의 유속과 저항력은 얼마인가? (b) 모형에 작용하는 정상파의 높이가 50[mm]라고 하면 교각의 정상에서는 어느 정도의 파고를 얻는가? (c) 저항계수는 얼마인가?

해설

(a) Froude 수를 같다고 놓으면

$$\left(\frac{V^2}{gL}\right)_m = \left(\frac{V^2}{gL}\right)_p$$

여기서 $\dfrac{V_m}{V_p} = \sqrt{L_m/L_p}$ 이다. 따라서

$$V_p = V_m/\sqrt{L_r} = 0.8/\sqrt{1/16} \fallingdotseq 3.2[\text{m/s}]$$

또 $F_m/F_p = (\rho g L^3)_m/(\rho g L^3)_p$ 에서

$$F_p = \frac{F_m}{\left(\dfrac{\rho_m}{\rho_p}\right)\left(\dfrac{L_m}{L_p}\right)^3} = \frac{F_m}{\rho_r {L_r}^3} \fallingdotseq 16,400[\text{N}] = 16.4[\text{kN}]$$

(b) Froude 수를 같다고 놓고 $L_p = L_m\left(\dfrac{V_p}{V_m}\right)^2$ 를 얻어 수치를 대입하면

$$L_p = 50\times\left(\frac{3.2}{0.8}\right)^2 = 800[\text{mm}]$$

(c) 항력 D는 $D = C_D\dfrac{1}{2}\rho V^2 A$이므로 모형에 대해 수치를 대입하면

$$4 = C_D\times\frac{10^3\times0.8^2}{2}\times(1.2\times3.6)\times\left(\frac{1}{16}\right)^2$$

$$\therefore\ C_D \fallingdotseq 0.741$$

한편 실형에 대해서는

$$16400 = C_D\times\frac{10^3\times3.2^2}{2}\times(1.2\times3.6)$$

$$\therefore\ C_D \fallingdotseq 0.741$$

그러므로 $C_D \fallingdotseq 0.741$은 맞는 값이다.

연습문제

6. 사각위어를 유량 Q의 액체가 넘쳐 흐르고 있다. 위어의 폭을 B, 위어의 수두를 H, 유체의 밀도를 ρ, 중력가속도를 g라고 하면 Q는 주어진 변수와 어떤 관계가 있는가?

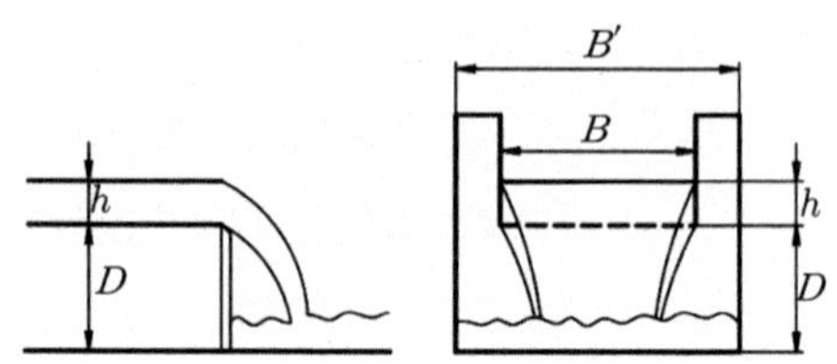

해설

$$F(\rho,\ g,\ h,\ Q,\ B) = 0$$

각 물리량의 차원은

$$[\rho] = ML^{-3},\ [g] = LT^{-2},\ [h] = L,\ [Q] = L^3T^{-1},\ [B] = L$$

물리량의 수 $n = 5$개

기본차원의 수 $m = 3$개$(M,\ L,\ T)$

따라서 독립 무차원 매개변수는 $n - m = 5 - 3 = 2$개다. $m = 3$이므로 3개의 반복변수 $\rho,\ g,\ h$를 택하고 π정리를 적용하면

$$\pi_1 = \rho^{a_1} g^{b_1} h^{c_1} Q, \qquad \pi_2 = \rho^{a_2} g^{b_2} h^{c_2} B$$

윗 식에서 각 변수의 차원을 대입하면

$$\pi_1 = [ML^{-3}]^{a_1}[LT^{-2}]^{b_1}[L]^{c_1}[M^3T^{-1}]$$

$$\pi_2 = [ML^{-3}]^{a_2}[LT^{-2}]^{b2}[L]^{c_2}[L]$$

지수방정식을 세우면

$$M\ :\ a_1 = 0$$

$$L\ :\ -3a_1 + b_1 + c_1 + 3 = 0$$

$$T\ :\ -2b_1 - 1 = 0$$

이들 식을 연립하여 풀면

$$a_1 = 0,\quad b_1 = -\frac{1}{2},\quad c_1 = -\frac{5}{2}$$

또

$$M\ :\ a_2 = 0$$

$$L\ :\ -3a_2 + b_2 + c_2 + 1 = 0$$

$$T\ :\ -2b_2 = 0$$

이들 식을 연립하여 풀면

$$a_2 = 0, \quad b_2 = 0, \quad c_2 = -1$$

따라서

$$\pi_1 = g^{-\frac{1}{2}} h^{-\frac{5}{2}} Q$$

$$\pi_2 = h^{-1} B$$

$\pi_1 = \phi(\pi_2)$로 놓으면

$$Q = \phi\left(\frac{B}{h}\right) g^{\frac{1}{2}} h^{\frac{5}{2}} = kB\sqrt{2g}\, h^{\frac{3}{2}}$$

여기서 $\phi\left(\frac{B}{h}\right) = \sqrt{2}\, k\left(\frac{B}{h}\right)$이다.

9장

항력과 양력

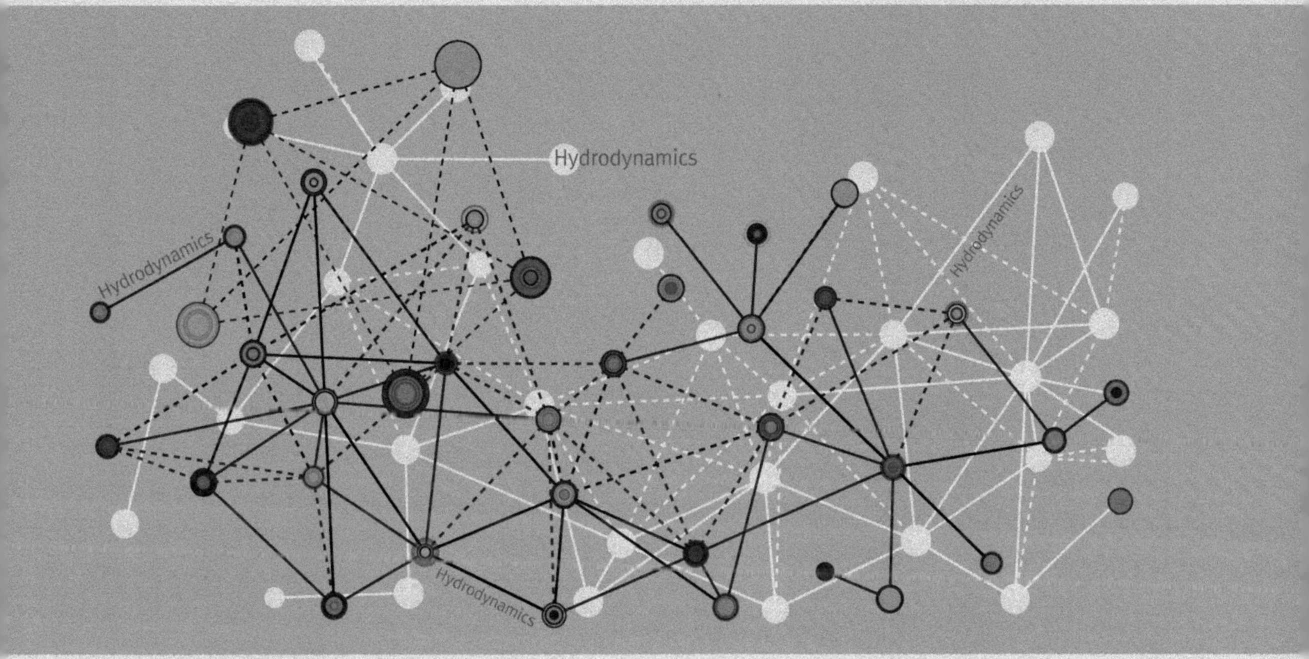
Hydrodynamics
Hydrodynamics
Hydrodynamics
Hydrodynamics

9.1 항력과 양력

유동하는 유체 속에 물체가 놓여 있을 때 또는 정지하고 있는 유체 속에서 물체가 움직일 때 [그림 9-1]에서와 같이 물체에 미치는 힘 R의 유동방향 성분 D를 그 물체의 **유체저항**(fluid resistance) 또는 **항력**(drag)이라고 하고 유동방향과 직각방향 성분 L을 **양력**(lift)이라고 한다.

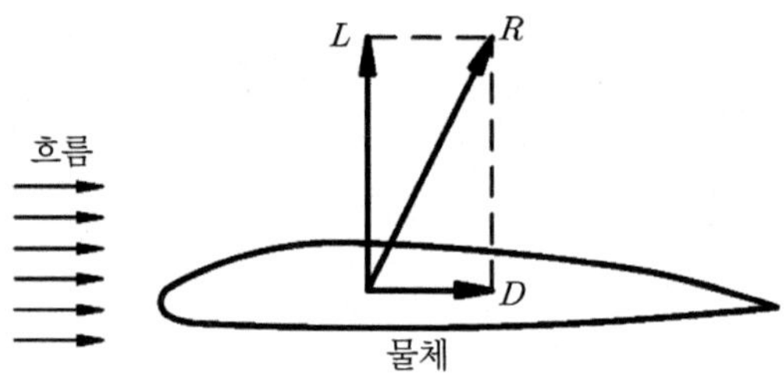

[그림 9-1] 항력과 양력

9.1.1 마찰항력(frictional resistance)

물체의 표면 부근에서 유체의 전단류 때문에 생기는 항력을 **마찰항력**이라고 한다.

9.1.2 압력항력(pressure resistance)

물체가 놓인 상류와 하류에서 물체의 표면에 미치는 압력차로 인하여 생기는 항력을 말하며 물체의 형상에 따라 크게 좌우되기 때문에 이것을 **형상항력**(form resistance)이라고도 한다.

예제 9.1 **물체가 유체로부터 받는 저항력 중에서 물체의 형상에 따라 크게 좌우되는 것은 다음 중 어느 것인가?**

㉮ 유체저항 ㉯ 마찰항력 ㉰ 압력항력 ㉱ 경계항력

해설 형상항력 또는 압력항력이라고 한다. **답** ㉰

9.2 경계층

점성유체가 물체 주위를 흐를 때 물체 근방에서는 점성의 영향을 받으나 물체에서 멀리 떨어질수록 점성의 영향은 약화되어 결국은 이상유체의 흐름과 거의 같아진다. 이와같이 점성의 영향이 미치는 층을 **경계층**(boundary layer)이라고 한다.

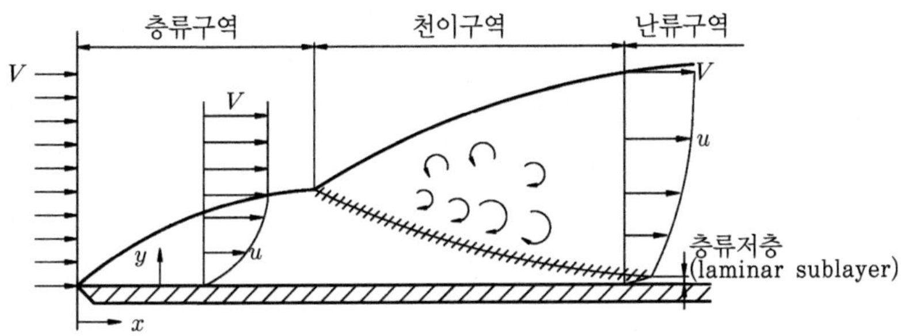

[그림 9-2] 경계층

[그림 9-2]와 같이 유체가 평판과 평행하게 흐르는 경우를 생각하자. 평판의 선단 근방에서 생기는 층류의 성질을 갖는 경계층을 **층류경계층**(laminar boundary layer), 평판의 하류에서 생기는 난류의 성질을 갖는 경계층을 **난류경계층**(tubulent boundary layer), 층류경계층에서 난류경계층으로 변하는 과도구역을 **천이구역**(transition zone)이라고 한다. 또 난류 경계층이라고 하더라도 벽면 근방에 얇은 층류층이 있는데 이것을 **층류저층**(laminar sublayer)이라고 하며 여기서의 속도분포는 선형적이다.

평판인 경우 임계 Reynolds 수는 상류의 흐름상태나 평판 선단의 형상, 판의 표면조도 등에 따라 달라지지만 대개 다음과 같이 정의한다.

$$Rx_c = \frac{Vx_c}{\nu} = 5 \times 10^5 \tag{9-1}$$

V : 평판에서 멀리 떨어진 상류의 균일한 속도, 즉 자유흐름속도

x : 평판 선단에서의 거리

ν : 유체의 동점성계수

9.2.1 경계층의 두께 $[\delta]$

경계층의 내부와 외부와의 속도변동은 점차적으로 이루어지므로 경계층 두께의 한계가 명확하지 않다. 따라서 실제에 있어서는 물체표면을 x축, 이것과 수직인 축을 y축, 경계층 내부와 외부의 유속을 각각 u, V라고 할 때 $\frac{u}{V}=0.99$가 되는 지점까지의 y좌표를 **경계층의 두께**라고 한다.

9.2.2 경계층의 배제두께 $[\delta^*]$

실제유체의 유동장에 물체를 놓으면 물체표면에 경계층이 형성되고 경계층내의 유동은 점성마찰력의 작용으로 감속되므로 임의의 단면에서 동일한 질량 유량이 유지되기 위하여는 유체의 일부가 배제되어야 한다. 이 배제량은 경계층의 두께가 두꺼울수록 많아지므로 이 배제량을 통과시킬 수 있는 자유유동에서의 두께를 경계층의 **배제두께** 또는 **변위두께**(displacement thickness)라고 정의하여 이것을 경계층두께 대신 사용한다.

따라서 배제량 Δq는

$$\Delta q=\int_0^\delta (V-u)dy \tag{9-2}$$

정의에 의하여 배제두께 δ^*는

$$\delta^*=\frac{\Delta q}{V}=\frac{1}{V}\int_0^\delta (V-u)dy=\int_0^\delta \left(1-\frac{u}{V}\right)dy \tag{9-3}$$

9.2.3 경계층의 운동량두께 $[\delta_m]$

경계층 생성으로 인하여 배제되는 운동량에 대응하는 자유유동에서의 두께를 **운동량두께**(momentum thickness)라고 한다.

자유 유동에서의 밀도를 ρ_∞라고 하면 경계층 내의 임의 단면을 지나는 질량유량은

$$\int_0^\delta \rho u dy=\rho_\infty V(\delta-\delta^*)$$

이 유체가 자유유동 때 가지는 운동량은

$$V\int_0^{\delta}\rho u dy = \rho_\infty V^2(\delta - \delta^*)$$

따라서 배제되는 운동량은

$$V\int_0^{\delta}\rho u dy - \int_0^{\delta}\rho u^2 dy = \int_0^{\delta}\rho u(V-u)dy = \rho_\infty V^2(\delta-\delta^*) - \int_0^{\delta}\rho u^2 dy$$

이 배제된 운동량을 운반하는 자유유동에서의 두께를 δ_m 이라고 하면

$$\rho_\infty V^2 \delta_m = \int_0^{\delta}\rho u(V-u)dy = \rho_\infty V^2(\delta-\delta^*) - \int_0^{\delta}\rho u^2 dy$$

$$\therefore\ \delta_m = \frac{1}{\rho_\infty V^2}\int_0^{\delta}\rho u(V-u)dy = (\delta-\delta^*) - \frac{1}{\rho_\infty V^2}\int_0^{\delta}\rho u^2 dy \qquad (9\text{-}4)$$

9.2.4 경계층의 박리

[그림 9-3]과 같이 원주 주위의 실제유체의 흐름을 생각하자.

A → B 구간은 $\frac{dp}{dx} < 0$, $\frac{du}{dx} > 0$가 되고 B → E 구간은 $\frac{dp}{dx} > 0$, $\frac{du}{dx} < 0$가 된다. 따라서 B → E 구간에서는 벽에서 멀리 떨어진 유체는 유속과 관성이 크기 때문에 높은 압력에 견디면서 하류까지 진행할 수 있으나 벽 근방의 유속이 느린 유체는 점성 때문에 관성이 작아서 압력을 견디면서 하류까지 진행하기가 곤란하다. 즉, C점에서는 $\frac{du}{dy} = 0$가 되며 그 하류에서는 $\frac{du}{dy} < 0$가 되어 역류가 생긴다. 따라서 경계층은 고체표면으로부터 떨어져 그 뒤에 소용돌이가 생긴다. 이와같이 유체가 고체표면을 따라 흐르는 경우에 하류방향으로 압력상승이 일어나면 어느 점에서 고체표면으로부터 경계층이 떨어지는데 이 현상을 **경계층의 박리**(separation)라고 한다.

박리현상이 생기면 흐름이 혼란해져서 에너지손실을 가져오므로 바람직하지 못하다.

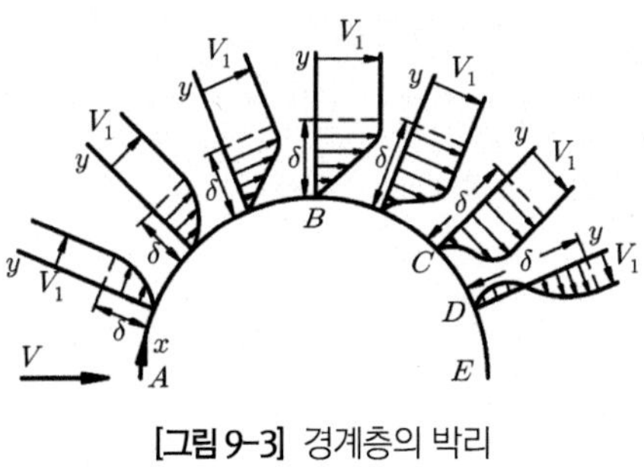

[그림 9-3] 경계층의 박리

9.2.5 층류저층

난류경계층에서 벽면이 매끈할 때에는 벽면에 가까운 얇은 층은 여전히 층류로 흐르는데 이것을 **층류저층**(laminar sublayer)이라고 한다.

속도가 직선적으로 변화하는 층류저층과 대수적으로 변화하는 난류와의 두 속도분포곡선의 교점에서 벽까지의 거리 δ_s를 **층류저층의 두께**라고 한다. 층류저층의 두께는 관의 반경 r에 비례하고 Re수에 반비례한다. 즉,

$$\frac{\delta_s}{r}=\frac{116}{Re^{7/8}} \tag{9-5}$$

또 관의 직경을 D, 관마찰계수를 λ라고 하면

$$\frac{\delta_s}{D}=\frac{32.8}{Re\sqrt{\lambda}} \tag{9-6}$$

예제 9.2 **다음 중 내용이 틀린 것은?**

㉮ 경계층 내에서는 점성의 영향이 크다.

㉯ 박리현상은 하류방향으로 압력상승이 생길 때 발생한다.

㉰ 후류는 박리점의 하류에 생긴다.

㉱ 경계층 내에서는 속도구배가 작다.

해설 경계층내에서는 점성의 영향이 크므로 속도구배가 크고 마찰응력이 크다. 답 ㉱

예제 9.3 **경계층 밖의 유속을 V, 물체표면에서의 거리를 y, 경계층 두께를 δ라고 할 때 경계층 내의 속도 u는 다음 식으로 표시된다.**

$$u = V\{1-(1-y/\delta)^2\}$$

이 때 경계층의 배제두께는?

㉮ $\frac{\delta}{2}$　㉯ $\frac{\delta}{3}$　㉰ $\frac{\delta}{4}$　㉱ $\frac{\delta}{5}$

해설 식(9-3)에서

$$\delta^* = \frac{1}{V}\int_0^\delta (V-u)dy = \frac{1}{V}\int_0^\delta \left[V - V\left\{1-\left(1-\frac{y}{\delta}\right)^2\right\}\right]dy$$

$$= \int_0^\delta \left(1-\frac{y}{\delta}\right)^2 dy - \delta\int_0^\delta \left(1-\frac{y}{\delta}\right)^2 d\left(1-\frac{y}{\delta}\right) = \left[-\frac{\delta}{3}\left(1-\frac{y}{\delta}\right)^3\right]_0^\delta = \frac{\delta}{3}$$

답 ㉯

9.3 유동장 속에 놓인 물체가 받는 항력

9.3.1 압력항력

[그림 9-4]와 같이 물체가 균일한 속도 V인 흐름 속에 놓여 있을 경우에 물체의 표면에 미소면적 ds를 잡고 이 면적에 미치는 압력을 p, 그 표면에 세운 법선과 유동방향이 이루는 각을 θ라고 하면 압력항력은 다음과 같다.

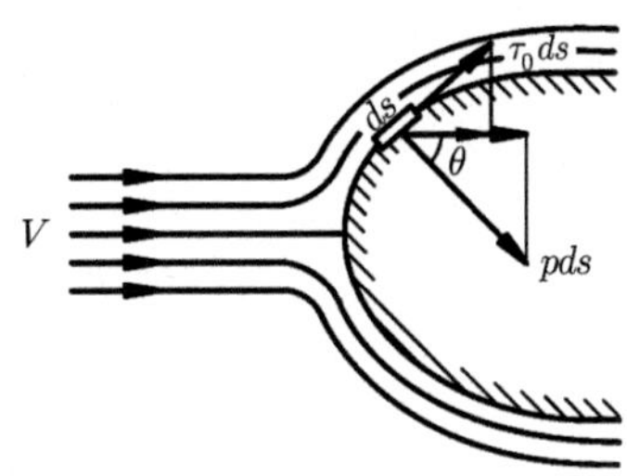

[그림 9-4] 물체에 작용하는 압력과 전단응력

$$D_p = \int_s p\cos\theta \cdot ds \tag{9-7}$$

9.3.2 마찰항력

유체의 점성에 의하여 물체 표면에 미치는 전단응력을 τ_0라고 하면 미소면적에 미치는 전단력은 $\tau_0 ds$이고 이 힘의 유동방향 성분은 $\boldsymbol{\tau_0 ds}\sin\boldsymbol{\theta}$이므로 이 힘을 표면전체에 대하여 적분하면 마찰항력을 구할 수 있다. 즉

$$D_f = \int_s \tau_0 \sin\theta ds \tag{9-8}$$

9.3.3 전항력

압력항력과 마찰항력의 합을 **전항력** 또는 **유체저항**이라고 한다. 즉,

$$D = D_p + D_f \tag{9-9}$$

물체의 표면에 작용하는 압력은 유체의 동압 $\dfrac{\rho V^2}{2}$에 비례하고 또 전단응력 τ_0도 동압 $\dfrac{\rho V^2}{2}$에 비례하는 꼴로 표시하면 식(9-9)는 다음과 같이 쓸 수 있다.

$$D = C_D\left(\frac{1}{2}\rho V^2 A\right) = (C_p + C_f)\left(\frac{1}{2}\rho V^2 A\right) \tag{9-10}$$

ρ : 유체의 밀도

A : 기준면적(유동방향에 직각인 평면에 물체를 투영한 면적)

C_p : 압력항력계수

C_f : 마찰항력계수

C_D : 항력계수 또는 전항력계수(drag coefficient)

항력계수는 물체의 형상, 유동방향, 유체의 점성, 물체의 표면조도 등에 따라 변하며 표 9-1에 여러 가지 물체들의 항력계수를 나타낸다.

표 9-1 여러 물체들의 항력계수(C_D)

물체	크기	정의기준면적 A	$C_D = \dfrac{D}{\frac{1}{2}\rho V^2 A}$
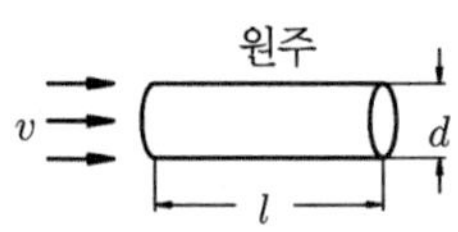	l/d=1 2 4 7	$\pi d^2/4$	0.91 0.85 0.87 0.99
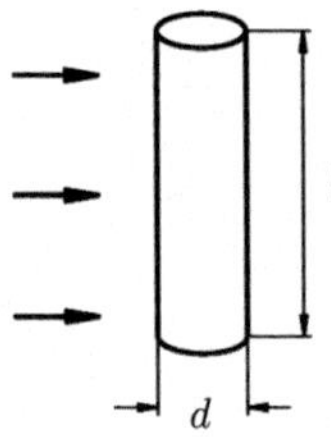	l/d=1 2 5 10 40 ∞	$d \cdot l$	0.63 0.68 0.74 0.82 0.98 1.20
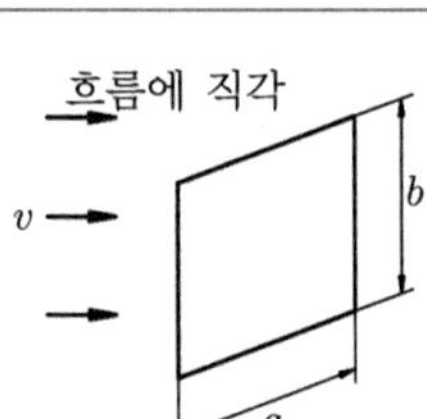	a/b=1 2 4 10 18 ∞	ab	1.12 1.15 1.19 1.29 1.40 2.01

물체	크기	정의기준면적 A	$C_D = \dfrac{D}{\frac{1}{2}\rho V^2 A}$
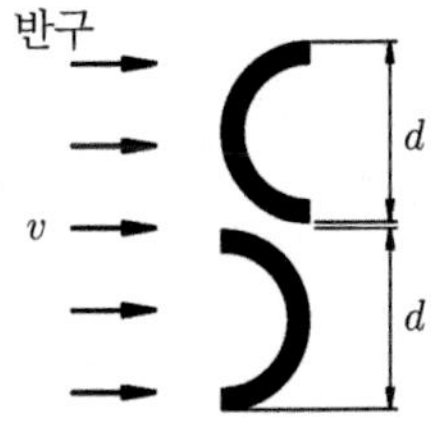		$\frac{\pi}{4}d^2$	0.34 1.33
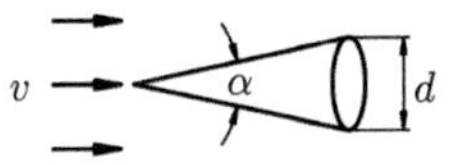	$\alpha = 60°$ $\alpha = 30°$	$\frac{\pi}{4}d^2$	0.51 0.34
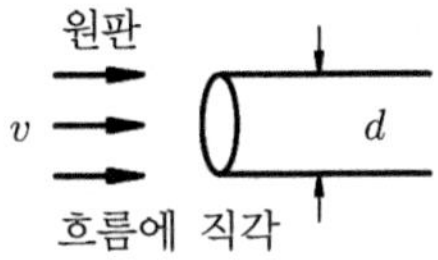		$\frac{\pi}{4}d^2$	1.11

9.3.4 Stokes의 법칙

구(球) 주위에 점성, 비압축성 유체가 유동할 때 $Re < 1$ 이면 구가 받는 항력 D는

$$D = 6\pi\mu a V \tag{9-11}$$

a : 구의 반경

이때의 항력을 **변형항력**이라고 한다.

예제 9.4 **직경 1.5[m], 높이 10[m]인 굴뚝이 풍속 25[m/s]의 바람에 의하여 받는 항력은 몇 [kg_f]인가? 단, 항력계수는 0.82, 공기의 밀도는 1.225[kg/m^3]이다.**

㉮ 242.9 ㉯ 363.4 ㉰ 480.5 ㉱ 511.2

해설 식(9-10)에 의해서 항력 D는

$$D = C_D \cdot \frac{1}{2}\rho V^2 A$$

$$= 0.82 \times \frac{1}{2} \times 1.225 \times 25^2 \times 1.5 \times 10 \times \frac{1}{9.8} \fallingdotseq 480.5[kg_f]$$

답 ㉰

예제 9.5 직경 10[mm]인 구가 풍속 20[m/s]인 공기 속에 놓여 있을 때 구가 받는 항력은 몇 [N]인가? 단, 항력계수는 0.55이고 공기의 비중량은 12.1[N/m³]이다.

㉮ 4.52×10^{-3} ㉯ 9.69×10^{-3} ㉰ 5.21×10^{-2} ㉱ 8.44×10^{-2}

해설
$$D = C_D \cdot \frac{1}{2}\rho V^2 A$$
$$= 0.5 \times \frac{1}{2} \times \frac{12.1}{9.8} \times 20^2 \times \frac{\pi}{4} \times 0.01^2 \fallingdotseq 9.69 \times 10^{-3}[N]$$
답 ㉯

예제 9.6 예제 5에서 동력은 몇 [W]인가?

㉮ 0.194 ㉯ 0.231 ㉰ 0.363 ㉱ 0.441

해설 동력 P는
$$P = D \cdot V$$
$$= 9.69 \times 10^{-3} \times 20 \fallingdotseq 0.194[\mathrm{W}]$$
답 ㉮

예제 9.7 항력에 대한 설명 중 틀린 것은?

㉮ 항력은 물체의 비중량에 비례한다.
㉯ 항력계수는 Reynolds 수의 함수이다.
㉰ 항력계산에 대한 기준면적은 유동방향과 직각인 평면에 투영한 투상면적이다.
㉱ 항력은 유속의 제곱에 비례한다.

해설 항력은 물체의 비중량과는 관계가 없고 유체의 비중량에 비례한다. 답 ㉮

9.4 원주(圓柱) 주위의 흐름과 압력항력

9.4.1 원주 주위의 흐름

원주 주위의 유동장은 식(9-12)로 정의되는 Reynolds 수에 따라 대개 다음과 같이 변화한다.

$$Re = \frac{VD}{\nu} \tag{9-12}$$

V : 원주상류의 균일한 유속
D : 원주의 직경
ν : 동점성계수

(1) $Re \ll 1$

이 경우에 유선은 [그림 9-5(a)]와 같이 원주의 전·후에서 거의 대칭이나 원주의 영향은 점성에 의해서 광범위하게 미치며 유선의 형상은 이상유체의 흐름과는 다르다. 이 상태에서는 유체의 관성의 영향이 작아서 무시되던가 일부만 고려되며 항력계수는 [그림 9-6]의 A부분에 해당한다.

(2) $Re > 4$

[그림 9-5(b)]와 같이 원주의 하류 쪽에 부착한 한 쌍의 와류가 발생한다. 흐름은 정상류이지만 유선은 상·하류에서 비대칭이며 항력계수는 [그림 9-6]의 B부분이다.

(3) $Re \geqq 40$

[그림 9-5(c)]와 같이 하류의 흐름 즉 **후류**(wave)는 불안정하게 되고 **Kármán의 소용돌이**라고 불리우는 소용돌이 열이 발생한다.

(4) $Re \geqq 250$

[그림 9-5(d)]와 같이 원주에 부착해 있던 와류가 교대로 떨어져 후류로 흘러나가고 이것이 소용돌이 열을 만드는 것처럼 된다. 또 하류의 후류에서는 난류가 발생하기 시작하며 항력계수는 [그림 9-6]의 C부분에 해당한다.

(5) $Re \approx 10^4$

원주의 양쪽에서 경계층이 벽으로부터 떨어지고 얇은 경계층의 속도구배를 갖는 층이 후류 속으로 보내져서 이것이 집중된 소용돌이로 말려 들어간다. 후류는 난류이고 이 박리는 층류박리이다. 유동장은 [그림 9-5]의 (d)와 같고 항력계수는 [그림 9-6]의 D부분에 해당한다.

(6) $Re \approx 4 \times 10^5$

이 부근에서는 [그림 9-6]에 나타난 바와 같이 항력 계수가 급격히 떨어지는데 그 Re수를 **임계Reynolds 수**(critical Reynolds number)라고 부르며 Re_c로 표시한다. 이것은 관로 유동의 Re_c와는 다르다. 층류경계층에서 박리한 흐름은 곧 난류로 천이하고 원주에 재부착하여 작은 박리포를 형성한다. 경계층은 난류로 되고 압력상승에 견디며 원주를 따라 흐르고 잠시 후에 다시 전면적으로 박리한다. 이 결과 후류의 폭은 좁아지고 항력계수가 현저히 감소하며 [그림 9-6]의 E부분으로 된다.

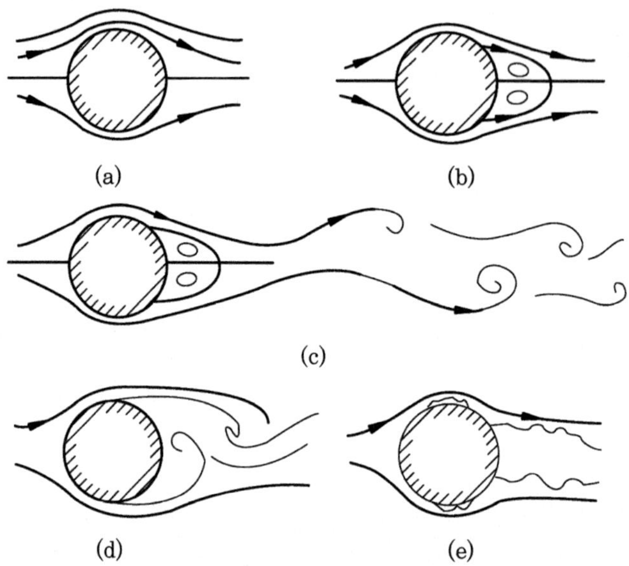

(a) $Re \ll 1$　(b) $Re > 4$　(c) $Re \geq 40$　(d) $Re \fallingdotseq 250$　(e) $Re \fallingdotseq 4 \times 10^5$

[그림 9-5] 원주 주위의 흐름

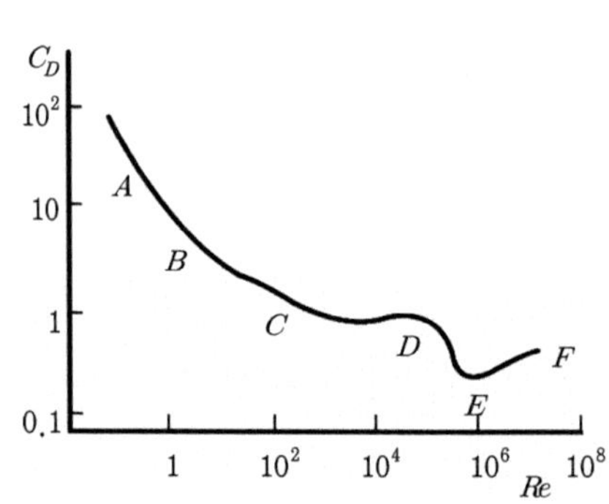

[그림 9-6] 원주의 항력계수

(7) $Re \geq 10^6$

(6)의 경우의 층류박리점보다 상류에 난류천이점이 나타나고 박리포는 없어진다. 후류의 폭은 변화하지 않지만 난류경계층으로 되기 때문에 표면의 마찰항력이 증가하여 항력계수 C_D는 증가하기 시작하며 [그림 9-6]의 F부분에 해당한다.

9.4.2 압력분포

[그림 9-7]과 같이 원주 주위를 이상유체가 흐르는 경우에 상류 쪽의 압력과 유속을 p_∞와 V라고 하고 원주 표면의 임의의 점에 대한 압력과 유속을 p, v라고 하여 Bernoulli의 방정식을 적용하면

$$\frac{p_\infty}{\gamma}+\frac{V^2}{2g}=\frac{p}{\gamma}+\frac{v^2}{2g} \tag{9-13}$$

또 전방 정체점에서 잰 원주상의 임의의 점을 나타내는 각을 θ라고 하면 원주상의 유속 v는

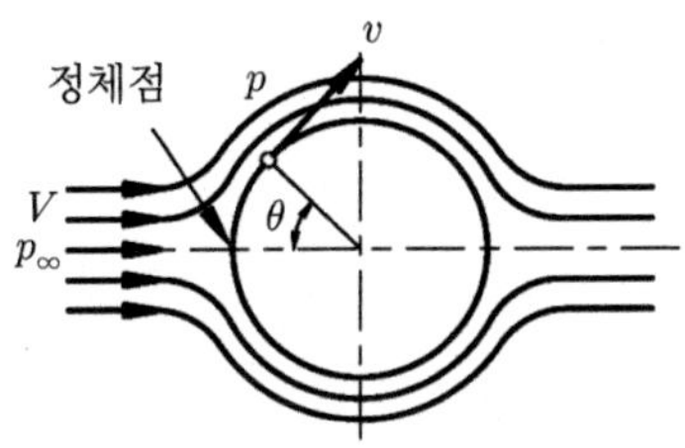

[그림 9-7] 이상유체의 흐름

$$v=2V\sin\theta \tag{9-14}$$

유체의 밀도를 ρ라고 하면 원주표면의 압력분포는

$$\frac{p-p_\infty}{\gamma}=\frac{V^2-v^2}{2g}=\frac{V^2}{2g}(1-4\sin^2\theta)$$

따라서 정압과 동압의 비 즉, 압력계수는

$$\frac{p-p_\infty}{\rho V^2/2}=1-4\sin^2\theta \tag{9-15}$$

[그림 9-8]은 원주의 압력분포를 나타낸다.

[그림 9-8] (a) 는 이상유체 속에 있는 원주의 압력분포를 나타내며 이 경우는 압력분포가 좌우 대칭이므로 원주는 항력을 받지 않는다.

이 현상은 실제와 모순되는 것으로서 **D'Alembert의 역설**(paradox)라고 한다. [그림 9-8]의 (b)와 (c)는

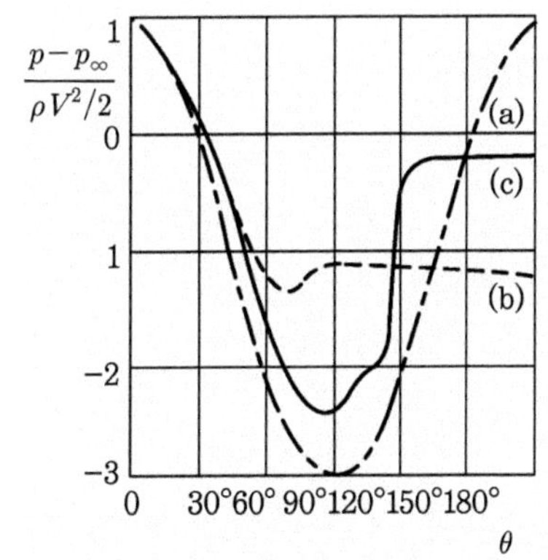

(a) 이상유체의 흐름
(b) $Re < Re_c$ (c) $Re > Re_c$

[그림 9-8] 원주의 압력분포

실제유체의 경우이며 원주의 앞부분에서는 이상유체의 경우와 유사하지만 하류로 감에 따라 차이가 커진다. (b)의 경우 즉, Reynolds 수가 임계 레이놀드 수보다 작은 경우에 비해 임계 레이놀드 수보다 큰 경우는 압력의 회복이 좋으므로 압력항력이 작다는 것을 알 수 있다.

9.4.3 Strouhal 수

kármán의 소용돌이 열을 특징짓는 변수는 다음과 같이 정의되는 Strouhal 수이다.

$$St = \frac{f \cdot d}{V} \tag{9-16}$$

f : 소용돌이 열의 한 쪽 1열에서 관측된 소용돌이 주파수 $\left(Hz = \frac{1}{s}\right)$

d : 원주의 직경

V : 주류(主流) 속도

Strouhal 수는 Re 수의 함수로서 Roshko의 실험식은 다음과 같다.

$$St = 0.2035\left(1 - \frac{21.0}{Re}\right) = 0.18 \sim 0.27 \tag{9-17}$$

집중 소용돌이의 발생은 흐름 속에 저압부가 급격히 나타나는 것을 의미하고 그것이 주기적으로 일어나므로 음(音)이 된다. 소용돌이는 원주의 양쪽에서 가능하므로 음의 주파수는 $2St$로 된다. 바람이 강하게 불 때 전선에서 들리는 음은 kármán의 소용돌이 열의 주파수가 전선의 고유진동수와 일치한 공명에 의한 소리이다.

예제 9.8 **원주 주위를 이상유체가 유속 V로 흐를 때 정체점에서 잰 각이 θ인 원주표면에서의 압력계수는?**

㉮ $1-2\sin^2\theta$ ㉯ $1-4\sin^2\theta$ ㉰ $1-2\sin\theta$ ㉱ $1-4\sin\theta$

해설 식(9-15)에서

$$\frac{p-p_\infty}{\rho V^2/2} = 1-4\sin^2\theta$$

답 ㉯

예제 9.9 **전방 정체점에서 $\theta = 45^\circ$인 원주표면에서 공기의 유속은? 단, 공기는 이상유체로 보고 원주에서 멀리 떨어진 상류의 유속은 V이다.**

㉮ $\sqrt{2}\,V$ ㉯ $2V$ ㉰ $\frac{V}{2}$ ㉱ $\frac{V}{\sqrt{2}}$

해설 식(9-14)에서

$$v = 2V\sin\theta = 2V\sin 45^\circ = \sqrt{2}\,V$$

답 ㉮

예제 9.10 **직경 2[mm]인 전선에 풍속 10[m/s]의 바람이 축과 직각으로 불고 있다. 이 때 생기는 kármán의 소용돌이 열의 주파수는 얼마인가? 단, 공기의 동점성계수는 0.18[cm²/s]이다.**

㉮ 700[c/s] ㉯ 800[c/s] ㉰ 900[c/s] ㉱ 1000[c/s]

해설 $Re = \dfrac{VD}{\nu} = \dfrac{1000\times 0.2}{0.18} \fallingdotseq 1111$

식(9-16)에 의해 strouhal 수를 구하면

$$St = \frac{fd}{V} = 0.2035\left(1-\frac{21}{Re}\right)$$
$$= 0.2035\left(1-\frac{21}{1111}\right) \fallingdotseq 0.2$$

따라서 주파수는

$$f = \frac{St\cdot V}{d} = \frac{0.2\times 1000}{0.2} = 1000[c/s]$$

답 ㉱

9.5 평판상의 2차원 흐름

9.5.1 층류 경계층

[그림 9-9]와 같이 평판을 따라 흐르는 2차원 정상, 등속류에서의 경계층 두께와 전단응력을 구해보자.

이 경우 연속방정식은

$$\frac{\partial u}{\partial x} + \frac{\partial v}{\partial y} = 0 \tag{9-18}$$

운동량방정식은

$$\rho\left(\frac{\partial u}{\partial x} + v\frac{\partial v}{\partial y}\right) = -\frac{\partial p}{\partial x} + \mu\frac{\partial^2 u}{\partial y^2} \tag{9-19}$$

근사해법에 의한 층류경계층의 운동방정식은

$$\tau_0 = \left(\mu\frac{du}{dy}\right)_{y=0} = \frac{d}{dx}\int_0^\delta (V-u)u\,dy \tag{9-20}$$

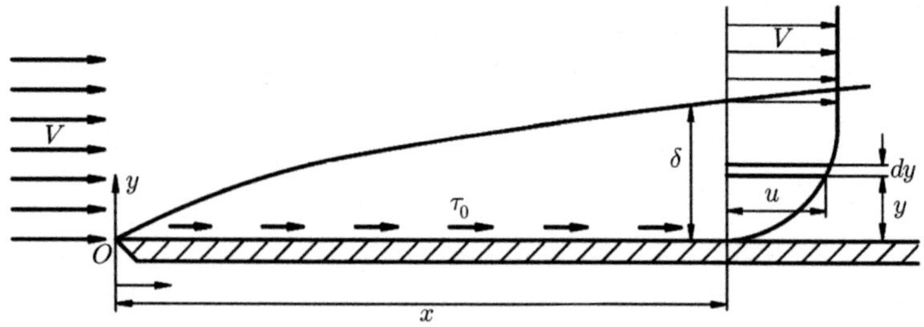

[그림 9-9] 평판에서의 경계층

여기서 δ에 대해 풀기 위하여 다음과 같은 경계조건을 생각한다.

$$y = 0 \ : \ u = 0, \ \frac{\partial^2 u}{\partial y^2} = 0 \tag{9-21a}$$

$$y = \delta \ : \ u = V, \ \frac{\partial u}{\partial y} = 0 \tag{9-21b}$$

u를 y의 다항식으로 표시할 때 2개의 경계조건을 이용하여 $u = c_1 + c_2 y$의 형으로 가정하고 $y = 0 \ : \ u = 0$, $y = \delta \ : \ u = V$인 2개의 경계조건을 만족하도록 풀면 속도분포는

$$\frac{u}{V} = \frac{y}{\delta} \tag{9-22}$$

또 4개의 경계조건을 만족하는 속도분포는 $u = c_1 + c_2 y + c_3 y^2 + c_4 y^3$으로 놓으면

$$\frac{u}{V} = \frac{3}{2}\frac{y}{\delta} - \frac{1}{2}\left(\frac{y}{\delta}\right)^3 \tag{9-23}$$

속도분포가 식(9-23)과 같다고 가정하고 이것을 식(9-20)에 대입하여 정리해서 적분하면

$$\frac{\delta^2}{2} = \frac{140}{13}\frac{\nu x}{V} + C$$

그런데 $x = 0$에서 $\delta = 0$이므로 적분상수 $c = 0$이다. 따라서

$$\delta = 4.64\sqrt{\frac{\nu x}{V}} \tag{9-24}$$

또는

$$\frac{\delta}{x} = \frac{4.64}{\sqrt{R_x}}, \ R_x = \frac{Vx}{\nu} \tag{9-25}$$

경계층의 미분방정식을 풀면 다음과 같은 식을 얻는다.

$$\frac{\delta}{x} = \frac{5.0}{\sqrt{R_x}} \tag{9-26}$$

Blasius에 의하면 평판의 단위면적에 작용하는 전단응력 τ_0은

$$\tau_0 = \frac{0.664}{\sqrt{R_x}} \frac{1}{2} \rho V^2 \tag{9-27}$$

ρ : 유체의 밀도

또 **국부마찰항력계수** c_f를 사용하면 전단응력 τ_0는 다음과 같이 표시된다.

$$\tau_0 = c_f \cdot \frac{1}{2} \rho V^2 \tag{9-28}$$

따라서 국부마찰항력계수는

$$c_f = \frac{0.664}{\sqrt{R_x}} \tag{9-29}$$

폭1, 길이 L인 평판표면이 받는 합마찰항력을 D_f라고 하면 평판의 상 · 하 두 표면에 대해

$$D_f = 2 \int_0^L \tau_0 dl \tag{9-30}$$

합마찰항력에 대해서도

$$C_f = \frac{D_f}{\frac{1}{2} \rho V^2 s} \tag{9-31}$$

s : 평판의 표면적

이 무차원 계수를 **합마찰항력계수** 또는 **마찰항력계수**라고 한다.

식(9-30)을 식(9-31)에 대입하고 식(9-28)을 고려하면

$$C_f = \frac{2}{s} \int_0^L c_f dl \tag{9-32}$$

식(9-29)를 식(9-32)에 대입하여 적분하면 $s = 2L$이므로

$$C_f = 1.328\sqrt{\frac{\nu}{VL}} = \frac{1.328}{\sqrt{R_L}} \tag{9-33}$$

이것을 **Blasius의 마찰법칙**이라고 한다.

평판에서는 $R_x = \dfrac{Vx}{\nu} = (5 \sim 10) \times 10^5$에 이르면 경계층은 난류가 되며 이 때의 Reynolds 수를 **임계Reynolds 수**라고 한다. 평판의 임계레이놀드 수는 상류의 난동, 평판 선단의 형상, 평판의 표면조도에 따라 다르다. [그림 9-10]은 평판의 경계층 성장과정을 나타낸 것이다.

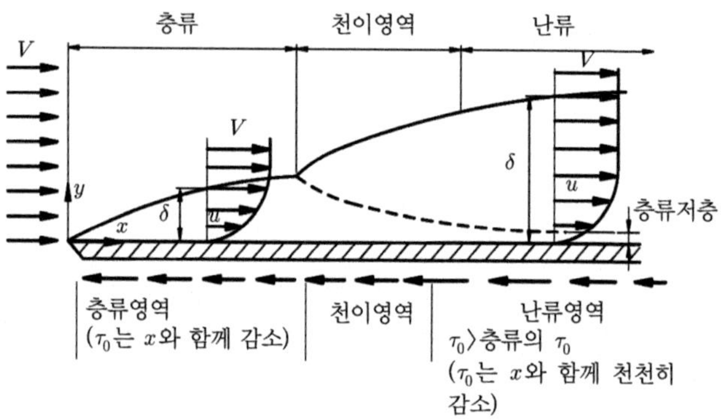

[그림 9-10] 평판의 경계층 성장과정

9.5.2 난류 경계층

난류 유동의 경우에도 층류 유동에서와 같이 적분 운동방정식(9-20)을 이용할 수 있다.

$$\tau_0 = \left(\mu \frac{du}{dy}\right)_{y=0} = \frac{d}{dx}\int_0^\delta (V-u)u\,dy \tag{9-34}$$

평판 위의 유동에서 속도분포 u는 $\dfrac{1}{7}$**승 법칙**으로 표시될 수 있다.

$$\frac{u}{V} = \left(\frac{y}{\delta}\right)^{\frac{1}{7}} = \eta^{\frac{1}{7}} \tag{9-35}$$

난류경계층을 가진 매끈한 벽에서의 전단응력은

$$\tau_0 = 0.0228\rho V^2\left(\frac{\nu}{V\delta}\right)^{\frac{1}{4}} \tag{9-36}$$

또한

$$\tau_0 = \rho V^2 \frac{d\delta}{dx} \int_0^1 \left(1 - \eta^{\frac{1}{7}}\right) \eta^{\frac{1}{7}} d\eta = \frac{7}{72} \rho V^2 \frac{d\delta}{dx} \tag{9-37}$$

식(9-36)과 식(9-37)로부터

$$\delta^{\frac{1}{4}} d\delta = 0.235 \left(\frac{\nu}{V}\right)^{\frac{1}{4}} dx$$

전체 평판에 걸쳐 난류라고 하면 $x = 0$일 때 δ=0인 초기조건을 쓸 수 있으므로 윗 식을 적분하면

$$\delta^{\frac{5}{4}} = 0.294 \left(\frac{\nu}{V}\right)^{\frac{1}{4}} x \tag{9-38}$$

따라서 경계층 두께 δ는

$$\delta = 0.376 \left(\frac{\nu}{V}\right)^{\frac{1}{5}} x^{\frac{4}{5}} = \frac{0.376x}{\left(\frac{Vx}{\nu}\right)^{\frac{1}{5}}} = \frac{0.376x}{R_x^{\frac{1}{5}}} \tag{9-39}$$

즉, 난류경계층의 두께는 $x^{\frac{4}{5}}$에 비례하여 증가하나 층류경계층보다 급격히 증대함을 알 수 있다.

난류경계층을 가지는 매끈한 평판의 마찰항력은 식(9-36)과 식(9-39)에서 δ를 소거하여

$$\tau_0 = 0.0292 \rho V^2 \left(\frac{\nu}{Vx}\right)^{\frac{1}{5}} = 0.0292 \rho V^2 R_x^{-\frac{1}{5}} \tag{9-40}$$

따라서 길이 L인 평판의 한쪽 면에 대한 마찰항력 D_f는 단위 폭에 대해

$$D_f = \int_0^L \tau_0 dx = 0.0365 \rho V^2 L \left(\frac{\nu}{VL}\right)^{\frac{1}{5}} = \frac{0.365 \rho V^2 L}{R_L^{\frac{1}{5}}} \tag{9-41}$$

여기서 $D_f = C_f \frac{\rho V^2}{2} s$, $(s = L \times 1)$로 놓으면 식(9-41)에서 항력계수 C_f는

$$C_f = \frac{0.074}{R_L^{\frac{1}{5}}} \tag{9-42}$$

또 광범위한 Re 수 범위에 적합한 Prandtl-Nikuradse의 대수법칙을 적용하면 다음과 같은 결과를 얻는다.

항력계수 : $\dfrac{0.242}{\sqrt{C_f}} = \log_{10}[R_x C_f]$ (9-43)

경계층 두께 : $\delta = 0.38x\sqrt{C_f}$ (9-44)

속도분포 : $\dfrac{u}{V} = 1 - 4.15\sqrt{C_f}\log_{10}\left(\dfrac{\delta}{y}\right)$ (9-45)

여기서 항력계수 C_f는 다음과 같은 Prandtl-Schlichting의 식을 쓴다.

$$C_f = \frac{0.455}{(\log_{10}R_L)^{2.58}}, \quad 10^6 < R_L < 10^9 \tag{9-46}$$

또 Prandtl은 천이 Reynolds 수를 $R_{lc} = 5.3 \times 10^{-5}$이라고 했을 때 다음과 같은 천이곡선식을 얻었다.

$$C_f = \frac{0.455}{(\log_{10}R_L)^{2.58}} - \frac{1700}{R_L} \tag{9-47}$$

예제 9.11 **길이 x인 평판 위의 층류 흐름에서 Reynolds 수를 R_x라고 할 때 평판이 받는 마찰항력계수 C_f는?**

㉮ $C_f = \dfrac{0.645}{\sqrt{R_x}}$ ㉯ $C_f = 0.645\sqrt{R_x}$ ㉰ $C_f = 1.328\sqrt{R_x}$ ㉱ $C_f = \dfrac{1.328}{\sqrt{R_x}}$

해설 층류이므로 Blasius의 마찰법칙이 적용된다. 즉, 식(9-33)에서

$$C_f = \frac{1.328}{\sqrt{R_x}}$$

답 ㉱

예제 9.12 **난류경계층의 두께 δ는 평판 선단에서의 거리 x와 어떤 관계가 있는가?**

㉮ $\delta \propto x^{-\frac{1}{5}}$ ㉯ $\delta \propto x^{\frac{1}{5}}$ ㉰ $\delta \propto x^{-\frac{4}{5}}$ ㉱ $\delta \propto x^{\frac{4}{5}}$

해설 식(9-40)에 의하면

$$\delta = 0.376\left(\frac{\nu}{V}\right)^{\frac{1}{5}} x^{\frac{4}{5}} = \frac{0.376x}{R_x^{\frac{1}{5}}}$$

따라서 $\delta \propto x^{\frac{4}{5}}$이다.

답 ㉱

예제 9.13 **난류경계층에서 평판에 작용하는 마찰응력(전단응력)은 Reynolds 수와 어떤 관계가 있는가?**

㉮ $\tau_0 \propto R_x^{\frac{1}{5}}$　㉯ $\tau_0 \propto R_x^{-\frac{1}{5}}$　㉰ $\tau_0 \propto R_x^{\frac{4}{5}}$　㉱ $\tau_0 \propto R_x^{-\frac{4}{5}}$

해설 식(9-40)에서 전단응력 τ_0는

$$\tau_0 = 0.0292\rho V^2 R_x^{-\frac{1}{5}}$$

따라서 $\tau_0 \propto R_x^{-\frac{1}{5}}$이다.

답 ㉯

예제 9.14 **층류경계층에서의 경계층 두께 δ는 평판 선단에서의 거리 x와 어떤 관계가 있는가?**

㉮ $\delta \propto x^{-\frac{1}{2}}$　㉯ $\delta \propto x^{\frac{1}{2}}$　㉰ $\delta \propto x^{\frac{1}{5}}$　㉱ $\delta \propto x^{-\frac{1}{5}}$

해설 식(9-25)에서 층류경계층의 두께 δ와 거리 x의 관계는

$$\frac{\delta}{x} = \frac{4.65}{\sqrt{R_x}}$$

따라서

$$\delta = 4.65\left(\frac{Vx}{\nu}\right)^{-\frac{1}{2}} \cdot x = 4.65\left(\frac{V}{\nu}\right)^{-\frac{1}{2}} \cdot x^{\frac{1}{2}}$$

$$\delta \propto x^{\frac{1}{2}}$$

답 ㉯

예제 9.15 **폭 5[cm], 길이 10[cm]인 얇은 평판이 유속 3[m/s]로 흐르는 물 속에 흐름과 길이 방향으로 평행하게 놓여 있다. 이 평판이 받는 마찰항력은 몇 [kg_f]인가? 단, 물의 동점성계수는 0.015[cm^2/s]이다.**

㉮ 1.36×10^{-2}　㉯ 2.41×10^{-2}　㉰ 3.11×10^{-2}　㉱ 4.05×10^{-2}

해설 Reynolds 수를 구하면

$$R_x = \frac{Vx}{\nu} = \frac{3 \times 10^2 \times 10}{0.015} = 2 \times 10^5$$

이 값은 임계레이놀드 수 5×10^5보다 작으므로 층류경계층이다. 따라서 Blasius의 마찰법칙을 적용하면 식(9-33)에서 마찰항력계수 C_f를 구할 수 있다.

$$C_f = \frac{1.328}{\sqrt{R_x}} = \frac{1.328}{\sqrt{2 \times 10^5}} \fallingdotseq 2.97 \times 10^{-3}$$

평판이 받는 마찰항력 D_f는 식(9-31)에서 상·하 두 면이므로

$$D_f = 2C_f \cdot \frac{1}{2}\rho V^2 s$$

$$= 2 \times 2.97 \times 10^{-3} \times \frac{1}{2} \times 102 \times 3^2 \times 0.05 \times 0.1 \fallingdotseq 1.36 \times 10^{-2}[kg_f]$$

답 ㉮

예제 9.16 폭 2[m], 길이10[m]인 매끈한 평판이 물 속을 5[m/s]의 속도로 평행하게 끌려가고 있다. 물의 동점성계수는 10.2×10^{-6}[m²/s]이고 임계레이놀드 수는 5×10^5으로 가정한다. 이 때 천이점은 평판선단에서 몇 [m] 떨어진 것인가?

㉮ 0.102 ㉯ 1.02 ㉰ 0.421 ㉱ 4.31

해설 $R_{xc}=\dfrac{Vx_c}{\nu}=5\times10^5$

$$\therefore\ x_c=5\times10^5\times\frac{\nu}{V}$$

$$=5\times10^5\times\frac{1.02\times10^{-6}}{5}=0.102[\text{m}]$$

답 ㉮

9.6 양력과 익형

9.6.1 익형

큰 양력이 발생하도록 만든 날개의 형상을 **익형**(wing or airfoil)이라고 한다. [그림 9-11]에 익형의 각 부분에 대한 명칭을 나타낸다. 익형의 전연과 후연을 맺는 직선을 **익현**(wing chord), **익현길이**(chord length), 익현과 유체의 유동방향과 이루는 각을 **영각**(angle of attack), 익형의 윗면과 아랫면의 중앙을 잇는 선을 **골격선**(camber line)이라고 한다. 또 날개의 폭을 b, 날개의 최대 투상면적을 s라고 할 때 b^2/s을 **종횡비**(aspect ratio)라 하며 익현의 길이를 l이라고 하면 사각형의 익형에서는 종횡비가 b/l이다.

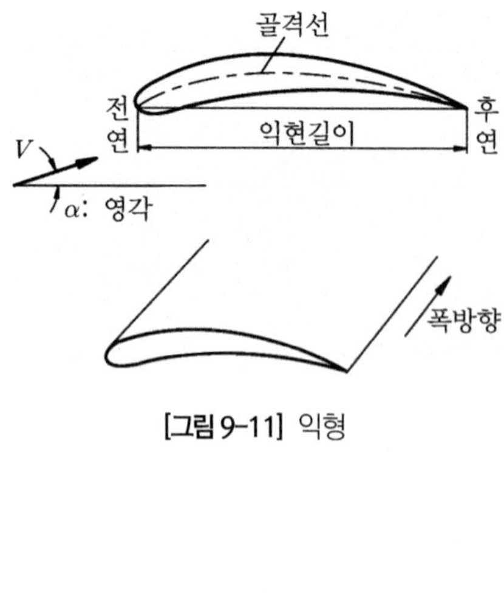

[그림 9-11] 익형

9.6.2 익형에 미치는 힘

익형에 작용하는 양력을 L, 항력을 D라고 하면

$$L = C_L \frac{\rho}{2} V^2 s \tag{9-48}$$

$$D = C_D \frac{\rho}{2} V^2 s \tag{9-49}$$

여기서 C_L, C_D는 각각 양력계수와 항력계수로서 영각 α의 함수이고 s는 날개의 최대 투상면적이다. 즉, 사각형 날개에서 단위폭당 면적은 익현길이 l이다.

[그림 9-12]에 영각 α에 따른 익형의 성능곡선을 나타낸다.

성능곡선에서 알 수 있듯이 양력 계수 C_L은 항력계수 C_D에 비해 매우 크고 그 값은 익형과 영각에 따라 다르다. C_L/C_D이 클수록 비행기의 성능은 좋다.

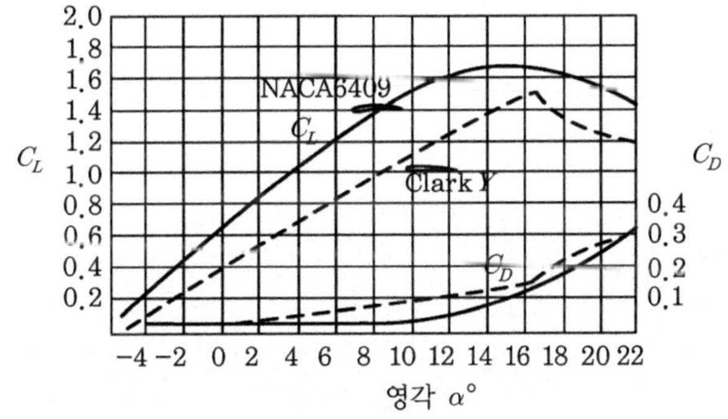

[그림 9-12] 익형의 성능곡선

예제 9.17 **익현길이 1.5[m], 폭 8[m]인 날개를 가진 비행기가 110[m/s]의 속도로 날고 있다. 이때 양력계수는 0.32, 공기의 비중량은 1.21[kg_f/m^3]이다. 양력은 몇 [kg_f]인가?**

㉮ 2868 ㉯ 3052 ㉰ 4762 ㉱ 5325

해설 식(9-48)에서

$$L = C_L \frac{\rho}{2} V^2 \cdot s$$

$$= 0.32 \times \frac{1.21}{2 \times 9.8} \times 110^2 \times 1.5 \times 8 \fallingdotseq 2868[kg_f]$$

답 ㉮

예제 9.8 **유동방향과 직각으로 놓인 원판의 항력계수는 1.12이다. 직경 0.5[m]인 원판이 정지공기 속에서 10[m/s]로 움직이는데 필요한 동력은 몇 [PS]인가? 단, 공기의 비중량은 1.25[kg_f/m^3]이다.**

㉮ 0.187 ㉯ 0.231 ㉰ 0.326 ㉱ 0.441

해설 항력 D는 식(9-49)에서

$$D = C_D \cdot \frac{\rho}{2} V^2 \cdot S = 1.12 \times \frac{1.25}{2 \times 9.8} \times 10^2 \times \frac{\pi}{4} \times 0.5^2 \fallingdotseq 1.4[kg_f]$$

동력 P는

$$P = D \cdot V = 1.4 \times 10 = 14[kg_f \cdot m/s] = \frac{14}{75}[PS] \fallingdotseq 0.187[PS]$$

답 ㉮

연습문제

기초문제

1. 경계층에 대한 설명 중 옳은 것은?

㉮ 물체 주위에 점성의 영향이 중요시 되는 얇은 층이다.

㉯ 속도구배가 작은 층이다.

㉰ 물체 주위의 압력에 의하여 형성되는 층이다.

㉱ 점성에 의하여 유체가 정지되어 있는 얇은 층이다.

해설 답 ㉮

경계층에서는 점성의 영향이 현저하게 나타나고 속도구배가 크고 마찰응력이 크게 작용한다.

2. 평판 위에 경계층이 형성될 때 경계층의 두께를 정의하는 속도비는? 단, V는 자유흐름속도, u는 경계층 내의 유속이다.

㉮ $\frac{u}{V}=0.55$ ㉯ $\frac{u}{V}=0.85$ ㉰ $\frac{u}{V}=0.99$ ㉱ $\frac{u}{V}=0.10$

해설 답 ㉰

경계층 두께는 물체표면을 x축, 표면과 수직인 축을 y축이라고 할 때 $\frac{u}{V}=0.99$가 되는 지점까지의 y좌표를 말한다.

3. 경계층의 배제두께는?

㉮ 자유유동속도와 경계층내의 속도비가 0.99가 되는 지점까지의 두께이다.

㉯ 경계층 내의 속도가 자유유동속도의 $\frac{1}{2}$이 되는 지점까지의 두께이다.

㉰ 경계층 형성으로 인하여 배제되는 운동량에 대응하는 자유유동에서의 두께이다.

㉱ 경계층의 형성으로 인하여 자유유동의 유선이 밀려난 평균적인 거리이다.

해설 답 ㉱

경계층이 형성됨으로 말미암아 관성력이 큰 자유유동 영역의 유선이 점성력이 큰 점성유체에 의하여 바깥쪽으로 밀려나는 평균적인 거리를 경계층의 배제두께 또는 변위두께라고 한다. 식(9-3)을 참조할 것.

연습문제

4. 평판을 따라 흐르는 유체의 임계레이놀드 수는?

㉮ 2100 ㉯ 4000 ㉰ 5×10^5 ㉱ 5×10^6

해설 답 ㉰

임계레이놀드 수는 $R_{xc} = 5 \times 10^5$ 이다.

5. 층류 저층(viscous sublayer)에 관한 설명 중 잘못된 것은?

㉮ 층류경계층 내에서의 점성의 영향이 지배적인 얇은 층이다.
㉯ 난류경계층 내에서의 점성의 영향이 지배적인 얇은 층이다.
㉰ 층류저층에서의 속도분포는 직선적이다.
㉱ 층류저층의 두께는 Reynolds 수에 반비례하고 관의 직경에 비례한다.

해설 답 ㉮

난류경계층 내에서 벽면이 매끈할 때에는 벽면에 가까운 얇은 층은 여전히 층류로 흐르며 점성의 영향이 지배적이다. 이것을 층류 저층이라고 한다.

6. 박리현상의 원인은?

㉮ 역압력구배 때문이다.
㉯ 압력이 증기압이하로 떨어지기 때문이다.
㉰ 압력구배가 0이 되기 때문이다.
㉱ 경계층 두께가 0으로 되기 때문이다.

해설 답 ㉮

고체표면을 따라 흐르는 유동에서 하류방향으로 압력상승이 일어나면 어느 점에서 흐름이 표면으로부터 떨어져 그 뒤에 소용돌이가 생긴다. 이 현상을 박리(separation)라고 한다.

7. 박리현상에 관한 설명 중 틀린 것은?

㉮ 역압력구배와 전단응력이 경계층을 정지시킬 때 발생한다.
㉯ 단면적이 증가하는 확대통로에서 발생한다.
㉰ 후류가 발생한 직후에 발생한다.

기초문제

㉣ 경계층 내의 유동이 층류이면 난류때보다 빨리 일어난다.

해설 답 ㉢

후류는 박리점의 하류에 발생한다.

8. **후류(wave)에 관한 설명 중 맞는 것은?**

㉮ 변형항력이 지배적인 경우에 발생한다. ㉯ 압력항력의 주 원인이 된다.
㉰ 표면마찰이 주 원인이 된다. ㉱ 압력이 높은 구역이다.

해설 답 ㉯

후류는 박리점 하류에 발생하며 압력이 낮아져서 압력항력의 주 원인이 된다.

9. **직경 50[mm], 관마찰계수 0.02인 원관 속을 흐르는 유체의 Reynolds 수가 2800이다. 층류저층의 두께는 몇 [mm]인가?**

㉮ 3.86 ㉯ 4.14 ㉰ 5.66 ㉱ 6.23

해설 답 ㉯

식(9-6)에서 $\delta_s = \dfrac{32.8D}{Re\sqrt{\lambda}} = \dfrac{32.8 \times 50}{2800 \times \sqrt{0.02}} \fallingdotseq 4.14[\text{mm}]$

10. **작은 강철 구(球)가 점성이 큰 유체 속을 대단히 느린 속도로 움직일 때 발생하는 항력은 다음 중 어느 것이 지배적인가?**

㉮ 마찰항력 ㉯ 압력항력 ㉰ 형상항력 ㉱ 변형항력

해설 답 ㉱

매우 느린 속도이므로 Reynolds 수가 작으며 유체의 점성이 크므로 Stokes의 법칙이 적용되며 이 때의 항력을 변형항력이라고 한다.

11. **유체 속에 잠긴 물체에 작용하는 양력(lift)은?**

㉮ 유체로부터 받는 힘의 합성력이다.

㉯ 접근속도와 평행한 방향으로 물체에 작용한다.

연습문제

㉰ 항상 중력과 반대방향으로 작용한다.

㉱ 접근속도와 수직한 방향으로 물체에 작용한다.

해설 답 ㉱

유체 속에 잠겨있는 물체에 작용하는 힘은 접근하는 유동방향에 수직한 방향의 양력과 수평인 방향의 항력이 있다.

12. 압력항력의 원인이 되는 것은?

㉮ 점성저층 ㉯ 정체점 형성 ㉰ 후류발생 ㉱ 표면마찰

해설 답 ㉰

압력항력은 박리점 하류에 발생하는 압력이 낮은 후류 때문에 생기므로 박리점이 하류로 이동할수록 압력항력을 줄일 수 있다.

13. 표면이 매끈한 공과 거친 공을 같은 유동장 속에 놓았을 때 압력항력은? 단, 공의 크기는 같다.

㉮ 두 공이 같다.

㉯ 거친공이 더 큰 압력항력을 받는다.

㉰ 매끈한 공이 더 큰 압력항력을 받는다.

㉱ 표면조도로는 알 수 없다.

해설 답 ㉰

표면이 거친 공은 매끈한 공보다 빨리 난류경계층으로 변하고 난류경계층에서 유체입자가 가지는 운동량은 층류경계층에서 보다 크므로 훨씬 더 하류에 박리점이 발생한다. 따라서 거친 공의 후류발생 면적이 좁아져서 압력항력은 작아진다.

14. 점성계수가 7.25×10^{-2}[$kg_f\cdot s/m^2$]인 기름 속에 반경이 0.5[cm]인 공이 낙하할 때 종말속도(terminal velocity)가 0.2[m/s]이다. 이 공에 작용하는 변형저항력은 몇 [kg_f]인가?

㉮ 1.37×10^{-3} ㉯ 1.85×10^{-3} ㉰ 3.12×10^{-2} ㉱ 4.65×10^{-2}

해설 답 ㉮

식(9−11)의 Stokes 법칙에서

$$D=6\pi\mu aV=6\pi\times7.25\times10^{-2}\times0.005\times0.2\fallingdotseq1.37\times10^{-3}\,[kg_f]$$

기초문제

15. 직경 0.5[m], 높이 5[m]인 굴뚝이 풍속 8[m/s]인 공기 속에서 받는 항력은 몇 [kg_f]인가? 단, 공기의 비중량은 1.25[kg_f/m^3]이다.

㉮ 5.25　　㉯ 8.37　　㉰ 10.53　　㉱ 13.24

해설　　답 ㉯

표 9-1에서 $\frac{l}{d}=\frac{5}{0.5}=10$일 때 항력계수 $C_D=0.82$이다. 따라서

$$D = C_D \cdot \frac{1}{2}\rho V^2 s$$

$$= 0.82 \times \frac{1}{2} \times \frac{1.25}{9.8} \times 8^2 \times 0.5 \times 5 \fallingdotseq 8.37[kg_f]$$

16. 항력에 관한 설명 중 틀린 것은?

㉮ 압력항력은 유체의 밀도에 비례한다.
㉯ 항력계산에서 물체의 면적은 투상면적을 기준으로 한다.
㉰ 항력계수는 물체의 형상만의 함수이고 Reynolds 수와는 무관하다.
㉱ 압력항력은 유속의 제곱에 비례한다.

해설　　답 ㉰

항력계수는 Reynolds 수의 함수이다.

17. 평판을 따라 흐르는 층류유동에서 점성에 의한 마찰계수는?

㉮ 레이놀드 수에 직접 반비례한다.
㉯ 레이놀드 수의 제곱에 비례한다.
㉰ 레이놀드 수의 제곱근에 비례한다.
㉱ 레이놀드 수의 제곱근에 반비례한다.

해설　　답 ㉱

식(9-33)의 Blasius의 마찰법칙에 의하면

$$C_f = \frac{1.328}{\sqrt{R_L}},\quad R_L = \frac{VL}{\nu}$$

연습문제

18. 동점성계수가 $1.8\times10^{-5}[m^2/s]$인 공기가 매끈하고 얇은 평판을 따라 12[m/s]의 속도로 흐르고 있다. 임계점은 평판의 선단에서 몇 [m] 떨어진 지점인가? 단, 임계레이놀드 수는 5×10^5이다.

㉮ 0.5　　㉯ 0.75　　㉰ 1.0　　㉱ 1.25

해설 　답 ㉯

$$R_{xc}=\frac{Vx_c}{\nu}=5\times10^5$$

$$x_c=5\times10^5\times\frac{\nu}{V}$$

$$=5\times10^5\times\frac{1.8\times10^{-5}}{12}=0.75[m]$$

19. 등속류로 흐르는 공기 속에 유동방향과 직각으로 축을 둔 원기둥이 있다. 유속 10[m/s]일 때 전방 정체점으로부터 30° 되는 지점의 속도는 몇 [m/s]인가? 단, 공기는 이상유체로 취급한다.

㉮ 5　　㉯ 10　　㉰ 15　　㉱ 20

해설 　답 ㉯

식(9−14)에 의하면

$$v=2V\sin\theta=2\times10\times\sin30^\circ=10[m/s]$$

20. 직경 5[mm]인 전선이 풍속 15[m/s]인 공기 속에 있다. 전선의 길이 방향과 바람의 방향은 직각이고 공기의 동점성계수는 $1.472\times10^{-5}[m^2/s]$이다. 이때 생기는 kármán의 소용돌이 열의 주파수를 구하라.

㉮ 252[c/s]　　㉯ 260[c/s]　　㉰ 518[c/s]　　㉱ 608[c/s]

해설 　답 ㉱

레이놀드 수는

$$Re=\frac{VD}{\nu}=\frac{15\times5\times10^{-3}}{1.472\times10^{-5}}\fallingdotseq5095$$

Strauhal 수 St는 Re 수의 함수로서 식(9−17)에 의하면

$$St=0.2035\left(1-\frac{21.0}{Re}\right)\fallingdotseq0.2027$$

기초문제

따라서 주파수 f는 식(9−16)에서

$$f = St \cdot \frac{V}{d} = 0.2027 \times \frac{15}{5\times 10^{-3}} \fallingdotseq 608[\text{c/s}]$$

21. 평판 위의 흐름에 대한 경계조건을 만족시키는 속도분포 $\frac{u}{V}$는? 단, u는 경계층 내의 유속, V는 자유유동속도, δ는 경계층 두께, y는 평판에서 수직방향으로의 거리이다.

㉮ $\frac{3}{2}\left(\frac{y}{\delta}\right)^2 - \frac{1}{2}\left(\frac{y}{\delta}\right)^2$
㉯ $\frac{3}{2}\left(\frac{y}{\delta}\right) - \frac{1}{2}\left(\frac{y}{\delta}\right)^3$
㉰ $\frac{1}{2}\left(\frac{y}{\delta}\right) - \frac{3}{2}\left(\frac{y}{\delta}\right)^2$
㉱ $\frac{1}{2}\left(\frac{y}{\delta}\right)^2 - \frac{3}{2}\left(\frac{y}{\delta}\right)^3$

해설 답 ㉯

식(9−23)에서

$$\frac{u}{V} = \frac{3}{2}\left(\frac{y}{\delta}\right) - \frac{1}{2}\left(\frac{y}{\delta}\right)^3$$

22. 평판 위의 흐름에서 경계층의 배제두께는 경계층 두께의 몇 배인가?

㉮ $\frac{3}{4}$ ㉯ $\frac{5}{8}$ ㉰ $\frac{1}{2}$ ㉱ $\frac{3}{8}$

해설 답 ㉱

$y = \delta\eta$로 놓으면 식(9−3)과 식(9−23)에서

$$\delta^* = \int_0^\delta \left(1 - \frac{u}{V}\right)dy = \delta\int_0^1 \left(1 - \frac{3}{2}y + \frac{1}{2}\eta^3\right)d\eta = \frac{3}{8}\delta$$

23. 다음 중 익형에 대한 설명이 잘못된 것은?

㉮ 익형의 전연과 후연을 잇는 직선을 익현이라고 한다.
㉯ 흐름의 방향과 익현이 이루는 각을 영각이라고 한다.
㉰ 익형의 폭을 b, 최대투상면적을 A라고 할 때 $\frac{b}{A}$를 종횡비라고 한다.
㉱ 익형의 상연과 하연의 중앙을 잇는 선을 골격선이라고 한다.

연습문제

해설 답 ㉰

종횡비는 $\frac{b^2}{A}$을 말한다.

24. 자유흐름속도가 12[m/s]일 때 경계층 내에서의 최대속도는 몇 [m/s]인가?

㉮ 10.46 ㉯ 10.85 ㉰ 11.52 ㉱ 11.88

해설 답 ㉱

$$\frac{u}{V}=0.99$$

$$\therefore\ u=0.99\times 12=11.88[\mathrm{m/s}]$$

25. 동점성계수가 $1.65\times 10^{-5}[\mathrm{m^2/s}]$인 유체가 평판 위를 4[m/s]의 속도로 흐르고 있다. 평판의 선단에서 1[m]되는 곳에서의 경계층두께는 몇 [mm]인가?

㉮ 5.25 ㉯ 9.42 ㉰ 13.27 ㉱ 18.36

해설 답 ㉯

$$Re_x=\frac{Vx}{\nu}=\frac{4\times 1}{1.65\times 10^{-5}}\fallingdotseq 242424<5\times 10^5$$

따라서 층류경계층 두께에 관한 식(9-25)를 이용하면

$$\delta=\frac{4.64}{\sqrt{R_x}}x=\frac{4.64}{\sqrt{242424}}\times 1000\fallingdotseq 9.42[\mathrm{mm}]$$

또는 식(9-26)을 이용하면

$$\delta=\frac{5.0}{\sqrt{R_x}}x=\frac{5.0}{\sqrt{242424}}\times 1000\fallingdotseq 10.16[\mathrm{mm}]$$

가장 가까운 답을 택하면 정답은 ㉯이다.

26. 길이와 폭이 각각 2[m]인 정사각형 평판이 20[m/s]로 공기 속을 수평과 10° 의 각을 이루면서 수평방향으로 날고 있다. 양력계수가 0.72, 항력계수 0.15일 때 판에 미치는 압력은 몇 [$\mathrm{kg_f}$]인가? 단, 공기의 비중량은 1.25[$\mathrm{kg_f/m^3}$]이다.

㉮ 63.2 ㉯ 75.1 ㉰ 86.5 ㉱ 93.4

기초문제

해설 답 ㉯

양력은 식(9-48)에 의해서

$$L = C_L \frac{1}{2} \rho V^2 S = 0.72 \times \frac{1}{2} \times \frac{1.25}{9.8} \times 20^2 \times 2 \times 2 \fallingdotseq 73.5[\text{kg}_f]$$

항력은 식(9-49)에 의해서

$$D = C_D \frac{\rho}{2} V^2 S = 0.15 \times \frac{1}{2} \times \frac{1.25}{9.8} \times 20^2 \times 2 \times 2 \fallingdotseq 15.3[\text{kg}_f]$$

합력 R은

$$R = \sqrt{L^2 + D^2} = \sqrt{73.5^2 + 15.3^2} \fallingdotseq 75.1[\text{kg}_f]$$

27. 문제 26에서 판에 작용하는 마찰력은 몇 [kg_f]인가?

㉮ 2.3 ㉯ 3.6 ㉰ 4.5 ㉱ 5.7

해설 답 ㉮

합력 R이 수평방향과 θ의 각을 이룬다고 하면

$$\theta = \tan^{-1} \frac{73.5}{15.3} = 78.24°$$

따라서 평판과 합력이 이루는 각은 78.24°+10°=88.24°이다.

판에 작용하는 마찰력은 합력 R의 평판과 평행한 방향의 분력이므로

$$F = R\cos 88.24° = 75.1 \times \cos 88.24° \fallingdotseq 2.3[\text{kg}_f]$$

28. 문제 26에서 필요한 동력은 몇 [PS]인가?

㉮ 2.42 ㉯ 3.33 ㉰ 4.08 ㉱ 5.12

해설 답 ㉰

동력 P는

$$P = D \cdot V = 15.3 \times 20 = 306[\text{kg}_f \cdot \text{m/s}] = \frac{306}{75}[\text{PS}] = 4.08[\text{PS}]$$

연습문제

29. 자유흐름속도 2[m/s], 동점성계수 1.15×10^{-6}인 유체가 평판을 따라 흐를 때 평판 선단에서 1.5[m]되는 곳의 경계층두께는 몇 [mm]인가?

㉮ 13 ㉯ 18 ㉰ 24 ㉱ 29

해설 답 ㉱

$$R_x = \frac{Vx}{\nu} = \frac{20\times1.15}{1.15\times10^{-5}} \fallingdotseq 2.61\times10^6 > 5\times10^5$$

따라서 난류경계층의 두께에 관한 식(9-39)를 쓰면

$$\delta = \frac{0.376}{R_x^{1/5}}x = \frac{0.376}{(2.61\times10^6)^{1/5}}\times1.5 \fallingdotseq 0.029[\mathrm{m}] = 29[\mathrm{mm}]$$

30. 난류경계층의 두께는? 단, x는 평판의 선단에서부터 잰 거리이다.

㉮ $x^{1/3}$에 비례한다. ㉯ $x^{2/3}$에 비례한다.

㉰ $x^{1/5}$에 비례한다. ㉱ $x^{4/5}$에 비례한다.

해설 답 ㉱

식(9-39)에서 난류경계층의 두께는

$$\delta = \frac{0.376x}{R_x^{1/5}} = \frac{0.376x}{\left(\frac{Vx}{\nu}\right)^{1/5}} \times \frac{0.376}{\left(\frac{V}{\nu}\right)^{1/5}}x^{4/5}$$

따라서 δ는 $x^{4/5}$에 비례한다.

31. 층류경계층의 두께는? 단, x는 평판의 선단에서부터 잰 거리이다.

㉮ $x^{1/2}$에 비례한다. ㉯ $x^{1/3}$에 비례한다.

㉰ x^2에 비례한다. ㉱ x^3에 비례한다.

해설 답 ㉮

식(9-26)에서

$$\delta = \frac{5.0}{\sqrt{R_x}}x = \frac{5.0}{\left(\frac{Vx}{\nu}\right)^{1/2}}x = \frac{5.0}{\left(\frac{V}{\nu}\right)^{1/2}}x^{1/2}$$

따라서 δ는 $x^{1/2}$에 비례한다.

기초문제

32. 경계층 내에서의 속도분포는 $\frac{u}{V}=\frac{3}{2}\left(\frac{y}{\delta}\right)-\frac{1}{2}\left(\frac{y}{\delta}\right)^3$ 이다. 이때 벽면에서의 전단응력은? 단, V는 자유유동속도, u는 경계층 내의 속도, δ는 경계층 두께, y는 벽에서 유동방향과 직각방향으로 잰 거리이다.

㉮ $\frac{2\mu V}{3\delta}$ ㉯ $\frac{3\mu V}{2\delta}$ ㉰ $\frac{3\mu V}{2\delta}$ ㉱ $\frac{\mu V}{3\delta}$

해설 답 ㉰

주어진 속도분포식에서

$$u=V\left\{\frac{3}{2}\left(\frac{y}{\delta}\right)-\frac{1}{2}\left(\frac{y}{\delta}\right)^3\right\}$$

전단응력 τ는

$$\tau=\mu\frac{du}{dy}=\mu V\left(\frac{3}{2}\frac{1}{\delta}-\frac{3}{2}\frac{y^2}{\delta^3}\right)$$

벽면에서의 전단응력은 τ_0는

$$\tau_0=\mu\frac{du}{dy}\bigg|_{y=0}=\frac{3\mu V}{2\delta}$$

33. 직경 0.5[cm]인 강철 구가 점성계수 7.25×10^{-2}[kg/m · s]인 기름 속에서 항력과 부력을 받으면서 낙하할 때 최종속도(terminal velocity)는 몇 [m/s]인가? 단, 기름의 밀도는 830[kg_f/m^2], 강철 구의 밀도는 7900[kg_f/m^2]이고 속도는 매우 작다고 한다.

㉮ 0.321 ㉯ 0.443 ㉰ 0.542 ㉱ 0.661

해설 답 ㉰

항력, 부력 및 중력이 평형을 이룰 때의 속도가 최종속도이다. 따라서

$$6\pi a\mu V+\frac{4}{3}\pi a^3\gamma=\frac{4}{3}\pi a^3\gamma_s$$

여기서 γ는 유체의 비중량, γ_s는 강철구의 비중량이다.

$$\therefore\ V=\frac{2}{9}\frac{a^2}{\mu}(\gamma_s-\gamma)$$

$$=\frac{2}{9}\times\frac{(0.5\times10^{-2})^2}{7.25\times10^{-2}}\times(7900\times9.8-830\times9.8)\fallingdotseq0.542[\text{m/s}]$$

연습문제

34. 같은 재로로 된 두 구의 직경이 1 : 3일 때 이 구들이 Stokes의 법칙에 따라 낙하한다면 최종속도(terminal velocity)는?

㉮ 1 : 3 ㉯ 1 : 6 ㉰ 1 : 9 ㉱ 1 : 12

해설 답 ㉰

최종속도는 항력, 부력 및 중력이 평형을 이룰 때의 속도이므로

$$6\pi a\mu V+\frac{4}{3}\pi a^3\gamma=\frac{4}{3}\pi a^3\gamma_s$$

따라서 $V=\frac{2}{9}\frac{a^2}{\mu}(\gamma_s-\gamma)$

즉 최종속도는 a^2에 비례하므로 속도비는 1 : 9가 된다.

35. 점성이 큰 유체 속에서 구가 낙하할 때 항력은? 단, Re 수가 1보다 작고, a는 반경, μ는 점성계수, V는 낙하속도이다.

㉮ $3\pi\mu aV$ ㉯ $6\pi\mu aV$ ㉰ $9\pi\mu aV$ ㉱ $12\pi\mu aV$

해설 답 ㉯

Stokes의 법칙 즉, 식(9-11)를 참조하라.

36. 면적이 40[m^2]인 평판이 600[PS]를 소비하여 80[m/s]로 공기 속을 날 때 양력이 4,000[kg$_f$]이었다. 이 때 양력계수 C_L과 항력계수 C_D는? 단, 공기의 밀도는 0.14 [kg$_f$ · s^2/m^4]이다.

㉮ C_L=0.122, C_D=0.0123 ㉯ C_L=0.223, C_D=0.0314

㉰ C_L=0.0123, C_D=0.122 ㉱ C_L=0.0314, C_D=0.223

해설 답 ㉯

동력 $P=\frac{DV}{75}$ 에서

항력 $D=75\times\frac{P}{V}=75\times\frac{600}{80}=562.5[\text{kg}_f]$

항력계수는

$$C_D=\frac{D}{\frac{1}{2}\rho V^2 s}=\frac{562.5}{\frac{1}{2}\times 0.14\times 80^2\times 40}=0.0314$$

양력계수는

$$C_L = \frac{L}{\frac{1}{2}\rho V^2 s} = \frac{4000}{\frac{1}{2}\times 0.14\times 80^2\times 40} = 0.223$$

37. 층류저층이란?

㉮ 난류경계층 속의 경계면에 인접해서 생기는 얇은 층류막이며 여기서의 속도분포는 직선적이다.

㉯ 층류경계층 속에서 물체표면 근방의 얇은 층류막을 말하며 여기서의 속도분포는 직선적이다.

㉰ 물체표면의 요철부에 끼어있는 유체층을 말한다.

㉱ 점성이 낮은 유체의 층류경계층을 말한다.

해설 답 ㉮

난류경계층 내에서도 물체표면 근방의 얇은 층은 층류상태를 유지하는데 이것을 층류저층이라고 한다.

38. 질량 60[kg]인 사람이 낙하산을 타고 낙하할 때 최종속도는 몇 [m/s]인가? 단, 낙하산의 무게는 무시하고 항력계수 1.0, 공기의 밀도 1.25[kg_f/m^3], 낙하산의 직경 5[m]이다.

㉮ 6.92 ㉯ 9.83 ㉰ 8.74 ㉱ 9.45

해설 답 ㉮

중력 $m\cdot g$와 항력 $D = C_D\frac{1}{2}\rho V^2 s$가 같을 때의 속도를 구하면 된다. 따라서

$$V = \sqrt{\frac{2mg}{C_D\rho s}} = \sqrt{\frac{2\times 60\times 9.8}{1.0\times 1.25\times\frac{\pi}{4}\times 5^2}} \fallingdotseq 6.92[\mathrm{m/s}]$$

39. 평균풍속 130[m/s]인 바람 속에 1[m^2]인 정사각형 평판을 바람과 평행하게 놓았을 때 평판이 받는 항력은 몇 [kg_f]인가? 단, 공기의 밀도는 1.22[kg_f/m^3], 점성계수는 0.171×10^{-4}[$kg_f/m\cdot s$]이다.

㉮ 5.2 ㉯ 6.4 ㉰ 7.6 ㉱ 8.8

연습문제

해설 답 ㉯

레이놀드 수는

$$R_L = \frac{\rho VL}{\mu} = \frac{1.22 \times 130 \times 1}{0.171 \times 10^{-4}} \fallingdotseq 9274854$$

이 값은 10^4 보다 크므로 식(9−46)을 적용하면 마찰항력계수 C_f는

$$C_f = \frac{0.455}{(\log_{10} R_L)^{2.58}} = \frac{0.455}{(\log_{10} 9274854)^{2.58}} \fallingdotseq 3.04 \times 10^{-3}$$

평판의 상 · 하면이 항력을 받으므로

$$D = 2 \cdot C_f \cdot \frac{1}{2} \rho V^2 s$$

$$= 3.04 \times 10^{-3} \times 1.22 \times 130^2 \times 1 \times \frac{1}{9.8} \fallingdotseq 6.4[\mathrm{kg}_f]$$

40. 평균풍속이 12[m/s]인 바람 속에서 면적이 1[m²]인 정사각형 평판이 바람에 평행하게 놓여 있다. 평판 앞 끝에서는 층류, 평판 뒤끝에서는 난류경계층이며 공기의 밀도는 1.22[kg_f/m^3], 점성계수는 0.171×10^{-4}[$kg_f/m \cdot s$]이다. 평판이 받는 항력은 몇 [kg_f]인가?

㉮ 0.047 ㉯ 0.083 ㉰ 0.213 ㉱ 0.626

해설 답 ㉮

$$R_L = \frac{\rho VL}{\mu} = \frac{1.22 \times 12 \times 1}{0.171 \times 10^{-4}} \fallingdotseq 856140$$

이 값은 $5 \times 10^5 < R_L < 5 \times 10^6$ 범위 내에 있으며 천이영역이 있는 흐름이므로 식(9−47)을 적용하면 마찰항력계수 C_f는

$$C_f = \frac{0.455}{(\log_{10} R_L)^{2.58}} - \frac{1700}{R_L} = \frac{0.455}{(\log_{10} 856140)^{2.58}} - \frac{1700}{856140} \fallingdotseq 2.617 \times 10^{-3}$$

따라서 평판의 양쪽 면이 받는 항력은

$$D = 2 \cdot C_f \cdot \frac{1}{2} \rho V^2 s = 2.617 \times 10^{-3} \times 1.22 \times 12^2 \times 1 \times \frac{1}{9.8} \fallingdotseq 0.047[\mathrm{kg}_f]$$

응용문제

1. 해양구조물의 기둥이 직경 2[m], 길이 30[m]인 원기둥으로 4개가 있다. 조수의 유속이 1[m/s], 바닷물의 밀도는 1030[kg/m³]이고, 항력계수가 0.4일 때 4개의 기둥에 작용하는 조력은 얼마인가?

해설

항력 D는

$$D = C_D \cdot \frac{1}{2}\rho V^2 s = 0.4 \times \frac{1}{2} \times 1030 \times 2 \times 30 \fallingdotseq 1236 \times 10^4 [N]$$

기둥이 4개이므로

$$1236 \times 10^4 \times 4 = 4.944 \times 10^4 [N] = 5.04 \times 10^3 [\mathrm{kg}_f] = 5.04[\mathrm{ton}]$$

2. 비행기가 동점성계수 1.33×10^{-5}[m²/s]인 공기 속을 시속 800[km]로 비행하고 있을 때 날개의 선단에서 0.15[m]되는 지점의 경계층 두께는 얼마인가? 단, 비행기 날개는 평판으로 가정하고 경계층은 층류로 한다.

해설

속도는

$$V = 800[\mathrm{km/h}] = 222.2[\mathrm{m/s}]$$

레이놀드 수는

$$R_x = \frac{Vx}{\nu} = \frac{222.2 \times 0.15}{1.33 \times 10^{-5}} \fallingdotseq 2.5 \times 10^6$$

경계층을 층류로 보면 식(9–26)에서 경계층 두께는

$$\delta = \frac{5.0}{\sqrt{R_x}} x = \frac{5.0 \times 0.15}{\sqrt{2.5 \times 10^6}} \fallingdotseq 4.74 \times 10^{-4}[\mathrm{m}] \fallingdotseq 0.474[\mathrm{mm}]$$

3. 풍속 15[m/s]인 바람 속에 있는 직경 5[mm]인 전선에서 나는 소리의 주파수는 얼마인가? 단, 공기의 동점성계수 1.421×10^{-5}[m²/s]이다.

해설

레이놀드 수는

연습문제

$$Re = \frac{VD}{\nu} = \frac{15 \times 5 \times 10^{-3}}{1.421 \times 10^{-5}} \fallingdotseq 5278$$

이 때 Strouhal 수는 식(9−17)에서

$$St = 0.2035\left(1 - \frac{21}{Re}\right) = 0.2035\left(1 - \frac{21}{5278}\right) \fallingdotseq 0.203$$

주파수 f는 식(9−16)에서

$$f = \frac{St\,V}{d} = \frac{0.203 \times 15}{5 \times 10^{-3}} = 609[\text{c/s}]$$

따라서 발생음은 $609 \times 2 = 1218[\text{c/s}]$

4. **균일한 유속 V의 이상유체흐름 속에 있는 원주표면의 유속은 전방 정체점에서의 각도를 θ라고 할 때 $u = 2V\sin\theta$이다. 이 때 원주에는 양력과 항력이 작용하지 않는 것을 증명하라.**

해설

다음 그림과 같은 2차원 물체의 표면에 작용하는 힘을 생각하자. 표면 ds부분에서는 점성에 의한 표면 전단응력을 τ_w, 압력을 p라고 하면 $\tau_w ds$의 힘이 ds방향으로 작용하고 pds의 힘이 ds에 수직으로 작용한다. 따라서 물체전체에 작용하는 힘은

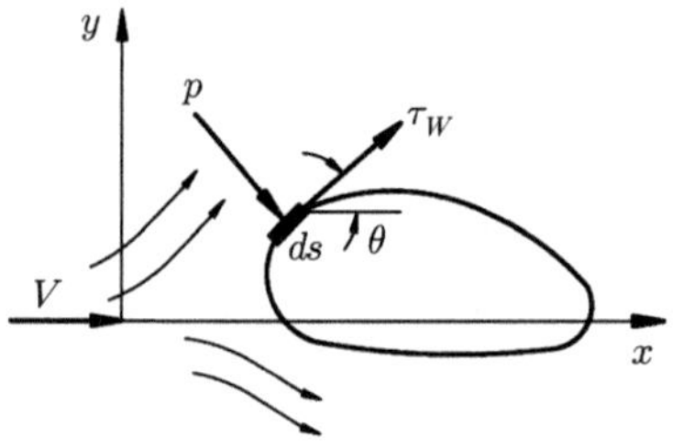

x방향 : $D = \oint (p\sin\theta)ds + \oint \tau_w \cos\theta ds$ ①

y방향 : $L = \oint (-p\cos\theta)ds + \oint \tau_w \sin\theta ds$ ②

여기서 식①은 항력, 식②는 양력이다.

이상 유체 흐름이므로 항력은

$$D = -\oint p\sin\theta ds$$

위의 그림이 원주라고 하고 원주의 중심이 원점에 있다고 하면 ds는 원주의 반경을 a라고 할 때 $ad\theta$가 된다. 원주표면의 압력은 상류의 압력을 p_0라고 하면

$$p = p_0 + \frac{1}{2}\rho V^2 - \frac{1}{2}\rho u^2 = p_0 + \frac{1}{2}\rho V^2(1 - 4\sin^2\theta)$$

그러므로 항력은

$$D=-\oint_0^{2\pi} a\left(p_0+\frac{1}{2}\rho V^2\right)\sin\theta d\theta+2\rho V^2 a\int_0^{2\pi}\sin^3\theta d\theta=0$$

또 양력은 식②에서 $\tau_w=0$로 하여 같은 방법으로 풀면 $L=0$이 된다.

5. 평판을 따라 흐르는 평행류의 경계층 내부에서 속도분포가 다음 식으로 주어질 때 δ와 x의 관계를 구하라. 또 평판이 받는 힘을 구하라.

$$U=V\frac{y(2\delta-y)}{\delta^2}$$

단, u는 경계층 내의 속도, V는 자유유동속도, y는 평판에서 수직방향의 거리, δ는 경계층 두께, x는 평판 선단에서 길이방향의 거리이다.

해설

$$\int_0^\delta u^2dy=\frac{V^2}{\delta^4}\int_0^\delta y^2(2\delta-y)^2dy=\frac{V^2}{\delta^4}\int_0^\delta(4\delta^2y-4\delta y^3+y^4)dy$$

$$=\frac{V^2}{\delta^4}\left[\frac{4\delta^2y^3}{3}-\frac{4\delta y^4}{4}+\frac{y}{5}\right]_0^\delta=\frac{8}{15}V^2\delta$$

$$\int_0^\delta udy=\frac{V}{\delta^2}\int_0^\delta y(2\delta-y)dy=\frac{V}{\delta^2}\left[\frac{2\delta y^2}{2}-\frac{y^3}{3}\right]_0^\delta=\frac{2}{3}V\delta$$

$$\tau_0=\mu\left(\frac{du}{dy}\right)_{y=0}=\mu\frac{V}{\delta^2}(2\delta-2y)_{y=0}=2\mu\frac{V}{\delta}$$

이것을 운동량방정식에 대입하면

$$\frac{d}{dx}\left(\frac{8}{15}V^2\delta-\frac{2}{3}u^2\delta\right)=-2\nu\frac{V}{\delta}$$

이것은 δ에 관한 변수분리형 미분방정식이다.

$$\delta d\delta=15\frac{\nu}{V}x$$

$$\frac{1}{2}\delta^2=15\frac{\nu}{V}x+\text{const.}$$

평판의 선단에서 경계층두께를 0이라고 하면 const.=0이다. 따라서

$$\delta=\sqrt{30\frac{\nu x}{V}}$$

또 평판이 받는 전단력 F는 τ_0를 적분하여 구한다.

연습문제

$$F=\int_0^L \tau_0 b dx$$

여기서 L은 평판의 길이, b는 평판의 폭이다. 운동량방정식을 x에 대해서 0에서 L까지 적분하면

$$F=\int_0^L \tau_0 dx=\rho b\left[V\int_0^\delta udy-\int_0^\delta u^2 dy\right]_{x=0}^{x=L}$$

$$=\rho b\left[V\int_0^\delta udy-\int_0^\delta u^2 dy\right]_{x=L}=\rho b\left(\frac{2}{3}V^2-\frac{8}{15}V^2\right)\delta_{x=L}$$

$$=\rho b\frac{2}{15}V^2\sqrt{30\frac{\nu L}{V}}=\frac{8}{\sqrt{30}}\cdot\frac{1}{2}\rho V^2 bL\sqrt{\frac{\nu}{VL}}$$

$$=\frac{8}{\sqrt{30}\sqrt{R_L}}\cdot\frac{1}{2}\rho V^2 bL$$

6. 평판을 따라 흐르는 평행류의 경계층 내부에서 속도분포가 kármán의 $\frac{1}{7}$ 승법칙에 따른다고 할 때 δ와 x의 관계를 구하라. 또 평판이 받는 힘을 구하라.

$$u=V\left(\frac{y}{\delta}\right)^{\frac{1}{7}}$$

$$\tau_0=0.0225\rho V^2\left(\frac{\nu}{V\delta}\right)^{\frac{1}{4}}$$

해설

$$\int_0^\delta u^2 dy=V^2\int_0^\delta\left(\frac{y}{\delta}\right)^{\frac{2}{7}}dy=\frac{7}{9}V^2\delta^{-\frac{2}{7}}\left[y^{\frac{9}{7}}\right]_0^\delta=\frac{7}{9}V^2\delta$$

$$\int_0^\delta udy=V\int_0^\delta\left(\frac{y}{\delta}\right)^{\frac{1}{7}}dy=\frac{7}{8}V\delta^{-\frac{1}{7}}\left[y^{\frac{8}{7}}\right]_0^\delta=\frac{7}{8}V\delta$$

이것을 운동방정식에 대입하면

$$\frac{d}{dx}\left(\frac{7}{9}V^2\delta-\frac{7}{8}V^2\delta\right)=-0.0225V^2\left(\frac{\nu}{V\delta}\right)^{\frac{1}{4}}$$

$$\frac{d\delta}{dx}=0.0225\times\frac{72}{7}\nu^{-\frac{1}{4}}V^{-\frac{1}{4}}\delta^{-\frac{1}{4}}$$

$$\delta^{\frac{1}{4}}d\delta=0.231\nu^{\frac{1}{4}}V^{-\frac{1}{4}}dx$$

적분하여

$$\frac{4}{5}\delta^{\frac{5}{4}} = 0.231\nu^{\frac{1}{4}}V^{-\frac{1}{4}}dx$$

$$\therefore\ \delta = \left(0.231\times\frac{5}{4}\nu^{\frac{1}{4}}V^{-\frac{1}{4}}x\right)^{\frac{4}{5}} = 0.37\nu^{\frac{1}{5}}V^{-\frac{1}{5}}x^{\frac{4}{5}}$$

또 전단력 F는

$$F = b\int_0^L \tau_0 dx = \rho b\left[V\int_0^\delta u dy - \int_0^\delta u^2 dy\right]_{x=L} = \rho b V^2\left(\frac{7}{8}-\frac{7}{9}\right)\delta_{x=L}$$

$$= \rho b V^2\frac{7}{72}\times 0.37\nu^{\frac{1}{5}}V^{-\frac{1}{5}}L^{\frac{4}{5}}$$

$$= 0.37\times\frac{7}{72}\times 2\times\frac{1}{2}\rho V^2 bL\left(\frac{\nu}{VL}\right)^{\frac{1}{5}}$$

$$= 0.072R_L^{-\frac{1}{5}}\cdot\frac{1}{2}\rho V^2\cdot bL$$

7. 폭 1[m], 길이1[m]인 평판이 유속 1[m/s]인 물 속에 있다. 경계층 두께의 최대치와 전단력을 구하라. 층류 경계층으로 한 경우와 난류 경계층으로 한 경우를 각각 구하라. 단, 물의 동점성계수는 0.01[cm^2/s]이다.

해설

(1) 층류경계층의 경우

식(9−26)을 적용하면

$$\delta_{\max} = \frac{5.0}{\sqrt{R_x}}x = \frac{5.0x}{\sqrt{\frac{Vx}{\nu}}} = \frac{5.0\times 1}{\sqrt{\frac{1\times 1}{0.01\times 10^{-4}}}} = 5\times 10^{-3}[\text{m}] = 5[\text{mm}]$$

레이놀드 수는

$$R_x = \frac{Vx}{\nu} = \frac{100\times 100}{0.01} = 10^6$$

Blasius의 마찰법칙 즉, 식(9−33)을 적용하면 마찰항력계수 C_f는

$$C_f = \frac{1.328}{\sqrt{R_L}} = 1.328\times 10^{-3}$$

따라서

연습문제

$$F = C_f \cdot \frac{1}{2}\rho V^2 \cdot s = 1.328 \times 10^{-3} \times \frac{1}{2} \times 102 \times 1^2 \times 1 \times 1 \fallingdotseq 0.067[\mathrm{kg}_f]$$

양쪽면을 생각하면 $2F \fallingdotseq 0.134[\mathrm{kg}_f]$

(2) 난류계층의 경우

식(9−39)를 적용하면

$$\delta_{max} = \frac{0.376}{R_x^{\frac{1}{5}}} x = \frac{0.376 \times 1}{(10^6)^{\frac{1}{5}}} = 0.0237[\mathrm{m}] = 23.7[\mathrm{mm}]$$

마찰항력계수는 식(9−42)를 쓰면

$$C_f = \frac{0.074}{(R_L)^{\frac{1}{5}}} = \frac{0.074}{(10^6)^{\frac{1}{5}}} \fallingdotseq 4.67 \times 10^{-3}$$

따라서 전단력은

$$F = C_f \cdot \frac{1}{2}\rho V^2 \cdot bL = 4.67 \times 10^{-3} \times \frac{1}{2} \times 102 \times 1^2 \times 1 \times 1 \fallingdotseq 0.238[\mathrm{kg}_f]$$

양쪽면을 생각하면 $2F = 2 \times 0.238 = 0.476[\mathrm{kg}_f]$

8. 정사각형 평판을 흐르는 물 속에 놓았을 때 한 변이 흐름과 평행한 경우와 한 변이 흐름과 45° 인 경우의 항력비는 얼마인가? 층류 경계층과 난류 경계층에 대해서 구하라.

해설

(1) 층류경계층의 경우

한변이 흐름과 평행하다면 마찰항력은

$$F_1 = C_f \cdot \frac{1}{2}\rho V^2 bL = C_f \cdot \frac{1}{2}\rho V^2 a^2$$

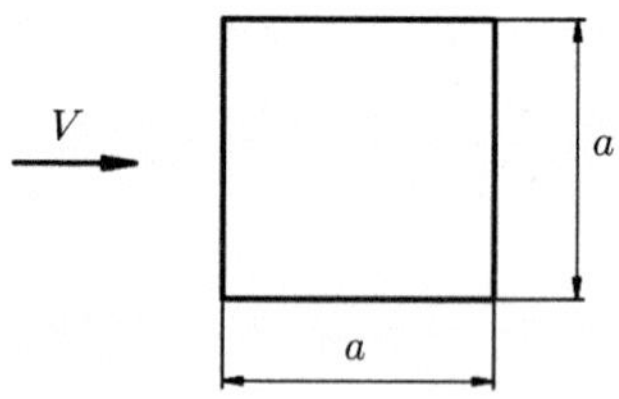

C_f는 식(9−33)에서

$$C_f = \frac{1.328}{\sqrt{R_L}} = 1.328\sqrt{\frac{\nu}{Va}}$$

따라서

$$F_1 = 1.328\sqrt{\frac{\nu}{Va}} \frac{\rho V^2}{2} a^2 = \frac{1.328}{2} \nu^{\frac{1}{2}} \rho V^{\frac{3}{2}} a^{\frac{3}{2}}$$

또, 한 변이 흐름과 45° 인 경우는 그림과 같이 z축을 택하고 z좌표가 z및 $z+dz$인 두 직선사이의 미소평판의 항력을 적분하여 구한다. 이 미소평판의 폭은 dz, 길이는 $2z$이므로

$$F_2 = 2\int_0^{a/\sqrt{2}} C_f \frac{\rho V^2}{2} \cdot 2z dz$$

$$C_f = 1.328\sqrt{\frac{\nu}{2Vz}}$$

$$\therefore\ F_2 = 2\int_0^{a/\sqrt{2}} 1.328\sqrt{\frac{\nu}{2Vz}} \cdot \frac{\rho V^2}{2} \cdot 2z dz$$

$$= 1.328\sqrt{2}\,\nu^{\frac{1}{2}}\rho V^{\frac{3}{2}}\int_0^{a/\sqrt{2}} z^{\frac{1}{2}} dz = 1.328 \times \frac{(2)^{\frac{3}{4}}}{3}\nu^{\frac{1}{2}}\rho V^{\frac{3}{2}} a^{\frac{3}{2}}$$

그러므로 항력비는 $\dfrac{F_2}{F_1} = \dfrac{(2)^{\frac{7}{4}}}{3} \fallingdotseq 1.12$

(2) 난류경계층의 경우

$$F_1 = C_f \cdot \frac{1}{2}\rho V^2 a^2$$

C_f는 식(9-42)에서

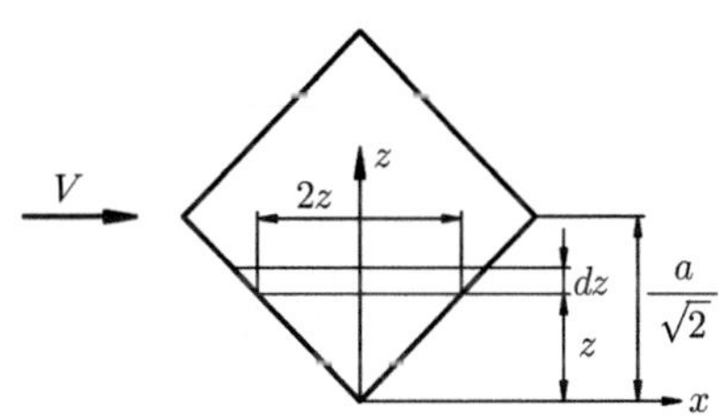

$$C_f = 0.074 R_L^{-\frac{1}{5}} = 0.074\left(\frac{Va}{\nu}\right)^{-\frac{1}{5}}$$

$$\therefore\ F_1 = \frac{0.074}{2}\rho\nu^{-\frac{1}{5}} V^{\frac{9}{5}} a^{\frac{9}{5}}$$

또 F_2는

$$F_2 = 2\int_0^{a/\sqrt{2}} C_f \frac{\rho V^2}{2} \cdot 2z dz$$

$$C_f = 0.074\left(\frac{2Vz}{\nu}\right)^{-\frac{1}{5}} = 0.074 \times 2^{-\frac{1}{5}} V^{-\frac{1}{5}} \nu^{\frac{1}{5}} z^{-\frac{1}{5}}$$

$$\therefore\ F_2 = 2\int_0^{a/\sqrt{2}} 0.074 \times 2^{-\frac{1}{5}} V^{-\frac{1}{5}} \nu^{\frac{1}{5}} z^{-\frac{1}{5}} \frac{\rho V^2}{2} 2z \cdot dz$$

$$= 0.074 \times 2^{\frac{4}{5}} \rho\nu^{\frac{1}{5}} V^{\frac{9}{5}} \int_0^{a/\sqrt{2}} z^{\frac{4}{5}} dz = 0.074 \times \frac{5}{9} \times 2^{-\frac{1}{10}} V^{\frac{9}{5}} \rho\nu^{\frac{1}{5}} a^{\frac{9}{5}}$$

따라서 항력비는

$$\frac{F_2}{F_1} = \frac{10}{9} \times 2^{\frac{1}{10}} \fallingdotseq 1.04$$

연습문제

9. 변의 길이가 1[m]×2[m]인 직사각형 평판을 흐르는 물 속에 놓았다. 2[m]인 변을 흐름과 평행하게 할 경우와 1[m]인 변을 흐름과 평행하게 한 경우의 항력비를 구하라. 층류 경계층과 난류 경계층으로 나누어 생각하라.

해설

$a=1[\mathrm{m}]$, $\mathrm{b}=2[\mathrm{m}]$로 놓고 층류 경계층의 경우 b가 길이, a가 폭인 때의 마찰항력계수는

$$C_{f1}=1.328\sqrt{\frac{\nu}{Vb}}$$

따라서 항력 F_1은

$$F_1=C_{f1}\frac{\rho V^2}{2}ab=1.328\sqrt{\frac{\nu}{Vb}}\,\frac{\rho V^2}{2}ab$$

또 a가 길이, b가 폭인 경우는

$$F_2=1.328\sqrt{\frac{\nu}{Va}}\,\frac{\rho V^2}{2}ab$$

$$\therefore\ \frac{F_2}{F_1}=\sqrt{\frac{b}{a}}=\sqrt{\frac{2}{1}}\fallingdotseq 1.4$$

난류경계층인 경우는

$$F_1=C_{f1}\frac{\rho V^2}{2}ab=0.074\left(\sqrt{\frac{Vb}{\nu}}\right)^{-\frac{1}{5}}\cdot\frac{\rho V^2}{2}ab$$

$$F_2=C_{f2}\frac{\rho V^2}{2}ab=0.074\left(\frac{Va}{\nu}\right)^{-\frac{1}{5}}\cdot\frac{\rho V^2}{2}ab$$

$$\therefore\ \frac{F_2}{F_1}=\left(\frac{b}{a}\right)^{\frac{1}{5}}=\left(\frac{2}{1}\right)^{\frac{1}{5}}\fallingdotseq 1.15$$

10. 수력학의 운동량법칙을 이용하여 경계층의 운동량방정식을 유도하라. 단, 흐름을 정상류로 하고 평판을 따라 평행하게 흐르는 것으로 생각하라.

해설

경계층 내의 유속을 u, 경계층 밖의 유속을 V로 한다. x좌표가 x인 위치 및 $x+dx$인 위치에서 x축에 수직한 단면을 만들고 이 두 단면 사이의 경계층을 점유하는 유체에 주목한다. ABCD의 기호로 붙이고 지면(紙面)과 직각방향 두께는 1이라고 한다. AB를 통과하여 이 영역에 유입하는 유량은

응용문제

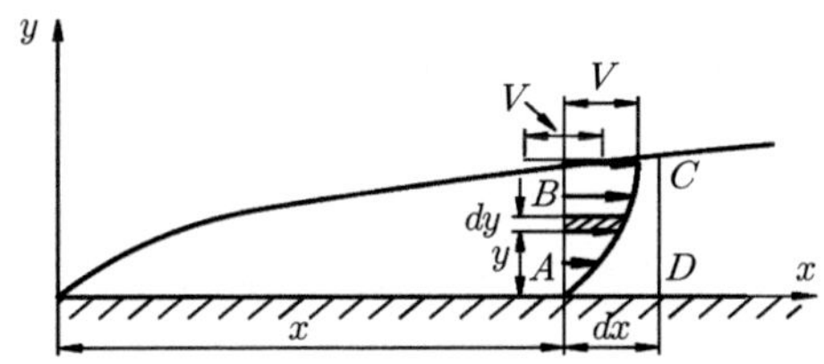

$$\int_0^{\delta} udy$$

δ는 경계층 두께로서 x의 함수이다.

CD를 통과하여 유출하는 유량은

$$\int_0^{\delta} udy + \frac{d}{dx}\int_0^{\delta} udydx$$

ABCD내의 유체의 체적은 변할 수 없으므로 유입하는 유량과 유출하는 유량의 차는 BC를 통해서 유입하는 유량으로 된다. 그 값은

$$\frac{d}{dx}\int_0^{\delta} udydx$$

단위시간에 통과하는 운동량을 생각하면 AB를 지나는 것은

$$\int_0^{\delta} \rho u^2 dy$$

CD를 통과하는 것은

$$\int_0^{\delta} \rho u^2 dy + \frac{d}{dx}\int_0^{\delta} \rho u^2 dydx$$

BC를 지나는 것은 앞에서 구한 BC를 지나는 유량에 그 위치의 유속 V와 밀도 ρ를 곱한 것이다.

$$\rho V \frac{d}{dx}\int_0^{\delta} \rho u^2 dydx$$

이 영역을 차지하는 유체가 받는 힘은 벽면에서의 전단응력 τ_0에 의한 힘으로서 그 크기는

$$\tau_0 dx$$

압력은 어느 곳이나 일정하므로 힘을 발생하지 않는다. 운동량법칙을 쓰면

$$\int_0^{\delta} \rho u^2 dy + \frac{d}{dx}\int_0^{\delta} \rho u^2 dydx - \int_0^{\delta} \rho u^2 dy - \rho V \frac{d}{dx}\int_0^{\delta} \rho udydx = -\tau_0 dx$$

$$\frac{d}{dx}\int_0^{\delta} u^2 dy - V\frac{d}{dx}\int_0^{\delta} udy = -\frac{\tau_0}{\rho}$$

10장

압축성유체의 흐름

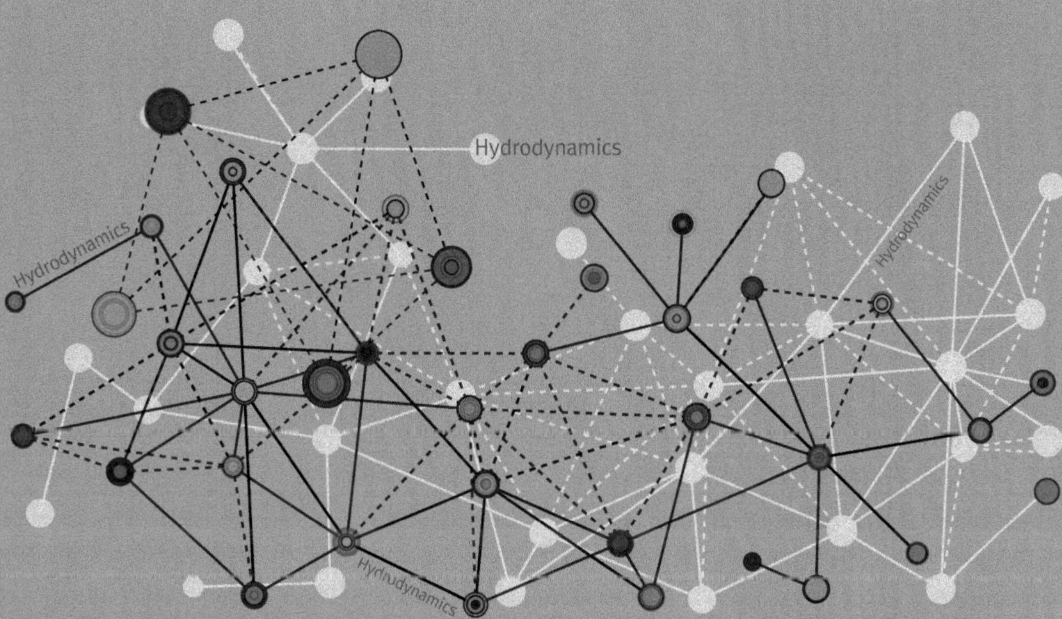

10.1 열역학 제1법칙

에너지보존의 법칙으로 알려져 있으며 임의의 과정에서 에너지가 보존됨을 나타내는 경험법칙이다. 즉, 열은 에너지의 하나로서 일을 열로, 또는 열을 일로 변환시킬 수 있다. 이것을 **열역학의 제1법칙**(the first law of thermodynamics)라고 한다.

지금 열량을 Q[kcal], 일을 $w[\mathrm{kg}_f \cdot \mathrm{m}]$라고 하면

$$Q = Aw \text{ 또는 } w = JQ \tag{10-1}$$

여기서 A는 **일의 열당량**, J는 **열의 일당량**이다.

$$\left.\begin{aligned} A &\fallingdotseq \frac{1}{427}[\mathrm{kcal/kg}_f \cdot \mathrm{m}] \\ \mathrm{J} &\fallingdotseq 427[\mathrm{kg}_f \cdot \mathrm{m/kcal}] \end{aligned}\right\} \tag{10-2}$$

이것을 SI단위로 표시하면 일과 열량의 단위가 모두 joule이므로

$$Q = W[\mathrm{J}] \tag{10-3}$$

단위질량의 유체에 미소열량 dQ를 가해주면 그 일부는 유체의 체적변화에 대한 외부일로 소비되고 나머지는 내부에너지의 증가량으로 저장된다. w를 외부일, u를 내부에너지라고 하면

$$dQ = du + dw = du + pdv \tag{10-4}$$

p : 압력

v : 체적

예제 10.1 **실린더 속에 들어 있는 가스를 압축하는데 $3000[\mathrm{kg}_f \cdot \mathrm{m}]$의 일이 필요하다면 외부에 방출한 열량은 얼마인가? 단, 가스의 내부에너지는 1[kcal]가 증가했다고 한다.**

㉮ 5.21[kcal] ㉯ 6.03[kcal] ㉰ 7.54[kcal] ㉱ 8.63[kcal]

해설 식(10-4)를 적분하면

$$Q = \varDelta u + p\varDelta v$$

여기서 $\varDelta u = 1[\mathrm{kcal}]$, $p\varDelta u = -3000[\mathrm{kg}_f \cdot \mathrm{m}]$이므로

$$Q = \varDelta u + p\varDelta v = 1 + \frac{1}{427} \times (-3000) \fallingdotseq -6.03[\mathrm{kcal}]$$

즉, 6.03[kcal]의 열량을 외부로 방출한다.

답 ㉯

예제 10.2 **100[℃] 물의 비중을 0.95, 100[℃], 1기압에서 수증기의 비중을 0.000625라고 할 때 100[℃]의 물 1[kg]을 100[℃]의 수증기로 변화시킬 때 내부일 때문에 소비되는 열량(내부에너지 변화량)은 몇 [kJ]인가? 단, 압력을 1기압이라 하고 물의 기화열은 2255 [kJ/kg]이라고 한다.**

㉮ 1865 ㉯ 1952 ㉰ 2093 ㉱ 2143

해설 식(10-4)를 적분하면

$$Q = \Delta u + p\Delta v, \quad p = const.$$

여기서 $Q = 2255[\mathrm{KJ}]$, $p = 1.013 \times 10^5[\mathrm{Pa}]$이고 100[℃]의 물 1[kg]의 체적은

$$v_1 = \frac{1}{0.95 \times 1000} \fallingdotseq 1.05 \times 10^{-3}[\mathrm{m^3/kg}]$$

또한, 100[℃]에 있어서 수증기 1[kg]의 체적은

$$v_2 = \frac{1}{6.25 \times 10^{-4} \times 1000} = 1.6[\mathrm{m^3/kg}]$$

$$\therefore \Delta u = Q - p(v_2 - v_1)$$

$$= 2255 - \frac{1.013 \times 10^5}{1000}(1.6 - 1.05 \times 10^{-3}) \fallingdotseq 2093[\mathrm{kJ/kg}]$$

따라서 물 1[kg]을 증기로 변화시킬 때 내부에너지 변화는 2093[kJ]이다. 답 ㉰

10.2 엔탈피

물질이 갖는 열에너지는 내부에너지와 압력과 체적의 곱에 상당하는 외부에너지가 존재한다. 이들의 합을 **엔탈피**(enthalpy)라고 한다.

엔탈피 i는

$$i = u + pv \tag{10-5}$$

이것을 미분하면

$$di = du + pdv + vdp \tag{10-6}$$

식(10-4)에서 $dQ = du + pdv$이므로

$$di = dQ + vdp \tag{10-7}$$

예제 10.3 **압력 $5[kg_f/cm^2]$하에서 비체적이 $0.22[m^3/kg_f]$인 가스 $1[kg_f]$의 비내부에너지를 $90[kcal/kg_f]$라고 하면 이 가스의 엔탈피는 몇 [kcal]인가?**

㉮ 65.5 ㉯ 71.9 ㉰ 83.6 ㉱ 92.3

해설 식(10-5)에 의하면

$$i = u + Apv$$

$$= 90 + \frac{1}{427} \times 5 \times 10^4 \times 0.02 \fallingdotseq 92.3[kcal/kg_f]$$

답 ㉱

10.3 비열

단위질량(또는 단위중량)의 물체를 단위온도차 즉, 1[℃] 상승시키는데 필요한 열량을 **비열**(specific heat)이라고 한다. 단위는 $[kcal/kg_f℃]$ 또는 $[kJ/kg \cdot K]$를 사용한다.

10.3.1 정적비열

일정한 체적하에서 가열한 경우의 비열을 정적비열(specific heat at constant volume)이라고 한다. 정적비열 C_v는

$$C_v = \left(\frac{\partial Q}{\partial T}\right)_v = \left(\frac{\partial u}{\partial T}\right)_v \tag{10-8}$$

10.3.2 정압비열

일정한 압력하에서 가열한 경우의 비열을 정압비열(specific heat at constant pressure)이라고 한다. 정압비열 C_p는

$$C_p = \left(\frac{\partial Q}{\partial T}\right)_p = \left(\frac{\partial i}{\partial T}\right)_p \tag{10-9}$$

그런데 완전기체의 내부에너지 u와 엔탈피 i가 온도만의 함수이므로 식(10-8)과 식(10-9)에서 다음 관계가 성립한다.

$$du = C_v dT \tag{10-10}$$

$$di = C_p dT \tag{10-11}$$

식(10-5)를 T에 대해 미분하고 식(10-10), 식(10-11) 및 기체의 상태방정식 $pv = RT$를 대입하면

$$C_p - C_v = R \tag{10-12}$$

10.3.3 비열비

$$k = \frac{C_p}{C_v} \tag{10-13}$$

공기의 경우 $k = 1.4$이며 식(10-12)와 식(10-13)에서

$$C_p = \frac{k}{k-1}R \tag{10-14}$$

$$C_v = \frac{1}{k-1}R \tag{10-15}$$

예제 10.4 **질소의 비열비는 1.41이다. 정압비열 C_p는 몇 [kcal/kg_f℃]인가?**

㉮ 0.185　　㉯ 0.244　　㉰ 0.363　　㉱ 0.414

해설 질소의 기체상수 R은

$$R \fallingdotseq \frac{848}{M} = \frac{848}{28} \fallingdotseq 30.29[\text{kg}_f \cdot \text{m/kg} \cdot ℃]$$

$$C_p = \frac{k}{k-1}AR = \frac{1.41}{1.41-1} \times \frac{1}{4.27} \times 30.29 \fallingdotseq 0.244[\text{kcal/kg℃}]$$

답 ㉯

예제 10.5 **어떤 완전가스 1[kg]을 일정한 체적하에서 15[℃]로부터 30[℃]까지 가열하는데 필요한 열량이 12[kcal]이라면 정압비열은 몇 [kcal/kg_f℃]인가? 단, 이 가스의 분자량은 4이다.**

㉮ 1.296　　㉯ 1.431　　㉰ 1.623　　㉱ 1.878

해설 정적비열은

$$C_v = \frac{dQ}{dT} = \frac{12}{30-15} = 0.8[\text{kcal/kg℃}]$$

따라서 정압비열은 식(10-12)에서

$$C_p = C_v + R = C_v + \frac{848}{M}A = 0.8 + \frac{848}{4} \times \frac{1}{427}$$

$$\fallingdotseq 1.296[\text{kcal/kg℃}]$$

답 ㉮

10.4 에너지 방정식

[그림 10-1]에서 단면 ①을 들어온 유체는 단면 ②를 통하여 나가는 동안에 단위질량의 유체가 외부로부터 열량 Q 및 일 w를 받는다고 하면 단면 ①과 ②사이의 총 에너지 차는 $Q+w$가 되어야 한다. 따라서, 단위질량의 유체에 대한 에너지 방정식은

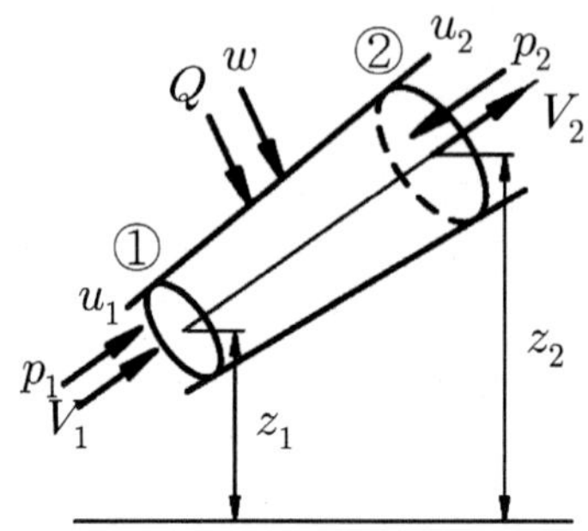

[그림 10-1]

$$Q+w=(u_2-u_1)+(p_2v_2-p_1v_1)+\frac{1}{2}\left(V_2{}^2-V_1{}^2\right)+g(z_2-z_1) \tag{10-16}$$

u_2-u_1 : 단면 ①, ②에서 내부에너지 차

$p_2v_2-p_1v_1$: 단면 ①, ②에서 외부에너지 차

$\frac{1}{2}\left(V_2{}^2-V_1{}^2\right)$: 단면 ①, ②에서 운동에너지 차

$g(z_2-z_1)$: 단면 ①, ②에서 위치에너지 차

식(10-5)에서 $i=u+pv$이므로 식(10-16)은

$$Q+w=(i_2-i_1)+\frac{1}{2}\left(V_2{}^2-V_1{}^2\right)+g(z_2-z_1) \tag{10-17}$$

$di=C_p dT$이므로

$$Q+w=C_p(T_2-T_1)+\frac{1}{2}\left(V_2{}^2-V_1{}^2\right)+g(z_2-z_1) \tag{10-18}$$

기체의 경우에 위치에너지를 무시하면 식(10-18)은 다음과 같이 된다.

$$Q+w=C_p(T_2-T_1)+\frac{1}{2}\left(V_2{}^2-V_1{}^2\right) \tag{10-19}$$

식(10-14)를 윗 식에 대입하면

$$Q+w=\frac{k}{k-1}R(T_2-T_1)+\frac{1}{2}\left(V_2{}^2-V_1{}^2\right) \tag{10-20}$$

예제 10.6 **탱크 속에서 압력 p_1, 밀도 ρ_1인 공기를 노즐을 통하여 진공 속으로 분출시킬 때 이론적으로 도달할 수 있는 최대 유속은 탱크 속의 상태에서 음속의 몇 배로 되는가? 단, 공기 속에서 음속은 $a=\sqrt{kRT}$로 표시되고 단열 흐름이며 마찰력은 무시한다.**

㉮ 1.817　　㉯ 2.236　　㉰ 3.125　　㉱ 4.311

해설 탱크 속과 노즐 출구에 대해 각각 1, 2의 첨자를 사용하면 식(10-20)에서

$V_1=0,\ Q=0,\ w=0$이므로

$$V_2=\sqrt{\frac{2k}{k-1}R(T_1-T_2)}$$

여기서 $RT_1=p_1v_1,\ RT_2=p_2v_2,\ p_2=0$ 이므로

$$V_2=\sqrt{\frac{2k}{k-1}p_1v_1}=\sqrt{\frac{2k}{k-1}\frac{p_1}{\rho_1}}$$

또, 탱크 속에서 음속은

$$a_1=\sqrt{kRT_1}=\sqrt{\frac{kp_1}{\rho_1}}$$

따라서

$$\frac{V_2}{a_1}=\sqrt{\frac{2}{k-1}}=\sqrt{\frac{2}{1.4-1}}\fallingdotseq 2.236(\text{배})$$

답 ㉯

10.5 음파의 전파속도

음파가 어떤 매체 속에서 전파되는 속도를 음속(acoustic velocity)이라고 한다. 이것은 연속방정식과 운동량방정식을 이용하여 구할 수 있다.

[그림 10-2]와 같이 작은 압력파가 왼쪽에서 오른쪽으로 전파되는 경우에 검사체적에 연속방정식을 적용하면

$$\rho AV=(\rho+d\rho)(V+dV)A$$

$$\therefore\ \rho dV+Vd\rho=0 \tag{10-21}$$

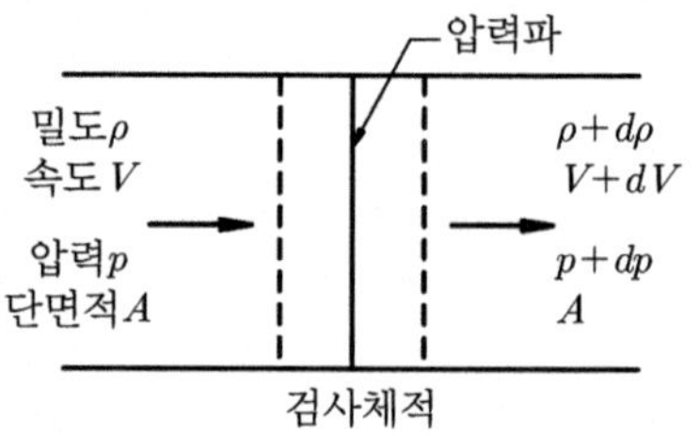

[그림 10-2] 음파의 전파속도

또 운동량방정식을 적용하면

$$pA-(p+dp)A=\rho VA(V+dV-V)$$

$$\therefore\ dp=-\rho VdV \tag{10-22}$$

식(10-21)과 식(10-22)로부터 압력파의 전파속도 V는

$$V=\sqrt{dp/d\rho}$$

이 압력파의 전파속도가 음속이다. 따라서 음속 a는

$$a=\sqrt{dp/d\rho} \tag{10-23}$$

음파의 전파로 인한 매체의 압력과 온도의 변화는 무시할 수 있고 파의 전파속도는 매우 빠르므로 등엔트로피과정으로 취급한다. 따라서 $p=c\rho^k$이 성립하므로

$$\frac{dp}{d\rho}=kc\rho^{k-1}=\frac{kc\rho^k}{\rho}=\frac{kp}{\rho} \tag{10-24}$$

식(10-24)를 식(10-23)에 대입하면

$$a=\sqrt{dp/d\rho}=\sqrt{\frac{kp}{\rho}} \tag{10-25}$$

완전기체의 상태방정식을 적용하면 $p=\rho RT$이므로

$$a=\sqrt{kRT} \tag{10-26}$$

완전기체가 아닌 경우는 체적탄성계수 K를 적용하면 등엔트로피 과정에서 $K=kp$이므로

$$a=\sqrt{\frac{K}{\rho}} \tag{10-27}$$

예제 10.7 체적탄성계수가 $2.07 \times 10^8 [kg_f/m^2]$인 물 속에서의 음속은 몇 [m/s]인가?

㉮ 1130 ㉯ 1250 ㉰ 1375 ㉱ 1425

해설 식(10-27)에서 음속 a는

$$a = \sqrt{\frac{K}{\rho}} = \sqrt{\frac{2.07 \times 10^8}{102}} \fallingdotseq 1425[m/s]$$

답 ㉱

예제 10.8 온도 25℃, 기체상수 $29.27[kg_f \cdot m/kg℃]$인 공기 속에서의 음속은 몇 [m/s]인가?

㉮ 320 ㉯ 330 ㉰ 340 ㉱ 350

해설 식(10-26)에서 R의 단위가 중력단위이므로

$$a = \sqrt{kgRT}$$
$$= \sqrt{1.4 \times 9.8 \times 29.27 \times (25+273)} \fallingdotseq 340[m/s]$$

답 ㉰

10.6 Mach수와 Mach각

10.6.1 Mach 수

$$M = \frac{V}{a} = \frac{V}{\sqrt{kRT}} \tag{10-28}$$

V : 물체의 속도

a : 음속

$M < 1$: 아음속 흐름(subsonic flow)

$M > 1$: 초음속 흐름(supersonic flow)

$M \geq 5$: 극초음속 흐름(hypersonic flow)

10.6.2 Mach 각

물체가 공기 속을 움직이는 경우에 공기의 압력변화가 생겨서 이것이 물체주위의 공기 속에 음속으로 전파된다. 물체의 이동속도 V가 음속보다 아주 작은 경우는 압축파의 영향이 균일하다고 볼 수 있으므로 비압축성 유체와 같이 취급할 수 있으나 물체의 속도가 음속에 가까우면 압축파의 영향이 물체 주위에서 균일하지 않게 된다.

[그림 10-3]의 (a)는 물체가 정지상태인 경우, (b)는 물체의 속도가 아음속인 경우, (c)는 물체의 속도가 초음속인 경우를 나타낸다.

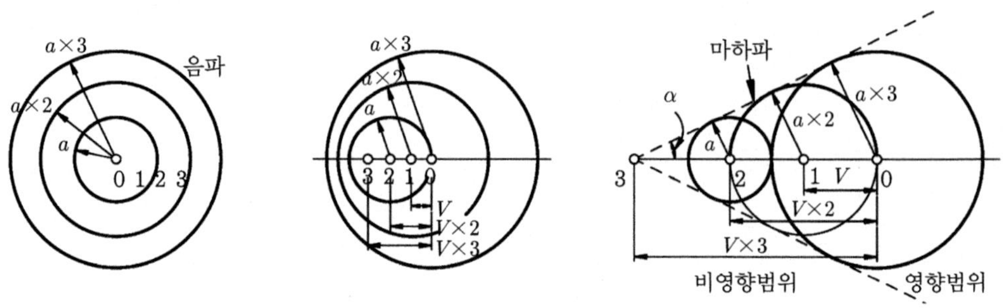

(a) ($V=0$)　(b) ($V<a$)　(c) ($V>a$)

[그림 10-3]

(1) 물체가 정지한 경우($V=0$) : [그림 10-3](a)

이 경우는 압축파 만이 음파로 전파되며 시간 0, 1, 2초에 물체로부터 나온 압축파는 3초 후가 되면 반경 $a\times3$, $a\times2$, a인 원(3차원인 경우는 구면)으로 전파되고 물체주위의 압축파의 영향은 균일하다.

(2) 아음속흐름($V<a$) : [그림 10-3](b)

그림에서 0의 위치에 있던 물체가 1, 2, 3초 후에 1, 2, 3의 위치에 왔다고 하면 물체로부터 시각 0, 1, 2초에 떠난 압축파는 3초 후에 반경 $a\times3$, $a\times2$, a인 원(구면)으로 전파되며 움직이는 물체의 전방에도 후방에서 일어난 현상의 영향이 있다.

(3) 초음속흐름($V>a$) : [그림 10-3](c)

그림에서 0의 위치에 있던 물체가 1, 2, 3초 후에 1, 2, 3의 위치로 이동했다고 하면 물체로부터 0, 1, 2초에 떠난 압축파는 3초 후에 점선으로 표시되는 직선(3차원의 경우는 원뿔면)을 이루면서 전파된다. 이 경우에는 물체의 전방에서는 후방에서 일어난 영향이 없어진다.

[그림 10-3](c)의 원뿔면을 **Mach 파**(Mach wave)라고 하며 중심선과 원뿔면이 이루는 각 α를 **Mach 각**(Mach angle)라고 한다.

$$\sin\alpha=\frac{a}{V} \tag{10-29}$$

예제 10.9 음속이 343[m/s]인 공기 속을 초음속으로 달리는 물체의 Mach 각이 30° 이다. 이 물체의 속도는 몇 [m/s]인가?

㉮ 521　　㉯ 564　　㉰ 632　　㉱ 686

해설 식(10-29)에서

$$V=\frac{a}{\sin\alpha}=\frac{343}{\sin 30^\circ}=686[\mathrm{m/s}]$$

답 ㉱

예제 10.10 500[m/s]로 날고 있는 제트기의 마하수는? 단, 공기의 온도는 20℃, 기체상수는 287 [J/kg ° K], 비열비는 1.4이다.

㉮ 1.23　　㉯ 1.46　　㉰ 1.68　　㉱ `1.92

해설 식(10-28)에서 Mach 수는

$$M=\frac{V}{a}=\frac{V}{\sqrt{kRT}}=\frac{500}{\sqrt{1.4\times287\times293}}\fallingdotseq 1.46$$

답 ㉯

예제 10.11 다음 그림은 유속 V인 평행류 속에 놓인 물체에서 주기적으로 발생하는 음파가 주위로 전파되는 모양을 그린 것이다. 다음 중 어느 경우에 해당되는가?

㉮ $M<1$　　㉯ $M=1$

㉰ $M>1$　　㉱ $M\geq 5$

해설 이 경우는 유속이 음속과 같은 경우로서 소리는 하류 쪽으로만 전해지고 흐름의 방향과 직교하는 Mach 파가 생긴다.

답 ㉯

10.7 축소-확대 노즐에서의 흐름

[그림 10-4]와 같은 축소-확대 노즐에서의 완전기체에 대한 1차원 정상류에서 위치에너지를 무시하면 Euler의 운동방정식은

$$\frac{dp}{\rho}+VdV=0 \tag{10-30}$$

연속방정식은

$$\frac{d\rho}{\rho}+\frac{dV}{V}+\frac{dA}{A}=0 \tag{10-31}$$

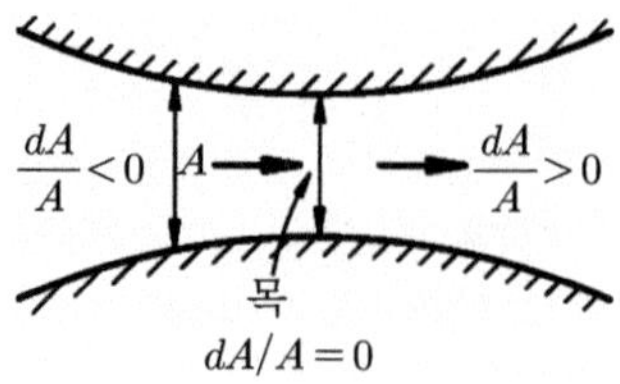

[그림 10-4] 축소-확대노즐

음속은 $a = \sqrt{dp/d\rho}$ 이므로 $dp = a^2 d\rho$이다. 따라서 식(10-30)은

$$\frac{a^2 d\rho}{\rho} = VdV = 0 \tag{10-32}$$

식(10-31)과 식(10-32)에서

$$\frac{dA}{dV} = \frac{A}{V}\left(\frac{V^2}{a^2} - 1\right) = \frac{A}{V}(M^2 - 1) \tag{10-33}$$

10.7.1 아음속흐름($M < 1$)

$M < 1$이면 식(10-33)에서 $\frac{dA}{dV} < 0$이 된다. 따라서, $dV > 0$이면 $dA < 0$이어야 한다. 즉, 속도를 증가시키려면 단면적을 감소시켜야 한다.

10.7.2 음속흐름($M = 1$)

$M = 1$이면 식(10-33)에서 $\frac{dA}{dV} = 0$가 된다. 따라서, 단면적의 변화가 없는 목 부분에서 음속을 얻을 수 있다.

10.7.3 초음속흐름($M > 1$)

$M > 1$이면 식(10-33)에서 $\frac{dA}{dV} > 0$이 된다. 따라서 $dV > 0$이면 $dA > 0$이 된다. 즉, 속도를 증가시키려면 단면적을 증가시켜야 한다.

[그림 10-5]는 축소-확대노즐에서의 아음속흐름과 초음속흐름을 나타낸다. 그림에서 알 수 있듯이 축소노즐에서는 아음속흐름을 초음속흐름으로 가속시킬 수 없으므로 초음속흐름을 얻으려면 반드시 축소-확대노즐을 통과시켜야 한다.

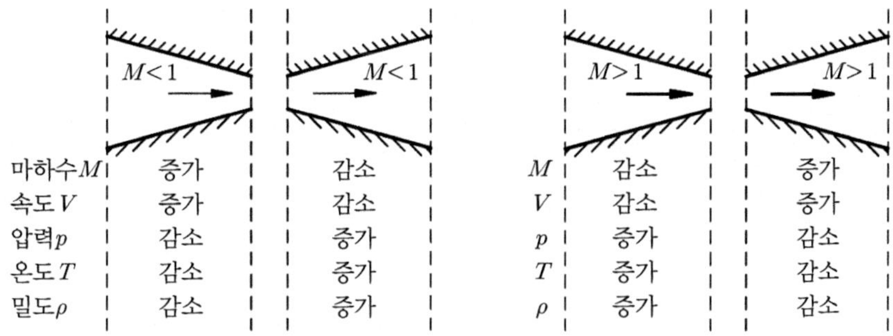

(a) 아음속흐름($M<1$)　　(b) 초음속흐름($M>1$)

[그림 10-5] 축소-확대노즐에서의 아음속흐름과 초음속흐름

예제 10.12 **마찰이 없는 유동에서 다음 설명 중 틀린 것은?**

㉮ 축소-확대노즐의 목 부분에서는 음속을 넘을 수 없다.

㉯ 아음속흐름의 확대관에서는 속도가 증가한다.

㉰ 초음속흐름의 축소관에서는 속도가 감소한다.

㉱ 아음속흐름의 축소관에서는 마하 수가 증가한다.

해설 식(10-33)에서 아음속흐름이면 $\frac{dA}{dV}<0$이다. 확대관이므로 $dA>0$이고 $dV<0$이다. 따라서 아음속흐름의 확대관에서는 유속이 감소한다. **답** ㉯

예제 10.13 $M>1$ **인 축소관에서 증가하지 않는 것은?**

㉮ 압력　　㉯ 온도　　㉰ 말도　　㉱ 속도

해설 [그림 10-5](b)에서 마하 수와 속도는 감소하고 압력, 온도, 밀도는 증가함을 알 수 있다. **답** ㉱

10.8 등엔트로피 흐름

비점성 유체의 단열흐름 즉, 마찰이 없고 열전달이 없는 흐름을 **등엔트로피 흐름**이라고 한다.

10.8.1 등엔트로피 흐름의 에너지방정식

단위질량의 유체에 대한 에너지방정식은 식(10-17)에서

$$Q+w=(i_2-i_1)+\frac{1}{2}\left(V_2{}^2-V_1{}^2\right)+g(z_2-z_1)$$

등엔트로피 흐름이므로 $Q=0$, $w=0$이고 $z_1=z_2$로 놓으면

$$i_1+\frac{V_1{}^2}{2}=i_2+\frac{V_2{}^2}{2} \tag{10-34}$$

또는 $i=C_pT$이므로

$$C_pT_1+\frac{V_1{}^2}{2}=C_pT_2+\frac{V_2{}^2}{2} \tag{10-35}$$

윗 식을 단위중량의 유체에 대해 생각하면

$$i_1+\frac{V_1{}^2}{2g}=i_2+\frac{V_2{}^2}{2g} \tag{10-36}$$

또는

$$C_pT_1+\frac{V_1{}^2}{2g}=C_pT_2+\frac{V_2{}^2}{2g} \tag{10-37}$$

10.8.2 정체온도, 정체압력, 정체밀도

외부와 열의 출입이 없는 단열용기 속의 기체가 단면적이 변화하는 관을 통하여 흐를 때 에너지방정식을 생각하자. [그림 10-6]에서 단열용기의 단면적은 관의 단면적에 비해 매우 크므로 용기 속의 기체속도는 무시한다.

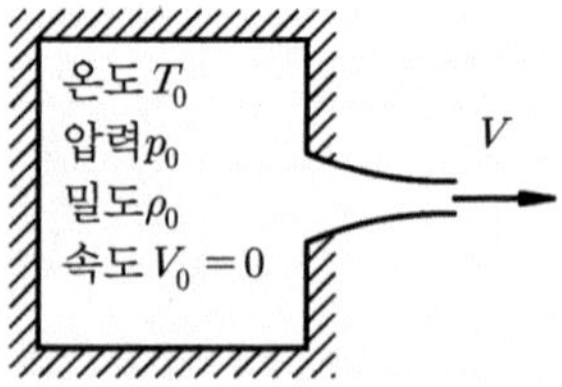

[그림 10-6]

따라서 식(10-35)에서 $V_1=V_0=0$, $T_1=T_0$이고

$C_p=\dfrac{k}{k-1}R$이므로

$$T_0 = T + \frac{k-1}{kR}\frac{V^2}{2} \tag{10-38}$$

또는 식(10-37)에서

$$T_0 = T + \frac{k-1}{kR}\frac{V^2}{2g} \tag{10-39}$$

여기서 T_0를 **정체온도**(stagmation temperature)라고 한다.

또 식(10-38)에 $M = \frac{V}{a}$, $a = \sqrt{kRT}$인 관계를 대입하면

$$\frac{T_0}{T_1} = 1 + \frac{k-1}{2}M^2 \tag{10-40}$$

또한 등엔트로피 과정에서는 $\frac{T_2}{T_1} = \left(\frac{p_2}{p_1}\right)^{k-1} = \left(\frac{\rho_2}{\rho_1}\right)^{k-1}$의 관계가 성립하므로 이 관계를 식(10-40)에 대입하면

$$\frac{p_0}{p} = \left(1 + \frac{k-1}{2}M^2\right)^{\frac{k}{k-1}} \tag{10-41}$$

$$\frac{\rho_0}{\rho} = \left(1 + \frac{k-1}{2}M^2\right)^{\frac{1}{k-1}} \tag{10-42}$$

식(10-41)과 식(10-42)에서 p_0와 ρ_0를 각각 **정체압력**(stagnation pressure), **정체밀도**(stagnation density)라고 한다.

10.8.3 임계압력, 임계속도, 임계온도, 임계밀도

유속이 노즐의 목에서 음속인 상태를 **임계상태**(critical condition)라 하고 이 때의 압력, 속도, 온도, 밀도를 각각 **임계압력**(critical pressure), **임계속도**(critical velocity), **임계온도**(critical temperature), **임계밀도**(critical, density)라 하고 [*]로 표시하면 $k = 1.4$인 경우는 다음과 같은 값을 얻는다.

(1) 임계압력비

$$\frac{p_*}{p_0} = \left(\frac{2}{k+1}\right)^{\frac{k}{k-1}} \fallingdotseq 0.528 \tag{10-43}$$

(2) 임계속도비

$$\frac{V_*}{a_0} = \frac{a_*}{a_0} = \sqrt{\frac{2}{k+1}} \fallingdotseq 0.913 \tag{10-44}$$

(3) 임계온도비

$$\frac{T_*}{T_0} = \frac{2}{k+1} \fallingdotseq 0.833 \tag{10-45}$$

(4) 임계밀도비

$$\frac{\rho_*}{\rho_0} = \left(\frac{2}{k+1}\right)^{\frac{k}{k-1}} \fallingdotseq 0.634 \tag{10-46}$$

예제 10.14 **절대압력 3[kg_f/cm^2], 온도 20[℃], 유속 313[m/s]인 공기유동에서 정체압력은 몇 [kg_f/cm^2]인가? 단, 공기의 기체상수는 29.27[$kg_f \cdot m/kg℃$], 비열비는 1.4이다.**

㉮ 5.15 ㉯ 6.34 ㉰ 7.33 ㉱ 8.65

해설 음속 a는

$$a = \sqrt{kgRT} = \sqrt{1.4 \times 9.8 \times 29.27 \times (273+20)} \fallingdotseq 343[m/s]$$

마하수 M은

$$M = \frac{V}{a} = \frac{313}{343} \fallingdotseq 0.913$$

따라서 정체압력은 식(10-41)에서

$$p_0 = p\left(1 + \frac{k-1}{2}M^2\right)^{\frac{k}{k-1}}$$

$$= 3\left[1 + \frac{1.4-1}{2} \times (0.913)^2\right]^{\frac{1.4}{1.4-1}} \fallingdotseq 5.15[kg_f/cm^2]$$

답 ㉮

예제 10.15 비열비가 1.4인 공기 속을 500[m/s]로 운동하는 물체표면의 온도증가는 이론적으로 몇 [℃]인가?

㉮ 86 ㉯ 96 ㉰ 115 ㉱ 124

해설 식(10-38)에서

$$T_0 = T = \frac{k-1}{kR} \cdot \frac{V^2}{2} = \frac{1.4-1}{1.4 \times 287} \times \frac{500^2}{2} \fallingdotseq 124[℃]$$

답 ㉱

예제 10.16 25[℃]인 질소가 흐르는 관 속의 물체로부터 측정한 정체온도가 35[℃]이면 질소의 유동속도는 몇 [m/s]인가? 단, 질소의 정압비열은 0.248[$kg_f \cdot m/kg℃$]이다.

㉮ 123.9 ㉯ 132.5 ㉰ 144.1 ㉱ 153.8

해설 정체온도의 측정점에서 유속 V_0는 0이므로 식(10-37)에서

$$C_pT_0 = C_pT + \frac{V^2}{2g}$$

$$\therefore V = \sqrt{2gC_p(T_0 - T)}$$

$$= \sqrt{2 \times 9.8 \times 0.248 \times 427 \times (35-25)}$$

$$\fallingdotseq 144.1[m/s]$$

답 ㉰

예제 10.17 비열비가 1.4인 경우 임계압력비는?

㉮ 0.528 ㉯ 0.634 ㉰ 0.833 ㉱ 0.913

해설 식(10-43)에서

$$\frac{p_*}{p_0} = \left(\frac{2}{k+1}\right)^{\frac{k}{k-1}} = \left(\frac{2}{1.4+1}\right)^{\frac{1.4}{1.4-1}} \fallingdotseq 0.528$$

답 ㉮

10.9 Fanno방정식

단면적 A인 관을 흐르는 기체의 질량유량을 G라고 하면 단위면적당 유량은

$$\frac{G}{A} = \rho V = \frac{p}{RT}V = \frac{p}{\sqrt{T_0}}\sqrt{\frac{k}{R}}\frac{V}{\sqrt{kRT}}\sqrt{\frac{T_0}{T}} \qquad (10\text{-}47)$$

그런데 $M = \dfrac{V}{\sqrt{kRT}}$이고 식(10-40)에서 $\dfrac{T_0}{T} = 1 + \dfrac{k-1}{2}M^2$이므로 윗 식은

$$\frac{G}{A} = \frac{p}{\sqrt{T_0}}\sqrt{\frac{k}{R}}M\sqrt{1+\frac{k-1}{2}M^2} \qquad (10\text{-}48)$$

이식을 **Fanno방정식**이라고 한다.

이 식은 점성유체 및 비점성유체의 어느 경우나 적용할 수 있는 식이며 특히 비점성유체인 경우는 식(10-41)을 대입하면

$$\frac{G}{A}=\frac{p_0}{\sqrt{T_0}}\sqrt{\frac{k}{R}}M\left(1+\frac{k-1}{2}M^2\right)^{-\frac{k+1}{2(k-1)}} \tag{10-49}$$

예제 10.18 **유속 0, 압력 6.78$[N/\text{cm}^2]$ 온도 40[℃]인 상태 ①의 공기가 축소-확대관을 통과할 때 목부분 ②와 확대부 ③에서의 Mach 수가 각각 1과 2가 되게 하려면 유량은 몇 [kg/s]이어야 하는가? 단, 목부분 ②의 단면적은 950$[\text{cm}^2]$이고 공기의 점성은 무시한다.**

㉮ 10.45 ㉯ 11.69 ㉰ 13.36 ㉱ 14.91

해설 Fanno방정식 즉, 식(10-49)에서

$$\frac{G}{A}=\frac{p_0}{\sqrt{T_0}}\sqrt{\frac{k}{R}}M\left(1+\frac{k-1}{2}M^2\right)^{-\frac{k+1}{2(k-1)}}$$

여기서 주어진 값을 대입하면

$$G=0.0950\left\{\frac{6.87\times10^4}{\sqrt{273+40}}\sqrt{\frac{1.4}{287}}\left(1+\frac{1.4-1}{2}\times1^2\right)^{-\frac{2.4}{0.8}}\right\}\fallingdotseq 14.91[\text{kg/s}]$$

답 ㉱

10.10 수격작용

[그림 10-7]과 같이 저장탱크에 수평으로 연결된 도관 속을 물이 정상류로 흐르는 경우에 밸브를 갑자기 닫으면 밸브에 접한 물은 정지하고 운동에너지를 잃는 대신 이 부분의 압력이 상승한다. 이 압력은 탱크와 도관 사이에서 가장 높은 압력으로 되어 탱크 쪽으로 압력파를 전파하게 된다. 이 압력파가 탱크까지 전달되면 유체는 탱크 쪽으로 잠시 역류하게 되고 이 때 밸브와 접한 부분의 압력은 낮아져서 유체를 정상상태로 흐르게 한다.

그러나 밸브가 닫혀 있으므로 이 곳의 압력은 다시 상승하여 또 다른 압력파가 탱크 쪽으로 전달되어 이 과정이 반복된다. 이와 같이 유체의 속도가 갑자기 감소함으로써 급격한 압력상승이나 진동을 일으키는 현상을 **수격작용**(water hammering)이라고 한다.

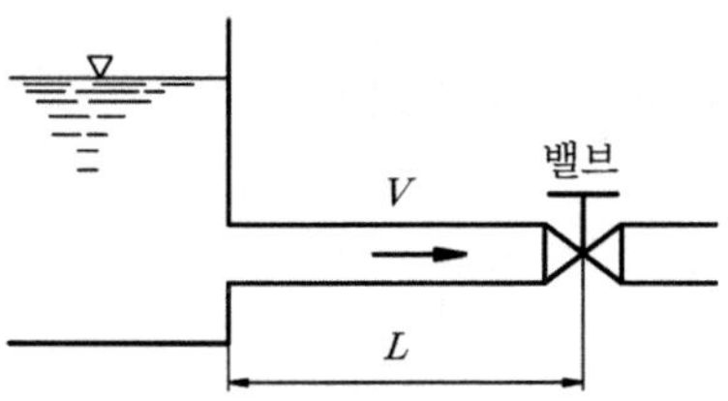

[그림 10-7] 수격작용

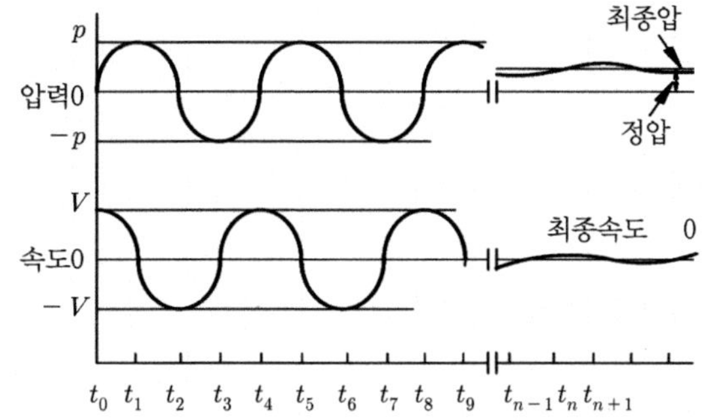

[그림 10-8] 수격작용에 의한 압력과 속도의 진동

[그림 10-8]은 수격작용으로 인한 압력과 속도변화를 나타낸 것이다.

시간 t_0 때의 속도는 $+V$이고 밸브를 닫음에 따라 점차 속도는 감소하여 t_1에서는 속도가 0, 압력이 p로 된다. 그 후 압력은 감소하여 t_2에서 0이 되고 속도는 역방향의 최대속도 $-V$로 되고 이 역류로 말미암아 압력은 다시 감소하여 t_3에서 가장 낮은 압력이 되면 속도는 0이 되고 흐름 방향이 바뀌면 원상태로 되돌아 간다.

이와 같이 한 사이클을 행하는 시간 즉, 주기는

$$t = \frac{2L}{a} \tag{10-50}$$

L : 도관의 길이

a : 압력파의 속도

또 밸브를 닫는데 걸리는 시간이 $\dfrac{2L}{a}$보다 작거나 같을 때 즉, 급폐쇄할 때 관 속의 압력상승의 최대치는

$$\Delta p_{\max} = \rho a V \tag{10-51}$$

또는

$$\Delta h_{\max} = \frac{aV}{g} \tag{10-52}$$

예제 10.19 **길이 500[m]인 관 속을 3[m/s]의 속도로 물이 흐르고 있을 때 관의 출구에 있는 밸브를 0.8초 동안에 닫으면 압력상승은 몇 [kg_f/cm^2]인가? 단, 도관 속의 음속은 1000[m/s]이다.**

㉮ 18.4 ㉯ 25.2 ㉰ 30.6 ㉱ 41.8

해설 $t=\frac{2L}{a}=\frac{2\times500}{1000}=1[s]$

밸브를 닫는데 소요된 시간이 0.8초이므로 t보다 작다. 따라서 급폐쇄에 해당한다. 그러므로 식 (10-51)을 쓰면 압력상승은

$$\Delta p_{\max}=\rho a V=102\times1000\times3=306000[kg_f/m^2]=30.6[kg_f/cm^2]$$

답 ㉰

10.11 충격파

유동이 초음속으로부터 갑자기 아음속으로 변할 때 압력, 온도 및 밀도의 급격한 상승을 동반하는데 이 급격한 변화를 일으키는 파의 두께는 매우 얇으므로 단일불연속선으로 취급하며 이 불연속선을 **충격파**(shock wave)라고 한다.

충격파가 유동방향과 수직방향이면 **수직 충격파**(normal shock wave), 경사진 방향이면 **경사 충격파**(oblique shock wave)라 한다.

수직 충격파의 전 · 후에 연속방정식, 운동량법칙, 에너지방정식을 적용하면 다음과 같은 관계가 성립한다.

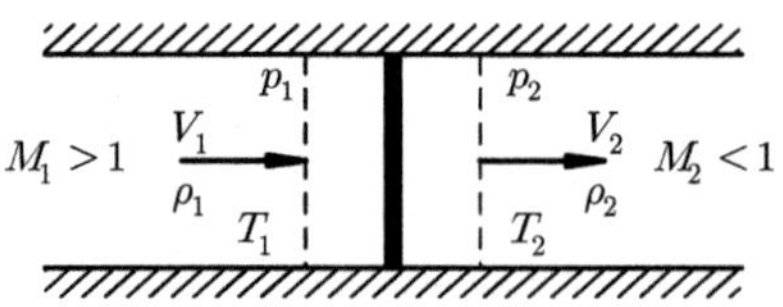

[그림 10-9] 수직 충격파

$$M_2^{\ 2}=\frac{2+(k-1)M_1^{\ 2}}{2kM_1^{\ 2}-(k-1)} \tag{10-53}$$

$$\frac{P_2}{P_1}=\frac{2k}{k+1}M_1^{\ 2}-\frac{k-1}{k+1} \tag{10-54}$$

$$\frac{T_2}{T_1}=\frac{\left[2kM_1{}^2-(k-1)\right]\left[2+(k-1)M_1{}^2\right]}{(k-1)^2M_1{}^2} \tag{10-55}$$

$$\frac{\rho_2}{\rho_1}=\frac{(k+1)M_1{}^2}{2+(k-1)M_1{}^2} \tag{10-56}$$

$$\frac{V_2}{V_1}=\frac{2+(k-1)M_1{}^2}{(k+1)M_1{}^2} \tag{10-57}$$

예제 10.20 **다음 중 내용이 잘못된 것은?**

㉮ 충격파는 초음속흐름에서 갑자기 아음속 흐름으로 변할 때 발생한다.

㉯ 수직 충격파가 발생하면 압력, 온도, 밀도가 상승한다.

㉰ 수직 충격파는 등엔트로피과정이다.

㉱ 충격파가 발생하면 압력, 온도, 밀도 등이 불연속적으로 변한다.

해설 수직 충격파가 발생하면 엔트로피도 갑자기 증가하므로 비가역 과정이다. 답 ㉰

연습문제

기초문제

1. 20[m/s]의 속도로 상온의 공기 속을 날으는 물체 표면의 이론적인 온도 증가는 몇[℃]인가?

㉮ 0.1　　㉯ 0.2　　㉰ 0.3　　㉱ 0.4

해설　　답 ㉯

$$\triangle T = \frac{1}{R} \cdot \frac{k-1}{k} \cdot \frac{V^2}{2g} = \frac{1}{29.27} \times \frac{1.4-1}{1.4} \times \frac{20^2}{2 \times 9.8} \fallingdotseq 0.2[℃]$$

2. 다음 중 음속이 아닌 것은? 단, ρ는 밀도 p는 압력, k는 비열비, K는 체적탄성계수이다.

㉮ $\sqrt{\dfrac{K}{\rho}}$　　㉯ $\sqrt{kRT}$　　㉰ $\sqrt{\dfrac{dp}{d\rho}}$　　㉱ $\sqrt{\dfrac{Kp}{\rho}}$

해설　　답 ㉱

식(10−23)~식(10−27) 참조

3. 20[℃]인 공기 속에서의 음속은?

㉮ 272　　㉯ 298　　㉰ 316　　㉱ 343

해설　　답 ㉱

$$a = \sqrt{kgRT} = \sqrt{1.4 \times 9.8 \times 29.27 \times 293} \fallingdotseq 343[\mathrm{m/s}]$$

4. 공기 압축기에서 매분 5[kg_f]을 흡입하여 압축할 때 공기의 엔탈피가 35[kcal/kg_f] 증가하고 압축기의 구동력이 30[PS]이면 압축기로 부터의 열손실은 몇 [kcal/s]인가? 단, 위치에너지와 운동에너지는 무시한다.

㉮ 1.559　　㉯ 1.781　　㉰ 2.114　　㉱ 2.365

해설　　답 ㉱

$$G = 5[\mathrm{kg_f/min}] \fallingdotseq 0.083[\mathrm{kg_f/s}]$$

$$i_2 - i_1 = 35[\mathrm{kcal/kg_f}]$$

$$W = 30[\mathrm{PS}] = 2250[\mathrm{kg_f \cdot m/s}] \fallingdotseq 5.27[\mathrm{kcal/s}]$$

에너지 방정식에서

$$Q+W=(i_2-i_1)+\frac{1}{2}(V_2^2-V_1^2)+g(z_2-z_1)$$

$$V_2^2-V_1^2=0,\ z_2-z_1=0$$

$$Q=G(i_2-i_1)-W=0.083\times35-5.27=-2.365[\mathrm{kcal/s}]$$

5. 상온의 물 속에서 압력파의 전파속도는 몇 [m/s]인가? 단, 물의 압축률은 $5.1\times10^{-5}[\mathrm{cm^2/kg_f}]$이다.

㉮ 1211 ㉯ 1386 ㉰ 1451 ㉱ 1516

해설 답 ㉯

압력파의 전파속도는 음속과 같다.

체적탄성계수 $K=\frac{1}{\beta}=\frac{1}{5.1\times10^{-5}}\fallingdotseq1.96\times10^4[\mathrm{kg_f/cm^2}]=1.96\times10^8[\mathrm{kg_f/m^2}]$

$$\therefore a=\sqrt{\frac{K}{\rho}}=\sqrt{\frac{1.96\times10^8}{102}}\fallingdotseq1386[\mathrm{m/s}]$$

6. 완전기체의 엔탈피는?

㉮ 항상 증가한다.
㉯ 내부에너지가 증가하면 그 만큼 감소한다.
㉰ 온도만의 함수이다.
㉱ 압력만의 함수이다.

해설 답 ㉰

$$i=C_vT+RT$$

따라서 온도만의 함수이다.

7. 압력 p, 마하수 M, 엔트로피 S라고 할 때 수직 충격파가 발생하면?

㉮ M은 감소하고 p, S는 증가한다.
㉯ M, S는 감소하고 p는 증가한다.
㉰ p, M, S 모두 증가한다.
㉱ S는 일정하고 p, M은 증가한다.

해설 답 ㉮

수직 충격파는 초음속에서 아음속으로 변화 할 때 발생하므로 M은 감소하며 압력, 온도, 밀도, 엔트로피는 모두 증가한다.

연습문제

8. 다음은 엔탈피(i), 비열(C_v, C_p), 온도(T)의 관계를 나타낸 것이다. 맞는 것은?

㉮ $di = C_p dT$ ㉯ $di = C_v \cdot C_p dT$ ㉰ $di = (C_p - C_v) dT$ ㉱ $di = C_v dT$

해설 답 ㉮

식(10−11)에서 $di = C_p dT$이다.

9. 공기유동에 있어서 수직 충격파 직전의 마하수가 3.5라고 하면 충격파 후의 마하수는 얼마인가?

㉮ 0.3106 ㉯ 0.4511 ㉰ 0.5111 ㉱ 0.6945

해설 답 ㉯

$$M_2{}^2 = \frac{2+(k-1)M_1{}^2}{2k_1M_1{}^2-(k-1)} = \frac{2+(1.4-1)\times 3.5^2}{2\times 1.4\times 3.5^2-(1.4-1)} \fallingdotseq 0.2035$$

$\therefore M_2 = 0.4511$

10. 노즐에서의 유동은 이론적으로 외부에 대하여 일과 열의 수수가 없는 것으로 본다. 입구의 속도를 무시할 때 출구속도 V_2는? 단, i는 엔탈피로서 단위는 [J/kg]이다.

㉮ $V_2 = \sqrt{2(i_1 - i_2)}$ ㉯ $V_2 = \sqrt{2(i_1 + i_2)}$

㉰ $V_2 = \sqrt{2(i - i_1)}$ ㉱ $V_2 = \sqrt{\dfrac{i_1 - i_2}{2}}$

해설 답 ㉮

정상류의 에너지 방정식은

$$Q + w = (i_2 - i_1) + \frac{1}{2}(V_2^2 - V_1^2) + g(z_2 - z_1)$$

$Q = w = 0,\ z_1 = z_2,\ V_1 = 0$이므로

$$i_1 = i_2 + \frac{V_2^2}{2}$$

$$\therefore V_2 = \sqrt{2(i_1 - i_2)}$$

기초문제

11. 축소-확대 노즐에서 확대 부분의 유속은?

㉮ 초음속이 가능하다. ㉯ 아음속만 가능하다.
㉰ 항상 초음속이다. ㉱ 초음속은 불가능하다.

해설 답 ㉮

그림 10-5 참조.

12. 아음속 흐름의 축소-확대 노즐에서 축소되는 부분에서 증가하는 것은?

㉮ 압력 ㉯ 온도 ㉰ 밀도 ㉱ 마하수

해설 답 ㉱

아음속 흐름의 축소-확대 노즐에서 축소 부분에서는 마하수와 속도가 증가하고 압력, 온도, 밀도는 감소한다. 또 확대부분에서는 반대이다.

13. 초음속 흐름의 축소-확대 노즐에서 축소되는 부분에서 감소하는 것은?

㉮ 압력 ㉯ 온도 ㉰ 밀도 ㉱ 속도

해설 답 ㉱

초음속 흐름의 축소-확대 노즐에서 축소 부분에서는 압력, 온도, 밀도는 증가하고, 속도, 마하수는 감소한다. 또 확대부분에서는 반대이다.

14. 정체온도 T_o, 임계온도 T_*, 비열비 k 의 관계를 옳게 나타낸 것은?

㉮ $T_* = T_o\left(\frac{2}{k+1}\right)^{k-1}$ ㉯ $T_* = T_o\left(\frac{2}{k+1}\right)$

㉰ $T_* = T_o\left(\frac{1}{k+1}\right)^{\frac{k-1}{k}}$ ㉱ $T_* = T_o\left(\frac{1}{k-1}\right)$

해설 답 ㉯

식(10-45)에서 $T_* = T_o\left(\frac{2}{k+1}\right)$

연습문제

15. 등엔트로피과정이란?

㉮ 마찰이 있는 단열과정 ㉯ 가역 단열과정
㉰ 가역등온과정 ㉱ 마찰이 있는 비가역과정

해설 답 ㉯

등엔트로피과정은 $ds=0$ 즉, 엔트로피의 변화가 없으므로 가역단열과정이다.

16. 수직 충격파는?

㉮ 비가역과정 ㉯ 가역과정 ㉰ 등온과정 ㉱ 등엔트로피과정

해설 답 ㉮

수직 충격파가 발생하면 엔트로피가 갑자기 증가한다. 따라서 비가역과정이다.

17. 20[℃]인 공기 속을 100[m/s]로 비행하는 비행기의 정체온도는 몇[℃]인가?

㉮ 452.5 ㉯ 489.3 ㉰ 519.6 ㉱ 574.3

해설 답 ㉰

$$M\frac{V}{a}=\frac{V}{\sqrt{k\cdot g\cdot R\cdot T}}=\frac{1000}{\sqrt{1.4\times 9.8\times 29.27\times 293}}\fallingdotseq 2.92$$

$$\therefore\ T_o=T\left(1+\frac{k-1}{2}M^2\right)=293\times\left[1+\frac{(1.4-1)\times 2.92^2}{2}\right]=792.6[K]=519.6[℃]$$

18. 어떤 기체에서 충격파 전의 음속이 420[m/s], 속도가 850[m/s]이었다. 충격파 뒤의 음속이 550[m/s]일 때 충격파 뒤의 속도는 몇[m/s]인가? 단, 이 기체의 비열비는 $k=1.45$이다.

㉮ 435 ㉯ 412 ㉰ 364 ㉱ 319

해설 답 ㉱

$$M_1=\frac{V_1}{a_1}=\frac{850}{420}\fallingdotseq 2.02$$

$$M_2^{\ 2}=\frac{2+(k-1)M_1^{\ 2}}{2kM_1^{\ 2}-(k-1)}$$

$$= \frac{2+(1.45-1)\times 2.02^2}{2\times 1.45\times 2.02^2-(0.45-1)} \fallingdotseq 0.337$$

$\therefore M_2 \fallingdotseq 0.58$

$V_2 = a_2 M_2 = 550\times 0.58 = 319[\mathrm{m/s}]$

19. 완전기체의 내부에너지는?

㉮ 압력만이 함수이다.
㉯ 온도와 압력의 함수이다.
㉰ 마찰 때문에 항상 증가한다.
㉱ 온도만의 함수이다.

해설 답 ㉱

식(10−10)에서

$du = C_v dT$이므로 내부에너지는 온도만의 함수이다.

20. 수직 충격파와 유사한 것은?

㉮ 개수로에서 아임계 흐름
㉯ 정지액체에 발생하는 기본파
㉰ 수력도약
㉱ 펭칭노즐에서의 액체운동

해설 답 ㉰

수력도약은 개수로유동에서 초임계 흐름이 아임계 흐름으로 변할 때 생기는 현상으로 속도가 감소하면서 깊이가 증가한다.

21. 축소-확대 노즐에서 노즐목에서의 유속이 음속일 경우 출구에서의 유속은?

㉮ 노즐 출구 밖의 압력에 따라 아음속 또는 초음속이 된다.
㉯ 항상 초음속이다.
㉰ 항상 아음속이다.
㉱ 음속이 그대로 유지된다.

해설 답 ㉮

노즐 밖의 압력조건에 따라 결정된다. 식(10−41)과 식(10−43)을 참조하라.

연습문제

22. 큰 탱크에 압력 7[kg$_f$/cm^2](gauge), 온도 35[℃]인 공기가 들어있다. 이 탱크에 출구 면적이 6[cm^2]인 축소노즐을 부착하였다. 탱크 밖의 압력이 대기압(1.0332kg$_f$/cm^2)일 때 노즐출구에서의 유동은?

㉮ 아음속　　㉯ 음속　　㉰ 초음속　　㉱ 정답이 없다

해설 　답 ㉯

$$\frac{p}{p_o}=\frac{1.0332}{7+1.0332}=0.129$$

이것은 공기의 임계압력비 $\frac{p_*}{p_o}=0.528$보다 작으므로 출구에서는 수축노즐의 최대속도인 음속이 된다.

23. 정압비열 $C_p=0.32$[kcal/kg · °K], 정적비열 $C_v=0.24$[kcal/kg · °K]인 어떤 기체의 임계 압력비는 얼마인가?

㉮ 0.32　　㉯ 0.45　　㉰ 0.58　　㉱ 0.63

해설 　답 ㉯

$$k=\frac{C_p}{C_v}=\frac{0.32}{0.24}\fallingdotseq 1.33$$

$$\frac{P_*}{P_0}=\left(\frac{2}{k+1}\right)^{\frac{k}{k-1}}=\left(\frac{2}{1.33+1}\right)^{\frac{1.33}{1.33-1}}\fallingdotseq 0.45$$

24. 정압비열의 정의는? (T : 온도, u : 내부에너지, i : 엔탈피, p : 압력)

㉮ $\left(\frac{\partial T}{\partial u}\right)_p$　　㉯ $\left(\frac{\partial i}{\partial T}\right)_p$　　㉰ $\left(\frac{\partial u}{\partial T}\right)_p$　　㉱ $\left(\frac{\partial T}{\partial i}\right)_p$

해설 　답 ㉯

식(10–9) 참조.

25. 정적비열의 정의는? (T : 온도, u : 내부에너지, i : 엔탈피, v : 체적)

㉮ $\left(\frac{\partial u}{\partial T}\right)_v$　　㉯ $\left(\frac{\partial i}{\partial T}\right)_v$　　㉰ $\left(\frac{\partial T}{\partial i}\right)_v$　　㉱ $\left(\frac{\partial T}{\partial u}\right)_v$

해설 답 ㉮

식(10-8) 참조.

26. 음속 320[m/s]인 공기 속을 초음속으로 달리는 물체의 마하각이 45° 일 때 물체의 속도는 몇 [m/s]인가?

㉮ 385 ㉯ 453 ㉰ 552 ㉱ 638

해설 답 ㉯

$$\sin\alpha = \frac{a}{V}$$

$$\therefore\ V = \frac{a}{\sin\alpha} = \frac{320}{\sin 45^\circ} \fallingdotseq 453[\text{m/s}]$$

27. 정압비열이 0.4[kcal/kg℃], 비열비가 1.33인 기체의 기체상수는 몇 [kcal/kg℃]인가?

㉮ 0.075 ㉯ 0.099 ㉰ 0.132 ㉱ 0.183

해설 답 ㉯

$$C_p = \frac{k}{k-1}R$$

$$\therefore R = \frac{k-1}{k}C_p = \frac{1.33-1}{1.33}\times 0.4 = 0.099$$

28. 20℃인 공기 속을 1000[m/s]로 움직이는 물체가 있을 때 마하각은?

㉮ 19.3° ㉯ 20.1° ㉰ 23.5° ㉱ 26.4°

해설 답 ㉯

음속 a는

$$a = \sqrt{kgRT} = \sqrt{1.4\times 9.8\times 29.27\times(273+20)} = 343[\text{m/s}]$$

마하각 α는

$$\alpha = \sin^{-1}\frac{a}{V} = \sin^{-1}\frac{343}{1000} \fallingdotseq 20.1^\circ$$

연습문제

29. 압력 18[kg_f/cm^2], 온도 35[℃]인 용기 속에서 노즐을 통해 0.2[kg/s]로 기체가 분출된다. 임계상태일 때 필요한 목부분의 단면적은 몇[cm^2]인가? 단, 기체상수는 30.3[$kg_f \cdot m/kg℃$], 비열비는 1.4이다.

㉮ 0.49　　㉯ 0.81　　㉰ 1.32　　㉱ 1.66

해설　　답 ㉮

용기 속의 기체밀도는

$$\rho_0 = \frac{p_0}{RT_0} = \frac{18\times10^4}{30.3\times(273+35)} \fallingdotseq 19.29[\mathrm{kg/m^3}]$$

목부분에서의 유속은 음속이므로 임계온도와 임계밀도는 식(10-45) 및 식(10-46)에서

$$T_* = 0.833T_0 = 0.833(273+35) \fallingdotseq 256.56[°\mathrm{K}]$$

$$\rho_* = 0.634\rho_0 = 0.634\times19.29 \fallingdotseq 12.23[\mathrm{kg/m^3}]$$

목부분에서의 유속은

$$V_* = \sqrt{kgRT_*} = \sqrt{1.4\times9.8\times30.3\times256.56} \fallingdotseq 332.3[\mathrm{m/s}]$$

따라서 단면적 A_*는

$$A_* = \frac{G}{\rho_* V_*} = \frac{0.2}{12.23\times332.3} \fallingdotseq 4.921\times10^{-5}[\mathrm{m^2}] \fallingdotseq 0.49[\mathrm{cm^2}]$$

30. 25[℃]의 공기가 단면적 0.5[m^2]인 덕트 속을 8[m/s]의 속도로 흐르고 있다. 덕트 도중에 설치한 밸브를 갑자기 닫을 경우 밸브에 작용하는 힘은 몇[kg_f]인가? 단, 공기의 비중량은 1.22[kg_f/m^3]이다.

㉮ 345　　㉯ 376　　㉰ 412　　㉱ 463

해설　　답 ㉮

$$a = \sqrt{kgRT} = \sqrt{1.4\times9.8\times29.27\times298} \fallingdotseq 346[\mathrm{m/s}]$$

$$\Delta p = \gamma h = \frac{\gamma}{g}aV_o = \frac{1.22}{9.8}\times346\times8 \fallingdotseq 345[\mathrm{kg_f/m^2}]$$

$$\therefore\ p = 2\Delta p\cdot A = 2\times345\times0.5 = 345[\mathrm{kg_f}]$$

응용문제

1. 압력 1.5[kg_f/cm^2], 밀도 11.4[$kg_f \cdot s^2/m^4$]인 공기가 탱크 속에서 노즐을 통해 분출될 때 유속은 몇 [m/s]인가? 단, 흐름은 단열적이고 마찰은 무시한다.

해설

식(10-20)을 적용하면 $Q=0$, $w=0$, $V_1=0$이므로

$$V_2 = \sqrt{\frac{2k}{k-1}R(T_1 - T_2)}$$

여기서 $RT_1 = p_1 v_2$, $RT_2 = p_2 v_2$이고 $p_2 = 0$(대기압) 이므로

$$V_2 = \sqrt{\frac{2k}{k-1}p_1 v_1} = \sqrt{\frac{2k}{k-1}\frac{p_1}{\rho_1}}$$

$$= \sqrt{\frac{2\times1.4}{1.4-1}\times\frac{1.5\times10^4}{11.4}} \fallingdotseq 95.97[\mathrm{m/s}]$$

2. 탱크 속에서 유속0, 압력 0.8[kg_f/cm^2], 온도 40[℃]인 상태 ⓪의 공기를 축소-확대관을 통하여 분출시킬 때 그 목부분①, 확대부②에 있어서의 공기의 마하수가 각각 1과 2가 되도록 하자면 ①, ②에 있어서의 온도, 압력, 밀도, 음속, 유속은 각각 얼마로 해야 하는가? 단, 공기의 점성은 무시하고 비열비는 1.4로 하라.

해설

주어진 조건에서

$$T_0 = 40 + 273 = 313[\mathrm{K}]$$

$$\rho_0 = \frac{p_0}{RT_0 g} = \frac{0.8\times10^4}{29.27\times313\times9.8} \fallingdotseq 0.0891\,[\mathrm{kg}_f\cdot \mathrm{s}^2/\mathrm{m}^4]$$

$$a_0 = \sqrt{kgRT} = \sqrt{1.4\times9.8\times29.27\times313} \fallingdotseq 354.5\,[\mathrm{m/s}]$$

목부분에서의 모든 값들은 $M=1$인 경우이므로 식(10-40), 식(10-41), 식(10-42)를 적용하면

$$T_1 = \frac{T_0}{\left(1+\frac{k-1}{2}M^2\right)} = \frac{313}{\left(1+\frac{1.4-1}{2}\times1^2\right)} \fallingdotseq 260.8\,[^\circ\mathrm{K}]$$

$$p_1 = \frac{p_0}{\left(1+\frac{k-1}{2}M^2\right)^{\frac{k}{(k-1)}}} = \frac{0.8\times10^4}{\left(1+\frac{1.4-1}{2}\times1^2\right)^{\frac{1.4}{0.4}}} \fallingdotseq 4226.3\,[\mathrm{kg}_f/\mathrm{m}^2]$$

연습문제

$$\rho_1 = \frac{\rho_0}{\left(1+\frac{k-1}{2}M^2\right)^{\frac{1}{(k-1)}}} = \frac{0.0891}{\left(1+\frac{1.4-1}{2}\times 1^2\right)^{\frac{1}{0.4}}} \fallingdotseq 0.056\,[\mathrm{kg_f}\cdot\mathrm{s^2/m^4}]$$

$$a_1 = a_0\frac{\sqrt{kRT_1}}{\sqrt{kRT_0}} = a_0\sqrt{\frac{T_1}{T_0}} = 354.5\times\sqrt{\frac{260.8}{313}} \fallingdotseq 323.6\,[\mathrm{m/s}]$$

$$V_1 = Ma_1 = 1\times 323.6 = 323.6\,[\mathrm{m/s}]$$

확대부에서는 $M=2$이므로

$$T_2 = \frac{T_0}{\left(1+\frac{k-1}{2}M^2\right)} = \frac{313}{\left(1+\frac{1.4-1}{2}\times 2^2\right)} \fallingdotseq 173.9\,[°\mathrm{K}]$$

$$p_2 = \frac{p_0}{\left(1+\frac{k-1}{2}M^2\right)^{\frac{k}{(k-1)}}} = \frac{0.8\times 10^4}{\left(1+\frac{1.4-1}{2}\times 2^2\right)^{\frac{1.4}{0.4}}} \fallingdotseq 1022.4\,[\mathrm{kg_f/m^2}]$$

$$\rho_2 = \frac{\rho_0}{\left(1+\frac{k-1}{2}M^2\right)^{\frac{1}{(k-1)}}} = \frac{0.0891}{\left(1+\frac{1.4-1}{2}\times 2^2\right)^{\frac{1}{0.4}}} \fallingdotseq 0.0205\,[\mathrm{kg_f}\cdot\mathrm{s^2/m^4}]$$

$$a_2 = a_0\frac{\sqrt{kRT_2}}{\sqrt{kRT_0}} = a_0\sqrt{\frac{T_2}{T_0}} = 354.5\times\sqrt{\frac{173.9}{313}} \fallingdotseq 264.5\,[\mathrm{m/s}]$$

$$V_2 = Ma_2 = 2\times 264.2 = 528.4\,[\mathrm{m/s}]$$

3. 탱크 속의 공기가 축소-확대 노즐을 통해 대기 속으로 방출될 때

① 출구의 Mach수가 2가 되게 하려면 출구 직경은 얼마로 해야하는가? 단, 목부분의 내경은 8[mm]이고 도중에 충격파는 생기지 않는다.

② 대기압을 101[kPa]이라고 하면 탱크 속의 압력은 얼마이어야 하는가?

③ 노즐에서 나오는 분류가 출구와 수직으로 놓인 평판에 충돌할 때 그 충격력을 구하라. 단, 탱크 속의 공기온도는 25[℃]로 한다.

해설

① $\dfrac{A_2}{A_1} = \dfrac{M_1}{M_2}\left[\dfrac{1+(k-1)\,(M_2{}^2/2)}{1+(k-1)\,(M_1{}^2/2)}\right]^{\frac{k+1}{2(k-1)}}$

$$\frac{A_2}{A_1}=\left(\frac{D_2}{D_1}\right)^2=\left(\frac{D_2}{8}\right)^2$$

$M_1=1,\ M_2=2,\ k=1.4$

$$\left(\frac{D_2}{8}\right)^2=\frac{1}{2}\left[\frac{1+(1.4-1)\ (2^2/2)}{1+(1.4-1)\ (1^2/2)}\right]^{\frac{2.4}{2\times0.4}}\fallingdotseq 1.688$$

$\therefore D_2=8\sqrt{1.688}\fallingdotseq 10.4\,[\text{mm}]$

② $\dfrac{p_2}{p_0}=\left(1+\dfrac{k-1}{2}M_2^{\ 2}\right)^{-\frac{k}{(k-1)}}$ 에서 $p_2=101\,[\text{kPa}]$, $M_2=2$

$$p_0=p_2\left(1+\frac{k-1}{2}M_2^{\ 2}\right)^{\frac{k}{(k-1)}}=101\times\left(1+\frac{1.4-1}{2}\times2^2\right)^{\frac{1.4}{0.4}}\fallingdotseq 790.3\,[\text{kPa}]$$

③ 목부분의 단면적 A_1은

$A_1=\dfrac{\pi}{4}\times(0.008)^2=5.024\times10^{-5}\,[\text{m}^2]$

$M_1=1$

$T_0=273+25=298\,[°\text{K}]$

$p_0=790.3\,[\text{kPa}]$

따라서 Fanno방정식을 적용하면 질량유량 G는

$$G=A_1\frac{p_0}{\sqrt{T_0}}\sqrt{\frac{k}{R}}M_1\left(1+\frac{k-1}{2}M_1^{\ 2}\right)^{-\frac{(k+1)}{2(k-1)}}$$

$$=5.024\times10^{-5}\times\frac{790.3\times10^3}{\sqrt{298}}\times\sqrt{\frac{1.4}{287}}\times1\times(1.2)^{-\frac{2.4}{0.8}}\fallingdotseq 0.093\,[\text{kg/s}]$$

$$V_2=M_2\,a_2=M_2\sqrt{kRT_2}=M_2\sqrt{kR}\cdot\sqrt{\frac{T_0}{1+\frac{k-1}{2}M_2^{\ 2}}}$$

$$=2\times\sqrt{1.4\times287}\times\sqrt{\frac{298}{1.8}}=515.8\,[\text{m/s}]$$

따라서 충격력 F는

$F=GV_2=0.093\times515.8\fallingdotseq 47.97\,[\text{N}]$

연습문제

4. 압력 700[kPa], 온도 400[℃]인 압력탱크에서 출구직경 30[mm]인 수축노즐을 통하여 공기가 유출할 때 분류의 압력, 밀도, 음속, 유량을 각각 구하라. 단, 외부의 압력은 200[kPa]이다.

해설

① 압력

탱크 속의 절대압력은 700+101=801[kPa]이므로 밀도 ρ_1은

$$\rho_1 = \frac{p_1}{RT_1} = \frac{801\times10^3}{287\times(273+40)} \fallingdotseq 8.92\,[\mathrm{kg/m^3}]$$

노즐 출구의 압력을 p_2, 외부의 압력을 p_{2a}라고 하면 공기의 임계압력비는

$P_*/P_o = 0.528$이므로

$$\frac{p_{2a}}{p_1} = \frac{301}{801} \fallingdotseq 0.376 < 0.528$$

따라서 절대압력 p_2는 임계압력과 같다. 그러므로

$$p_2 = 801\times0.528 \fallingdotseq 423\,[\mathrm{kPa}]$$

② 밀도

$$\rho_2 = \left(\frac{p_2}{p_1}\right)^{\frac{1}{k}}\rho_2 = (0.528)^{\frac{1}{1.4}}\times8.92 \fallingdotseq 5.65\,[\mathrm{kg/m^3}]$$

③ 음속

$$V_2 = a_2 = \sqrt{\frac{kP_2}{\rho_2}} = \sqrt{\frac{1.4\times423\times10^3}{5.65}} \fallingdotseq 323.8\,[\mathrm{m/s}]$$

④ 질량유량

$$G = \rho_2 A_2 V_2 = 5.65\times\frac{\pi}{4}\times(0.03)^2\times323.8 \fallingdotseq 1.29\,[\mathrm{kg/s}]$$

5. 절대압력 210[kPa], 온도 20[℃]인 탱크 속의 공기가 단면적 3.5[cm^2]인 수축노즐을 통하여 대기 속으로 분출되고 있다. 노즐에서 유출되는 질량유량을 구하라. 단, 대기압은 101[kPa]이다.

해설

압력비는

$$\frac{p}{p_0} = \frac{101}{210} \fallingdotseq 0.481 < 0.528$$

응용문제

따라서 노즐 출구의 압력은 임계압력 P_*와 같고 노즐 출구의 유속은 음속과 같다. 식(10-43)에서

$$P_1 = P_* = 0.528\ P_o = 0.528 \times 210 ≒ 110.9[\text{kPa}]$$

또, 탱크 속의 밀도는

$$\rho_o = \frac{p_o}{R_o T_o} = \frac{210 \times 10^3}{287 \times (273+20)} ≒ 2.5[\text{kg/m}^3]$$

노출 출구의 밀도 ρ_1은

$$\rho_1 = \rho_o \left(\frac{p_1}{p_o}\right)^{\frac{1}{k}} = 2.5 \times (0.528)^{\frac{1}{1.4}} ≒ 1.584[\text{kg/m}^3]$$

따라서 노즐 출구의 질량유량은

$$G = \rho_1 A_1 V_1 = \rho_1 A_1 \sqrt{\frac{kp_1}{\rho_1}}$$

$$= 1.584 \times 3.5 \times 10^{-4} \times \sqrt{\frac{1.4 \times 110.9 \times 10^3}{1.584}}$$

$$≒ 0.174[\text{kg/m}^3]$$

6. 마하수 2, 정압 0.8[kg$_f$/cm^{2}abs], 온도 0[℃]인 초음속흐름의 기체가 충격파를 발생했다. 충격파 발생 후의 마하수, 유속, 정압, 전압을 구하라.

해설

$M_1 = 2$, $p_1 = 0.8[\text{kg}_f/\text{cm}^2\ \text{abs}]$, $T_1 = 273[°\text{K}]$이므로 식(10-53)에서

$$M_2^{\ 2} = \frac{2+(k-1)M_1^{\ 2}}{2kM_1^{\ 2}-(k-1)} = \frac{2+(1.4-1)2^2}{2 \times 1.4 \times 2^2 - (1.4-1)} ≒ 0.333$$

$$\therefore\ M_2 ≒ 0.5774$$

$$a_1 = \sqrt{kRT_1} = \sqrt{1.4 \times 287 \times 273} ≒ 331[\text{m/s}]$$

$$\therefore\ V_1 = M_1 a_1 = 2 \times 331 = 662[\text{m/s}]$$

식(10-57)을 적용하면

$$\frac{V_2}{V_1} = \frac{2+(k-1)M_1^{\ 2}}{(k+1)M_1^{\ 2}}$$

$$\therefore\ V_2 = V_1 \frac{2+(k-1)M_1^{\ 2}}{(k+1)M_1^{\ 2}}$$

연습문제

$$= 662 \times \frac{2 + (1.4-1) \times 2^2}{(1.4+1) \times 2^2} ≒ 248\,[\text{m/s}]$$

식(10−54)에서

$$p_2 = p_1\left(\frac{2k}{k+1} M_1^{\ 2} - \frac{k-1}{k+1}\right)$$
$$= 0.8 \times \left(\frac{2 \times 1.4}{1.4+1} \times 2^2 - \frac{1.4-1}{1.4+1}\right) = 3.6\,[\text{kg}_f/\text{cm}^2]$$

정압 p_{o2}는

$$\frac{p_2}{p_{o2}} = \frac{1}{\left(1 + \frac{k-1}{2} M_2^{\ 2}\right)^{k/(k-1)}}$$

$$\therefore\ p_{o2} = p_2\left(1 + \frac{k-1}{2} M_2^{\ 2}\right)^{k/(k-1)}$$
$$= 3.6 \times \left(1 + \frac{1.4-1}{2} \times 0.333\right)^{\frac{1.4}{1.4-1}}$$
$$≒ 4.51\,[\text{kg}_f/\text{m}^2]$$

7. 단위질량의 기체가 압력 p_1, 체적 v_1인 상태에서 팽창하여 p_2, v_2로 되었다. 이 때 기체가 외부에 한 일은 얼마인가? 단, 팽창조건으로 각각 ① 등온변화, ② 단열변화의 경우로 구분하여 구하라.

해설

① 등온변화의 경우

$$pv = \text{const.}$$

따라서 $pv = p_1 v_1 = p_2 v_2$

$$w = \int_{v1}^{v2} p dv = p_1 v_1 \int_{v1}^{v2} \frac{dv}{v} = p_2 v_2 \ln\frac{v_2}{v_1} = 2.303\ p_2 v_2 \log\frac{v_2}{v_1}$$

② 단열변화의 경우

$$pv^k = \text{const.}$$

따라서 $pv^k = p_1 v_1^{\ k} = p_2 v_2^{\ k}$

$$w = \int_{v1}^{v2} p dv = p_1 v_1^k \int_{v1}^{v2} \frac{dv}{v^k} = \frac{p_1 v_1^k}{1-k}(v_2^{1-k} - v_1^{1-k}) = \frac{1}{k-1}(p_1 v_1 - p_2 v_2)$$

응용문제

8. 온도 50[℃], 압력 5[kg_f/cm^2abs]인 탱크에서 공기가 유출되고 있다. 이 흐름을 등엔트로피 유동이라고 할 때 $M=0.5$가 되는 단면에서의 속도, 온도, 압력, 밀도를 계산하라.

해설

탱크 속의 공기밀도 ρ_o는

$$\rho_o = \frac{p_o}{RT_o} = \frac{5\times10^4}{29.27\times(273+50)} \fallingdotseq 5.289\,[\text{kg/m}^3]$$

$M=0.5$인 단면에서의 온도, 압력, 밀도는

$$T = T_o \Big/ \left(1+\frac{k-1}{2}M^2\right) = (273+50) \Big/ \left(1+\frac{1.4-1}{2}\times0.5^2\right)$$
$$\fallingdotseq 307.6\,[°\text{K}] = 34.6\,[°\text{C}]$$

$$p = p_o \Big/ \left(1+\frac{k-1}{2}M^2\right)^{\frac{k}{k-1}} = 5 \Big/ \left(1+\frac{1.4-1}{2}\times0.5^2\right)^{\frac{1.4}{1.4-1}}$$
$$\fallingdotseq 4.22\,[\text{kg}_f/\text{cm}^2\,\text{abs}]$$

$$\rho = \rho_o \Big/ \left(1+\frac{k-1}{2}M^2\right)^{\frac{1}{k-1}} = 5.289 \Big/ \left(1+\frac{1.4-1}{2}\times0.5^2\right)^{\frac{1}{1.4-1}}$$
$$\fallingdotseq 4.68\,[\text{kg/m}^3]$$

온도 34.6[℃]에서의 음속 a는

$$a = \sqrt{kgRT} = \sqrt{1.4\times9.7\times29.27\times(273+34.6)} \fallingdotseq 349.7\,[\text{m/s}]$$

따라서 공기의 유동속도는

$$V = aM = 349.7\times0.5 = 174.85\,[\text{m/s}]$$

9. 엔탈피가 1800[kJ/kg]인 증기가 25[m/s]의 속도로 터빈에 들어가서 터빈 출구에서는 엔탈피가 1200[kJ/kg]이고 속도가 90[m/s]이었다. 터빈에서의 열손실은 330000[kJ/h]이고 위치에너지는 무시한다. 이 때 질량유량은 800[kJ/h]이고 흐름은 정상류라고 하면 터빈에서 얻는 동력은 얼마인가?

해설

질량유량 G는

$$G = 800\,[\text{kJ/h}] \fallingdotseq 0.22\,[\text{kg/s}]$$

입구에서의 엔탈피는 $i_1 = 1800\,[\text{kJ/kg}]$이고 유속 $V_1 = 25\,[\text{m/s}]$이며 출구에서의 엔탈피 $i_2 = 1200$ [kJ/kg], 유속 $V_2 = 90\,[\text{m/s}]$이다.

연습문제

또 터빈에서의 열손실은 $Q=-330{,}000\,[\mathrm{kJ/h}] \fallingdotseq -91.7\,[\mathrm{kJ/s}]$이다.

정상류에 대한 에너지방정식에서

$$Q+G\left(i_1+\frac{V_1^2}{2}\right)=W+G\left(i_2+\frac{V_2^2}{2}\right)$$

$$\therefore\ W=Q+G(i_1-i_2)+G\left(\frac{V_1^2}{2}-\frac{V_2^2}{2}\right)$$

$$=-91.7+0.22\times(1800-1200)+0.22\left(\frac{25^2}{2\times1000}-\frac{90^2}{2\times1000}\right)$$

$$\fallingdotseq 39.48\,[\mathrm{kW}]$$

10. 20[℃]의 공기 속을 움직이는 물체의 마하각이 30° 일 때 이 물체의 속도와 Mach 수를 구하라.

해설

음속 a는

$$a=\sqrt{kgRT}=\sqrt{1.4\times9.8\times29.27\times(273+20)}\fallingdotseq 343\,[\mathrm{m/s}]$$

마하각 $\alpha=30°$이므로

$$V=\frac{a}{\sin\alpha}=\frac{343}{\sin 30°}=686\,[\mathrm{m/s}]$$

따라서 Mach 수는

$$M=\frac{V}{a}=\frac{686}{343}=2$$

11장

유체의 계측

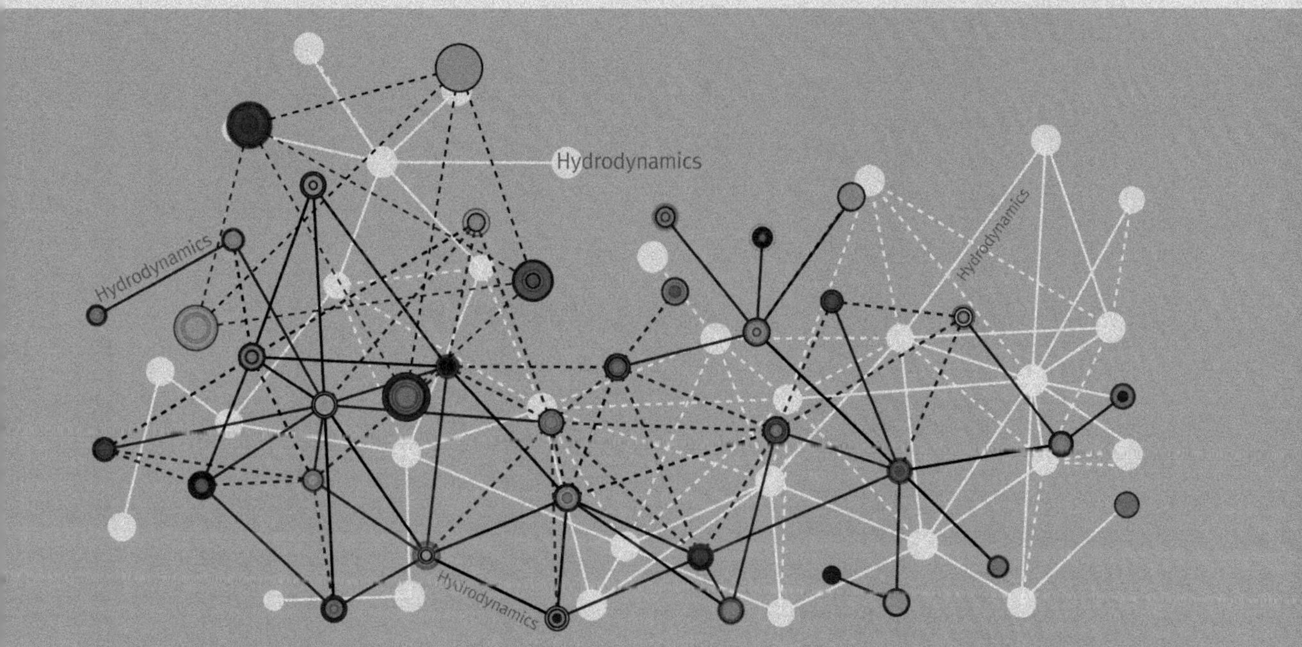

11.1 밀도 및 비중의 측정

11.1.1 용기(비중병)를 이용하는 방법

온도 t℃ 때의 비중량 γ_t는

$$\gamma_t = \frac{W_2 - W_1}{V} = \rho_t \cdot g \tag{11-1}$$

W_1 : 체적(V)을 알고 있는 용기의 무게

W_2 : 용기에 유체를 채운 상태의 무게

ρ_t : 온도 t℃ 때의 유체의 밀도

11.1.2 추를 이용하는 방법(아르키메데스의 원리 이용)

온도 t℃ 때의 비중량 γ_t는

$$\gamma_t = \frac{W_a - W_l}{V} = \rho_t \cdot g \tag{11-2}$$

W_a : 체적(V)을 알고 있는 추의 공기 속에서의 무게

W_l : 측정하고자 하는 유체 속에서의 추의 무게

11.1.3 비중계를 이용하는 방법

[그림 11-1]과 같이 가늘고 긴 유리관의 아랫부분에 수은이나 납을 넣어 유체 속에서 바로 서게 만든 비중계를 측정하고자 하는 유체 속에 넣어 수면과 일치하는 눈금을 읽으면 된다.

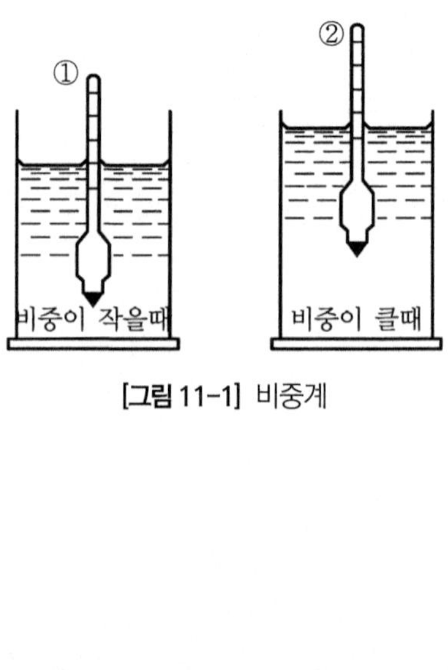

[그림 11-1] 비중계

11.1.4 U자관을 이용하는 방법

[그림 11-2]와 같이 U자관의 한쪽에 비중을 알고 있는 유체(γ_1)를 넣고 다른 한쪽에 측정하려고 하는 유체(γ_2)를 넣어서 l_1과 l_2를 측정하면 다음과 같이 계산할 수 있다.

$$\gamma_2 = \frac{l_1}{l_2}\gamma_1 \qquad (11\text{-}3)$$

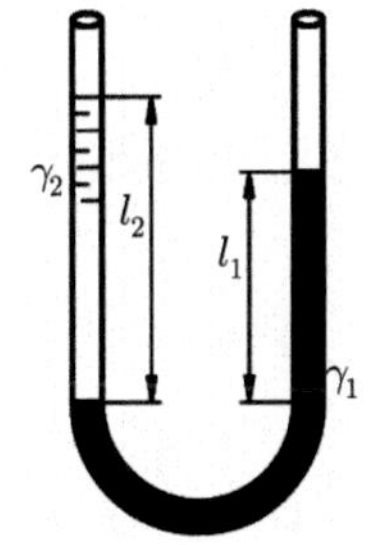

[그림 11-2] U자관

예제 11.1 [그림 11-2]와 같은 U자관을 이용하여 비중을 측정하려고 한다. γ_1은 수은이고 l_1이 5[cm], l_2가 20[cm]일 때 γ_2인 액체의 비중은 얼마인가?

㉮ 3.4 ㉯ 4.8 ㉰ 5.6 ㉱ 6.2

해설 식(11-3)에서

$$\gamma_2 = \frac{l_1}{l_2}\gamma_1 = \frac{5}{20}\times 13.6\times 1000 = 3400[\text{kg}_f/\text{m}^3]$$

비중 S는

$$S = \frac{\gamma_2}{\gamma_\omega} = \frac{3400}{1000} = 3.4$$

답 ㉮

예제 11.2 체적이 $100[\text{cm}^3]$인 추의 무게가 공기 속에서는 $0.5[\text{kg}_f]$, 액체 속에서는 $0.3[\text{kg}_f]$이었다. 이 액체의 비중량은 몇 $[\text{kg}_f/\text{m}^3]$인가?

㉮ 1500 ㉯ 2000 ㉰ 2500 ㉱ 3000

해설 식(11-2)에서

$$\gamma = \frac{W_a - W_l}{V} = \frac{0.5-0.3}{100\times 10^{-6}} = 2000[\text{kg}_f/\text{m}^3]$$

답 ㉯

예제 11.3 비중병에 액체를 채웠을 때의 무게가 $1[\text{kg}_f]$이었다. 비중병의 무게가 $0.25[\text{kg}_f]$이라면 이 액체의 비중은 얼마인가? 단, 비중병 속에 있는 액체의 체적은 $0.6[l]$이다.

㉮ 0.8 ㉯ 1.2 ㉰ 1.5 ㉱ 1.8

해설 식(11-1)에서

$$\gamma_t = \frac{W_2 - W_1}{V} = \frac{1-0.25}{0.5\times 10^{-3}} = 1500[\text{kg}_f/\text{m}^3]$$

$$\therefore\ S = \frac{\gamma_t}{\gamma_w} = \frac{1500}{1000} = 1.5$$

답 ㉰

11.2 점성계수의 측정

11.2.1 Ostwald 점도계

[그림 11-3]과 같은 Ostwald 점도계에서 유리구 V의 A위치까지 시료액을 넣고 이것이 가는 관(직경 d)를 통하여 B점까지 내려가는데 걸리는 시간 t를 측정하면 유리구의 체적을 V로 하여 유량을 구할 수 있다.

$$Q = \frac{V}{t} \tag{11-4}$$

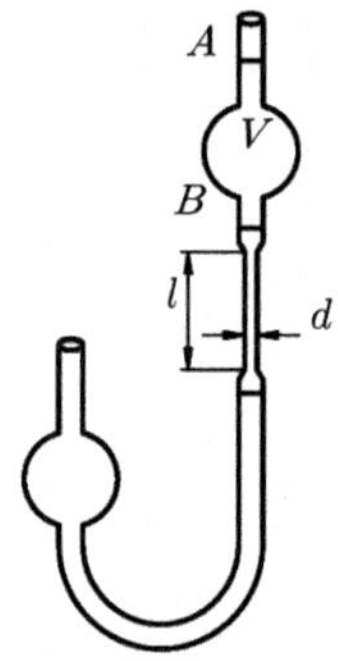

[그림 11-3] Ostwald 점도계

Hagen-Poiseuille의 법칙을 이용하면

$$\mu = \frac{\pi {r_0}^4 \rho g h t}{8 l V} = K \rho t \tag{11-5}$$

r_0 : 모세관의 반경$\left(= \dfrac{d}{2}\right)$

K : 점도계에 관한 상수

따라서 $\mu = \mu_0$, $\rho = \rho_0$로 알고 있는 표준액에 대한 시간 t_0를 구해 놓으면 다음과 같이 구할 수 있다.

$$\frac{\mu}{\mu_0} = \frac{\rho t}{\rho_0 t_0}$$

따라서

$$\mu = \frac{\rho t}{\rho_0 t_0}\mu_0 \text{ 또는 } \nu = \frac{t}{t_0}\nu_0 \tag{11-6}$$

이들 식은 뉴톤유체의 경우만 성립하고 비뉴톤유체일 경우는 수정할 필요가 있다.

11.2.2 낙구식 점도계

[그림 11-4]와 같이 측정하고자 하는 유체 속에서 구가 낙하하는 속도를 측정하여 점성계수를 계산한다. 구의 점성저항은 Stokes의 법칙을 이용하면 구의 무게 및 부력과 평형을 이루므로

$$3\pi\mu d V = \frac{1}{6}\pi d^3 g(\rho_s - \rho_l) \tag{11-7}$$

따라서

$$\mu = \frac{d^2(\gamma_s - \gamma_l)}{18V} \tag{11-8}$$

μ : 점성계수

d : 구의 직경

γ_s : 구의 비중량

γ_l : 액체의 비중량

V : 낙하속도

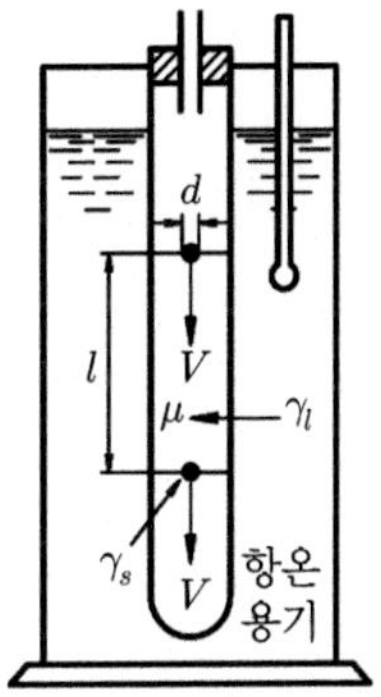

[그림 11-4]
낙구식 점도계

11.2.3 Saybolt 점도계

[그림 11-5]에서 측정기 밑의 구멍을 막고 액체를 A점까지 채운 다음 막은 구멍을 열어서 용기 B에 액체가 채워지는데 걸리는 시간을 측정한다.

용기 B에 60[cc]가 채워지는데 걸리는 시간이 t[s]라고 하면 동점성계수 ν[stokes]는

$$\nu = 0.0022t - \frac{1.8}{t} \tag{11-9}$$

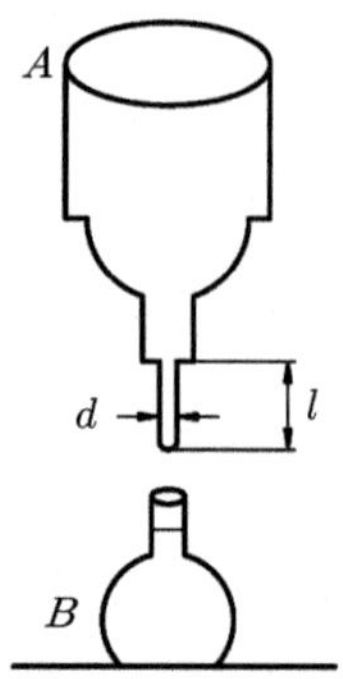

[그림 11-5] Saybolt 점도계

11.2.4 회전식 점도계

[그림 11-6]과 같이 두 동심원통 사이에 점성계수를 측정하려고 하는 액체가 들어있고 외부 원통이 일정한 속도로 회전하면 내부원통도 점성작용에 의해 회전하는데 스프링의 복원력과 점성력이 평형이 될 때 내부원통은 정지한다.

[그림 11-6]에서 ΔR, Δh 및 $\dfrac{\Delta R}{R}$을 작다고 하면 Torque T는

$$T = \frac{2\pi R^2 h\mu q}{\Delta R} + \frac{\pi R^3 \mu q}{2\Delta h} \tag{11-10}$$

μ : 점성계수

q : 외부원통의 회전속도

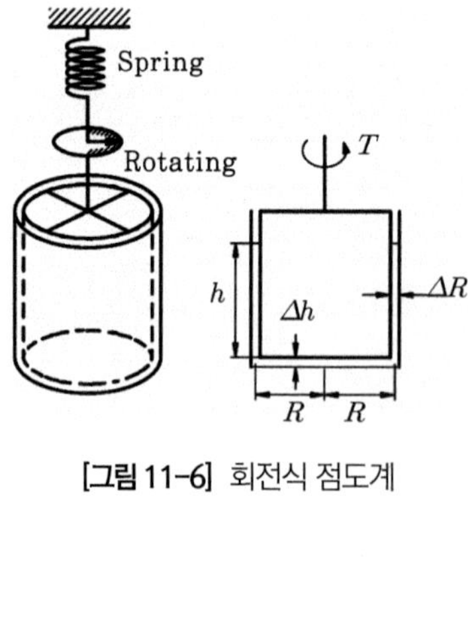

[그림 11-6] 회전식 점도계

여기서 R, h, ΔR, Δh 등은 장치에 대한 상수이고 회전각속도 ω는 q에 비례하므로

$$T=\left(\frac{2\pi R^2 h}{\Delta R}+\frac{\pi R^3}{2\Delta h}\right)\mu k\omega = K\mu\omega \tag{11-11}$$

$$\therefore\ \mu=\frac{T}{K\omega}=\frac{k_1\theta}{K\omega} \tag{11-12}$$

θ : 내부원통이 회전한 각도 즉, 편향각

K : 장치에 관한 상수

따라서 편향각 θ과 각속도 ω를 구하면 점성계수를 알 수 있다.

예제 11.4 다음 중 Stokes의 법칙과 관계되는 점도계는?

㉮ Ostwald 점도계 ㉯ 낙구식 점도계 ㉰ Saybolt 점도계 ㉱ 회전식 점도계

해설 낙구식 점도계는 구가 유체 속에서 낙하할 때 Stokes의 법칙에 의한 점성저항력과 부력, 구의 무게가 평형을 이룬다는 원리를 이용하여 점성계수를 측정한다. 답 ㉯

예제 11.5 Saybolt 점도계를 이용하여 동점성계수를 측정하려고 한다. 어떤 유체 60[cc]를 통과시키는 데 120[s]가 소요되었다면 동점성계수는 몇 [stokes]인가?

㉮ 0.642 ㉯ 0.522 ㉰ 0.403 ㉱ 0.249

해설 식(11-9)에서

$$\nu = 0.0022t - \frac{1.8}{t}$$

$$= 0.0022\times120 - \frac{1.8}{120} = 0.249[\text{stokes}]$$

답 ㉱

예제 11.6 Hagen-Poiseuille의 법칙을 이용한 점도계는?

㉮ Ostwald 점도계 ㉯ 낙구식 점도계 ㉰ Saybolt 점도계 ㉱ 회전식 점도계

해설 Ostwald 점도계는 일정량의 액체가 일정한 직경의 모세관을 통과하는 시간을 측정하여 Hagen-Poiseuille의 법칙을 이용함으로써 점도를 계산하는 것이다. 답 ㉮

11.3 정압 측정

11.3.1 피에조미터 구멍을 이용하는 방법

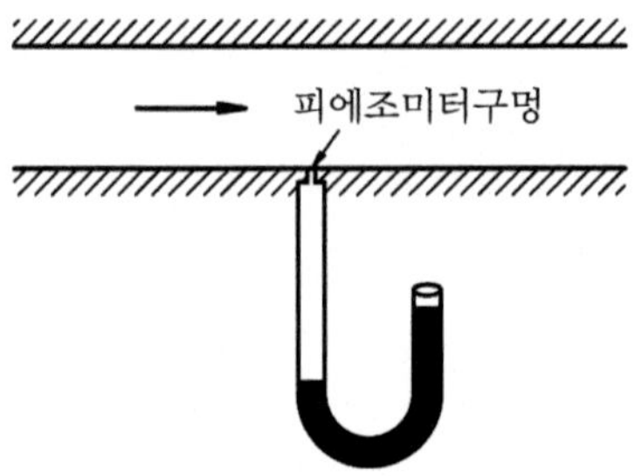

[그림 11-7] 피에조미터 구멍

[그림 11-7]과 같이 흐름의 방향이 수직이 되도록 작은 피에조미터 구멍을 뚫어서 액주계나 압력변환기에 연결하여 정압을 측정한다.

이 때 피에조미터 구멍은 작을수록 좋고 관의 표면은 매끈해야 한다.

11.3.2 정압관을 이용하는 방법

관의 표면이 매끈하지 않아서 피에조미터 구멍을 뚫을 수 없을 경우에는 [그림 11-8]과 같이 앞이 둥글게 막힌 작은 원통의 측면에 피에조미터 구멍이 뚫린 정압관을 액주계에 연결하여 정압을 측정한다.

이 때 정압관은 유체의 유동방향과 평행하게 놓고 측정해야 하며 피에조미터 구멍이 있는 곳의 압력은 실제 정압보다 다소 작은 압력으로 측정되며 이 오차를 적게 하기 위해서는 정압관을 가급적 가늘게 하여야 한다.

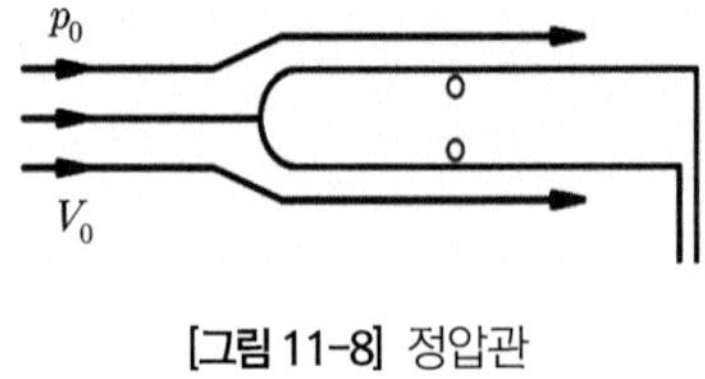

[그림 11-8] 정압관

예제 11.7 **다음 내용은 정압을 측정할 때 주의해야 할 사항이다. 틀리는 것은?**

㉮ 피에조미터 구멍은 작을수록 좋다.

㉯ 정압관은 유동방향과 평행하게 설치해야 한다.

㉰ 피에조미터 구멍은 유동방향과 60° 방향이 좋다.

㉱ 정압관에서 측정되는 정압은 실제정압보다 다소 작은 압력이며 이 오차를 줄이기 위해서는 정압관을 가늘게 하는 것이 좋다.

해설 피에조미터 구멍은 작을수록 좋으며 유동방향과 직각으로 뚫어야 한다. **답** ㉰

11.4 유속 측정

11.4.1 피토관(pitot tube)

[그림 11-9]와 같이 직각으로 된 가는 관의 선단에 구멍을 뚫어서 구멍이 유체가 흘러 오는 방향을 향하도록 설치하여 Δh를 측정함으로써 다음과 같이 유속을 계산할 수 있다.

$$V = \sqrt{2g\Delta h} \tag{11-13}$$

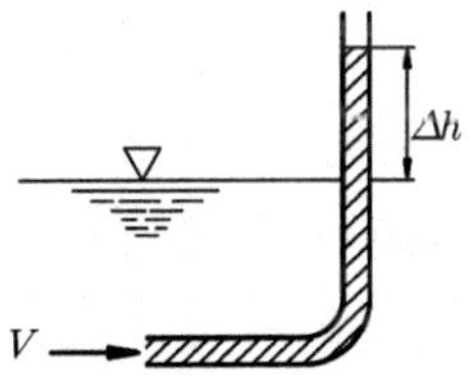

[그림 11-9] 피토관

11.4.2 시차액주계

[그림 11-10]과 같이 시차액주계에서 R값을 측정함으로써 다음과 같이 유속을 계산할 수 있다.

$$V = \sqrt{2gR\left(\frac{S_0}{S} - 1\right)} \tag{11-14}$$

S_0: 액주계 속에 있는 액체의 비중

S : 관 속을 흐르는 유체의 비중

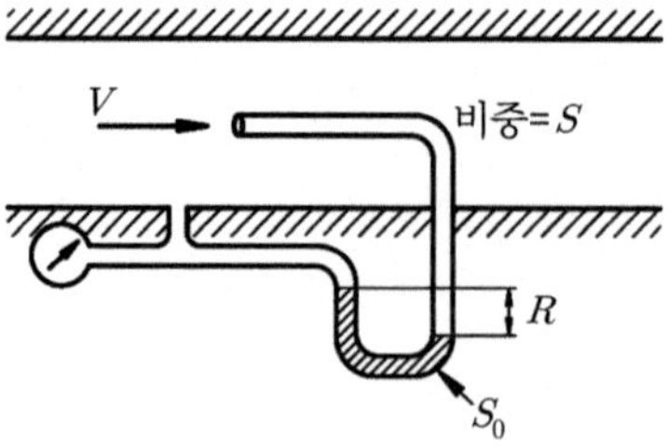

[그림 11-10] 시차액주계

11.4.3 피토-정압관(pitot-static tube)

[그림 11-11]과 같은 피토-정압관에서 R값을 측정함으로써 다음과 같이 유속이 계산된다.

$$V = C_v \sqrt{2gR\left(\frac{S_0}{S} - 1\right)} \tag{11-15}$$

C_v : 유속계수

S : 측정유체의 비중

S_0 : 액주계 속에 있는 액체의 비중

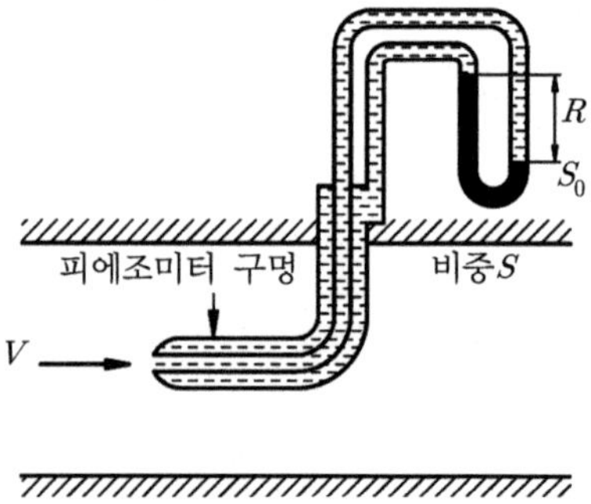

[그림 11-11] 피토-정압관

예제 11.8 **피토-정압관은 다음 중 무엇을 측정하는가?**

㉮ 전압 ㉯ 전압과 동압의 차 ㉰ 전압과 정압의 차 ㉱ 정압과 동압의 차

해설 피토-정압관은 선단에서 측정되는 전압과 측면의 피에조미터 구멍에서 측정되는 정압의 차, 즉 동압을 측정하는 것이다.

답 ㉰

예제 11.9 그림[11-9]와 같이 피토관을 설치했을 때 Δh가 60[mm]이었다. 이 때 유속은 몇 [m/s]인가?

㉮ 0.43 ㉯ 0.84 ㉰ 1.08 ㉱ 1.69

해설 유속 V는 식(11-13)에서

$$V = \sqrt{2g\Delta h}$$
$$= \sqrt{2 \times 9.8 \times 60 \times 10^{-3}} \fallingdotseq 1.08[\text{m/s}]$$

답 ㉰

예제 11.10 시차액주계를 흐르는 물 속에 [그림 11-10]과 같이 설치하였을 때 R은 500 [mm]이었다. 액주계 속에 있는 액체의 비중이 13.6일 때 물의 유속은 몇 [m/s] 인가?

㉮ 5 ㉯ 7 ㉰ 9 ㉱ 11

해설 식(11-14)에서

$$V = \sqrt{2gR\left(\frac{S_0}{S} - 1\right)}$$
$$= \sqrt{2 \times 9.8 \times 0.5 \times \left(\frac{13.6}{1} - 1\right)} \fallingdotseq 11[\text{m/s}]$$

답 ㉱

예제 11.11 흐르는 물의 속도를 측정하기 위하여 피토-정압관을 [그림 11-11]과 같이 설치하였다. 액주계 속에는 수은이 있고 R이 500[mm]일 때 유속은 몇 [m/s] 인가? 단, 유속계수는 1.15이다.

㉮ 8.6 ㉯ 10.2 ㉰ 12.8 ㉱ 14.5

해설 식(11-15)에서

$$V = C_v\sqrt{2gR\left(\frac{S_0}{S} - 1\right)}$$
$$= 1.15 \times \sqrt{2 \times 9.8 \times 0.5 \times \left(\frac{13.6}{1} - 1\right)} \fallingdotseq 12.8[\text{m/s}]$$

답 ㉰

11.5 유량 측정

11.5.1 오피리스(orifice)

오피리스는 설치 위치에 따라 입구오피리스, 도중오피리스 및 출구오피리스가 있다. [그림 11-12]와 같이 관의 도중에 설치된 오피리스에서 R값을 측정함으로써 다음과 같이 유량을 구할 수 있다.

$$Q = CA_0\sqrt{2g\left(\frac{p_1 - p_2}{\gamma}\right)}$$

$$= CA_0\sqrt{2gR\left(\frac{S_0}{S} - 1\right)} \tag{11-16}$$

C : 유량계수

A_0 : 오피리스의 단면적

S_0 : 액주계 속에 있는 액체의 비중

S : 유동 유체의 비중

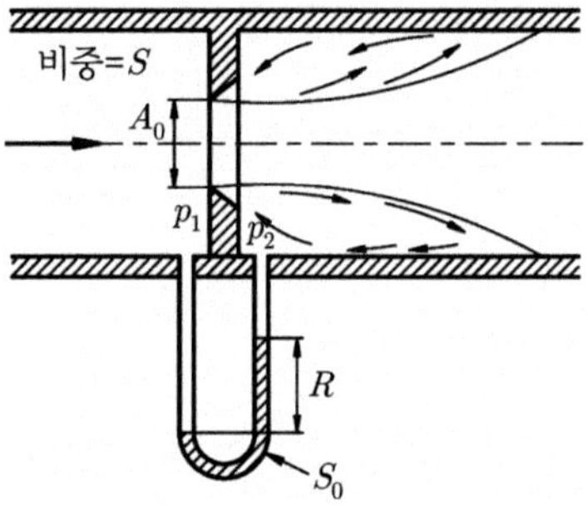

[그림 11-12] 오피리스

11.5.2 노즐(nozzle)

유량을 측정하기 위하여 노즐을 사용할 경우에는 오피리스보다 압력손실이 적다. [그림 11-13]과 같이 관에 설치된 노즐의 전 · 후에 액주계를 설치하여 압력차 R값을 읽음으로써 다음과 같이 유량을 계산할 수 있다.

$$Q = CA\sqrt{2g\left(\frac{p_1 - p_2}{\gamma}\right)}$$

$$= CA\sqrt{2gR\left(\frac{S_0}{S} - 1\right)} \tag{11-17}$$

$$C = \frac{C_v}{\sqrt{1 - \left(\frac{d_2}{d_1}\right)^4}}$$: 유량계수

A : 노즐의 단면적

C_v : 유속계수

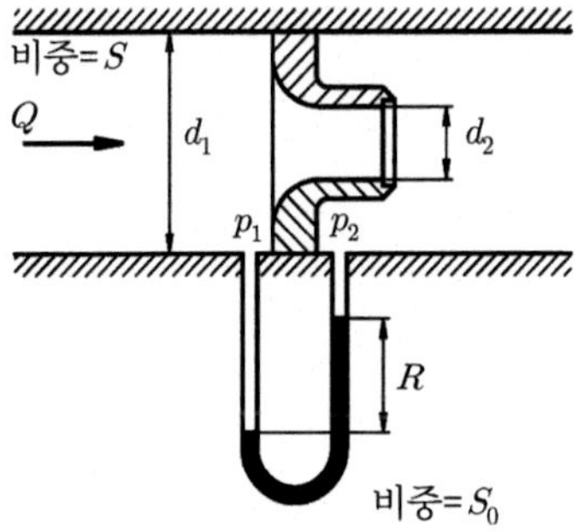

[그림 11-13] 노즐

11.5.3 벤츄리미터(venturi meter)

[그림 11-14]와 같은 벤츄리미터에서 단면 ①, ②의 압력 p_1, p_2를 측정하면 다음 식으로부터 유량을 구할 수 있다.

$$Q = \frac{C_v A_2}{\sqrt{1 - \left(\frac{d_2}{d_1}\right)^4}} \sqrt{\frac{2g}{\gamma}(p_1 - p2)} \tag{11-18}$$

C_v : 유속계수

d_1, d_2 : ①, ② 단면의 직경

γ : 측정유체의 비중량

A_2 : 단면 ②의 단면적

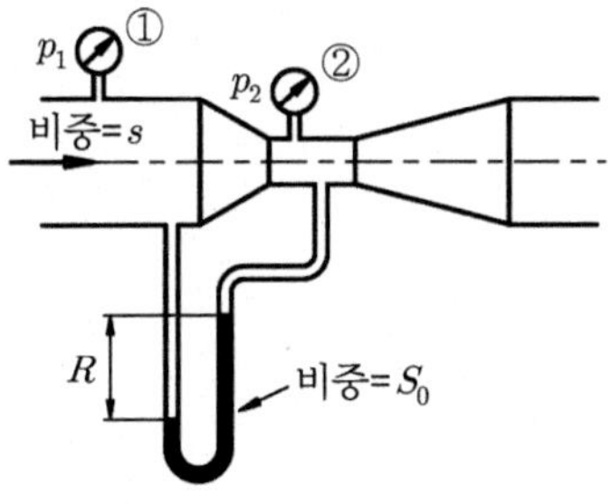

[그림 11-14] 벤츄리 미터

두 단면 사이에 액주계를 설치하면 R값을 측정함으로써 다음 식으로부터 유량이 계산된다.

$$Q = C_v A_2 \sqrt{\frac{2gR\left(\frac{S_0}{S} - 1\right)}{1 - \left(\frac{d_2}{d_1}\right)^4}} \tag{11-19}$$

S : 측정 유체의 비중

S_0 : 액주계 속에 있는 액체의 비중

11.5.4 위어(weir)

개수로에서의 유량은 [그림 11-15]와 같은 위어로 측정한다. 그림과 같이 수로의 도중에 위어판을 설치하여 그 위를 물이 흘러 넘칠 때 위어판의 봉우리에서 수면까지의 높이 H를

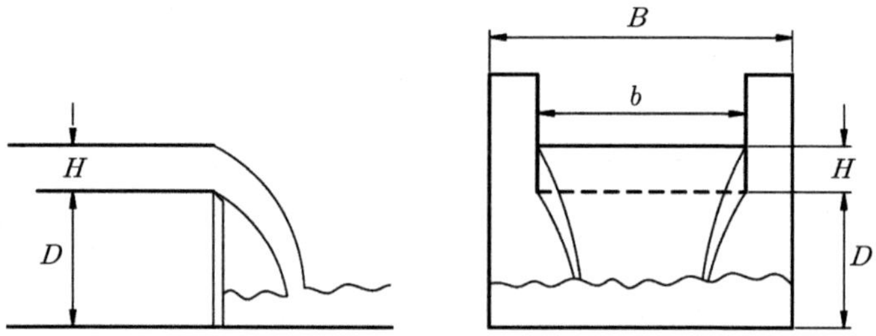

[그림 11-15] 위어

측정함으로써 유량을 구할 수 있다. 그림에서 D를 봉우리 높이, H를 위어의 수두, b를 위어의 폭, B를 수로의 폭이라고 한다.

(1) 전폭위어(suppressed weir)

[그림 11-15]에서 위어의 폭 b가 수로의 폭 B와 같을 때 이것을 **전폭위어**라고 하며 대유량의 측정에 사용된다.

유량 Q는

$$Q = kbH^{\frac{3}{2}} [\mathrm{m^3/min}] \tag{11-20}$$

여기서 상수 k는

$$k = 107.1 + \left(\frac{0.177}{H} + \frac{14.2h}{D}\right)(1 + \epsilon) \tag{11-21}$$

여기서 ϵ은 $D<1$[m]인 경우 $\epsilon=0$, $D>1$[m]인 경우 $\epsilon=0.55(D-1)$이고 이 식의 적용범위는 다음과 같다.

$$B>0.5[\text{m}]$$
$$D=0.3\sim2.5[\text{m}]$$
$$H=0.03\sim D[\text{m}]$$
$$H<\frac{B}{4}$$
$$H<0.8[\text{m}]$$

(2) 4각위어(rectangular weir)

[그림 11-15]에서 위어의 폭 b가 수로의 폭 B보다 작은 경우를 **4각위어**라고 하며 중간 정도의 유량측정에 사용된다. 유량은 다음 식에 의해서 구한다.

$$Q=kbH^{\frac{3}{2}}[\text{m}^3/\text{min}] \tag{11-22}$$

여기서 상수 k는

$$k=107.1+\frac{0.177}{H}+\frac{14.2H}{D}-25.7\sqrt{\frac{(B-b)H}{BD}}+2.04\sqrt{\frac{B}{D}} \tag{11-23}$$

적용범위는

$$0.5\leqq B\leqq 6.3[\text{m}]$$
$$0.15\leqq b\leqq 5[\text{m}]$$
$$0.15\leqq D\leqq 3.5[\text{m}]$$
$$bD/B^2\geqq 0.06$$
$$0.03\leqq H\leqq 0.45\sqrt{b}[\text{m}]$$

(3) 3각위어(triangular weir)

3각위어는 적은 유량의 경우에 사용되며 [그림 11-16]에서

$$x=2(H-y)\tan\frac{\theta}{2}$$

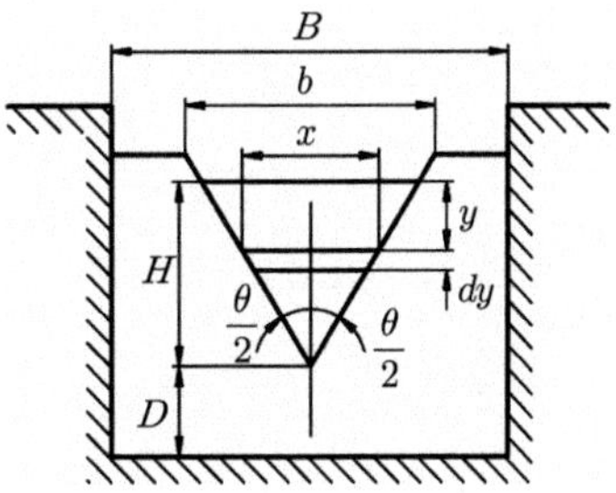

[그림 11-16] 3각위어

따라서 유량 Q는

$$Q = C\int_0^H x\sqrt{2gy}\,dy$$

$$= C\int_o^H 2(H-y)\tan\frac{\theta}{2}\sqrt{2gy}\,dy$$

$$= \frac{8}{15}C\sqrt{2g}\,tan\frac{\theta}{2}H^{\frac{5}{2}} \tag{11-24}$$

$\theta = 90^\circ$인 직각 3각위어일 경우는

$$Q = \frac{8}{15}C\sqrt{2g}\,H^{\frac{5}{2}}[\mathrm{m^3/min}] \tag{11-25}$$

또한

$$Q = kH^{\frac{5}{2}} \tag{11-26}$$

여기서 k는

$$k = 81.2 + \frac{0.24}{H} + \left(8.4 + \frac{12}{\sqrt{D}}\right)\left(\frac{H}{B} - 0.09\right)^2 \tag{11-27}$$

적용범위는

$B = 0.5 \sim 1.2[\mathrm{m}]$

$D = 0.1 \sim 0.75[\mathrm{m}]$

$H = 0.07 \sim 0.26[\mathrm{m}] < \frac{\mathrm{B}}{3}$

예제 11.12 **내경이 30[cm]인 관 속에 직경 15[cm]인 오피리스를 설치하여 유량을 측정하려고 한다. 오피리스 전·후의 압력차가 $0.1[\mathrm{kg_f/cm^2}]$일 때 유량은 몇 $[\mathrm{m^3/s}]$인가? 단, 유량계수는 0.72이고 관 속의 유체는 물이다.**

㉮ 0.032 ㉯ 0.056 ㉰ 0.071 ㉱ 0.094

해설 식(11-16)에서

$$Q = CA_0\sqrt{2g\left(\frac{p_1 - p_2}{\gamma}\right)}$$

$$=0.72\times\frac{\pi}{2}\times0.15^2\times\sqrt{2\times9.8\times\left(\frac{0.1\times10^4}{1000}\right)} \fallingdotseq 0.056[\mathrm{m^3/s}]$$

답 ㉯

예제 11.13 내경이 50[cm]인 관에 축소부의 직경이 25[cm]인 벤츄리미터를 설치하여 유량을 측정하려고 한다. 축소되기 전과 후의 압력차가 $0.02[\mathrm{kg_f/cm^2}]$일 때 유량은 몇 $[\mathrm{m^3/s}]$인가? 단, 유속계수는 0.99이다.

㉮ 0.1　㉯ 0.2　㉰ 0.3　㉱ 0.4

해설 식(11-18)에서

$$Q=\frac{C_vA_2}{\sqrt{1-\left(\frac{d_2}{d_1}\right)^4}}\sqrt{2g\left(\frac{p_1-p_2}{\gamma}\right)}$$

$$=\frac{0.99\times\frac{\pi}{4}\times0.25^2}{\sqrt{1-\left(\frac{0.25}{0.5}\right)^4}}\sqrt{2\times9.8\times\frac{0.02\times10^4}{1000}} \fallingdotseq 0.1[\mathrm{m^3/s}]$$

답 ㉮

예제 11.14 폭 1[m]인 수로에 설치한 직각3각위어에서 수두 25[cm]를 측정하였다. 이 때 유량은 몇 $[\mathrm{m^3/min}]$인가? 단, 봉우리의 높이는 0.5[m]이고 위어의 폭은 1[m]이다.

㉮ 5.25　㉯ 4.61　㉰ 3.42　㉱ 2.59

해설 식(11-27)에서

$$k-81.2+\frac{0.24}{H}+\left(8.4+\frac{12}{\sqrt{D}}\right)\left(\frac{H}{B}-0.09\right)^2$$

$$=81.2+\frac{0.24}{0.25}+\left(8.4+\frac{12}{\sqrt{0.5}}\right)\left(\frac{0.25}{1}-0.09\right)^2 \fallingdotseq 82.81$$

따라서

$$Q=kH^{\frac{5}{2}}$$

$$=82.81\times0.25^{\frac{5}{2}} \fallingdotseq 2.59[\mathrm{m^3/min}]$$

답 ㉱

연습문제

기초문제

1. 다음 점도계 중에서 스토크스 법칙을 이용한 것은?

㉮ 세이볼트 점도계 ㉯ 낙구식 점도계 ㉰ 스토머 점도계 ㉱ 오스트발트 점도계

해설 답 ㉯

① 스토크스 법칙 : 낙구식 점도계

② 하겐-포아젤의 법칙 : 오스트발트 점도계, 세이볼트 점도계

③ 뉴톤의 점성 법칙 : 스토머 점도계, 맥미첼 점도계

2. 개수로의 유량측정에 이용되는 것은?

㉮ 위어 ㉯ 벤츄리미터 ㉰ 오피리스 ㉱ 피토관

해설 답 ㉮

3. 다음 위어 중에서 작은 유량의 측정에 적합한 것은?

㉮ 광봉위어(broad-crested weir) ㉯ 예봉위어(shape-crested weir)

㉰ 사각위어 ㉱ 삼각위어

해설 답 ㉱

4. 물 속에 피토관을 설치하였더니 전압이 12[mAq], 정압이 6[mAq]이었다. 이 때 유속은 몇 [m/s]인가?

㉮ 8.5 ㉯ 9.6 ㉰ 10.8 ㉱ 11.4

해설 답 ㉰

$$\frac{p_t}{\gamma} = \frac{p_s}{\gamma} + \frac{V^2}{2g}$$

$$\frac{V^2}{2g} = \frac{p_t}{\gamma} - \frac{p_s}{\gamma} = 12 - 6 = 6[\mathrm{mAq}]$$

$$\therefore V = \sqrt{2 \times 9.8 \times 6} \fallingdotseq 10.8[\mathrm{m/s}]$$

기초문제

5. 위어판의 높이가 70[cm], 폭이 2[m]인 사각위어의 수두가 40[cm]일 때 유량은 몇 [m^3/s]인가? 단, 유량계수는 115.5이다.

㉮ 0.85 ㉯ 0.97 ㉰ 1.31 ㉱ 1.79

해설 답 ㉯

$Q = kbH^{\frac{3}{2}} = 115.5 \times 2 \times 0.4^{\frac{3}{2}} \fallingdotseq 58.44[\text{m}^3/\text{min}]$

$= 0.97[\text{m}^3/\text{s}]$

6. 유속계수가 0.97인 피토관에서 정압수두가 5[m], 정체압력수두가 7[m]이었다. 이 때 유속은 얼마인가?

㉮ 9.4[m/s] ㉯ 6.1[m/s] ㉰ 7.8[m/s] ㉱ 8.5[m/s]

해설 답 ㉯

$V = C_v \cdot \sqrt{2g\Delta h}$

$= 0.97 \times \sqrt{2 \times 9.8 \times (7-5)} \fallingdotseq 6.1[\text{m/s}]$

7. 직경이 큰 U자관에 수은과 어떤 액체를 넣었더니 수은과 그 액체의 면이 각각 5 [cm], 50[cm]이었다. 이 액체의 비중은?

㉮ 1.04 ㉯ 1.36 ㉰ 1.53 ㉱ 1.81

해설 답 ㉯

$1000S \times 0.5 = 13.6 \times 1000 \times 0.05$

$\therefore\ S = \dfrac{13.6 \times 0.05}{0.5} = 1.36$

8. 풍동에서 유속을 측정하기 위하여 피토관을 설치하였더니 액주계의 읽음이 8[cmAq]이었다. 절대압력이 1.02[kg_f/cm^2]이고 온도가 25℃인 공기의 유속은 몇 [m/s]인가?

㉮ 36.6 ㉯ 29.4 ㉰ 21.3 ㉱ 18.8

해설 답 ㉮

연습문제

$$\gamma_{air} = \frac{p}{RT} = \frac{1.02\times10^4}{29.27\times(273+25)} = 1.169[\mathrm{kg_f/m^3}]$$

$$S_{air} = \frac{\gamma_{air}}{\gamma_w} = \frac{1.169}{1000} = 1.169\times10^{-3}$$

$$V = \sqrt{2gR\left(\frac{S_0}{S}-1\right)} = \sqrt{2\times9.8\times0.08\left(\frac{1}{1.169\times10^{-3}}-1\right)} \fallingdotseq 36.6[\mathrm{m/s}]$$

9. 그림과 같이 설치한 피토-정압관에서 R= 2[cm]일 때 유속은 몇 [m/s]인가? 단, 속도계수는 1.13이다.

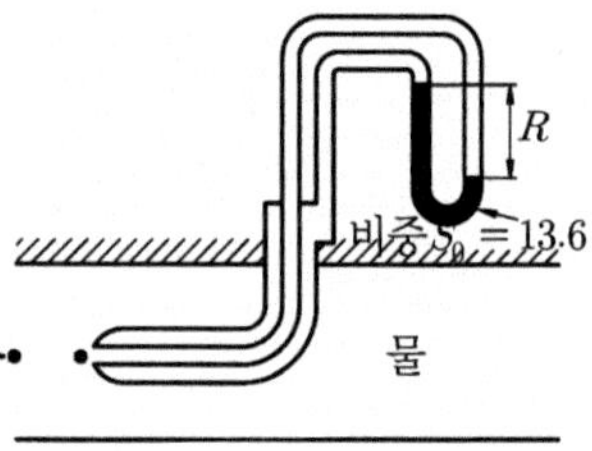

㉮ 0.98　　㉯ 1.34
㉰ 1.93　　㉱ 2.49

해설　　답 ㉱

$$V_1 = C_v\sqrt{2gR\left(\frac{S_0}{S}-1\right)}$$

$$= 1.12\times\sqrt{2\times9.8\times0.02\times\left(\frac{13.6}{1}-1\right)}$$

$$\fallingdotseq 2.49[\mathrm{m/s}]$$

10. 용기의 무게가 20[g_f]이고 이 용기 속에 20[cc]의 액체를 채운 후의 무게는 40[g_f]이었다. 이 액체의 비중은?

㉮ 0.7　　㉯ 0.9　　㉰ 1.0　　㉱ 1.2

해설　　답 ㉰

$$\gamma = \frac{W_2 - W_1}{V} = \frac{40-40}{20} = 1[\mathrm{g_f/cc}] = 1000[\mathrm{kg_f/m^3}]$$

$$\therefore\ S = \frac{\gamma}{\gamma_w} = \frac{1000}{1000} = 1$$

11. 어떤 추의 무게가 대기 중에서 400[g_f], 어떤 액체 속에서 300[g_f], 추의 체적이 130[cm^3]이면 이 액체의 비중은?

㉮ 0.769　　㉯ 0.981　　㉰ 1.043　　㉱ 1.423

기초문제

해설 답 ㉮

$$0.3[\text{kg}_f] = 0.4[\text{kg}_f] - 1.3\times10^{-4}\times\gamma$$

$$\gamma = \frac{0.4-0.3}{1.3\times10^{-4}} \fallingdotseq 769[\text{kg}_f/\text{m}^3]$$

$$\therefore\ S = \frac{\gamma}{\gamma_w} = \frac{769}{1000} = 0.769$$

12. 피토-정압관(pitot static tube)에서 측정되는 것은?

㉮ 유동유체의 정압
㉯ 유동유체의 동압
㉰ 유동유체의 정압과 동압의 차
㉱ 유동유체의 총압

답 ㉯

13. 직경 60[mm]인 오피리스로부터 분출되는 분류의 수축부 직경이 50[mm]일 경우의 수축계수는?

㉮ 0.58 ㉯ 0.69 ㉰ 0.75 ㉱ 0.82

해설 답 ㉯

$$C_c = \frac{A_c}{A_0} = \left(\frac{50}{60}\right)^2 \fallingdotseq 0.69$$

14. 다음 그림과 같은 삼각위어에서 유량은? 단, C는 유량계수이다.

㉮ $\frac{4}{15}C\cos\theta\sqrt{2gH^5}$

㉯ $\frac{4}{15}C\cos\theta\sqrt{2gH^2}$

㉰ $\frac{8}{15}C\tan\frac{\theta}{2}\sqrt{2gH^2}$

㉱ $\frac{8}{15}C\tan\frac{\theta}{2}\sqrt{2gH^5}$

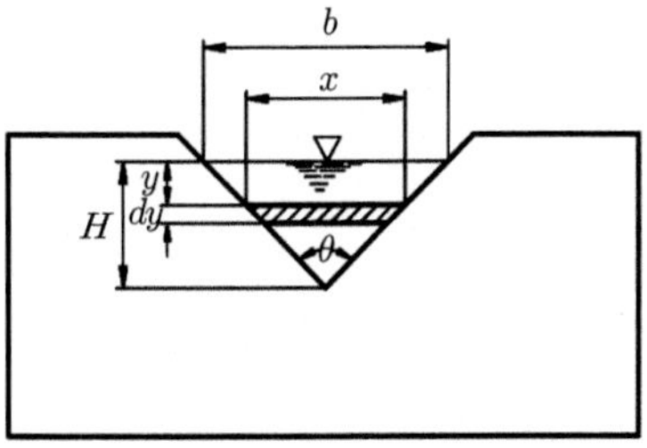

해설 답 ㉱

깊이 y에서 유속 V는

연습문제

$$V=\sqrt{2gy},\ dA=xdy$$

이론유량은

$$Q=\int_0^H V\cdot dA=\int_0^H \sqrt{2gy}\cdot xdy$$

그림에서

$$\frac{x}{H-y}=\frac{b}{H}$$

$$\therefore\ x=\frac{L}{H}(H-y)$$

따라서

$$Q=\int_O^H \sqrt{2gy}\cdot xdy=\frac{b}{H}\int_0^H \sqrt{2gy}\cdot(H-y)dy=\sqrt{2g}\,\frac{b}{H}\int_0^H (H-y)\cdot y^{\frac{1}{2}}dy$$

$$=\frac{4}{15}\sqrt{2g}\,\frac{b}{H}H^{\frac{5}{2}}$$

그림에서 $\tan\frac{\theta}{2}=\frac{b}{2H}$ 이므로

$$Q=\frac{8}{15}\sqrt{2g}\tan\frac{\theta}{2}H^{\frac{5}{2}}$$

실제유량은 유량계수 C를 고려하여

$$Q'=\frac{8}{15}C\cdot\tan\frac{\theta}{2}\cdot\sqrt{2gH^5}$$

15. 직경 5[mm], 비중 11.5인 추가 동점성계수 0.0025[m^2/s], 비중 1.21인 액체 속으로 등속낙하 하고 있을 때 이 추의 낙하속도는 몇 [m/s]인가?

㉮ 0.031 ㉯ 0.037 ㉰ 0.046 ㉱ 0.049

해설 답 ㉰

$$\mu=\rho\nu=\frac{1.21\times1000\times0.0025}{9.8}$$

$$V=d^2\left(\frac{\gamma_s-\gamma_l}{18\mu}\right)=\frac{0.005^2\times(11.5-1.21)\times1000\times9.8}{18\times1.21\times1000\times0.0025}=0.046[\text{m/s}]$$

부록

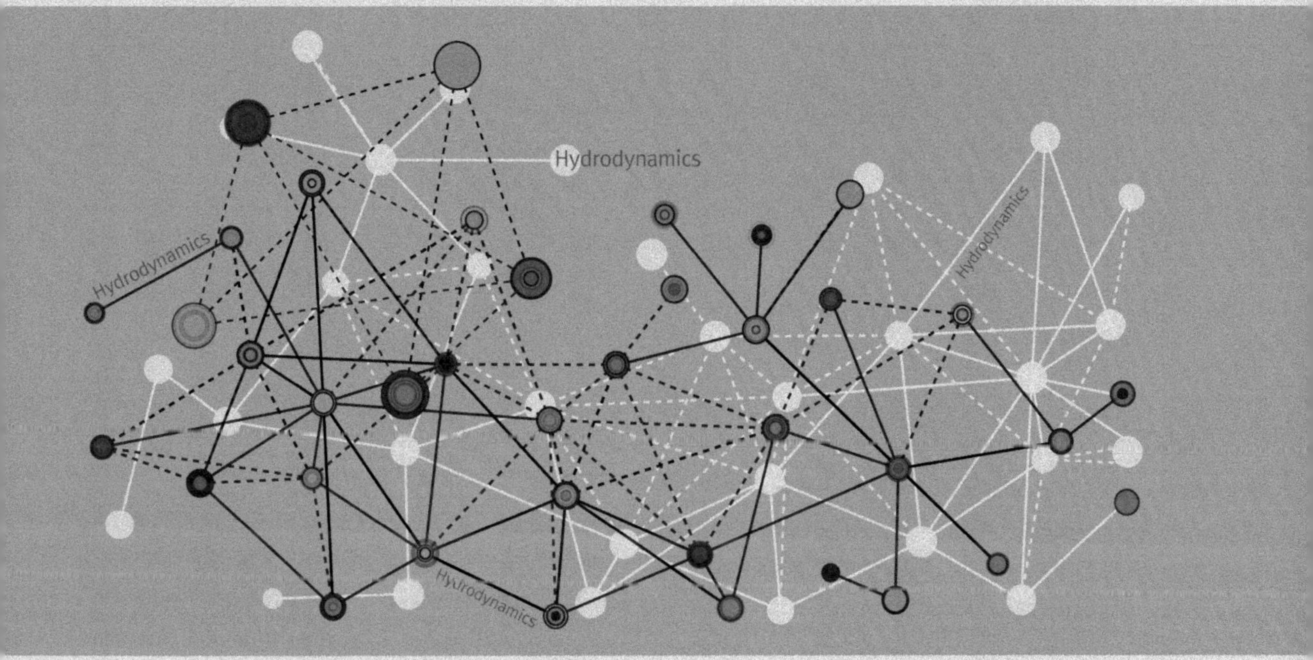
Hydrodynamics
Hydrodynamics
Hydrodynamics
Hydrodynamics

A 유체의 물리적 성질

표 A-1 물의 물리적 성질

온도 ℃	비중량 γ N/m^3	밀도 ρ kg/m^3	점성계수 $\mu\times10^3$ kg/m · s	동점성계수 $\nu\times10^6$ m2/s	표면장력 $\sigma\times100$ N/m	증기압 p_v/γ m	체적탄성 계수 $K\times10^{-7}$ N/m^2
0	9805	999.9	1.792	1.792	7.62	0.06	204
5	9806	1000.0	1.519	1.519	7.54	0.09	206
10	9803	999.7	1.308	1.308	7.48	0.12	211
15	9798	999.1	1.140	1.141	7.41	0.17	214
20	9789	998.2	1.005	1.007	7.36	0.25	220
25	9779	997.1	0.894	0.897	7.26	0.33	222
30	9767	995.7	0.801	0.804	7.18	0.44	223
35	9752	994.1	0.723	0.727	7.10	0.58	224
40	9737	992.2	0.959	0.661	7.01	0.76	227
45	9720	990.2	0.599	0.605	6.92	0.98	229
50	9697	988.1	0.549	0.556	6.82	1.26	230
55	9679	985.7	0.506	0.513	6.74	1.61	231
60	9658	983.2	0.469	0.477	6.68	2.03	228
65	9635	980.6	0.436	0.444	6.58	2.56	226
70	9600	977.8	0.406	0.415	6.50	3.20	225
75	9589	974.9	0.380	0.390	6.40	3.98	223
80	9557	971.8	0.357	0.367	6.30	4.86	221
85	9529	968.6	0.336	0.347	6.20	5.93	217
90	9499	965.3	0.317	0.328	6.12	7.18	216
95	9469	961.9	0.299	0.311	6.02	8.62	211
100	9438	958.4	0.284	0.296	5.94	10.33	207

표 A-2 표준 대기압하에서 액체의 물리적 성질

액체	온도 T ℃	밀도 ρ kg/m^3	비중 s –	체적탄성 계수 K kN/m^2	점성계수 $\mu\times10^4$ N · s/m^2	표면장력 σ N/m	증기압 p_v kN/m^{2}abs
벤젠	20	876.2	0.88	1034250	6.56	0.029	10.0
4염화탄소	20	1587.4	1.59	1103200	9.74	0.026	13.1
에틸알코올	20	855.6	0.86	–	71.8	0.03	–
원유	20	788.6	0.79	1206625	12.0	0.022	5.86
프레온-12	15.6	1345.2	1.35	–	14.8	–	–
	-34.4	1499.8	–	–	18.3	–	–
가솔린	20	680.3	0.68	–	2.9	–	55.2
글리세린	20	1257.6	1.26	4343850	14939	0.063	0.000014

표 A-2 계속

액체	온도 T ℃	밀도 ρ kg/m^3	비중 s -	체적탄성계수 K kN/m^2	점성계수 $\mu\times10^4$ N·s/m^2	표면장력 σ N/m	증기압 p_v kN/m^{2}abs
수소	-257.2	73.7	-	-	0.21	0.0029	21.4
제트연료	15.6	773.1	0.77	-	8.7	0.029	8.96
(JP-4)		773.1					
수은	15.6	13555	13.57	26201000	15.6	0.51	0.00017
	315.6	12833	12.8	-	9.0	-	47.2
산소	-195.6	1206.0	-	-	2.78	0.015	21.4
소듐	315.6	876.2	-	-	3.30	-	-
	537.8	824.62	-	-	2.26	-	-
물	20	998.2	1.00	2068500	10.1	0.073	2.34

표 A-3 대기압하에서 공기의 물리적 성질

온 도		밀도	점성계수	동점성계수
T(℃)	T(K)	ρ(kg/m^3)	μ(Pa·s)	ν(m^2/s)
-50	223	1.582	1.46×10^{-5}	0.921×10^{-5}
-40	233	1.514	1.51×10^{-5}	0.998×10^{-5}
-30	243	1.452	1.56×10^{-5}	1.08×10^{-5}
-20	253	1.394	1.61×10^{-5}	1.16×10^{-5}
-10	263	1.342	1.67×10^{-5}	1.24×10^{-5}
0	273	1.292	1.72×10^{-5}	1.33×10^{-5}
10	283	1.247	1.76×10^{-5}	1.42×10^{-5}
20	293	1.204	1.81×10^{-5}	1.51×10^{-5}
30	303	1.164	1.86×10^{-5}	1.60×10^{-5}
40	313	1.127	1.91×10^{-5}	1.69×10^{-5}
50	323	1.092	1.95×10^{-5}	1.79×10^{-5}
60	333	1.060	2.00×10^{-5}	1.89×10^{-5}
70	343	1.030	2.05×10^{-5}	1.99×10^{-5}
80	353	1.000	2.09×10^{-5}	2.09×10^{-5}
90	363	0.973	2.13×10^{-5}	2.19×10^{-5}
100	373	0.946	2.17×10^{-5}	2.30×10^{-5}
150	423	0.834	2.38×10^{-5}	2.85×10^{-5}
200	473	0.746	2.57×10^{-5}	3.45×10^{-5}
250	523	0.675	2.75×10^{-5}	4.08×10^{-5}
300	573	0.606	2.93×10^{-5}	4.75×10^{-5}

표 A-4 표준상태에서 일반기체의 성질

기체	분자식	분자량	R $\left(\frac{J}{kg \cdot k}\right)$	C_p $\left(\frac{J}{kg \cdot k}\right)$	C_v $\left(\frac{J}{kg \cdot k}\right)$	$k=\frac{C_p}{C_v}$ (-)	R $\left(\frac{ft \cdot lbf}{lbm \cdot R}\right)$	C_p $\left(\frac{Btu}{lbm \cdot R}\right)$	C_v $\left(\frac{Btu}{lbm \cdot R}\right)$
공기	-	28.98	286.9	1004	717.4	1.40	53.33	0.2399	0.1713
이산화탄소	CO_2	44.01	188.9	840.4	651.4	1.29	35.11	0.2007	0.1556
일산화탄소	CO	28.01	296.8	1039	742.1	1.40	55.17	0.2481	0.1772
헬륨	He	4.003	2077	5225	3147	1.66	386.1	1.248	0.7517
수소	H_2	2.016	4124	14180	10060	1.41	766.5	3.388	2.402
메탄	CH_4	16.04	518.3	2190	1672	1.31	96.32	0.5231	0.3993
질소	N_2	28.01	296.8	1039	742.0	1.40	55.16	0.2481	0.1772
산소	O_2	32.00	259.8	909.4	649.6	1.40	48.29	0.2172	0.1551
증기	H_2O	18.02	461.4	~2000	~1540	~1.30	85.78	~0.478	~0.368

* 표준상태 : 온도 15℃(59℉), 압력 P=101.325 kPa abs(14.696psia)

B 각종 도형에 대한 도심 및 관성모멘트

표 B 각종 도형에 대한 도심 및 관성모멘트

도형명칭	도형	면적 및 체적	도심(체심)위치	관성모멘트 I 또는 I_c
직사각형	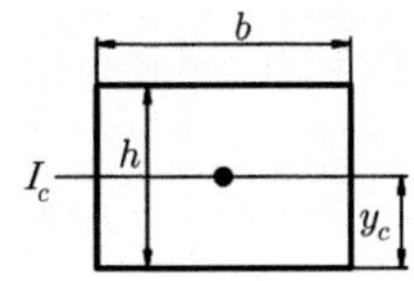	bh	$y_c = \frac{h}{2}$	$I_c = \frac{bh^3}{12}$
삼각형	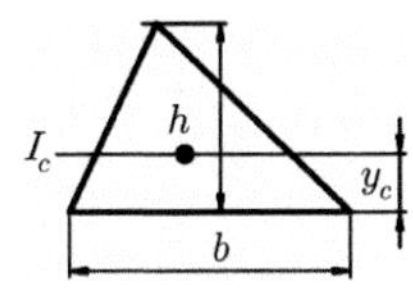	$\frac{bh}{2}$	$y_c = \frac{h}{3}$	$I_c = \frac{bh^3}{36}$
원	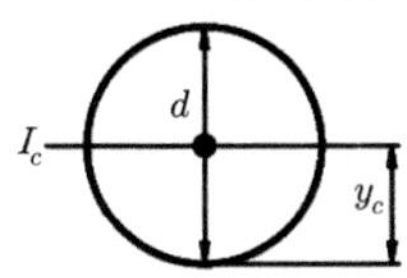	$\frac{\pi d^2}{4}$	$y_c = \frac{d}{2}$	$I_c = \frac{\pi d^4}{64}$
반원	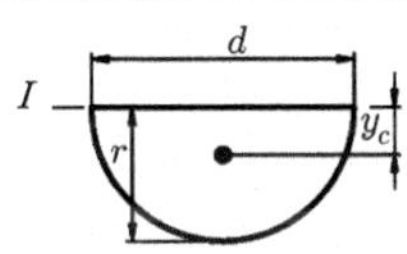	$\frac{\pi d^2}{8}$	$y_c = \frac{4r}{2\pi}$	$I = \frac{\pi d^4}{128}$
타원	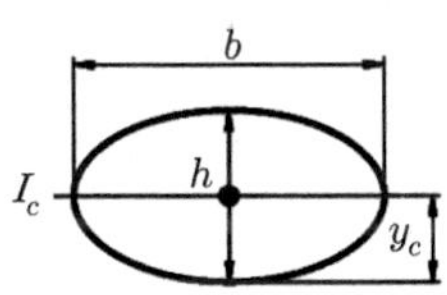	$\frac{\pi bh}{4}$	$y_c = \frac{h}{2}$	$I_c = \frac{\pi bh^3}{64}$
반타원	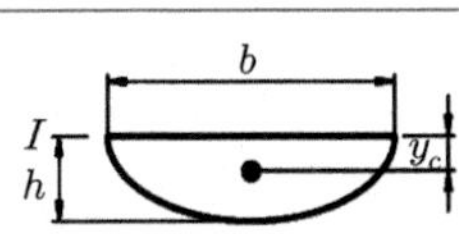	$\frac{\pi bh}{4}$	$y_c = \frac{4h}{3\pi}$	$I = \frac{\pi bh^3}{16}$
포물선	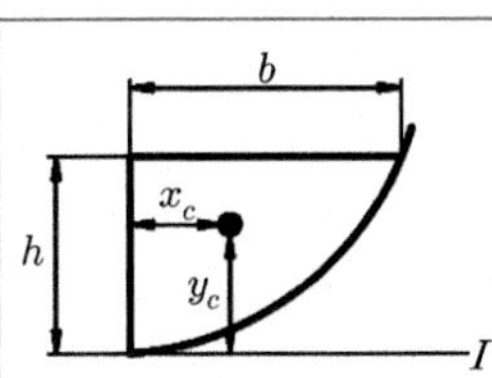	$\frac{2}{3}bh$	$y_c = \frac{3h}{5}$ $x_c = \frac{3b}{8}$	$I = \frac{2bh^3}{7}$
원통	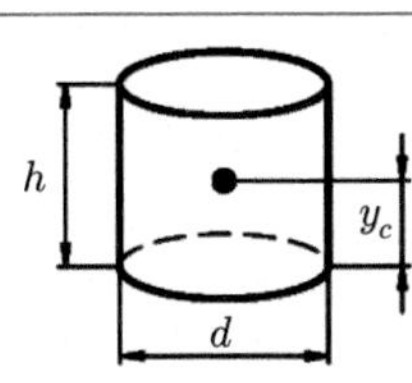	$\frac{\pi d^2 h}{4}$	$y_c = \frac{h}{2}$	

표 B 계속

도형명칭	도형	면적 및 체적	도심위치	관성모멘트 I 또는 I_c
원추	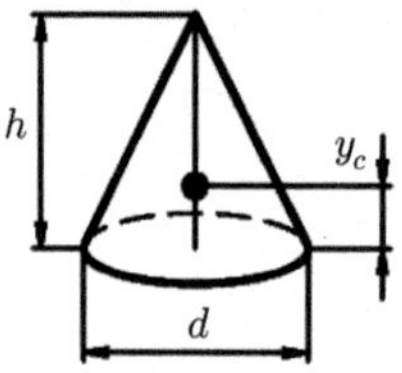	$\frac{1}{3}\left(\frac{\pi d^2 h}{4}\right)$	$y_c = \frac{h}{4}$	
포물선회전체	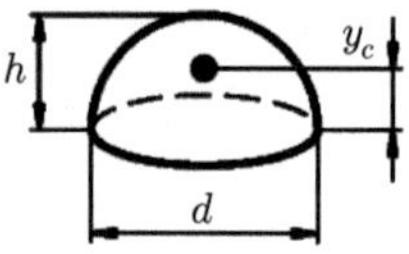	$\frac{1}{2}\left(\frac{\pi d^2 h}{4}\right)$	$y_c = \frac{h}{3}$	
구	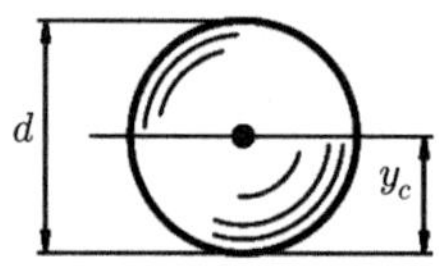	$\frac{\pi d^3}{6}$	$y_c = \frac{d}{2}$	
반구	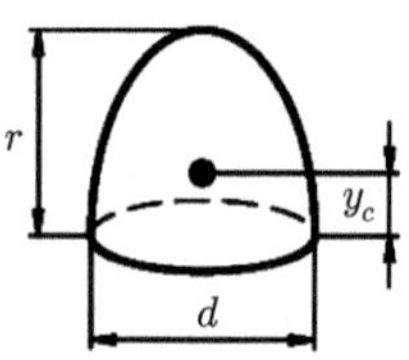	$\frac{\pi d^3}{12}$	$y_c = \frac{3r}{8}$	

C 압축성유동

표 C 등엔트로피 유동(1차원유동, 이상기체, k=1.4)

M	T/T_0	p/p_0	ρ/ρ_0	A/A^*
0.00	1.0000	1.0000	1.0000	∞
0.02	0.9999	0.9997	0.9998	28.94
0.04	0.9997	0.9989	0.9992	14.48
0.06	0.9993	0.9975	0.9982	9.666
0.08	0.9987	0.9955	0.9968	7.262
0.10	0.9980	0.9930	0.9950	5.822
0.12	0.9971	0.9900	0.9928	4.864
0.14	0.9961	0.9864	0.9903	4.182
0.16	0.9949	0.9823	0.9873	3.673
0.18	0.9936	0.9776	0.9840	3.278
0.20	0.9921	0.9725	0.9803	2.964
0.22	0.9904	0.9668	0.9762	2.708
0.24	0.9886	0.9607	0.9718	2.496
0.26	0.9867	0.9541	0.9670	2.317
0.28	0.9846	0.9470	0.9619	2.166
0.30	0.9823	0.9395	0.9564	2.035
0.32	0.9799	0.9315	0.9506	1.922
0.34	0.9774	0.9231	0.9445	1.823
0.36	0.9747	0.9143	0.9380	1.736
0.38	0.9719	0.9052	0.9313	1.659
0.40	0.9690	0.8956	0.9243	1.590
0.42	0.9659	0.8857	0.9170	1.529
0.44	0.9627	0.8755	0.9094	1.474
0.46	0.9594	0.8650	0.9016	1.425
0.48	0.9560	0.8541	0.8935	1.380
0.50	0.9524	0.8430	0.8852	1.340
0.52	0.9487	0.8317	0.8766	1.303
0.54	0.9449	0.8201	0.8679	1.270
0.56	0.9410	0.8082	0.8589	1.240
0.58	0.9370	0.7962	0.8498	1.213
0.60	0.9328	0.7840	0.8405	1.188

표 C 계속

M	T/T_0	p/p_0	ρ/ρ_0	A/A^*
0.60	0.9328	0.7840	0.8450	1.188
0.62	0.9286	0.7716	0.8310	1.166
0.64	0.9243	0.7591	0.8213	1.145
0.66	0.9199	0.7465	0.8115	1.127
0.68	0.9153	0.7338	0.8016	1.110
0.70	0.9107	0.7209	0.7916	1.094
0.72	0.9061	0.7080	0.7814	1.081
0.74	0.9013	0.6951	0.7712	1.068
0.76	0.8964	0.6821	0.7609	1.057
0.78	0.8915	0.6691	0.7505	1.047
0.80	0.8865	0.6560	0.7400	1.038
0.82	0.8815	0.6430	0.7295	1.031
0.84	0.8763	0.6300	0.7189	1.024
0.86	0.8711	0.6170	0.7083	1.018
0.88	0.8659	0.6041	0.6977	1.013
0.90	0.8606	0.5913	0.6870	1.009
0.92	0.8552	0.5785	0.6764	1.006
0.94	0.8498	0.5658	0.6658	1.003
0.96	0.8444	0.5532	0.6551	1.001
0.98	0.8389	0.5407	0.6445	1.000
1.00	0.8333	0.5283	0.0639	1.000
1.02	0.8278	0.5160	0.6234	1.000
1.04	0.8222	0.5039	0.6129	1.001
1.06	0.8165	0.4919	0.6024	1.003
1.08	0.8108	0.4801	0.5920	1.005
1.10	0.8052	0.4684	0.5817	1.008
1.12	0.7994	0.4568	0.5714	1.011
1.14	0.7937	0.4455	0.5612	1.015
1.16	0.7880	0.4343	0.5511	1.020
1.18	0.7822	0.4232	0.5411	1.025
1.20	0.7764	0.4124	0.5311	1.030

표 C 계속

M	T/T_0	p/p_0	ρ/ρ_0	A/A^*
1.20	0.7764	0.4124	0.5311	1.030
1.22	0.7706	0.4017	0.5213	1.037
1.24	0.7648	0.3912	0.5115	1.043
1.26	0.7590	0.3809	0.5019	1.050
1.28	0.7532	0.3708	0.4923	1.058
1.30	0.7474	0.3609	0.4829	1.066
1.32	0.7416	0.3512	0.4736	1.075
1.34	0.7358	0.3417	0.4644	1.084
1.36	0.7300	0.3323	0.4553	1.094
1.38	0.7242	0.3232	0.4463	1.104
1.40	0.7184	0.3142	0.4374	1.115
1.42	0.7126	0.3055	0.4287	1.126
1.44	0.7069	0.2969	0.4201	1.138
1.46	0.7011	0.2886	0.4116	1.150
1.48	0.6954	0.2804	0.4032	1.163
1050	0.6897	0.2724	0.3950	1.176
1.52	0.6840	0.2646	0.3869	1.190
1.54	0.6783	0.2570	0.3789	1.204
1.56	0.6726	0.2496	0.3711	1.219
1.58	0.6670	0.2423	0.3633	1.234
1.60	0.6614	0.2353	0.3557	1.250
1.62	0.6558	0.2284	0.3483	1.267
1.64	0.6502	0.2217	0.3409	1.284
1.66	0.6447	0.2151	0.3337	1.301
1.68	0.6392	0.2088	0.3266	1.319
1.70	0.6337	0.2026	0.3197	1.338
1.72	0.6283	0.1966	0.3129	1.357
1.74	0.6229	0.1907	0.3062	1.376
1.76	0.6175	0.1850	0.2996	1.397
1.78	0.6121	0.1794	0.2931	1.418
1.80	0.6068	0.1740	0.2868	1.439

표 C 계속

M	T/T_0	p/p_0	ρ/ρ_0	A/A^*
1.80	0.6068	0.1740	0.2868	1.439
1.82	0.6015	0.1688	0.2806	1.461
1.84	0.5963	0.1637	0.2745	1.484
1.86	0.5910	0.1587	0.2686	1.507
1.88	0.5859	0.1539	0.2627	1.531
1.90	0.5807	0.1492	0.2570	1.555
1.92	0.5756	0.1447	0.2514	1.580
1.94	0.5705	0.1403	0.2459	1.606
1.96	0.5655	0.1360	0.2405	1.633
1.98	0.5605	0.1318	0.2352	1.660
2.00	0.5556	0.1278	0.2301	1.688
2.02	0.5506	0.1239	0.2250	1.716
2.04	0.5458	0.1201	0.2200	1.745
2.06	0.5409	0.1164	0.2152	1.775
2.08	0.5361	0.1128	0.2105	1.806
2.10	0.5313	0.1094	0.2058	1.837
2.12	0.5266	0.1060	0.2013	1.869
2.14	0.5219	0.1027	0.1968	1.902
2.16	0.5173	0.09956	0.1952	1.935
2.18	0.5127	0.09649	0.1882	1.970
2.20	0.5081	0.09352	0.1841	2.005
2.22	0.5036	0.09064	0.1800	2.041
2.24	0.4991	0.08785	0.1760	2.078
2.26	0.4947	0.08514	0.1721	2.115
2.28	0.4903	0.08251	0.1683	2.154
2.30	0.4859	0.07997	0.1646	2.193
2.32	0.4816	0.07751	0.1610	2.233
2.34	0.4773	0.07512	0.1574	2.274
2.36	0.4731	0.07281	0.1539	2.316
2.38	0.4688	0.07057	0.1505	2.359
2.40	0.4647	0.06840	0.1472	2.403

표 C 계속

M	T/T_0	p/p_0	ρ/ρ_0	A/A^*
2.40	0.4647	0.06840	0.1472	2.403
2.42	0.4606	0.06630	0.1440	2.448
2.44	0.4565	0.06426	0.1408	2.494
2.46	0.4524	0.06229	0.1377	2.540
2.48	0.4484	0.06038	0.1347	2.588
2.50	0.4444	0.05853	0.1317	2.637
2.52	0.4405	0.05674	0.1288	2.686
2.54	0.4366	0.05500	0.1260	2.737
2.56	0.4328	0.05332	0.1232	2.789
2.58	0.4289	0.05169	0.1205	2.842
2.60	0.4252	0.05012	0.1179	2.896
2.62	0.4214	0.04859	0.1153	2.951
2.64	0.4177	0.04711	0.1128	3.007
2.66	0.4141	0.04568	0.1103	3.065
2.68	0.4104	0.04429	0.1079	3.123
2.70	0.4068	0.04295	0.1056	3.183
2.72	0.4033	0.04165	0.1033	3.244
2.74	0.3998	0.04039	0.1010	3.306
2.76	0.3963	0.03917	0.09885	3.370
2.78	0.3928	0.03799	0.09671	3.434
2.80	0.3894	0.03685	0.09462	3.500
2.82	0.3860	0.03574	0.09259	3.567
2.84	0.3827	0.03467	0.09059	3.636
2.86	0.3794	0.03363	0.08865	3.706
2.88	0.3761	0.03263	0.08674	3.777
2.90	0.3729	0.03165	0.08489	3.850
2.92	0.3696	0.03071	0.08308	3.924
2.94	0.3665	0.02980	0.08130	3.999
2.96	0.3633	0.02891	0.07957	4.076
2.98	0.3602	0.02805	0.07788	4.155
3.00	0.3571	0.02722	0.07623	4.235

표 C 계속

M	T/T_0	p/p_0	ρ/ρ_0	A/A^*
3.00	0.3571	0.02722	0.07623	4.235
3.10	0.3422	0.02345	0.06852	4.657
3.20	0.3281	0.02023	0.06165	5.121
3.30	0.3147	0.01748	0.05554	5.629
3.40	0.3019	0.01512	0.05009	6.184
3.50	0.2899	0.01311	0.04523	6.790
3.60	0.2784	0.01138	0.04089	7.450
3.70	0.2675	0.009903	0.003702	8.169
3.80	0.2572	0.008629	0.03355	8.951
3.90	0.2474	0.007532	0.03044	9.799
4.00	0.2381	0.006586	0.02766	10.72
4.10	0.2293	0.005769	0.02516	11.71
4.20	0.2208	0.005062	0.02292	12.79
4.30	0.2129	0.004449	0.02090	13.95
4.40	0.2053	0.003918	0.01909	15.21
4.50	0.1980	0.003455	0.01745	16.56
4.60	0.1911	0.003053	0.01597	18.02
4.70	0.1846	0.002701	0.01463	19.58
4.80	0.1783	0.002394	0.01343	21.26
4.90	0.1724	0.002126	0.01233	23.07
5.00	0.1667	0.001890	0.01134	25.00

찾아보기

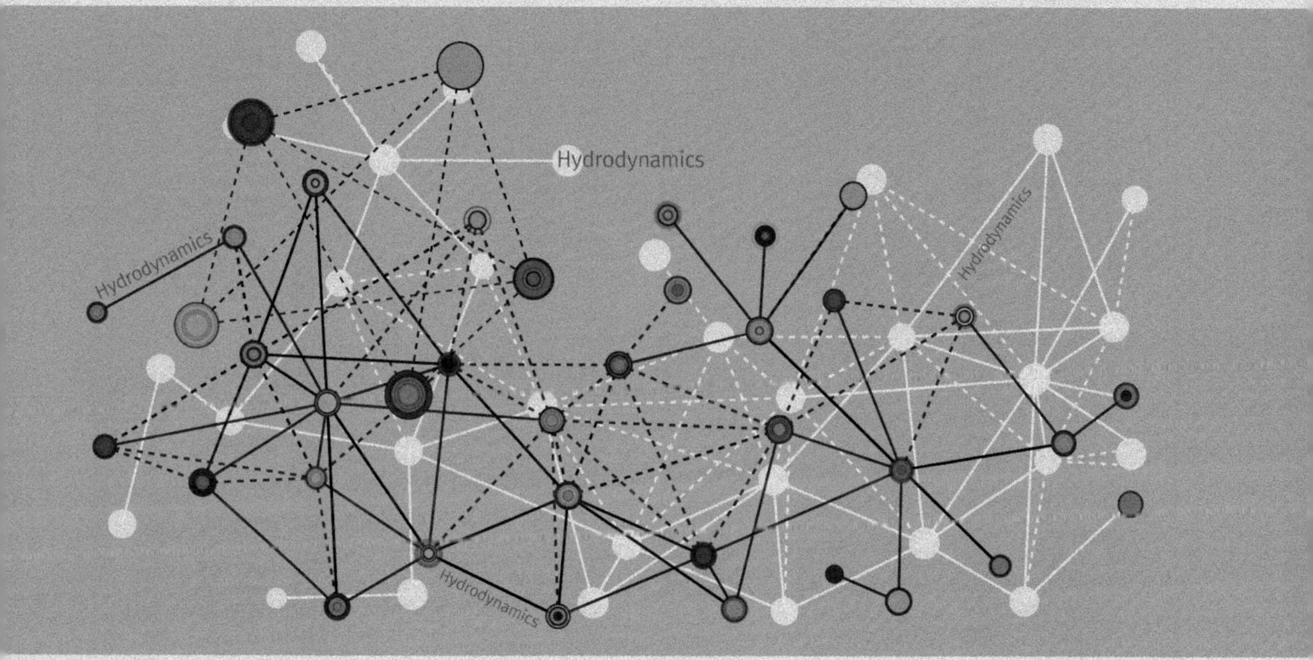
Hydrodynamics
Hydrodynamics
Hydrodynamics
Hydrodynamics

1~4

B~W

ㄱ

ㄴ

ㄷ

ㄹ

ㅁ

저자 소개

양한주 인하대학교 대학원 기계공학과 졸업(공학박사)
University of newcasttle, Australia 연구교수
동양미래대학교 기계설계공학과 교수(현직)
한국전문대학교육연구학회 회장(역임)

유체역학 2판

발 행 일 • 2017년 3월 1일

저 자 • 양한주
발 행 자 • 최봉조
발 행 처 • 진샘미디어
주 소 • 서울특별시 은평구 연서로5길 28
부호아파트 102동 상가 5호
전 화 • 02)353-4421
F A X • 02)353-4431

Home-page • www.jinsaem.co.kr
신 고 번 호 • 제311-2005-000025호

I S B N • 979-11-85504-71-1 (93550)

정가 26,000원